Jetzt helfe ich mir selbst

IMPRESSUM

Einbandgestaltung: Anita Ament

Bilder/Zeichnungen: frisch CONSULTING GmbH, Friedrich Schröder; Sven Schröder; Motor-Presse Stuttgart; Bosch; Opel; Continental; Dunlop, Hella.

Alle Angaben und Tipps in diesem Ratgeber wurden nach bestem Wissen und Gewissen erteilt. Eine Haftung der Autoren oder des Verlags und seiner Beauftragten für Personen-, Sach- und Vermögens-schäden ist ausgeschlossen.

Der Inhalt dieses Bands entspricht dem Kenntnisstand zum Zeitpunkt der Drucklegung. Abweichungen durch Weiterentwicklung der beschriebenen Fahrzeuge, geänderte Anweisungen des Fahrzeugherstellers bzw. neue gesetzliche Bestimmungen sind möglich.

ISBN 978-3-613-02272-0

2. Auflage 2008

Copyright © by Bucheli Verlags AG, Baarstraße 43, CH-6304 Zug.
Lizenznehmer des Motorbuch Verlags, Postfach 103743, 70032 Stuttgart.
Ein Unternehmen der Paul Pietsch Verlage GmbH + Co.

> Sie finden uns im Internet unter
> www.bucheli-verlag.ch

Nachdruck, auch einzelner Teile, ist verboten. Das Urheberrecht und sämtliche weiteren Rechte sind dem Verlag vorbehalten. Übersetzung, Speicherung, Vervielfältigung und Verbreitung einschließlich Übernahme auf elektronische Datenträger wie DVD, CD-Rom, Bildplatte usw. sowie Einspeicherung in elektronische Medien wie Bildschirmtext, Internet usw. ist ohne vorherige schriftliche Genehmigung des Verlages unzulässig und strafbar.

Grafische Gestaltung: Andreas Pflaum
Herstellung: TEBITRON GmbH, 70839 Gerlingen
Druck und Bindung:
Druck- und Medienzentrum Gerlingen, 70839 Gerlingen
Printed in Germany

Friedrich Schröder/Sven Schröder

Opel Zafira
Zafira CNG
Zafira OPC

Ottomotoren:

1,6 Liter 16V ECOTEC	74 kW/100 PS
1,6 Liter 16V CNG (Erdgas)	74 kW/100 PS
1,8 Liter 16V ECOTEC	92 kW/125 PS
2,2 Liter 16V ECOTEC	108 kW/147 PS
2,2 Liter 16V ECOTEC Turbo	141 kW/192 PS

Dieselmotoren:

2,0 Liter DTI 16V ECOTEC	74 kW/100 PS
2,2 Liter DTI 16V ECOTEC	92 kW/125 PS

ab Modelljahr 1999

Inhaltsverzeichnis

Einführung
Ein Ratgeber stellt sich vor 6

Die Modellvorstellung
Der Opel Zafira:
Modelle, Motoren und Ausstattung 11
Abmessungen 18
Modellpflege 19

Die Ausrüstung
Der Arbeitsplatz – Garage und Mietwerkstatt 21
Der Ersatzteilkauf – Original-, Fremd-
und Austauschteile 22
Das Werkzeug – Grundausstattung 24
Spezielle Werkzeuge und Zubehör 26
Profitipps für Hobbyschrauber – so widersteht
Ihnen keine Schraube 28
Tipps für den Werkstattbesuch – das sollten
Sie unbedingt beachten 31
Sicherheit geht vor – das sollten Sie
als Do it yourselfer beachten 32
So bocken Sie Ihr Auto richtig auf 34

Die Wagenpflege
Wartungs- und Reparaturarbeiten 37
Innenreinigung – so glänzt Ihr Zafira
wieder wie neu 38
Außenwäsche – Waschplatz, Pflegemittel
und Arbeitsgeräte 41
Motorwäsche – Arbeitstipps, Ölabscheider,
Motorschutzlack 43
Schmierdienst – damit alles in Bewegung bleibt .. 45
Lackpflege – Politur, Lackreiniger,
Konservierer, Lackschäden 45
Scheibenwaschanlage – Wischer,
Wischergummis, Scheibenwaschdüsen 50
Scheibenwischer – Wischerarm und Wischermotor 53

Die Motoren
Wartungs- und Reparaturarbeiten 59
Die Zafira-Motoren 60
Bauteile des Motors und Motorentechnik 66
Kompressionsdruck 69
Antriebsriemen 71

Das Schmiersystem
Wartungsarbeiten 77
Ölkreislauf, Ölfilter, Motoröl und Ölverbrauch 78

Das Kühlsystem
Wartungs- und Reparaturarbeiten 85
Kühlmittelkreislauf und Kühlsystem 86
Kühlmittel und Frostschutz 88
Thermostat, Kühlerventilator und Kühler 92
Luftfilter 102

Die Kraftstoffeinspritzung
Wartungs- und Reparaturarbeiten 105
Elektronisches Motormanagement und
Benzineinspritzanlage 106
Diesel-Einspritzanlage 117

Die Zündanlage
Wartungs- und Reparaturarbeiten 125
Elektronische Zündsysteme 126
Zündspule und Zündkerzen 128
Vorglühanlage 134

Die Kraftstoffversorgung
Wartungs- und Reparaturarbeiten 137
Kraftstoffsystem 138
Kraftstoff, Kraftstofffilter und Kraftstoffpumpe ... 138
Auspuffanlage und Abgasentgiftung 146

Die Kraftübertragung
Wartungs- und Reparaturarbeiten 155
Kraftübertragungsprinzip 156
Kupplung und Kupplungsbauteile 157
Fünfgangschaltgetriebe 160
Elektronisch gesteuertes Automatikgetriebe 164
Achsantrieb und Antriebswellen 166

INHALT

Das Fahrwerk
Wartungs- und Reparaturarbeiten 173
Vorderachse und Hinterachse 176
Vorderachsgeometrie, Stoßdämpfer 177
Elektrohydraulische Zahnstangenlenkung, Spur-
stangenköpfe, Querlenker, Radlager, Federbeine . 178
Reifen und Felgen 185

Die Bremsanlage
Wartungs- und Reparaturarbeiten 195
Elektronische Bremskomponenten 196
Wichtige Bremsbegriffe 198
Bremsflüssigkeit, Bremskraftverstärker,
Scheibenbremsbeläge, Bremsscheiben 201
Handbremse 215

Die Fahrzeugelektrik
Wartungs- und Reparaturarbeiten 221
Batterie, Anlasser und Generator 222
Außenbeleuchtung - Scheinwerfer und Leuchten .241
Signaleinrichtungen 248
Instrumente und Bedienungseinrichtungen 249
Stromkabel, Sicherungen und Relais 254

Der Innenraum
Wartungs- und Reparaturarbeiten 259
Heizung, Lüftung, Gebläse und Klimaanlage 262
Schalter und Zündschlüssel 269
Radio, Lautsprecher und Dachantenne 271
Vordersitze und Rücksitzbank 273
Türverkleidungen, Seitenscheibe
und Fensterheber 277
Zentralverriegelung, Türgriff und Türschloss 279

Die Karosserie
Wartungs- und Reparaturarbeiten 285
Tür, Außenspiegel und Motorhaube 288
Stoßfänger, Kotflügel und Heckklappe 291

Technische Daten
Motor, Schmiersystem, Kühlsystem, Kraftstoffanlage,
Kraftübertragung, Karosserie, Fahrwerk, Räder,
Lenkung, Bremsanlage, elektrische Anlage,
Gewichte, zulässige Achslasten, Fahrleistungen,
Füllmengen, ... 296
Diebstahlschutz, Sicherheit, Wartung, Garantie . . .300

Stichwortverzeichnis
Zafira von A – Z 300

Schnelle Hilfe – was tun bei Störungen

Störungsbeistände

Anlasser 238	Kraftstoffeinspritzung 110	Warnblink- und Blinkanlage 248
Batterie und Generator 229	Kühlsystem 91	Wischerblatt 57
Bremsen 218	Kupplung 159	Zentralverriegelung 283
Bremslicht 249	Motor und Zündanlage 132	Zündkerzen 68
Diesel-Kraftstoffeinspritzung 122	Scheibenwischer 56	Zylinderkopfdichtung 75
Elektrische Fensterheber . . . 282	Schmiersystem 83	
Heizung 264	Thermostat 91	

DER LEITFADEN

Ein Ratgeber stellt sich vor

»Jetzt helfe ich mir selbst« ist ein Ratgeber rund ums Auto. Er zeigt, wie die Technik funktioniert und wie Sie Ihr Auto optimal selbst pflegen und warten können. Schon bei kleineren Arbeiten wird Ihnen klar: Do it yourself macht Spaß und entlastet obendrein noch Ihren Geldbeutel. Mit dem richtigen Know-how wird dann zudem so manche Panne zur Bagatelle – oft reichen schon wenige Handgriffe, um Ihr malades Auto wieder flott zu machen.

Ein Ratgeber mit System

Jedes Ratgeberkapitel gliedert sich in die Abschnitte Theorie, Wartung, Störungsbeistand und Reparatur.
Theorie: Hier gibt's allgemeine Informationen zu Technik und Funktionen. Neben allgemeinen Beschreibungen beinhaltet dieser Part **Techniklexika** mit Hintergrundwissen zu speziellen Problemen.
Wartung: Step by Step begleitet Sie eine detaillierte Anleitung bei allen Arbeiten. **Arbeitssymbole** verdeutlichen Zeitaufwand, Schwierigkeitsgrad sowie mögliche Gefahren für Sicherheit und Umwelt. Eine detaillierte **Illustration** veranschaulicht Arbeitsabläufe und Probleme.
Reparatur: Die einzelnen **Arbeitsschritte** folgen dem gleichen Muster wie die der Wartungsarbeiten.
Praxistipps erleichtern Ihnen die Umsetzung und helfen bei möglichen Problemen. Der Reparaturteil beinhaltet häufig auch einen **Störungsbeistand**, darin listen wir Störungen, Ursachen und Abhilfen auf.
Technikthemen und Störungsbeistände erschließen Sie gleichermaßen in der Inhaltsübersicht und dem Stichwortverzeichnis. Das Inhaltsverzeichnis enthält zudem Hinweise auf Wartungs- und Reparaturarbeiten der verschiedenen Baugruppen: Auf der ersten Seite des jeweiligen Kapitels steht generell eine Übersicht der Wartungs- und Reparaturarbeiten mit Seitenangaben, die Sie direkt zu den Arbeitsschritten führt.

Die Bauteile des Motors

Motorblock. Hier sind die beweglichen Teile gelagert. Er besteht bei vielen Motoren aus Grauguss. Der Motorblock trägt auch Aggregate wie Lichtmaschine, Anlasser und Zündanlage.

Zylinderkopf. Schließt den Zylinder nach oben ab. Er enthält Kanäle für Frisch- und Abgas, Ventilsitze, Lager und Führungen für Teile der Ventilsteuerung, Zündkerzengewinde, Wasserkanäle und Brennraum.

Technik populär auf den Punkt gebracht: Jedes Techniklexikon gibt knappe und präzise Infos zu Begriffen, Funktionen und Zusammenhängen.

Wartung

Motor durchdrehen	XX
Ventilspiel prüfen	XX
Ventile einstellen	XX
Kompressionsdruck messen	XX

Reparatur

Zahnriemenzustand prüfen	XX
Zahnriemenspannung behelfsmäßig prüfen	XX

Auf der ersten Seite jedes Kapitels: Übersicht zu Wartungs- und Reparaturarbeiten. Die Seitenangaben führen Sie direkt zu den Arbeitsschritten.

Arbeitsschritte    30.000 km / 2 Jahre

① Ansauggeräuschdämpfer abbauen. Beim Diesel: Luftansaugleitung abbauen. Bei allen Motoren: elektrische Steckverbindungen lösen.

② Sechs Schrauben der Zylinderkopfhaube lösen und Haube vorsichtig abnehmen. Sitzt der Deckel fest, lösen Sie ihn durch Schläge mit Handballen oder Hammerstiel.

③ Für die Messung von Ein- und Auslassventil eines Zylinders müssen beide Ventile entlastet sein. Dazu den Motor durchdrehen, bis an der Nockenwelle die Spitzen beider Nocken von Zylinder 1 (in Fahrtrichtung rechts) symmetrisch nach links und rechts oben zeigen (OT-Markierung beachten). Diese Position entspricht dem Oberen Totpunkt.

Step by Step zum Erfolg: In den »Arbeitsschritten« steht, wo der Hebel anzusetzen ist.

DER LEITFADEN

Störungsbeistand

Kühlsystem

Störung	Ursache	Abhilfe
A Temperatur-Anzeigenadel steht im roten Bereich	1 Keilrippenriemen zu schwach gespannt oder gerissen	Riemenspannung kontrollieren oder Riemen ersetzen
	2 Zu wenig Flüssigkeit im Kühlsystem	Auffüllen, notfalls aus der Scheibenwaschanlage
	3 Kabel zur Temperaturanzeige hat Masseschluss	Kabel am Temperaturgeber abziehen, Zeiger muss zurückgehen, sonst Masseschluss; Kabelverlauf kontrollieren

Der ideale Pannenführer: Der »Störungsbeistand« hilft Ihnen, Fehlern und Defekten an Ihrem Auto systematisch auf den Grund zu gehen. Außerdem gibt es hier Tipps, wie Sie einer Störung beikommen.

Praxistipp

Kompressionsdruckluft strömt aus

Wenn Kompressionsdruckluft an einer der folgenden Stellen ausströmt, hat dies meist diese Ursachen:
- Ansaugkrümmer oder Luftfiltergehäuse: defektes Einlassventil.
- Geöffneter Kühler oder Kühlmittel-Ausgleichsbehälter: defekte Zylinderkopfdichtung.

Praxistipps für Schrauber: Der direkte Weg zur Fehlererkennung und Problemlösung.

Kein Do it yourself innerhalb der Garantiezeit

Wenn Sie einen neuen Zafira fahren, halten Sie unbedingt die Opel-Wartungsintervalle ein. Vor allem verzichten Sie aufs Do it yourself: Selbst berechtigte Garantieansprüche erfüllt Opel erfahrungsgemäß nur, wenn eine Vertragswerkstatt die Wartungsarbeiten an Ihrem Zafira regelmäßig und rechtzeitig erledigt hat. Das gilt übrigens auch für Garantieansprüche an Austauschaggregaten wie beispielsweise Motor oder Getriebe.

Ratgeberservice: Checklisten

Auf der vorderen und hinteren Umschlaginnenseite dieses Ratgebers »finden« Sie diverse Checklisten, die Ihnen erleichtern, Ihren Zafira für Alltag, Winter und TÜV/DEKRA fit zu machen und zu halten. Die erforderlichen Checks sind mit den Seitenangaben versehen, auf denen Sie die entsprechenden Arbeitsanleitungen finden. Kopieren Sie sich vor dem Check die benötigte Liste und haken die Arbeiten dann Punkt für Punkt ab.

Die Arbeitssymbole

Der Umweltbaum soll Sie hinsichtlich Umweltschutz sensibilisieren. Er taucht immer dann auf, wenn eine Arbeit oder dabei anfallende »Abfälle« für die Umwelt problematisch sind.

Die Zahl der Schraubenschlüssel signalisiert den Schwierigkeitsgrad:
1 Schlüssel = leichte Arbeit;
2 Schlüssel = anspruchsvolle Arbeit; 3 Schlüssel = schwierige Arbeit.

Das Uhrensymbol berücksichtigt den Zeitaufwand für durchschnittlich begabte Hobbyschrauber. Die kalkulierte Zeit bezieht selbstverständlich fehlende Routine und mitunter nicht »greifbares« Spezialwerkzeug ein.

Ausrufezeichen stehen grundsätzlich bei Arbeiten, die Einfluss auf die Betriebssicherheit Ihres Fahrzeugs haben. Sollten Sie nicht rundum versiert sein: Hände weg von Arbeiten mit Ausrufezeichen! Sie sind **IMMER** ein Fall für die Werkstatt.

Die Prüfplakette klassifiziert Vorsorgearbeiten zur Hauptuntersuchung. Sie sparen mitunter eine Menge Geld und Zeit, wenn Sie die markierten Wartungs- und Prüfarbeiten vor dem TÜV- oder DEKRA-Termin selbst durchführen.

Die Wartungsplakette bezeichnet jene Wartungsarbeiten an Ihrem Zafira, die auch Opel-Werkstätten beim Kleinen und Großen Kundendienst durchführen. Sämtliche Punkte entsprechen dem offiziellen Opel-Wartungsplan.

DER Opel Zafira

MODELLVORSTELLUNG

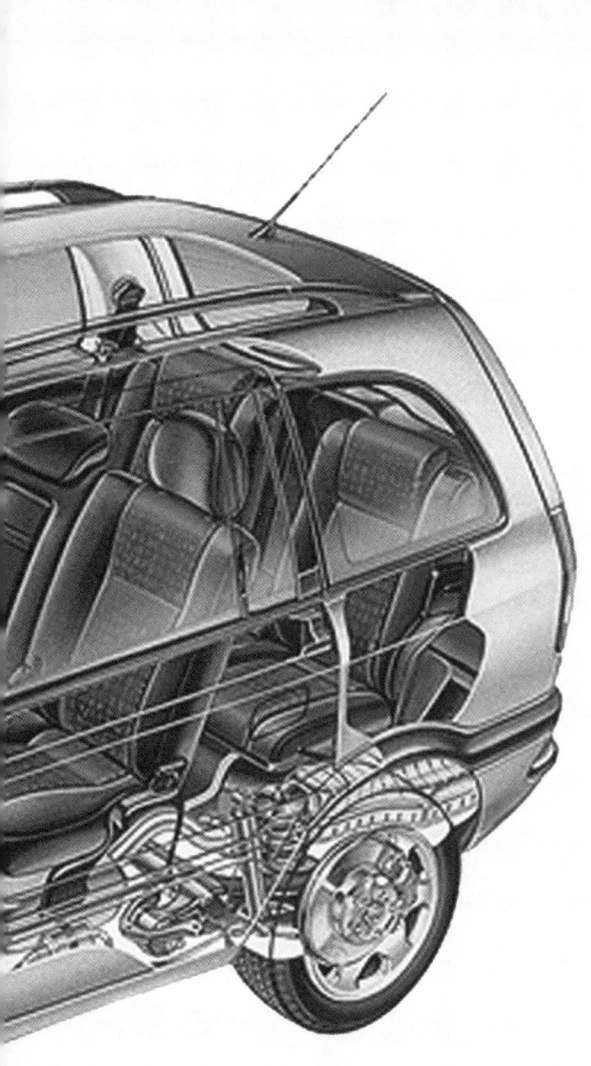

Erste Klasse in der kompakten Van-Klasse:
Mega variabler Innenraum sowie modernste Fahrwerks- und Antriebstechnik sind seit anno '99 die herausragenden Merkmale des Opel Zafira. Die durchaus verlockenden Gene des alternativen Siebensitzers sind geeignet, konventionelle Limousinen aufs Altenteil zu schicken.

Van zum Zweiten: Nach dem »Kurzauftritt« des Sintra schickt Opel seit 1999 den Zafira auf den Markt. Mit großem Erfolg, der Zafira avancierte europaweit zu einem der beliebtesten Kompaktvans. Sein »Geburtsort« ist Bochum. Dort, wo in den frühen sechziger Jahren der Kadett A auf die Autowelt kam, liefen seit »Dienstbeginn« im April 1999 rund 572.500 »Großraumfahrzeuge« aus den völlig modernisierten Produktionshallen. Hier zu Lande drehen seither etwa 149.700 Zafira-Eigner am Zündschlüssel. Mittlerweile wählen sie ihren Blitz-Van unter einem halben Dutzend Versionen und der gleichen Anzahl unterschiedlicher Motoren aus. Anders ausgedrückt, Opel »füttert den Van-Sinn« der europäischen Klientel mit einer lukrativen Modellpalette und versucht mit einem ansprechenden »Variantenreichtum jede Nische in der Nische« zu bedienen.

Gleichgültig wie der Kaufentscheid aussieht, jeder Zafira »beruhigt« mit einem umfassenden Sicherheits- und Ausstattungspaket. Er »überzeugt« mit einem ausgewogenen Raumangebot, er »glänzt« mit einer schnell versenkbaren dritten Sitzreihe (Flex7® Sitzsystem) und er »versüßt« den Eurotausch mit einem multimobilen Gegenwert. Multimobil in jeder Hinsicht, den Verwandlungskünstler »befeuert« ein halbes Dutzend »sauberer« Benzin- und Dieselmotoren sowie ein Erdgasantrieb (1,6 Liter CNG).

Die Basisversion mobilisieren 74 kW (100 PS) aus 1,6 Liter Hubraum, der 1,6 Liter »Gasmotor« im Zafira CNG (**C**ompressed **N**atural **G**as) stemmt die gleiche Leistung. Mit 1,8 Liter Hubraum und 92 kW (125 PS) sind Zafira-Eigner dann leistungsmäßig in der »Otto-Mittelklasse« angekommen. 400 cm^3 mehr Hubraum pushen den Zafira auf 108 kW (147 PS). Wem das nicht reicht, der entert seit Ende 2001 den OPC 2,0 Liter Turbo mit 141 kW/192 PS. OPC steht für **O**pel **P**erformance **C**enter, als OPC steht der Zafira gewissermaßen über den Dingen – zumindest unter seinesgleichen und in den meisten mobilen Situationen.

Soweit die Vierzylinder-Ottofraktion: Dieselfreaks wählen zwischen zwei aufgeladenen Direkteinspritzern: Dem 2,0 Liter DTI mit 74 kW (100 PS) und dem 2,2 Liter DTI mit 92 kW (125 PS). Beide Vierzylinder »entgiften« ihre Abgase jeweils per elektronisch gesteuerter Abgasrückführung inklusive Oxidationskatalysator.

OPEL ZAFIRA

In Kurven wie ein Astra – das Fahrverhalten des Zafira

Auf Handlingkursen, in Pylonengassen, bei Bremsentests, gleichwie im Crashtest macht der Opel Zafira eine vorzeigbare Figur. Und das nicht nur unter seinesgleichen, sondern auch im Umfeld vergleichbarer Limousinen, beispielsqweise dem Opel Astra.

Zafira-Käufer wählen unter sechs verschiedenen Ausstattungsvarianten: »Zafira« pur gibt's bereits mit allen Motorvarianten, von 1,6 – 2,2 Liter Hubraum. Und dort wo auf der Heckklappe zusätzlich noch »Selection Free« steht, steckt »Zafira pur« plus ein individuell zusammengestelltes Ausstattungspaket im Gegenwert von rund 1500 Euro im »Kasten«. Die »Comfort«- und »Elegance«-Ableger werten die Basis – wie gewohnt – mit fest umrissenen Goodies auf. Gleichfalls die »Selection Executive«-Variante – basierend auf dem »Elegance Paket«. Zafira-Fans die »Chefattitüden« schätzen und Van-Dynamik suchen, greifen seit Ende 2001 zum Zafira OPC: Sein »Wohnzimmer wuchert mit Selection Executive Accessoires«, seine Vorderräder »fighten« mit Turbo Power und seinen praktischen Body »stählen« sportliche Give aways.

Auch jener Klientel, der Individualität über alles geht, macht Opel ein verlockendes Angebot: Zafira »à la carte« heißt die Verlockung, die aus dem » Blitz-Kasten«, auf Basis der Grundausstattung oder eines Ausstattungspakets, mit weiteren individuellen Extras einen maßkonfektionierten »Kasten Blitz« macht. Im Zafira »à la carte« sind der Lust auf noch mehr Zafira nur noch marginale Grenzen gesteckt.

Alternative zum Fünfgangschalthebel – Wahlhebel für elektronisch angesteuerte Viergangautomatik

Serienmäßig schalten Zafira-Chauffeure ein Fünfganggetriebe. Gegen Aufpreis können Sie den Mittelschalthebel gegen den Wählhebel einer elektronisch gesteuerten Viergangautomatik tauschen. Allerdings nur dann, wenn Sie dem Zafira 1,8 l 16V oder 2,2 l 16V ihr Ja-Wort gegeben haben. Der »Automat« bietet drei Fahrprogramme und zum entspannten Cruisen eine Wandlerüberbrückungskupplung. Damit die Automatik auch im »Stop-and-go-Verkehr« oder vor roten Ampeln ihrem Namen alle Ehre macht, spendierten Opel-Ingenieure ihr eine »Neutral Control«. Neutral Control tritt immer dann auf den Plan, sobald der Zafira steht oder abgebremst wird – es schaltet dann automatisch in den Leerlauf. Das Getriebe legt eine gewollte Zwangspause ein, die Getrieberäder, die Lager und die Innereien des hydrodynamischen Drehmomentwandlers stehen dann kurzzeitig »still«. Das spart »Sprit« – günstigstenfalls bis zu drei Prozent. Selbstverständlich wird der Kraftfluss beim Anfahren automatisch wieder hergestellt.

Obwohl die Zafira-Ableger allesamt die Produktionsbänder mit »fairem« Ausstattungsumfang verlassen, bietet die zusätzliche Wunschausstattungsliste ausreichend »Traumraum« und bei entsprechendem Euro-Vorrat auch beruhigend viel praktische Möglichkeiten. Speziell das »Selection Free«-Paket eröffnet Zafira-Käufern den Spielraum, »Großserienware« zu ihrem »Einzelstück« zu trimmen.

Für den Fall, dass verlockende Komplettangebote möglicherweise das momentane Neuwagenbudget sprengen würden, oder in Kombination mit einer bestimmten Motorisierung bzw. Ausstattungsvariante die eine oder andere Option nicht lieferbar ist, haben Do it yourselfer

Dynamischer Van-Express: Zafira OPC mit sportlichem Fahrwerk und 192 Turbo PS.

MODELLPROGRAMM

Gut geführt: Schalthebel des Zafira-Fünfganggetriebes.

Gut abgestimmt: Die Schaltmodi der Zafira-Viergangautomatik.

keinen Anlass daran zu verzweifeln: Der Zubehörmarkt erfüllt die meisten Wünsche auch nachträglich – mitunter gar zu günstigeren Konditionen und in Erstausrüsterqualität. Handeln Sie allerdings stets nach dem Motto »trau, schau, wem?«.

Gegen Aufpreis an Bord – elektronisches Stabilitätsprogramm (ESP) und Traktionskontrolle (TC-Plus)

Und zwar ganz penibel, erst recht im Bereich elektronischer »Fahrdynamik-Komponenten«. Opel nennt sein elektronisches Stabilitätsprogramm (ESP) und die Traktionskontrolle (TC-Plus). Ernsthaft Vergleichbares ist im Zubehörhandel zur nachträglichen Montage nicht zu bekommen. Den Zafira OPC und den 2,2 Liter 16V gibt's ohnehin nur mit ESP, ansonsten treten die elektronischen Heinzelmännchen nur gegen Aufpreis ihren Job an – an Bord des Zafira (1,6 l 16V, 2,0 DTH und 2,2 DTR) »schaffen« sie allerdings selbst für Geld und gute Worte nicht.

ESP unterstützt den Fahrer in kritischen Fahrsituationen mit gezielten Fahrwerkseingriffen. Die Regelelektronik überprüft rund 150-mal pro Sekunde, ob das tatsächliche Fahrverhalten letztlich mit den Lenkbewegungen des Fahrers korrespondiert. Sollten da Differenzen jenseits der im Bordrechner »abgelegten Software« vorliegen, geben ESP-Sensoren einer stabilisierenden Steuerelektronik grünes Licht: Das Elektronikmodul »domestiziert« mit gezielten Bremseingriffen an einzelnen Rädern das Fahrwerk dann blitzartig. In ganz kritischen Fällen drosselt ESP auch kurzfristig die Motorleistung und passt so zwangsläufig den Gasfuß an den Fahrzustand an.

Ein weiteres »elektronisches Heinzelmännchen«, die automatische Traktionskontrolle (TC-Plus) wird überwiegend bei ungestümen Ampelstarts oder auf glatten Fahrbahnoberflächen wirksam: Sie bremst »durchdrehende« Vorderräder so lange ein, bis sie die Motorleistung wieder schlupffrei auf die Straße übertragen. In Kombination mit den 1,8 und 2,2 l 16V-Motoren ist TC-Plus ab Werk mit dabei.

Auf einen Blick – das Zafira-Modellprogramm

Das Modellprogramm des Opel Vans berücksichtigt die unterschiedlichsten Aufgabenstellungen mit Bravur: Der Zafira kommt grundsätzlich mit Flex7® Sitzsystem, 3. Fondsitzreihe mit zwei Einzelsitzen und – ab Comfort-Variante – mit 12 Volt Steckdose im Laderaum und stabiler Dachreling auf die Autowelt. Mit Ausnahme der eigenständigen Zafira OPC und CNG gehen die anderen Varianten mit allen gelisteten Motoren eine »Wunschverbindung« ein.

Hier die Modellübersicht:

- Zafira – die »Brot-und-Butter-Variante«
- Selection Free – die »Kreativ-Variante«
- Comfort – die »Komplett-Variante«
- Elegance – die »Mehrwert-Variante«
- Selection Executive – die »Luxus-Variante«
- OPC – die »Power-Variante«
- 1,6 CNG – die »progressive Variante«

OPEL ZAFIRA

Goodies wie Full Size Fahrer-, Beifahrer- und Seitenairbags, Seitenaufprallschutz, Gurtstraffer und -stopper, DSA Fahrwerk, bei einem Frontalcrash auskuppelnde Pedale (PRS), ABS mit elektronischer Bremskraftverteilung, elektronische Wegfahrsperre, elektrohydraulische Servolenkung mit Sicherheitslenksäule, höhenverstellbarer Fahrersitz, geteilt umlegbare Rücksitzlehne und Rücksitzbank, ISO-Fix-Kindersitzbügel, dritte Sitzreihe mit zwei voll versenkbaren Einzelsitzen, aktive Kopfstützen (vorne), drei Kopfstützen (hinten), Leseleuchten, Sitzrampen vorne, Gepäckraumabdeckung, Cupholder, Innenraum Staub- und Pollenfilter, Umluftschaltung, Drehzahlmesser, Quarzuhr, Leseleuchten, Wärmeschutzverglasung, elektrisch beheiz- und verstellbare Außenspiegel, Zentralverriegelung mit Funkfernbedienung – ab Modelljahr 2001 hat der Zafira sie an Bord.

Zafira – die »Brot-und-Butter-Variante«

Die »Brot-und-Butter-Variante« gibt's wahlweise mit allen sechs Motoren und Erdgasantrieb. Der »kleinste« Antrieb leistet mit 1,6 Liter Hubraum 74 kW (100 PS). Zusätzlich 18 kW und 200 cm³ mehr Hubraum bietet dann die erste Leistungsstufe, gefolgt von der zweiten mit 2,2 Liter Hubraum und 108 kW (147 PS). Als Diesel mobilisiert der Zafira pur dann mindestens 74 kW (100 PS). Darüber kommt noch ein 2,2 Liter DTI mit 92 kW (125 PS) zum Zuge. Das Erlebnis, die »Brot-und-Butter-Variante« mit alternativen Antrieben und diversen Zusatzausstattungen aufzurüsten, ist durchaus gegeben. Doch pragmatische Rechner sehen im »Zafira pur« das Wesentliche bereits unter Dach und Fach.

Zafira Selection Free – die »Kreativ-Variante«

Im Großen und Ganzen bietet die Option »Selection Free« das Ausstattungsniveau des »Brot und Butter«-Zafira. Darüber hinaus suchen kreative Zafira-Käufer aus der umfangreichen Sonderausstattungsliste ihre ganz individuellen »Verlockungen« im Gegenwert von derzeit mindestens 1500,– Euro aus. Unterschiedliche Motoren, Sonderzubehör und alternative Getriebe sind in der »Selection Free«-Offerte nicht vorgesehen.

Zafira Comfort – die »Komplett-Variante«

Zusätzlich bzw. abweichend von der Basisausstattung kommt der Zafira Comfort mit praxisorientiertem Mehrwert auf die Autowelt. Äußerlich bildet die stabile Dachreling das Fundament für weitere An- und Aufbauten. Die vorderen Seitenfenster gleiten elektrisch auf und zu, und neugierige Blicke in den Laderaum verschleiert im Comfort eine praktische Abdeckung. »Sitzriesen« wie »Sitzzwerge« schätzen im »Comfort« das horizontal und vertikal verstellbare Lenkrad. Beizeiten lernen alle Mitfahrer das elektrische Glasschiebe-/Hubdach zu schätzen, die vorklappbare Beifahrersitzrückenlehne wird speziell der Fahrer als schnelle Ablage begrüßen, und verstellbare Lendenwirbelstützen kommen auf beiden Frontsitzen zum Zug. Zwischen beiden Vordersitzen gibt's als Comfort Zugabe noch eine Mittelarmlehne, in der zweiten Sitzreihe können die Hinterbänkler ihren Krimskrams in Gepäcknetzen der Vordersitzlehnen verstauen. Sie genießen zudem zwei Cupholder in der Mittelarmlehne ihrer Sitzbank. Und wenn's auf langen Reisen die Langeweile zu vertreiben gilt, leisten, zum Beispiel für Game Boy und Co., ein 12 Volt Netzstecker im Laderaum gute Dienste.

Zafira Elegance – die »Mehrwert-Variante«

Was dem »Zafira« und »Zafira Comfort« recht, ist dem »Zafira Elegance« ohnehin billig: »Aufgesattelt« oder abweichend von der Basisausstattung empfängt der »Elegance« seine Mitfahrer gleichermaßen mit Luxus und sicherheitsrelevanten Zugaben. So zum Beispiel mit Fullsize Kopfairbags auf den vorderen Sitzreihen. Das Innenraumklima beeinflusst eine Klimaanlage (AC). Verchromte Türeinstiegsleisten oder ein Ledervolant steigern das subjektive Wohlbefinden mit optischen Reizen. Den Innenraum beschallt ein Stereo-Cassettenradio (CAR 300) mit vier Sieben-Watt-Lautsprechern. Bei Wind und Wetter schafft eine »Solar Reflect«-Frontscheibe angenehmen Durchblick, und Nebelschwaden »unterleuchten« Nebelscheinwerfer direkt aus dem vorderen Stoßfänger. Der Rückspiegel blendet im Elegance übrigens automatisch ab, und in der Mittelkonsole ist ein Dimmer tätig, der die Beleuchtungsintensität automatisch regelt. Die serienmäßigen Stahlfelgen tauscht der »Zafira Comfort« gegen 6J x 15" Leichtmetallräder im Sechsspeichendesign.

Zafira Selection Executive – die »Luxus-Variante«

Selbstverständlich genießen Chauffeure und die Crew des »Selection Executive« die ohnehin schon behagliche Atmosphäre des »Elegance«. Den Fahrer informiert zudem ein Bordcomputer inklusive Check Control System und Multi Info Display über den technischen Zustand des »Selection Executive«, er blickt übrigens auf weiß unterlegte Instrumente. Sommertags schätzen die Insassen die isolierende Wirkung einer Wärmeschutzrundumverglasung. Und immer wenn im »Selection Executive« das Stereo-CD-Radio (CDR 500) unter Strom steht, lauscht die Crew dem Klang von vier 20-Watt-Lautsprechern. Äußerlich kommt der »Luxus Zafira« eher bescheiden daher. Kenner entlarven ihn entweder an Leichtmetallfelgen (6J x 16'') im Fünfspeichendesign oder an Artgenossen im Breitspeichendesign. Einerlei ob fünf schmale oder fünf breite Speichen, der Zafira »Selection Executive« rollt auf 205/55er Reifen.

Zafira OPC – die »Power-Variante«

Im Wesentlichen basiert der Zafira »OPC« auf dem Ausstattungsumfang des Zafira »Selection Executive«. Hinter dem Ledervolant der Power-Variante kommen vornehmlich jene Käufer auf ihre Kosten, die Luxus und Dynamik gleichermaßen schätzen, und zwar ohne Abstriche an den Fahrkomfort oder die Variabilität des Van-Konzepts. Den OPC setzt ein 2 Liter Turbomotor mit 141 kW/192 PS in Bewegung – das ist der Gipfel in der Zafira Leistungsskala. Selbstverständlich sind ESP, TC-Plus, ein Sportfahrwerk und größere Bremsen mit von der Partie. Fahrer und Beifahrer fixieren Sportsitze in Teillederausführung, den gesamten Aufbau dagegen 17'' Leichtmetallräder im OPC-Design inklusive 225/45 Reifen. OPC-typische Applikationen wie beispielsweise Kühlergrill, Seitenschweller, Heckschürze oder Schriftzüge runden den Auftritt des dynamischsten Zafira für jedermann sichtbar ab.

Zafira 1,6 16V CNG – die »progressive Variante«

Trotz Erdgasantrieb haben Opel-Ingenieure viel »Gehirnschmalz« investiert, um den Alternativ-Zafira 1,6 16V CNG möglichst nah an die Großserie anlehnen zu können. Erfreulicherweise ist ihnen das vollauf gelungen: Der »Gasbrenner« fährt wie ein normaler Otto und leistet mit 74 kW (100 PS) so viel wie ein normaler Otto. Der »Gasbrenner« hat mit dem Zafira zwar kein leichtes Spiel, doch in Kombination mit der »Brot-und-Butter-Variante« reicht sein Temperament allemal.

Ansonsten trüben die fast »weiße Abgasweste« keinerlei Nebenwirkungen. Ganz im Gegenteil, sensible Ohren attestieren dem CNG-Zafira sogar einen geringfügig weicher verlaufenden Verbrennungsvorgang. Allerdings nur im Erdgasbetrieb. Wenn dann nach rund 400 Kilometern die vier Gastanks unter dem Wagenboden ausgelutscht sind, brummt der bivalente Treibsatz unter der Motorhaube fast wie ein normaler Otto. Kein Wunder, »in der Not« verköstigt der CNG-Antrieb auch Super Plus: Für den Fall der Fälle hat die Erdgasvariante noch ein Notreservoir von 14 Litern »Flüssigbenzin« an Bord. Zumindest dann, wenn der Chauffeur den Super Plus Pegel nicht vernachlässigt.

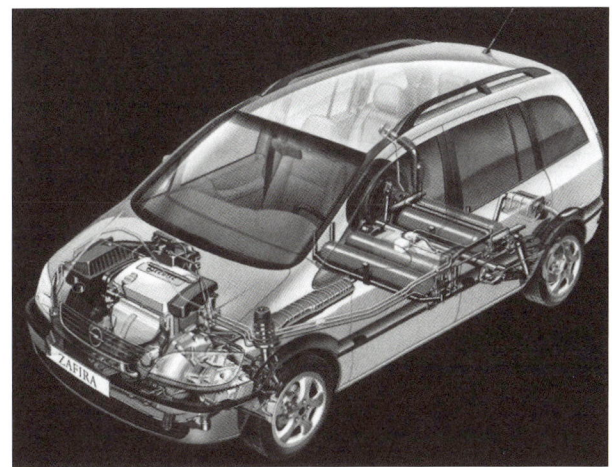

Wenn's sein muss bivalent: Der Zafira 1,6 CNG mit 74 kW (100 PS) »verdaut« zur Not auch Vergaserkraftstoff.

So können Sie kombinieren – der Zafira und seine Motoren

	1,6 I 16V ECOTEC	1,8 I 16V ECOTEC	2,2 I 16V ECOTEC	2,0 I 16V Turbo ECOTEC	2,0 DTI 16V ECOTEC	2,2 DTI 16V ECOTEC	1,6 I CNG Erdgasmotor
Zafira	•	•[1]	•[1]	–	•	•	•
Selection Free	•	•[1]	•[1]	–	•	•	•
Comfort	•	•[1]	•[1]	–	•	•	•
Selection Executive	•	•[1]	•[1]	–	•	•	•
Zafira OPC	–	–	–	•	–	–	–

– nicht lieferbar; • lieferbar; [1] mit Automatik lieferbar.

OPEL ZAFIRA

Wunschliste – die Zafira-Sonderausstattungen

Von der Qual der Wahl sind Zafira-Käufer mitunter schon ab Werk befreit: Nicht alle möglichen Sonderausstattungen sind innerhalb der Motoren- und Ausstattungsrange kombinierbar. Auf den Umfang der möglichen Wunschausstattungsliste hat das freilich nur geringen Einfluss: Die Sonderausstattungen und »Zusatzpakete« sind eine wahre Fundgrube für jene Käufer, denen es wichtig ist, »ihr kleines Refugium« aus der Großserie abzuleiten. Der Lieferumfang des optionalen »Designpakets 1« lässt Interessenten der »Selection Executive«-Ausstattung beispielsweise unbeeindruckt: Standard. Auf Sportsitze im »Texas Trimm«, Bestandteil im »Designpaket 2«, müssen sie dagegen verzichten – das Nachsehen haben übrigens auch Käufer des Zafira »Elegance«. Wenn allerdings anstelle von »Texas-Sesseln« Leder und Klimaanlage die Sonderwunschliste anführen, heißt »Designpaket 2« wiederum alle Zafira-Käufer willkommen.

Zukünftige Zafira-Fahrer sollten zum Studium der Preis- und Ausstattungsliste besser einige Zeit einplanen. Denn das »Spielchen geht, geht nicht ...« ließe sich innerhalb der Modell- und Paketrange beliebig fortsetzen. Unabhängig und oder abhängig von »Designpaket 1/2« lässt sich der Multi-Van auch mit »Winterpaket 1/2« oder rund 52 weiteren Sonderausstattungs- bzw. original Zubehörofferten aufrüsten.

Nicht nur Musik- und Informationsliebhaber, mobile Telefonisten, Straßenkartenmuffel oder Rad/Reifengourmets – auch Käufer, denen der Sinn schlicht und einfach nach hochwertigem original Zubehör steht, werden in dem zehnseitigen »Katalog« bedient. Da bleibt für ambitionierte Do it yourselfer mitsamt Werkzeugkasten eigentlich nur noch wenig Schraubarbeit übrig. Dennoch: Bei diversen Optionen lohnt mitunter ein Preisvergleich im Zubehörhandel. So z. B. bei Anhängerkupplung oder Dachtransportsystemen mit unterschiedlichen Aufsätzen. Das Grundträgersystem sollten Zafira-Käufer allerdings besser bei ihrem Opel-Händler ordern: Dann ist zumindest die erforderliche Sicherheitsbasis für weitere »Aufbauten« gewährleistet – zumindest bei ordnungsgemäßer Montage.

Die Motoren

Alle im Zafira offerierten Motoren tragen den Namen ECOTEC – vier Ottotriebwerke und zwei Dieselaggregate. Ausnahme: Der 1,6 Liter CNG, er ist Opels käufliche Speerspitze in Richtung alternativer Treibstoffe. ECOTEC steht bei Opel seit geraumer Zeit für drehmoment- und leistungsstarke Treibsätze mit geringem Schadstoffausstoß und günstigen Verbräuchen. Gemeinsames Charakteristikum der ECOTEC-Familie sind Vierventilzylinderköpfe mit obenliegenden Nockenwellen und zentral in den Brennräumen angeordneten Zündkerzen bzw. zentral implantierten Einspritzdüsen bei den Dieselvarianten. Im Zafira reicht das Hubraumangebot von 1,6 bis 2,2 Liter. Allemal genug, um ein Leistungsspektrum von 74 kW/100 PS (1,6 16V ECOTEC, 1,6 CNG, 2,0 DTI 16V ECOTEC) bis zu 141 kW/192 PS (2,0 16V Turbo ECOTEC) abzudecken. Sämtliche Ottomotoren erfüllen Euro 3 respektive die D4-Norm, alle Diesel sind »clean« gemäß der D3-Norm.

1,6 Liter 16V ECOTEC – 1598 cm^3 Hubraum, 74 kW (100 PS) Leistung bei 6.000 min.$^{-1}$

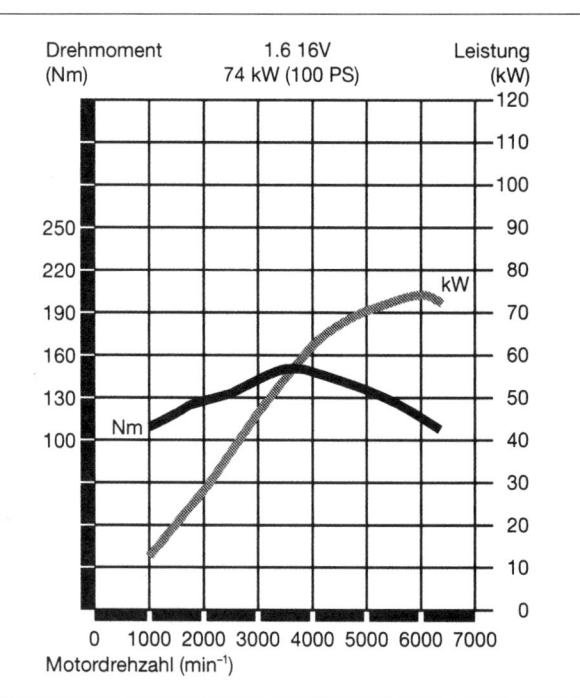

Widerstandsfähig: Der Drehmomentverlauf (150 Nm bei 3.600 min.$^{-1}$) des 1,6 Liter ECOTEC mit 74 kW (100 PS) bei 6.000 min.$^{-1}$.

Schon der kleinste ECOTEC Vierzylinder mit 74 kW (100 PS) bei 6.000 min.$^{-1}$ aus 1.598 cm^3 Hubraum macht im Basis-Zafira einen durchaus guten Job. Er beschleunigt den Van in 13 Sekunden aus dem Stand auf 100 km/h und stellt dann bei 176 km/h seinen Vorwärtsdrang ein. Lediglich am Leistungslimit wirkt der »Kleine« etwas zugeschnürt, was im normalen Fahrbetrieb jedoch allenfalls eine untergeordnete Bedeutung hat. Denn mit einem maximalen Drehmoment von 150 Nm bei 3.600 min.$^{-1}$ lässt sich der Zafira durchaus »schaltfaul« durch die Lande dirigieren. Der Verbrauch bleibt mit durchschnittlich 7,9 Liter Super auf 100 Kilometer durchaus akzeptabel. Das Finanzamt besteuert den 1,6 Liter gemäß EURO 3/D4.

1,6 Liter 16V CNG ECOTEC – 1598 cm^3 Hubraum, 74 kW (100 PS) Leistung bei 5.800 min.$^{-1}$

Durchaus überzeugende Argumente für den »umweltfreundlichen« Erdgasantrieb sind seine geringen Kraftstoffkosten und die daraus resultierende Wirtschaftlichkeit. Weiterer Vorteil: Mit dem höchsten Wasserstoff- und niedrigsten Kohlenstoffanteil belastet Erdgas die Umwelt wesentlich geringer als Benzin- oder Dieselkraftstoffe. Der Ausstoß von Stickstoff- (NO_x) und Kohlenmonoxiden (CO) reduziert sich um bis zu 90 Prozent, der von Kohlendioxid (CO_2) um rund 30 und der von Kohlenwasserstoffen (HC) um 45 Prozent. Erdgas verbrennt zudem schwefelfrei und ohne Rußbildung. Der auf dem 1.6 16V ECOTEC basierende »Erdgasbrenner« leistet 74 kW/100 PS bei 5.800 min.$^{-1}$. Sein maximales Drehmoment beträgt 150 Nm bei 3.800 min.$^{-1}$. Einmal in Fahrt, spult der CNG-Zafira in der Stunde bis zu 172 Kilometer ab, für den Start von 0 auf 100 km/h nimmt er sich 14,8 Sekunden Zeit. Der Verbrauch des Erdgasmotors liegt (EG 93/116) bei rund 6,8 kg/100 km. Die vier Gastanks »schlucken« insgesamt 21 kg Erdgas (111 l), ein zusätzlich installierter Benzintank fasst weitere 14 Liter. Das reicht für einen Aktionsradius von rund 550 Kilometer. Sobald die Gastanks »leer gelutscht« sind, schaltet das System automatisch auf Super Plus um. Im Gegensatz zu Flüssiggas-Fahrzeugen darf der als monovalent ein-gestufte Zafira 1.6 CNG in Parkhäusern und Garagen pausieren. Das Finanzamt besteuert den CNG-Antrieb im Zafira gemäß EURO 3/D4.

1,8 Liter 16V ECOTEC – 1796 cm^3 Hubraum, 92 kW (125 PS) Leistung bei 5.600 min.$^{-1}$

Keine Frage, mit zwanzig zusätzlichen »Pferdestärken« (92 kW/125 PS bei 5.600 min.$^{-1}$) geht's in der ersten Zafira-Leistungsstufe naturgemäß zügiger voran als im Basismodell. Vor allem dann, wenn bei Überholvorgängen das höhere Drehmoment ausgereizt wird. Auf dem Papier sind es zwar nur 20 Newtonmeter, doch in der Praxis ist mehr Hubraum eben doch schon die »halbe Miete«. Erst recht, wenn das Leistungshoch mit 170 Nm bereits bei 3.800 min.$^{-1}$ anfällt. Im Durchschnitt verbrennt der ECOTEC Motor 0,4 Liter Euro-Super mehr als sein schwächerer »Hubraumkollege«. Im Drittelmix reichen 8,3 Liter auf 100 Kilometer, bei einer Höchstgeschwindigkeit von 188 km/h ein akzeptabler Wert. Wie auch der Sprint von 0 auf 100 km/h, nach 11,5 Sekunden erledigt. Die Abgase haben die »Qualität« gemäß EURO 3/D4.

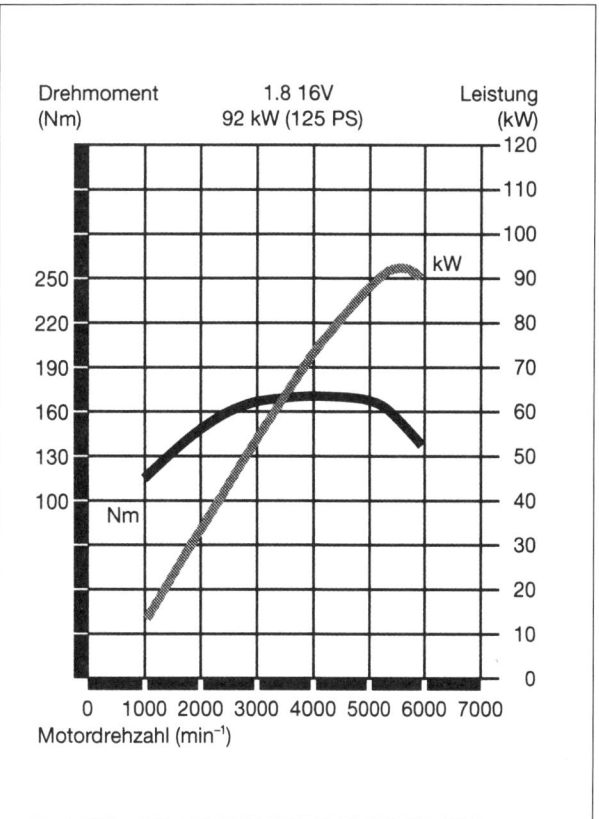

»Zäher Buckel«: Die Drehmomentkurve (170 Nm bei 3.800 min.$^{-1}$) des 1,8 Liter ECOTEC mit 92 kW (125 PS) bei 5.600 min.$^{-1}$.

OPEL ZAFIRA

2,2 Liter 16V ECOTEC – 2198 cm³ Hubraum, 108 kW (147 PS) Leistung bei 5.800 min.⁻¹

2,2 Liter Hubraum, 108 kW (147 PS) – der »halbstarke« ECOTEC hat leichtes Spiel mit dem Zafira. Egal ob in der »Butter-und-Brot«-Variante oder mit zusätzlichem »Wohlstandsspeck«, dem 2,2 Liter geht nur selten die Puste aus. Immerhin legen sich 108 kW (147 PS) mit den Fahrwiderständen an. Sie tun das durchaus erfolgreich: Rund 10 Sekunden aus dem Stand auf 100 km/h, im Zafira mit Automatik-Getriebe dauert's rund eine Sekunde länger. Der »ECOTEC« beweist jedoch nicht nur Sprinterqualitäten (200 km/h), er hat auch Stehvermögen. Seine Drehmomentkurve und der Maximalwert verraten es – 203 Nm bei 4.000 min.⁻¹, dazu stabil gegen den Höchstwert ansteigend. Das schafft verbrauchsorientierten Fahrern häufig das Erlebnis, den Zafira 2,2 möglichst häufig und möglichst lange in großen Gängen dahin rollen zu lassen. Im Durchschnitt reichen dem Motor 8,9 Liter Euro-Super auf 100 Kilometer, er verbrennt sie gemäß EURO 4.

2,0 Liter 16V Turbo ECOTEC – 1.998 cm³ Hubraum, 141 kW (192 PS) Leistung bei 5.400 min.⁻¹

Keine Frage, er ist der Kraftmeier unter der Zafira-Motorhaube – der 2,0 Liter Turbo ECOTEC mit 141 kW (192 PS) bei 5.400 min.⁻¹ und 250 Nm Drehmoment bei 1.950 min.⁻¹. Da ist es kaum der Rede wert, dass der Zafira OPC sein Beschleunigungsvermögen (0 – 100 km/h 8,2 Sekunden) erst jenseits der 200 km/h, exakt nämlich bei 220 km/h ausgereizt hat. Bei ganz getretenem Gaspedal setzt die Motorelektronik des OPC zusätzliche Beschleunigungskräfte frei, sie »erlaubt« der Kurbelwelle dann kurzfristig die Maximaldrehzahl von 6.800 min.⁻¹ anstelle von 6.400 min.⁻¹ im normalen Fahrbetrieb. Der Zafira OPC-Treibsatz ist jedoch kein nervöser Zeitgenosse, der am liebsten in niedrigen Gängen sprintet. Eher ist das Gegenteil die Realität: Wenn's denn sein muss »ackert« das »Turbotriebwerk« auch im Drehzahlkeller fast so verbissen wie ein aufgeladener Diesel. Und das mit durchaus moderaten Verbräuchen. Im Drittelmix passieren gerade mal 10,1 Liter Euro-Super je 100 Kilometer die Einspritzdüsen. Der Gesetzgeber besteuert den »geladenen« Zafira gemäß EURO 4.

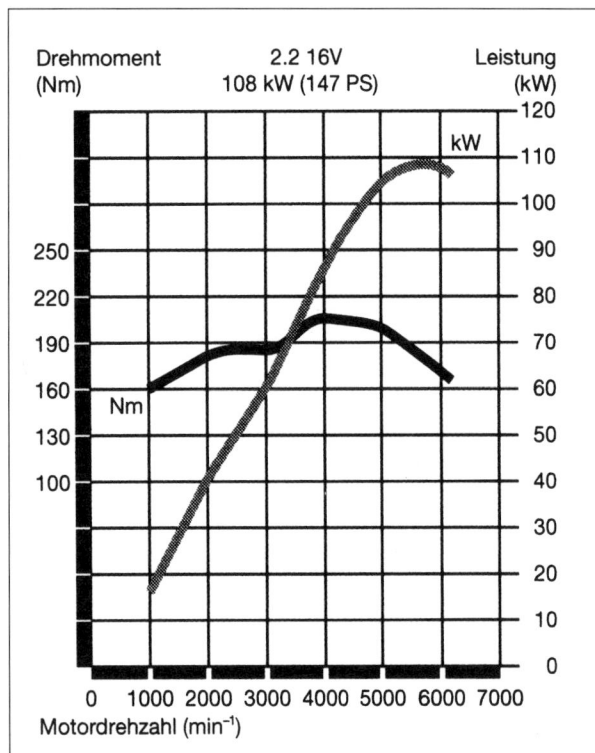

Auf hohem Niveau: Das Leistungsverhalten des 2,2 Liter ECOTEC mit 108 kW (147 PS) bei 5.800 min.⁻¹ und 203 Nm bei 4.000 min.⁻¹.

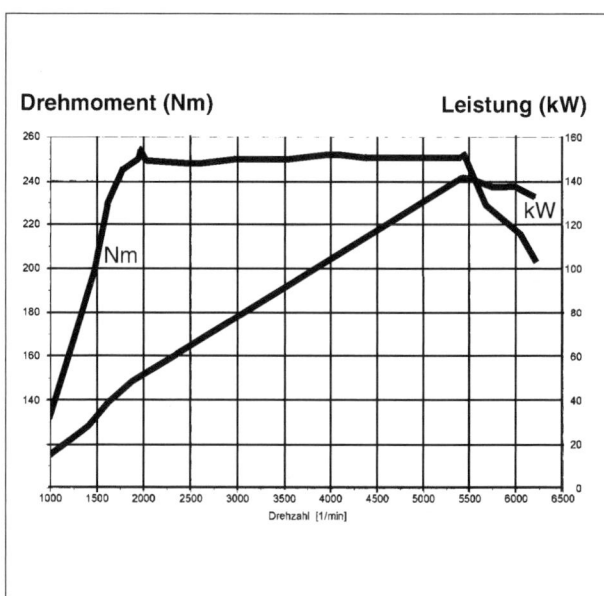

Mustergültig: Das Leistungsdiagramm des 2,0 Liter 16V Turbo ECOTEC mit 250 Nm bei 1.950 min.⁻¹ und 141 kW (192 PS) bei 5.400 min.⁻¹.

2,0 DTI 16V ECOTEC – 1.995 cm³ Hubraum, 74 kW (100 PS) Leistung bei 4.300 min.$^{-1}$; 2,2 DTI 16V ECOTEC – 2.171 cm³ Hubraum, 92 kW (125 PS) Leistung bei 4.000 min.$^{-1}$

Zwei Selbstzünderalternativen im Zafira – wo sonst gibt's das in der kompakten Van-Mittelklasse? Nicht zu vergessen die vier Ottomotoren und der »Gasbrenner«, jeder für sich durchaus eine Überlegung wert. Die Zafira-Selbstzünder entstammen allesamt der ECOTEC Familie. Anders als die Kollegen von der Ottozunft rotiert in ihren Zylinderköpfen jedoch nur eine Nockenwelle. Hier wie dort steuern allerdings vier Ventile pro Zylinder den Gaswechsel. Opel-Werbepoeten nennen ihre 1 : 4-Zwangskombination einen »technischen Leckerbissen«. Sie tun das allerdings nicht, ohne ihre Behauptung mit technischen Fakten zu unterlegen. Demnach reduziert der Kniff die Eigenreibung im wartungsfreien Ventiltrieb um 30 Prozent. Das klingt in technisch versierten Ohren als »Fall für die Tankstelle«. Exakt, hier überzeugen die Selbstzünder mit günstigen Verbräuchen. Der 74 kW (100 PS) starke Benjamin verbrennt oberhalb seiner Kolben rund 6,6 Liter Dieselöl auf 100 Kilometer. Soviel »Saft« muss sein, um rund 175 km/h schnell und in 14,0 Sekunden von 0 auf 100 km/h beschleunigen zu können. Zwischen 1.950 – 2.500 min.$^{-1}$ füttert er sein Schwungrad mit maximal 230 Nm – nicht nur für Dieselpuristen ein verlockendes Angebot: 2,0 DTI 16V ECOTEC – sparsam, schnell genug, schnell genug schnell und durchzugsstark…

Auch der 2,2 DI 16V ist mit seinen 280 Nm Drehmoment ab 1.500 min.$^{-1}$ alles andere als ein Phlegmatiker, beim beherzten Tritt aufs Fahrpedal geht's zügig voran im Diesel Zafira mit 92 kW (125 PS) bei 4.000 min.$^{-1}$: In der Stunde sogar bis zu 187 Kilometer weit und aus dem Stand in 11,5 Sekunden auf 100 km/h. An der Zapfsäule lässt er sich sein Temperament mit durchschnittlich 6,9 Liter/100 km honorieren. Nicht schlecht für einen Diesel im Van-Anzug.

Der technische Stammbaum beider ECOTEC Selbstzünder ist weitgehend identisch. Zur Gemischbildung setzt Opel weder auf ein Pumpe/Düse-System noch auf Common-Rail-Technik – das Dieselöl verteilt eine Einstempel-Verteilereinspritzpumpe über Zapfeneinspritzdüsen in die Brennräume: Beide Motoren bemühen dazu eine Bosch VP 44-Pumpe. Um die Verbrennungsgeräusche zu minimieren, liefert die Pumpe ihre Portionen in einem »Zweigängemenü« ab. Eine Piloteinspritzung, sie startet Sekundenbruchteile vor der Haupteinspritzung, heizt den Brennräumen mit einer homöopathischen Dieselportion »weich ein«, um den »Hauptgang« dann ganz effizient an der »Vorspeise« entflammen zu lassen. Dem ECOTEC Selbstzünder Duo presst ein Abgasturbolader mit variablen Laderradschaufeln Frischluft in die Zylinder.

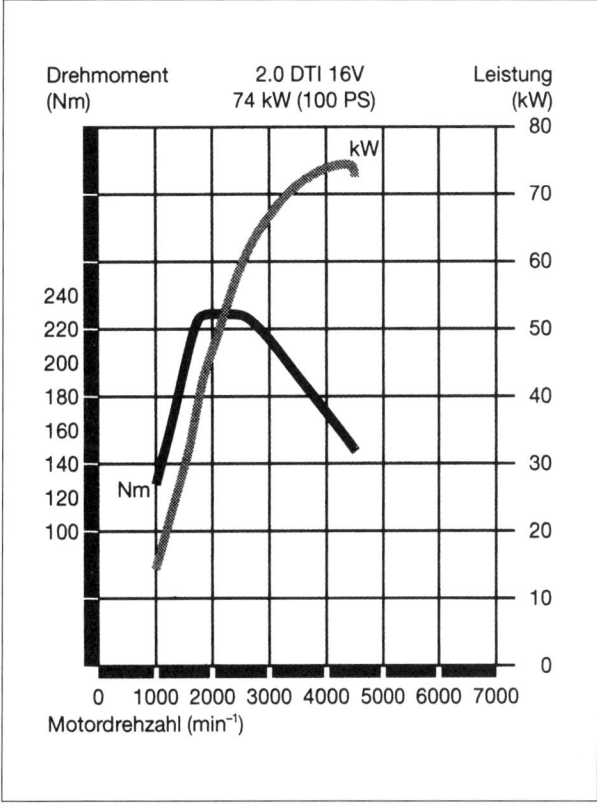

»Mittelmaß auf hohem Niveau«: Der 2,0 Liter DTI 16V ECOTEC mit 74 kW (100 PS) bei 4.300 min.$^{-1}$ und 230 Nm Drehmoment zwischen 1.950 – 2.500 min.$^{-1}$.

OPEL ZAFIRA

Die Abmessungen

Stufenheck, Schrägheck, Steilheck – im Opel Zafira kein Thema, als typischer Van kommt er natürlich nur mit Steilheck, vier Türen und großer Heckklappe daher. In der Breite misst er maximal 1.999 Millimeter, mit eingeklappten Außenspiegeln sind's dann nur mehr 1.742 Millimeter. In der Länge passt der Zafira mit 4.317 Millimeter noch locker in innerstädtische Parklücken und seine Höhe ist mit 1.684 inklusive Dachreling durchaus Parkhaus tauglich. Ist ein Sportfahrwerk mit von der Partie (OPC), sinkt das Niveau um 20 Millimeter. Beim Radstand herrscht Gleichstand: 2.694 Millimeter. Nicht so bei den Spurweiten, vorne 1.470 und hinten 1.487 Millimeter. Die OPC-Version »tanzt aus der Reihe«: An der Vorderachse legt sie 1.462 und an der Hinterhand 1.479 Millimeter zwischen den Mittelpunkt ihrer Reifenlaufflächen.

Zu Recht wird dem Zafira ein kommoder Innenraum bescheinigt: Auf zwei »Sitzreihen« fühlen sich fünf erwachsene Mitteleuropäer pudelwohl. Wem das nicht reichen sollte, klappt kurzerhand hinter der Heckbank noch zwei Einzelsitze aus dem »Bodenblech« und fährt fortan mit der »Kopfzahl eines Kegelklübchens« locker durch die Lande. In diesem Fall bleibt dem Reisegepäck allerdings nur ein Bonsaistauraum von maximal 150 Liter, mit umgeklappter Rücksitzbank schluckt der Zafira bis Unterkante Dach 1.700 Liter. Das ist ein Wert, der Limousineneigner vor Neid erblassen lässt. Doch imposante Volumina allein sind eben nur die »halbe Miete«: Die maximale Zuladung beträgt nämlich durchaus zivile 557 Kilogramm inklusive 75 Kilogramm für den Fahrer. Auf sieben Erwachsenen »aufgerundet«, reicht das »Schluckvermögen« dann gerade 'mal noch für 32 Kilogramm.

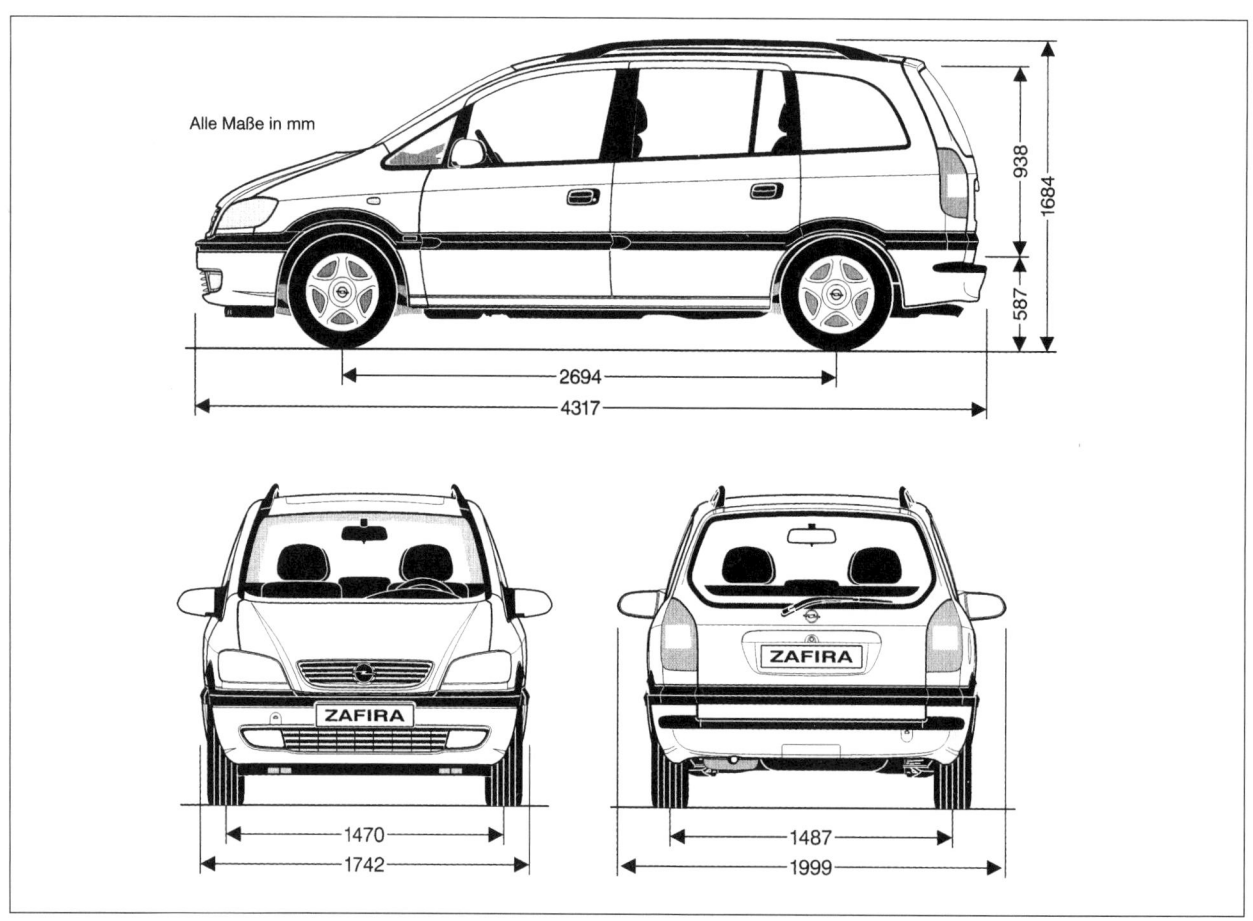

Abmessungen**: Länge – 4.317 mm, Breite – 1.742 mm, Höhe – 1.684 mm, Radstand – 2.694 mm, Spurweite v. / h. – 1.470 (1.462**) / 1.487 (1.479**) mm.*
* bei Leergewicht mit Normalbereifung; ** Zafira OPC.

Modellpflege

1997
IAA Frankfurt Weltpremiere des 7-sitzigen Compact Vans Zafira.

1999
Markteinführung mit drei Ausstattungsvarianten: Zafira (Basismodell), Zafira Comfort, Zafira Elegance.

Zwei Ottomotoren: 1.6 l 16V ECOTEC (74 kW/100 PS), 1.8 l 16V ECOTEC 85 kW/115 PS).

Vollverzinkte Karosserie mit Rundumschutzsystem, DSA-Sicherheitsfahrwerk, PRS-Sicherheitspedale (auskuppelnde Pedalbox), Rammschutzträger in den Seitentüren, Sicherheitslenksäule, verstärkte Säulen und Schweller, verwindungssteife Fahrgastzelle, Traktionskontrolle (TC Plus) in Kombination mit 1.8 l 16V-Motor, Scheibenbremsen (v. innenbelüftet), höheneinstellbare Kopfstützen an allen Sitzen.

Serienausstattung: u. a. elektrisch einstell- und beheizbare Außenspiegel, elektrohydraulische Servolenkung, 5-Gang-Getriebe, Flex$^{7®}$ Kindersitzsystem, Fahrersitzhöheneinstellung, zweite Sitzreihe mit drei Sitzen, dritte Sitzreihe mit zwei Einzelsitzen, im Ladeboden versenkbar (ebene Ladefläche), Reinluftfiltersystem mit Pollenfilter und Umluftschaltung, grüngetönte Wärmeschutzverglasung, Zentralverriegelung mit Funkfernbedienung.

Sonderausstattungen: u. a. Vorinstallation Mobiltelefon, Vierstufen-Automatikgetriebe mit drei Fahrprogrammen (1.8 l 16V-Motor), Radio CCRT 700 mit D-Netz-Telefon, Geschwindigkeitsregler, Diebstahlwarnanlage, elektrisches Schiebe-/Ausstelldach, Laderaumsicherheitsnetz, FCKW-freie AC, Wärmeschutzverglasung, Dachreling, elektrische Fensterheber, höhen- und längs einstellbare Lenksäule, Stahlfelgen 6J x 15" mit 195/60 R15" Reifen, Leichtmetallfelgen 6J x 15" im 6-Speichen-Sport-Design mit 195/60 R, Nebelscheinwerfer, vorklappbare Beifahrersitzrückenlehne, weiße Instrumenteneinsätze, Scheinwerferreinigungsanlage, Sitzheizung.

Pakete (optional): Cargo-Paket, Selection-Paket, Winter-Paket.

2000
2.0 l Dl 16V ECOTEC-Turbodiesel mit 60 kW/82 PS, aktive Kopfstützen (v.).

Sonderausstattung: Airbag mit Beifahrersitzbelegungserkennung, GPS-Modul in Verbindung mit CCRT 700 Radio (aktive Verkehrsinformationen, Opel OnStar), NCDR 1100 Radio mit integriertem D-Netz-Telefon und Navigationssystem, vorne Schiebe-/Ausstelldach, hinten Ausstelldach, Sportsitze, Bordcomputer.

2001
2.2 l 16V ECOTEC-Motor mit 108 kW/147 PS (Euro 4), ESP, TC Plus, 4-Stufen-Automatik optional. Anstelle von 2.0 l DI 16V jetzt 2.0 l DTI 16V ECOTEC-Motor mit 74 kW/100 PS; 1.8 l 16V ECOTEC jetzt mit 92 kW/125 PS; 1.6 l 16V und 1.8 l 16V ECOTEC jetzt Euro-3/D4-Norm; 1.6 l CNG 16V mit 74 kW/100 PS, optimiert für Erdgasbetrieb, wahlweise Super Plus; »Solar Reflect«-Frontscheibe für Zafira mit AC, umklappbarer Beifahrersitz.

Sonderausstattungen: Parkpilot, Vierstufen-Automatik mit drei Fahrprogrammen und Wählhebelsperre (1.8 l 16V und 2.2 l 16V), Laderaumpaket separat bestellbar (Cargo-Paket entfällt), NCDR 1100 mit 4-fach-CD-Wechsler und Navigationssystem, »Opel Fix«-Kindersitz für dritte Sitzreihe, Standheizung, optional mit Fernbedienung, Telefoneinbausatz mit Sprachsteuerung, 16" Leichtmetallfelgen mit 205/55 R16" Reifen, Wärmeschutzverglasung »Solarprotect«, Fußraumheizung in 2. und 3. Sitzreihe.

Selection Free Paket (Basis- plus Sonderausstattung im Wert von mindestens 1.500 Euro); Selection Executive, Elegance plus Design-Paket 1.

2002
2.2 l DTI 16V ECOTEC-Motor mit 92 kW (125 PS); neues Modell: Zafira OPC mit 2.0 l 16V Turbo ECOTEC-Motor (141 kW/192 PS), erweiterte Ausstattungspakete, Full Size Kopfairbags für Fahrer und Beifahrer, erste und zweite Sitzreihe, automatisch abblendender Innenspiegel, automatisch geregelte Konsolenbeleuchtung, vorne verchromte Türeinstiegsleisten.

Serienausstattung Zafira OPC: Full Size Kopfairbag für Fahrer und Beifahrer sowie 1. und 2. Sitzreihe, 3. Kopfstütze in 2. Sitzreihe, ESP, Laderaumabdeckung, Nebelscheinwerfer im Stoßfänger, mit Chromleiste eingefasster Kühlergrill, Einstiegsleisten mit »Turboemblem« (v.), weiß unterlegte Instrumenteneinsätze mit OPC-Emblem, Bordcomputer, AC, Lederkopfstützen in 2. und 3. Sitzreihe, Leichtmetallfelgen 7½ J x 17" mit 225/45 R 17" Reifen, Radio CDR 500, automatisch abblendender Innenspiegel, automatisch geregelte Konsolenbeleuchtung, Recaro Sportsitze (v.), Sportfahrwerk, Solar Reflect Frontscheibe, Wärmeschutzverglasung, 12-Volt-Steckdose im Laderaum, Karosserieelemente im OPC-Design, verchromte Außentürgriffe mit Griffschale in Wagenfarbe.

DIE AUSRÜSTUNG

DIE AUSRÜSTU

DIE AUSRÜSTUNG

Arbeitsplatz	21
Mietwerkstatt	21
Ersatzteilkauf	22
Werkzeuggrundausstattung	24
Spezialwerkzeuge	26
Profitipps für Hobbyschrauber	28
Tipps für den Werkstattbesuch	31
Sicherheit geht vor	32
Fahrzeug aufbocken	35

Als Hobbymechaniker brauchen Sie zunächst einen möglichst hellen und freundlichen **Arbeitsplatz**, schließlich möchten Sie sich ja ganz aufs Schrauben konzentrieren. Am besten geeignet: Eine ausreichend breite und gut beleuchtete Garage mit eigenem Stromanschluss. Bei gutem Wetter macht Schrauben unter freiem Himmel natürlich noch mehr Spaß. Doch legen Sie grundsätzlich Wert auf eine ebene und gepflasterte Fläche – handeln Sie bei allen Arbeiten »pingelig« nach der Devise: **Safety first.**

Do it yourself unter Aufsicht – in Mietwerkstätten möglich

Mietwerkstätten sind in aller Regel eine gute Empfehlung für Hobbyschrauber. Neben Hebebühnen und einer mehr oder weniger umfangreichen Werkzeugausstattung bekommen Sie dort häufig auch kompetente Hilfestellung mit fundierten Praxistipps: Probleme am Auto und mit der Technik sind unter fachkundiger Anleitung ohnehin leichter lösbar. Die meisten Mietwerkstätten bieten zwar mehrere Arbeitsplätze, doch mit freien Hebebühnen ist unter der Woche eher zu rechnen als an Wochenenden: Dann greifen nämlich die meisten Hobbyschrauber zum Schraubenschlüssel. Mietwerkstätten berechnen ihren Kunden für eine Arbeitsstunde erfahrungsgemäß zwischen 18 bis 23 Euro – inklusive Werkzeug. Blättern Sie einfach mal die gelben Seiten Ihres Telefonbuchs, den Kleinanzeigenteil Ihrer Tageszeitung, in Anzeigenblättern oder im Internet, dort finden Sie meistens einschlägige Adressen in Ihrer Reichweite. Mitunter hat gar Ihr Tankwart einen aktuellen Tipp zur »neuesten« Hobbywerkstatt in nächster Umgebung.

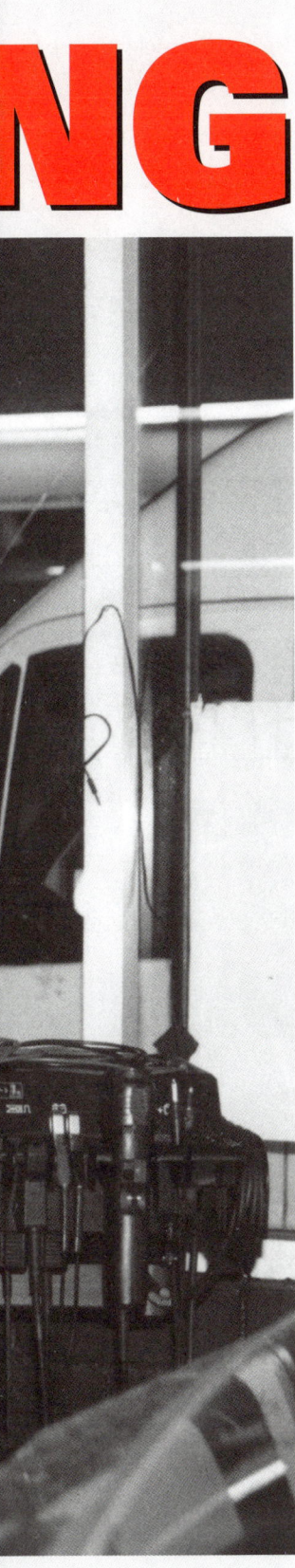

Do it yourselfers Traum: Computer unterstütztes Serviceequipment in der »Bastelstube« – in den meisten Fällen bleibt's beim Traum. Doch geschickte Schrauber kreisen Fehler häufig auch ohne »Bildschirm« ein. Schaffen Sie sich dazu einen aufgeräumten und trockenen Arbeitsplatz, arbeiten mit Qualitätswerkzeug und beschaffen die erforderlichen Ersatzteile schon im Vorfeld.

AUSRÜSTUNG

Gut vorbereiten – den Werkstattbesuch

Selbsthilfe in Mietwerkstätten lohnt freilich nur, wenn die Reparatur flott »über die Bühne« geht. Denn umfangreiche Arbeiten, die Sie zum ersten Mal selbst erledigen möchten, können in Mietwerkstätten – mit unfreiwillig »angesammeltem Lehrgeld« – locker den Arbeitspreis von Fach- bzw. Vertragswerkstätten übersteigen. Dazu kommt dann meist noch der Zeitdruck anderer, auf Ihre Hebebühne wartender Hobbyschrauber: Wenn Sie in einer Mietwerkstatt erst einmal Ihr Auto »zerlegt« haben, müssen Sie die Arbeit zügig beenden. Die Praxis zwingt Sie förmlich zu akribischer Planung am grünen Tisch – schließlich möchten Sie Ihren Wagen ja nicht kostspielig auf einer Hebebühne »parken«, währenddessen Sie fehlende Teile oder erforderliches Spezialwerkzeug erst noch beschaffen.

So arbeiten Sie effektiv — **Praxistipp**

- Damit Sie erst gar nicht in Versuchung kommen, Ihrem Zafira eventuell »falsche« Ersatzteile unterzujubeln, cleanen Sie vorab den Arbeitsplatz von »alten Hinterlassenschaften«.
- Legen Sie demontierte Teile grundsätzlich in der Ausbaureihenfolge ab. Das ist bei der späteren Montage mehr als die halbe »Miete«.
- Kleinteile deponieren Sie besser in separate Schachteln oder andere Behältnisse. Drehen Sie Schrauben nach dem Ausbau gleich wieder in das entsprechende Gewinde ein. Dann sitzt jede Schraube an ihrem angestammten Platz und Sie erleben kein »nervendes« Schraubenpuzzle.
- Falls sich in der Nähe Ihres »Tatorts« ein Gully oder Ölabscheider befindet, decken Sie ihn während der Arbeit ab – Gitterroste üben auf Kleinteile eine »magische Anziehungskraft« aus.
- Studieren Sie mitgelieferte Reparatur- oder Montageunterlagen vor Arbeitsbeginn. Halten Sie die Unterlagen auch während der Arbeit immer in Reichweite.
- Skizzieren Sie bei umfangreichen Arbeiten die einzelnen Arbeitsschritte. Das verkürzt die spätere Montage und erleichtert die Fehlersuche.
- Bei Arbeiten in den Radkästen, an den Stoßfängern oder unter dem Wagen legen Sie sich nicht auf den nackten Boden: Eine alte Decke schützt Sie gegen Bodenkälte. Und damit auch Öl oder Feuchtigkeit keine Chance hat, isolieren Sie die Unterlage zusätzlich noch mit einer Plastikfolie.
- Bleiben nach der Arbeit Ölspuren auf dem Boden zurück, hilft fürs Erste ein scharfer Haushaltsreiniger oder ein Geschirrspülmittel. Besser sind freilich spezielle Ölfleckentferner aus dem Zubehörhandel.

Rechtzeitig beschaffen – die Ersatzteile

Spätestens dann, wenn Sie die Arbeit starten möchten, sollten Sie sämtliche Ersatzteile »greifbar« haben. Stellen Sie darum rechtzeitig eine Ersatzteilliste zusammen, die alle zur Reparatur benötigten Teile aufführt. Berücksichtigen Sie nicht nur direkt betroffene Teile, sondern auch jene Materialien (Dichtungen, Sicherungsringe, Radialwellendichtringe, selbstsichernde Muttern, Fett, flüssiges Dichtmittel, etc.), die zur Reparaturperipherie gehören. Fragen Sie zur Sicherheit einen Ersatzteilverkäufer – er kennt die meisten Arbeitsabläufe und stellt Ihnen das richtige Reparaturset zusammen.

Sollten Sie vorab den Reparaturumfang nicht genau abschätzen können, legen Sie den Termin so, dass Sie noch Zeit für einen außerplanmäßigen Besuch beim Zubehör- oder Ihrem Opel Händler haben. Gehen Sie übrigens niemals davon aus, dass Ihre Vertragswerkstatt ständig alle Teile auf Lager hat – kalkulieren Sie Bestellzeiten ein.

Abhängig vom Nummerncode – das »richtige« Ersatzteil

Im Laufe der Produktionszeit ändern sich manche Details der Serienausstattung, ohne dass daraus gleich ein »neues Auto« resultiert. Für Do it yourselfer wichtig zu wissen: Denn häufig entscheidet über das passende Ersatzteil nicht nur das Baujahr, sondern sogar der Produktionsmonat. Darum erleichtern Sie sich und dem Ersatzteilverkäufer die Arbeit, wenn Sie ihm Ihren Fahrzeugschein oder die Daten des Typenschilds auf den Verkaufstresen legen. Ein geschulter Ersatzteilverkäufer erkennt aus den Nummerncodes das für Ihren Zafira passende Teil dann mühelos.

Und wenn Sie ganz auf Nummer Sicher gehen wollen, dann bringen Sie dem Verkäufer das gereinigte Altteil mit.

ERSATZTEILE

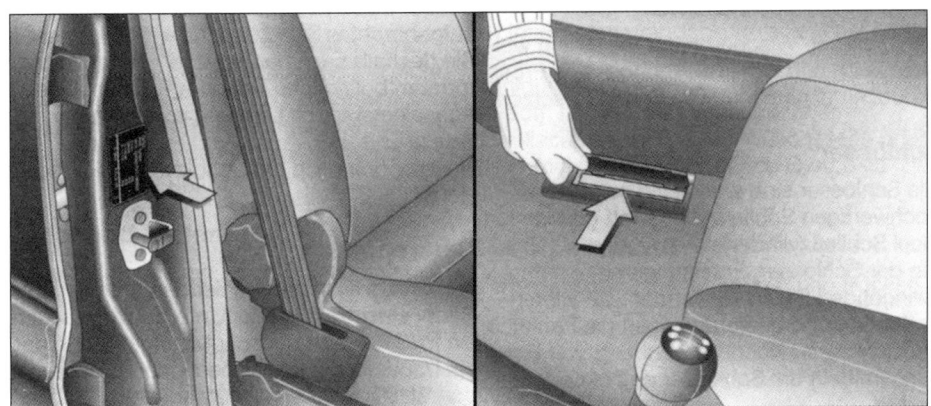

Die »Geburtsurkunde«: Der Zafira »trägt« sein Typenschild im vorderen Bereich der rechten B-Säule. Die »Platte« dokumentiert das Produktionsdatum, den Fahrzeugtyp, das Gewicht, die Identifizierungsnummer sowie die Art und Herkunft der montierten Aggregate. Die Fahrgestellnummer »wiederholt sich«, versteckt unter dem Bodenteppich, in der Bodengruppe vor den Sitzen.

Safety first - vergleichen Sie Original- und Fremdteile

Alle Ersatzteile, die Sie für Ihren Zafira benötigen, erhalten Sie beim Opel-Händler. Aber nicht ALLES müssen Sie auch dort einkaufen: Der Zubehörhandel hält ebenfalls ein breites Angebot bereit. Mitunter »finden« Sie dort sogar Teile jener Hersteller, die Opel in der Erstausrüstung beliefern. Vergleichen Sie also die Preise - vorausgesetzt Service, Qualität und Lieferfähigkeit sind tatsächlich vergleichbar. Gehen Sie niemals Risiken mit No-name-Produkten ein. Die eingesparten Beträge sind oftmals nur gering und gleichen bei weitem das Sicherheitsmanko nicht aus. Sicher im Sinne von SICHER fahren Sie nur mit Ersatzteilen im Qualitätsmaßstab des Erstausrüsters.

Einleuchtend - billig ist nicht preisgünstig

Bei sicherheitsrelevanten Ersatzteilen ist Sparsamkeit mit »Sicherheit« fahrlässig: Bremsbeläge, Bremsscheiben, Radlager, Antriebswellen und Gelenke sollten Sie grundsätzlich in Erstausrüster- oder Originalqualität mit ABE-Prüfnummer kaufen. Die meisten Billigprodukte erreichen nicht die geforderte Mindestqualität. Das läuft unweigerlich auf ein Vabanquespiel mit Ihrer eigenen und der Sicherheit anderer hinaus. Was nutzen Ihnen beispielsweise billige Bremsscheiben aus undurchsichtigen Herkunftsquellen, die unrund laufen und teure Folgereparaturen initiieren oder - schlimmer noch - bei einer plötzlichen Vollbremsung stante pede verglühen?

Opel stimmt die Konsistenz der Reibbeläge auf die Materialbeschaffenheit der Zafira-Bremsscheiben ab. Die Codenummer(n) dafür finden Sie in der »Allgemeinen Betriebserlaubnis« (ABE). Falls Ihr Zafira nach einem ernsteren Unfall begutachtet wird und der Gutachter Bremsenteile ohne ABE entdeckt, kann Ihre Kfz-Versicherung Sie regresspflichtig machen. Schauen Sie also nicht unüberlegt nur auf den Preis - Ihre Sicherheit und auch die der ANDEREN sollte Ihnen das WERT sein.

Austauschteile - eine preiswerte Alternative

Second hand lohnt sich bei einer Reihe von Ersatzteilen. Original Opel Austauschteile haben die gleiche Qualität wie ein Neuteil, sind deutlich billiger und unterliegen den gleichen Garantiebestimmungen. Auch der Zubehörhandel bietet zahlreiche Austauschteile an. Bosch vertreibt über autorisierte Werkstätten aufbereitete Elektrik- und Gemischaufbereitungsaggregate.

Doch auch solide Autoverwerter sind in vielen Fällen eine gute Adresse - zumindest dann, wenn die Reparatur besonders preisgünstig ausfallen soll und Sie auf Äußerlichkeiten keinen großen Wert legen. Das gilt etwa für Karosseriebauteile wie Türen, Stoßfänger und Motorhauben. Der Kauf gebrauchter Verschleißteile lohnt allerdings nur dann, wenn sie die Qualität »Ihrer Teile« deutlich übertreffen. Wenn Sie bei einem Verwerter fündig werden, müssen Sie das gewünschte Ersatzteil häufig noch selbst demontieren. Fragen Sie also auf jeden Fall vorher nach dem Preis: Das gebrauchte Teil darf höchstens halb so teuer sein wie ein entsprechendes Neuteil. Und für Verschleißteile »berappen« Sie niemals mehr als ein Viertel des ursprünglichen Neupreises.

AUSRÜSTUNG

Teileeinkauf

Original-/Fremdteile	
Anlasser	Reparaturbleche
Motordichtungen	Lack
Ölfilter	Kupplung
Zündkabel	
Lichtmaschine	**Austauschteile**
Zündkerzen	Anlasser
Glühlampen	Lichtmaschine
Zündkerzenstecker	Scheibenbremssättel
Scheinwerfer	Kupplungsdruckplatte
Gelenkwellen	Kupplungsmitnehmerscheibe
Keilriemen	Schwungscheibe
Hauptbremszylinder	Getriebe
Stoßdämpfer	Antriebswellen
Bremsleitungen	Motorblock mit Kolben
Radbremszylinder	Kurbelwelle mit Lagern
Bremsscheiben	Teilmotor
Bremsschläuche	Zylinderkopf

Das Werkzeug

Gute Arbeitsergebnisse erzielen Sie nur mit vollständigem und gepflegtem Werkzeug. Überprüfen Sie daher Ihre Ausrüstung vor Arbeitsbeginn: Schlechtes Werkzeug, das schon vor der ersten verrosteten Schraube kapituliert oder sich kurzerhand verbiegt, schafft Probleme und verdirbt Ihnen die Lust. Achten Sie beim Werkzeugkauf auf Qualität – gutes Werkzeug hat seinen Preis und verirrt sich höchst selten als Sonderangebot auf Wühltischen in Baumärkten und Kaufhäusern. Ganz sicher finden Sie es jedoch im Fachhandel. Sollten Sie nur gelegentlich selbst Hand anlegen, reicht die folgende Grundausstattung allemal:

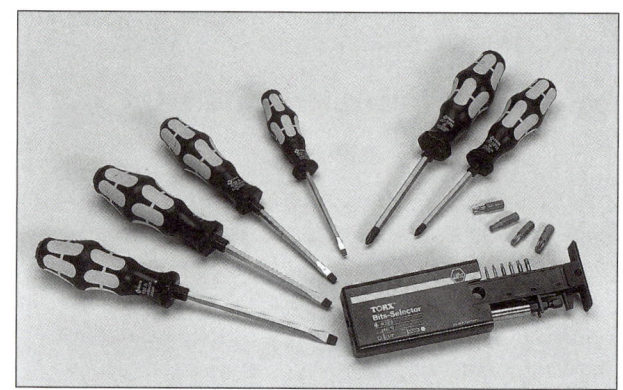

Ein Sortiment Schraubendreher mit stabilem, rutschfestem Griff für Schlitz-, Kreuzschlitz- und Torxschrauben.

Mit »spitzem« Bleistift rechnen – Teil- oder Austauschmotor?

Bei kapitalen Schäden an Kurbeltrieb, Kolben und Motorblock ist der Teilmotor eine wirtschaftliche Alternative zum AT-Motor. Schließlich können Sie ja zur Montage fast sämtliche Aggregate von Ihrem alten Motor übernehmen. Austauschmotoren machen dagegen bei jüngeren und gut erhaltenen Autos Sinn. Fragen Sie in Ihrer Opel-Werkstatt nach. Mitunter »schlummert« bei Ihrem Händler sogar ein passendes »Schätzchen« aus einem neuwertigen Unfalltotalschaden. Außerdem gibt's eine Reihe von Firmen, die auf Komplett- und Teilüberholung von Motoren spezialisiert sind. Solide Instandsetzer garantieren ihre fachmännischen Reparaturen gar nach strengen Qualitätsrichtlinien. Ein Anschriftenverzeichnis solcher Betriebe erhalten Sie beim Verband der Motoren-Instandsetzungsbetriebe e.V., Christinenstraße 3, 40880 Ratingen; Telefon: 02102/44 72 22. Sie können sich die Anschriftenverzeichnisse, nach Firmen und Postleitzahlen geordnet, auch aus dem Internet (www.vmi-ev.de) herunter laden.

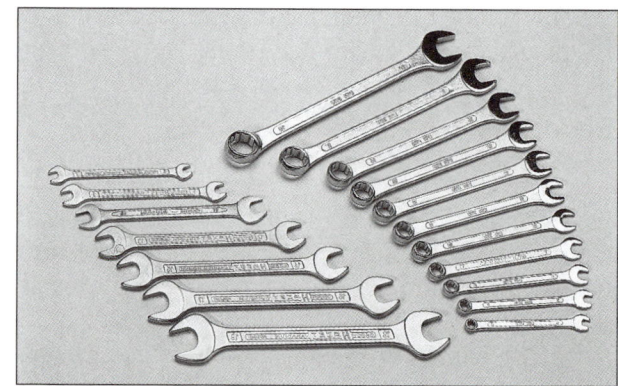

Ein Satz Gabel- und Ringschlüssel. Sinnvoll sind Doppelgabelschlüssel mit Maulweiten zwischen sechs und 19 Millimetern. Ring-/Gabelschlüssel mit den Schlüsselweiten 10, 13, 17 und 19 Millimeter sollten Sie für gekonterte Schraubverbindungen in doppelter Ausführung anschaffen.

WERKZEUG

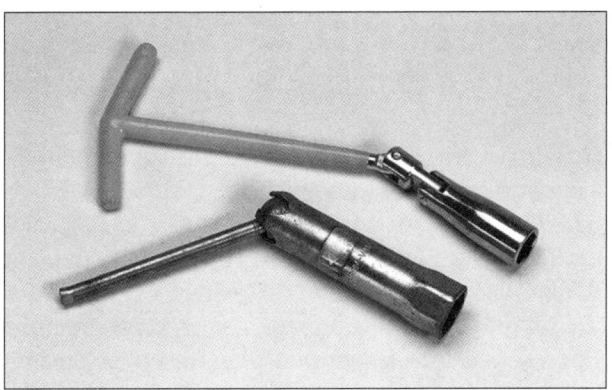

Zündkerzenschlüssel. Ein spezieller Steckschlüssel mit Gummieinsatz. Für »Vielschrauber« auch als Kerzennuss zu empfehlen.

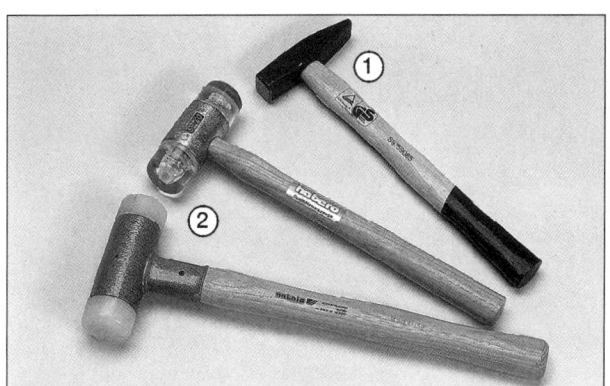

Schlosserhammer ❶ (empfohlenes Gewicht ca. 300 g). Zusammen mit einem Durchschlag löst er beispielsweise festsitzende Bolzen. Empfindliche Bauteile wie Lager, gegossene oder gehärtete Teile werden mit einem Kunststoff- oder Gummihammer ❷ bearbeitet.

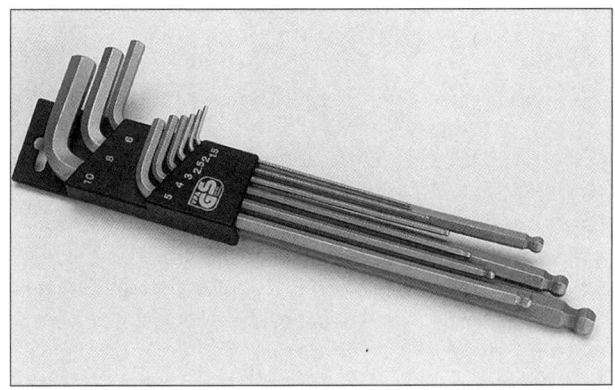

Innensechskantschlüssel (Inbusschlüssel) am Ring in den Größen 2 – 8 Millimeter.

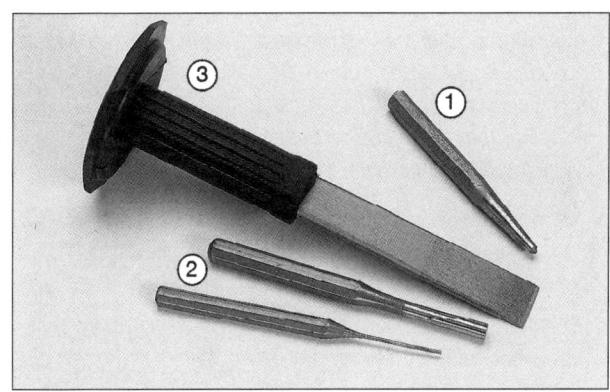

Mit einem Körner ❶ schlagen Sie Bohrlöcher an. Durchschläge ❷ (Durchmesser 3 und 6 mm) sind bei Montage- und Demonagearbeiten an Fahrwerk, Motor und Bremsen universell einsetzbar. Mit einem Flachmeißel ❸ (gehärtete Schneide) werden Sie zur Not auch mit deformierten oder festgerosteten Schraubverbindungen fertig.

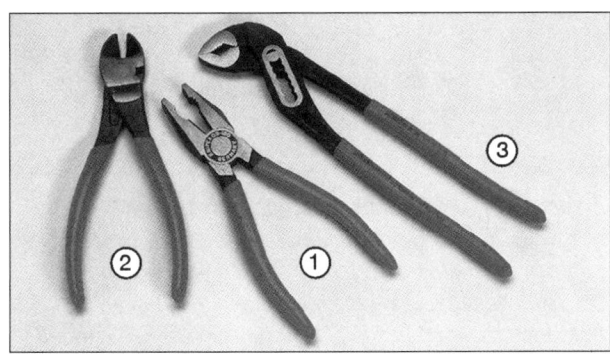

Kombizange ❶, Seitenschneider ❷ und Wasserpumpenzange ❸ (Länge mindestens 240 mm). Damit biegen, fixieren, drehen und trennen Sie fast alle Materialien an Ihrem Auto.

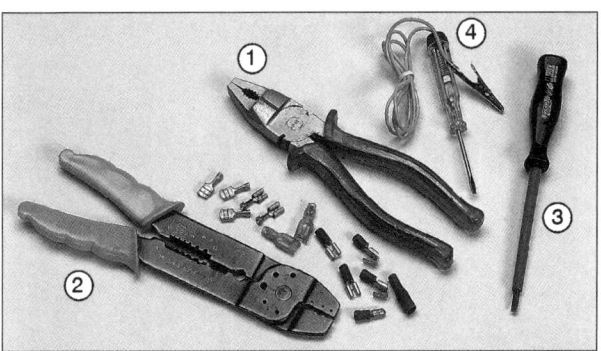

Arbeiten an Kabelbäumen oder der Elektrik setzen – als Grundausstattung – isolierte Kreuz-/Schlitzschraubendreher ❸ (Größe 1, 2, 3), eine Phasenprüflampe ❹ sowie eine isolierte Kombi- ❶ und Quetschzange ❷ voraus.

AUSRÜSTUNG

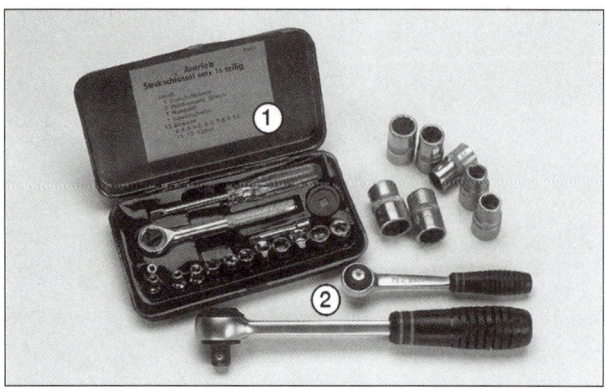

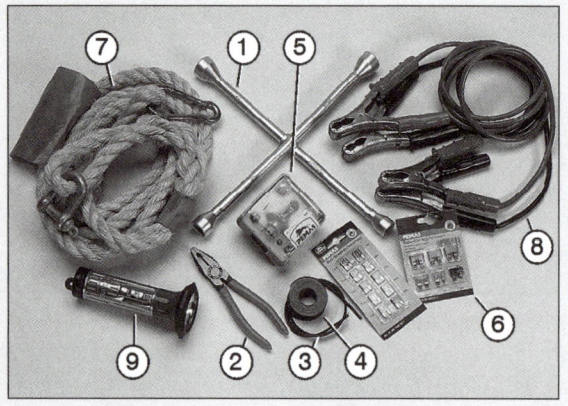

Erleichtern die Arbeit – Spezialwerkzeuge

Mit einer vernünftigen Grundausstattung können Sie viele Wartungs- und Reparaturarbeiten selbst erledigen. Für einige Arbeiten brauchen Sie jedoch spezielles Werkzeug. Darüber hinaus bietet der Handel eine Reihe von Werkzeugen und Geräten an, mit denen Wartungs- und Reparaturarbeiten leichter von der Hand gehen. Was ist sinnvoll? Hier unser Vorschlag:

Arbeiten im Motorraum, unter dem Fahrzeug, am Fahrwerk sowie an den meisten Nebenaggregaten erledigen Sie am besten mit einer Umschaltknarre ❷ (1/2-Zoll-Antrieb) und den entsprechenden Schlüsselaufsätzen (Nüsse). In der Regel kaufen Sie einen kompletten »Knarrenkasten« ❶ (Aufsätze 10 – 32 Millimeter, Gelenkstück, lange/kurze Verlängerung, Knebel) günstiger als einzelne Teile. Für Arbeiten im Innenraum ist ebenfalls ein »Knarrenkasten« sinnvoll. Hier reicht allerdings ein kleinerer 1/4-Zoll-Antrieb. Neben Kreuz-, Torx-, Schlitzschrauben und Kunststoffclips verbauen die Hersteller überwiegend Schrauben mit Schlüsselweiten (SW) 6 bis 13 Millimeter.

Praxistipp

Bordwerkzeug komplett?

Checken Sie das Bordwerkzeug Ihres Zafira möglichst vor einer Panne. Denn wenn Ihnen bei einer Panne irgendwo am Straßenrand die passenden Werkzeuge fehlen, ist die beste Grundausstattung in der Garage völlig für die Katz. Sind Bordwagenheber, Radkreuz ❶, Kombizange ❷, Ersatzkabel ❸, Isolierband ❹, Lampenset ❺, Ersatzsicherungen ❻, Abschleppseil ❼, Starthilfekabel ❽ und Taschenlampe ❾ mit von der Partie? Falls nicht, sorgen Sie schnellstens dafür – im eigenen Interesse. »Auch dieses Reparaturhandbuch ist an Bord sinnvoller aufgehoben, als Zuhause im Bücherregal.«

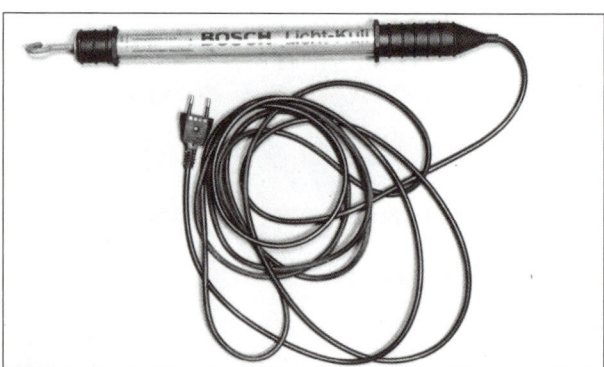

Es werde Licht: Mit gutem Licht gehen die meisten Arbeiten schneller von der Hand. Doch längst nicht jede Lichtquelle ist gleichermaßen geeignet. Eine praktische Handstablampe – im ölresistenten und schlagsicheren Gehäuse – leistet erfahrungsgemäß die besten Dienste, erst recht, wenn Sie zu Überkopfarbeiten eine blendfreie Beleuchtung benötigen.

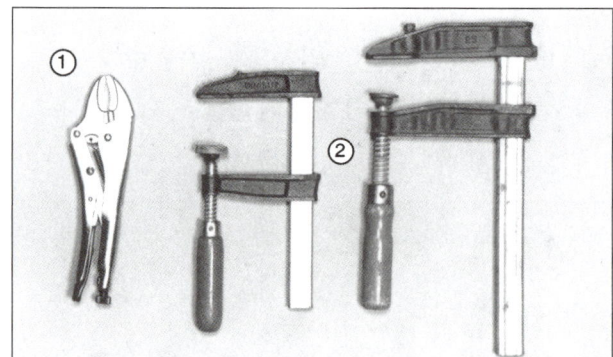

Ersetzen die »dritte Hand«: Schraubzwingen ❷ und Gripzange ❶. Sobald Sie, beispielsweise zu Karosseriearbeiten, größere Bleche oder Formteile provisorisch fixieren müssen, sind besagte drei Klammerhilfen nahezu unentbehrlich. Schraubzwingen gibt's in allen erdenklichen Größen und Qualitäten. Gripzangen sind besonders hilfreich zum Ausrichten von kleineren Reparaturblechen, Seitenteilen oder Ersatzkotflügeln. Je nach Materialstärke können Sie die Maulweite per Spindel schnell und »passend« einstellen.

SPEZIALWERKZEUG

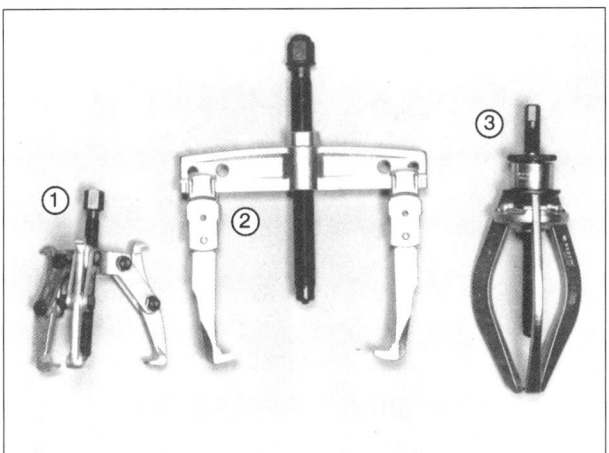

Da widerstehen weder Lager noch Naben: Abzieher in diversen Formen und unterschiedlichen Funktionen. Wenn Sie Radlager, Achsnaben oder Spurstangenköpfe von ihrer »Umgebung« befreien müssen, kommen Sie, ohne größere Schäden an besagten Teilen anrichten zu wollen, an einem Satz Universalabzieher nicht vorbei. In ganz speziellen Fällen sind sogar Spezialabzieher die erste Wahl. ❶ Dreiklauenabzieher, ❷ verstellbarer Zweiklauenabzieher, ❸ Innenabzieher.

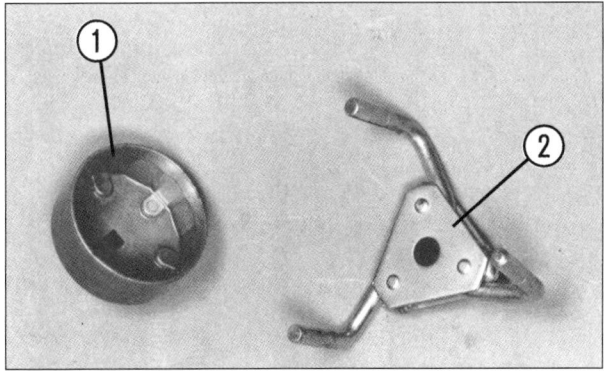

Nimmt Ölfiltergehäuse in die Zange: Opel-Werkstätten arbeiten mit Spezialschlüsseln ❶, die nur auf einen Filtertyp passen. Die drei Greifklauen des Universalschlüssels ❷ »fesseln« dagegen unterschiedliche Filtergehäuse sobald Sie den Abzieher überstülpen und per Maul-, Steck- oder Inbusschlüssel losdrehen.

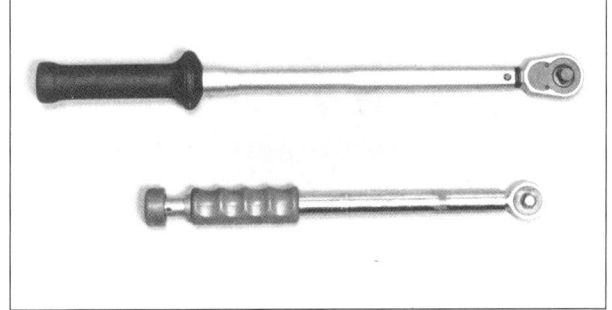

»Knackt oder verbiegt sich« programmgemäß: Drehmomentschlüssel. Je nach Drehmomentbereichen gibt es unterschiedliche Ausführungen. Wir raten Ihnen zum Kauf eines Schlüssels mit integriertem Ratscheneinsatz und ½ Zoll Anschlussvierkant.

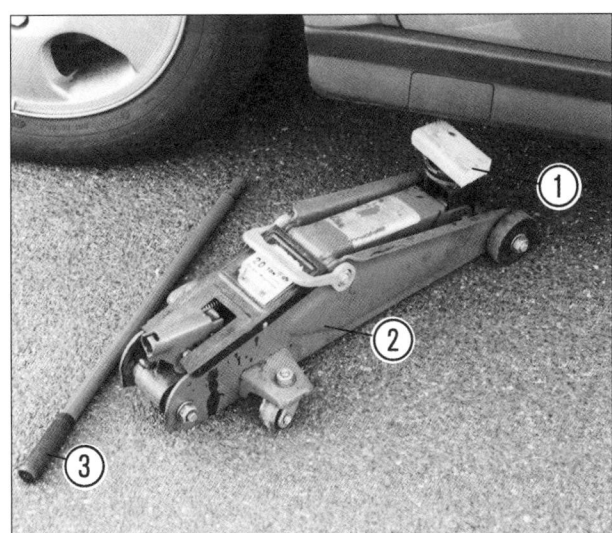

Mobillift: Ein Rangierwagenheber bereichert die Grundausstattung einer jeden Hobbywerkstatt. Er realisiert unter anderem »kleine Rangiermanöver unter Last«. Um Schäden am Wagenboden oder anderen Hebepunkten zu vermeiden, unterfüttern Sie den Hebeausleger grundsätzlich mit einem lastverteilenden Hartholz ❶. Achten Sie gleichfalls darauf, dass der Heber ❷ möglichst waagerecht unter dem Anhebepunkt steht und Sie die »Liftstange« ❸ nicht als »Montierhebel« oder »Presswerkzeug« missbrauchen.

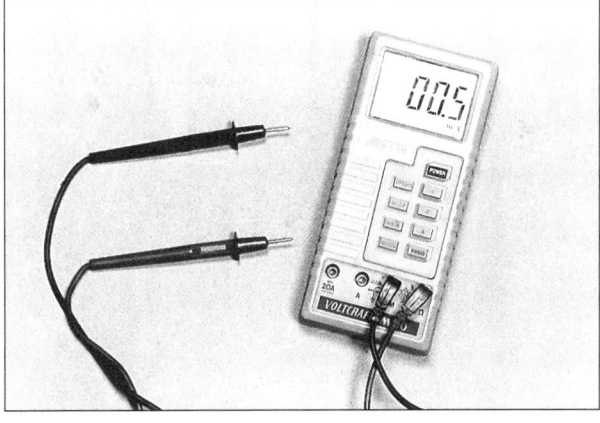

Für elektronische Bauteile unverzichtbar: Multimeter. Ambitionierte Schrauber kommen nicht ohne Multimeter aus. Erst recht, wenn sie elektronische Bauteile oder widerstandsgesteuerte Schalter inspizieren müssen.

AUSRÜSTUNG

Erfahrungssache – Profitipps für Hobbyschrauber

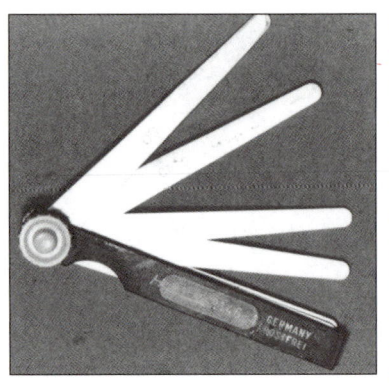

Vermisst Zwischenräume: Fühlerblattlehre mit unterschiedlichen Messstreifen. Immer dann, wenn in diesem Band die Rede vom Spaltmaß ist, zum Beispiel beim Ventilspiel, bei ABS-Radsensoren oder kontaktlosen Geberelementen, können Sie mit einer Fühlerblattlehre das exakte Maß bestimmen. Der Messbereich guter Lehren reicht von 0,05 bis 1 mm.

So manchem Hobbyschrauber haben unlösbare oder abgerissene Schrauben das Erfolgserlebnis schon gründlich verdorben. Damit Sie dagegen und gegen weitere »Probleme« gefeit sind, an dieser Stelle ein paar Tipps und Kniffe der Profis.

Verrostete Schraubverbindungen lösen

Bevor Sie eine fest gerostete Mutter bzw. Schraube lösen, sollten Sie frei liegende Gewindegänge von Schmutz und Rost befreien. Andernfalls wird nämlich die Reibung auf den Gewindeflanken zu groß, und der Gewindebolzen schert Ihnen ab.

- Säubern Sie das Gewinde mit einer Drahtbürste und sprühen es anschließend mit Rostlöser ein.
- Bei Schnellrostlösern drehen Sie die Mutter sofort los, lassen Sie …
- … andere Rostlöser (Öl, Petroleum, Diesel, Cola, etc.) erst einige Zeit einwirken.

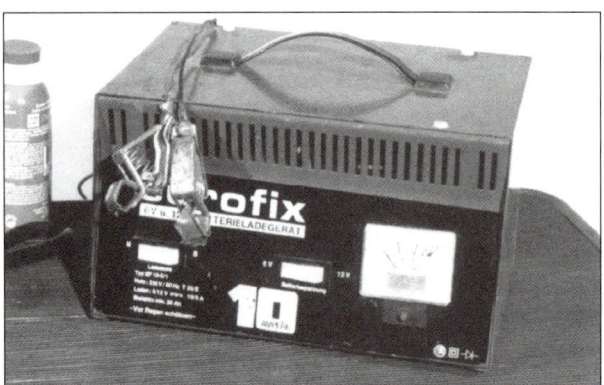

Macht müde Batterien munter: Ein Batterieladegerät mit automatischer Ladestromregelung gehört in jede »ernsthafte« Do it yourself Werkstatt. Besonders in der kalten Jahreszeit und an vorübergehend stillgelegten Autos leistet es wertvolle Hilfe. Erst recht, wenn Sie Ihr Auto – mit diversen Bordverbrauchern – überwiegend im Kurzstreckenverkehr bewegen, kann der Generator die Batterie häufig nicht mehr bei Laune halten. Der Stromspeicher macht dann schlapp und der Anlasser bleibt stumm.

Umgang mit selbstsichernden Muttern — **Praxistipp**

Selbstsichernde Muttern klemmen satt auf dem Gewinde und lockern sich auch bei Vibrationen nicht. Dazu besitzen sie eine Kunststoffeinlage oder eine leicht verschränkte Gewindepassage. Sie sollten selbstsichernde Muttern grundsätzlich nur einmal verwenden, ihre Sperrwirkung lässt bei mehrfachem Gebrauch nach.

Beschädigte Muttern lösen

- Wenn Sie eine Sechskantmutter mit dem Gabelschlüssel rund gedreht haben oder Rost die Anlageflächen bereits zerstört hat, ist Gewalt häufig das letzte Mittel.
- Bei kleineren Muttern hilft dann ab und an noch eine stabile Gripzange. Häufig können Sie den angefressenen Sechskant damit noch fest greifen und die Verbindung lösen.
- Hilft das nicht weiter, meißeln Sie die Mutter mit einem scharfen Meißel auf. Werkstätten »killen« widerspenstige Exemplare häufig mit einem Mutternsprenger.

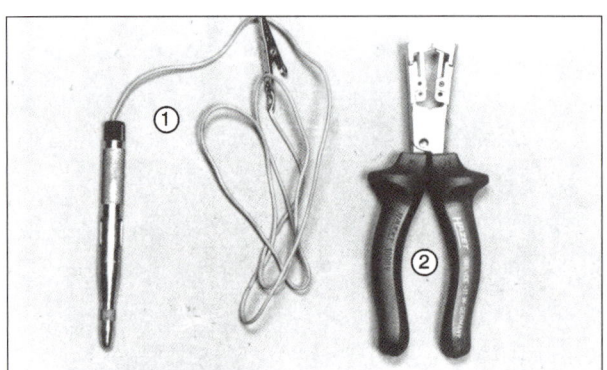

»Strippt« Kabelisolationen und signalisiert »Ströme«: Abisolierzange ❷ und Prüflampe (Durchgangsprüfer) ❶. Ein »Muss« in herkömmlichen Bordnetzen und konventionellen Kabelbäumen. Für Arbeiten an diffizilen elektronischen Schaltungen weniger erforderlich.

PROFITIPPS FÜR HOBBYSCHRAUBER

- Gut zugängliche Muttern können Sie außerdem – entlang dem Gewinde – mit einer Metallsäge aufsägen.

Innensechskant- und Innenvielzahnschrauben lösen

- Ehe Sie das Werkzeug ansetzen, befreien Sie das Schraubenloch von jeglichem Schmutz.
- Zum Lösen solcher Schrauben eignen sich am besten Steckeinsätze mit langem Sechskant bzw. Vielzahn.
- Im Gegensatz zu gebräuchlichen Winkelschlüsseln (bei denen die Kraft immer schräg ansetzt) vertragen Steckeinsätze auf der Adapterseite auch einen Hammerschlag. Der Schlag – im Notfall sogar direkt auf den Schraubenkopf – lockert meistens die Schraube ein wenig und erleichtert das Lösen.

> **Praxistipp**
> **Schraube fällt aus dem Werkzeug**
> Müssen Sie an einer schwer zugänglichen Stelle eine Schraube oder Mutter ansetzen, fixieren Sie den Kopf vorher mit etwas Karosseriekitt, zähem Schmierfett oder einem Klebestreifen im bzw. am Werkzeug. Dieser einfache Trick wirkt häufig Wunder.

Schlitz- und Kreuzschlitzschrauben lösen

- Schon nach relativ kurzer Zeit können Schrauben so fest sitzen, dass Sie einen normalen Schraubendreher damit schlichtweg überfordern. Bei Kreuzschlitzschrauben kommt erschwerend hinzu, dass der Schraubendreher auch bei starkem Gegendruck aus dem Kreuzschlitz »desertiert«. Folge: Schon nach wenigen Versu-chen ist der Schraubenkopf vermurkst und die Schraube »Ihr Problem«.
- »Festgebackene« Schrauben versuchen Sie zunächst mit einem knackigen Hammerschlag auf den Schraubenkopf zu »bewegen«. Wenn Sie den Schraubenkopf nicht direkt mit dem Hammer erreichen, setzen Sie einen passenden Schraubendreher mit stabilem Griff an und traktieren die Verbindung mit Schlägen auf den Griff.
- Häufig reicht das schon, und die oft nur am Kopf korrodierte Schraube bricht los und lässt sich dann normal lösen.

- Bleiben Sie erfolglos, versuchen Sie Ihr Glück mit einem Schlagschrauber und dem passenden Einsatz. Schlagschrauber setzen jeden Hammerschlag an der Schraube in eine Drehbewegung um – dem widersteht praktisch keine Schraube.

Blechschrauben ausbohren

- Können Sie in einem »vernudelten« Schraubenkopf kein Werkzeug mehr ansetzen, bohren Sie die Schraube eben aus.
- Zunächst bohren Sie mit einem entsprechend großen Bohrer den Schraubenkopf aus. Große Schraubenköpfe bohren Sie zunächst mit einem kleineren Bohrer vor.
- Ohne Kopf können Sie die Schraube entweder mit einem Durchschlag aus dem Bohrloch treiben oder von der Rückseite mit einer Gripzange herausdrehen.
- In besonders hartnäckigen Fällen müssen Sie freilich den gesamten Gewindebolzen mit einem Bohrer »ausschälen«. Wählen Sie den Bohrer möglichst klein, ansonsten zerstören Sie das Gewinde und das Schraubenloch wird zu groß.

Umgang mit Stehbolzen

- Stehbolzen (Gewindestange) bieten einem Schraubenschlüssel meist keine Anlagefläche. Sollten Sie keinen Stehbolzenausdreher haben, schaffen Sie auf dem Stehbolzen eine provisorische Schraubmöglichkeit.
- Schweißen Sie zum Lösen eine Mutter auf dem überstehenden Bolzengewinde fest oder Sie kontern zwei Muttern gegeneinander. Zum Lösen gekonterter Muttern setzen Sie den Schraubenschlüssel immer an der unteren Mutter an. Zum Festziehen nutzen Sie grundsätzlich die obere Mutter.

Abgerissene Schrauben ausbohren

Wichtig: Schonen Sie möglichst das Außengewinde.
- Geben Sie zunächst einen Körnerschlag exakt in die Mitte des Schraubenstumpfs und …
- … bohren ihn dann an: Bis Schraubengröße M 8 schafft das ein so genannter Kernlochbohrer. Als Kernloch wird der Durchmesser einer »rasierten« Schraube, also der Durchmesser ohne Gewindeflanken, bezeichnet. Bis zur Schraubengröße M 6 gilt die Faustregel: Gewindedurchmesser multipli-

AUSRÜSTUNG

ziert mit 0,8. Beispiel: Verschrau-bung M 6 x 0,8 = Kernlochdurchmesser 4,8. Ab Schrauben > M 8 sollten Sie mit einem dünneren Bohrer vorbohren.

- Die in den Gewindegängen verbliebenen Metallreste können Sie bisweilen mit einer Reißnadel oder Stabmagneten entfernen. Falls nicht, schneiden Sie das Gewinde eben nach.

Gewinde schneiden

Leichtmetall hat eine geringere Festigkeit als etwa Stahl, demzufolge reißen Gewinde hier besonders leicht aus. Solange um das alte Gewinde herum noch genügend Materialsubstanz vorhanden ist, können Sie ein größeres Gewinde einschneiden. Andernfalls lassen Sie in der Fachwerkstatt eine Gewindebuchse (z. B. Heli-Coil) einsetzen. Neue Gewinde schneiden Sie in drei Stufen. Die entsprechenden Gewindeschneider heißen daher Vorschneider (ein Ring am Schaft), Mittelschneider (zwei Ringe am Schaft) und Fertigschneider (ohne bzw. drei Ringe am Schaft).

- Drehen Sie die Gewindeschneider unter ständigem Ölen nacheinander in das vorgebohrte Kernloch ein und aus.
- Um die Schneider nicht abzureißen, nehmen Sie immer nur kleine Vorwärtsdrehungen (max. 1/8 des Umfangs) vor. Drehen Sie danach den Schneider immer so weit zurück, bis die Schneidspäne abbrechen und der Schneider nicht mehr klemmt.

Schraubengröße und Drehmoment

Normalen Schrauben und Muttern reichen Standarddrehmomente. Versierte Hobbyschrauber haben bei einfachen Verschraubungen das Drehmoment im »Handgelenk«. Falls Sie jedoch Ihrem Handgelenk misstrauen, werkeln Sie mit einem Drehmomentschlüssel immer auf der sicheren Seite. Für die gebräuchlichsten Schraubverbindungen gelten folgende Drehmomente:

Gewindedurchmesser (mm)	6	8	10	12	14
Drehmoment (Nm)*	10	25	49	85	135

*Die angegebenen Drehmomente gelten nicht für Sonderschrauben und für Schrauben, die in Leichtmetall eingedreht sind.

Inspektion und Garantie

- Zur Inspektionen checken Werkstätten in erster Linie Zustand und Funktion jener Baugruppen, die der Zuverlässigkeit und Sicherheit Ihres Autos dienlich sind. Falls nötig werden im Rahmen der Inspektion natürlich auch Verschleißteile ersetzt.
- Schon nach einer Laufzeit von 20.000 Kilometern kann unter widrigen Umständen an Bremsanlagen, Radaufhängungen, Reifen und Lenkung deutlicher Verschleiß auftreten. Mit regelmäßiger Wartung halten Sie also nicht nur Ihren Zafira fit, sondern steigern vor allem auch Ihre eigene Sicherheit.
- Opel empfiehlt für den Zafira alle 30.000 Kilometer einen Servicecheck mitsamt Ölwechsel.
- Falls Sie zu den Wenigfahrern gehören sollten, planen Sie dennoch einen jährlichen Motorölwechsel ein.
- Falls Sie einen neuen Zafira fahren oder Ihren »Alten« gerade mit einem Austauschmotor »reanimiert« haben, halten Sie die vorgeschriebenen Wartungsintervalle unbedingt ein und verzichten aufs Do it yourself. Opel erfüllt berechtigte Garantieansprüche nämlich nur dann, wenn eine Vertragswerkstatt die anfallenden Wartungsarbeiten auch nachweisbar erledigt hat.

Anders gesagt, auch Ihr Zafira kommt an der Vertragswerkstatt nicht vorbei – zum Beispiel anlässlich der regelmäßigen Wartungsintervalle. Auf jeden Fall jedoch so lange, wie die Neu- oder Gebrauchtwagengarantie noch greift. Im Neuzustand bietet Ihr Zafira ab Erstzulassung 01.11.2001 eine Zweijahresgarantie ohne Kilometerbegrenzung. Gegen »verfaulte« Karosseriebleche übernimmt Opel eine zwölfjährige Garantie.

Nach Ablauf der Neuwagengarantie bieten Opel-Händler Ihnen eine »Exclusive-Garantie«. Sie streckt den Garantiezeitraum für Ihren Zafira, mit entsprechenden Verträgen, auf insgesamt fünf Jahre.

Die ersten 24 »Lebensmonate« Ihres Zafira begleitet Opel in über 30 europäischen Ländern und 24 Stunden am Tag ohnehin mit einer kostenlosen Mobilitätsgarantie. Das »sorglos Päckchen« umfasst Leistungen wie Pannenhilfe, Abschleppdienst, Mietwagenservice, Hotelübernachtung oder die Organisation Ihrer Weiterreise per Bahn bzw. Flugzeug. Selbstverständlich können Sie den Service auch vertraglich auf sieben Jahre, respektive 120.000 Kilometer ausdehnen. Bedingung: Sie müssen hernach die Wartungstermine weiterhin exakt einhalten und Ihrem Opel-Händler übertragen.

Und wie sieht's mit der Mobilitätsgarantie bei einem Second-hand-Zafira aus? Kein Problem – Ihr Opel-Händler »versichert« auch ältere Autos.

Tipps für den Werkstattbesuch

Nicht vergessen – Werkstattauftrag präzise erteilen

Um vermeidbaren Ärger mit der Werkstatt aus dem Weg zu gehen oder wenn Ihnen einfach mal die Zeit fürs Do it yourself, die nötige Erfahrung oder teures Spezialwerkzeug fehlen, kommen Sie an der Werkstatt ohnehin nicht vorbei. In jenen Fällen haben Sie allerdings selbst großen Einfluss darauf, ob die professionelle Hilfe Ihren Vorstellungen entspricht und Sie zufrieden vom Hof fahren. Beachten Sie darum die Spielregeln und Tipps in der folgenden Übersicht schon bei Ihrem nächsten Werkstattbesuch.

Wohin mit dem Zafira – Vertrags- oder freie Werkstatt?

- Welche Werkstatt Sie mit Ihrem Zafira aufsuchen, steht Ihnen grundsätzlich frei. Neben der Vertragswerkstatt können auch freie Werkstätten durchaus eine gute Adresse sein. Viele Reparaturen führen »Freie« mit vergleichbarer Kompetenz wie Vertragswerkstätten aus. Ölwechsel, neue Bremsbeläge, Bremsscheiben, Reifen und Stoßdämpfer sind dort häufig sogar günstiger. Achten Sie jedoch grundsätzlich darauf, dass die Werkstatt ein Meisterbetrieb ist und der Kfz-Innung angehört.
- Innerhalb der Garantiezeit ist Ihr Zafira jedoch grundsätzlich ein Fall für die Vertragswerkstatt. Das gilt für Inspektionen wie für die meisten Aggregatereparaturen. Einfache Blech- oder Lackschäden können Sie – trotz Garantie – durchaus in Eigenregie beheben oder von einer freien Werkstatt erledigen lassen. Bei späteren Reparaturproblemen könnte es dann mit der Werksgarantie allerdings kritisch werden.

Schriftlich formulieren – Reparaturauftrag

- Stellen Sie eine Liste der Symptome und Mängel zusammen, die Sie bemerkt haben. Gehen Sie die Liste Punkt für Punkt mit dem Werkstattmeister oder seinem Vertreter durch. Wenn Ihnen dabei etwas unklar bleibt, fragen Sie nach oder Sie demonstrieren die Mängel direkt am Fahrzeug.
- Formulieren Sie präzise Reparaturaufträge: Pauschalaufträge wie »TÜV-fertig machen« oder »für den Urlaub herrichten« programmieren geradezu späteren Ärger. Etwa dann, wenn Sie für Arbeiten zur Kasse gebeten werden sollen, die Ihrer Meinung nach unnötig waren.
- Erteilen Sie Reparaturaufträge stets schriftlich. Der Auftrag muss auszuführende Arbeiten möglichst genau umreißen. Lassen Sie sich immer von der Werkstatt eine Auftragsbestätigung aushändigen.

Damit Sie nachher nicht auf »den Rücken« fallen – vorher nach den Reparaturkosten fragen

- Bevor Sie einen Reparaturauftrag erteilen, lassen Sie sich die voraussichtlichen Lohn- und Materialkosten splitten. Legen Sie für eventuell erforderliche Zusatzarbeiten eine Preisgrenze fest. Ist der Arbeitsumfang vorab nur vage zu bestimmen, nennen Sie der Werkstatt Ihr eigenes Reparaturkostenlimit.
- Fragen Sie nach den voraussichtlichen Diagnosekosten. Wenn Ihr Auto beispielsweise zu viel Kraftstoff verbraucht oder schlecht anspringt, wenn der Motor stottert oder Sie merkwürdige Geräusche an den Rädern hören, ist die Diagnose häufig teurer als die eigentliche Reparatur. Begrenzen Sie daher auch die Fehlersuche mit einem Preislimit.
- Damit Sie bei Rückfragen erreichbar sind, geben Sie der Werkstatt Ihre Telefonnummer. Ein Rückruf muss immer dann stattfinden, wenn die Reparatur umfangreicher oder teurer als vereinbart wird. Lassen Sie auch zusätzliche Absprachen schriftlich auf dem Werkstattauftrag festhalten.
- Bitten Sie die Werkstatt bei umfangreichen Reparaturen um einen schriftlichen Kostenvoranschlag. Solide Werkstätten berechnen Ihnen in der Regel den Kostenvoranschlag nur dann, wenn die anschließende Reparatur nicht stattfindet. Bei unvorhersehbaren Arbeiten darf die Rechnung den Kostenvoranschlag um maximal 15 – 20 % überschreiten.

Bis zu 30 Prozent günstiger – spezielle Teile- und Serviceangebote

- Sobald Ihr Zafira in die Jahre kommt, lohnt es sich, nach speziellen Teile- und Serviceangeboten zu fragen. Nicht nur Opel Vertragswerkstätten bieten oft Servicepakete inklusive preisgünstiger Originalteile an – Sie können hier locker bis zu 30 Prozent sparen. Fragen Sie Ihren Opel-Händler einfach mal nach seinen Serviceangeboten.
- Wird ein Aggregateaustausch unumgänglich, muss das Neuteil nicht immer die erste Wahl sein: Erkun-

AUSRÜSTUNG

digen Sie sich nach aufbereiteten und geprüften Austauschteilen. Damit sparen Sie »Bares« – natürlich bei vergleichbarer Qualität. Prädestinierte Austauschteile sind Motor, Kraftstoffeinspritzanlage, Getriebe, Kupplung, Lichtmaschine, Anlasser und Wasserpumpe.

- Ein Ölwechsel in der Werkstatt oder an der Tankstelle geht mitunter ins Geld: Professionelle Schmiermaxen spendieren Ihrem Auto gerne den teuersten Saft. Fragen Sie nach preisgünstigeren Ölsorten mit der gleichen Spezifikation – in der Regel läuft Ihr Zafira damit nicht schlechter.

Gemeinsam mit dem Werkstattmeister checken – die Reparaturrechnung

- Checken Sie die Werkstattrechnung nach der Reparatur zusammen mit dem Meister oder Kundendienstberater. Lassen Sie sich unverständliche Abkürzungen und Fachbegriffe vor Ort erklären.
- Auf der Rechnung sollten Posten wie Arbeitslohn, Material und Mehrwertsteuer separat aufgeschlüsselt sein. Fehlerhafte Rechnungen können Sie binnen sechs Wochen nach Erhalt reklamieren.

Rechtzeitig monieren – mangelhafte Reparaturen

- Mangelhafte Reparaturen sollten Sie umgehend monieren. Meisterbetriebe müssen für die Arbeit sechs Monate gerade stehen (Gewährleistung). Für Folgeschäden, hervorgerufen durch unsachgemäße Reparaturen, haften autorisierte Werkstätten natürlich auch.
- Wenn Ihnen bei der Fahrzeugübernahme bereits die ersten Mängel auffallen, kann die Werkstatt Ihnen trotzdem den vollen Reparatur-umfang berechnen. Vermerken Sie in solchen Fällen auf der Rechnung, dass Ihre Zahlung ausschließlich unter Vorbehalt und nach Aufforderung erfolgte.
- Tragen Sie dem Werkstattmeister Ihre Reklamationen in einem sachlichen »Ton« vor. Lassen Sie Unstimmigkeiten vor Ort nicht ausräumen, helfen Schiedsstellen der Kfz-Innung kostenlos weiter – vorausgesetzt, Ihre Werkstatt ist Innungsmitglied. Adressen von Kfz-Schiedsstellen nennen Ihnen zum Beispiel die Zentrale für Verbraucherberatung, Ihr Automobilclub oder der ZDK e.V., Franz-Lohe-Straße 21, 53129 Bonn.

Safety first – oberstes Gebot für Do it yourselfer

Wir haben es bereits mehrfach erwähnt und wiederholen uns ganz bewusst: Räumen Sie der Sicherheit – erst recht beim Do it yourself am eigenen Auto – absolute Priorität ein. Muten Sie sich darum nur Arbeiten zu, die Sie wirklich beherrschen. Nehmen Sie handwerkliche Tätigkeiten, mit denen Sie in der Praxis bislang wenig oder gar keine Erfahrung hatten, bitte niemals auf die leichte Schulter. Unsachgemäß ausgeführte Reparaturen haben früher oder später im öffentlichen Straßenverkehr fatale Folgen – übrigens nicht nur für Sie, sondern gleichermaßen auch für unbeteiligte Dritte.

Zündende Verbindung: Lassen Sie den Glimmstängel bei Wartungs- und Reparaturarbeiten an Ihrem Zafira besser in der Schachtel. Ansonsten gefährden Sie sich und »Ihre Werkstatt«. Erst recht, wenn Sie an der Kraftstoffanlage schaffen müssen.

Im eigenen Interesse: Zu Blecharbeiten mit Winkelschleifer und Co. schützen Sie Ihre Trommelfelle besser mit Ohrenschützern. Ansonsten »bekommen Sie auf die Ohren«.

SAFETY FIRST

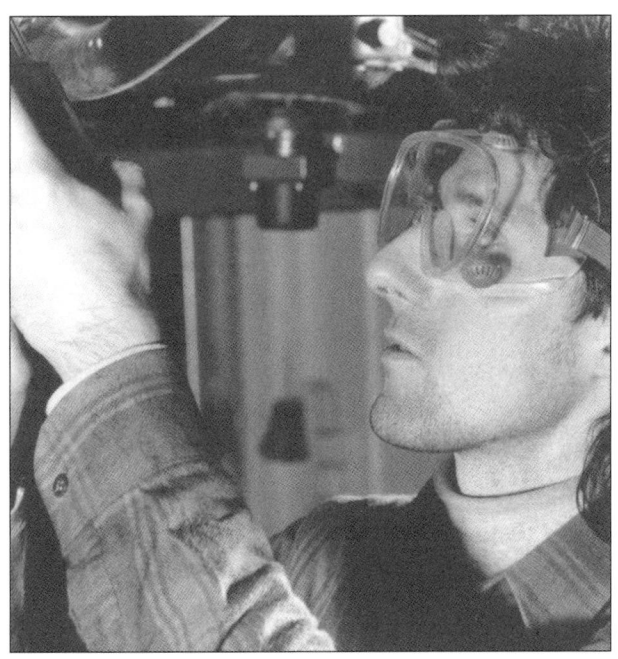

Immer tragen: Schutzbrille zum Bohren, Schleifen und Meißeln. Der Augenschutz ist auch dann empfehlenswert, wenn Sie unter dem Fahrzeug an der Kraftstoffanlage arbeiten oder den Unterboden säubern. Bei Schweißarbeiten sollten Sie eine spezielle Schweißbrille aufsetzen.

Frischluft Marsch: Sobald Sie Ihrem Auto von einer Grube aus zu Leibe rücken, sorgen Sie für reichlich Frischluft in der Montagegrube und/oder Bastelstube. Ansonsten besteht akute Erstickungsgefahr. Die »schweren« Benzin- oder Auspuffdämpfe sammeln sich in der Grube und können am kleinsten Funken explosionsartig entzünden oder im Falle ungereinigter Auspuffgase zum Erstickungstod führen.

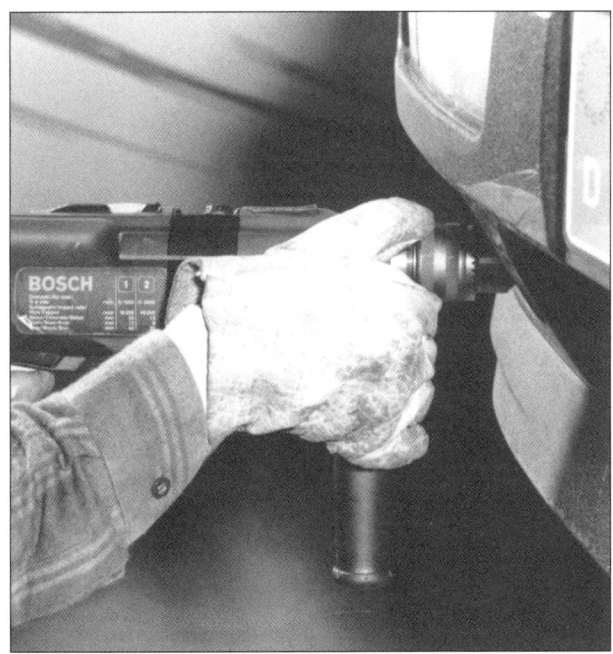

Alles zu seiner Zeit: Auf das Für und Wider von Arbeitshandschuhen lassen wir uns nicht weiter ein – entscheiden Sie das von Fall zu Fall. Doch wenn Sie mit Bohrmaschinen oder anderen drehenden Elektrowerkzeugen hantieren, lassen Sie klobige Arbeitshandschuhe besser auf der Werkbank. Das Bohrfutter oder die Spindel könnte sich sonst darin verfangen und Ihnen schwere Verletzungen zufügen.

Mit neuen Sicherungen gehen Sie auf Nummer Sicher: »Flicken« Sie niemals durchgebrannte Sicherungen mit Alufolie, Büroklammern oder etwa Schweißdraht. Es sei denn, sie wollten schon immer einmal einen Kabelbrand löschen oder die der Sicherung folgenden Bauteile komplett ersetzen. Wenn der Stromkreis samt aller angeschlossenen Verbraucher o. k. ist, reicht allemal eine Sicherung gleicher Stärke (Ampere).

AUSRÜSTUNG

Praktisch zum Liften – der Wagenheber

Die meisten Autos haben serienmäßig einen Spindelwagenheber an Bord – so auch der Zafira. Wenn Sie Ihr Auto damit liften möchten, nutzen Sie ausschließlich die dafür vorbereiteten Stellen unter den Türschwellern. Die richtigen »Hebepunkte« sind vorne und hinten in die Schweller eingeprägt. Für die meisten kleineren Arbeiten reicht die Hubhöhe des Bordwagenhebers völlig aus, mit einer stabilen Unterlage zwischen Wagenheberfuß und Standfläche können Sie die Hubhöhe, falls erforderlich, auch geringfügig vergrößern. Ein kleines Brett sollten Sie übrigens grundsätzlich unterlegen. Der Wagenheberfuß steht dann stabiler, er drückt sich nicht in den Untergrund ein. Doch Vorsicht, ein Wagenheber ist – wie der Name schon sagt – ausschließlich dazu da, den Wagen kurzfristig anzuheben: Verwechseln Sie einen Bordwagenheber niemals mit einer stabilen und rüttelsicheren »Arbeitsbühne«.

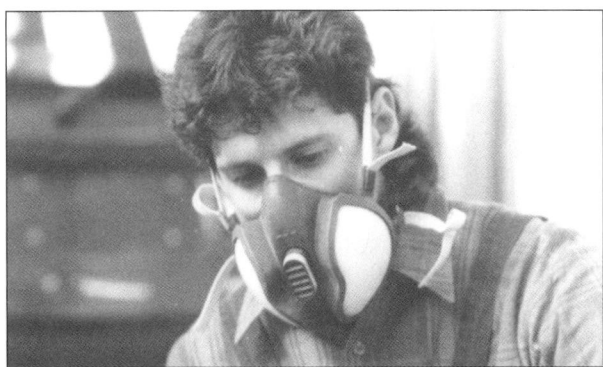

Finger weg von Hochspannung: Lassen Sie bei laufendem Motor oder eingeschalteter Zündung Ihre »blanken« Finger von Zündkerzensteckern, Zündkabeln oder gar Zündkerzen. Wenn überhaupt, tragen Sie isolierte Schutzhandschuhe oder hantieren mit geschützten Greifzangen. Sie müssen ansonsten nicht unbedingt Träger eines Herzschrittmachers sein, um ernsthafte Gesundheitsschäden zu provozieren. Speziell im Umfeld bei elektronischer Zündanlagen vagabundieren Spannungsspitzen von mehr als 30.000 Volt.

»Dreckbremse«: Bei Arbeiten oder Tätigkeiten mit atemgängigen Stäuben (Bremse, Kupplung, Karosserie) tragen Sie generell eine Atemschutzmaske mit auswechselbaren Filterelementen. Für gelegentliche Anlässe reichen Wegwerfmasken völlig aus. Sobald die Filterelemente verfärbt oder verklebt sind, sorgen Sie für Ersatz. Verdreckte Filter sind übrigens Sondermüll.

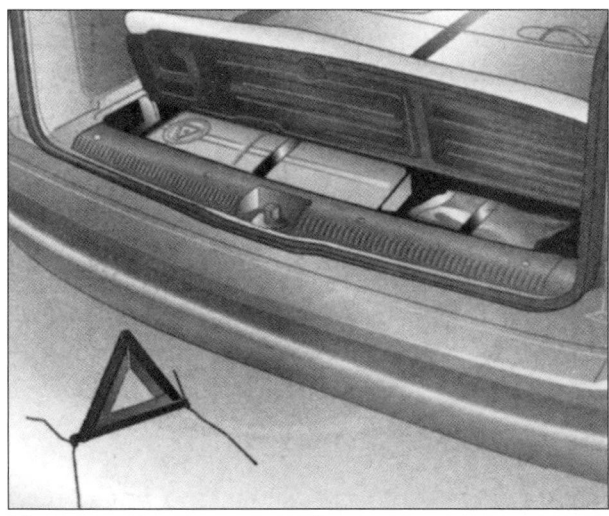

Platzsparend »zusammengefaltet«: Bordwagenheber, Bordwerkzeug und Warndreieck in einer »Werkzeugtasche« unterhalb des Kofferraums.

Zur eigenen Sicherheit – stabile Unterstellböcke

Stützen Sie daher, auch in größter Eile, Ihren Zafira bei Arbeiten unter dem Auto niemals allein mit dem Wagenheber ab: Schlimmstenfalls »kostet« Sie Ihr Mut »Ihr« Leben. Auf Nummer Sicher gehen Sie mit Unter-

Wie Sondermüll entsorgen: Leere Sprühdosen, Altöl, Bremsflüssigkeit, Farbdosen, verschlissene Bremssegmente, Öl- oder alte Kraftstofffilter. Erkundigen Sie sich nach Abgabestellen in Ihrer Gemeinde

AUTO AUFBOCKEN

stellböcken, die der Zubehörhandel in verschiedenen Größen und Ausführungen anbietet. Zwei Böcke reichen für die meisten Reparaturen völlig aus. Entscheiden Sie sich für praktische Dreibeinböcke mit einklappbaren Füßen, ungenutzt nehmen die Böcke weniger Platz in Ihrer Werkstatt ein. Achten Sie zudem auf das GS-Prüfzeichen und auf eine für Ihren Zafira adäquate Traglast.

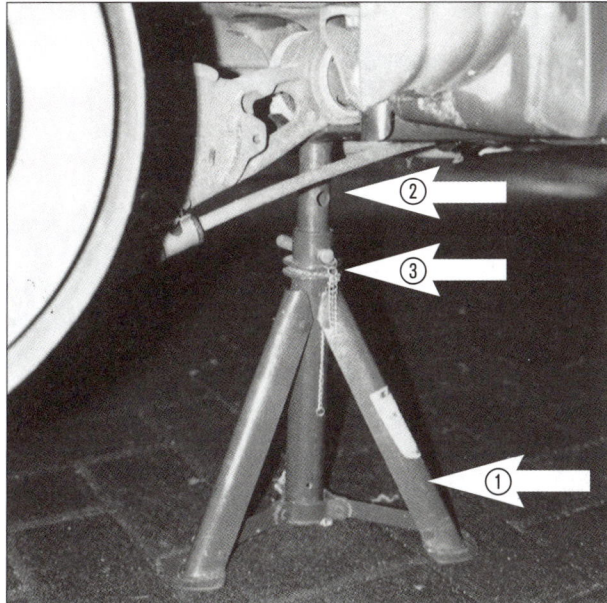

Auf die richtige Stellung kommt's an: Platzieren Sie den Unterstellbock ❶ an einer »tragfähigen« Stelle unter dem Wagenboden. Ziehen Sie dann das Distanzrohr ❷ so weit wie möglich aus dem Stativ und arretieren es in der nächst erreichbaren Bohrung mit dem Sicherungsbolzen ❸. Wenn Sie den Wagen auf den gesicherten Bock absenken, achten Sie darauf, dass die »Stativfüße« entspannt stehen und nicht verkanten.

Ohne WENN und ABER – bocken Sie Ihr Auto SICHER auf

Arbeitsschritte

① Stellen Sie Ihr Auto grundsätzlich auf einem festen ebenen Untergrund ab und entfernen – vor Arbeitsbeginn – alle schweren Gegenstände aus dem Innen- und Kofferraum.
② Ziehen Sie vor Arbeitsbeginn die Handbremse an und sichern mit Unterlegkeilen mindestens ein ungebremstes Rad mit Bodenkontakt: Notfalls reichen auch größere Steine aus. Eine angezogene Handbremse allein bietet keine ausreichende Sicherheit, bei manchen Arbeiten muss sie sogar gelöst bleiben.
③ Den Bordwagenheber finden Sie mitsamt Radmutternschlüssel unterhalb des Kofferraums in einer »Wanne«. Bevor Sie den Heber ansetzen, liften Sie seinen Ausleger so weit an, bis er fast das Schwellerniveau erreicht hat. Sie sollten generell darauf achten, dass der Heber immer möglichst senkrecht zur Karosserie steht. Wichtig: Setzen Sie den Bordwagenheber nur unterhalb der Aufnahmepunkte an. Wenn Sie einen Rangierwagenheber nutzen, können Sie ihn auch mittig unter den Türschweller oder einen anderen geeigneten Aufnahmepunkt (z. B. Traverse) ansetzen. Vergessen Sie dann allerdings niemals das lastverteilende Kantholz zwischen Hebearm und Hebepunkt.
④ Bringen Sie den Wagenheber auf die gewünschte Arbeitshöhe und stützen die Karosserie an geeigneter Stelle des Unterbodens mit einem Unterstellbock ab. Verwenden Sie auch die Unterstellböcke nur mit lastverteilender Zwischenauflage (z. B. Hartgummi, Kantholz).
⑤ Bevor Sie die Unterstellböcke ansetzen, inspizieren Sie die Abstützstelle genau: Sind evtl. Blechfalze, Kabelbäume, Kraftstoff- oder gar die Bremsleitungen im Weg?
⑥ Dreibein-Unterstellböcke stehen am sichersten, wenn eines ihrer Austellbeine nach außen und zwei zur Wagenmitte zeigen. Achten Sie unbedingt auf die Stellung, besonders wenn Sie mehrere Böcke verwenden. Ansonsten kann es passieren, dass Ihnen der bereits angesetzte Unterstellbock beim Anheben seitlich wegkippt.

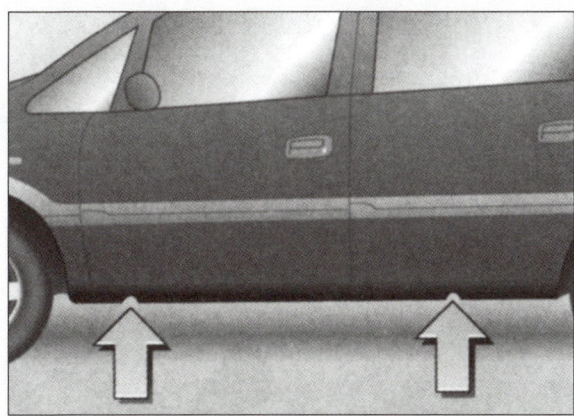

So steht Ihr Zafira rüttelsicher: Die prädestinierten Anhebepunkte sind unter dem Seitenschweller »versteckt«. Hier können Sie den Zafira unbesorgt liften. Sollten Sie für spezielle Arbeiten freilich andere Punkte nutzen (müssen), denken Sie als »Zwischenpuffer« unbedingt an ein möglichst großes Hartgummi oder Hartholzbrettchen, um damit die Auflageflächen des Hebers so weit wie eben möglich zu »vergrößern«.

DIE WAGENPFLEGE

DIE WAGEN- PFLEGE

36

DIE WAGENPFLEGE

Wartung

Innenreinigung	38
Außenwäsche	41
Motorwäsche	43
Schmierdienst	45
Lack pflegen und konservieren	46
Steinschlagschäden ausbessern	47
Kleinere Schrammen auspolieren	48
Stärkere Schrammen ausbessern	48
Scheibenwischer- und Scheibenwaschanlage prüfen	50
Scheibenwaschwasser auffüllen	51
Wischergummi wechseln	51
Waschwasserdüsen einstellen	52

Reparatur

Scheibenwaschdüse aus- und einbauen	52
Scheibenwischerarm aus- und einbauen	53
Frontwischermotor aus- und einbauen	54
Heckwischermotor aus- und einbauen	55

Werterhaltend:
Regelmäßige Wagenpflege – für einen »waschechten« Do it yourselfer die Wochenendkür. Ihr regelmäßiger »Ehrgeiz« macht spätestens beim Wiederverkauf ein paar zusätzliche Euro locker. Abgesehen davon, in einem gepflegten Auto reisen Sie und Ihre Mitfahrer auch entspannter…

In einem gepflegten Auto fühlen Sie sich mitsamt »Bordgästen« viel wohler als in einem schmuddeligen Vehikel. Zudem »polstert« aufmerksame Pflege Ihr Bankkonto spätestens beim Verkauf mit dem einen oder anderen spontanen Euro. Auch die Prüfer von TÜV und DEKRA dekorieren gepflegte Autos »bereitwilliger« mit einem neuen Prüfsiegel als schmuddelige Gebrauchtwagen: Betrachten Sie daher jede Wagenwäsche als willkommene Kür, die Ihren Zafira auf Hochglanz bringt und im Zeitwert stabilisiert. Doch vor der Kür kommt die Pflicht – und die beginnt im Innenraum. Bleiben Sie auch hier regelmäßig »am Ball«. Ansonsten »ver-

WAGENPFLEGE

schleiern« Staubwölkchen aus Polstern und Fußmatten den Zafira-Innenraum, klebrige Kunststoffausdünstungen oder Nikotinablagerungen tönen außerdem die Scheiben: Der »Film« blendet bei Nacht und trübt generell Ihren Durchblick auf die Straße.

Spezielle Pflegemittel – erste Wahl gegen den »Gilb«

Für die Innenraumpflege verwenden Sie am besten spezielle Autopflegemittel – dann hat der Gilb in Ihrem Zafira auch auf Dauer keine Chance. Vergessen Sie ab sofort Seifenlauge und Haushaltsreiniger: Scheiben, Polster und Kunststoffe sind durch Sonneneinstrahlung, Staub, Schmutz und Feuchtigkeit extremen Belastungen ausgesetzt. Spezielle Pflegesubstanzen »behandeln« die gestressten Materialien sicht- und fühlbar schonender. Wirkungsvolle Spezialreiniger werden erfahrungsgemäß nicht verramscht – doch gute Mixturen sind über die Zeit allemal ihr Geld wert.

Pflegemittel für den Innenraum — Praxistipp

Kunststoffreiniger: Reinigen Kunststoffflächen und frischen Farben auf. Solide Produkte sorgen nicht nur für neuen Glanz, sondern wirken zudem antistatisch: Die Oberflächen sind somit für längere Zeit gegen Schmutz- und Staubbefall geschützt.

Textilreiniger: Reinigen Polster, Teppiche, Tür- und Innenverkleidungen. Sie lösen zuverlässig Staub und Schmutz, verblasste Polsterfarben bekommen dadurch neue Frische. Gute Reiniger entfernen zudem auch hartnäckige Flecken.

Glasreiniger (auch als Schaumreiniger erhältlich): Reinigen alle Glasflächen und lösen selbst hartnäckige Verschmutzungen: So zum Beispiel Insektenreste, Nikotin, Kunststoffausdünstungen und Ölablagerungen (ungeeignet für lackierte Flächen).

Gummipflegemittel: Reinigen und pflegen Tür-, Fenster- und Kofferraumdichtungen sowie Fußmatten. Ihr hoher Silikonanteil hält das Gummi über Jahre geschmeidig – Silikon verhindert Festfrieren an der Karosserie und frischt Farben auf.

Antibeschlagspray: Konserviert, je nach Witterung, für einige Tage oder Wochen die Glasflächen im Innenraum. Auf die Scheibe gesprüht, bildet sich nach kurzer Zeit ein Schaumbelag, den Sie mit einem trockenen Küchenpapier abreiben können. Antibeschlagtücher oder Fensterschwämme sind dagegen nur ein Notbehelf.

Innenreinigung – so treiben Sie Ihrem Zafira den Dreck aus den Fugen

Zur gründlichen Innenreinigung empfehlen wir Ihnen:
- Lappen (nicht flusend) zum feuchten und trockenen Ab- und Auswischen
- Kleider- oder Polsterbürste
- Staubsauger mit Polster- und Teppichdüse
- Handfeger und Kehrschaufel
- Schwamm
- Fensterleder

Arbeitsschritte

① Bevor Sie loslegen, befreien Sie den Innenraum von herumliegendem Krimskrams. Bei dieser Gelegenheit leeren Sie gleich den Ascher und waschen ihn mit einer Spülmittellösung aus.

② Legen Sie die Fußmatten nach innen zusammen und nehmen sie heraus. Klopfen Sie die »Dreckfänger« gegen eine Wand aus oder saugen sie ab.

③ Gummimatten wischen Sie nass ab und lassen sie außerhalb des Autos trocknen. Feuchte Matten verursachen auf Dauer üble Gerüche, Schimmelpilze und Stockflecken im Textilbelag.

④ Grobschmutz im Innenraum entfernen Sie mit einem Staubsauger. An weichen Textilbelägen verwenden Sie starre Düsenaufsätze, harte Kunststoffoberflächen säubern Sie mit Borstendüsen. Glatter Gummibelag wird häufig schon mit einem feuchten Lappen wieder »clean«.

⑤ Sitzpolster bürsten Sie aus oder saugen Sie ab. Mit einem geeigneten Pinsel »vertreiben« Sie den Staub aus unzugänglichen Ecken und Falzen.

⑥ Bürsten Sie die Sicherheitsgurte trocken ab. Bei starker Verschmutzung wenden Sie eventuell eine milde Seifenlösung an.

⑦ Wischen Sie Kunststoffteile und Armaturenträger mit einem feuchten Leder ab. Arbeiten Sie niemals mit Benzin oder anderen Lösungsmitteln, das greift die Oberflächen an – hässliche Flecken sind dann die Folgen. Verwenden Sie besser Kunststoffreiniger.

⑧ Benetzte Flächen neutralisieren Sie – nach der Einwirkzeit – mit klarem Wasser und trocknen sie mit einem weichen Tuch.

Immer großflächig reinigen – Dachhimmel

⑨ Reinigen Sie niemals nur verschmutzte Passagen, Sie provozieren damit hässliche Flecken mit dunklen Rändern.

INNENREINIGUNG

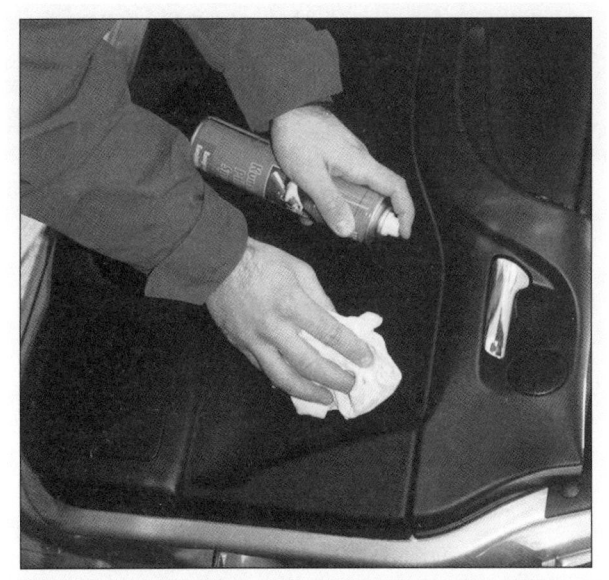

Weniger ist mehr: Gehen Sie umsichtig mit Kunststoffpflegemitteln um – Ihre »Nase wird geschont« und die Oberflächen »strahlen zudem porentiefer«. Sprühen Sie das Mittel im Abstand von etwa 10 Zentimetern auf die Fläche auf und verteilen es dann gleichmäßig mit einem feuchten Tuch in kreisenden Bewegungen. Den »Schmierfilm« von Scheiben, Lenkrad oder Instrumentengläsern beseitigen Sie mit viel Wasser, Kunststoff- oder Glasreiniger.

⑩ Erst wenn der Himmel wirklich »dunkel« ist, frischen Sie ihn großflächig mit Textilreiniger auf. Zum Nachwischen leisten Ihnen Schwamm und Frottierhandtuch gute Dienste. Auf stark »vergilbten« Flächen müssen Sie die Behandlung eventuell wiederholen.

⑪ Behandeln Sie Sitzpolster und Textileinsätze in Seitenteilen wie Innenverkleidungen mit Polsterschaumreiniger. Saugen Sie die Polster – solange sie noch feucht sind – gründlich ab, so löst sich der Schmutz am besten.

⑫ Ledersitze pflegen Sie bitte nur mit speziellen Mitteln – hochwertige Produkte halten das Leder geschmeidig und die Nähte flexibel.

⑬ Türdichtungen können Sie jeweils zum Frühjahr und Winter mit silikonhaltigem Gummipflegemittel einsprühen bzw. einreiben.

⑭ Fensterinnenseiten reinigen Sie mit einem feuchten Fensterleder vor und sprühen hernach Glasreiniger auf. Mit trockenem Küchen- oder Zeitungspapier polieren Sie die Scheibe blank.

⑮ »Raucherautos nerven« nach der Reinigung oft noch mit Schlieren und Graubelag. Hier wirkt eine Lackpolitur oft wahre Wunder. Lassen Sie die Politur allerdings nicht auf unversiegelte Kunststoffoberflächen tropfen, eventuell handeln Sie sich damit hässliche und dauerhafte Flecken ein.

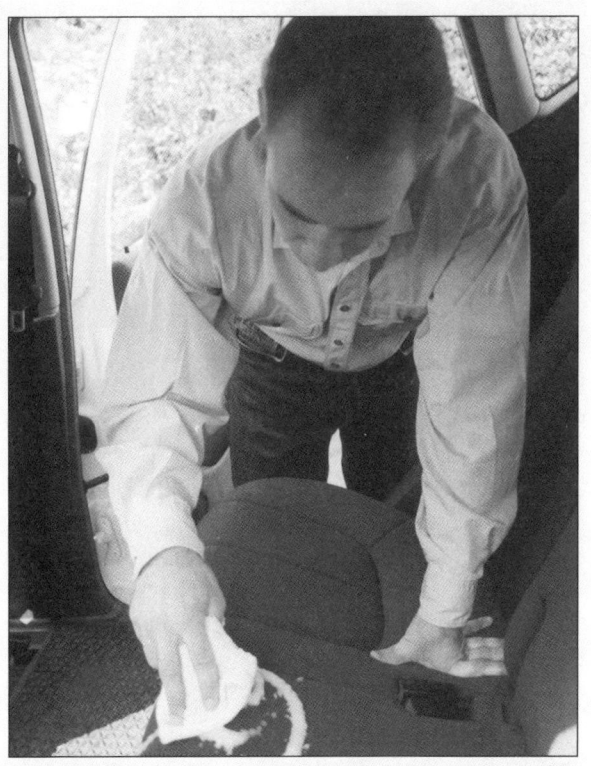

Sitz-Make-up: Polsterreiniger beseitigt nicht nur Feinschmutz, Staub und frische Flecken, auf »versessene« Polsterstoffe wirkt er außerdem wie ein Make-up. Den Reinigungsschaum sprühen Sie einfach auf und verteilen ihn gleichmäßig mit einem feuchten Schwamm über die Fläche. Beachten Sie unbedingt die Gebrauchsanweisung auf der Dose. Es muss übrigens nicht immer »Polsterschaum« sein: In der Regel tut's ein preisgünstigerer Teppichschaum ebenso gut.

Vorbeugen ist besser als »heilen«: Spendieren Sie den Dichtgummis regelmäßig zum Frühjahr und Winter ein silikonhaltiges Gummipflegemittel. Das verlängert nicht nur die Lebensdauer der Dichtungen, sondern hindert die Gummis auch daran, bei Minustemperaturen an die Karosserie »zu frieren«. Das Gleiche gilt übrigens für die Türschließzylinder: In »Silikonschlössern« gleitet der Türschlüssel besser, und Kondenswasser kann dem Schlossmechanismus auch »gestohlen« bleiben.

WAGENPFLEGE

Nicht überall erlaubt – Autowäsche vor der Haustür

In vielen Städten und Gemeinden dürfen Sie Ihr Auto nicht mehr auf der Straße waschen. Das hat gute Gründe: Mit dem Schmutzwasser gelangen Ölrückstände und andere Umwelt schädigende Substanzen in die Kanalisation. Als Umwelt bewußter Do it yourselfer vertrauen Sie Ihren Zafira ohnehin einer automatischen Waschanlage an. Die Wassermengen sind in modernen Anlagen durchaus großzügig bemessen. Kein Wunder – jeder Tropfen wird gleich mehrfach genutzt: Effiziente Wasseraufbereitungsanlagen entziehen dem Waschwasser nicht nur aufgelösten Straßendreck sondern auch fett- und ölhaltige Ballaststoffe. Das entlastet die Umwelt und schont wertvolle Ressourcen. Neuere Waschanlagen arbeiten übrigens mit individuellen Reinigungs- und Pflegeprogrammen – ihr Spektrum reicht von »Katzenwäsche« über Vor-, Haupt- und Unterwäsche bis zu »Heißwachs Make-up« für alternde Lackoberflächen.

Nach der Waschanlage – Feinputz nicht vergessen

Trotzdem sollten Sie Ihr Auto nach dem maschinellen Waschgang gründlich nachreinigen. Waschbürsten behandeln Radhäuser, Radläufe und Türschweller immer gleich, egal ob sie im Dreck ersticken oder nur leicht eingestaubt sind. Auch an Türrahmen und Karosseriefalzen ist bisweilen nachträgliche Handarbeit mit Schwamm und Putztuch angesagt. Im Winter, wenn »wasserhaltige Salzlösungen« dem Lack, den Innenseiten der Kotflügel und dem Unterboden übel zusetzen, sollten Sie öfter in der Waschanlage vorfahren. Ihr Zafira ist zwar nach kurzer Zeit wieder schmutzig, der Rost hat jedoch weit weniger Chancen, sich an kritischen Stellen einzunisten.

Alternativangebot – Waschplatz oder Selbstwaschanlage

Wenn Ihnen – trotz aller Vorteile – Waschanlagen nicht geheuer oder zu oberflächlich sind, fragen Sie Ihren Tankwart nach einem Waschplatz. Auch professionell betriebene Selbstwaschplätze sind eine gute Alternative: Service orientierte Anlagenbetreiber bieten Ihnen sogar vom Hochdruckreiniger bis hin zum Staubsauger alle Hilfsmittel, die Ihnen die Arbeit erleichtern. Kontrollieren Sie auf Selbstwaschplätzen jedoch vor Arbeitsbeginn die Waschbürsten. Möglicherweise hat Ihr Vorgänger gerade den Unterboden oder die Radkästen nach einer Schlammfahrt per Waschbürste gereinigt und Ihnen die »schmirgelnden« Rückstände in der Bürste vermacht – ärgerliche Lackkratzer wären die Folge. Waschen Sie Ihr Auto möglichst auch niemals in der prallen Sonne. Kleine Wassertropfen wirken wie Brenngläser – darunter gehen Staubteilchen und Kalk eine »innige Verbindung« mit der Lackoberfläche ein.

Praxistipp: Nach jeder Wagenwäsche – Bremsen trockenfahren

Machen Sie nach jeder Wagenwäsche eine kurze Bremsprobe. Dabei verdampft der Wasserfilm, der während der Wäsche auf die Bremsscheiben bzw. in die Bremstrommeln gelangt ist. Auch nach längeren Regenfahrten, oder über winterliche Straßen mit Streusalz, sollten Sie, bevor Sie Ihr Auto für mehrere Tage abstellen, die Bremsen immer erst trocken fahren. Es reicht völlig aus, auf den letzten hundert Metern Wegstrecke das Bremspedal leicht zu treten. Mit dieser »Übung« halten Sie die Bremsen fit. Denn der feuchte Schmutzschleier, der sich ansonsten auf den Bremsscheiben und in den Bremstrommeln einnisten würde, ist »verdampft«. Im Ernstfall reagieren Ihre Bremsen jetzt auch schneller.

Praxistipp: Vorsicht im Umgang mit Hochdruckreinigern

- Wassertemperatur maximal 60 Grad. Zu heißes Wasser greift Gummi und Unterbodenschutz an.
- Druckregler auf maximal 30 bar einstellen. Abstand zum Auto 60 bis 80 Zentimeter. Bei geringerem Abstand und zu großem Druck kann der Lack Ihres Zafira »hochgehen«. Nach Motorwäschen mit dem Hochdruckreiniger gelangt mitunter Wasser in die Motorelektronik oder in den Luftfilter. Die Elektronik könnte dann streiken und im Falle Luftfilter kann das zu einem kapitalen Motorschaden führen.
- Reinigen Sie Reifen niemals mit der Rundstrahldüse – die Reifenflanken könnten das verübeln. Selbst bei relativ großem Spritzabstand und kurzer Einwirkzeit können schon Schäden auftreten – Schäden, die auf den ersten Blick nicht erkennbar sind.

AUSSENWÄSCHE

Immer auf Distanz halten: Hochdruckreinigungsstrahl. Mindestens 60 Zentimeter zwischen Lackfläche und Spritzdüse.

Das »pflegt« Ihren Zafira — Techniklexikon

Autoshampoo: Reinigt den Lack und entfernt ölige Rückstände.

Waschwachs: Ähnlich wie Autoshampoo – trägt in einem Arbeitsgang eine dünne Waschschicht auf den Lack auf. Waschwachs kann den Zeitraum bis zur nächsten Politur verlängern.

Felgenreiniger: Lösen auf chemischer Basis festgebackenen Bremsstaub und Straßenschmutz.

Kunststoffpflegemittel: Enthalten außer Pflegesubstanzen auch Farbstoffe. Frischen beispielsweise verblasste Kunststoffstoßfänger wieder auf.

Do it yourself-Wäsche – so werden Sie zum »Saubermann«

- Wenn Sie mit Wasser geizen, ruinieren Sie die Lackoberfläche: Feine Staub- und Sandkörnchen wirken in »trockenen« Waschschwämmen wie Schmirgelpapier und hinterlassen mikroskopisch kleine, spinnwebartige Kratzer.
- Nutzen Sie einen Gartenschlauch, wenn möglich mit Sprühdosierdüse. Ohne fließendes Wasser sollten Sie mindestens zwei Wassereimer für die Grundreinigung kalkulieren.
- Am schonendsten waschen Sie mit einer Schlauchbürste, bei der fließendes Wasser den Schmutz wegschwemmt.
- Es geht natürlich auch mit einem Waschhandschuh oder Schwamm. Halten Sie die Sprühdosierdüse möglichst nah an die Waschfläche, Schmutzpartikel haben dann erst gar keine Zeit sich »festzukrallen«. Falls Sie mit Eimer waschen, spülen Sie den Waschhandschuh oder Schwamm grundsätzlich nach jedem zweiten oder dritten Waschstrich gründlich im Eimer aus.
- Für Felgen und Radkästen eignet sich besonders eine langstielige Waschbürste, ein großporiger Viskoseschwamm ist ideal für große Flächen.
- Insektenrückstände beseitigen Sie »zielsicher« mit einem Fliegenschwamm.
- Die Scheiben- und Lackoberfläche trocknen und polieren Sie schlierenfrei mit einem Fensterleder.
- Praktisch zur Shampoowäsche und Reinigung von Schwamm, Waschhandschuh und Fensterleder – Wassereimer.

Außenwäsche

Arbeitsschritte

① Schließen Sie alle Türen und Fenster. Ansonsten sitzen Sie für die kommenden Wochen auf quietschnassen Polstern.

② Säubern Sie zuerst die Radhäuser, Felgen und Türschweller. Vorteil: Sie können die Karosserie danach in »einem Rutsch« abspülen.

③ Reinigen Sie den Unterboden gelegentlich mit Hochdruckreiniger oder »scharfem« Wasserstrahl. Im Winter sollten Sie zu jeder Wagenwäsche auch den Bauch Ihres Zafira reinigen. Lassen Sie Ihr Auto ein oder zweimal jährlich auf einer Hebebühne liften (Opel-Werkstatt oder Tankstelle), um optisch den Zustand des Unterbodenschutzes zu checken.

④ Die vorderen Felgen verschmutzen wesentlich schneller als die hinteren, an der Vorderachse entsteht bei jedem Bremsvorgang mehr Bremsenabrieb. Berücksichtigen Sie die Tatsache in Ihrem Pflegeplan und cleanen die Vorderräder einfach häufiger mit Felgenreiniger. Achten Sie beim Kauf des »Sauberwassers« unbedingt auf umweltverträgliche Produkte. »Studieren« Sie, bevor Sie loslegen, unbedingt die Gebrauchsanweisung und spülen nach der Wäsche die Räder gründlich mit sauberem Wasser nach.

⑤ Filigrane Leichtmetallfelgen »putzen« Sie sinnvollerweise mit einem Hochdruckreiniger. Gehen Sie vorsichtig mit chemischen Felgenreinigern um: Leichtmetallfelgen können auf aggressive Produkte sehr empfindlich bis in die Materialstruktur darauf reagieren.

WAGENPFLEGE

Geduldig oder mit Hochdruck: Filigrane Leichtmetallfelgen cleanen Sie am schnellsten mit einem Hochdruckreiniger. An Stahlfelgen samt Radkappen reicht ein alter Schwamm durchtränkt mit Kaltreiniger, Kunststoffradabdeckungen erstrahlen meistens schon nach einer Shampoowäsche.

Immer im Kreis herum: Kreisen Sie immer mit einem triefend nassen Waschschwamm über die Lackoberfläche und dosieren das Pflegemittel anhand der Gebrauchsanweisung.

⑥ Falls Sie keinen Hochdruckreiniger haben, säubern Sie Ecken und Falzen am effizientesten mit einer Zahnbürste. Um das Ergebnis länger genießen zu können, versiegeln Sie die Oberfläche nach der Reinigung mit klarem Sprühwachs. Bremsenabrieb und Schmutz lagern auf der Wachsschicht ab. Vorsicht: Benetzen Sie Bremsscheiben oder -beläge nicht mit Sprühwachs.

Gut einweichen – Straßenschmutz

⑦ »Weichen« Sie den Dreck mit einem weichen Wasserstrahl gut ein. In Selbstwaschanlagen mit Hochdruckreiniger wählen Sie das Programm »Spülen«.

⑧ Per »Hand« waschen Sie immer nur ganze Flächen. Nachdem Sie zuerst die Radhäuser, Felgen und Türschweller »vorgewaschen« haben, »putzen« Sie sich vom Dach nach unten vor.

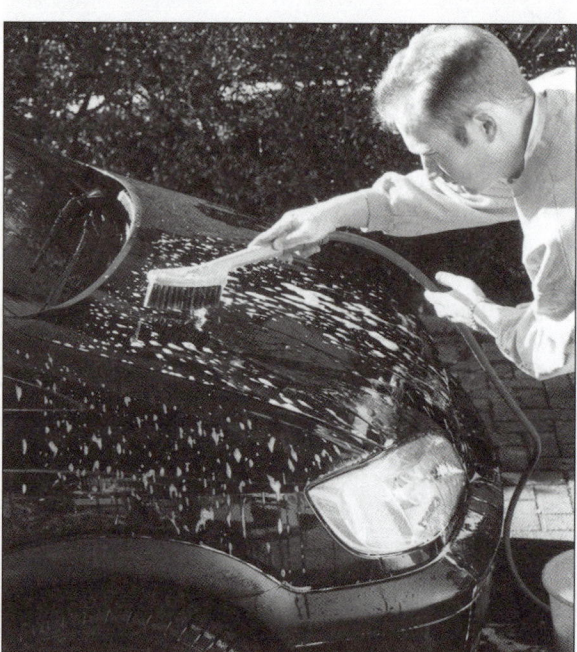

Besonders pflegefreundlich: Wagenwäschen mit Waschbürstenaufsatz. »Saubere« Waschbürsten erhalten Sie auch in gut ausstaffierten Wasch-Centern.

⑨ Verteilen Sie den Reinigungsschaum unter geringem Druck mit kreisenden Bewegungen und lassen ihn kurz einwirken.

⑩ Die Schmutzbrühe spülen Sie mit einem Wasserschlauch ab. In der Selbstwaschanlage wählen Sie das Programm »Spülen«.

⑪ Im letzten Waschgang reinigen Sie die Räder mit Waschbürste und Schlauch.

⑫ Nach der Wäsche ledern sie den Wagen sofort ab. An der Luft getrocknete Wassertropfen hinterlassen ansonsten einen grauen Kalkbelag, der dem Lack schaden kann.

MOTORWÄSCHE

⑬ Spülen Sie das Fensterleder vor Gebrauch gut in sauberem Wasser und wringen es danach aus. Legen Sie den »Fetzen« dann möglichst großflächig auf die Karosserie und ziehen ihn langsam zu sich heran.

»Killt« Wassertropfen schnell und schonend: Fensterleder. Gut gewässerte und saubere Leder hinterlassen keine Kratzspuren auf der Lackoberfläche.

⑭ Spülen Sie das Leder vor dem Auswringen immer durch. Schonen Sie Ihr gutes Leder, Schmutzrückstände würden es schnell ruinieren. Darum schlecht zugängliche Ecken (etwa am Radkasten) mit Baumwolllappen oder altem Trockenleder pflegen.

Keine Frage – auf den Durchblick kommt's an

⑮ Zum Schluss »knöpfen« Sie sich die Autoscheiben vor. Verfahren Sie wie bei der Innenreinigung. Kontrollieren Sie dabei die Frontscheibe auf Steinschläge, Kratzer und Risse.

⑯ Wischerblätter reinigen Sie mit einem Schwamm oder Trockenleder. Prüfen Sie die Gummilippen auf Beschädigungen und Elastizität – verhärtete Gummis erneuern Sie besser. Das ist preisgünstiger als eine zerkratzte Scheibe.

⑰ Nach der Wäsche checken Sie den Lack, die Scheinwerfergläser und den Frontstoßfänger auf hartnäckigen Schmutz: Insektenreste, Vogelkot, Blütenpollenrückstände und Teerspritzer wirken aggressiv und sollten daher mit Spezialreiniger oder Essig entfernt werden.

⑱ Verwenden Sie Teerentferner nicht auf frischen oder frisch ausgebesserten Lacken – darin enthaltene Lösungsmittel können die Lackoberfläche angreifen.

Praxistipp

Gutes Licht – nur mit sauberen Scheinwerfern

Die Scheinwerfer sollten Sie häufiger waschen als die Karosserie Ihres Zafira. Schmutzpartikel auf den Abdeckgläsern behindern die Lichtstrahlen und leiten sie in die Irre. Folge: Unkontrolliertes Streulicht, geringere Sichtweite, starke Blendung, vornehmlich bei Nebel. Schon nach einer halben Stunde Fahrt auf feuchter Straße können die Scheinwerfer Ihres Zafira zu über 60 Prozent verschmutzt sein. Entsprechend dürftig ist dann die Lichtausbeute – ein Gefahrenpotential für Sie und andere Verkehrsteilnehmer.

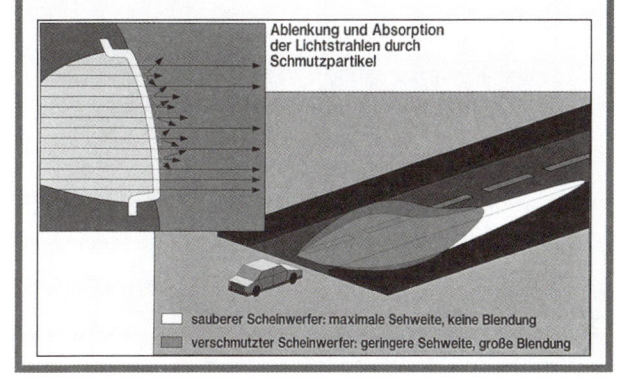

Ablenkung und Absorption der Lichtstrahlen durch Schmutzpartikel

sauberer Scheinwerfer: maximale Sehweite, keine Blendung
verschmutzter Scheinwerfer: geringere Sehweite, große Blendung

Motorwäsche

Mit der Zeit verbinden sich im Motorraum Ihres Zafira Öl, Staub und Insekten zu einem unansehnlichen Schmutzfilm. Er »verpackt« ungefragt nicht nur den Motor und andere Aggregate, sondern hindert auch den Fahrtwind auf Dauer daran, den Kühler zu passieren. Ganz nebenbei: Ein durchfahrener Winter mit reichlich Streusalz und Straßendreck geht auch nicht spurlos am Motorraum und seinen Innereien vorüber. Also machen Sie es sich darum zur Gewohnheit – starten Sie den Frühjahrsputz mit einer gründlichen Motorwäsche. Eine Motorwäsche dürfen Sie allerdings nur dort erledigen, wo das Abwasser von einem Ölabscheider »entgiftet« wird. Entweder Sie machen sich in einer Selbstwaschanlage oder auf einem Waschplatz selbst ans Werk oder vergeben die Arbeit an eine Fachwerkstatt. Danach sind übrigens nicht nur ästhetische Probleme beseitigt, sondern auch technischen Wehwehchen vorgebeugt: Denn ein verdrecktes Kühlernetz provoziert kapitale Motorschäden – es bringt die Kühlflüssigkeit zum »Kochen« und schlimmstenfalls die Zylinderkopfdichtung frühzeitig in den »Himmel«.

WAGENPFLEGE

Beschleunigen Rostfraß – Salzkrusten

Streusalz bekämpft nicht nur erfolgreich Eis und Schnee, sondern gleichfalls auch die Innereien Ihres Zafira. Durch Ritzen und Schächte dringt es tief in den Motorraum und lagert sich an Kühler, Karosseriefalzen und Kanten sowie an Kabelbäumen, Elektroantrieben und Steckverbindern ab. Salzkrusten binden Feuchtigkeit und fördern die Korrosion.

Arbeitsschritte

① Der Motor sollte möglichst kalt sein – sonst verdampft der Motorreiniger, bevor er überhaupt einwirken kann.
② Stellen Sie den Motor ab und schalten die Zündung aus.
③ Empfindliche Bauteile wie Zündanlage, Lichtmaschine und Kraftstoffsystem schützen Sie besser mit einem Lappen oder Plastiktüten. Ansonsten sind Störungen an Zündung und Bordelektrik vorprogrammiert.
④ Nehmen Sie sich zuerst die Innenseite der Motorhaube vor. Weichen Sie die Oberfläche mit viel Wasser ein und reinigen sie hernach mit einem Schwamm und Shampoo. Vergessen Sie auch nicht die Kanten an den Doppelprofilen, Schmutznester sind dort immer vorhanden. Die saubere Haube spritzen Sie dann mit Wasser ab.
⑤ Das Kühlernetz spülen Sie mit reichlich Wasser aus Richtung Motorraum nach außen durch. Vorher weichen Sie Insektenreste mit einem eiweiß- und kalklösenden Mittel (z. B. Geschirrspülmittel, Haushaltsessig) ein.
Vorsicht: Behandeln Sie das Kühlernetz nicht mit harten Bürsten – deformierte Lamellen vermindern die Kühlleistung.
⑥ Duschen Sie den Motorraum an allen Falzen, Trägern und ungeschützten Stellen ab.
⑦ Stärker verschmutzte Teile an Motor und Motorraum sprühen Sie mit einem Kaltreiniger ein. Nach kurzer Einwirkzeit können Sie den gelösten Dreck mit einem scharfen Wasserstrahl nachspülen.
⑧ Motorraum, Motor und sämtliche Nebenaggregate trocknen Sie abschießend vorsichtig mit Druckluft. An Selbstwaschanlagen oder autorisierten Waschplätzen sind meistens Druckluftnetze vorhanden. Druckluftpistolen werden gleichfalls dort verliehen.
⑨ Kontrollieren Sie nach der Motorwäsche, ob Teile unter der Motorhaube (Gas-, Kupplungszug, Stellmotoren, Umlenkhebel, etc.) nicht »trocken« laufen. Überall dort, wo Sie den Schmierfilm an beweglichen Teilen »weggeputzt« haben, müssen Sie nach der Wäsche mit einem Ölkännchen, etwas Schmierfett oder Silikonspray maßvoll nachhelfen.

Weich zum Ziel: Richten Sie den »gebremsten« Wasserstrahl in einem möglichst »flachen« Winkel auf große Flächen.

Praxistipp
Versiegelt die Oberfläche – Motorschutzlack

Denken Sie schon nach der Wäsche an die nächste Motorwäsche und versiegeln darum den Motor – nebst Technikperipherie – mit einem besonders hitzefesten Motorschutzlack. Der nächste Schmutzfilm haftet dann mit Sicherheit weniger intensiv als der gerade entfernte. In Motorräumen, die ein »Kunststoffsarkophag« dominiert, reicht für das sichtbare Beiwerk ein Konservierungsspray oder Konservierungswachs.

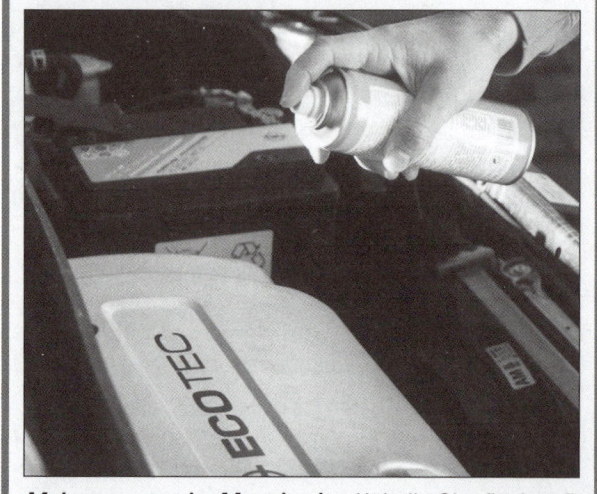

Make-up unter der Motorhaube: Hält die Oberflächen fit.

Damit alles in Bewegung bleibt – Schmierdienst

Wer gut schmiert, der gut fährt – ein Tröpfchen Öl, eine wohl dosierte Prise Fett oder ein Spritzer Silikon wirken manchmal Wunder: Leichtgängig bleibt, was sonst quietscht, klemmt, reißt oder rostet. Folgende Faustregel sollten Sie beherzigen: Überall dort, beispielsweise an Scharnieren und Gelenken mit engen Passungen, wo kein Fett eindringen kann, ist Öl oder Schmierspray die erste Wahl. Gegeneinander reibende Flächen fetten Sie dagegen besser mit einer Schmierpaste oder Silikongleitmittel.

- Die Scharniere an **Türen, Motorhaube** und **Heckklappe** können ab und an einen Spritzer Öl vertragen.
- Die **Türfeststeller** bleiben mit etwas Mehrzweckfett geräuschlos in Form.
- **Schlossfallen an Türen, Motorhaube** und **Heckklappe** behandeln Sie zweckmäßigerweise mit Sprühfett oder Gleitpaste. Dort, wo Seilzüge sichtbar sind, zum Beispiel an der Schlossplatte der Motorhaube, etwas Fett auftragen und durch mehrmalige Hebelbewegung in die Zugumhüllung ziehen.
- **Schließzylinder** inklusive der **Schlüsselführungen** sollten Sie spätestens zu Beginn der kalten Jahreszeit mit Silikonspray auf den Winter vorbereiten: Silikon schmiert, verdrängt Feuchtigkeit und schützt vor Rost. Der Frost hat somit keine Chance das Schloss zu blockieren.
- **Arretierbügel** der Motorhaube am unteren Lagerbolzen mit Öl schmieren.
- **Motorhaubenscharniere** einölen oder mit Schmierspray benetzen.

Werterhaltend – Lackpflege

Die regelmäßige Lackpflege ist eine lohnende Arbeit. Denn stumpfe, verwitterte Lackoberflächen machen Ihren Zafira für Sie und andere unansehnlich: Spätestens beim Wiederverkauf »rächt« sich ein ungepflegter Lack schnell mal mit ein paar »Euro« weniger in Ihrer Tasche. Neue Lacke sind zunächst pflegeleicht, regelmäßiges Waschen und die prompte Beseitigung von Steinschlägen, Teerflecken und Insektenresten reichen völlig aus. Doch spätestens, wenn Wassertropfen nur noch mit unscharfen Rändern auf dem frisch gewaschenen Auto abperlen, wird es Zeit zur Lackpflege. Sonne, Regen, Streusalz, Schmutz und andere Umweltgifte haben dann der Lackoberfläche »zugesetzt«.

Wirkt häufig Wunder – Lackreiniger

Welches Lackpflegemittel für Ihren Opel das Richtige ist, hängt von seinem Zustand ab. Einem neuen, noch gut erhaltenen Lack genügt eine milde Politur. Sie glättet die durch Umwelteinflüsse und mechanische Einwirkungen leicht angegriffene Lackoberfläche. Außerdem sind moderne Polituren mit Wachskomponenten aufbereitet, die das Blechkleid konservieren. Für neue Lacke sind scharfe Lackreiniger eher reines Gift – für alte und verwitterte Lacke jedoch genau das richtige Mittel für glänzende Ergebnisse.

Immer einen Versuch wert – gründliche Lackpflege

Ein Lackreiniger funktioniert zunächst wie eine Politur, seine Mixtur enthält jedoch Schleifmittel, die auch mit stärkeren Verschmutzungen fertig werden. Bevor Sie Ihrem verwitterten Zafira also freiwillig eine Neulackierung spendieren, sollten Sie es zunächst mit einem guten Lackreiniger versuchen: Zur Lackpflege ist es nie zu spät. Konservierende Komponenten enthalten Lackreiniger in der Regel allerdings keine. Sie sollten den aufbereiteten Lack daher in einem zweiten Arbeitsgang mit Autowachs versiegeln.

»Gift« für den Lack – pralles Sonnenlicht

Bei neuen und aufbereiteten Lacken empfiehlt es sich übrigens, die Konservierung erst nach rund einem Jahr zu erneuern. Verwitterte oder ältere Lackoberflächen »versiegeln« Sie dagegen ruhig zwei- oder dreimal jährlich. Das erhält den Glanz, optimiert den Langzeitschutz und hält den Lack »jung«. Meiden Sie allerdings pralles Sonnenlicht, die meisten Polituren und Lackreiniger wirken unter Sonneneinstrahlung ziemlich aggressiv. »Werkeln« Sie lieber im Schatten oder unter einem Garagendach, dort haben die chemischen Politursubstanzen keine Chance, sich über Gebühr mit der »Zafira-Haut« anzulegen. Wenn Sie Ihrem Zafira in geschlossenen Räumen auf den »Leib« rücken, sorgen Sie für eine gute Raumdurchlüftung – die Ausdünstungen des Pflegemittels sind gesundheitsschädlich.

WAGENPFLEGE

Lackpflege

Arbeitsschritte

① Bevor Sie loslegen, waschen und trocknen Sie Ihr Auto gründlich.

② Prüfen Sie zuerst an einer relativ unauffälligen Stelle, ob der Lack auch das Politurmittel »verträgt«. Vorsicht bei Lackreinigern: Tragen Sie immer nur dünne Schichten kreisförmig auf – zu viel Lackreiniger »schleift« mehr Decklack ab als nötig. Reinigen Sie Ihren Zafira lieber in mehreren Durchgängen.

③ Politur oder Lackreiniger tragen Sie unter sanftem Druck mit handballengroßen »Fetzen« Polierwatte oder einem weichen Tuch (kein Kunstfaserlappen) in kreisförmigen Bewegungen auf. Behandeln Sie immer nur überschaubare Flächen.

④ Schon nach kurzer Einwirkzeit bildet sich ein trockener weißer Belag, den Sie mit einem sauberen Wattebausch in kreisenden Bewegungen auspolieren. Bei stark verwittertem Lack Vorsicht an Kanten: Bearbeiten Sie die gleiche Stelle nicht zu lange, Sie könnten sonst den Lack bis auf die Grundierung abtragen.

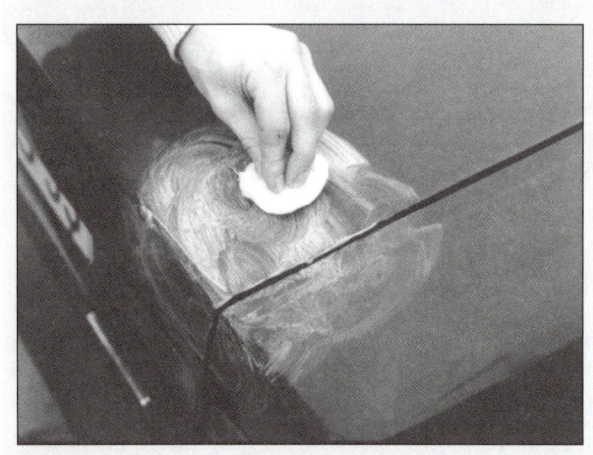

Teilen Sie die Karosserie in Abschnitte von etwa einem halben Quadratmeter ein. Bei größeren Flächen kommen Sie mit dem Auspolieren nicht nach. Eingetrocknete Politur lässt sich nur schwer verarbeiten.

⑤ Wenden oder erneuern Sie den Watteballen regelmäßig – seine Oberfläche setzt sich nach geraumer Zeit mit Wachs- und Pflegemittelpartikeln zu.

⑥ Um Poliermittel- und Watteflusenresten den Garaus zu machen, reiben Sie abschießend die polierte Lackoberfläche mit einem sauberen Baumwolllappen ab.

Damit der Lack klar und schlierenfrei erscheint, reibt man den weißen Belag mit großen Watteballen unter Druck glänzend. Wird die Polierbewegung schwerer, den Watteballen wenden oder erneuern.

Basis für brillanten Tiefenglanz – Lackkonservierer

⑦ Den Konservierer tragen Sie unter sanftem Druck mit handballengroßen »Fetzen« Polierwatte oder einem weichen Tuch (kein Kunstfaserlappen) in kreisförmigen Bewegungen auf. Behandeln Sie immer nur überschaubare Flächen, das steigert den Tiefenglanz.

⑧ Die Watte muss mit wenig Widerstand leicht über den Lack gleiten. Deshalb wenden Sie den »Fetzen« häufig und nehmen rechtzeitig einen neuen Wattebausch in die Hand.

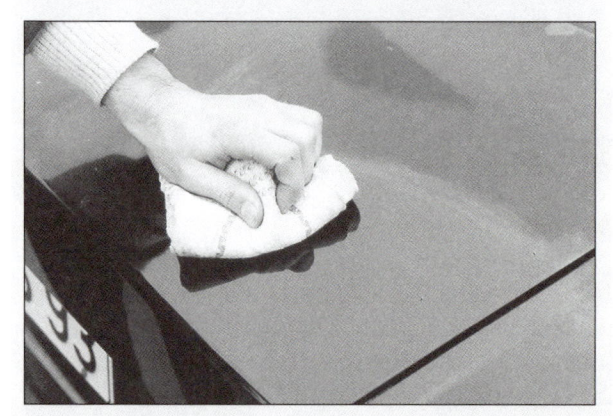

⑨ Erkennen Sie danach noch Streifen oder Wolken auf dem Lack, liegt das meist an verschmierten Farbpartikeln – »Hinterlassenschaften« einer vorhergehenden Politur. Wiederholen Sie den Vorgang an den schlierigen Stellen.

Reiben Sie die polierte Lackfläche zum Schluss noch mit einem sauberen Baumwolllappen ab. Damit entfernen Sie eventuell noch vorhandenen Belag und natürlich auch die Watteflusen.

STEINSCHLAGSCHÄDEN AUSBESSERN

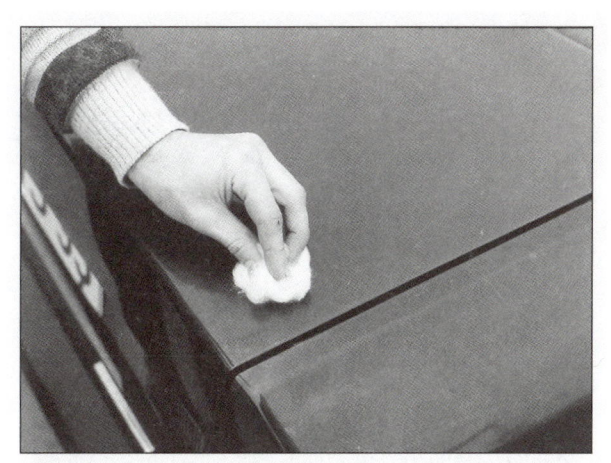

Wenn der Konservierer beim Auftragen fast vom Lack abperlt, ist die Oberflächenspannung des Lacks noch zu groß. Versuchen Sie es in diesem Fall vor der Konservierung mit einer milden Politur.

Wertmindernd – hässliche Lackschäden

Während der Fahrt unterliegt Ihr Zafira einem »Dauerbeschuss« diverser Fremdkörper: Kleine aufwirbelnde Steinchen, selbst winzige Sandkörner, werden bei hohen Tempi zu Geschossen, die wie Meteoriten auf dem Lack einschlagen. Auf winterlichen Straßen sind vor allem die Frontpartie und Motorhaube stark gefährdet – feste Streumittelbestandteile prasseln dann hörbar gegen die Karosserie. Steinschlagschäden sind jedoch kein Drama. Auch ein leichter Parkrempler mit Kratzern und Schrammen bietet keinen Anlass zur Panik. Solche Stellen lassen sich, ebenso wie der »gegnerische« Fremdlack, meistens einfach mit Lackreiniger oder einer speziellen Schleifpolitur auspolieren.

Praktisch nach Steinschlägen – Lack-Reparaturset

Die meisten Hersteller bieten »gegen kleine« Steinschlagschäden praktische Reparatursets an. Sie lassen sich ähnlich leicht handhaben wie Nagellack. Eine gebräuchliche Alternative ist Tupflack, mit dem Sie Steinschlagkrater in mehreren Lackschichten auffüllen können. Bei normalen Lacken und kleinen Beschädigungen helfen übrigens auch Wachsstifte in Wagenfarbe. Das Reparaturwachs hält freilich nur einige Wagenwäschen lang und muss danach wieder erneuert werden. Sollten Sie die Lackbezeichnung und den Code der Wagenfarbe vergessen haben, kein Problem: Ihr Vertragshändler entschlüsselt anhand des Nummerncodes die Angaben im Kfz-Schein.

Umgehend beseitigen – frische Lackblessuren

Ignorieren Sie auch winzige Macken im Lack nicht: Rost leistet in kurzer Zeit ganze Arbeit – bei ungünstigen Bedingungen (Nässe, Wärme oder unter Salzeinfluss) sogar schon in wenigen Tagen – auch an verzinkten Karosserieblechen. Lassen Sie dem Rost gar über Monate oder Jahre ungehinderten Freiraum, sind große Krater das traurige Resultat. In diesem Fall helfen nur noch aufwändige Restaurierungsarbeiten. Die können wir Ihnen in diesem Umfeld freilich ebenso wenig vorstellen, wie die Reparatur eines Unfall- oder Blechschadens. Dazu empfehlen wir Ihnen Ihre Vertragswerkstatt oder den Band 175 aus der Reihe »Jetzt helfe ich mir selbst«. Fachleute bringen Ihnen darin diverse »Geheimnisse« rund ums »heilix Blechle« näher.

Damit klappt's – das richtige Material

- Abklebeband (verwenden Sie nur Profimaterial)
- Zeitungen oder Folie zum Abkleben
- Für flächiges Schleifen einen Schleifklotz aus Holz oder Kork
- Nass- und Trockenschleifpapier in verschiedenen Körnungen
- Spachtel, Spachtelmasse und Härter. Spritzspachtel zum Ausgleich kleinerer Unebenheiten
- Haftgrund, als Grundlage für den neuen Lackaufbau
- Decklack
- Lackreiniger, Konservierer, Politur

Steinschlagschäden ausbessern

Arbeitsschritte

① Beseitigen Sie abstehende Ränder rund um den Lackkrater vorsichtig mit einer feinen Nadel oder einem Uhrmacherschraubendreher.

② »Rostschuppen« kratzen Sie mit einem spitzen Messerchen vorsichtig aus. Danach träufeln Sie einen Tropfen Rostumwandler auf die Stelle und lassen ihn etwa eine Stunde einwirken.

③ Jetzt waschen Sie die Schadstelle gründlich mit Lackverdünner aus und trocknen sie mit einem Haarfön.

④ Sprühen Sie nun etwas Haftgrund in den Sprühdosendeckel und tragen ihn dann mit einem Tupfpinsel oder Ihrer »sauberen« Fingerkuppe dünn auf die Schadstelle auf. Den Haftgrund lassen Sie gut austrocknen.

WAGENPFLEGE

⑤ Drücken Sie, bündig zur umgebenden Lackfläche, mit Ihrer Fingerkuppe oder einem kleinen Kunststoffmesser ein wenig Spachtel in den Krater. Lassen Sie die Masse gut austrocknen. »Ungebetene« Spachtelflecken wischen Sie dagegen umgehend mit einem in Lackverdünnung getränkten Lappen ab.

⑥ Überflüssige Spachtelmasse schleifen Sie mit feinem Schleifpapier vorsichtig aus. Umwickeln Sie dazu ein Bleistiftende mit einem schmalen Streifen, den Bleistift drehen Sie zum Schleifen zwischen den Handflächen.

⑦ Sprühen Sie Decklack in den Dosendeckel und lassen ihn circa eine Minute ablüften. Tragen Sie dann den verdickten Lack mit Ihrer Fingerkuppe oder einem spitzen Pinsel dünn auf.

⑧ Um das Ergebnis zu toppen, polieren Sie die Übergänge des vollständig ausgetrockneten Lacks (im Sommer nach etwa zwei, im Winter nach rund fünf Tagen) mit Politur bzw. Lackreiniger großflächig bei.

Großflächig auspolieren – kleine Kratzer und Schrammen

Arbeitsschritte

① Reinigen Sie die Schadstelle gründlich mit Waschbenzin oder Verdünner und ...

② ... polieren dann die Fremdfarbe (falls vorhanden) in mehreren Arbeitsgängen mit Polierwatte, Schleifpolitur oder Lackreiniger aus dem Decklack. Legen Sie die Polierfläche möglichst großzügig an.

③ »Ausgerissene« Schrammenränder schleifen Sie zunächst mit einem kleinen Streifen Wasserschleifpapier (mindestens Körnung 800) behutsam glatt. Wässern Sie ständig das Schleifpapier in einem Wassereimer und spülen gleichfalls die Schleifstelle. Vorsicht: Durchschleifen Sie nicht die Decklackschicht.

④ Polieren Sie die Schadstelle großflächig mit einer milden Politur nach. Sie »verteilen« dabei Farbpartikel aus der unmittelbaren Lackumgebung in die Schramme.

⑤ Zuletzt versiegeln Sie die bearbeitete Stelle mit einem Lackkonservierer.

⑥ Wenn Sie auf gleichmäßigen Glanz Wert legen, polieren Sie anschließend das ganze Auto auf.

Lackneuaufbau – so verschwinden größere Schrammen

Arbeitsschritte

① Bei tiefen Schrammen an Stoßfänger, Kotflügel oder Tür bauen Sie vor der Reparatur das Karosserieteil sinnvollerweise aus. Das Ergebnis wird dann besser, denn die Arbeit geht Ihnen leichter von der Hand.

② Schleifen Sie die Schadensfläche mit Schleifpapier (Körnung 80 oder 100) leicht an. Rost schleifen Sie bis aufs blanke Blech herunter und tragen dann Rostumwandler auf. Lassen Sie den »Wandler« ca. eine Stunde einwirken.

③ Die Stelle reinigen Sie zunächst mit Lackverdünner, entfetten sie und lassen sie gut ablüften.

④ Jetzt vermischen Sie den Spachtel mit dem Härter. Die Spachtelmasse gleicht Höhenunterschiede zu den angrenzenden Flächen aus. Vorsicht: Zweikomponentenspachtel bleibt, je nach Temperatur, nur einige Minuten verarbeitungsfähig. Deshalb mischen Sie stets nur kleine Mengen an. Bei geringen Unebenheiten ist Spritzspachtel aus der Sprühdose die bessere Wahl.

⑤ Tragen Sie die Spachtelmasse gleichmäßig und zügig in mehreren dünnen Schichten auf. Nach etwa einer Stunde ist der Spachtel ausgehärtet.

⑥ Unebenheiten egalisieren Sie mit Trockenschleifpapier (Körnung 180). Den Feinschliff erledigen Sie mit Nassschleifpapier (Körnung 400). Schleifen Sie die Fläche mit viel Wasser und verhaltenem Druck plan.

⑦ Verbliebene Riefen gleichen Sie nun erneut mit Spritzspachtel aus. Sobald sie ausgehärtet sind, schleifen Sie die Stellen mit Nassschleifpapier (Körnung 600) an.

⑧ Spülen Sie vor dem Lackieren den Schleifstaub sorgfältig mit Wasser ab.

Lackieren wie ein Profi – mit etwas Übung möglich

⑨ Die gründlich vorbereitete Schadstelle müssen Sie nun mit wasserfestem Abklebeband (Profiqualität) und /oder einer Folie bzw. alten Zeitungen abkleben. »Missachten« Sie unbedingt billiges Klebeband, es weicht schnell auf und löst sich dann vom Untergrund. Vorsicht: Lüften Sie immer Ihren Arbeitsplatz gut durch – beim Lackieren entstehen giftige Dämpfe.

⑩ Als Grundlage für den Decklack spritzen Sie Haftgrund (Füller) auf die gespachtelte Fläche. Arbeiten Sie sauber – Unebenheiten und Lacknasen verschwinden nicht mit zunehmendem Lackauftrag, sondern vergrößern sich. Den Haftgrund lassen Sie trocknen und schleifen dann die

LACKIEREN WIE EIN PROFI

Fläche mit Nassschleifpapier (Körnung 600) plan. Die Schleifrückstände spülen Sie mit Wasser ab.

⑪ Tragen Sie den Decklack aus der Sprühdose gleichmäßig und zügig in mehreren Schichten auf. Der Abstand vom Sprühkopf zur Lackierfläche sollte etwa 20 bis 30 Zentimeter betragen. Erwärmen Sie die Sprühdose vor dem Lackieren kurz in heißem Wasser oder auf einem Heizkörper. Die Farbpartikel entweichen dann unter höherem Druck. Vorteil: Die Oberfläche wird glatter und der Lackverlauf gleichmäßiger.

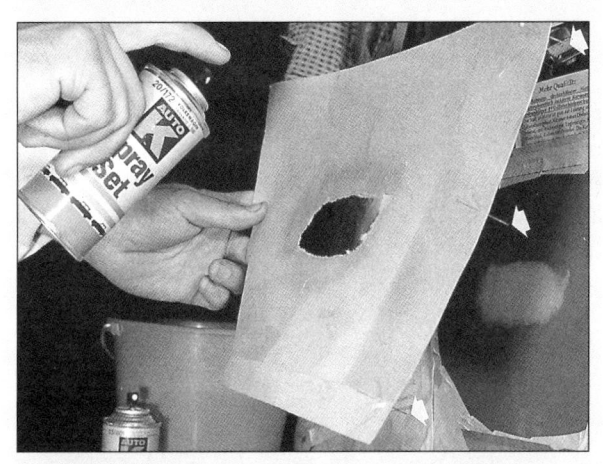

⑫ Bevor Sie die Schadstelle »nachsprühen«, lösen Sie um die Reparaturstelle herum vorsichtig die Klebebandränder und knicken sie um. Der Übergang zum Originallack wird dann unscharf und lässt sich leichter beipolieren.

⑬ Sobald der Reparaturlack vollständig ausgetrocknet ist (im Sommer nach etwa zwei, im Winter nach fünf Tagen), die ausgebesserte Stelle mit Politur und die Übergänge mit Lackreiniger bearbeiten. Die besten Ergebnisse erzielen Sie, wenn anschließend das gesamte Fahrzeug aufpoliert wird.

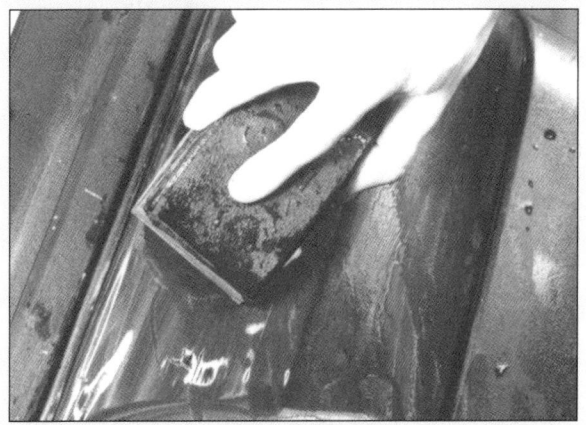

Sprühstrahl begrenzen: Wenn Sie einen lokalen Lackschaden ausbessern, begrenzen Sie den Sprühstrahl mit einer perforierten Pappe (Pfeil). Halten Sie die Pappe etwa 10 cm vor die abgedeckte Karosseriefläche (Pfeil) und bessern dann durch die Öffnung die Schadstelle aus. Auf diese Weise bekommen Sie »weiche« Übergänge zu Stande.

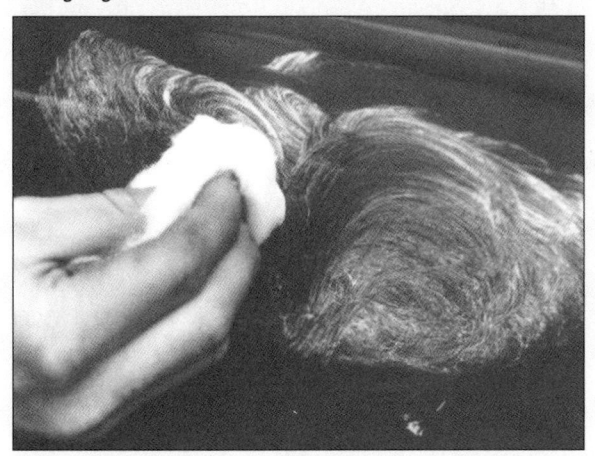

Mit Schleifklotz und Wasserschleifpapier: Bevor Sie den neuen Lack auftragen, schleifen Sie die »Arbeitsstelle« mit viel Wasser an. Lassen Sie den Schleifklotz möglichst wenig kreisen, sondern schleifen Sie mit Parallelbewegungen. Spülen Sie die Schleifstelle regelmäßig mit Wasser ab. Den Schleifklotz samt Papier »baden« in einem Wassereimer.

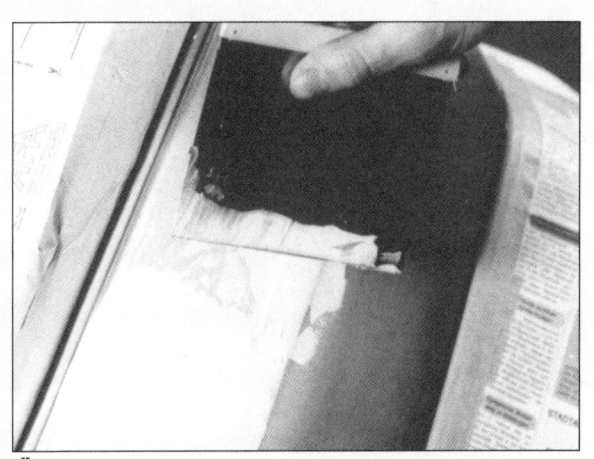

Oberflächen Make-up: Leichte Kratzer, Schrammen oder Farbnebel beseitigen Sie mit einer speziellen Schleifpaste oder Lackreiniger. Tragen Sie das Mittel auf einem weichen Baumwolllappen auf und bringen es kreisförmig auf die Schadstelle. Vergessen Sie nicht, den Lack danach mit Flüssigwachs zu versiegeln.

Üben übt: Bevor Sie das erste Mal »Knitterfalten« ausgleichen, trainieren Sie den Umgang mit Spachtelmasse und Spachtelklinge fernab der Karosserie. Verarbeiten Sie die Spachtelmasse geschmeidig und ziehen die Oberfläche möglichst glatt. Alles was Sie von vornherein mit dem Spachtel »schlichten«, müssen Sie hernach nicht mühsam abschleifen.

WAGENPFLEGE

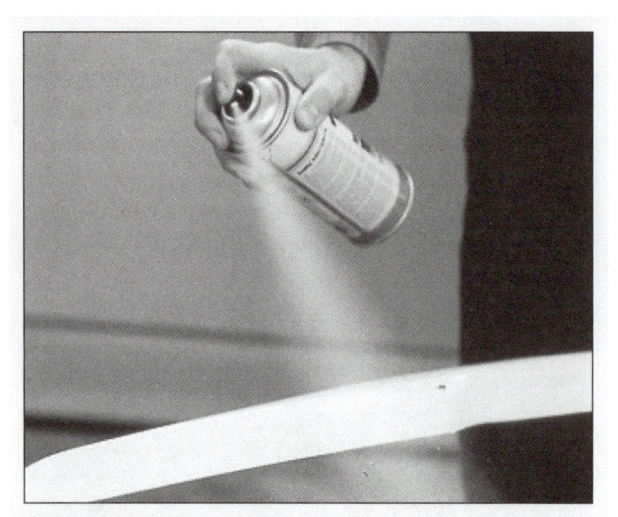

Schichtarbeit: Tragen Sie den neuen Lack mehrschichtig im Nass- in Nassverfahren auf. Lassen Sie dem frischen Lack immer ein paar Minuten Zeit sich mit dem Untergrund zu verbinden. Führen Sie den Sprühkopf zudem mit ruhiger Hand und vermeiden kreisende Bewegungen. Tragen Sie den Lack stattdessen gleichmäßig in Parallelschwüngen auf.

Praxistipp
Sondermüll – Farbreste, leere Spraydosen, verdreckte Putzlappen, alte Pinsel

Farb- und Lösungsmittelreste gehören nicht in den Hausdafür jedoch in den Sondermüll. Das gilt auch für verschmutzte Lappen, Pinsel und Spraydosen. In vielen Städten und Gemeinden gibt's heute mobile Annahmestellen. Fragen Sie bei Ihrem Umweltamt nach den Abholterminen oder den Öffnungszeiten der Deponie.

Die Scheibenwaschanlage

Ohne »Durchblick« keine Sicherheit: Eine gute Rundumsicht ist die Grundvoraussetzung für jeden motorisierten Verkehrsteilnehmer. Damit Sie in Ihren Zafira auch bei Regen, Matsch und Schnee nicht ohne »Durchblick« schalten und walten müssen, hat Opel dem Zafira zwei Scheibenwaschanlagen spendiert.

Die Frontscheibe säubert der Scheibenwischer grundsätzlich mit zwei Geschwindigkeiten. Bei schwachem Nieselregen oder Nebel erweist sich der »Einmaltippkontakt« sowie eine zusätzliche Wischintervalleinrichtung als komfortabel. Im Zafira löst sie die beiden Wischer etwa alle vier Sekunden automatisch aus. Die Heckscheibe »putzt« zusätzlich ein Wischer mitsamt Scheibenwaschanlage. Bevor Sie den Wischer einschalten, sind stark verschmierte Scheiben grundsätzlich ein Fall für die Scheibenwaschanlage: Den schnellsten Durchblick bekommen Sie, wenn die Spritzdüsen das Waschwasser im oberen Drittel des Wischfelds zerstäuben.

Für Profis selbstverständlich – neue Wischergummis im Frühjahr und Herbst

Die Lebensdauer von Wischergummis ist begrenzt: Bei jeder Wischbewegung malträtieren »öliger« Straßenschmutz, verhärtete Insektenreste sowie Salzrückstände die Gummilippen. Ozon und UV-Strahlen härten die Wischergummis zusätzlich aus. Profis wechseln Wischergummis daher vorbeugend im Frühjahr und Herbst gegen neue aus.

Bei korrektem Anpressdruck der Wischerarme auf die Scheibe sind lästige Schlieren der sichtbarste Beweis für verschlissene Wischergummis – der fällige Austausch bereitet keinerlei Probleme. Wie übrigens auch die meisten Arbeiten an der Scheibenwaschanlage, die Sie in der Regel selbst erledigen können. Schenken Sie zunächst den Sicherungen und elektrischen Zuleitungen zu den Wischermotoren einen prüfenden Blick. Sollten Sie dabei bereits Fehler entdecken, informieren Sie sich vor der anstehenden Reparatur bitte im Kapitel »Die Fahrzeugelektrik«.

Scheibenwischer und Waschanlage prüfen

Arbeitsschritte

① Zündung einschalten, Wischermotor einschalten.
② Läuft der Scheibenwischer in allen Geschwindigkeiten?
③ Funktioniert die Wischer-Intervallschaltung?
④ Arbeitet die Scheibenwaschanlage?
⑤ Sind die Spritzdüsen richtig eingestellt?
⑥ Funktionieren Heckwischer und -wascher?
⑦ Schwenken – nach dem Ausschalten – die Wischerarme automatisch in ihre Parkstellung zurück?

WISCHERGUMMI WECHSELN

Scheibenwaschwasser auffüllen

Arbeitsschritte 🔧 📏 W

① Im Sommer sollten Sie den Waschwasservorrat mit klarem Wasser ergänzen. Ein Anteil Reinigungsmittel steigert die Waschwirkung erheblich. Im Winter mengen Sie der Waschlösung zusätzlich Gefrierschutz bei, oder Sie verwenden bereits vorgemischtes »Scheibenklar«.

② Damit im Vorratsbehälter sofort eine homogene Mischung entsteht, zuerst das (die) Zusatzmittel einfüllen, erst dann ergänzen Sie die Lösung bis zur Einfüllöffnung mit Wasser.

③ Bei Minustemperaturen friert die Scheibenwaschanlage ein. Darum »präparieren« Sie ihren Vorratstank in der kalten Jahreszeit immer zu rund einem Drittel mit einem Gefrierschutzmittel (z. B. Brennspiritus) oder einer »fertigen« Reinigungslösung. Damit im Ernstfall auch die Zuleitungen und Spritzdüsen geschützt sind, lassen Sie die Waschanlage nach dem Füllvorgang so lange »pumpen«, bis Sie die Mischung auf den Scheiben erkennen und riechen.

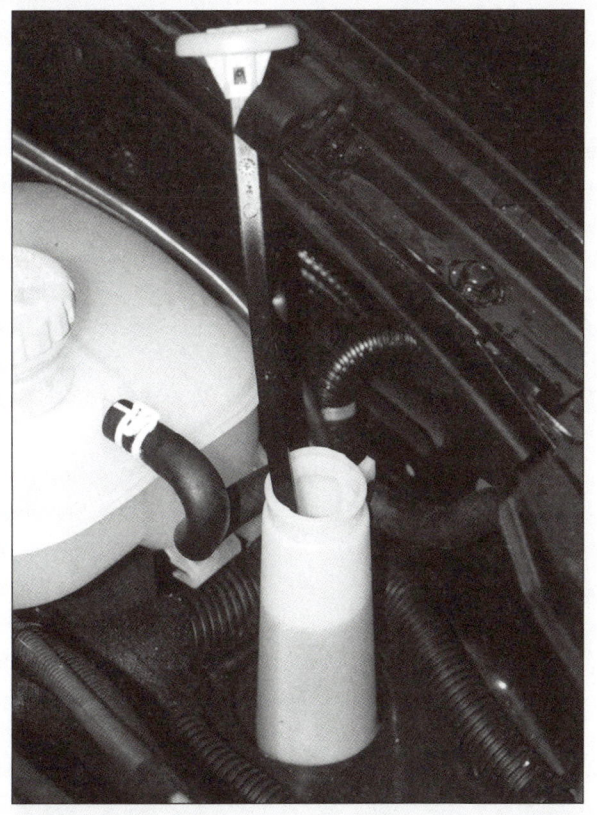

Leicht befüllbar: Waschwasserbehälter« unter der Motorhaube vorne links. Der Verschlussstopfen hat einen praktischen »Peilstab«.

Wischergummi wechseln

Arbeitsschritte 🔧 📏 W

① Schwenken Sie den Wischerarm von der Scheibe ab und …

② … ziehen die Arretierfeder des Wischerblatts so weit vom Wischerarm ab, bis Kerbe sichtbar wird.

③ Jetzt drücken Sie das Wischerblatt nach unten und schwenken es aus dem Arm heraus.

④ Achten sie darauf, an einer Seite fixiert das Wischerblatt den Gummi mit zwei Halteklammern. Drücken Sie mit einem Lüsterklemmenschraubendreher die Erhebungen am Gummi so weit zurück, bis der Gummi aus den Halteklammern ausrastet.

⑤ Ziehen Sie das Wischergummi nun zusammen mit den beiden Metallfederstreifen in die andere Richtung aus dem Halter.

⑥ Sie können nun die Metallfederstreifen aus dem Wischergummi ziehen.

⑦ Die Montage des neuen Wischergummis erledigen Sie in umgekehrter Reihenfolge.

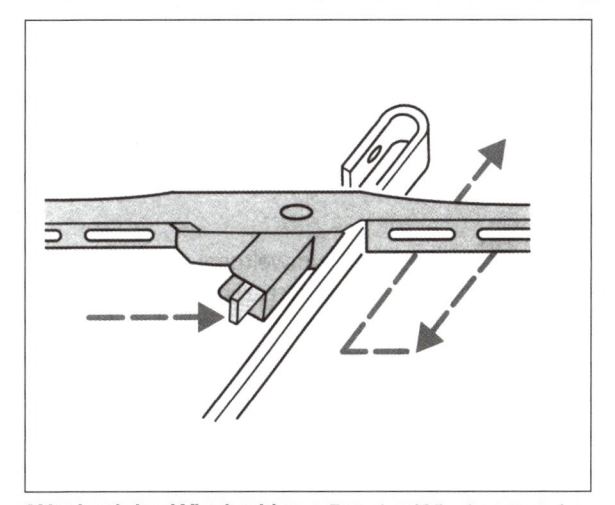

⑧ Achten Sie unbedingt darauf, dass die Arretierfeder hörbar im Wischerarm einrastet. Checken Sie das auch optisch – sonst »fliegen« Ihnen beim nächsten Regen die Wischerblätter von der Scheibe.

Wechsel des Wischerblatts: Erst den Wischerarm abklappen, dann das Gelenk des Wischerblattes an der kleinen Zunge (Pfeil) entsichern. Das Blatt kann jetzt aus dem »U« des Wischerarms geschoben werden.

WAGENPFLEGE

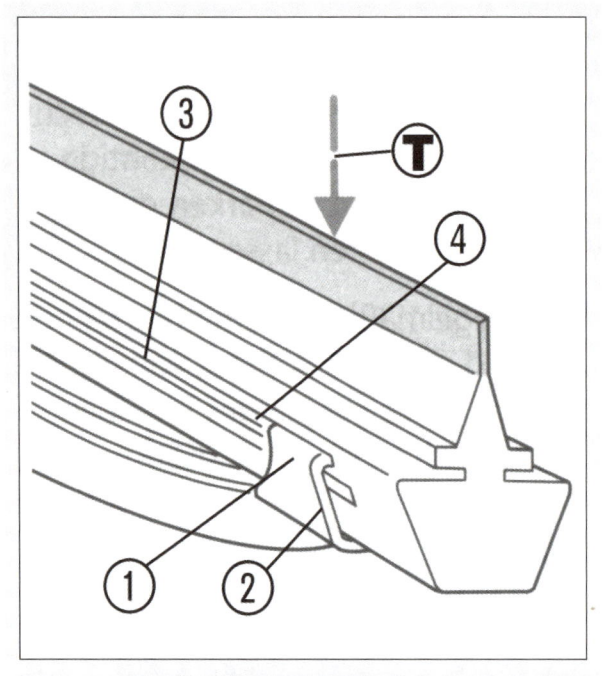

Wechsel des Wischergummis: ❶ *Führungsnasen der Wischerblattschiene.* ❷ *Arretierungsklammern für das Wischergummi.* ❸ *Führungsprofil des Gummis.* ❹ *Nuten für Federstreifen.* **T** *Wischlippe.*

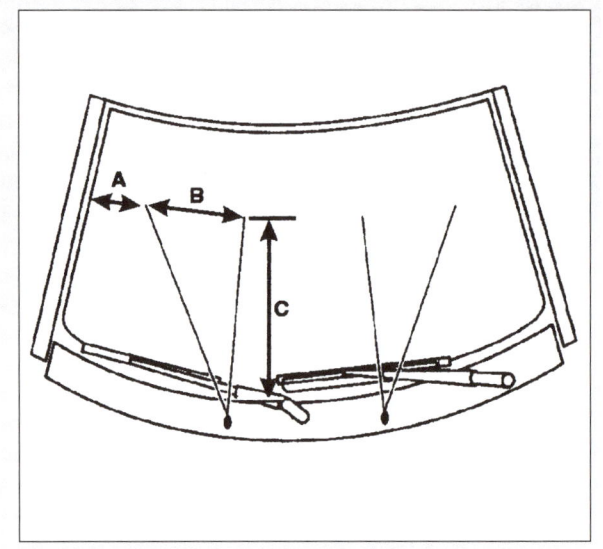

Richtig eingestellte Spritzdüsen der Scheibenwaschanlage sollten an der Windschutzscheibe innerhalb der angegebenen Maße das Wasser auf die Scheibe spritzen.
A = 140 – 240 mm   B = 190 – 290 mm
C = 270 – 370 mm

Waschwasserdüsen einstellen

Der Zafira hat zwei Waschwasserdüsen auf dem Windlauf vor der Frontscheibe. Um ihre Reinigungswirkung voll aus-zuschöpfen, stellen Sie die Düsen mit einer Nadel oder Büroklammer »punktgenau« auf das obere Scheibendrittel ein.

Arbeitsschritte

① Um die Düsenöffnungen mit einer Nadel oder Büroklammer verdrehen zu können, »stechen« Sie zunächst die Nadel- oder Drahtspitze vorsichtig in die Düsenöffnung und drehen sie dann in die gewünschte Spritzrichtung.

② Damit Sie mit möglichst wenig Waschwasser eine gute Reinigungswirkung erzielen, richten Sie die Düsen etwa auf das obere Drittel des Wischfelds aus.

Scheibenwaschdüse aus- und einbauen

Verstopfte Waschdüsen bauen Sie zweckmäßigerweise sofort aus und blasen Sie in Richtung Schlauchanschluss mit Druckluft aus. Hartnäckige Verstopfungen durchstoßen Sie vorsichtig mit einem dünnen Draht – gleichfalls in Richtung Schlauchanschluss. Klappt das nicht, erneuern Sie die Düse und setzen bei der Gelegenheit gleich einen handelsüblichen Kraftstofffilter in die Waschwasserzuleitung ein. Der feinporige Filter hält künftig die Düsen sauber.

Arbeitsschritte

vorn

① Öffnen Sie die Motorhaube, ziehen die Motorraumabdichtung ❷ ab.

② Hernach ziehen Sie die Abdeckung ❶ aus dem Wasserabweiser. Beginnen Sie in Höhe der Frontscheibe und »clipsen« sich in Richtung Spritzwand vor.

SCHEIBENWISCHERARM AUS- UND EINBAUEN

Motorraumabdichtung ❷ und Abdeckung ❶ abziehen.

③ Pressen Sie die Scheibenwaschdüse nach unten aus dem Wasserabweiser.

④ Bevor Sie den Waschwasserschlauch von der Düse abziehen, erwärmen Sie ihn kurz mit einem Feuerzeug.

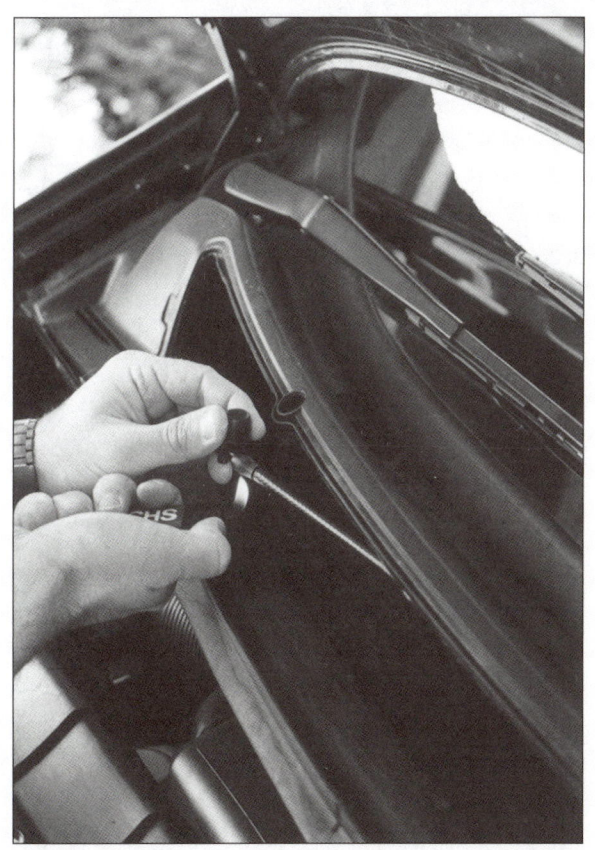

Wärme macht geschmeidig: Die erwärmten Kunststoffschläuche lassen sich leichter von den Düsen abziehen.

⑤ Zur Montage rasten Sie die Düse von unten in den Wasserabweiser ein. Achten Sie darauf, dass die Düse fest sitzt, ansonsten gibt's Probleme mit der Einstellung.

⑥ Beenden Sie die Montage in umgekehrter Reihenfolge und stellen – wie beschrieben – die Düsen ein.

hinten

① Hebeln Sie mit einem Schlitzschraubendreher die Scheibenwaschdüse vorsichtig aus der Heckklappe. Bringen Sie den Schraubendreher zwischen Düse ❶ und Dichtgummi ❷ an. Dadurch vermeiden Sie Lackkratzer.

② Entriegeln Sie die Rastnasen ❸ und heben die Düse ab.

③ Bevor Sie den Waschwasserschlauch von der Düse abziehen, erwärmen Sie ihn kurz mit einem Feuerzeug.

④ Beenden Sie die Montage in umgekehrter Reihenfolge und stellen – wie beschrieben – die Düsen neu ein.

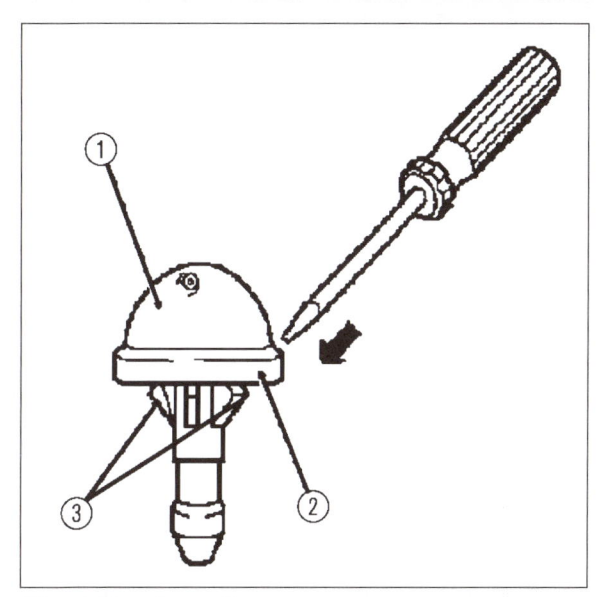

Waschdüse demontieren.

Scheibenwischerarm aus- und einbauen

Arbeitsschritte

Frontwischer

① Markieren Sie mit Klebeband die Ruhestellung der Wischerblätter auf der Scheibe und liften die Abdeckkappen über den Wischerarmachsen mit einem Schraubendreher.

② Lösen Sie die Haltemutter ca. zwei Umdrehungen mit einem Ringschlüssel. Dann ...

WAGENPFLEGE

③ ... stellen Sie die Wischerarme auf und hebeln sie gefühlvoll seitlich etwas hin und her. Die Arme lösen sich dann vom Konus der Wischerachse.

Sollte das nicht klappen, hebeln Sie den widerspenstigen Arm vorsichtig mit zwei Schlitzschraubendrehern von der Wischerachse ab.

Schützen Sie vorab den Windlauf mit einem Putzlappen vor Beschädigungen.

④ Drehen Sie die Muttern jetzt ganz von den Wischerarmachsen und ...

⑤ ... ziehen die Wischerarme mitsamt Unterlegscheiben von den Achsen ab.

⑥ Bei der Montage achten Sie darauf, dass die Wischerarme mit Ihrer Markierung auf der Scheibe korrespondieren. Ziehen Sie die Arme mit 14 Nm fest und checken dann den korrekten Lauf: Die Wischerblätter dürfen nicht ineinander verheddern oder über die Scheibenfläche hinauslaufen.

Heckwischer

① Markieren Sie mit Klebeband die Ruhestellung des Wischerblatts auf der Scheibe und liften die Abdeckkappe über der Wischerarmachse mit einem Schraubendreher.

② Lösen Sie die Haltemutter ca. zwei Umdrehungen mit einem Ringschlüssel. Dann ...

③ ... stellen Sie den Wischerarm auf und hebeln ihn gefühlvoll seitlich etwas hin und her. Der Arm löst sich dann vom Konus der Wischerachse.

Sollte das nicht klappen, hebeln Sie den Arm vorsichtig mit zwei Schlitzschraubendrehern von der Wischerachse ab. Schützen Sie vorab den Lack mit einem Putzlappen vor Beschädigungen.

④ Drehen Sie die Muttern jetzt ganz von der Wischerachse und ...

⑤ ... ziehen den Wischerarm mitsamt Unterlegscheibe von der Achse ab.

⑥ Bei der Montage achten Sie darauf, dass der Wischerarm mit Ihrer Markierung auf der Scheibe korrespondiert. Ist das der Fall, ziehen Sie den Arm mit 9 Nm an und lassen ihn probehalber anlaufen. Das Blatt darf nicht über die Scheibenfläche hinausschwenken.

Wischermotor vorne aus- und einbauen

Arbeitsschritte

① Stellen Sie den Scheibenwischermotor in Parkposition und klemmen das Batteriemassekabel ab.

② Demontieren Sie – wie beschrieben – die Wischerarme samt Wasserabweiser und ...

③ ... trennen die Kabelstecker am Wischermotor.

④ Lösen Sie danach neun Befestigungsschrauben am Wischergestänge und nehmen es komplett mit dem Wischermotor aus dem Schacht.

⑤ Demontieren Sie nun den Wischermotor. Lösen Sie dazu drei Schrauben ❶ mitsamt Mutter und heben den Motor vom Wischergestänge ab.

⑥ Bevor Sie den neuen Wischermotor montieren, drehen Sie das Scheibenwischergestänge in Parkposition zwischen die Pfeile ❷ und beenden dann die Montage in umgekehrter Reihenfolge.

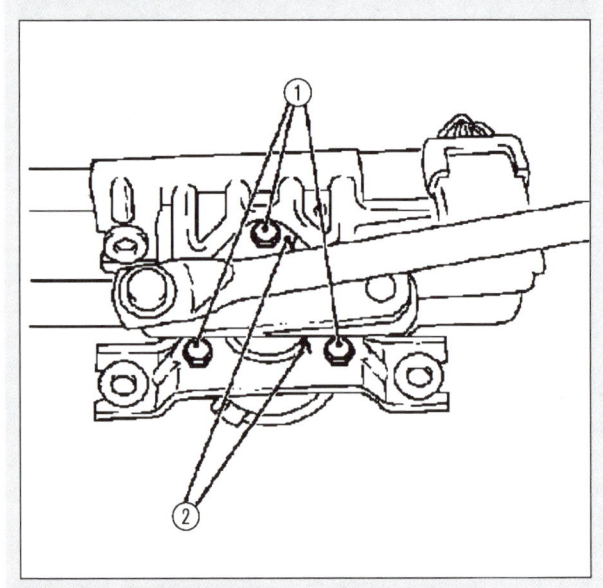

Vom Gestänge demontieren – Wischermotor.

⑦ Bevor Sie den Windabweiser montieren, lassen Sie den Wischermotor zur Probe anlaufen und korrigieren eventuell noch die Lage der Wischerarme.

WISCHERMOTOR HINTEN AUS- UND EINBAUEN

Wischermotor hinten aus- und einbauen

Arbeitsschritte

① Stellen Sie den Scheibenwischermotor in Parkposition und klemmen das Batteriemassekabel ab.

② Demontieren Sie den Heckwischerarm wie beschrieben und öffnen die Heckklappe.

③ Lösen Sie anschließend die Innenverkleidung ❶ (sechs Schrauben, 12 Clips) der Heckklappe. Hebeln Sie die Clips mit einem Schraubendreher mit breiter Klinge aus. Schützen Sie die Lackoberfläche, indem Sie einen Lappen zwischen Clip und Schraubendreher legen.

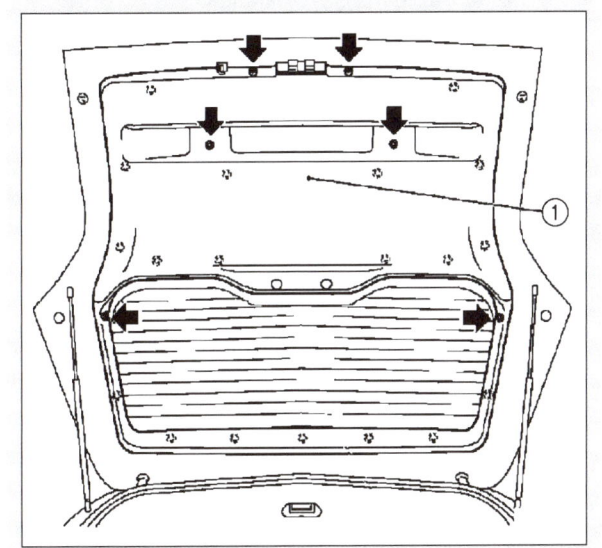

An 6 Schrauben und 12 Clips – Innenverkleidung lösen.

④ Trennen Sie nun die Steckverbindung zum Wischermotor, ...

⑤ ... demontieren die drei Befestigungsschrauben (Pfeile) und ziehen den Motor aus der Heckklappe.

⑥ Beenden Sie die Montage in umgekehrter Reihenfolge.

Wischermotor vom Gestänge demontieren.

WAGENPFLEGE

Scheibenwischer — Störungsbeistand

Störung	Ursache	Abhilfe
A Frontscheibenwischer ohne Funktion.	1 Sicherung defekt.	Erneuern.
	2 Intervallrelais defekt.	Anschlüsse prüfen, Intervallrelais austauschen.
	3 Wischerantriebskurbel lose.	Festziehen.
	4 Kabel zum Wischerschalter unterbrochen.	Steckverbindungen und Zuleitungen überprüfen.
	5 Kabel zum Wischermotor unterbrochen.	Steckverbindungen und Leitungen überprüfen.
	6 Wischermotor durchgebrannt bzw. Kohlen verschlissen.	Austauschen.
B Heckscheibenwischer ohne Funktion.	1 Siehe A1.	
	2 Siehe A4 und A5.	
	3 Siehe A6.	
C Scheibenwischer in Stufe I ohne Funktion.	1 Kontaktschwäche.	Anschlüsse auf Stromdurchgang prüfen.
	2 Spannungsaufnahme im Motor unterbrochen.	Motor austauschen.
	3 Spannungsdurchgang im Wischerschalter unterbrochen.	Schalter austauschen.
D Scheibenwischer in Stufe II ohne Funktion.	1 Spannungsdurchgang am Wischerschalter unterbrochen.	Zuleitung überprüfen.
	2 Kontakte im Wischerschalter verschlissen.	Schalter austauschen.
	3 Spannungsaufnahme am Wischermotor defekt.	Motor austauschen.
E Wischer laufen nicht automatisch in Parkstellung zurück.	1 Leitung zwischen Wischerschalter und Motor unterbrochen.	Zuleitung kontrollieren.
	2 Wischermotor defekt.	Motor instand setzen, bzw. erneuern.
F Scheibenwischerintervall ohne Funktion.	1 Intervallrelais defekt.	Austauschen.
	2 Zuleitung zwischen Wischerschalter und Relais unterbrochen.	Zuleitung überprüfen.
	3 Kontakt im Wischerschalter defekt.	Schalter austauschen.
	4 Verbindung zwischen Sicherungskasten zum Intervallrelais bzw. zwischen Relais zum Wischermotor unterbrochen.	Sicherung prüfen, Zuleitung inkl. Steckverbindungen prüfen.
G Intervallbetrieb lässt sich nicht ausschalten.	1 Siehe E1.	
	2 Siehe F1.	
	3 Kontakte im Wischerschalter verschlissen.	Schalter austauschen.
H Wischer bleiben nach dem Abschalten nicht oder nur kurz in Parkstellung stehen.	Verschmutzter bzw. verklebter Kontakt im Wischermotor.	Motorabdeckung abschrauben, Kontakte reinigen, ggf. Motor austauschen.

STÖRUNGSBEISTAND WISCHERBLATT

Wischerblatt

Störung	Ursache	Abhilfe
A Wasser und Schmutz verteilen sich gleichmäßig über das Wischfeld.	1 Scheibe mit Lackpflegemitteln, ölhaltigen Rückständen oder Insektenresten verschmutzt.	»Sidol« o. ä. Reinigungsmittel auf Scheibe auftragen, antrocknen lassen, mit einem sauberen Lappen abreiben.
	2 Wischergummi verschlissen.	Austauschen.
	3 Wischerarm am Anlenkpunkt des Wischerblattes verdreht und nicht parallel zur Scheibe.	Wischerarmende nachbiegen (in sich verdrehen).
B Im Wischfeld bleiben feine Wasserstreifen stehen.	Siehe A2.	Austauschen.
C Im Wischfeld bleiben feine Wassertropfen zurück.	Neigungswinkel des Wischergummis zu flach zur Scheibe.	Wischergummi austauschen.
D Im Wischfeld bleibt ein breiter Wasserfilm zurück.	Ungleicher Auflagedruck – verbogene oder defekte Anpressfeder im Wischergummi.	Wischerblatt austauschen.
E Im Wischfeld bleiben mehrere Wasserfelder zurück.	1 Anpressdruck des Wischerarms zu gering.	Anpressdruck überprüfen. Feder leicht einölen, Wischerarm stärker vorspannen, ggf. erneuern.
	2 Scheibenwischerantrieb verschlissen.	Kontrollieren, defekte Komponenten ersetzen.
	3 Wischerarm lose auf seiner Achse.	Befestigen.
	4 Wischerarm verbogen.	Nachbiegen.
	5 Wischerblatt verbogen.	Austauschen.
F Im oberen Wischfeld bleiben Wasserfelder zurück.	1 Siehe E1.	
	2 Siehe D.	
G Wischerblatt rattert.	1 Zuviel Spiel im Scheibenwischergestänge.	Verschleißteile auswechseln.
	2 Wischerarm lose.	Befestigen.
	3 Wischerarm in sich verdreht.	Wischerblatt demontieren und Wischerarm richten.

DIE MOTOREN

DIE MOTOREN

Wartung

Motor durchdrehen	67
Zündkerzen überprüfen	68
Kompressionsdruck messen	70
Antriebsriemen kontrollieren	71
Spannung des Antriebsriemens kontrollieren	73
Klopfgeräusche aus dem Motorraum diagnostizieren	74

Reparatur

Antriebsriemen montieren	73

Schräubchenkunde: Aus der Schnittdarstellung leicht abzuleiten – alle ECOTEC-Benziner nutzen nahezu den gleichen Grundaufbau. Leistungssteigernde Details, zum Beispiel der Turbolader im Zafira OPC, beeinflussen die Grundkonstruktion nur unwesentlich.

Den Opel Zafira »befeuern« ausschließlich kompakte, quer über der Vorderachse eingebaute Reihen-Vierzylinder aus der ECOTEC-Motorenfamilie. Sie stehen auf technisch hohem Niveau: Leichtmetall Vierventilzylinderköpfe sind ebenso Standard wie elektronische Motormanagements inklusive kontaktloser 3-D-Kennfeldzündanlagen, sequenzieller Gemischaufbereitung und geregelte Katalysatoren. Im Sinne der Abgasnorm Euro 3 bzw. Euro 4 »entgiften« die Ottotreibsätze jeweils zwei Lambda-Sonden – je eine vor und hinter dem Katalysator. Der alternative Erdgasmotor ist von gleicher Herkunft und nutzt eine ähnliche technische Basis wie seine orthodoxen »Otto-Kollegen«. So verwundert es auch nicht weiter, dass er, zwischen zwei Gasfüllungen, gewissermaßen als »Notration«, Benzin verbrennen kann – die Gemischaufbereitung des »Gasbrenners« ist eigens dafür bivalent ausgelegt. Den »Futterwechsel« führt das Motormanagement freilich nicht ohne Zutun des Fahrers, sondern ausschließlich auf »seinen Wunsch« aus. Der Motor quittiert die »Zwangsdiät« generell mit einem geringfügigen Temperamentsverlust: 71 kW anstatt 74 kW – drei Pferdestärken weniger auf dem Weg zur nächsten »Gaszapfpistole«.

MOTOREN

Ähnlich wie die Ottotreibsätze liefern auch die neuen 2,0 und 2,2 Liter Dieseldirekteinspritzer ihr »Futter« elektronisch portioniert in den Brennräumen ab. Beide Selbstzünder »schicken« ihre Abgase via Oxidationskatalysatoren in die Atmosphäre. Um die Verbrennungstemperaturen geringfügig zu senken und demzufolge im »Auspuff« die Stickoxide (NO_x) zu minimieren, vermischen sich Abgase – wie bei den Benzinern – mit der Ansaugluft. Vor dem Gesetzgeber finden die Ölbrenner »Gnade« im Sinne von Euro 3.

Standard unter den Zafira-Motorhauben – sequenzielle Kraftstoffeinspritzung

Obwohl die unterschiedlichen Ottotreibsätze den Zafira in völlig unterschiedlichen Leistungsklassen ansiedeln, erkennen versierte Do it yourselfer sofort den gemeinsamen Stammbaum. Beispielsweise am fortschrittlichen Motormanagement, das die Gemischaufbereitung, den Zündzeitpunkt, die Abgaswerte sowie weitere »Lebensgeister« im und am Zafira bei Laune hält. Alle Motoren, auch die Erdgasvariante, bekommen ihren Lebenssaft sequenziell verabreicht, die Drosselklappen reagieren unisono auf elektronische Signale (E-Gas). Mehrlocheinspritzventile verteilen das »Futter« vor den Einlassventilen besonders effektiv: Die Gemischbildung der Opel ECOTEC-Aggregate sucht und findet bei jeder Kurbelwellenumdrehung den zeitgemäßen Kompromiss zwischen Leistung, Drehmoment, Laufkultur, Verbrauch und Abgaskonzentration. Und was die Elektronik allein nicht realisiert, bringt eine Abgasrückführung in Kooperation mit einer »gezielten« Frischluftbeimischung auf den Punkt: Sämtliche Zafira-Motoren erfüllen die Abgasnormen nach Euro 3, Euro 4 und D4.

Aus Leichtmetall – die Zylinderköpfe

Gemeinsamer »Stallgeruch« wird auch bei den Werkstoffen deutlich: Die Zylinderköpfe sind aus Leichtmetall gefertigt, sie »deckeln« schwingungsarme Motorblöcke aus Grauguss. Jeweils zwei obenliegende Nockenwellen initiieren den Ladungswechsel der Vierventiler. Ein wartungsfreier Kettenantrieb lässt die Nockenwellen der Dieselmotoren in den Köpfen rotieren, in den anderen Treibsätzen kursiert ein Zahnriemen zwischen Kurbelwelle und Ventiltrieb. Gleichfalls ECOTEC-Standard: wartungsfreier Ventiltrieb, extrem »dünne« Metallzylinderkopfdichtungen, rücklauffreie Kraftstoffversorgungssysteme und wartungsfreundliche Ölfiltermodule. Spätestens nach 30.000 Kilometern, respektive einmal jährlich, verlangen die Motoren nach einem Ölwechsel inklusive Ölfilter.

Z 16 XE (ECOTEC 1,6 16V) – mit gebremstem Schaum sprinten

Als Hubraum schwächster Antrieb der Zafira-Sippe bringt's der Z 16 XE auf 1.598 cm³. Er ist nicht gerade ein Mustersprinter. Doch wenn auf dem Weg von »A« nach »B« Standhaftigkeit und Steherqualitäten gefragt sind, ist der Z 16 XE ausreichend engagiert bei der Sache. Wie in allen ECOTEC-Ottomotoren arbeiten in seinem Kopf 16 Ventile, zwei oben liegende Nockenwellen, zentral angeordnete Zündkerzen und »über« jedem Zylinder jeweils ein separates Zündmodul »im Interesse« des Systems »Otto«. Dazu kultivieren fein abgestimmte Ein- und Auslasskanäle den Verbrennungsablauf und ein auf 10,5:1 erhöhtes Verdichtungsverhältnis reizt die Möglichkeiten von Euro Super aus. An der Schwungscheibe des Z 16 XE kommen letztlich 74 kW (100 PS) bei 6.000 min^{-1} an. Es sind übrigens keine »nervösen Pferdestärken« sondern standfeste Kilowatt, die bereits bei 3.600 min^{-1} einen Drehmomenthöchstwert von 150 Newtonmeter absichern.

Genügend Temperament also, um den Zafira mit gebremstem Schaum aus dem Drehzahlkeller zu beschleunigen und in 13 Sekunden von 0 auf 100 km/h zu treiben. Der Verbrauch kann schon mal bis auf zehn Liter klettern, im Durchschnitt reichen den 74 Kilowatt freilich 7,9 Liter/100 Kilometer. Nicht zu viel für ein Auto, das immerhin bis zu sieben Personen im Eiltempo stündlich bis zu 176 Kilometer weit bringen kann. Das Finanzamt besteuert den Z 16 XE nach Euro 3/D4.

Z 16 YNG (ECOTEC 1,6 16V) – mit Erdgas »Benzin« sparen

Im Gegensatz zu bivalenten Fahrzeugen, die derzeit noch für den Benzinbetrieb optimiert sind und im Erdgasbetrieb Leistungseinbußen von rund 20 Prozent verzeichnen, ist der Z 16 YNG ECOTEC im Zafira CNG technisch konsequent auf den »Kraftstoff« Erdgas ausgerichtet. Und da Erdgas eine deutlich höhere Klopffestigkeit als Benzin (130/91 Oktan) erreicht, trägt der »Gasbrenner« dieser Eigenschaft mit einem erhöhten Verdichtungsverhältnis Rechnung. Diese Maßnahme kommt nicht nur dem alternativen Brennstoff sondern auch dem Motorwirkungsgrad entgegen. Praktischer Beweis: Der Erdgasantrieb hat nahezu die gleichen

DIE ZAFIRA-ANTRIEBE

16 Ventile und vier Zylinder: Die Eckwerte der modernen ECOTEC-Aggregate. Ihr Leistungsspektrum reicht von 74 kW (100 PS) bis hin zu 141 kW (192 PS) aus 1,6 – 2,2 Liter Hubraum.

Leistungswerte wie der »strikt« monovalente Z 16 XE mit 74 kW (100 PS). Die Kurbelwelle des Z 16 YNG rotiert dazu allerdings 200 min.$^{-1}$ weniger als die des vergleichbaren Ottomotors. In Sachen maximales Drehmoment sind die Verhältnisse auf den Kopf gestellt – der Z 16 XE mobilisiert seine mit 150 Nm bei 3.600 min.$^{-1}$, erst 200 min.$^{-1}$ später erreicht der Gasmotor den gleichen Level.

Auf Erdgasbetrieb optimiert – Motormanagement, Gemischaufbereitung, Zylinderkopf, Kurbeltrieb

Gegenüber dem »Benzinmotor« modifizierten die Ingenieure beim Zafira 1,6 CNG insbesondere das elektronische Motormanagement und die Gemischaufbereitung. So portioniert der Zafira, im Gegensatz zu anderen Erdgasfahrzeugen, seinen Kraftstoff in einer »doppelten Einspritzbank« (Erdgas/Benzin) mit je vier separaten Einspritzdüsen. Vorteil: Beide Energieträger sind vom Tank bis in die Brennräume strikt getrennt – die Basis für höchste Effizienz und »saubere« Abgase. Einen weiteren Beitrag hierzu steuert der sequenziell gestufte Einspritzvorgang bei. Und eine im Motorraum montierte Druckregeleinheit hält unter allen Bedingungen den Einspritzdruck konstant auf 8 bar. Spezialkolben steigern das Verdichtungsverhältnis des Erdgasmotors auf 12,5 : 1. Last but not least, auch die Ventile, Ventilführungen und Ventilsitzringe sind Maßanfertigungen für den Erdgasbetrieb.

Der Gasverbrauch des CNG-Zafira liegt durchschnittlich bei etwa 5,5 Kg/100 Kilometer. Auf Kurzstrecken

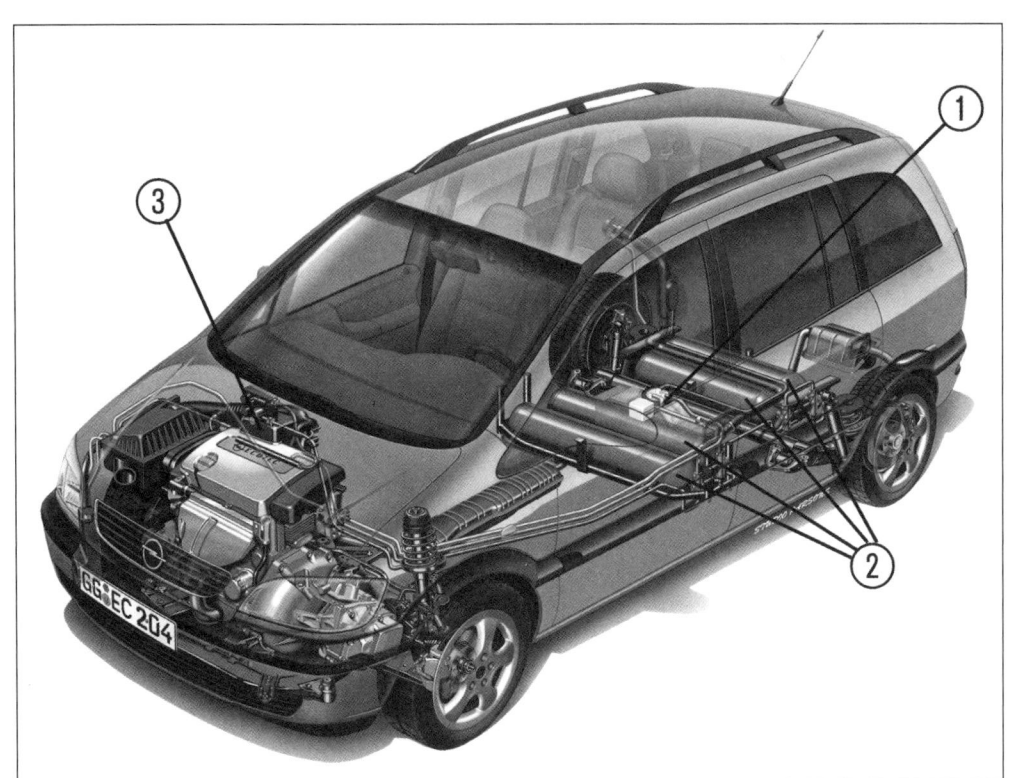

MOTOREN

Z 18 XE (ECOTEC 1,8 16V) – mit Schaltsaugrohr »elastisch« unterwegs

Der Z 18 XE ECOTEC 1,8 16V markiert mit 92 kW/125 PS bei 5.600 min^{-1} die Zafira-Mittelklasse. Dies gilt auch für das Drehmoment – mit 170 Nm bei 3.800 min^{-1} reißt der Zafira zwar keine Bäume aus, doch der Drehmomentverlauf des Treibsatzes mit Schaltsaugrohr ist so angelegt, dass auch »schaltphlegmatische« Fahrer ihre Be-

Kommt dem Erdgasantrieb entgegen: Zafira-Konzept mit viel Platz unter dem Bodenblech. Außer einem 14 Liter großen Kraftstofftank ❶ schleppt der Van weitere vier »Gasflaschen« ❷ mit 19 Kilogramm Erdgas (ca. 110 Liter) durch die Lande. Das alternative Kraftstoffreservoir beeinträchtigt weder den »Lebensraum« der Insassen noch die Fahrleistungen. Der Motor ist konsequent auf Erdgasbetrieb ausgelegt. Mit trockenem Erdgasreservoir »verdaut« der CNG-Antrieb ohne größere Komforteinbußen auch Benzin. Die Kraftstoffeinspritzung ❸ ist eigens bivalent ausgelegt.

quemlichkeit nicht gleich mit »Bummelzuschlag« quittiert bekommen. Temperamentvoll an die Leistungsgrenze gebracht, rennt der Z 18 XE Zafira dann 188 km/h schnell und in 11,5 Sekunden von 0 auf 100 km/h. Die Trinksitten bleiben durchaus moderat: Im Durchschnitt reichen 8,3 Liter Euro-Super auf 100 Kilometer. Das Finanzamt besteuert den Z 18 XE nach Euro 3/D4.

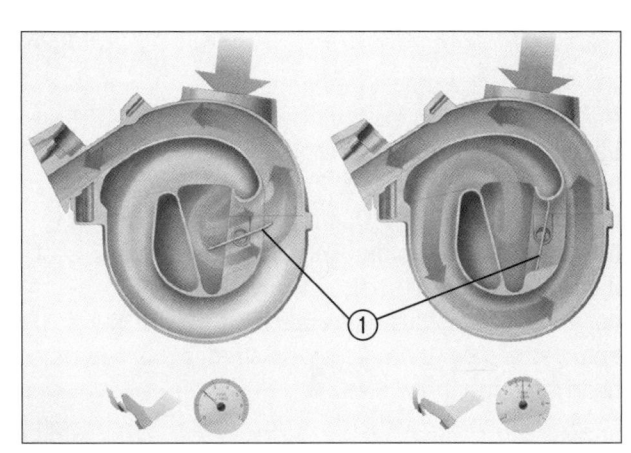

»vergasen« auch schon mal knapp sieben Kilogramm aus dem 19 Kilogramm (ca.110 Liter) Erdgasvorrat, der sich auf vier Unterflurtanks verteilt. Das reicht für rund 400 Kilometer – und wenn dann nicht zufällig die nächste »Gaszapfpistole« am Wegesrand »hängt«, geht's mit 14 Liter Benzin als Notration noch einmal rund 150 Kilometer weiter. Passable Werte für den alternativen Antrieb, der nur geringfügig behäbiger als sein Otto-Pendant aus den Startlöchern kommt. Jenseits von 172 km/h geht's nicht mehr schneller, für Zafira-CNG-Fahrer ohnehin kein »stechendes« Argument gegen ihren Kaufentscheid.

Das Finanzamt honoriert die fortschrittliche Einstellung gemäß D4.

Der Weg ist das Ziel: Im unteren bis mittleren Drehzahlbereich passiert die Frischgassäule das Schaltansaugrohr auf dem schnellsten Weg (linkes Motiv). Erst bei höheren Drehzahlen öffnet eine hydraulisch gesteuerte Klappe ❶ die gesamte Ansaugrohrlänge (rechtes Motiv). Die Gassäule gerät in Pulsation und steigert so den Füllungsgrad des im Ansaugtakt befindlichen Zylinders.

DIE ZAFIRA-ANTRIEBE

Z 22 SE (ECOTEC 2,2 16V) – mit Hubraum »gesegnet«

Bis zum Debüt des Zafira OPC stand der Z 22 SE mit 108 kW/147 PS bei 5.800 min^{-1} auf dem oberen Treppchen der Leistungsskala. Hinsichtlich Laufkultur hat sich daran nichts verändert. Mit Schaltsaugrohr kommt der Z 22 SE ausgesprochen kultiviert zur Sache: Seine vier Kolben transferieren bei 4.000 min^{-1} 203 Nm an die Schwungscheibe. Eilige Chauffeure beschleunigen den 2,2 Liter Vierzylinder binnen 10 Sekunden von 0 – 100 km/h und in der Stunde maximal bis 200 Kilometer weit. Ganz ordentlich für einen Kompaktvan mit optisch solidem Auftritt.

Und das alles mit durchaus moderaten Trinksitten: Laut MVEG-Norm verbrennt der Zafira im Z 22 SE-Verschnitt durchschnittlich 8,9 Liter Euro-Super auf 100 Kilometer. Das Finanzamt attestiert dem »Gleiter« Euro 4.

Z 20 LET (ECOTEC 2,0 16V Turbo) – mit integralem Ladesystem unter Druck

Maximale Leistung 141 kW/192 PS bei 5.400 min^{-1}, maximales Drehmoment 250 Nm bei 1.950 min^{-1}, 8,2 Sekunden von 0 – 100 km/h, V$_{max}$ 220 Km/h, Durchschnittsverbrauch 10,1 Liter Euro-Super/100 Kilometer, Euro 4:

Die technische Visitenkarte des Zafira OPC hätte manch einem Manta-Fahrer vor geraumer Zeit noch den Kreislauf unter Druck gesetzt. Und heute? Völlig normal. Von seiner Herkunft ist der Zafira OPC nach wie vor ein Kompaktvan, ein Kompaktvan freilich, der es faustdick unter seiner schräg abfallenden Motorhaube hat. Die Rede ist vom Z 20 LET, jenem Triebwerk, das aus dem Raumfahrzeug ein quirliges Spielmobil macht.

Damit keine Missverständnisse aufkommen, der Z 20 LET Turbomotor ist beileibe kein hochgezüchteter Technologieträger, sondern viel eher ein äußerst kultivierter und gelungener Nachfahre der »weitgehend ungezähmten« Calibra Turbo Generation. Kernstück des Turbomotors ist sein integrales Ladesystem, bei dem Auspuffkrümmer, Turbinengehäuse, das Ladedruck-Regelventil (Wastegate) und weitere Komponenten unter »einem Dach« vereint sind.

Vorteil: Kompakte Abmessungen und ein niedriges Gewicht – dass Gussteil wiegt lediglich 4,3 Kilogramm und die gesamte Baugruppe bringt's gerade mal auf 7,1 Kilogramm.

Power aus dem Keller – typisch für den Zafira OPC

Die Drehmomentkurve und der Ladedruck steigen ab Leerlaufdrehzahl steil an, bereits bei 1.950 min^{-1} ist der Höhepunkt mit 250 Nm beziehungsweise 0,85 bar Ladedruck erreicht. Und dann folgt ein stabiler »Katzenbuckel« auf dem der OPC bis fast 5.400 min^{-1} den meisten Steigungen im großen Gang trotzt. Zu Beschleunigungsvorgängen unter Volllast macht das Motormanagement zusätzliche Leistungsreserven locker: Die Abregeldrehzahl steigt dann kurzfristig auf 6.800 min^{-1} an.

Damit die Kolbenböden währenddessen nicht wie Butter in der Sonne zergehen, ist ihre spezielle Aluminium-Silizium-Legierung auf hohe mechanische Festigkeit ausgelegt. Schwimmend gelagerte Kolbenbolzen mit einem Mittelachsversatz in Richtung Kolbendruckseite sowie zwei Aus-gleichswellen reduzieren mechanische Laufgeräusche und Vibrationen. Je vier Ventile pro Zylinder, auf der Auslassseite Natrium gekühlt, werden über zwei Nockenwellen und hydraulische Tassenstößel direkt angesteuert. Hightech pur kennzeichnet auch die Triebwerksperipherie. So sorgen ein Öl- und ein Ladeluftkühler, an deren Kreisläufe die Turboladereinheit über separate Zuleitungen angeschlossen ist für einen stabilen Wärmehaushalt des Motors. Allzu nervöse Fahrerfüße »bremst« das elektronische Gaspedal (Drive-by-wire) sensorisch auf »harmonisch« verlaufende Lastwechselübergänge ein. Ein Doppelkatsystem auf Metallträgerbasis sowie zwei Lambda-Sonden »putzen« den OPC-Auspuff bereits nach extrem kurzer Kaltlaufphase.

Y 20 DTH (ECOTEC 2,0 DTI 16V) / Y 22 DTR (ECOTEC 2,2 DTI 16V) – mit Direkteinspritzung die Tankstopps strecken

Mit einem Hub-/Bohrungsverhältnis von 84 x 90 Millimeter (Y 22 DTR – 84 x 98 Millimeter) entlassen die Selbstzünder ihre Kilowatt aus einem nahezu identischen Kurbeltrieb, lediglich die Zylinder des 2,2 Liter sind »größer« gebohrt. In Kombination mit diversem »Feintuning« an der Motorperipherie macht das einen Leistungsunterschied von 18 kW/25 PS aus: Der kleinere Diesel mobilisiert aus 1.995 cm^3 74 kW/100 PS und der »Zweizweier« stemmt 92 kW/125 PS aus 2.171 cm^3. Die fünffach gelagerten Kurbelwellen beider Selbstzünder »rollen« in Graugussmotorblöcken: Von ihren

MOTOREN

Standardmaßen sind die beiden fast völlig identisch. Bei Höchstleistung rotiert das Schmiedestück im Y 20 DTH freilich 300 min.$^{-1}$ schneller als im Y 22 DTR, ihm reichen 4.000 min.$^{-1}$. Das maximale Drehmoment des Y 20 DTL gipfelt in 230 Nm, das des Y 22 DTR in 280 Nm.

Starkes Duo: Beide Selbstzünder zwischen den Zafira-Vorderrädern repräsentieren aktuelle Dieseltechnik. Optisch kaum voneinander zu unterscheiden tritt das 2,0 Liter und 2,2 Liter Dieselpärchen mit unterschiedlichen Motormanagements und Hubräumen in zwei Leistungsklassen an. Der Kleinere (Foto) realisiert 74 kW (100 PS) bei 4.300 min.$^{-1}$, die »Powervariante« schafft bereits bei 4000 min.$^{-1}$ 92 kW (125 PS) ans Schwungrad. Ihr höchstes Drehmoment »produzieren« die Turbodiesel mit 230 Nm zwischen 1.950 – 2.500 min.$^{-1}$, respektive mit 280 Nm bei 1.950 – 2.750 min.$^{-1}$.

»Bärenstark« – der Drehmomentverlauf beider Diesel

Isoliert betrachtet zwar gute, beileibe jedoch keine herausragenden Werte. »Bärenstark« werden die Newtonmeter an der Motorschwungscheibe erst in Verbindung mit ihrer »Entstehungsgeschichte« (siehe Kapitel »Die Modellvorstellung«). Anstatt steil nach oben anzusteigen und ebenso steil wieder abzufallen, zeichnen die Kurven in etwa die Form eines »Katzenbuckels« nach. In der Praxis bedeutet das, zwischen rund 1.950 – 2.500 min.$^{-1}$ stehen die beiden Ölbrenner voll im Saft und stürmen nahezu unbeirrt von der Straßentopografie nach vorne. Und genau in diesem Punkt spielen die ECOTEC-Diesel ihre ganze Überlegenheit gegenüber dem ECOTEC-Kollegium mit Fremdzündung aus. Auch der aufgeladene Z 20 LET im Zafira OPC bekommt da »kalte Füße« – zumindest im direkten Vergleich mit dem Y 22 DTR.

Der technische Aufwand für dieses »Hochgefühl« ist mechanisch allemal vertretbar: Den Ventiltrieb der Leichtmetall-16V-Zylinderköpfe steuert jeweils eine obenliegende Nockenwelle per Schlepphebel. Ähnlich wie der Kurbeltrieb, ist auch das Grundlayout beider Zylinderköpfe nahezu identisch.

Die Leistungsdifferenz »verantworten«, abgesehen vom unterschiedlichen Hubraum, ein unterschiedliches Gemischaufbereitungssystem sowie ein in Nuancen modifiziertes Motormanagement. Unisono speisen beide Motoren zwar die Brennräume in ihren Kolbenböden per Mehrlocheinspritzdüsen und Verteilereinspritzpumpen. Doch damit hat sich's dann: Dem Y 20 DTH bläst ein Turbolader gekühlte Frischluft in die Zylinder, beim Y 22 DTR ist ein Turbolader mit variabler Laderadgeometrie am Ball. Mit von der Partie sind zudem ein Ladeluftkühler, ein Kraftstoffkühler am Unterboden sowie ein in Nuancen modifiziertes Motormanagement. Die Förderleistung beider Abgasturbolader zügelt bei höheren Motordrehzahlen ein Bypassventil (Wastegate).

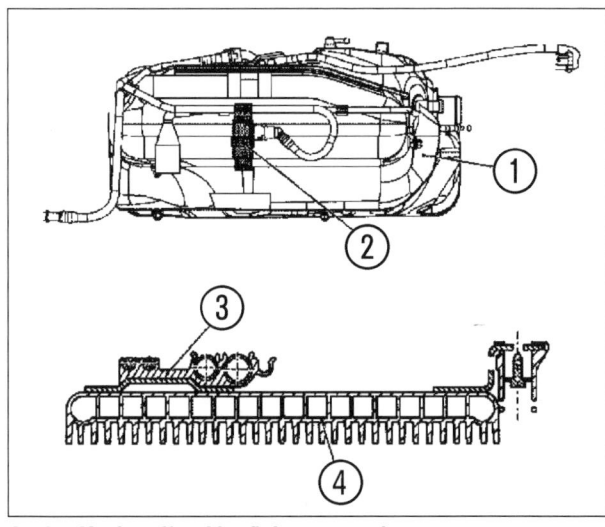

In der Kraftstoffrücklaufleitung montiert: Kraftstoffkühler in Verbindung mit Y 22 DTR Motor. ❶ Tank, ❷ Thermoschaltventil, ❸ Kraftstoff- und Bremsleitungshalter, ❹ Kühlelement.

Den Zafira mit Dieselmotor zu erleben, heißt alles andere als nur den moderaten Trinksitten der beiden Selbstzünder zu frönen. Mit lediglich 6,6 Liter auf 100 Kilometer (Y 22 DTR – 6,9 Liter/100 km) legen sich beide zwar vornehme Zurückhaltung an der Tanksäule auf, doch wenn's denn sein soll, lassen sie auch die Vorderräder des Kompaktvan durchaus temperamentvoll rotieren. Naturgemäß kann der Schwächere da

DIE ZAFIRA-ANTRIEBE

nicht ganz mithalten. Doch 175 km/h (Y 22 DTR – 187 km/h) und von 0 auf 100 km/h in 14 Sekunden (Y 22 DTR – 11,5 Sekunden) reichen allemal, um mit den geräumigen »Ölprinzen« auf der Autobahn zügig von A nach B zu gelangen. Und wenn die Tachonadel bei normaler Gangart so bei 50 km/h verharrt, wird's im Diesel-Zafira längstens Zeit den fünften Gang einzulegen und fortan den »bärenstarken Buckel« der Drehmomentkurve entspannt zu nutzen. So gefordert »knurren« beide dumpf vor sich hin – und schieben den nächsten Tankstopp viele Kilometer vor sich her. Das Finanzamt besteuert beide nach Euro 3.

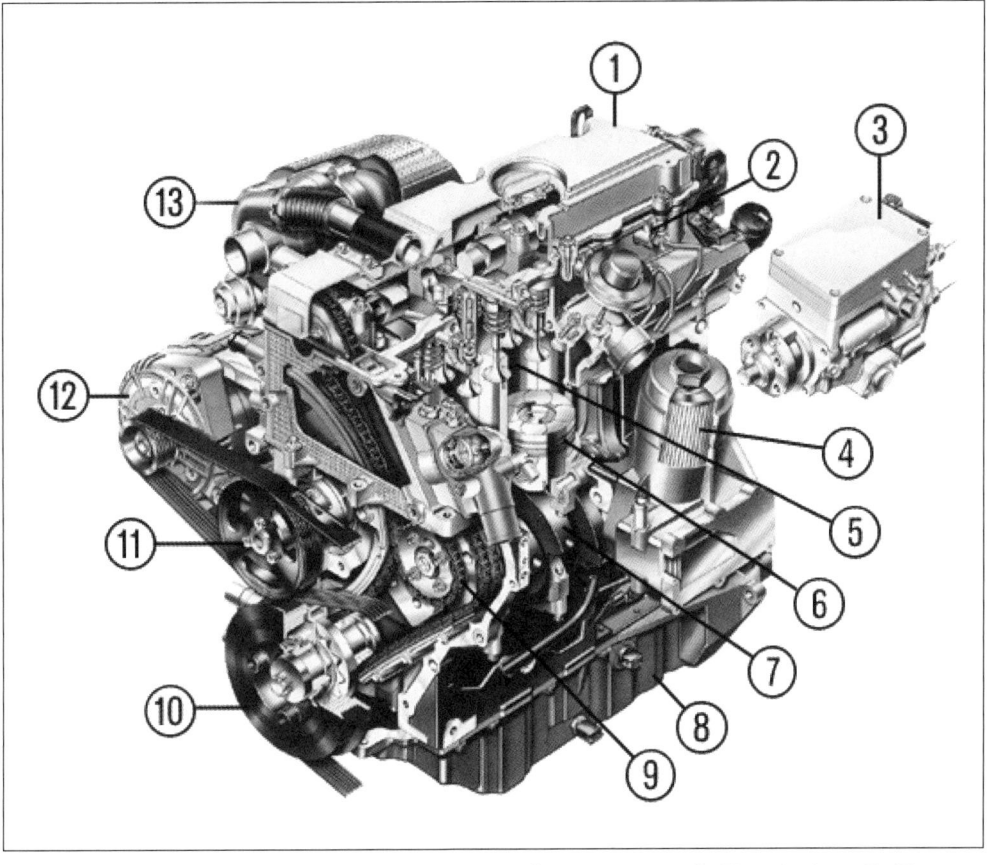

»Gläserne« Technik: Der Y 20 DTL Motor im Detail. ❶ *Ventildeckel,* ❷ *Einspritzdüse,* ❸ *Einspritzpumpe (Bosch VP 44),* ❹ *Ölfiltereinsatz,* ❺ *Ventiltrieb,* ❻ *Kolben,* ❼ *Kurbelwelle,* ❽ *Ölwanne,* ❾ *Motorsteuerung,* ❿ *Kurbelwellenschwingungsdämpfer,* ⓫ *Wasserpumpe,* ⓬ *Generator,* ⓭ *Turbolader.*

Werkstatt oder Do it yourself?

Trotzt ihres robusten Aufbaus, die Zafira-Treibsätze sind über die Jahre nicht frei von Defekten. Sobald ihre »Wehwehchen« den Umfang überschaubarer Wartungsarbeiten sprengen und in tief greifende Reparaturen und diffizile Einstellarbeiten münden, überlassen Sie das Schrauben besser Ihrer Werkstatt: Trainierte »Blaumänner« verfügen über das erforderliche Detail- und Fachwissen, sie haben Erfahrung und in der Regel auch das erforderliche Spezialwerkzeug für die meisten Reparaturen. Gehen Sie also mit Augenmaß vor und stellen Ihre »Schrauberqualitäten« eher unter den eigenen Scheffel. Das kann Sie finanziell durchaus günstiger kommen als die unreflektierte Lust am Sparen: Unsachgemäß ausgetauschte Steuerketten oder Zahnriemen verursachen beispielsweise schon beim ersten Startversuch kapitale Schäden an Kolben und Ventilen – im Extremfall führt das gar zum Exitus des Zylinderkopfs und/oder Motorblocks.

Mit normalem Talent und Werkzeugequipment lassen Sie besser auch die Finger von »verbrannten« Zylinderkopfdichtungen oder undichten Ventilen. Gleichermaßen überfordert den »normalen« Do it yourselfer wahrscheinlich auch die Revision des Kurbeltriebs oder einzelner Lager.

Anders gesagt: Vergessen Sie immer dann, wenn Sie sich nicht ganz sicher sind, ob Sie Ihrem »lahmenden« Motor fachgerecht helfen können, ganz schnell Ihre Do it yourself Ambitionen – im Interesse Ihres Geldbeutels. Wir möchten Sie übrigens nicht entmutigen, denn unter dem Strich bieten Ihnen auch Zafira-Motoren noch genügend »Angriffspunkte«. Die meisten Prüf- und Wartungsarbeiten zum Beispiel, hier ist Eigenregie allemal sinnvoll.

MOTOREN

Die Motorbauteile

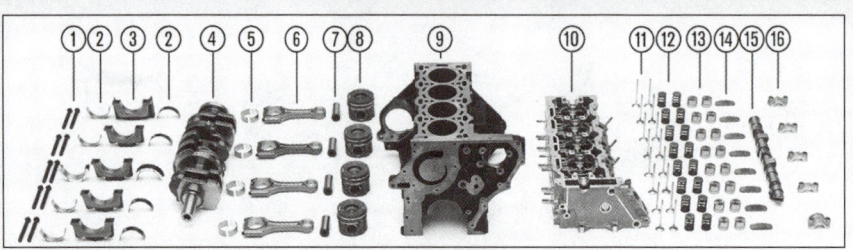

*Die **Motorblöcke** der ECOTEC-Aggregate bestehen aus einer Graugusslegierung. Stabil ausgeprägte Seitenwände und eine verwindungssteife Hauptlagergasse geben den Motoren die erforderliche Verwindungssteifigkeit. ❶ Hauptlagerschrauben, ❷ Hauptlagerschalen, ❸ Hauptlagerdeckel, ❹ Kurbelwelle, ❺ Pleuellagerschalen, ❻ Pleuel, ❼ Kolbenbolzen, ❽ Kolben, ❾ Motorblock, ❿ Zylinderkopf, ⓫ Ventile, ⓬ Ventilfedern, ⓭ Ventilstößel, ⓮ Kipphebel, ⓯ Nockenwelle, ⓰ Nockenwellenlagerdeckel.*

Motorblock: Hier sind sämtliche rotierenden und oszillierenden Bauteile des Kurbeltriebs und der Ölversorgung zusammengefasst. An seiner Peripherie trägt der Motorblock Nebenaggregate wie Lichtmaschine, Anlasser und Zündanlage. Zafira-Motorblöcke bestehen aus Grauguss.

Zylinderkopf: Der Zylinderkopf »schließt« den Motorblock nach oben ab. Er enthält Ansaug-, Auspuff-, Wasser- und Ölkanäle, Ventilsitzringe, Lagerstellen für den Ventiltrieb, Ventilführungen sowie Zündkerzen- bzw. Einspritzdüsenbohrungen und die Brennräume. Die Zylinderkopfdichtung zwi-schen Motorblock und Zylinderkopf dichtet beide Bauteile gegen Öl, Kühlflüssigkeit und Luft nach außen und innen ab.

Zylinder: In den Zylindern oszilieren die Kolben zwischen dem unteren und oberen Totpunkt (UT/OT): Die Zylinderdurchmesser sind exakt auf den Kolbendurchmesser ausgebohrt und nachträglich speziell Oberflächen behandelt (gehont). »Trockene« Zylinder (Zylinderlaufbuchsen) werden indirekt über Kühlkanäle gekühlt, »nasse« Zylinderlaufbuchsen stehen dagegen direkt in der Kühlflüssigkeit.

Kolben: Oszillieren in den Zylindern und übertragen die Verbrennungsenergie über Pleuel auf die Kurbelwelle. Kolben bestehen aus einer besonders leichten und hitzebeständigen Leichtmetalllegierung. Ihre Hauptbestandteile sind der Kolbenboden, die Ringzone mit Kolbenringen, das Kolbenbolzenauge und der Kolbenschaft. Im montierten Zustand ist der Kolbenbolzen die Verbindung zwischen Kolben und Pleuel. Die oberen Kolbenringe (Verdichtungsringe) dichten den Brennraum weitestgehend gasdicht gegen den Kurbeltrieb ab. Der untere Ring (Ölabstreifring) streift überschüssiges Schmieröl von der Zylinderwand in den Ölsumpf (Ölwanne) ab.

Pleuel: Das Verbindungselement zwischen Kolben und Kurbelwelle. Die Bestandteile: Pleuelauge (fixiert den Kolbenbolzen), Pleuelschaft, Pleuelfuß und Pleuellagerdeckel (umschließen den Kurbelzapfen).

Kurbelwelle: Wandelt oszillierende Energie (Auf- und Abwärtsbewegung der Kolben von OT nach UT) in rotierende Energie (Drehbewegung der Kurbelwelle). Moderne Kurbelwellen bestehen aus einem geschmiedeten Rumpf, der zentrisch in den Hauptlagerstellen des Motorblocks gelagert wird. Je nach Zylinderzahl führen in einem genau definierten Versatz (Winkelgrad) jeweils zwei Kurbelwangen zu den Kurbelzapfen (Pleuellagerstellen). Zafira Vierzylinder-Motoren besitzen fünf Hauptlagerstellen und vier um 90° versetzte Pleuellagerstellen. Die Winkelgrade geben dem Fachmann die Kurbelwellenkröpfung an. In modernen Motoren sind die Lagerstellen mit auswechselbaren Gleitlagerschalen gegen Verschleiß gesichert.

Ventile: Steuern in Viertaktmotoren den Gaswechsel (Ansaugen, Verdichten, Verbrennen, Ausstoßen). In den ECOTEC-Motoren hängen die Ventile V-förmig im Zylinderkopf. Gemeinsam mit allen beweglichen Teilen im Zylinderkopf bilden sie den Ventiltrieb. Den Ventilen mitsamt ihrem Ventilspiel können Sie an Zafira-Motoren getrost ein Motorleben lang vertrauen, das Ventilspiel justiert sich automatisch durch hydraulische Stößel.

Nockenwelle: Öffnet und schließt die Ventile mit Hilfe von Schlepphebeln und/oder Tassenstößeln in genau definierten Zeitabständen.

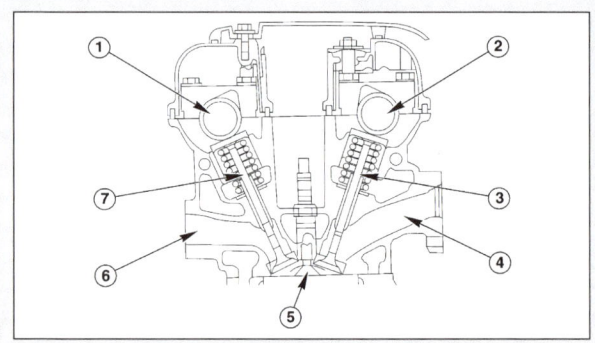

Parallel angeordnet: Die Nockenwellen ❶ und ❷ und jeweils zwei Ein- und Auslassventile ❸ und ❼. Die Einlasskanäle ❹ sind speziell profiliert, so dass die Frischgase – entsprechend verwirbelt – in die Brennräume ❺ gelangen. Unmittelbar vor Ende des Verbrennungstakts verlassen die Abgase bereits über den Auslasskanal ❻ den Zylinder.

MOTOR DURCHDREHEN

Grundbegriffe der Motortechnik

Technik-lexikon

Das Viertaktprinzip:

1. **Ansaugen** (1. Takt): Kolben gleitet von OT nach UT. Einlassventil öffnet, das Kraftstoff/Luftgemisch strömt in den Zylinder.

2. **Verdichten** (2. Takt): Kolben gleitet von UT nach OT und komprimiert auf seinem Weg das angesaugte Frischgas. Einlassventil und Auslassventil sind geschlossen.

3. **Verbrennen** (3. Takt): Bereits kurz vor OT entzündet der Zündfunken explosionsartig das komprimierte Frischgas: Der plötzliche Druckanstieg beschleunigt den Kolben zurück in seine UT-Stellung. Das Pleuel überträgt die oszillierende Energie auf die Kurbelwelle und versetzt sie in Rotation.

4. **Ausstoßen** (4. Takt): Die Schwungmasse der Schwungscheibe bewegt den Kolben von UT erneut in Richtung OT. Das Auslassventil ist bereits geöffnet, die verbrannten Gase (Abgase) entweichen über den Auspuff in die Atmosphäre. Zusammengefasst bilden die vier Takte den Gaswechsel in einem Viertaktmotor.
Grundsätzlich funktioniert ein **Dieselmotor** nach dem gleichen Prinzip. Er saugt im Ansaugtakt lediglich reine Luft an, komprimiert sie wesentlich effizienter, so dass sich der gegen Ende des Verdichtungstakts eingespritzte Kraftstoff (Dieselöl) an der heißen Luft ohne Fremdzündung (Zündfunken) selbst entzünden kann. Der übrige Gaswechsel ist dann völlig identisch zum Ottomotor.

5. **Hub:** Der Weg, den der Kolben bei seiner Bewegung von UT nach OT durchmisst.

6. **Hubraum:** Der Raum, den der Kolben bei seiner Bewegung von UT nach OT durchmisst. Der Brennraum hat keinen Einfluss auf den Hubraum.

7. **Zylinderraum:** Die Addition aus Hub- und Brennraum ergibt den Zylinderraum.

8. **Verdichtungsverhältnis:** Das Verdichtungsverhältnis umschreibt das Frischgasvolumen welches bei 100%iger Füllung, also bei voll geöffneter Drosselklappe, zum Zündzeitpunkt im Brennraum komprimiert sein müsste. Die Brennraumgröße hat demnach unmittelbaren Einfluss auf das Verdichtungsverhältnis: ECOTEC-Motoren verdichten ihr Frischgas im Verhältnis 10,1 : 1 oder 10,5 : 1.

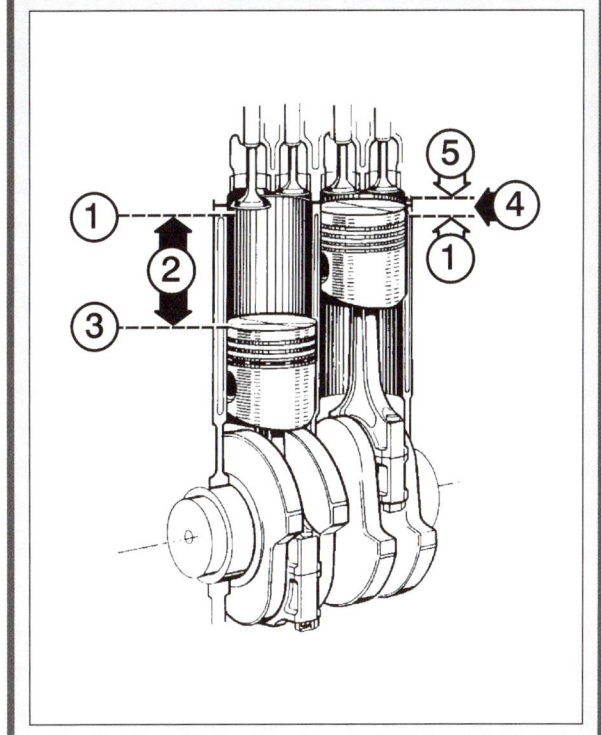

Der Hubraum ❷ erstreckt sich vom oberen ❶ bis zum unteren Totpunkt ❸. Zwischen dem OT, der im rechten Zylinder gerade durch den Kolbenboden begrenzt wird, und der Wölbung des Zylinderkopfes ❺ ist der Brennraum ❹.

Motor durchdrehen

Bei einer Reihe von Arbeiten am Motor kommt es darauf an, dass die Kolbenstellung in den Zylindern genau fixiert ist. Ausgehend vom oberen »Totpunkt« (OT) des ersten Zylinders ergeben sich die exakten Positionen der anderen Kolben dann automatisch.

OT-Stellung 1. Zylinder: Der Kolben des ersten Zylinders (im Zafira Fahrtrichtung rechts) steht dann exakt im oberen Totpunkt, wenn sich die Ventile des vierten Zylinders überschneiden (Auslassventil schließt, Einlassventil beginnt zu öffnen). Die Ventile des ersten Zylinders sind dann geschlossen. An den meisten älteren Motoren mit Zündverteiler lässt sich die OT-Stellung des 1. Kolbens auch anhand der Stellung des Verteilerfingers und des Schwungrads überprüfen (Verteilerfinger steht über der Markierung am Verteilergehäuse, Schwungradmarkierung stimmt mit Kennzeichnung im Schauloch überein).

MOTOREN

Arbeitsschritte

① Liften Sie, wie zum Radwechsel, ein Vorderrad und legen den fünften Gang ein. Wenn Sie jetzt das frei stehende Rad nach vorne drehen, rotiert die Kurbelwelle automatisch mit. Leichter geht's, wenn Sie vorab die Zündkerzen demontieren. Sollten Sie Ihr Auto jedoch nicht »standfest« anheben können, legen Sie den 5. Gang ein und schieben den Wagen vorsichtig bis zur OT-Stellung des ersten Kolbens vor.

② Ohne fremde Hilfe können Sie den Motor auch mit einer Stecknuss durchdrehen. Setzen Sie die Nuss an der Antriebsriemenscheibe der Lichtmaschine an. Der Motor dreht »williger«, wenn Sie dazu den Antriebsriemen etwas in den Riementrieb pressen. Achten Sie jedoch darauf, dass der Motor immer nur im Uhrzeigersinn dreht.

Praxistipp

Zündkerzen überprüfen

Da Ottomotoren, anders als Dieselaggregate, nur »fremdgezündet« arbeiten, sind die Frischgase in ihren Brennräumen auf den »zündenden« Funken zur rechten Zeit angewiesen. In früheren Jahren waren Zündkerzen sensible und hoch verschleißfreudige Bauteile – spätestens nach 12.000 Kilometern ging ihnen das »Feuer« aus. Mit modernen Werkstoffen, bleifreiem Benzin, vor allem auch im Zusammenspiel mit elektronischen Hochleistungszündanlagen hat sich das grundlegend geändert: Zwar reagieren die »Funkenspender« immer noch allergisch auf Feuchtigkeit, beispielsweise nach einer Motorwäsche, doch Laufleistungen jenseits von 40.000 Kilometern sind weitgehend normal – Opel empfiehlt den Wechsel nach 60 000 Kilometern (Z 20 LET alle 30 000 km).

Dennoch, behalten Sie Ihre Zündkerzen im Auge und inspizieren sie etwa alle 20.000 Kilometer: Bei den ECOTEC-Motoren beträgt der Elektrodenabstand 1 Millimeter (Z 22 SE 1,15 mm). Der Fachmann erkennt am Kerzenbild den technischen Zustand eines Motors.

Mit diesen Kerzen läuft Ihr Zafira

Motor	Kerzenspezifikation
Z 16 XE / Z 16 YNG	Bosch FLR 8 LDCU
Z 18 XE	Bosch FLR 8 LDCU
Z 20 LET	Bosch FLR 8 LDCU
Z 22 SE	AC Delco 41-954 ED
Y 20 DTH	Bosch Schnellglühkerzen
Y 22 DTR	Bosch Schnellglühkerzen

Zündkerzen — Störungsbeistand

Erkennungsmerkmal	Ursache/Besonderheiten
A Isolatorspitze hellgrau bis grau.	Zündkerzen mit vorgeschriebenem Wärmewert montiert. Motormanagement (Gemischaufbereitung, Zündanlage) arbeitet vorschriftsmäßig. Mechanischer Verschleiß innerhalb der Toleranzen.
B Isolatorspitze weißlich gefärbt.	Isolator überhitzt. Schlechter (falscher) Kraftstoff. Undichte Ventile. Zu geringes Ventilspiel. Abgasmessung durchführen lassen. Motormanagement überprüfen, evtl. zu mageres Gemisch. Im Zweifelsfall riskieren Sie einen kapitalen Motorschaden (Kolbenfresser, Kolben brennen durch, Auslassventile verbrennen).
C Kerzengesicht dunkel, Isolator schwarz.	Zündkerzen mit zu hohem Wärmewert montiert. Zündkerzen verschlissen. Hoher Kurzstreckenanteil. Luftfilter verdreckt. Motormanagement verstellt. Lambdasonde arbeitet nicht korrekt. Auspuffgase schwarz.
D Kerzengesicht schwarz, Isolator verölt.	Siehe C. Zündkabel, Zündkerzenstecker defekt. Ölabstreifring gebrochen. Kolbenfresser. Ventilschaftabdichtung verschlissen. Hoher Ölverbrauch. Blau/schwarze Abgasfahne.

KOMPRESSIONSDRUCK

Überdrehzahlen und Motorlebensdauer

Überdrehzahlen verkürzen die Lebensdauer Ihres Motors. Lassen Sie die Kurbelwelle zu schnell rotieren, gerät sie oder der Ventiltrieb in unkontrollierte Schwingungen. Zu starke Vibrationen verursachen mechanische Schäden: Schlimmstenfalls bricht eine Ventilfeder, reißt ein Ventil ab, frisst ein Kolben im Zylinder oder, der absolute »Gau«, ein Pleuel reißt ab bzw. die Kurbelwelle bricht. Außer viel vermeidbarem Ärger handeln Sie sich damit teure Reparaturen oder gar einen Motortotalschaden ein. Abweichend von der Maxi-maldrehzahl traut Opel seinen Ottomotoren im Zafira Dauer-drehzahlen von rund 6.350 min.$^{-1}$ zu. Dieselmotoren bremsen Ihren Gasfuß automatisch bei etwa 5.000 min.$^{-1}$ ein.

Kompressionsdruck messen

Sollte sich im Laufe der Zeit Ihr Eindruck verfestigen, der Motor Ihres Zafira sei weniger temperamentvoll als in seinen Anfangstagen, kann der Leistungsverlust durchaus mechanische Hintergründe haben. Die häufigsten Ursachen sind: zu viel Spiel zwischen Kolben und Zylindern, verschlissene Kolbenringe, undichte oder verbrannte Ventile, eine beschädigte Zylinderkopfdichtung, verschlissene Einspritzventile oder Zündkerzen.

Gegen Ende des Verdichtungstakts entstehen hohe Kompressionsdrücke, die bei der Verbrennung des Kraftstoff-/Luftgemischs schlagartig weiter ansteigen. Das bedeutet für Kolben und Kolbenringe, Zylinderwände, Ventile, Ventilsitze, Ventilschaftdichtungen sowie die Zylinderkopfdichtung eine hohe thermische und mechanische Belastung. Symptome wie mangelhaftes Kaltstartverhalten oder unrunder Motorlauf, gestiegener Öl- und Kraftstoffverbrauch, weiße oder blaue »Auspufffahne«, erhöhte Wassertemperatur, schlechtere Abgaswerte sowie geringere Leistung sind in der Praxis die »heimlichen« Vorboten eines drohenden Motorschadens. Zum globalen Überblick sollten Sie darum etwa alle 40.000 Kilometer den Kompressionsdruck in jedem Zylinder prüfen lassen. Das gilt übrigens nicht nur für Otto- sondern gleichermaßen auch für Dieselmotoren.

Richtwerte für den Kompressionsdruck

Die Kompressionsdruckwerte für Ihren Zafira unterscheiden sich, abhängig vom Verdichtungsverhältnis, geringfügig. Unsere Richtwerte gelten für Motoren in einwandfreiem mechanischem Zustand. Allerdings kommt es bei der Interpretation des Kompressionsdrucks weniger auf den absoluten Spitzenwert als auf gleichmäßige Werte in allen Zylindern an. Abweichungen bis maximal 2 bar sind noch vertretbar, darüber hinaus sollten Sie den Fehler von einem Fachmann »einkreisen« lassen. Er wird im ersten Schritt Ihrem Motor mit einer Druckverlustmessung »auf den Zahn« fühlen.

Völlig normal – ältere Motoren bauen weniger Kompressionsdruck auf

Bei älteren Motoren sinkt der Kompressionsdruck zwangsläufig. Kein Grund zur Sorge, erst wenn die gemessenen Werte die Verschleißgrenze erreichen, sollten Sie geistig eine umfangreiche Reparatur oder einen Austauschmotor »ins Auge« fassen. Wenn die Differenzwerte der Zylinder deutlich mehr als 2 bar betragen, deutet das erfahrungsgemäß auf eine dieser Ursachen hin:

- Kolben oder Kolbenringe verschlissen.
- Verbrennungsrückstände in den Kolbenringnuten – Kolbenringe sitzen fest oder sind verschlissen.
- Unrunde Zylinderlaufbahnen – häufig die Folge von leichten Kolbenklemmern oder festsitzenden Kolbenringen.
- Verbrennungs- bzw. verkrustete Ölrückstände an Ventilschäften oder auf Ventilsitzflächen.
- »Eingehämmerte« Ventile.
- Verbrannte Ventilsitze – Folgeschaden von zu geringem Ventilspiel oder thermischer Überlastung.

Versierte Hobbymonteure messen den Kompressionsdruck natürlich in Eigenregie. Sie benötigen dazu allerdings einen Helfer, der den Motor per Anlasser durchdreht und einen Kompressionsdruckmesser. Zunächst

Richtwerte für den Kompressionsdruck

Motor	Normal	Toleranzgrenze
Z 16 XE	14 – 16	12
Z 16 YNG	16 – 18	14
Z 18 XE	14 – 16	12
Z 20 LET	13 – 15	11
Z 22 SE	14 – 16	12
Y 20 DTH	26 – 30	22
Y 20 DTR	26 – 30	22

MOTOREN

schrauben Sie alle Zündkerzen (Diesel – Einspritzventile) aus dem Zylinderkopf und stellen sicher, dass die Ventile richtig eingestellt sind. Während der Prüfung tritt Ihr Helfer das Kupplungs- und Gaspedal voll durch, Sie »drücken« derweil den Zylinder ab. Sinnvollerweise beginnen Sie mit dem ersten Zylinder und gehen dann der Reihe nach weiter vor. Zählen Sie die Kurbelwellenumdrehungen bis zum Aufbau des höchsten Drucks und nehmen den Wert als Maßstab für die anderen Zylinder: Je zügiger sich der Kompressionsdruck aufbaut, um so »gesunder« ist der Zylinder. In einem gesunden Motor sollte der Maximaldruck nach etwa 6 bis 8 Kurbelwellenumdrehungen anstehen.

Basis für verlässliche Messwerte – durchzugsstarker Anlasser, volle Batterie

Es ist zwar eine Binsenweisheit, doch wir weisen an dieser Stelle noch einmal ausdrücklich darauf hin: Die Basis für verlässliche Messwerte sind ein durchzugsstarker Anlasser und eine geladene Batterie. Denn wenn die Kurbelwelle nur »gemächlich« rotiert, baut sich im Ansaugrohr die Gassäule nur widerwillig auf – die Messung macht dann wenig Sinn. Sollten Sie große Abweichungen entdecken, kreisen Sie den Fehler mit einem Druckverlusttest weiter ein. Die Vorgehensweise mit diesem Gerät setzt allerdings einige praktische Erfahrungen voraus – deshalb unser Rat: Betrauen Sie mit dem Druckverlusttest einen Fachmann.

Do it yourself – so kommen Sie Fehlern auf die Spur

- Bei zu geringem Kompressionsdruck träufeln Sie mit einer Spritzölkanne etwas Motoröl ins Zündkerzenloch und wiederholen die Messung. Das dichtet den Raum zwischen Kolben und Zylinderwand besser ab.
- Verändert sich danach der Kompressionsdruck nicht, gehen Sie davon aus, dass der Druck an Ventilen, Ventilsitzen, Ventilführungen, am Zylinderkopf oder der Zylinderkopfdichtung entweicht.
- Sind die Werte jedoch besser, gehen Sie von verschlissenen Kolbenringen oder Zylinderlaufflächen aus.

Kompressionsdruck messen

Arbeitsschritte

① Fahren Sie vor der Messung den Motor warm (Betriebstemperatur). Alle beweglichen Teile »laufen« dann mit ihrem Einbauspiel.

② Bauen Sie, wie beschrieben, das Zündmodul aus und demontieren alle Zündkerzen.

③ Öffnen Sie den Relaiskasten neben dem Bremsflüssigkeitsbehälter und …

④ … ziehen, damit die Kraftstoffförderung während der Messung unterbrochen wird, das violette Kraftstoffpumpenrelais (Pfeil) aus der Fassung.

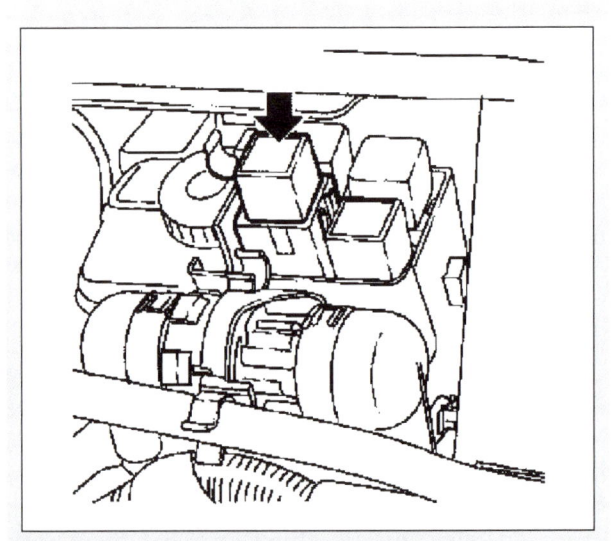

Direkt vorne gesteckt – Kraftstoffpumpenrelais.

⑤ Ziehen Sie die Handbremse an, legen den Leerlauf ein und treten das Kupplungs- und Gaspedal voll durch.

⑥ Pressen Sie den Gummikonus des Druckprüfers auf das Kerzenloch des ersten Zylinders – bei Bedarf arbeiten Sie mit einem passenden Adapter.

⑦ Ihr Helfer dreht den Motor jetzt per Anlasser etwa 6 bis 8 mal durch. Wichtig bei Ottomotoren: Die beste Frischgasfüllung (äußere Gemischbildung) erreichen Sie nur bei voll getretenem Gaspedal.

⑧ Lesen Sie den Messwert ab und notieren das Ergebnis. Bei einem Druckprüfer mit Messschreiber schalten Sie einfach auf den nächsten Zylinder.

ANTRIEBSRIEMEN KONTROLLIEREN

Praxistipp

Kompressionsdruck entweicht

Wenn der Kompressionsdruck bereits (hörbar) entweicht, hat das erfahrungsgemäß folgende Ursachen:

- Aus dem Ansaugkrümmer oder Ansauggeräuschdämpfer – undichtes Einlassventil.

- Aus dem geöffnetem Kühler oder Kühlmittelausgleichsbehälter – defekte Zylinderkopfdichtung oder Riss im Zylinderkopf.

- Aus dem geöffnetem Öleinfüllstutzen oder Ölpeilstab – verschlissene Zylinderwände, Kolbenlaufbahnen oder Kolbenringe.

- Aus dem Auspuffendrohr – undichtes Auslassventil.

Luftdicht verschließen: Der Gummikonus des Kompressionsdruckprüfers muss das Kerzenloch abdichten. »Gesunden« Motoren reichen etwa 6 – 8 Kurbelwellenumdrehungen bis zum maximalen Kompressionsdruck. Checken Sie alle Zylinder der Reihe nach und zählen die Kurbelwellenumdrehungen. Große Differenzen sind verdeckte Schadensymptome.

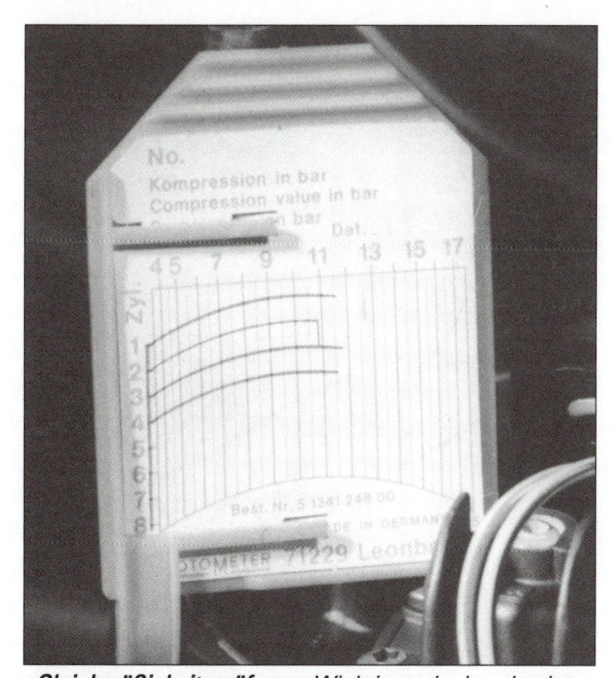

»Gleichmäßigkeitsprüfung«: Wichtiger als der absolute Spitzendruck sind gleiche Werte in allen Zylindern. Sie sollten zudem mit etwa der gleichen Kurbelwellendrehzahl erreicht werden.

Antriebsriemen kontrollieren

Die Zafira-Nebenaggregate (Lichtmaschine, Wasserpumpe, AC-Verdichter etc.) treibt ein Keilrippenriemen an. Opel verwendet generell Antriebsriemen, die besonders flexibel über die Radien der Riemenscheiben laufen. Um im Ernstfall allen Ärger zu vermeiden, komplettieren Sie Ihr Pannenset besser mit einem passenden Ersatzantriebsriemen – irgendwann kommt er zu Ehren.

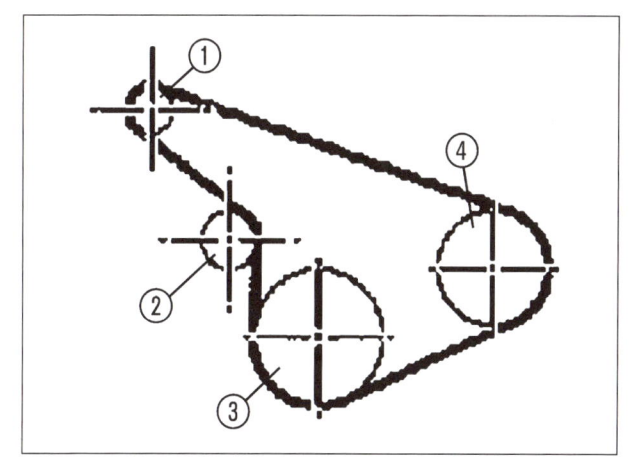

Riementrieb Z 16 SE / Z 16 YNG / Z 18 XE (mit AC): ❶ Generator, ❷ automatischer Riemenspanner, ❸ Kurbelwellenriemenscheibe (Schwingungsdämpfer), ❹ AC-Verdichter.

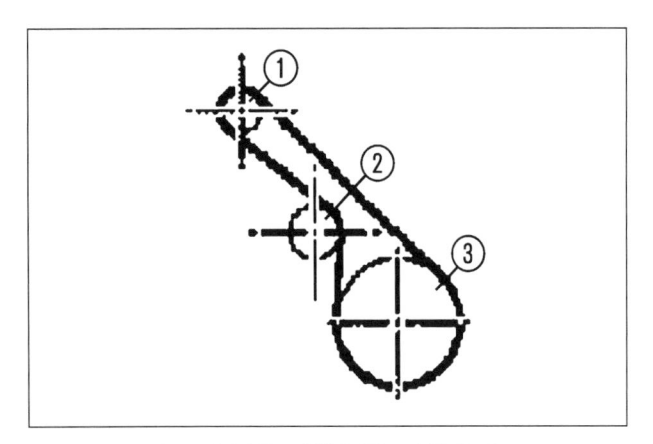

MOTOREN

Riementrieb Z 16 SE / Z 16 YNG / Z 18 XE: ❶ Generator, ❷ automatischer Riemenspanner, ❸ Kurbelwellenriemenscheibe (Schwingungsdämpfer).

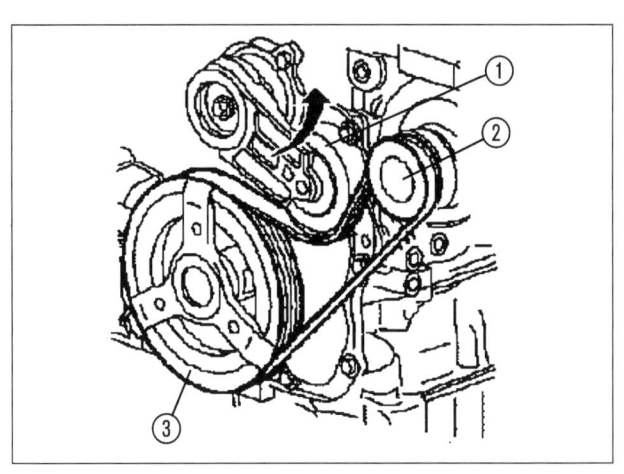

Riementrieb Z 22 SE: ❶ automatischer Riemenspanner, ❷ Generator, ❸ Kurbelwellenriemenscheibe (Schwingungsdämpfer).

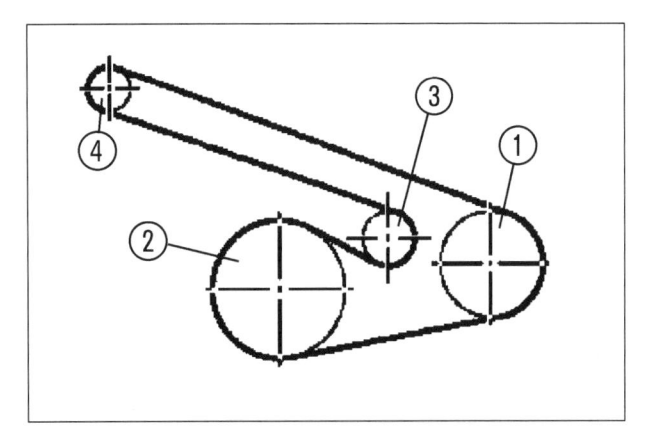

Riementrieb Z 20 LET (mit AC): ❶ AC-Verdichter, ❷ Kurbelwellenriemenscheibe (Schwingungsdämpfer), ❸ automatischer Riemenspanner, ❹ Generator.

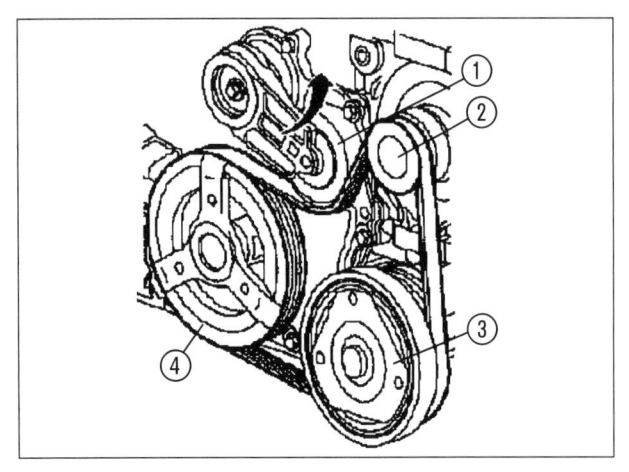

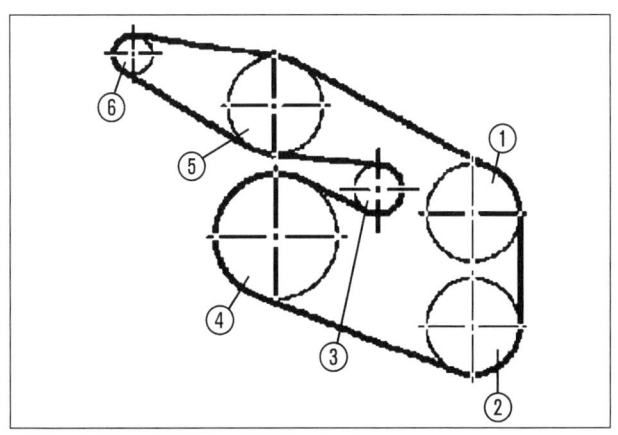

Riementrieb Y 20 DTH, Y 20 DTR (mit AC): ❶ Umlenkrolle, ❷ AC-Verdichter, ❸ automatischer Riemenspanner, ❹ Kurbelwellenriemenscheibe (Schwingungsdämpfer), ❺ Wasserpumpenantriebsrad, ❻ Generator.

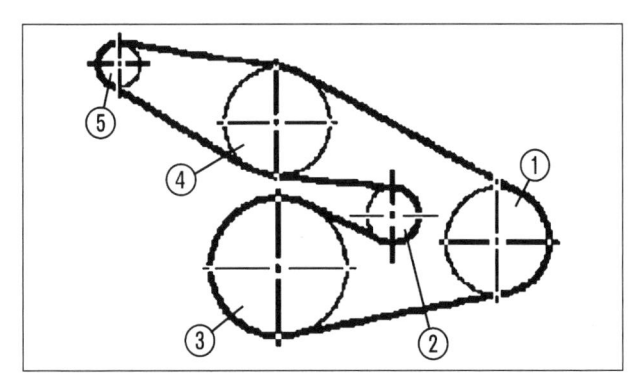

Riementrieb Z 22 SE (mit AC): ❶ automatischer Riemenspanner, ❷ Generator, ❸ AC-Verdichter, ❹ Kurbelwellenriemenscheibe (Schwingungsdämpfer).

Riementrieb Y 20 DTH, Y 20 DTR: ❶ Umlenkrolle, ❷ automatischer Riemenspanner, ❸ Kurbelwellenriemenscheibe (Schwingungsdämpfer), ❹ Wasserpumpenantriebsrad, ❺ Generator.

ANTRIEBSRIEMEN

Antriebsriemen – auf die Vorspannung kommt's an

Antriebsriemen verrichten ihre Arbeit nur dann zufriedenstellend, wenn sie die nötige Vorspannung haben: Sie müssen straff, aber nicht zu stramm gespannt sein. Ein Spiel zwischen drei bis fünf Millimeter geht in Ordnung. Strammer gespannte Riemen ruinieren auf Dauer die Lager der angetriebenen Nebenaggregate wie z. B. Generator, Wasserpumpe, AC-Verdichter etc. Außerdem überdehnen zu straff gespannte Antriebsriemen und können dann reißen.

»Schlaffe« Antriebsriemen rutschen lautstark durch – jämmerliche Quietschgeräusche sind Indiz dafür. Am meisten »leidet« der Generator darunter – ihm fehlt der nötige Antrieb. Speziell im Kurzstreckenverkehr und bei Kaltstarts nimmt die Batterie das über kurz oder lang übel.

Rutschende Antriebsriemen unterliegen zudem einem höheren Verschleiß: Ihre Riemenflanken »verbrennen«. In Extremfällen verursacht ein schlaffer Antriebsriemen sogar überhöhte Motortemperaturen und damit teure Folgeschäden (z. B. Kolbenklemmer, durchgebrannte Zylinderkopfdichtung, etc.). Obwohl im Zafira ein automatischer Antriebsriemenspanner den manuellen Spannvorgang erübrigt, schauen Sie ab und an, besonders im Herbst und Winter, nach dem Rechten. Ihre Umsicht bewahrt Sie vor vermeidbaren Schraubererlebnissen am »zugigen Straßenrand«.

Antriebsriemen – nicht grundsätzlich ein Fall für Do it yourselfer

Bei den Zafira-Selbstzündern lassen Sie den Antriebsriemen besser von einem »Opel-Blaumann« wechseln. Er verfügt über das erforderliche Spezialwerkzeug und – warum sollten wir es Ihnen verschweigen – wahrscheinlich auch über die »geschmeidigeren« Finger.

Praxistipp

Antriebsriemen montieren

»Würgen« Sie einen Antriebsriemen niemals per Schraubendreher über die Riemenscheiben. Dabei können verdeckte Bruchstellen im Unterbau entstehen, die den nächsten Riemenschaden bereits vor der ersten Umdrehung programmieren. Nach der Montage eines gebrauchten Antriebsriemens lassen Sie den Motor etwa 3 Minuten im Stand laufen (bei einem neuen Antriebsriemen etwa 10 Minuten) und prüfen erneut die Vorspannung. Bevor Sie den Motor abstellen geben Sie dem Riemen einige kurze »Gasstöße«, das zwingt ihn in die Riemenscheiben. Nach etwa 1000 Kilometern checken Sie den Riemen erneut. Er muss jetzt mit 3 – 5 Millimeter Vorspannung laufen und frei von mechanischen Beschädigungen sein.

Arbeitsschritte

① Kontrollieren Sie den Antriebsriemen auf Risse oder Ausfransungen in der »Karkasse«.

② Oft hat der Antriebsriemen nur einen einzigen, dafür aber »tödlichen« Riss. Wenn der unglücklicherweise gerade unter einer der Riemenscheiben »im Schatten« steht, ist der Ärger vorprogrammiert – trotz Check. Um das möglichst zu vermeiden, drehen Sie den Motor besser einige Male per Hand durch und schauen akribisch hin.

Daran erkennen Sie einen »unsicheren« Antriebsriemen:

- unregelmäßige Schleifspuren an den Riemenflanken,
- poröse, ausgefranste Riemenflanken oder Oberfläche,
- Altersrisse.

Praxistipp

Wenn der Antriebsriemen reißt

Die Ladekontrollleuchte während der Fahrt verrät meistens einen gerissenen Antriebsriemen. Häufig bemerken Sie unmittelbar davor einen harten Schlag gegen den Radlauf oder das Frontblech im Motorraum. Fahren Sie ohne Antriebsriemen auf keinen Fall weiter. Bei den Dieselmodellen steht die Wasserpumpe »still«, »still« steht dann auch der Kühlkreislauf. Der ausreichende Wärmeaustausch zwischen der im Motorblock verharrenden Kühlflüssigkeit gerät ins Stocken – Sie provozieren jetzt einen kapitalen Motorschaden. Übrigens: Die »Sage« von der »zweckentfremdeten Damenstrumpfhose« legen Sie spätestens jetzt ad acta – entweder montieren Sie an Ort und Stelle einen Ersatzriemen oder lassen den Wagen in die nächste Werkstatt abschleppen.

MOTOREN

Verräterisch – »unbekannte« Klopfgeräusche aus dem Motorraum

Bei kaltem Motor sind leichte Klopfgeräusche aus dem Motorraum nicht unbedingt ein Grund zur Sorge. Metallisch harte Klopf- oder Rollgeräusche verraten bei einem betriebswarmen Motor dagegen fast immer einen ernsthaften Schaden. Die häufigsten Defekte treten an Pleuellagern auf. Die Hauptlager der Kurbelwelle, Ihr Zafira hat fünf, sind seltener betroffen. Ein Lagerschaden zieht immer eine umfangreiche Motorrevision nach sich.

Mit viel Glück und einem sensiblen Ohr erkennen Sie Lagerschäden mitunter schon im frühen Anfangsstadium. Ist das der Fall, reicht es mitunter, die Gleitlagerschalen des betreffenden Pleuel- oder Hauptlagers auszutauschen – ein Fachmann wird Ihnen freilich zu einer umfangreicheren Reparatur (Kurbelwelle schleifen, nitrieren, neu lagern) bzw. zu einem Teilemotor raten.

So entlarven Sie einen Lagerschaden

- Beschleunigen Sie den Motor im Stand auf mittlere Drehzahlen und nehmen dann das Gas zurück. Taucht mit abfallender Drehzahl ein leichtes Klopfgeräusch (»nack-nack-nack«) auf und bemerken Sie dieses Geräusch auch beim zügigen Beschleunigen, lassen Sie den Motor sofort in einer Fachwerkstatt checken: Die Geräusche sind typisch für einen Pleuellagerschaden.
- Ignorieren Sie das anfängliche »nack-nack-nack« folgt schon nach wenigen Kilometern ein hartes »klack-klack-klack«: Der Lagerschaden hat sich verschlimmert, die Lagerschale ist bereits ausgelaufen und hat mit großer Wahrscheinlichkeit die Kurbelwelle in Mitleidenschaft gezogen. An eine preisgünstige Reparatur ist jetzt nicht mehr zu denken. »Freunden« Sie sich mit einem Austausch- oder Teilemotor an
- Machen Sie im Kurbeltrieb ein gleichmäßiges, synchron zur Motordrehzahl ansteigendes Rollgeräusch aus, deutet das ziemlich sicher auf einen Hauptlagerschaden hin. Stellen Sie den Motor sofort ab und lassen einen Fachmann seine Ohren »spitzen«. Wenn Sie damit zu lange warten, »himmeln« Sie den Motorblock sogar als Austauschteil: Das treibt die Reparaturkosten völlig unnötig in die Höhe, denn Ihr Händler berechnet Ihnen den Austauschblock dann so, als wär's ein Neuteil.

STÖRUNGSBEISTAND ZYLINDERKOPFDICHTUNG

Zylinderkopfdichtung

Erkennungsmerkmal	Ursache/Besonderheiten
A Kühlflüssigkeitsstand wird regelmäßig ergänzt.	Kühlmittel gelangt in sehr geringer Menge in die Brennräume. Der Zustand kann sich ohne Merkmale über längere Zeit hinziehen.
B Beträchtlicher Kühlmittelverlust. Auch bei warmem Motor entweicht dem Auspuff ein weißen Abgasschleier.	Kühlmittel dringt in größerer Menge in einen Verbrennungsraum, verdampft dort und entweicht als »Wasserdampf« aus dem Auspuffendrohr.
C Aus dem geöffneten Ausgleichsbehälter steigen Luftblasen auf, beim Öffnen des Verschlussdeckels sprudelt Kühlmittel unter Druck aus dem Behälter oder Kühler.	Motor drückt Verbrennungsgase ins Kühlsystem. Aus der Einfüllöffnung riecht es nach Abgasen.
D Bunt schillernder Film schwimmt auf der Kühlflüssigkeit.	Motoröl gelangt ins Kühlsystem.
E Gräulich aussehende Emulsion setzt sich am Ölpeilstab ab, Motoröl ist von Wasserbläschen durchsetzt.	Kühlflüssigkeit gerät ins Motoröl. Zylinderkopfdichtung oder Zylinderkopf defekt. Schaden sofort diagnostizieren lassen. Wagen zur Reparatur in Fachwerkstatt abschleppen. Achtung: Wasser im Motoröl verursacht einen Lagerschaden.

Störungsbeistand

DAS SCHMIERSYSTEM

DAS SCHMIER-SYSTEM

DAS SCHMIERSYSTEM

Wartung

Motorölstand prüfen 80

Motoröl und Ölfilter wechseln 81

Öldichtigkeit prüfen 83

Ohne ausreichende Schmierung ging in Ihrem Zafira-Motor schon nach wenigen Minuten nichts mehr wie »geschmiert«. Ein hauchdünner Ölfilm schützt darum überall dort, wo im Motor bewegliche Teile aneinander »geraten«, vor »zerstörerischen Reibereien«: So zum Beispiel an Kolben und Kolbenbolzen, den Zylinderlaufbahnen, Pleuel- und Hauptlagern, der Kurbelwelle oder im gesamten Ventiltrieb.

Damit der Ölfilm nicht »abreißt«, zirkuliert Motoröl in einem filigranen Leitungs-, Kanal- und Bohrungs-Labyrinth. Den geregelten Transport organisiert eine Ölpumpe. Sie saugt Motoröl direkt aus der Ölwanne und »beschleunigt« es innerhalb der beschriebenen »Kreisbahn« an die jeweils richtige Adresse. Und damit der Saft möglichst »sauber« dort ankommt, passiert er vorher noch den Ölfilter. Der Ölfilter sitzt in allen Zafira-Motoren kurz nach der Ölpumpe direkt im Hauptstrom des Ölkreislaufs. Das Filterelement entzieht dem »Schmiersaft« Rußpartikel, Metallabrieb und sonstige Fremdkörper. Ölfilter reinigen freilich nur so lange, wie die mikroskopisch feinen Papierlamellen noch durchlässig und nicht verschlammt sind. Danach machen sie »dicht«, das Motoröl läuft dann ungereinigt am Filter vorbei.

Bei jedem Ölwechsel erneuern – den Ölfilter

Wenn Sie Ihren Zafira mit neuem Motoröl »regenerieren«, spendieren Sie ihm grundsätzlich auch einen neuen Ölfiltereinsatz. Verdreckte Ölfilter sperren, wie gesagt, zwar nicht den Ölkreislauf, doch der »Saft« kursiert durch ein Überdruckventil am Filterelement vorbei und verdreckt in kürzester Zeit den Motor mit einer zähen Ölschlammschicht: »Ungefiltertes« Motoröl beschleunigt den Motorverschleiß – vornehmlich im Kurbel- und Ventiltrieb so-wie an Kolben- und Zylinderlaufbahnen.

Sobald die Kurbelwelle rotiert, schickt die Ölpumpe das Motoröl zu allen relevanten Schmierstellen im Motorblock und Kurbeltrieb auf die Reise. Ähnlich »druckvoll« erreicht der Schmiersaft auch den Zylinderkopf mitsamt Ventiltrieb.

Den meisten anderen Schmierstellen, so zum Beispiel den Kolben, reicht dagegen eine ganz profane Spritzölschmierung – verursacht von rotierenden Bauteilen, beispielsweise der Kurbelwelle: Sie vernebeln nämlich das an ihren Lagerstellen austretende Öl gleichmäßig in ihrem Umfeld.

Wer gut schmiert – der gut fährt: Obwohl Zafira-Motoren keine großen »Ölfresser« sind, checken Sie spätestens nach jeder dritten Tankfüllung den Motorölpegel. Solange der Ölstand am Peilstab zwischen »MIN« und »MAX« steht, fahren Sie beruhigt weiter. Wen dem allerdings nicht mehr so ist, verabreichen Sie Ihrem Zafira »einen Schluck aus der Pulle«. Die Differenzmenge zwischen den Peilstabmarkierungen beträgt etwa einen Liter. Füllen Sie Motoröl niemals über »MAX« auf: An der Kurbelwelle könnten die Radialwellendichtringe fortan »nässen« und Öldämpfe würden den Luftfilter »versiegeln«.

77

SCHMIERSYSTEM

Auf seiner planmäßigen Reise durch den Motor hält das Öl übrigens nicht nur alle Innereien beweglich und geschmeidig, sondern es nimmt auch einen Großteil der Überschusswärme auf, die an den Lagerstellen und den Brennräumen entsteht. Der Rückweg in die Ölwanne ist dann wesentlich geruhsamer und weniger stressig: Das Öl »fällt« ohne Druck in speziellen Rücklaufkanälen zurück in die Ölwanne. Hier im »Ölsumpf« kommt der Schmiersaft kurzzeitig zur Ruhe und kühlt sich, bevor ihn die Ölpumpe erneut unter »Druck« setzt, auf etwa 80°C ab.

Drucksache – der Ölkreislauf

Damit der Schmierfilm auch Höchstbelastungen standhält, gelangt das Öl druckvoll an die Schmierstellen. Doch ein zu hoher Öldruck, beispielsweise bei kaltem und zähflüssigen Öl, verursacht auf Dauer Motorschäden. Dem wirkt ein Überdruckventil (Bypass) im Ölfilteranschlussflansch entgegen. Der Bypass öffnet bei etwa 4,0 bar und leitet das Öl direkt auf die Saugseite der Ölpumpe um. In technisch gesunden Zafira-Triebwerken gelangt das Öl bei mittleren Motordrehzahlen mit etwa 3 bar (Öltemperatur ca. 80°C; Mehrbereichsöl SAE 10W-30) an die Schmierstellen. Im Leerlauf reichen dem Zafira dagegen 1,5 bar (Otto-Turbomotor 2,4 bar) bei rund 80°C. Exakte Öldruckinformationen liefert Ihnen ein Öldruckmesser. Serienmäßig hat der Zafira keinen installiert. Als Do it yourselfer sollten Sie davor freilich nicht kapitulieren: Öldruckmesser sind relativ einfach nachrüstbar.

Signalisiert nur den Mindestdruck – Öldruckwarnleuchte

Erwarten Sie von der serienmäßigen Öldruckwarnleuchte keine kontinuierlichen Messwerte, sie »flackert« lediglich zwischen 0,3 – 0,5 bar. Mit anderen Worten, die Öldruckwarnleuchte tritt erst dann auf den Plan, wenn Motorschäden bereits im Anmarsch sind: Denn eine ausreichende Ölversorgung aller Motorinnereien ist mit 0,3 – 0,5 bar nicht mehr zuverlässig gesichert. »Störungen« können zum Beispiel schon dann auftreten, wenn Sie Ihren Zafira mit zu geringem Ölstand in eine Kurve »zwingen«: Die dabei auftretenden Fliehkräfte verlagern das Öl innerhalb der Ölwanne auf die kurvenäußere Seite – die Ölpumpe fördert dann nur noch »heiße Luft« aus dem Ölsumpf. Zwangsläufig geht der Öldruck in den »Keller«, schwere Motorschäden können das teure Resultat sein.

Auch wenn nach schnellen Autobahn- oder Passfahrten die Öldruckwarnleuchte im Leerlauf flackert, ist das ein sicheres Indiz dafür, dass der Öldruck nicht mehr ausreicht. Solange die Kontrollleuchte beim leichten Gasgeben allerdings noch ausgeht, ist das kein Grund zu großer Sorge – das Öl ist dann zu heiß, bzw. zu dünnflüssig geworden. Lassen Sie es fortan etwas beschaulicher angehen, ein »gesunder« Motor kühlt während der Fahrt wieder ab.

Erst, wenn die Öldruckwarnleuchte ständig brennt …

- … halten Sie sofort an und stellen den Motor ab,
- … kontrollieren Sie den Ölstand und …
- … ergänzen Fehlmengen möglichst sofort. Ansonsten fahren Sie ganz behutsam die nächste Tankstelle an und füllen dort Öl auf. Die Ölkontrolle muss dann sofort erlöschen!
- Falls nicht, schleppen Sie den Wagen in die nächste Werkstatt und lassen einen Fachmann die Ursache diagnostizieren. Unter Umständen vermeiden Sie damit gerade noch einen schweren Motorschaden.

Ein »Saft« mit vielen Talenten – das Motoröl

Spätestens an dieser Stelle dürfte Ihnen völlig klar sein: Öl ist das Lebenselexier eines jeden Verbrennungsmotors. Es vermindert die Reibung und den Verschleiß an Kolben und Zylindern sowie an allen Lagerstellen des Kurbel- und Ventiltriebs. Zudem dichtet Motoröl die Kolben zu den Zylinderwänden ab. Die bei der Verbrennung explosionsartig entstehenden Gase wirken, dank der »Öldichtung«, nahezu verlustfrei auf die Kurbelwelle ein. Damit sind die Talente des Motoröls längst noch nicht ausgereizt: Motoröl kühlt zu einem Großteil auch die Motorinnereien. Außerdem schützt es vor Rost, hält Schmutzpartikel in der Schwebe und bindet einen Großteil chemischer Verbrennungsrückstände.

Multitalente – die Mehrbereichsöle

Moderne Motoröle sind aus Erdöl raffinierte Schmierstoffe. Doch bevor sie ihre Karriere als Motoröl antreten dürfen, mischen ihnen die Ölhersteller noch spezielle Additive unter. Das macht am Schluss der Raffinationskette bis zu 20 Prozent des Motoröls aus. Additive schützen das Öl beispielsweise vor Oxidation und verhindern sein Aufschäumen bei hohen Drehzahlen. Eines der wichtigsten Additive sind die VI-Verbesserer (VI = Viskositätsindex). VI-Verbesserer sind lange Molekülketten, die unter Wärmeeinfluss »quellen« und beim Abkühlen wieder schrumpfen. Sie »stellen« somit das Motoröl in einem bestimmten Temperaturfenster automatisch auf die vorhandene Motortemperatur ein. Gekonnt gemischt, überspannen Additive gleich mehrere Viskositätsklassen.

VI-Verbesserer haben jedoch die negative Eigenschaft, bei hohen Temperaturen zu verschleißen und damit einen Großteil ihrer Wirkung zu verlieren. Außerdem setzen Wasser, Kraftstoff und Verbrennungsrückstände der Lebensdauer des Motoröls Grenzen. Ein dünnes Mineralöl hält den im Motor herrschenden Drücken und Temperaturen über einen längeren Zeitraum nur unzureichend stand. Regelmäßige Ölwechsel sind daher kein verzichtbarer Luxus, sondern schlichtweg eine technisch/chemische Notwendigkeit – zumindest dann, wenn Ihr Motor reibungslos funktionieren soll.

Hochpreisig – synthetische Leichtlauföle

Synthetiköle sind im Prinzip nicht »künstlicher« als herkömmliche Mineralöle, aber durchweg teurer. Grund: Bei Synthetikölen wird der Molekülaufbau des »natürlichen« Rohöls in einem aufwendigen Verfahren (Cracken) aufgelöst und mit speziellen Additiven in anderer Rezeptur neu vermischt. Als Äquivalent zum hohen Einstandspreis versprechen ihre Hersteller einen geringeren Öl- und Kraftstoffverbrauch, eine größere Beständigkeit und längere Standfestigkeit: Theoretisch bedeutet das auch größere Ölwechselintervalle. Wenn Sie sich den Luxus dieses Spitzenöls leisten möchten, sollten Sie die ohnehin schon sehr gedehnten Opel-Wechselintervalle dennoch nur mit kritischem Augenmaß überschreiten.

Motoröl – lesen Sie das Kleingedruckte auf der Dose

Für den Motor Ihres Opel Zafira genügt ein herkömmliches Mehrbereichsöl. Wichtig ist lediglich, dass der »Saft« die relevanten Normen erfüllt. Im Zweifelsfall

Begriffe und Normen rund ums Öl — Techniklexikon

Viskosität: Bezeichnet das Maß für die Fließfähigkeit des Schmieröls. Im Winter ist dünnflüssiges Motoröl, das nach dem Kaltstart sofort an alle Schmierstellen im Motor gelangt, erste Wahl. Im Sommer dagegen ist dick flüssiges Öl gefragt, das den Schmierfilm auch bei hohen Temperaturen nicht abreißen lässt.

SAE-Klasse (Society of Automotive Engineers): Bezeichnet die Viskositätsklasse, zum Beispiel SAE 5W-30. Je kleiner die erste Zahl, um so besser fließt das Öl bei Kälte (W = Winter). Ein Öl mit 0W schmiert noch bei minus 30 Grad, bei 5W steigt dieser Wert auf minus 25 Grad, bei 15W auf minus 15 Grad. Je höher die zweite Zahl, um so Temperatur beständiger ist das Öl bei hohen Temperaturen.

ACEA (Association des Constructeurs Européen d'Automobiles): Die 1996 eingeführte europäische Ölnorm löst die CCMC-Norm ab. Für Ottomotoren gibt's die Gruppen A1 (Kraftstoff sparendes Öl), A2 (gering belastetes Öl), A3 (Hochleistungsöl). Für Dieselmotoren gilt die Einteilung B1, B2 und B3.

CCMC (Comittée des Constructeurs d'Automobiles du Marché Commun): Die Spezifikation besteht aus den Buchstaben G (Benzine) und PD (Diesel) sowie einer Zahl. Je höher die Zahl, um so besser ist die Ölqualität.

API (American Petroleum Institute): Die Spezifikation besteht aus den Buchstaben S (Ottomotor) und C (Dieselmotor) sowie einem weiteren Buchstaben. Je höher dieser im Alphabet rangiert, um so besser ist die Ölqualität.

fragen Sie Ihren Händler, denn über die Eignung entscheidet nicht der werbewirksame Auftritt, sondern allein die Ölspezifikation, die richtige Viskositätsklasse und das »Kleingedruckte« auf der Dose: Opel empfiehlt für den Zafira SAE 0W-X, 5W-X und 10W-X, wobei X größer oder gleich 30 sein muss. Der Schmierstoff soll mindestens der Spezifikation ACEA A3-98 und ACEA B3-98 entsprechen. Verwenden Sie andere Öle, müssen Sie mindestens der Qualität API SH entsprechen. Öle mit der Bezeichnung API SC, SD, SE oder SF könnten Ihrem Zafira sogar schaden.

Sobald der Schmiersaft den genannten Kriterien entspricht, lassen sich die Ölsorten verschiedener Hersteller durchaus mischen. Sie müssen dann jedoch damit rechnen, dass spezielle Eigenschaften der ursprünglichen Rezeptoren nachlassen. Jedes Produkt zeichnet nämlich eine individuelle Additivrezeptur aus, deren Wirksamkeit beim Mix mit anderen Ölen abhanden kommen kann. Aus diesem Grund macht

SCHMIERSYSTEM

auch die Kombination von Mineralöl und Synthetiköl keinen Sinn. Desgleichen sollten Sie auch keine reinen Dieselöle mit Ölen für Ottomotoren vermischen – schlimmstenfalls provozieren Sie damit einen Motorschaden.

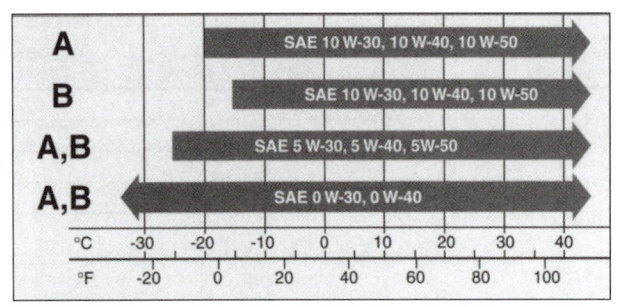

*Immer im grünen Bereich: Die empfohlene Ölqualität ist abhängig von der durchschnittlichen Außentemperatur (**A** – SAE-Klassen für Ottomotoren; **B** – SAE-Klassen für Dieselmotoren). Auf teures Synthetiköl sind Großserienmotoren nicht unbedingt angewiesen. Die meisten Hersteller empfehlen in unseren Breitengraden handelsübliche Öle: Je nach Außentemperatur können Sie die Viskosität entsprechend variieren. Doch achten Sie darauf, dass Dieselmotoren bei Kältegraden ein »dünneres« Öl bevorzugen.*

Völlig normal – geringer Ölverbrauch

Etwas Öl verbraucht jeder Motor – auch Ihr Zafira. Teilweise gelangt es in den Verbrennungsraum und wird dort mit verbrannt. Ein undichter Motor, defekte Ventilschaftabdichtungen, verschlissene Ölabstreifringe, zu großes Laufspiel zwischen den Kolben und Zylinderlaufbuchsen oder zu viel Spiel zwischen Ventilführung und Ventilschaft treiben den normalen Verbrauch in die Höhe. Ein technisch gesunder Motor »verbrennt« innerhalb der vorgeschriebenen Ölwechselintervalle allenfalls geringe Ölmengen (ca. 0,25 Liter/1000 km). Das gilt jedoch nur, wenn Sie regelmäßig das Öl wechseln und Ihren Motor nicht durch zu scharfe Fahrweise übermäßig belasten.

Blaue Abgasfahne – sichtbares Verschleißindiz

Einen der vorgenannten Schäden leiten Sie untrüglich an einer blauen Abgasfahne ab. Doch auch wenn Ihr Motor grundsätzlich »keinen Tropfen Öl« konsumiert, ist dies generell kein Grund zur Freude: Denn mitunter verdünnen überschüssiger Kraftstoff oder Kondenswasser das Motoröl – die Schmiereigenschaften gehen auch dann »in den Keller«.

Vor allem im Winter und vornehmlich im Kurzstreckenverkehr können Sie dieses Phänomen beobachten – der Motor erreicht dann über längere Zeit selten seine Betriebstemperatur. Folglich »verbandeln« sich die Rückstände, anstatt zu verdunsten oder zu verbrennen, dann mit dem Motoröl zu einer Verschleiß provozierenden Melange. Sollten Sie das bemerken, lassen Sie das Motoröl in kürzeren Intervallen ab, etwa schon nach spätestens 15 000 Kilometern oder halbjährlich.

Nicht vergessen – regelmäßig den Motorölstand checken

Checken Sie den Motorölstand nach jedem dritten Tankstopp oder nach längeren Autobahnfahrten mit hohen Tempi. Während der Einfahrzeit oder bei älteren Motoren mit erhöhtem Ölverbrauch ist es ratsam, den Ölstand mindestens alle 1000 Kilometer zu kontrollieren. Ergänzen Sie den Ölvorrat frühestens, wenn der Ölpegel etwa mittig zwischen beiden Markierungen des Ölstabs steht. Ihrem Zafira fehlt dann etwa ein halber Liter.

Arbeitsschritte 🌳 🔧 🛢 Ⓦ **ständige Kontrolle**

① Kontrollieren Sie den Ölstand möglichst bei betriebswarmen Motor. Ihr Auto sollte dazu auf einem waagerechten Untergrund stehen. Bevor Sie den Ölstand checken, gönnen Sie Ihrem Zafira vorher mindestens eine fünfminütige Pause – das umlaufende Öl hat dann Zeit, sich im Ölsumpf der Ölwanne zu sammeln.

② Ziehen Sie den Peilstab und wischen ihn mit einem sauberen, flusenfreien Lappen oder Papiertuch ab. Bugsieren Sie den Stab danach wieder bis zum Anschlag in die Ölwanne, warten kurz und ziehen ihn dann erneut heraus. Vorsicht bei betriebswarmem Motor: Der Ölstab kann sehr heiß sein.

③ Liegt der Pegel im oberen Viertel zwischen Minimum und Maximum, reicht's allemal. Bei rund 50 % ergänzen Sie maximal einen halben Liter. Dümpelt der Ölstand dagegen an der unteren Markierung oder gar darunter, füllen Sie sofort den Ölstand auf – Ihrem Zafira fehlt dann rund ein Liter Motoröl.

④ Füllen Sie grundsätzlich nur so viel Öl nach, dass der Pegel niemals die obere Markierung übersteigt. Unsere Empfehlung: Halten Sie den Stand konstant im oberen Viertel. Das Öl wird dann auch im Sommer, bei hohen

MOTORÖL UND ÖLFILTER WECHSELN

Außentemperaturen, nicht zu heiß. Zu viel Motoröl schadet jedem Motor: Es sucht sich über Dichtflächen und Radialwellendichtringe einen Weg ins Freie (verölte Kupplung, Riemenscheibe), oder wird mitunter über die Kurbelgehäuseentlüftung angesaugt und verschmutzt den Luftfilter inklusive Ansaugtrakt.

⑤ Benutzen Sie zum Nachfüllen aus größeren Gebinden einen sauberen Trichter.

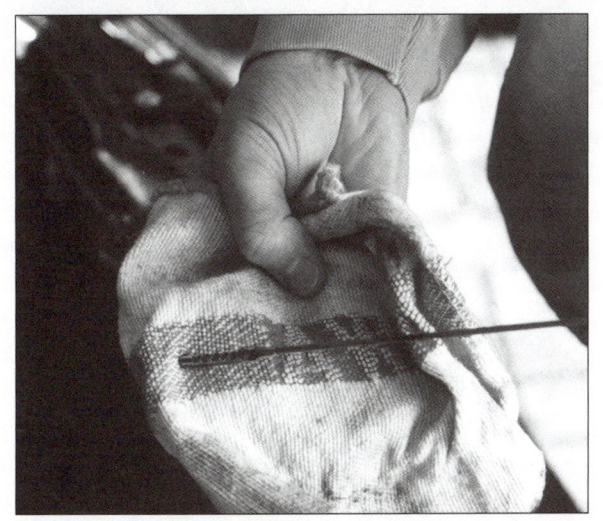

Es muss nicht immer Maximum sein: Lassen Sie den Ölstand ruhig zwischen »MIN« und »MAX« pendeln. Die maximale Nachfüllmenge zwischen beiden Markierungen beträgt beim Zafira exakt ein Liter.

IMMER gemeinsam wechseln – Motoröl und Ölfilter

Bei Zafira-Motoren steht der Ölwechsel nach 12 Monaten oder 30 000 Kilometern an. Halten Sie die Serviceintervalle auch dann ein, wenn Sie überwiegend auf langen Strecken unterwegs sein sollten. Das Öl wird dann zwar weniger beansprucht, doch wir sind der Meinung, dass nach 30 000 Kilometern auch ein gutes Motoröl nicht mehr Topfit ist. Und wenn Sie Ihre Kilometer ausschließlich in der Stadt oder auf Kurzstrecken »fressen«, spendieren Sie Ihrem Zafira spätestens nach 15 000 Kilometern oder alle sechs Monate neues Motoröl.

Ölwechsel – Do it yourself lohnt nicht immer

Do it yourself lohnt dann, wenn Sie ein preiswertes Öl mit den vorgeschriebenen Spezifikationen aus dem Zubehörhandel, Warenhaus oder von der Tankstelle nutzen. Zu einem konventionellen Ölwechsel (Öl aus der Wanne ablassen, Filtereinsatz wechseln, Öl an Sammelstelle entsorgen) müssen Sie Ihren Zafira aufbocken. Schneller und sauberer erledigen Sie den Ölwechsel an einer Tankstellen SB-Station – dort saugen Sie in der Regel den alten Saft mit einem Absauggerät aus der Ölwanne.

Die Methode ist zwar bequem, sie hat jedoch auch Nachteile: Ein Großteil des Ölschlamms verbleibt nämlich in der Ölwanne – und wenn Sie »ganz auf bequem« machen wollen und den Ölfilter nicht gleich mit wechseln, ist neues Motoröl dann erst recht »verschenkt«. Am einfachsten sind Ölwechsel immer noch in der Fachwerkstatt. Natürlich arbeitet der Fachmann nicht für Gotteslohn: Er verwendet in der Regel nur teure Ölsorten und berechnet Ihnen zudem die Entsorgung des Altöls und Ölfilters. Dennoch kann sich der Gang zum Fachmann pekuniär lohnen, zumal immer mehr Werkstätten saisonal befristete Ölwechselaktionen inklusive Motoröl und Ölfilter anbieten. Fragen Sie also Ihren Händler und kalkulieren im Vorfeld: Werkstätten erledigen die »Drecksarbeit« mitunter auch dann, wenn Sie Ihr Öl und den Filter selbst anliefern.

So viel Motoröl füllen Sie in Ihren Zafira

Motor	Motoröl mit Filter*
Z 16 XE / Z 16 YNG	3,50 Liter
Z 18 XE	4,25 Liter
Z 22 SE	5,00 Liter
Y 20 DTH	5,50 Liter
Y 22 DTR	5,50 Liter

*Der Ölfilter ist auf den Motor abgestimmt. Verwenden Sie darum nur Originalfilter und verzichten auf dubiose Wühltischangebote.

Arbeitsschritte — 30.000 km / 12 Monate

① Fahren Sie das Motoröl warm: Erst dann sind die Schmutzpartikel in der Schwebe.

② Bocken Sie Ihren Zafira auf ebener Fläche waagerecht auf ...

③ ... und stellen eine flache Wanne, Schüssel oder einen aufgeschnittenen Plastikölkanister mit ausreichendem Fassungsvermögen unter die Ölwanne.

④ Lösen Sie die Ölablassschraube mit einer »Knarre« und lassen das alte Motoröl vorsichtig aus der Wanne ab. Wirklich, denn beim Herausdrehen der Ablassschraube schwappt heißes Öl aus der Ölwanne in den Auffangbehälter. Sie wären nicht der Erste, der sich kräftig verbrüht!

SCHMIERSYSTEM

⑤ Montieren Sie die Ölablassschraube »nur« mit neuem Dichtring.

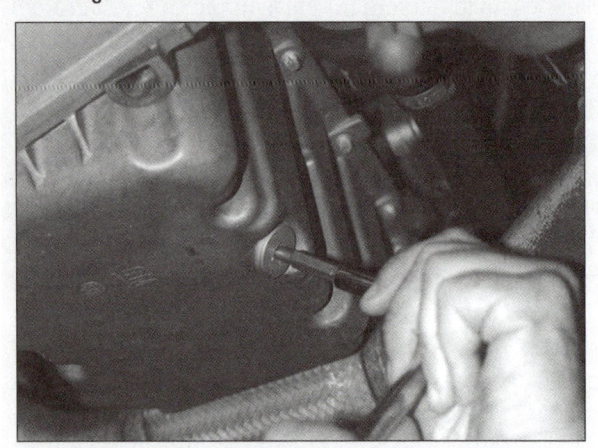

Gegen Steinschlag geschützt: Die Ölablassschraube an der Ölwannenrückseite. Lassen Sie immer nur warmes Motoröl ab, dann »fließt« auch der Ölschlamm aus der Wanne.

⑥ Entleeren Sie die Auffangwanne und schieben sie im Bereich des Ölfilters erneut unter die Ölwanne.

Z 18 XE bis Modelljahr 2001

⑦ Lösen Sie das Ölfiltergehäuse ❶ und ziehen den Filtereinsatz ❸ heraus.

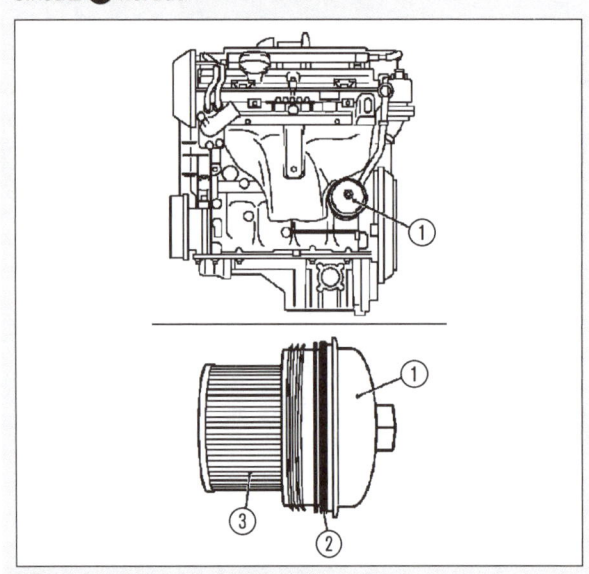

Typisch ECOTEC 1,8 Liter: Ölfiltergehäuse in Fahrtrichtung vorne links am Motorblock. ❶ Ölfiltergehäusedeckel, ❷ Dichtring, ❸ Filtereinsatz.

⑧ Bevor Sie den neuen Filter montieren, erneuern Sie oben im Filterflansch den Gummiring ❷.

⑨ Ziehen Sie den »Ölfilterdeckel« mit 15 Nm an das Ölfiltergehäuse.

Z 22 SE

⑩ Lösen Sie das Ölfiltergehäuse ❷. Opel-«Schrauber» verwenden dazu ein Spezialschlüssel ❶. Erfahrungsgemäß klappt's auch mit einem Maulschlüssel.

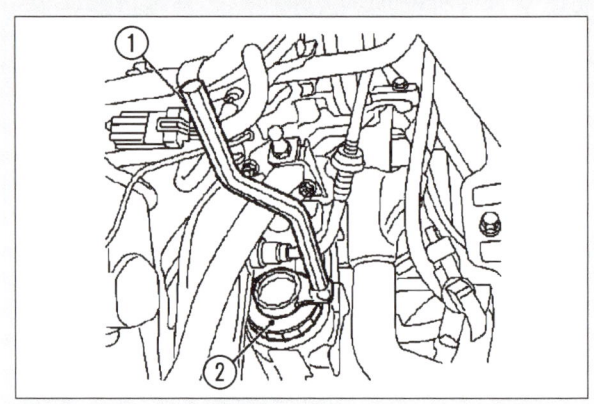

Lösen – den Ölfilterdeckel.

⑪ Ziehen Sie den Filtereinsatz heraus, …

⑫ … erneuern, bevor Sie den neuen Filter montieren, den Gummiring oben im Filterflansch und …

⑬ … ziehen den Deckel mit 25 Nm an.

Z 16 XE; Z 16 YNG; Z 18 XE ab Modelljahr 2002; Y 20 DTH; Y 22 DTR

⑭ Am geschicktesten lösen Sie den Ölfilter mit einem Spannbandschlüssel. Falls Sie keinen besitzen, behelfen Sie sich mit einem stabilen Schraubendreher, »hämmern« ihn durchs Filtergehäuse (Vorsicht: Verbrühungsgefahr – heißes Öl läuft aus) und nutzen ihn dann als Knebel.

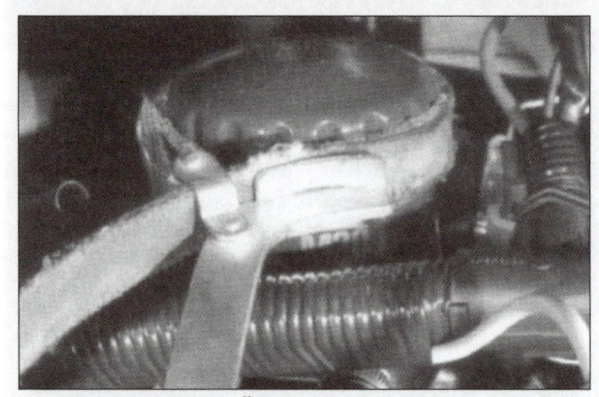

Preiswerte Variante: Ölfilter mit Spannbandschlüssel lösen. Bei Problemen stoßen Sie den Filter mit einem großen Schraubendreher durch und drehen ihn damit los.

⑮ Bevor Sie den neuen Filter aufschrauben (einsetzen), ölen Sie den neuen Dichtring leicht ein und ziehen den Filter handfest.

STÖRUNGSBEISTAND SCHMIERSYSTEM

alle Modelle

⑯ Befüllen Sie den Motor mit der vorgegebene Ölmenge (siehe Tabelle auf Seite 81) und lassen ihn kurz im Stand anlaufen. Die Öldruckwarnleuchte erlischt erst, nachdem das Ölfiltergehäuse gefüllt ist.

⑰ Checken Sie danach, ob Ölfilter und Ablassschraube auch dicht sind …

⑱ … und stellen Ihren Zafira erst dann wieder auf die Räder.

Kein Grund zur Sorge – Ölschwitzflecken am Motor

Überschaubare Ölschwitzflecken unter der Zafira-Motorhaube müssen Sie nicht akribisch »bekämpfen«: In überschaubaren Mengen sucht Motoröl sich – erst recht bei starken Temperaturschwankungen – vorbei an Gehäusedichtflächen und durch Dichtungsporen, einen Weg ins Freie. Anders sieht die Sache aus, wenn sich im Motorraum oder unter dem abgestellten Wagen starke Ölspuren breit machen. Größere Leckagen spüren Sie stante pede auf, sie ziehen meist Folgeschäden nach sich. Am besten inspizieren Sie Ihren Motor nach einer Motorwäsche mit anschließender Probefahrt und legen die »Ölquelle« dann trocken.

Praxistipp: Altöl richtig entsorgen

Das Altöl liefern Sie bei Ihrem »Frischölverkäufer« ab. Sämtliche Verkaufsstellen müssen Altöl in der Menge entsorgen, wie sie frisches Öl verkaufen. Zudem können Sie Altöl, zusammen mit dem Ölfilter und ölverschmutzten Putzlappen, auch an einer Altölsammelstelle Ihrer Gemeinde oder Stadt entsorgen. Adressen erfahren Sie bei der Gemeindeverwaltung oder bei Automobilclubs.

Störungsbeistand: Schmiersystem

Störung	Ursache	Abhilfe
A Öldruckwarnleuchte bleibt bei eingeschalteter Zündung dunkel.	1 Kontrollleuchte defekt.	Auswechseln.
	2 Steckverbindung korrodiert bzw. Kabelverbindung unterbrochen.	Überprüfen und reinigen, ggf. Kabel instand setzen.
	3 Öldruckschalter defekt.	Kontrollieren, ggf. auswechseln.
B Öldruckwarnleuchte glimmt bei warmem Motor im Leerlauf und erlischt bei höheren Drehzahlen.	Heißes und damit dünnflüssiges Öl.	Evtl. auf Öl mit höherer Viskosität umsteigen.
C Öldruckwarnleuchte geht nur bei höheren Drehzahlen aus.	Bypassventil in der Hauptstromleitung undicht.	Öldruck überprüfen lassen, ggf. Ventil auswechseln lassen.
D Öldruckwarnleuchte brennt nach Anspringen des Motors und geht auch beim Gasgeben nicht aus.	1 Zu wenig Öl im Motor.	Ölstand prüfen, ggf. Öl nachfüllen.
	2 Ölansaugsieb der Ölpumpe zugesetzt bzw. Ölpumpe verschlissen.	Überprüfen bzw. erneuern lassen.
	3 Siehe A2 und 3.	Nur weiterfahren, wenn Ursache klar ist.

DAS KÜHL-SYSTEM

DAS KÜHLSYSTEM

Wartung

Kühlsystem auf Dichtheit prüfen 88
Kühlflüssigkeit prüfen und nachfüllen 88
Kühlflüssigkeit wechseln 89
Frostschutz auffüllen 89
Luftfiltereinsatz reinigen und auswechseln 102

Reparatur

Thermostat aus- und einbauen 92
Lüftermotor aus- und einbauen 94
Kühler aus- und einbauen 97
Kühlwasserschläuche erneuern 101

Schnell zu erkennen: Der Kühlflüssigkeitsstand im transparenten Ausgleichsbehälter – unterhalb der Motorhaube – links vor der Spritzwand. Wenn Sie häufig kleinere Mengen mit destilliertem Wasser ergänzen müssen, suchen Sie die Leckage und »spindeln« den »verdünnten« Frostschutzanteil dann spätestens im Herbst. In unseren Breitengraden gehen Sie mit einer Mixtur ab -30° C ganz auf Nummer Sicher.

Unter normalen Betriebsbedingungen verbleibt das Zafira-Kühlsystem stets im »gesunden« Temperaturbereich. Die »Kühlung« ist ein Verbund aus einer Reihe von Aggregaten: Wärmetauscher (Kühler), Wasserpumpe, Kühlerventilator, Thermostat, Ausgleichsbehälter, Kühlwasserleitungen und Schläuche sind lediglich »Statisten« für die Kühlflüssigkeit, die, »unter ständigem Druck«, ihren Job in einem filigran proportionierten Netz aus Wasserkanälen, dem so genannten »Wassermantel«, im Motorblock und Zylinderkopf verrichtet. Die im Wassermantel gespeicherte, überschüssige Verbrennungswärme führt der Wärmetauscher an die Atmosphäre ab. Auf welch verschlungenen Wegen das Kühlmittel im Zafira zirkuliert, hängt freilich von der Motortemperatur und den momentanen Einsatzbedingungen ab.

KÜHLSYSTEM

Bei kaltem Motor – kleiner Kühlmittelkreislauf

Das vom Thermostaten koordinierte Zusammenspiel der Elemente Luft und Wasser bewahrt den Motor gleichermaßen vor einem Kälteschock und Hitzekollaps: Nach jedem Kaltstart pulsiert das Kühlmittel zunächst im kleinen Kühlkreislauf, er beschränkt sich auf den »Wassermantel« und den Heizungskühler. In dieser Phase verschließt der Thermostat so lange den Durchfluss zum Kühler, bis der Motor seine Betriebstemperatur erreicht hat.

Die »Sperre« hat einen triftigen Grund: Je zügiger der Motor auf Betriebstemperatur kommt, um so kürzer sind die Verschleiß trächtigen Kalt- / Warmlaufphasen. Zudem stoßen betriebswarme Motoren wesentlich weniger unverbrannte Kohlenwasserstoffe (HC) und Stickoxide (NO_x) aus.

Erst wenn die Kühlflüssigkeit rund 92° C erreicht, öffnet der Thermostat. Zunächst ganz »verhalten«, mit steigender Motortemperatur passieren den Wärmetauscher dann immer größere Mengen Kühlflüssigkeit. In dieser Phase steigt die Motortemperatur kontinuierlich weiter an: Bei etwa 96° C gibt der Thermostat den vollen Durchflussquerschnitt frei – die Kühlflüssigkeit durchströmt jetzt »ungebremst« den Kühler von oben nach unten. Auf ihrem Weg durch den Wärmetauscher »umspült« der Fahrtwind die heiße Kühlflüssigkeit und entzieht ihr einen Großteil der Wärme. In besonders »stressigen« Situationen schaltet sich bei 110° C ein elektrisch angetriebener Kühlerlüfter in den Wärmetausch mit ein. Das »Schaufelrad« des kleinen Windkraftwerks beschleunigt den Luftstrom, so dass im gleichen Zeitraum wesentlich mehr Luft die Kühllamellen passiert. Sobald wieder die normale Betriebstemperatur erreicht ist, schaltet der Ventilator automatisch wieder ab.

Bei warmem Motor – großer Kühlmittelkreislauf

Im normalen Betriebstemperaturbereich strömt die Kühlflüssigkeit aus dem in Fahrtrichtung rechten Kühlwasserkasten in den linken Wasserkasten und von dort zur Wasserpumpe. Nach der Wasserpumpe gelangt sie in den Motorblock und Zylinderkopf: Die überwiegende Menge läuft über den geöffneten Thermostaten zurück in den rechten Kühlwasserkasten, die restliche Menge durchfließt derweil den Heizungswärmetauscher. Die im Kühler von oben nach unten abfließende Flüssigkeit ändert auf ihrem Weg durch die Kühlerlamellen ihr spezifisches Gewicht. Mit abnehmender Temperatur wird sie dichter (schwerer) und »fällt« dementsprechend in den Wärmetauscher, um unten im linken Wasserkasten wieder Richtung Wasserpumpe auszutreten – der Kreislauf ist geschlossen. Fällt allerdings während der Fahrt der Temperaturpegel der Kühlflüssigkeit unter die vorgeschriebene Betriebstemperatur, verringert der Thermostat den Durchflussquerschnitt so weit, bis das Kühlmittel wieder die gewünschte Temperatur erreicht hat.

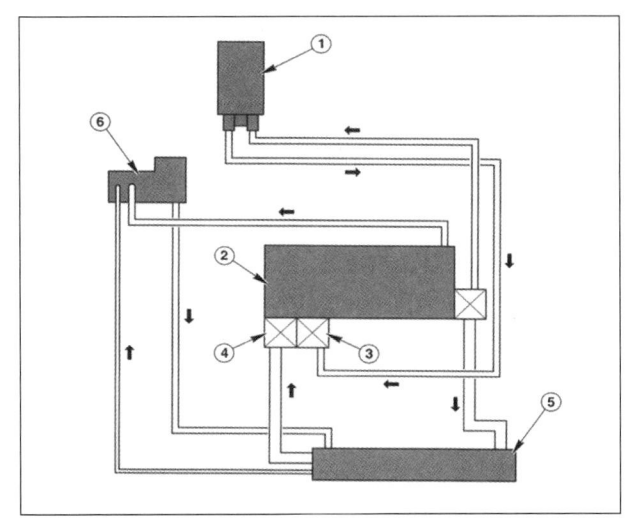

»Kreislaufwirtschaft«: Die Komponenten des Motorkühlsystems »kontakten« hydraulisch. ❶ Heizungswärmetauscher, ❷ Motor, ❸ Thermostat, ❹ Wasserpumpe, ❺ Kühlerventilator, ❻ Kühlflüssigkeitsausgleichsbehälter.

Steht ständig unter Druck – das Kühlsystem

Sobald der Motor läuft, steht das Kühlsystem unter einem definierten Überdruck. Das macht die Kühlflüssigkeit temperaturresistenter: Ihr Siedepunkt steigt von 100° C auf rund 120° C. Die höhere Temperatur ermöglicht einen wirtschaftlicheren und damit kraftstoffsparenderen Betrieb. Erst wenn der Systemdruck 1,4 – 1,6 bar übersteigt, öffnet ein Überdruckventil am Verschlussdeckel des Ausgleichsbehälters und entlässt das »Zuviel« an die Atmosphäre. Das bei abgekühlter Flüssigkeit entstehende Vakuum gleicht ein zweites, so genanntes Vakuumventil im Verschlussdeckel aus – es lässt Außenluft in den Behälter nachströmen. Speziell bei Stadtfahrten oder im Stop-and-go-Verkehr reicht der kühlende Fahrtwind häufig allein nicht aus, um den Motor vor Überhitzungsschäden zu bewahren. Für diesen Sonderfall besitzt der

KOMPONENTEN DES KÜHLSYSTEMS

Zafira einen elektrisch angetriebenen Kühlerventilator, der ihm dann die fehlende Kühlluft durch den Wärmetauscher »pumpt«.

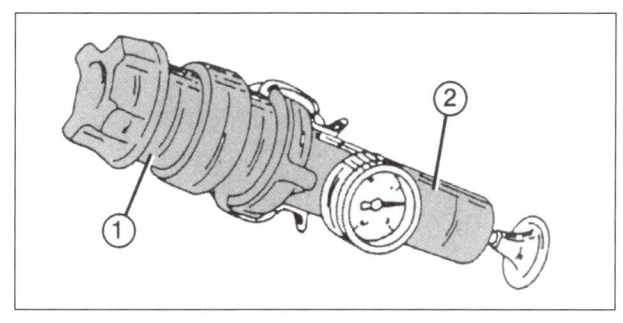

Unter Druck gesetzt: Das Kühlsystem wird mit einer mechanischen Pumpe ❷ überprüft. Dazu Kühler bzw. Vorratsbehälter für etwa 5 Minuten auf etwa 1,6 bar unter Druck setzen. Der Systemdruck darf um ca. 0,2 bar fallen, ansonsten Leckage suchen und beseitigen. ❶ Verschlussdeckel des Ausgleichsbehälters.

Die Komponenten des Kühlsystems
Technik lexikon

Wasserpumpe: In allen Zafira-Motoren beschleunigt eine Kreiselpumpe, durch einen Keilrippenriemen oder Zahnriemen angetrieben, die Kühlflüssigkeit durchs Kühlsystem. Beim Zafira 2,2 Liter 16V ist die Wasserpumpe an einer Ausgleichswelle »angeflanscht«, die wiederum eine Rollenkette antreibt.

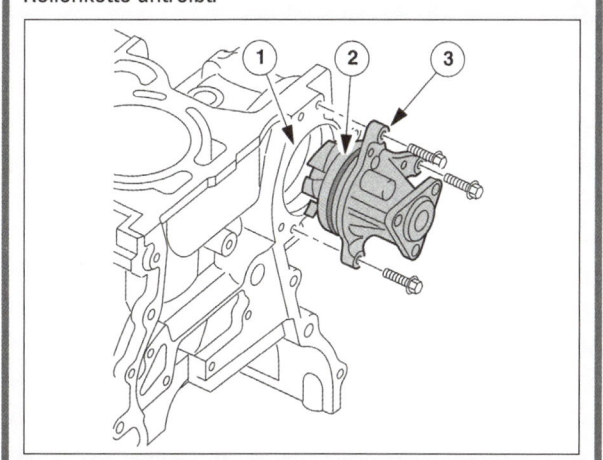

Beschleunigt die Kühlflüssigkeit: Die Wasserpumpe (Schleuderpumpe). ❶ *Pumpengehäuse direkt im Motorblock,* ❷ *O-Dichtring,* ❸ *Wasserpumpe mit Pumpenrad (Schleuderrad).*

Kühler: Besteht aus zwei Kunststoffwasserkästen, die über eine Vielzahl dünnwandiger Röhrchen miteinander in Verbindung stehen. Um die Leistungsfähigkeit des Kühlers zu steigern, vergrößern leporelloartig gefaltete Alumini- umstreifen »künstlich« seine Oberfläche. Sie befinden sich zwischen den Röhrchen und leiten die Überschusswärme direkt an den Fahrtwind ab.

Thermostat: Regelt die Kühlflüssigkeitstemperatur im Motor. Die meisten Thermostaten öffnen, je nach Motorversion zwischen 80 – 95°C, ganz geöffnet sind sie zwischen 96 – 105°C. Bei gebrauchten Thermostaten ist eine Toleranz von +/- 3°C zulässig. Thermostate bestehen aus einem verschlossenen, mit Spezialwachs gefülltem Thermoelement (Zylinder), einer Druckfeder und einem Ventilteller. In dem Maße wie sich die Kühlflüssigkeit im Motor erwärmt, dehnt sich das Wachs im Thermoelement aus und hebt den Ventilteller, gegen den Widerstand einer Druckfeder, von seinem Sitz. Erst bei Betriebstemperatur ist das Ventil ganz geöffnet. Kühlt das Wasser ab, drückt die Feder gegen den Ventilteller und sperrt den Durchfluss entsprechend.

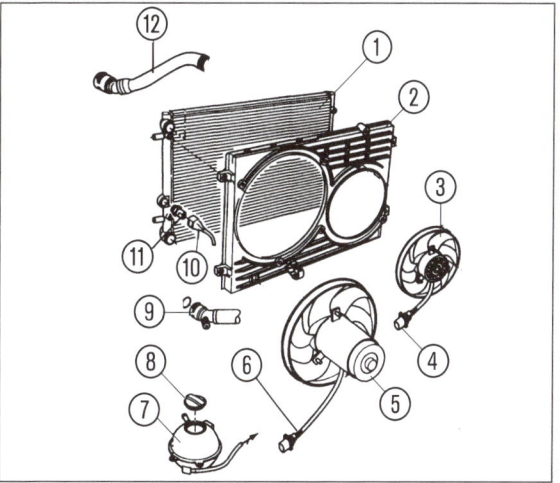

Grundsätzlicher Aufbau des Kühlsystems: ❶ *Lamellenkühler mit seitlichen Wasserkästen,* ❷ *innere Luftführung mit Lüfterflanschen,* ❸ *elektrischer Zusatzlüfter (Option),* ❹ *Anschlussstecker,* ❺ *elektrischer Kühlerlüfter,* ❻ *Anschlussstecker,* ❼ *Kühlmittelausgleichsbehälter,* ❽ *Behälterverschlussdeckel mit Überdruckventil,* ❾ *unterer Kühlmittelschlauch,* ❿ *Anschlussstecker,* ⓫ *Thermoschalter,* ⓬ *oberer Kühlmittelschlauch.*

Ausgleichsbehälter: Ergänzt im Kühlsystem automatisch die umlaufende Kühlflüssigkeitsmenge. Der Systemüberdruck entweicht aus einem Überdruckventil im Behälterverschlussdeckel, ein zweites Ventil im Verschlussdeckel gleicht entstehendes Vakuum aus. Der transparente Kunststoffbehälter sitzt in Fahrtrichtung links vor der Spritzwand im Motorraum.

Kühlerventilator: Alle Zafira-Motoren besitzen einen ein/- oder zweistufig elektrisch angetriebenen Kühlerventilator. Der Ventilator wird häufig auch als Kühlerlüfter bezeichnet.

KÜHLSYSTEM

Das Kühlmittel

Kühlflüssigkeit (Kühlmittel) besteht im Zafira aus einer Mischung von Frost- und Korrosionsschutzmitteln sowie Wasser. Opel stellt werksseitig die Kühlflüssigkeit mit rund 50 % Kühlkonzentrat (Farbe: rot, silikatfrei, LLC) und 50 % Wasser ein. Das reicht allemal für einen zuverlässigen Schutz bis rund -30°C. Erst bei etwa -38°C beginnt die Flüssigkeit zu gelieren (Stockpunkt) – ein Wert, der in unseren Breitengraden meistens nur theoretische Bedeutung hat. Die Werksbefüllung mit silikatfreiem Kühlerfrostschutz ist eine Dauerfüllung. Die Kühlflüssigkeit ist nicht mit x-beliebigen Frostschutzmitteln zu mischen. Füllen Sie grundsätzlich nur von Opel freigegebene Flüssigkeiten, auf jeden Fall jedoch »Mixturen« mit entsprechenden Spezifikationen nach.

Kühlsystem auf Dichtheit prüfen

- Undichte Wasserschläuche erkennen Sie leicht rund ums »Leck« an weißen Ablagerungen.
- Checken Sie »alle« Wasserschläuche an Motor, Kühler und Heizungskühler von Zeit zu Zeit mit einem prüfenden Blick oder, besser noch, mit Knetbewegungen an den Schläuchen. Harte, spröde oder rissige Schläuche tauschen Sie sinnvollerweise sofort aus.
- Kontrollieren Sie, ob die Schlauchenden »satt« auf den Anschlussstutzen sitzen.
- Prüfen Sie den festen Sitz der Schlauchschellen: Gelockerte Schellen sind ein potenzieller Gefahrenpunkt für Ihren Zafira. Die Schlauchenden können dann während der Fahrt und bei heißem Motor von den Anschlussstutzen rutschen. Wechseln Sie korrodierte Schlauchschellen umgehend aus.

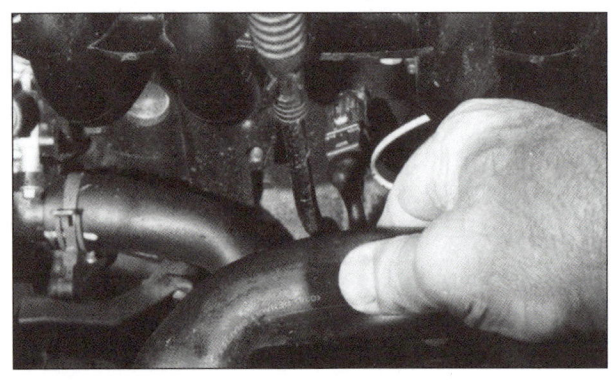

Drucksache: Walken Sie die betriebswarmen Kühlflüssigkeitsschläuche kräftig durch. Nur so entdecken Sie eventuelle Risse oder andere Beschädigungen.

Kühlflüssigkeit prüfen und nachfüllen

Arbeitsschritte 🌳 🔧 🧴 Ⓦ **ständige Wartung**

① Checken Sie den Kühlflüssigkeitspegel bei kaltem Motor im Ausgleichsbehälter. Das Kühlsystem ist dann fast drucklos und die Kühlflüssigkeit hat ihr normales Volumen erreicht.

② Bei kaltem Motor sollte der Pegel mindestens an der unteren Behältermarkierung stehen. Vorsicht: Bei warmem Motor dehnt sich das Kühlmittel automatisch aus. Im Behälter muss dann noch genügend Platz für »überschüssige« Flüssigkeit sein. Lassen Sie sich also nicht von dem höheren Stand blenden.

③ Öffnen Sie zum Nachfüllen vorsichtig den Verschlussdeckel. Bei heißem Motor steht der Behälter unter Druck. Legen Sie darum vorher einen dicken Lappen über den Deckel. Sollten Sie den Deckel vorschnell öffnen, besteht Verbrühungsgefahr – die Kühlflüssigkeit sprudelt siedend heiß aus dem Behälter.

④ Befüllen Sie den Ausgleichsbehälter nicht über die obere Markierung hinaus. Das Kühlmittel dehnt sich bei Erwärmung aus und entweicht aus dem System.

⑤ Kleinere Fehlmengen können Sie getrost bei warmem Motor ergänzen.

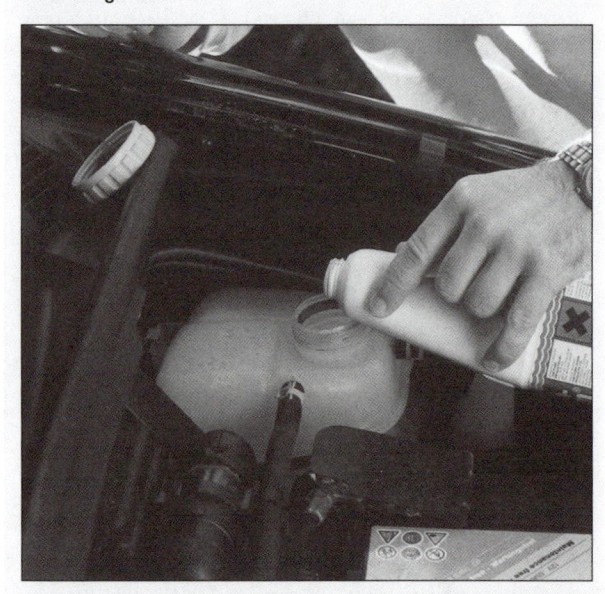

Nachschub: Sollte der Flüssigkeitsstand im Ausgleichsbehälter die »MIN-Markierung« unterschreiten, ergänzen Sie das Reservoir mit vorgemischter Flüssigkeit. Achten Sie beim Öffnen des Behälters auf Blasenbildung und Ölschlamm – eine defekte Zylinderkopfdichtung macht sich meistens so bemerkbar.

FROSTSCHUTZ AUFFÜLLEN

Alterungsbeständig – die Originalkühlflüssigkeit

Opel schreibt beim Zafira keine Kühlflüssigkeitswechsel vor. Das gilt allerdings nur für die silikatfreie Originalflüssigkeit (Farbe: rot, orange). Übrigens: Gebrauchte Kühlflüssigkeiten greifen neue Aluminiumbauteile (z. B. Thermostatgehäuse) an. Sollten Sie Ihrem Zafira also irgendwann ein Neuteil einverleiben müssen das mit Kühlflüssigkeit in Kontakt kommt, steht – unabhängig vom Alter oder der Laufleistung – ein Kühlflüssigkeitswechsel an. Gehen Sie dann folgendermaßen vor:

Kühlflüssigkeit wechseln

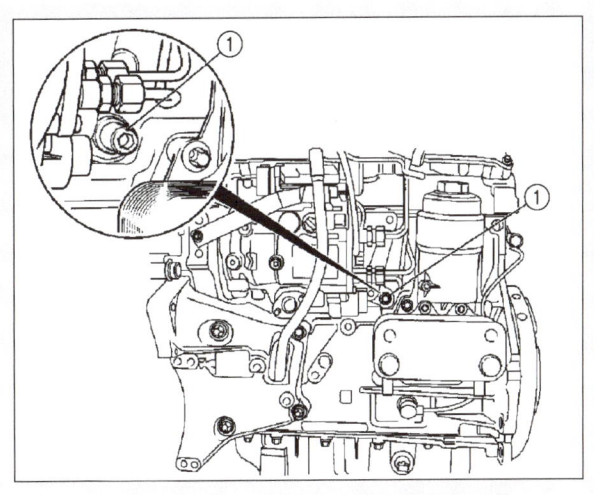

Ausschließlich am Y 20 DTH und Y 22 DTR zu öffnen – Ablassschraube ❶ am Motorblock zwischen Einspritzpumpe und Ölfilter.

① Schrauben Sie zunächst den Verschlussdeckel des Ausgleichsbehälters langsam los und lassen vorsichtig den Überdruck aus dem Kühlsystem entweichen. Legen Sie unbedingt Wert auf Vorsicht: Bei heißem Motor besteht **Verbrühungsgefahr**.

② Nachdem das System drucklos ist, schrauben Sie den Verschlussdeckel ganz ab.

③ Dann stellen Sie ein Auffanggefäß unter den Kühler, öffnen die Ablassschraube (Pfeil) am unteren Kühlerkasten (beim 2,0 Liter und 2,2 Liter Diesel am Motorblock), …

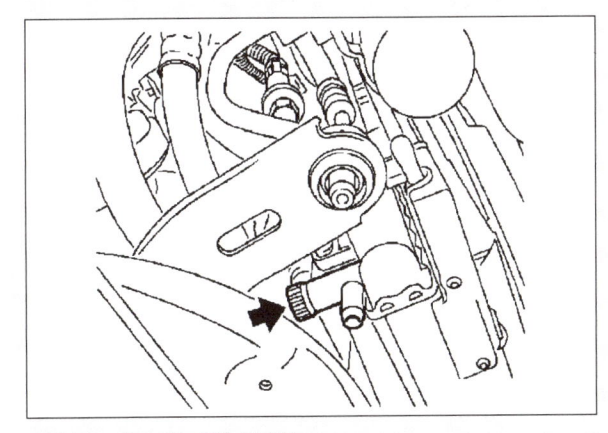

Ablassschraube (Pfeil) öffnen.

④ … lassen die Kühlflüssigkeit ganz ablaufen und …

⑤ … ziehen hernach die Ablassschraube wieder fest.

⑥ Befüllen Sie das System über den Ausgleichsbehälter mit dem neuen Konzentrat. Ergänzen Sie die Restmenge so lange mit möglichst kalkarmem Leitungswasser (etwa zwei Millimeter unterhalb der oberen Markierung), bis keine Luftblasen mehr entweichen.

⑦ Starten Sie den Motor und lassen ihn bei mittlerer Drehzahl laufen, bis der Thermostat geöffnet hat. Ergänzen Sie dann im Ausgleichsbehälter die evtl. Fehlmenge mit kalkarmem Leitungswasser. Das Kühlsystem ist erst dann befüllt, wenn bei betriebswarmen Motor der Flüssigkeitspegel im Ausgleichsbehälter konstant bleibt.

⑧ Erst dann setzen Sie den Verschlussdeckel auf und fahren etwa 20 Kilometer zur »Probe«. Das Konzentrat vermischt sich jetzt homogen mit dem destillierten Wasser und die verbliebenen Luftbläschen haben die Gelegenheit, restlos zu entweichen.

⑨ Nach der Probefahrt öffnen Sie vorsichtig den Ausgleichsbehälter und lassen den Motor bei mittlerer Drehzahl laufen, der Kühlerventilator muss sich einschalten.

⑩ Falls erforderlich ergänzen Sie den Kühlflüssigkeitsstand bis zur oberen Markierung mit kalkarmem Leitungswasser. Vergessen Sie nicht, den Deckel wieder fest zu verschrauben.

Damit trotzen Sie dem Winter – Frostschutz bis -30°C

In unseren Breitengraden reicht allemal ein Frostschutz bis -30°C. Das entspricht, auf Basis des Opel-Konzentrats, etwa einer 50%igen Mischung. Haben Sie zwischenzeitlich jedoch den Flüssigkeitsstand ab

KÜHLSYSTEM

und an mit destilliertem Wasser ergänzt, reicht mitunter die Konzentration für kältere Tage nicht mehr aus. Prüfen Sie darum die Mischung bereits im Herbst mit einer Frostschutzspindel und lassen die Kühlflüssigkeit im Zweifelsfall von Ihrem Opel-Händler neu einstellen. Als Faustregel gilt: Etwa ¾ Liter Kühlkonzentrat erhöht den Kälteschutz um ca. 10°C.

Vorsicht: Mischen Sie niemals die Originalkühlflüssigkeit mit »irgendwelchen« anonymen Produkten – der Korrosionsschutz und die Metallverträglichkeit könnten arg darunter leiden. Im Zweifelsfall programmieren Sie damit kapitale Reparaturen. Wenn Sie also ergänzen müssen und die Spezifikation des neuen Mittels nicht der Opel-Freigabe entspricht, wechseln Sie die Kühlflüssigkeit besser gleich komplett.

Gesamtfüllmenge – Mischungsverhältnis (bis – 30° C)

Motoren	Kühlkonzentrat (Liter)	Wasser (Liter)	Gesamtfüllmenge (Liter)
Z 16 XE/Z 16 YNG	ca. 3,2	3,1	6,3
Z 18 XE	ca. 3,3	3,2	6,5
Z 22 LET	ca. 3,3	3,3	6,6
Z 22 SE	ca. 3,4	3,4	6,8
Y 20 DTH	ca. 3,9	4,0	7,9
Y 22 DTR	ca. 3,9	4,0	7,9

Arbeitsschritte — ständige Wartung

① Schrauben Sie zunächst den Verschlussdeckel des Ausgleichsbehälters vorsichtig auf und lassen den Überdruck aus dem Kühlsystem entweichen. Vorsicht bei heißem Motor: **Verbrühungsgefahr!**

② Nachdem das System drucklos ist, schrauben Sie den Verschlussdeckel ganz ab.

③ Stellen Sie dann ein Auffanggefäß unter den Kühler und öffnen die Ablassschraube am unteren Kühlerkasten. Lassen Sie rund 1 – 2 Liter Kühlmittel ab.

④ Verschließen Sie dann die Ablassschraube mit einem neuen Dichtring, …

⑤ … befüllen den Ausgleichsbehälter mit der benötigten Kühlkonzentratmenge und ergänzen die Fehlmenge mit alter Kühlflüssigkeit.

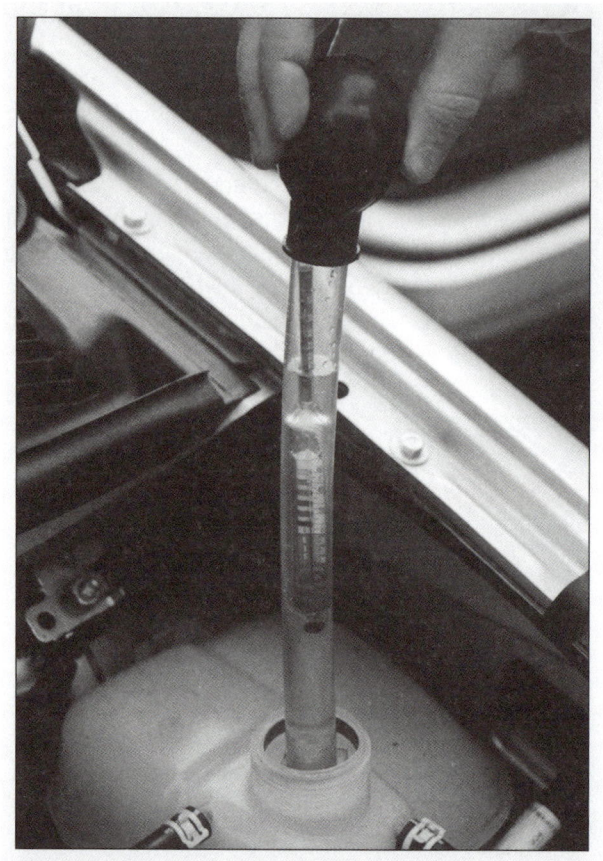

Kontrolle: Um nachträglich das Mischverhältnis der Kühlflüssigkeit zu checken, benötigen Sie eine Frostschutzspindel (Hebemesser). Diese Geräte arbeiten entweder mit Zeigerinstrumenten oder – wie abgebildet – mit einem Tauchkolben.

Motor verliert Kühlflüssigkeit **Praxistipp**

Sollte Ihr Motor während der Fahrt größere Mengen an Kühlflüssigkeit verlieren, ergänzen Sie den Flüssigkeitsstand auf keinen Fall mit kaltem Wasser: Der heiße Motor kann dann einen Kälteschock bekommen, bei dem im Extremfall sogar der Motorblock reißt oder der Zylinderkopf verzieht. Im ersten Fall wandert der Motorblock vorzeitig auf den Schrott. Die zweite Möglichkeit endet mit einer undichten Zylinderkopfdichtung: Kühlmittel tritt sichtbar aus oder vermengt sich mit dem Motoröl zu einer verschleißfördernden Emulsion. Geben Sie Ihrem Zafira also genügend Zeit und füllen erst dann Wasser nach, wenn der Motor gut abgekühlt ist. Auf jeden Fall jedoch lassen Sie einen Fachmann dem Kühlmittelverlust auf den Grund gehen.

STÖRUNGSBEISTAND KÜHLSYSTEM

Kühlsystem

Störungsbeistand

Störung	Ursache	Abhilfe
A Temperaturwarnleuchte brennt.	1 Antriebsriemen zu schwach gespannt oder gerissen.	Riemenspannung kontrollieren oder Antriebsriemen ersetzen.
	2 Zu wenig Flüssigkeit im Kühlsystem.	Wasser auffüllen, notfalls aus der Scheibenwaschanlage.
	3 Anschlusskabel zur Warnlampe hat Masseschluss.	Kabel am Temperaturgeber abziehen, Warnlampe muss verlöschen, sonst Masseschluss; Kabelverlauf kontrollieren.
	4 Thermostat bleibt geschlossen (Kühler kalt).	Thermostat ausbauen und ohne weiterfahren, Wassertemperatur laufend prüfen. Evtl. Wagen in Werkstatt abschleppen lassen.
	5 Kühlerventilator schaltet nicht ein.	Ventilatormotor defekt, erneuern. Temperaturfühler defekt. Stromführendes Kabel am Fühler abziehen und direkt an Klemme des vom Fühler kommenden Kabels anschließen.
	6 Überdruckventil im Verschlussdeckel des Ausgleichsbehälters defekt.	Ventil prüfen (lassen), Deckeldichtung kontrollieren, ggf. Verschlussdeckel erneuern.
	7 Masseschluss im Geber der Temperaturanzeige.	Austauschen.
	8 Kühler verstopft oder Lamellen zugesetzt.	Kühler gründlich reinigen. Eventuell Werkstatt oder Kühlerbauer damit beauftragen.
B Motor kommt nur langsam auf Temperatur. Schlechte Heizleistung.	Thermostat schließt nicht völlig, dadurch ständig großer Kreislauf in Betrieb.	Thermostat säubern, ggf. ersetzen.

Thermostat

Störungsbeistand

Erkennungsmerkmal	Ursache/Auswirkungen
A Motorbetriebstemperatur wird nur langsam erreicht, Heizwirkung ungenügend.	Thermostat klemmt – Zufluss zum Kühler ist ständig geöffnet. Motor wird nicht richtig warm. Kurzfristig stellen sich keine Folgeschäden ein: Dennoch Thermostat baldmöglichst reinigen bzw. erneuern.
B Temperaturwarnleuchte brennt dauernd. Kühlmittelstand o.k. – Kühler und oberer Kühlerschlauch bleiben kalt.	Thermostat klemmt. Auf keinen Fall weiterfahren, sonst entstehen schwere Hitzeschäden am Motor. Thermostat erneuern.

KÜHLSYSTEM

Mitunter ein Fall für den Profi – Thermostat aus- und einbauen

Einen geübten Hobbyschrauber überfordert kein defekter Thermostat, er wechselt den Regler in Eigenregie: Sollten Sie allerdings geringe Selbstzweifel bremsen, übergeben Sie die Arbeit besser einer Fachwerkstatt.

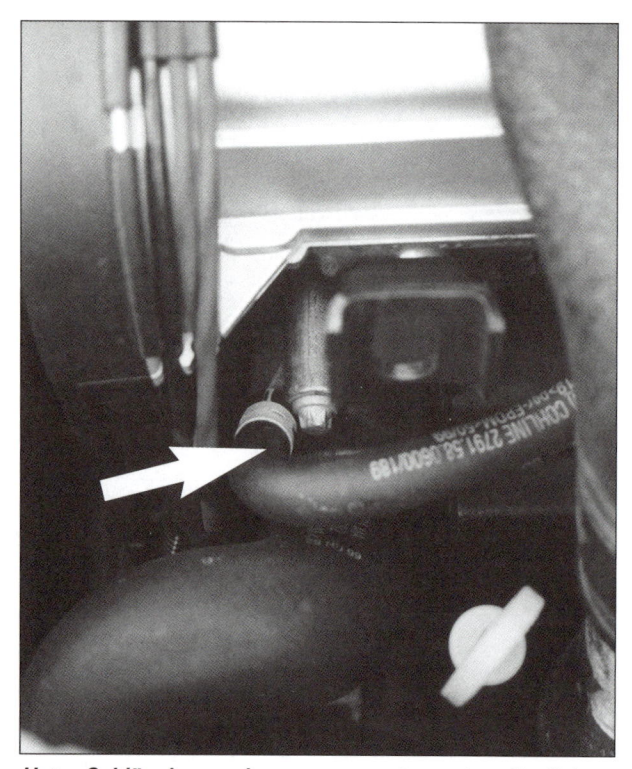

Unter Schläuchen verborgen, ansonsten gut zugänglich: Thermostatgehäuse (Pfeil) unter der Zafira-Motorhaube.

Ansonsten lassen Sie den Motor gründlich auskühlen und den Betriebsdruck aus dem Kühlsystem entweichen. Legen Sie sich vorab die erforderlichen Ersatzteile zurecht: Sie benötigen ein Thermostat, die Deckeldichtung des Thermostatgehäuses sowie ein dauerelastisches und wärmebständiges Dichtmittel (z. B. Würth DP 300). Erneuern Sie grundsätzlich auch die Dichtung. Fangen Sie auslaufendes Kühlmittel in einem sauberen Gefäß auf, Sie können den »Saft« bedenkenlos wieder verwenden. Wenn Sie übrigens den alten Thermostaten prüfen möchten, erwärmen Sie Wasser in einem ausgemusterten Kochtopf und messen seine Regeltemperatur mit einem Einweckthermometer. Auf dem Thermostatgehäuse ist die »theoretische« Regeltemperatur eingestanzt, vergleichen Sie einfach die »praktische« Regeltemperatur mit der tatsächlichen Wassertemperatur. Wir raten Ihnen allerdings davon ab, einen äußerlich »angefressenen« Thermostaten wieder zu montieren.

Arbeitsschritte

Da die Basisarbeit bei allen Motorvarianten nahezu gleich ist, gehen wir im Folgenden nur auszugsweise darauf ein.

① Zunächst öffnen Sie vorsichtig den Verschlussdeckel des Ausgleichsbehälters und lassen den Überdruck aus dem Kühlsystem entweichen. Vorsicht bei heißem Motor: Verbrühungsgefahr!

② Nachdem das System drucklos ist, schrauben Sie den Verschlussdeckel ganz ab, ...

③ ... stellen dann ein Auffanggefäß unter den Kühler und lösen die Ablassschraube am unteren Kühlerkasten. Lassen Sie rund 2 – 3 Liter Kühlmittel ab und ziehen die Ablassschraube mit einer neuen Dichtung fest.

④ Demontieren Sie den Öleinfüllstutzen mitsamt der dann sichtbaren Schrauben.

⑤ Ziehen Sie die Motorabdeckung ab, schrauben den Öleinfüllstutzen wieder ein.

Z 16 XE, Z 16 YNG, Z 20 LET

⑥ Hernach demontieren Sie den Vorwärm- ❶ und Kühlmittelschlauch ❷ vom Thermostatgehäuse ❸.

⑦ Anschließend schrauben Sie das Thermostatgehäuse vom Zylinderkopf ❹ ab.

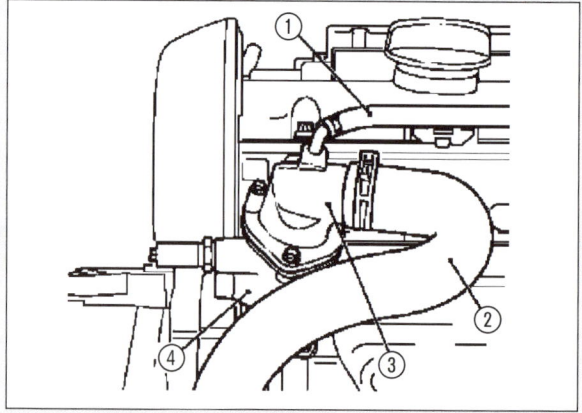

Am Beispiel des Z 16 XE- Motors – Schlauchschellen und Thermostatgehäuse demontieren.

Z 18 XE

⑧ Demontieren Sie den Vorwärm- ❷ und Kühlmittelschlauch ❶ vom Thermostatgehäuse ❹ und ...

THERMOSTAT AUS- UND EINBAUEN

⑨ ...clipsen den Kabelstecker ❸ aus dem Halter. Schrauben Sie jetzt das Thermostatgehäuse (drei Schrauben) vom Zylinderkopf ab.

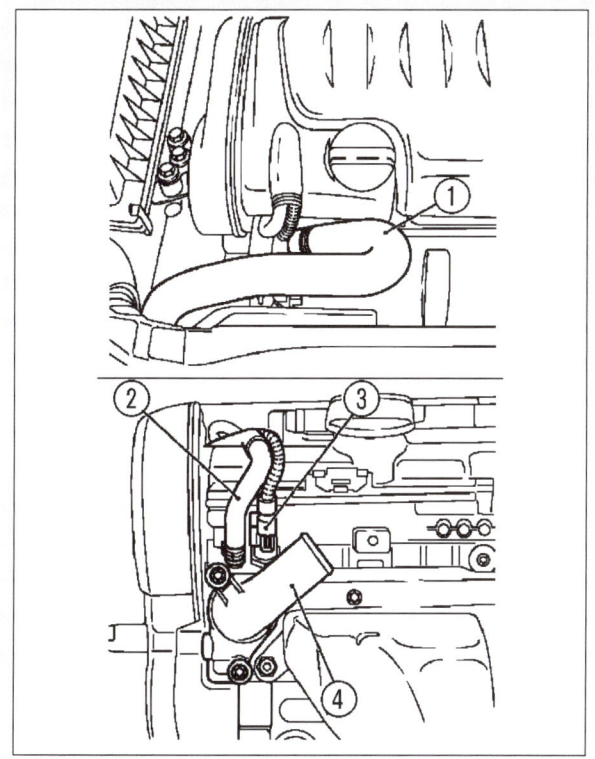

Schlauchschellen und Thermostatgehäuse demontieren.

Z 22 SE

⑩ Demontieren Sie, wie beschrieben, den Wasserabweiser.

⑪ Hernach lösen Sie die Schlauchschelle ❶ des Kühlmittelschlauchs ❷ und ziehen den Schlauch vom Thermostatgehäusedeckel ❸.

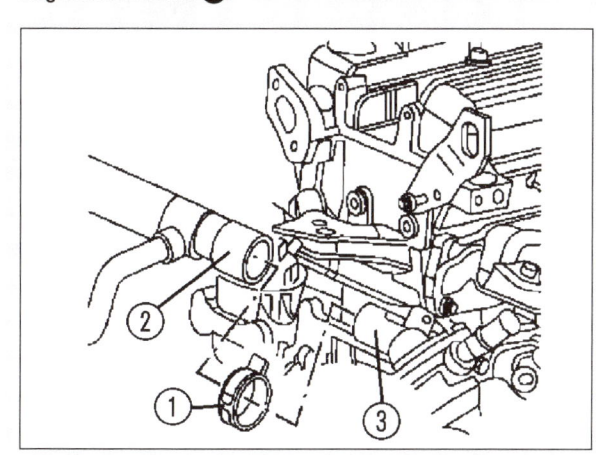

Kühlmittelschlauch vom Thermostatgehäusedeckel abziehen.

⑫ Clipsen Sie den Kabelbaumhalter ❶ aus und lösen die Schrauben ❷ des Thermostatgehäuses am Motorblock.

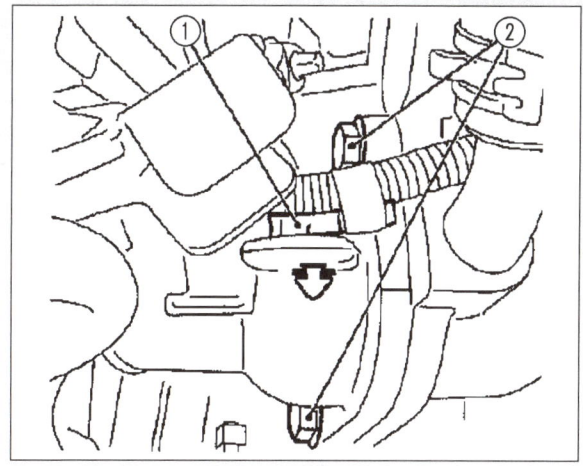

Thermostatgehäuse demontieren.

Y 20 DTH, Y 22 DTR

⑬ Dann demontieren Sie die drei Kühlmittelschläuche ❷ vom Thermostatgehäuse ❶ und ...

⑭ ...schrauben das Thermostatgehäuse vom Zylinderkopf ab.

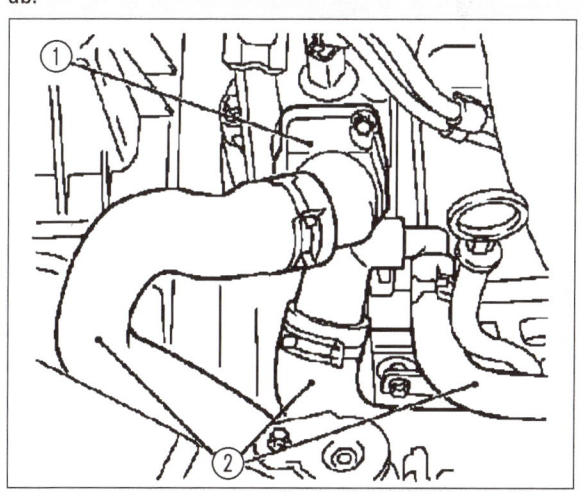

Demontieren – Schlauchschellen und Thermostatgehäuse.

alle Modelle

⑮ Bevor Sie das neue Thermostatgehäuse montieren, säubern Sie gründlich die Dichtflächen, bestreichen die neue Dichtung beidseitig dünn mit Dichtmittel und richten sie auf dem Flansch aus.

⑯ Legen Sie jetzt den Gehäusedeckel auf und »pressen« etwas Dichtmittel zwischen Deckel und Gewindebolzen. Setzen Sie die Schrauben an und ziehen den Deckel gleichmäßig mit 8 Nm (Z 20 LET 15 Nm) fest.

KÜHLSYSTEM

⑰ Bestreichen Sie die Schlauchstutzen dünn mit Vaseline, schieben die Kühlerschläuche »satt« auf und ziehen die Schlauchschellen handfest an. Eventuelle fehlende Kühlflüssigkeit ergänzen Sie mit der abgelassenen, oder Sie befüllen den Behälter bis zur Markierung mit kalkarmem Leitungswasser.

⑱ Montieren Sie die Motorabdeckung und beenden die Arbeit in umgekehrter Reihenfolge.

⑲ Lassen Sie jetzt den Motor bei mittleren Drehzahlen warm laufen. Währenddessen prüfen Sie alle Montagestellen auf Dichtheit. Sobald der Thermostat öffnet und die Kühlflüssigkeit konstant zirkuliert, verschließen Sie den Ausgleichsbehälter.

Bringt das Kühlsystem zum »Kochen« – streikender Kühlerventilator

Das Kühlsystem Ihres Zafira verkraftet gleichermaßen längere Leerlaufpassagen wie stressige Passfahrten. Steigt die Temperatur dennoch auf den Siedepunkt, kann ein »streikender« Kühlerventilator die Ursache sein. Gehen Sie deshalb nicht gleich eine »Seilschaft« mit einem anderen »Zugwagen« ein. Lassen Sie stattdessen den Motor abkühlen und fahren danach zügig die nächste Vertragswerkstatt an. Leerlauf und Schleichfahrt in hohen Gängen sollten Sie dann tunlichst vermeiden, Ihre vermeintliche Vorsicht erhitzt den Motor nämlich unnötig – denn den Kühler passiert zu wenig Fahrtwind.

Vorsicht: Halten Sie bei gerade abgestelltem und heiß gefahrenem Motor niemals Ihre Hände in die Nähe des Lüfters! Der Ventilator kann auch bei ausgeschalteter Zündung unvermittelt anlaufen.

Lüftermotor aus- und einbauen

Arbeitsschritte 🔧 ⚙ bis ⚙⚙ (je nach Motortyp)

Z 16 XE, Z 16 YNG, Z 18 XE

① Klemmen Sie das Batteriemassekabel ab ...

② ... und lösen die beiden Schrauben ❶ des Luftansaugrohrs.

③ Clipsen Sie die Haltenasen des Luftansaugrohrs im Frontblech aus und ...

④ ... ziehen dann den »Luftschlauch« vom Verbindungsschlauch ab. Legen Sie ihn beiseite.

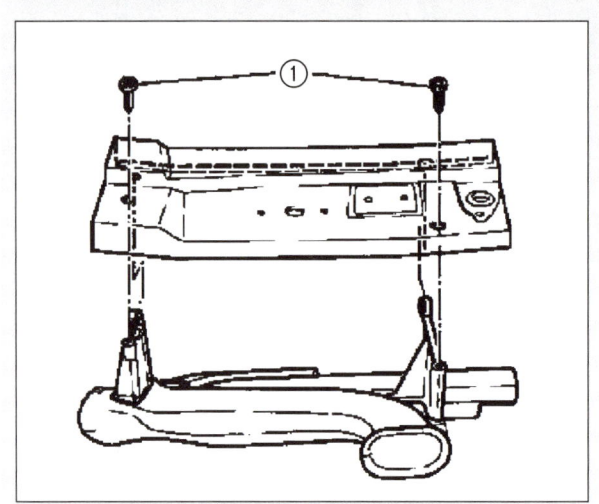

Luftansaugrohr demontieren.

⑤ Anschließend trennen Sie den Mehrfachstecker ❸, ...

⑥ ... lösen die Befestigungsschraube ❷ und »befreien« den Kabelstrang aus seiner Einbaulage (Pfeile).

⑦ Demontieren Sie die beiden Befestigungsschrauben ❶ und ziehen das Lüftergehäuse nach oben aus dem Motorraum.

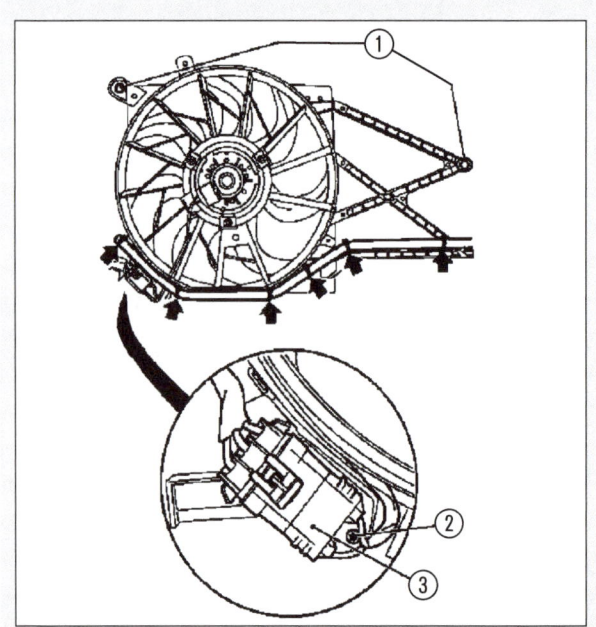

Lüftermotor samt Halter demontieren.

⑧ Hernach lösen Sie die drei Schrauben ❶, trennen den Lüftermotor vom Halter ...

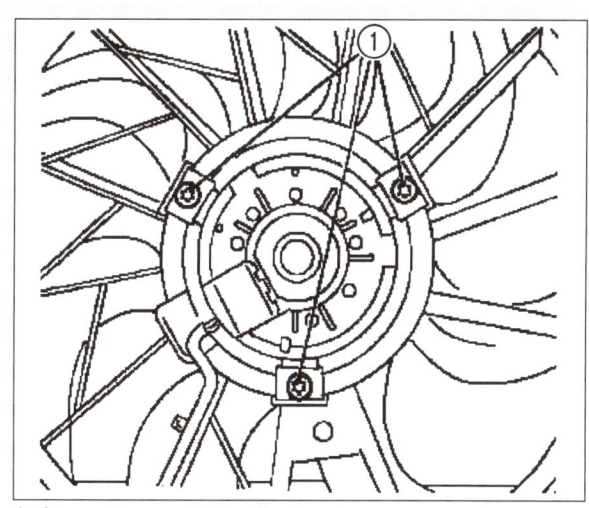

LÜFTERMOTOR AUS- UND EINBAUEN

Lüftermotor vom Halter lösen.

⑨ ... und schrauben ❷ das Lüfterrad vom Motor ab.

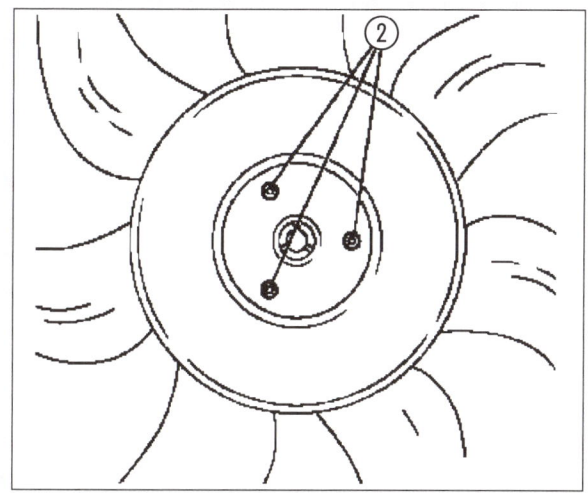

Lüfterrad vom Motor abschrauben.

⑩ Beenden Sie die Montage in umgekehrter Reihenfolge.

Z 22 SE

① Bocken Sie den Vorderwagen rüttelsicher auf und klemmen das Batteriemassekabel ab.

② Demontieren Sie, wie beschrieben, die Batterie, den Batterieträger, die Motorabdeckung ...

③ ...und dann das Luftfiltergehäuse ❸. Dazu lösen Sie die Schläuche des Kraftstoffdruckreglers ❺, der Motorentlüftung ❼ sowie den Mehrfachstecker des Ansauglufttemperatursensors ❽ von ihren Anschlüssen.

④ Bauen Sie das Luftansaugrohr ❻ aus – dazu lösen Sie die Schelle.

⑤ Clipsen Sie jetzt das Tankbelüftungsventil ❶, die Leitung ❹ und den Kabelstrang ❷ ab.

⑥ Bugsieren Sie das Luftfiltergehäuse mitsamt Luftansaugschlauch ❾ aus dem Motorraum. Dazu lösen Sie vorab die Befestigungsschraube ❿.

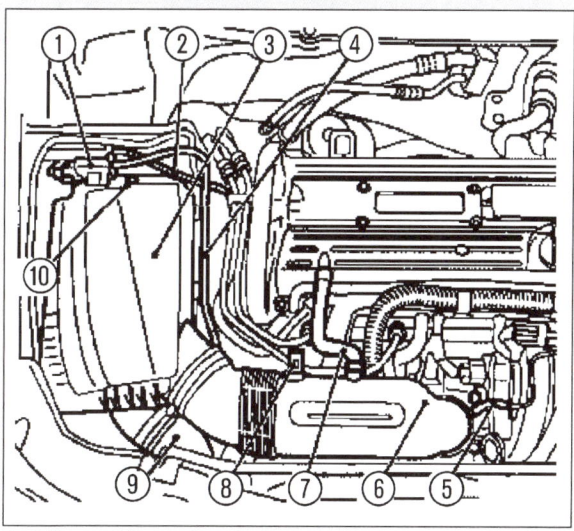

Luftfiltergehäuse demontieren.

⑦ Anschließend demontieren Sie das Motorsteuergerät. Dazu entriegeln Sie den Mehrfachstecker am Steuergerät (achten Sie auf die Pfeilrichtung), ...

⑧ ...schrauben das Massekabel ❶ ab, ...

⑨ ...lösen die drei Befestigungsschrauben der »Blackbox« und legen das Motorsteuergerät beiseite.

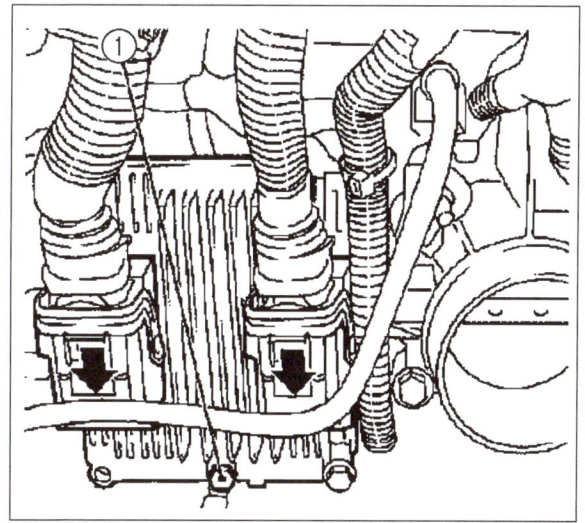

Steuergerät demontieren.

⑩ Die Luftführung ❶ ziehen Sie, nachdem die beiden Schrauben ❷ gelöst sind, in Richtung Luftfiltergehäuse und legen sie dann beiseite. Machen Sie das behutsam – die beiden Führungsnasen brechen leicht ab.

KÜHLSYSTEM

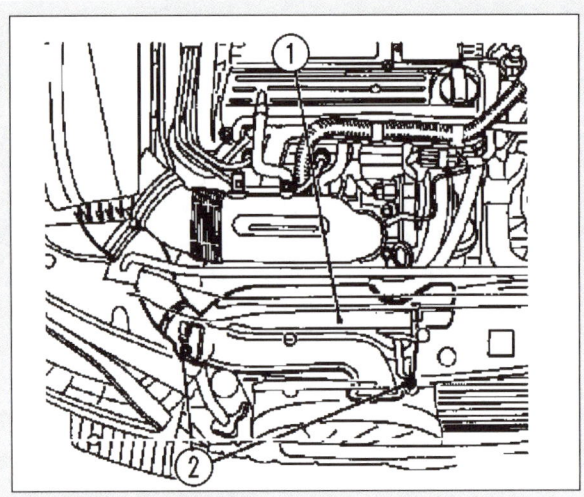

Luftführung demontieren.

⑪ Trennen Sie die beiden Mehrfachstecker ❸ und ❹ und ...

⑫ ... »entfesseln« den Kabelstrang von seinen sechs Kabelbindern (Pfeile).

⑬ Drehen Sie den Befestigungsclip des unteren Kühlwasserschlauchs nach rechts und ziehen den Schlauch vom Wasserkasten.

⑭ Jetzt lösen Sie die beiden Schrauben ❶ und ❷ und heben das Lüftergehäuse aus dem Motorraum noch oben heraus.

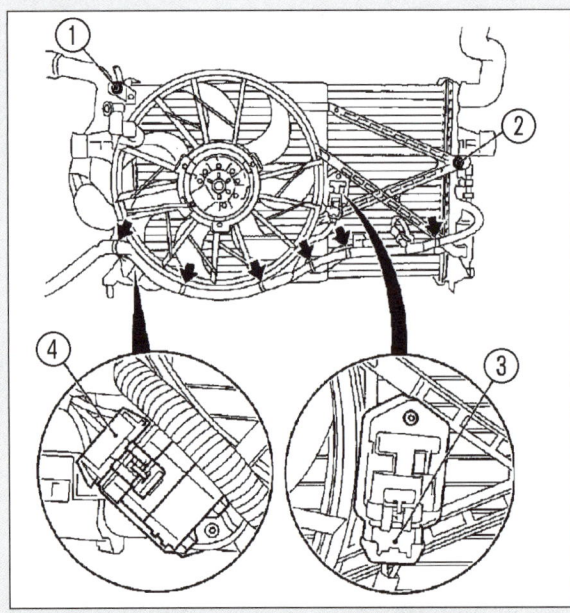

Kabelstrang, Mehrfachstecker und Lüftergehäuse vom Kühler lösen.

⑮ Trennen Sie den Kabelsatzstecker mit Vorwiderstand ❷ vom Lüftergehäuse und ...

⑯ ... demontieren den Lüftermotor vom Halter. Dazu lösen Sie drei Schrauben ❶.

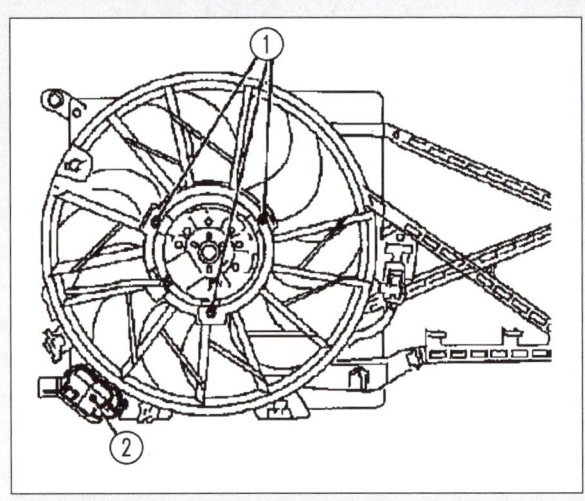

Lüftermotor vom Halter demontieren.

⑰ Demontieren Sie den Lüftermotor vom Gehäuse (siehe Z 16 XE Motor).

⑱ Beenden Sie die Montage in umgekehrter Reihenfolge.

Y 20 DTH, Y 22 DTR

① Demontieren Sie den Kühler, wie beschrieben.

② Falls vorhanden trennen Sie den Mehrfachstecker ❶ und clipsen den Kabelstrang aus dem Halter ❻. Den Kabelstrang legen Sie beiseite.

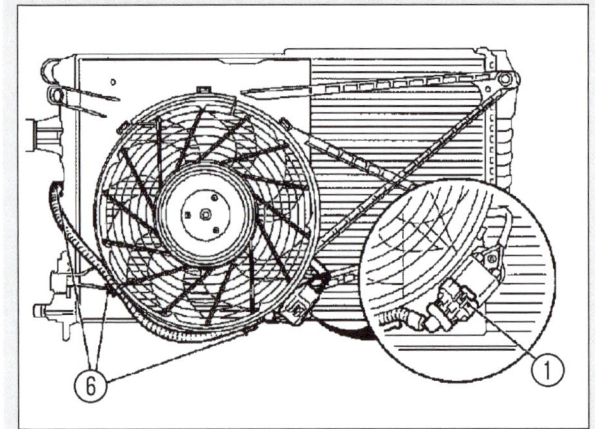

Mehrfachstecker und Kabelstrang vom Lüftergehäuse abziehen.

③ Lösen Sie die Schrauben ❷ und ❺ und ...

④ ... ziehen das Lüftergehäuse nach oben (Pfeile) aus beiden Haltern ❸ und ❹.

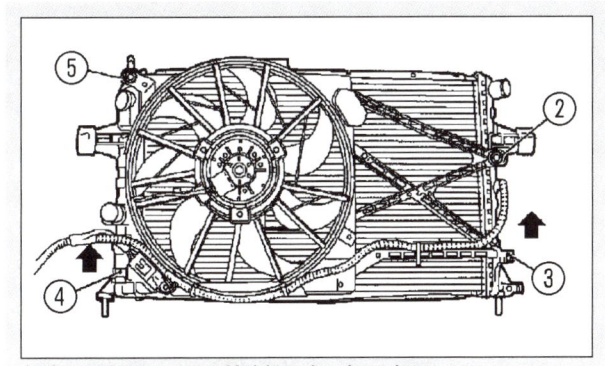

KÜHLER AUS- UND EINBAUEN

Kühler aus- und einbauen

Arbeitsschritte 🌳 🔧 ▯▯ bis ▯▯ (je Motortyp)

Z 16 XE, Z 16 YNG, Z 18 XE, Z 22 SE

① Bocken Sie den Vorderwagen rüttelsicher auf, klemmen das Batteriemassekabel ab und entleeren das Kühlsystem wie beschrieben.

② Demontieren Sie nun das Lüftergehäuse und den vorderen Stoßfänger.

③ Falls vorhanden, demontieren Sie dann die untere Motorraumabdeckung. Treiben Sie mit einem passenden Durchschlag die Spreizstifte der beiden Nieten ❶ und ❷ heraus. Sollten Sie die Stifte beschädigen, ersetzen Sie zur Montage den kompletten Niet.

④ Hernach lösen Sie die zwölf Befestigungsschrauben ❸, ❹, ❺, ❻ und ❼ der Motorraumabdeckung und legen sie beiseite.

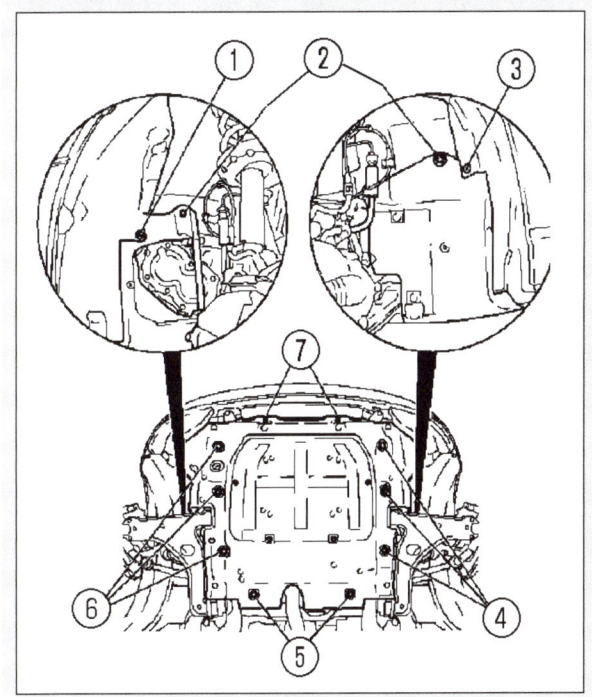

Lüftergehäuse vom Kühler abschrauben.

⑤ Lösen Sie die drei Schrauben ❷ und ziehen das Lüfterrad von der Motorachse. Eventuell müssen Sie mit einem »Knippwerkzeug« etwas nachhelfen.

⑥ Hernach trennen Sie den Mehrfachstecker ❺, lösen die Schraube ❸ und legen den Mehrfachstecker ❹ mitsamt Vorwiderstand und Kabelstrang beiseite.

⑦ Demontieren Sie den Lüftermotor vom Lüftergehäuse. Dazu lösen Sie drei Schrauben ❶.

⑧ Beenden Sie die Montage in umgekehrter Reihenfolge.

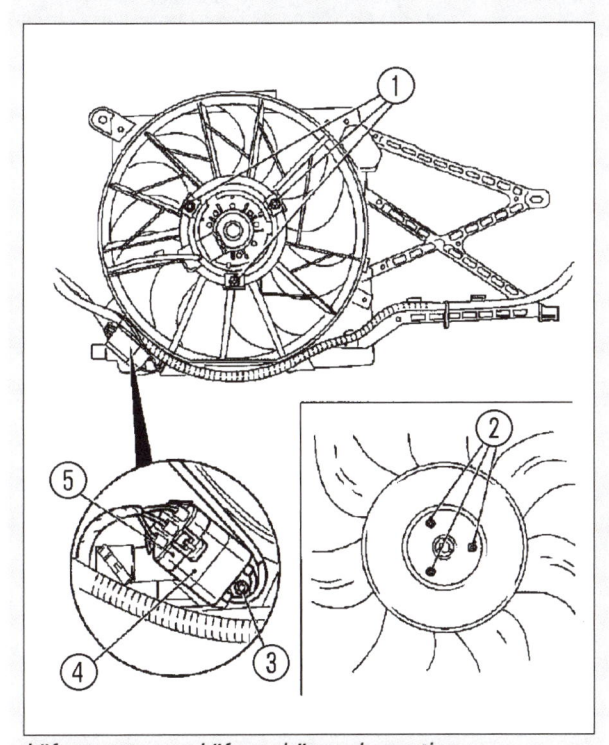

Lüftermotor vom Lüftergehäuse demontieren.

Falls vorhanden: Untere Motorraumabdeckung demontieren.

⑤ Lösen Sie die Schlauchschellen der Kühlwasserschläuche ❶, ❷ und ❸ und ziehen die Schläuche von den Anschlussstutzen.

97

KÜHLSYSTEM

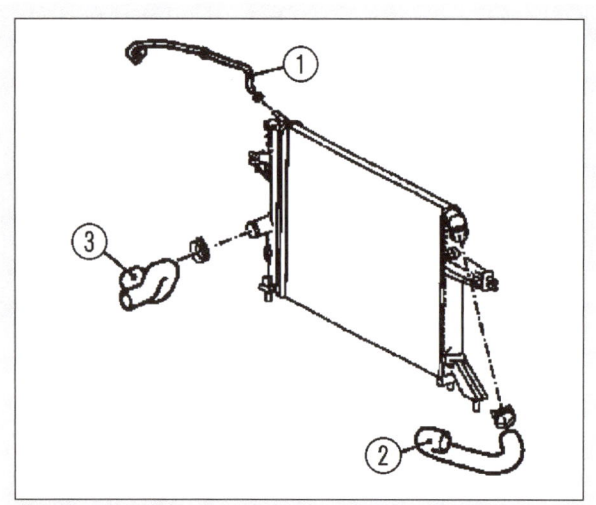

Kühlerschläuche der Reihe nach demontieren.

Automatikgetriebe

⑥ Stellen Sie ein Auffanggefäß unter die Anschlüsse der Ölkühlerschläuche und markieren ihre Einbaulage.

⑦ Jetzt schrauben Sie beide Schläuche ❹ von den Flanschen. Dazu …

⑧ … ziehen Sie zuerst die Befestigungsklammern ❺ und dann die Schläuche vom Getriebegehäuse ab. Das auslaufende Automatiköl fangen Sie mit einer Auffangwanne ab.

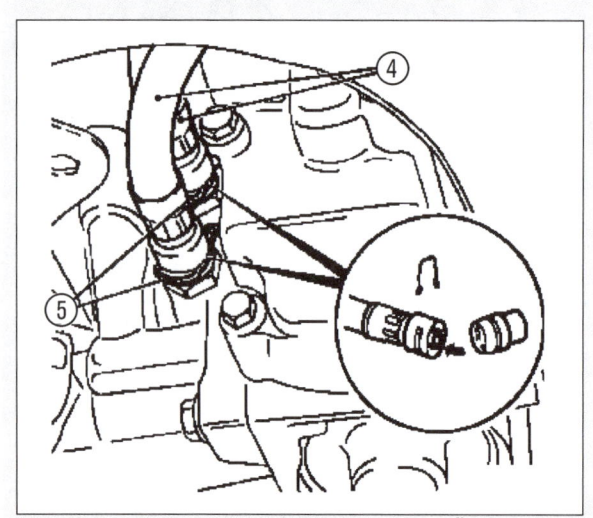

Bei Automatikgetrieben nicht vergessen – Ölschläuche vom Getriebegehäuse lösen.

nur Z 22 SE

⑨ Bevor Sie die Ölleitungsflansche am Wasserkühler »öffnen«, stellen Sie ein Auffanggefäß unter den »Arbeitsplatz«.

⑩ Lösen Sie beide Ölleitungen ❶ und ❷ und binden die Anschlüsse mit einem Schweißdraht möglichst schnell und möglichst hoch an. Sie halten die Leckölmenge damit in Grenzen. Vergessen Sie dennoch nicht, den Ölpegel nach der Montage bei laufendem Motor zu ergänzen.

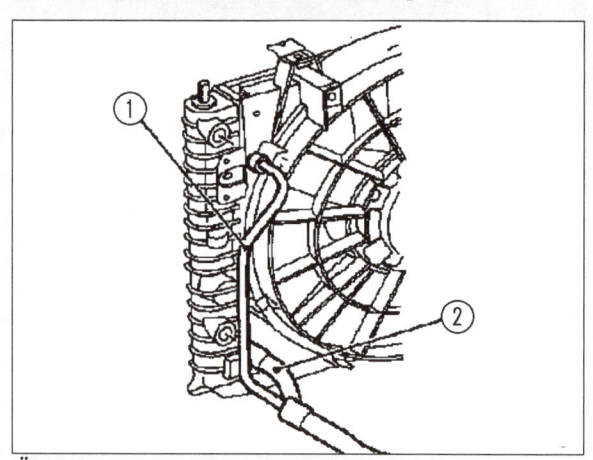

Ölleitungen vom Kühler demontieren.

mit AC

⑪ Lösen Sie die beiden Schrauben ❶ des AC-Wärmetauschers ❷ vom Wasserkühler und »fixieren« Sie den AC-Kühler mit einem Schweiß- oder Bindedraht am Frontblech. Wichtig: Der AC-Druckkreislauf bleibt bei allen Arbeiten verschlossen!

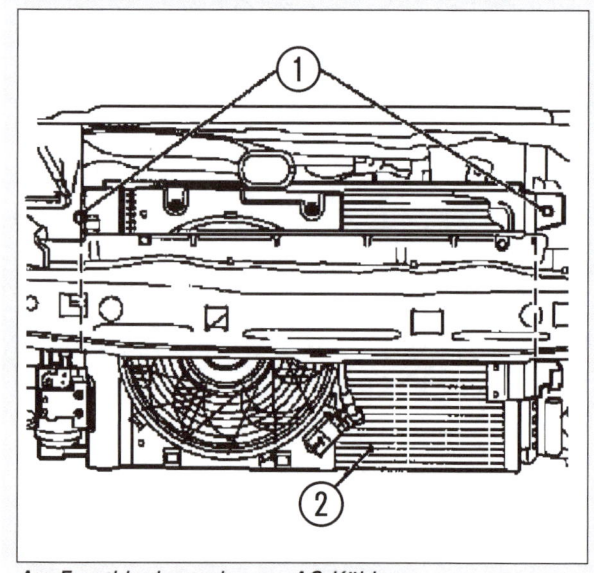

Am Frontblech »parken« – AC-Kühler.

alle Modelle

⑫ Damit Ihnen der Kühler nicht unbeabsichtigt »kippt«, fixieren Sie die oberen Befestigungsaugen mit Schweiß- oder Bindedraht.

KÜHLER AUS- UND EINBAUEN

⑬ Anschließend schrauben Sie die unteren Kühlerhalter vom Achskörper ❶. »Augen auf«: Beachten Sie zur Montage die unterschiedlichen Halter-Ausführungen.

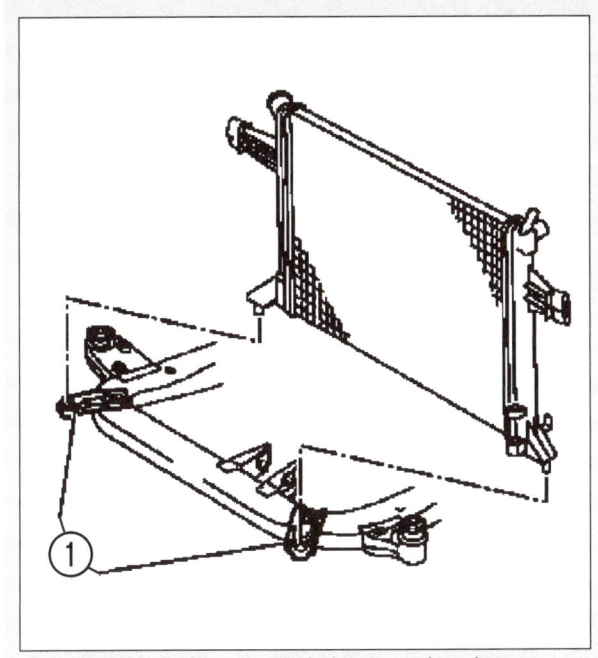

Untere Kühlerhalter vom Achskörper schrauben.

⑭ »Binden« Sie den Kühler los, …

⑮ … bugsieren ihn vorsichtig nach unten aus dem Motorraum und …

⑯ … demontieren das Lüftergehäuse vom Kühler.

⑰ Beenden Sie die Montage typenspezifisch in umgekehrter Reihenfolge. Achten Sie zur Montage der unteren Motorraumabdeckung darauf, dass die Bremsschläuche über der Verkleidung liegen. Vergessen Sie auch nicht, einen neuen Dichtring für die Kühlflüssigkeitsablassschraube zu verwenden.

Y 20 DTH, Y 22 DTR

① Bocken Sie den Vorderwagen rüttelsicher auf und …

② … demontieren das Luftfiltergehäuse, die Motorabdeckung und den vorderen Stoßfänger wie beschrieben.

③ Schrauben Sie den Aufprallbegrenzer (Pfeile) von der Karosserie. Lösen Sie dazu die drei Muttern – links und rechts – in Höhe der Längsträger.

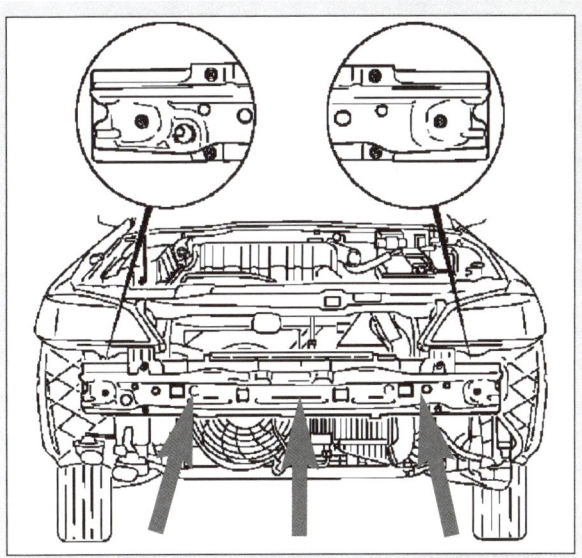

Von der Karosserie demontieren: Aufprallbegrenzer.

④ Danach trennen Sie die Luftschläuche ❶ und ❷ vom Ladeluftkühler und …

⑤ … im Anschluss den Ladeluft- vom Wasserkühler. Dazu lösen Sie die Schrauben ❸.

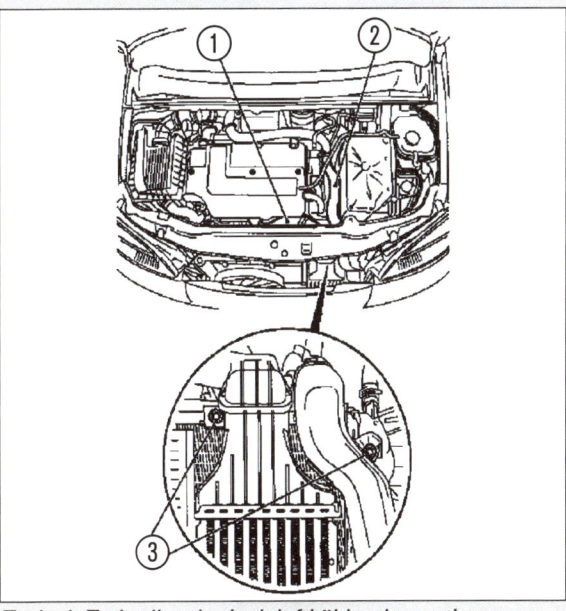

Typisch Turbodiesel – Ladeluftkühler demontieren.

ohne AC

⑥ Trennen Sie den Mehrfachstecker ❷ in Pfeilrichtung, …

⑦ … lösen anschließend das Massekabel ❹, öffnen den Halter ❸ und …

⑧ … legen den Kabelstrang ❶ frei.

KÜHLSYSTEM

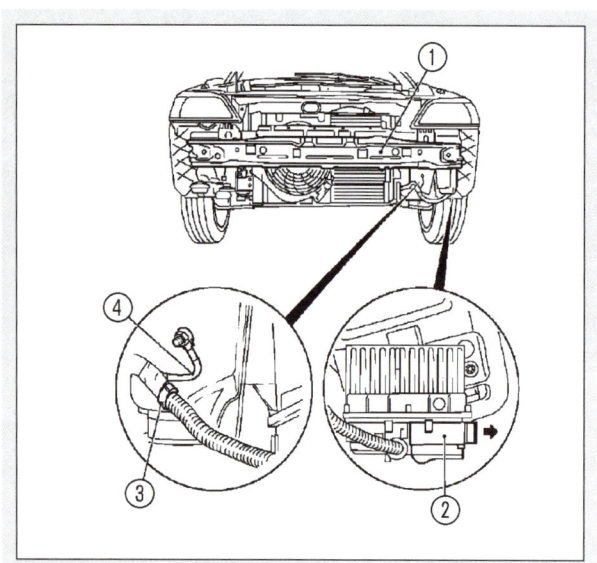

Elektrische Anschlüsse trennen.

mit AC

⑨ Trennen Sie die Mehrfachstecker des AC-Verdichters ❶, des Drucksensors ❺, des Zusatzlüfters ❹ und des Kühlmoduls ❷.

⑩ Hernach lösen Sie das Massekabel ❸ von der Karosserie und legen den »befreiten« Kabelstrang beiseite.

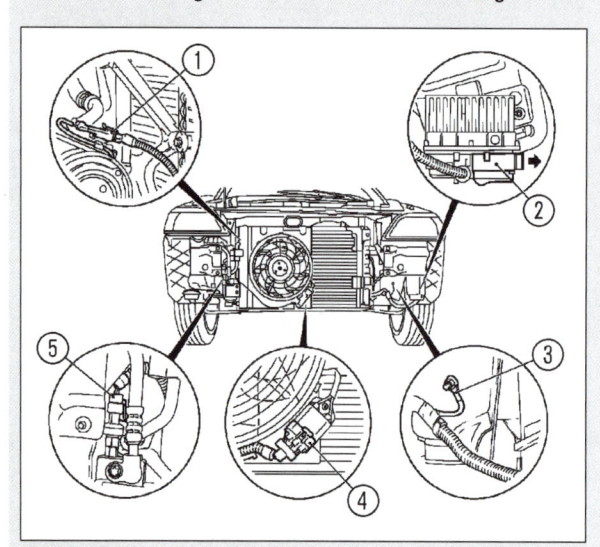

Der Reihe nach vom Kühler trennen – elektrische Anschlüsse vom AC-Verdichter, Drucksensor, Zusatzlüfter, Massekabel, Kühlmodul.

alle Modelle

⑪ Lassen Sie das Kühlwasser ab, ...

⑫ ... lösen die Schlauchschellen und ziehen dann die Schläuche von den Anschlussstutzen ab.

mit AC

⑬ Schrauben Sie die untere AC-Kältemittelleitung ❶ vom Kühlerhalter ❷. Wichtig: Das AC-Drucksystem bleibt verschlossen!

⑭ Hernach schrauben Sie den Kühlerhalter vom Achskörper los. »Augen auf« bei der Montage: Achten Sie auf die unterschiedlichen Halter-Ausführungen.

⑮ Lösen Sie die beiden Schrauben ❸ des Wasserkühlers und »fixieren« den AC-Wärmetauscher mit einem Schweiß- oder Bindedraht am Frontblech.

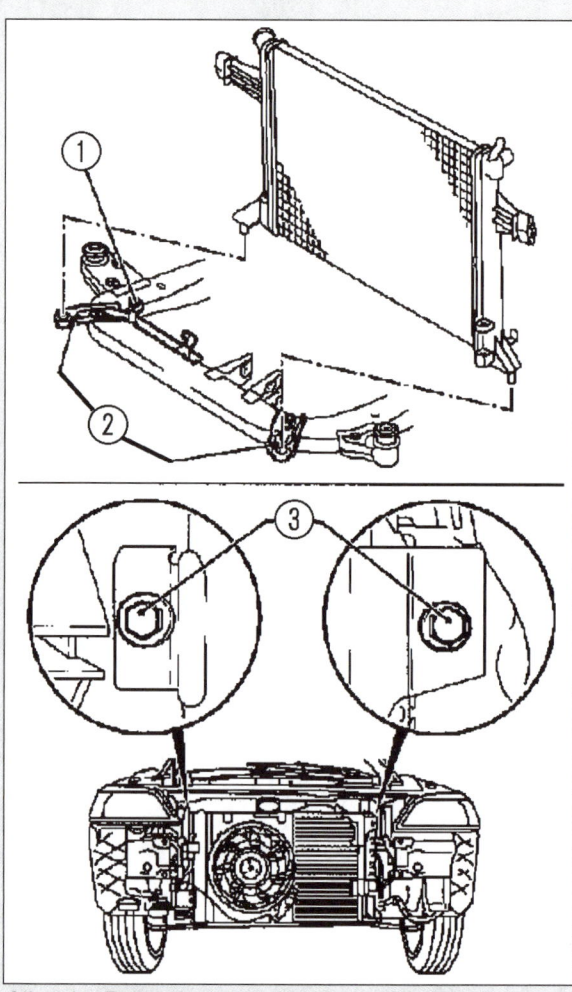

Alles der Reihe nach demontieren – Kältemittelleitung, Kühlerhalter und AC-Wärmetauscher.

alle Modelle

⑯ Die nun folgenden Arbeitsschritte sind mit denen der »Benzinbrüder« – ab Position ⑫ – identisch.

Kühlwasserschläuche auswechseln

Platzt Ihnen während der Fahrt ein Kühlwasserschlauch und Sie haben keinen Ersatz dabei, versuchen Sie Ihr Glück mit einer »Notreparatur« – dichten Sie die Leckstelle provisorisch mit Klebeband ab. Damit Sie nicht für die Katz' gearbeitet haben, lösen Sie hernach den Verschlussdeckel des Ausgleichsbehälters um eine Umdrehung. Das Kühlsystem bleibt dann ohne Druck und Ihre Flickstelle hat, bis zur endgültigen Reparatur, eine »faire Chance«. Achten Sie während der Fahrt fortan stets auf die Motortemperaturanzeige und gehen keinerlei Risiken ein. Kaufen Sie nur Originalschläuche als Ersatz: Die passen garantiert und verhärten nicht schon nach kurzer Zeit. Inspizieren Sie gleichfalls die Schlauchschellen kritisch – korrodierte Schellen erneuern Sie grundsätzlich.

Arbeitsschritte

① Lassen Sie das Kühlmittel ab und fangen es in einem sauberen Gefäß auf.

② Lösen Sie die Schlauchschellen und ziehen die Schläuche ab.

③ Festsitzende Schlauchenden lockern Sie mit einem Schraubendreher, den Sie vorsichtig zwischen Schlauch und Stutzen schieben. Sie »sprengen« damit die Oxidschicht zwischen Schlauch und Stutzen.

④ Die neuen Schläuche setzen Sie grundsätzlich mit Vaseline an und schieben sie »satt« auf die Stutzen auf.

Nehmen Sie das bitte ernst, ansonsten könnten Ihnen die Schläuche während der Fahrt »abrutschen«. Um das verlässlich zu vermeiden, setzen Sie die Schlauchschelle direkt hinter dem »Stauchring« der Flanschen an.

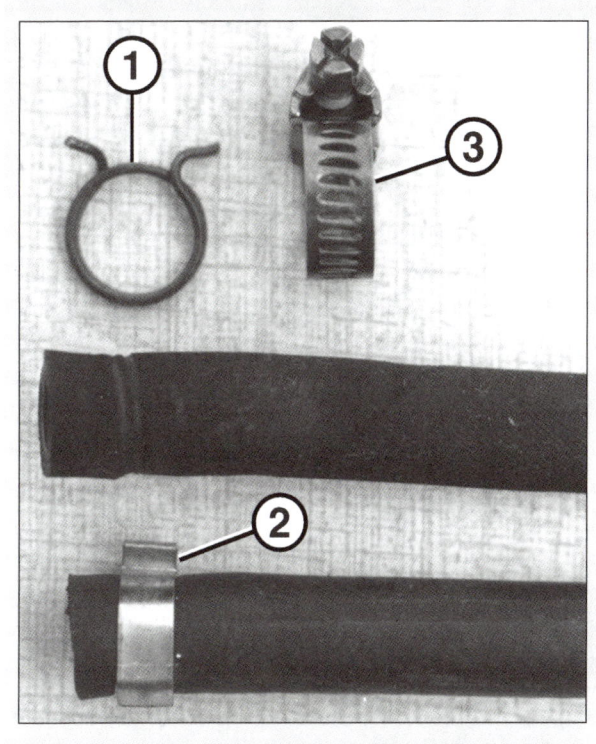

»Einschneidend«: Klemmschellen ❶ und ❷ an Wasser- oder Kraftstoffschläuchen. Wenn Sie alte Kühler- oder Kraftstoffschläuche ersetzen oder die serienmäßigen Klemmschellen lösen mussten, verwenden Sie zur Montage gleich Schraubschellen ❸. Schraubschellen »quetschen« die Schläuche auf einer größeren Fläche – zudem können Sie die Klemmwirkung von Schraubschellen wesentlich besser dosieren.

KÜHLSYSTEM

Der Luftfilter
(Ansauggeräuschdämpfer)

Um den Motor mit möglichst sauberer Ansaugluft zu versorgen, durchströmt sie – bevor sie mit dem Kraftstoff eine zündende Verbindung eingeht – ein spezielles Filterelement. Der Filter befreit die »Atemluft« von Schmutz- und Staubpartikeln. Im Zafira sitzt der Ansauggeräuschdämpfer in Fahrtrichtung rechts vorne unterhalb der Motorhaube.

Das Filtergehäuse ist nicht etwa ein »zufällig montierter und geformter Kasten«, der die Innereien nur vor Beschädigungen schützt. Es »diszipliniert« darüber hinaus die Ansaugluft zu einer beruhigten Gassäule und minimiert zudem die Ansauggeräusche. Im Zafira besteht der Ansauggeräuschdämpfer aus einem Kunststoffgehäuse mit einem feinporigen, harmonikaartig gefalteten Papierfiltereinsatz.

Nach spätestens 60.000 Kilometern tauschen – den Luftfiltereinsatz

Die Frischluft durchströmt das Luftfiltergehäuse von außen nach innen. Den Filtereinsatz (Filterelement) dichten zwei flexible Kunststoffringe gegen »ungewollte« Nebenluft ab. Dementsprechend passiert die gesamte Frischluftmenge auf ihrem Weg in die Brennräume den Filtereinsatz, verschleißfördernde Schmutzpartikel »verfangen« sich zwangsläufig im Filterpapier. Größere Fremdkörper, zum Beispiel Insekten oder von der Straße aufgewirbelte Sandkörnchen, fallen ins Filtergehäuse. Luftfilter und Filterelement erfüllen ihre Aufgabe freilich nur dann, wenn sie regelmäßig gecheckt werden.

Unter normalen Fahrbedingungen schreibt Opel alle 60.000 km einen Filterwechsel vor. Wenn Sie Ihren Zafira freilich überwiegend auf »verstaubten« Pisten stressen, wechseln bzw. reinigen Sie das Element frühzeitiger. Denn ein verschmutzter Filtereinsatz »schnürt« dem Motor die Ansaugluft ab.

Folge: Das Kraftstoff-/Luftgemisch gerät aus dem Gleichgewicht, die Motorleistung sinkt und der Kraftstoffverbrauch steigt.

Luftfiltereinsatz reinigen und auswechseln

Unabhängig von Ihrer Fahrstrecke reinigen Sie das Filterelement mindestens einmal jährlich und wechseln es spätestens nach zwei Jahren aus. Nach Fahrten auf überwiegend staubigen Straßen schauen Sie Ihrem Luftfilter – wie gesagt – ruhig häufiger unter den Deckel.

Neue Filtereinsätze bekommen Sie beim Opel-Vertragshändler oder im Zubehörhandel. Es muss übrigens nicht generell ein Originalersatzteil sein – doch achten Sie unbedingt auf Qualitätsware und meiden vermeintlich billige Plagiate obskurer Produktpiraten. Auf »Wühltischen« des Zubehörhandels wechseln mitunter minderwertige ausländische Produkte den Besitzer. Im Moment sparen Sie vielleicht ein paar Cent, doch auf Dauer verübelt Ihnen der Motor den »Geiz« – er inhaliert ständig mehr Schmutzpartikel und verschleißt zeitiger. Spätestens dann wird die Binsenweisheit wahr – »billig ist nicht automatisch preisgünstig«.

Arbeitsschritte

① Lösen Sie die vier Befestigungsklammern oder Schrauben des Filtergehäusedeckels mitsamt der Ansaugschlauchschelle.

② Liften Sie den Deckel dann vorsichtig nur so weit, bis Sie das Filterelement herausziehen können. Sollten Sie den Deckel ganz demontieren wollen, lösen Sie zuvor die Entlüftungsleitung des Aktivkohlefilters. Die Befestigung finden Sie an seinem hinteren Ende.

③ Reinigen Sie das Filtergehäuse mitsamt Deckel. Verwenden Sie dazu einen fusselfreien Lappen oder – besser noch – blasen Sie das Gehäuse mit Druckluft aus. Achten Sie darauf, dass der neue Filtereinsatz zur Montage plan auf den Pressflächen des Gehäuseunterteils aufliegt.

LUFTFILTEREINSATZ REINIGEN

Aktion Saubermann: Blasen Sie das Filterelement immer von unten nach oben aus. Wenn Sie Beschädigungen an der Filterfolie erkennen, den Einsatz grundsätzlich erneuern.

Unterschiedlich: Je nach Ausführung Befestigungsklammern oder Schrauben.

Filterelement reinigen

① Klopfen Sie das Filterelement, mit der verdreckten Seite nach unten, vorsichtig auf einer harten Unterlage aus. Größere Verschmutzungen und Insektenkadaver suchen dann bereits das »Weite«.

② Feine Staubpartikel blasen Sie mit Druckluft aus. Sie sollten …

③ … das Filterelement nur von der Unterseite nach oben anblasen. Falls nicht, pressen Sie den Dreck noch tiefer in die Filterporen.

④ Papierfiltereinsätze dürfen Sie niemals in Flüssigkeiten reinigen. Sie verstopfen die Filterporen dann hoffnungslos. Folge: Der Motor bekommt »Atemnot« und die Abgaswerte verschlechtern sich dramatisch.

⑤ Achten Sie zur Montage des Filterelements immer darauf, dass die Dichtflächen sauber gegen die Gehäuseteile abdichten.

DIE KRAFTSTOFFEINSPRITZUNG

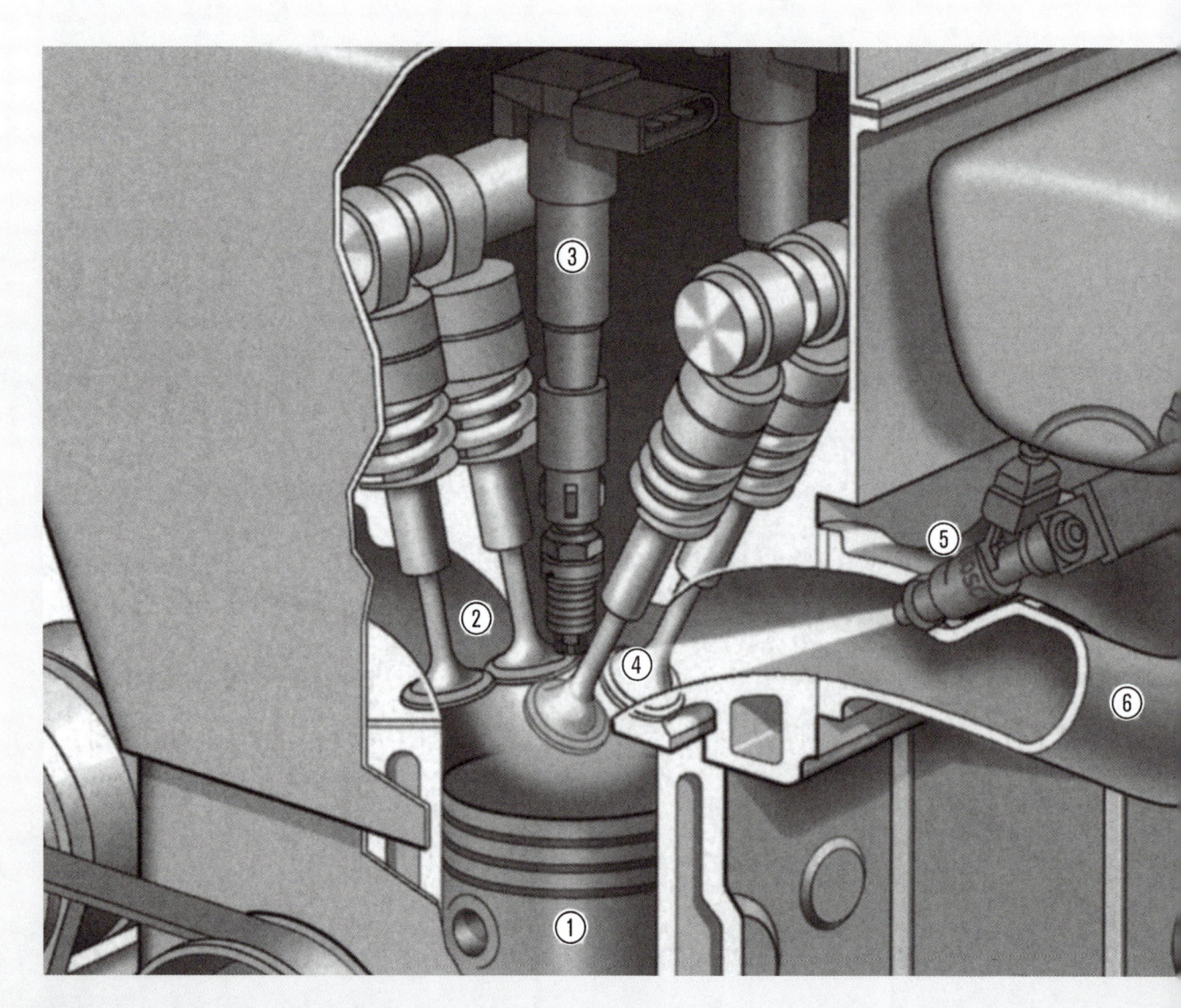

DIE KRAFTSTOFF-
EINSPRITZUNG

104

DIE KRAFTSTOFFEINSPRITZUNG

Wartung

Sichtprüfung Einspritzanlage **111**

Ansaugsystem auf Dichtheit prüfen **111**

Leerlaufdrehzahl prüfen **112**

Drosselklappenmodul checken **112**

Einspritzventile prüfen .... **112 / 116**

Sichtprüfung Einspritzanlage (Diesel) **121**

Dieselfilter entwässern **121**

Reparatur

Einspritzventile aus- und einbauen **113**

Luftfiltereinsatz erneuern **121**

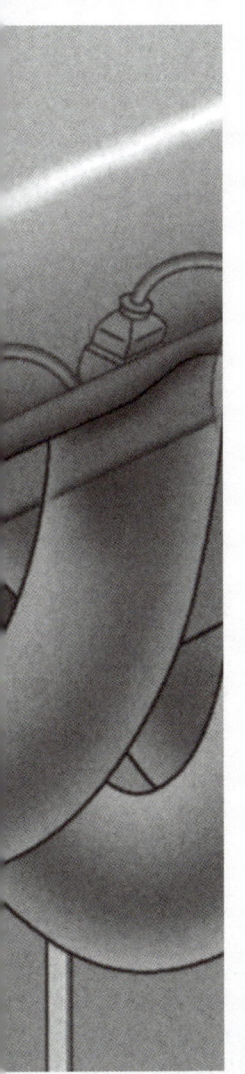

Elektronisch geregelt: Schematische Darstellung der sequenziellen Bosch-Saugrohreinspritzung. ❶ *Kolben mit Zylinder,* ❷ *Auslassventile,* ❸ *zentral angeordnete Zündkerze mit separater Zündspule,* ❹ *Einlassventile,* ❺ *Einspritzventil,* ❻ *Saugrohr.*

Unter den Motorhauben von Ottomotoren repräsentieren elektronisch geregelte Kraftstoffeinspritzanlagen längst den technischen Standard. Abgasseitig geben Dreiwege-Katalysatoren den Ton an. Keine Frage also, Elektronik dominiert, vom Luftfilter bis hin zum Auspuffendrohr, alle sieben derzeit verfügbaren Zafira-Triebwerke (fünf Otto-, zwei Dieselmotoren): Bei den »Ottos« bereiten sequenzielle Kraftstoffeinspritzanlagen die Frischgase auf. Den zündenden Funken steuert eine verteilerlose 3-D-Kennfeldzündanlage im Rhythmus 1 – 3 – 4 – 2 bei. Die »Funkenfabrik« steht, wie alle Akteure des elektronischen Motormanagements, unter der Regie eines Bordrechners.

Das Opel Motormanagement arbeitet weitgehend wartungsfrei. Erfahrungsgemäß lassen sich etwaige Fehlfunktionen nur mit einem gerüttelt Maß an Praxiserfahrungen, tiefgreifenden Fachkenntnissen und speziellem elektronischen Messequipment lokalisieren: Selbst engagierte Do it yourselfer sind unter der Zafira-Motorhaube ohne »Opel-Tech-Systemtester« weit gehend hilflos. Versuchen Sie unsere »provokante Behauptung« zu akzeptieren und vertrauen bei Störungen an der Einspritzanlage Ihren Zafira darum besser einem Opel-Händler oder einem Gemischaufbereitungs-Spezialisten an. Doch damit Sie außer Haus nicht gleich »die Katze im Sack kaufen müssen«, ist es mitunter empfehlenswert und vorteilhaft, die theoretischen Grundzüge der Zafira-Kraftstoffeinspritzung einordnen zu können. Und sei's nur, um dem Werkstattprofi im Zweifelsfall auftretende Unregelmäßigkeiten präziser zu beschreiben. Ihr Vermögen erspart Ihnen in der Werkstatt aufwändige Diagnoserechnungen: Je eindeutiger Sie die Wehwehchen Ihres Zafira benennen, um so überschaubarer fällt die spätere Rechnung aus.

KRAFTSTOFFEINSPRITZUNG

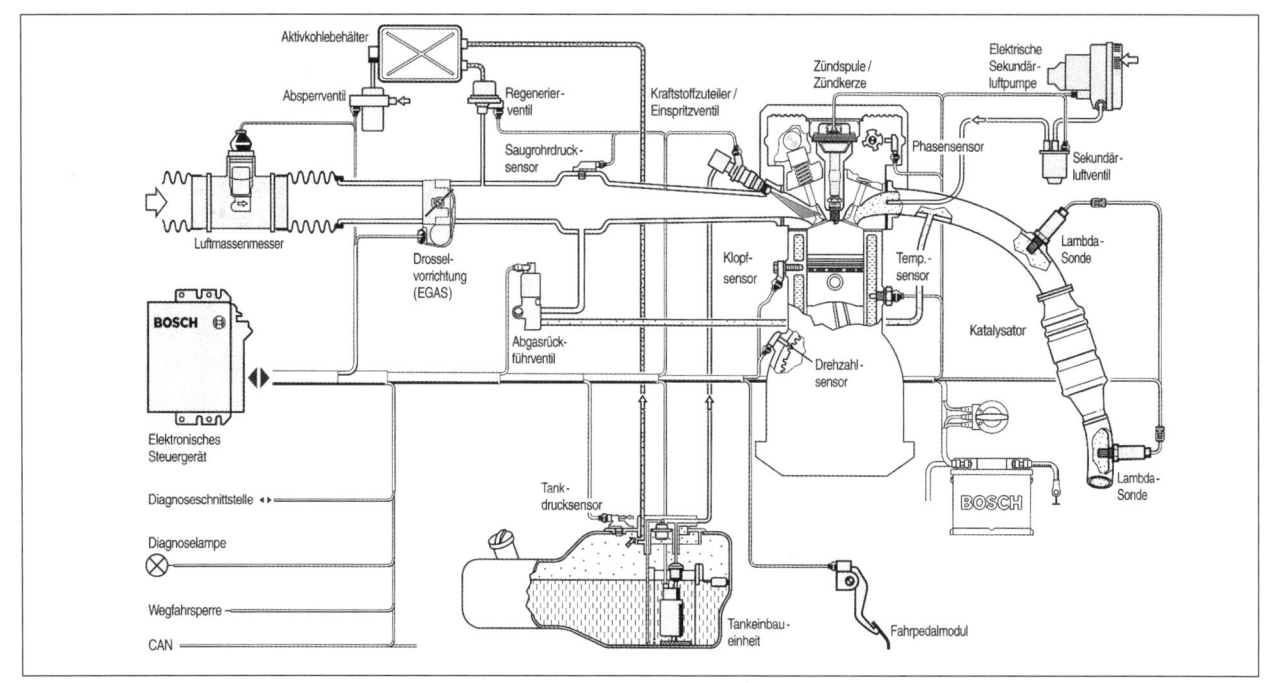

»Ziehen alle an einem Strang«: Die Module des elektronischen Motormanagements. Fällt in einem »sekundären Regelkreis« ein Modul oder ein Sensor aus, halten Notlaufprogramme den Motor weiter bei Laune. Doch Störungen in einem primären Regelkreis, beispielsweise »Motordrehzahl«, sind so entscheidend, dass der Motor sofort abstirbt oder erst gar nicht startet.

Auf einen Blick – die Managements der Motronic, Multec, Simtec und Powertrain GMPT Einspritzanlagen

Kraftstoffsystem
- Sequenzielle Kraftstoffeinspritzung
- Mehrlocheinspritzventile
- Tankentlüftungssystem

Luftansaugsystem
- Luftmengenmesser arbeitet nach dem Hitzdrahtprinzip
- Drosselklappenmodul

Zündsystem
- Digitales integriertes, elektronisches Zündsystem (DIS)
- Zündspannungsüberwachung

Sicherheitssystem
- Mechanischer Sicherheitsschalter. Er »kappt« bei einem Unfall oder plötzlichen Druckabfall in der Förderleitung die Stromversorgung zur Kraftstoffpumpe.

Abgasregelung
- Mit dem Auspuffkrümmer verschweißter Dreiwege-Katalysator
- Zwei Lambdasonden – jeweils eine vor und nach dem Katalysator
- Abgasrückführungsventil
- Kraftstoffverdunstungssystem

Sensoren
- Nockenwellensensor
- Kurbelwellensensor
- Kühlmitteltemperatursensor
- Klopfsensor
- Fahrpedalpotentiometer (E-Gas)
- Saugrohrdruckfühler

Diagnosemöglichkeiten
- Zentraler Diagnosestecker in Höhe des Handbremsgriffs unterhalb der Kunststoffverkleidung

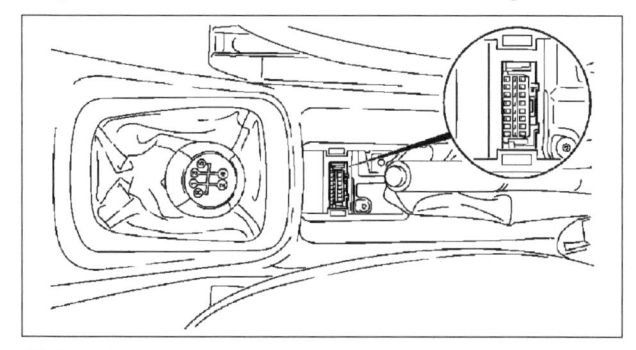

Elektronischer »Futternapf«: Relevante Serviceinformationen »zapft« der »Opel-Tech-Systemtester« am Diagnosestecker in Höhe des Handbremsgriffs ab.

MOTORMANAGEMENT

Im Detail – das Management der Einspritzanlage

Motorsteuergerät (ECM): Die »Regiezentrale« des elektronischen Motormanagements sitzt unter der Motorhaube Ihres Zafira. Sie verwertet ständig aktuelles »Datenmaterial« aus den unterschiedlichsten Motorkennfeldern (Drehzahl, Saugrohrdruck, Ansaugluft-, Kühlflüssigkeitstemperatur, etc.) und vergleicht sie mit einem fest installierten Datenpool. Nach dem Abgleich ermittelt und berechnet das Steuergerät unter anderem die Öffnungsdauer der elektromagnetisch betätigten Einspritzventile, die Kraftstoffmenge und das Kraftstoff-/Luftgemisch. Das Motorsteuergerät ist ohne großen Aufwand neu einzulesen bzw. zu aktualisieren. Zum Beispiel dann, wenn die »alte Software« modifizierte Strategien mit neuen »Spielregeln« abgelöst haben. Das »überholte Wissen« des EEPROM »killt« dann bei Ihrem Opel-Händler kurzerhand ein mobiles Diagnosegerät und frischt es im nächsten Schritt mit der neuesten Software auf. Das entsprechende Servicemodul hat jeder Zafira bereits ab Werk an Bord.

Elektronische Regiezentrale am Beispiel des Z 16 XE: Der kleinste ECOTEC-Benziner »versteckt« sein Motorsteuergerät (Pfeil) unter einem Zentralstecker, seitlich links am Motorblock.

Kraftstoff-Verdampfungskontrollsystem: Das System hat die Aufgabe, die im Tank entstehenden Kohlenwasserstoffe zu minimieren. Den Taktstock dazu führt das Motorsteuergerät mit fest gespeicherten und kalibrierten Kennwerten. Zum System gehören im Zafira ein Aktivkohlefilter, ein Verdampfungskontrollventil sowie ein Kraftstoffdampfabscheider. Der Aktivkohlefilter korrespondiert über diverse Kunststoff- und Gummileitungen mit dem Kraftstofftank, dem Verdampfungskontrollventil und dem Ansaugkrümmer: Solange das Verdampfungskontrollventil verschlossen ist, »parkieren« die im Tank »aufsteigenden« Dämpfe vorübergehend im Aktivkohlefilter. Erst wenn der Motor anläuft, öffnet das Verdampfungskontrollventil und entlässt die im Aktivkohlefilter gebundenen Kraftstoffdämpfe in den Ansaugkrümmer. Dort »schließt« sich die Mixtur den Frischgasen an und verbrennt mit ihnen im Motor.

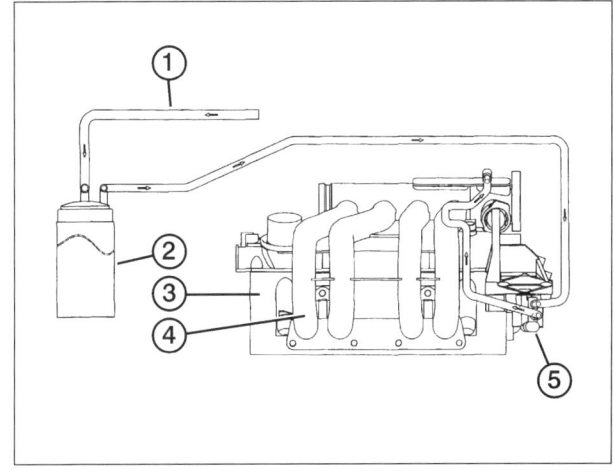

Vorübergehend im Aktivkohlefilter »geparkt«: Die im Tank entstehenden Kohlenwasserstoffe. ❶ Entlüftungsleitung vom Kraftstofftank, ❷ Aktivkohlefilter, ❸ Zylinderkopf, ❹ Ansaugkrümmer, ❺ Magnetventil zur Systemsteuerung.

Drosselklappenmodul: Mithilfe eines Gleichstrommotors steuert das Modul die Drosselklappe an. Der »Motor« wandelt »Fußtritte« last- und drehzahlabhängig in elektronische Signale für die Drosselklappe um. Zwei Sensoren mit Selbstdiagnosefunktion zeichnen dafür verantwortlich. Entsprechend »gefüttert« gibt die Drosselklappe in Leerlaufstellung nur einen geringen und bei Volllast den gesamten Querschnitt des Drosselklappenstutzens frei. Beide Sensoren sitzen direkt am Drosselklappengehäuse, sie arbeiten wie ein variabler Widerstand (Potentiometer): Je nach Winkelstellung der Drosselklappe »tastet« ein Schleifer eine Widerstandsbahn ab und variiert so, abhängig von seiner Stellung, die Ausgangsspannung an den Sensoren. Sein Tun ist für das Motorsteuergerät von großem »Interesse«: Es »interpretiert« die Spannungskurven als Informationen und leitet dementsprechend für jeden Zylinder die »passende« Kraftstoffration ab.

KRAFTSTOFFEINSPRITZUNG

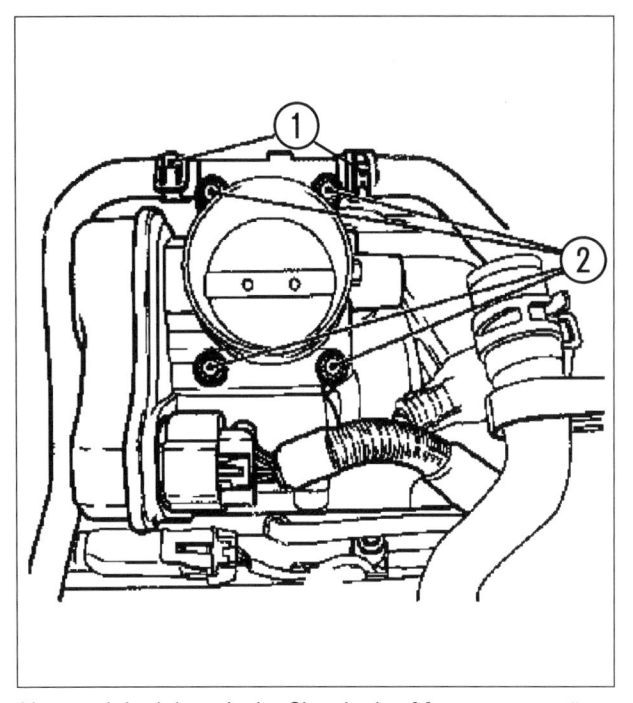

*Verwandelt elektronische Signale des Motorsteuergeräts in eine mechanische Drehbewegung der Drosselklappe: das **Drosselklappenmodul** unterhalb des Ansaugluftschlauchs. ❶ Kühlmittelschläuche, ❷ Befestigungsschrauben des oberen Gehäuseteils.*

Fahrpedalmodul (E-Gas): Das Fahrpedal im Zafira »hängt« an keinem »Gaszug«. Es funktioniert elektronisch (drive by wire) mit zwei separat versorgten Schleifpotentiometern.

Nockenwellenstellungssensor (Hall-Sensor): Der Nockenwellenstellungssensor »observiert« die Nockenwellen und leitet aus ihrer Stellung die zur sequenziellen Einspritzung und Klopfregelung notwendige Zylindererkennung ab. Der Sensor besteht aus zwei Hall-Elementen. Mit eingeschalteter Zündung lokalisiert er bereits bei stehendem Motor die Nockenwellenstellung. Das Motormanagement nutzt die Informationen, um aus dem »Stand« heraus jeden Zylinder mit der »adäquaten« Kraftstoffmenge und einem »just in time« Zündfunken zu bedienen.

Luftmassenmesser: Sitzt vor dem Drosselklappengehäuse – zwischen Ansauggeräuschdämpfer und Ansaugschlauch – im Motorraum. Der Hitzdrahtsensor arbeitet nach dem »Konstant-Übertemperaturprinzip«. Damit die Temperaturdifferenz zur vorbeiströmenden Ansaugluft ständig auf gleichem Level bleibt, wird er fortlaufend aufgeheizt. Der Bordrechner ermittelt aus der unterschiedlichen Heizenergie die realistische »Dichte« der angesaugten Frischluft.

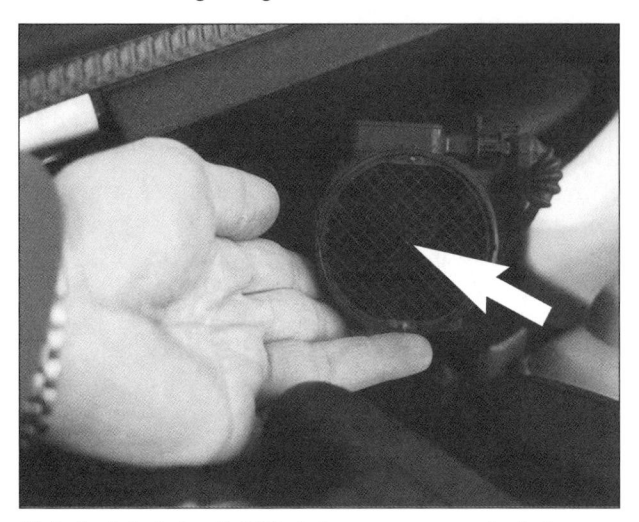

Elektrisch beheizt: Heißfilmluftmassenmesser im Luftansaugstutzen (Beispiel Z 22 SE). Im Gehäuse reagiert thermisch ein hauchdünner Platindraht auf die Qualität der angesaugten Luftmenge. Aus seinen Signalen zieht das Motorsteuergerät Rückschlüsse auf den Sauerstoffanteil der Ansaugluft und letztlich auf die zu »verteilende« Kraftstoffmenge.

Kurbelwellenimpulssensor: Sitzt bei allen Zafira-Motoren am Motorblock in Nähe des Getriebeflansches. Induktiv erfasst der Sensor winkelgenau die Position der Kurbelwelle sowie die momentane Motordrehzahl.

Kühlmitteltemperatursensor: Den Kühlmitteltemperatursensor speist das Motorsteuergerät. Er ist ein temperaturabhängiger Widerstand mit einem negativen Temperaturkoeffizienten, d. h. der Widerstandswert variiert umgekehrt proportional zur eigentlichen Kühlmitteltemperatur. Je nach Spannungslage vergleicht der Bordrechner die angelieferten Daten mit »seiner Referenzspannung« und leitet aus der Differenz die tatsächliche Kühlmitteltemperatur ab.

Ansauglufttemperatursensor: Der Sensor arbeitet mit einem negativen Temperaturkoeffizienten als temperaturabhängiger Widerstand – sein Widerstandswert variiert umgekehrt proportional zur Umgebungstemperatur. Den Ansauglufttemperatursensor »beliefert« das Motorsteuergerät mit »seiner« Referenzspannung: Ändert sich die Ansauglufttemperatur, variieren Widerstandswert und Ausgangsspannung in einem vorgegebenen Verhältnis. Der Bordrechner ordnet die Ausgangsspannung jeweils einer entsprechenden Ansauglufttemperatur zu.

MOTORMANAGEMENT

Lambda-Sonde (Sauerstoffsensor): Der Zafira hat deren zwei im Auspuff. Sie messen jeweils vor und nach dem Katalysator den Sauerstoffgehalt der Abgase. Ihre »Beobachtungen« verarbeitet der Zentralrechner und beeinflusst damit die Kraftstoffeinspritzung und das Kraftstoffverdunstungssystem. Beide Lambda-Sonden haben starken Einfluss auf die Funktion und Lebensdauer des Katalysators. Um im Sinne von Lambda 1 einwandfrei zu arbeiten, sind sie auf den ständigen Wechsel von leicht angefettetem und abgemagertem Gemisch angewiesen.

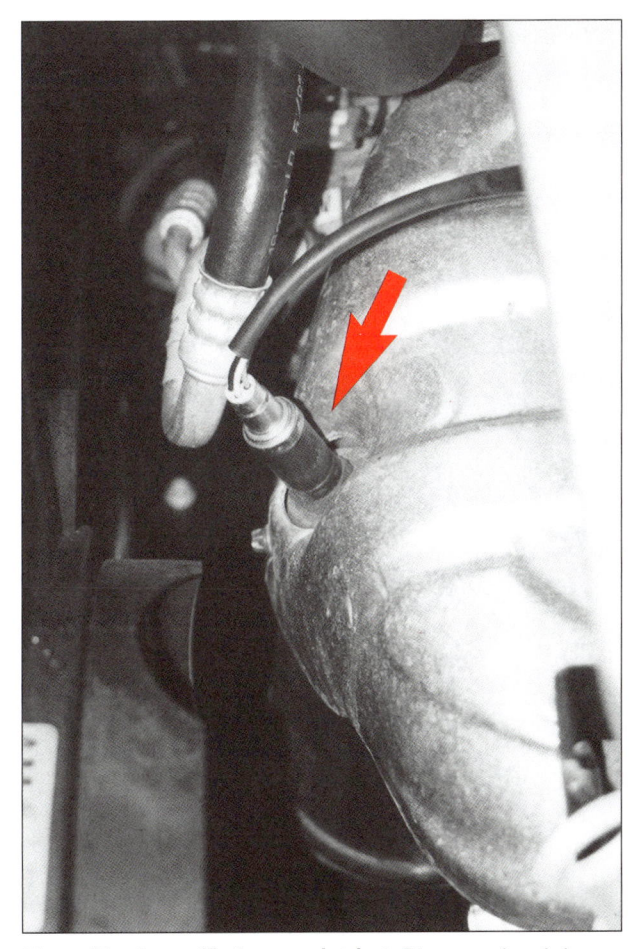

Zentral im Auspuffkrümmer platziert: Die erste Lambda-Sonde (Pfeil) – Sonde zwei »schnüffelt« hinter dem Katalysator.

Saugrohrdrucksensor: Um das im Ansaugkrümmer vorhandene Vakuum möglichst verlässlich zu ermitteln, sitzt der Saugrohrdrucksensor unmittelbar am »Tatort« – im Ansaugkrümmer. Seine Signale nutzt das Motorsteuergerät als Regelgrößen für die Kraftstoffmenge und den Zündzeitpunkt.

Zündspannungsüberwachung: Beaufsichtigt die Motordrehzahl und setzt bei Zündaussetzern, etwa bei Schäden an den Zündspulen oder Kerzensteckern, den entsprechenden Zylinder auf »Nulldiät«. Der Eingriff »rettet« die Katalysatoren, sie können unter »Aufsicht« nicht mehr »überfetten bzw. überhitzen«. Als aufmerksamer Zafira-Lenker erkennen Sie den »Gnadenakt« der Zündspannungsüberwachung an der Kontrollleuchte im Armaturenbrett.

Sicherheitsschalter Kraftstoffeinspritzanlage: Der Schalter unterbricht bei undichtem Kraftstoffsystem, etwa nach einem Unfall, bei starken Erschütterungen oder plötzlichem Druckabfall in der Förderleitung, die Kraftstoffzufuhr im Kraftstoffsystem.

Einspritzventile: Im Ansaugrohr sitzt vor jedem Zylinder ein Einspritzventil (sequenzielle Einspritzung). Die Ventile reagieren auf elektrische Impulse. Ihre »Reaktionszeit« beträgt etwa 1 bis 1,5 Millisekunden. Um die Gemischbildung schneller und homogener zu unterstützen, spritzen die Ventile einen »geteilten« Kraftstoffstrahl vor die Einlassventile. Jeder Einspritzvorgang hebt die Ventilnadel nur etwa 0,1 Millimeter von ihrem Sitz.

Klopfsensor: Er analysiert den Verbrennungsablauf anhand der in seinem Umfeld auftretenden Schwingungsfrequenzen. Bei unregelmäßigen Frequenzen (Klingelgeräusche während der Verbrennung) leitet der Klopfsensor, geringfügig verzögert, via Zentralrechner die erforderliche Zündkorrektur ein.

Abgasrückführungsventil (AGR): Das elektronisch gesteuerte AGR-Ventil macht einer exakt dosierten Abgasmenge den Weg ins Ansaugsystem frei. Hier vermengen sich die »alten« Abgase« mit der frischen Ansaugluft. Die jeweilige Abgasmenge errechnet das Motorsteuergerät anhand der Kurbelwellendrehzahl, dem Lastzustand und der momentanen Motortemperatur. Die »Giftspritze« aus dem Auspuff senkt die Verbrennungstemperaturen, was wiederum den NO_x-Ausstoß positiv beeinflusst.

KRAFTSTOFFEINSPRITZUNG

Kraftstoffeinspritzung — Störungsbeistand

Störung	Ursache	Abhilfe
A Kalter Motor springt nicht oder schlecht an.	1 Versorgungsrelais defekt.	Überprüfen, ggf. austauschen lassen.
	2 Kraftstoffpumpe fördert nicht oder ungenügend.	Benzin im Tank? Pumpenanschlüsse überprüfen. Evtl. Pumpe aus Tank demontieren, Fördermenge messen lassen.
	3 Druckregler defekt.	Systemdruck messen lassen.
	4 Unterdrucksystem undicht.	Sämtliche Schlauchleitungen überprüfen.
	5 Kühlmitteltemperatursensor defekt.	Prüfen lassen.
	6 Drosselklappenpotentiometer defekt.	Prüfen lassen.
	7 Zündanlage defekt.	Zündsystem überprüfen lassen.
	8 Drehzahlsensoren defekt oder Kabelverbindung unterbrochen.	Überprüfen, ggf. auswechseln lassen.
	9 Steuergerät defekt.	Überprüfen lassen.
	10 Ansaugsystem undicht (zieht Nebenluft).	Sämtliche Schlauchleitungen überprüfen.
	11 Luftmassenmesser defekt.	Überprüfen lassen.
	12 Drosselklappenmodul defekt.	Überprüfen lassen.
B Warmer Motor springt nicht oder schlecht an.	1 Siehe A1 – 12.	
	2 Absolutdruckgeber defekt.	Überprüfen lassen.
	3 Einspritzventile undicht.	Überprüfen lassen.
C Motor springt an, stirbt aber wieder ab.	1 Drosselklappenstellmodul arbeitet nicht.	Überprüfen lassen.
	2 Lambda-Sonden defekt.	Funktion prüfen, ggf. ersetzen lassen.
D Kalter Motor schüttelt im Leerlauf.	1 Siehe A5.	
	2 Siehe C1.	
E Warmer Motor schüttelt im Leerlauf.	Siehe C1.	
F Leerlauf fällt beim Einschalten starker Stromverbraucher bzw. beim vollen Einschlag der Servolenkung ab.	Siehe C1.	
G Motor hat Aussetzer.	1 Kraftstofffilter verstopft.	Filter auswechseln.
	2 Siehe A2 und 7.	
	3 Siehe B2.	
	4 Siehe C2.	

SICHTPRÜFUNG AN DER EINSPRITZANLAGE

Kraftstoffeinspritzung Fortsetzung — Störungsbeistand

H Schwankende Drehzahlen bei 2000–4000/min.	Siehe A6 und 10.	
I Motor stottert, setzt aus.	Siehe A3 und 7.	
J Motorleistung ungenügend.	1 Siehe A2, 4 und 6.	
	2 Drosselklappe geht nicht in Vollgasstellung.	Fahrpedalmodul (E-Gas) prüfen lassen.
K Kraftstoffverbrauch zu hoch.	1 Siehe A3 – 12.	
	2 Siehe C2.	
L Motor springt grundsätzlich nicht an.	1 Siehe A1–12.	
	2 Siehe B1–3.	

Eingeschränkt möglich – Selbsthilfe an der Einspritzanlage

Mit Ihrem jetzigen Wissensstand über das Einspritzmanagement werden Sie unserer anfänglichen Empfehlung sicherlich folgen – wir wiederholen uns dennoch: Überlassen Sie Arbeiten an der Einspritzanlage Ihres Zafira grundsätzlich einem Profi. Zumindest dann, wenn es sich um tiefergehende Korrekturen handelt, die Spezialequipment und aktuelles Fachwissen voraussetzen. Denn um Defekte im elektronischen Motormanagement einwandfrei analysieren zu können, müssen diverse Tests in einer ganz bestimmten Reihenfolge ablaufen: Nur so verhindern Sie Schäden an elektronischen Bauteilen und Folgeschäden mit aufwändigen Reparaturen. Normales Heimwerkerwissen und »Hobbywerkzeuge« reichen unter den Motorhauben moderner Autos längst nicht mehr aus – Experten mit elektronischem Testequipment sind unabdingbar. Doch seien Sie ganz beruhigt: Störungen an elektronischen Bauteilen treten in der Praxis mittlerweile selten auf – Ausnahmen bestätigen die Regel ...

Kein Hexenwerk – Sichtprüfung an der Einspritzanlage

Bei allem berechtigten Respekt, sehen Sie fortan das technische Umfeld der Einspritzanlage nicht als »Parc fermé« an – überlegen Sie nur mit entsprechendem »Augenmaß« was Sie sich zutrauen können. Stellen Sie zunächst die Sichtprüfung in den Vordergrund Ihres »Arbeitseinsatzes« unter der Zafira-Motorhaube: Checken Sie zum Beispiel ab und an Schläuche und ihre Befestigungen auf korrekten Sitz und Ermüdungsrisse. Allen voran ...

- ... den Unterdruckschlauch zum Bremskraftverstärker, ...
- ... die Schläuche der Motorbe- und -entlüftung (sind sie verstopft, verschmutzt oder aufgequollen?), ...
- ... die Kraftstoffschläuche und Kraftstoffleitungen (erkennen Sie Scheuerstellen, Altersrisse oder »Schwitzspuren«?), ...
- ... die Druckregleranschlüsse (sind die Anschlüsse trocken?) und ...
- ... falls Sie irgendwann Kabelstecker unter der Motorhaube oder sonstwo trennen mussten, können Sie unbeabsichtigt schon den Grundstein für später auftretende »Kontaktschwächen« gelegt haben. Versuchen Sie die Stecker dann zunächst mit Kontaktspray wieder zu »motivieren« – biegen Sie die Kontaktzungen lediglich im »Notfall« mit viel Gefühl nach.

Verunsichert den Bordrechner – Nebenluft

Undichte Stellen im Ansaugsystem lassen unkontrollierte Nebenluft passieren. Das stört den Bordrechner erheblich, denn Nebenluft provoziert seine »Informan-

KRAFTSTOFFEINSPRITZUNG

ten« zu falschen Steuerimpulsen. Beispielsweise die Module der Gemischaufbereitung: Mitunter »speisen« dann die Einspritzdüsen den Motor mit zu wenig Kraftstoff ab. In dem Fall würden das Gemisch unkontrolliert abmagern und die Verbrennungstemperaturen gleichzeitig ansteigen – ungünstigstenfalls sogar in Regionen, die Kolben und Ventilen den Hitzetod bereiten. Fehlfunktionen im Einspritzsystem »lesen« Sie übrigens schon an einem »sägenden« Leerlauf ab. Bei voller Belastung neigen »abgemagerte« Motoren ohne Anti-Klopfregelung zu hörbarem »Klingeln«. Seien Sie also schon beim geringsten Anzeichen »hellwach« und kreisen den Fehler dann systematisch ein:

Arbeitsschritte

① Prüfen Sie die Unterdruckschläuche auf Risse und festen Sitz. Checken Sie an der Einspritzanlage oder am Ansaugkrümmer sämtliche Schläuche (Saugrohrdrucksensor, Bremskraftverstärker, Kraftstoff-Verdunstungsanlage, etc.).

② Fahren Sie den Zafira etwa 20 Kilometer warm, und lassen ihn anschließend im Leerlauf »brummen«. Öffnen Sie die Motorhaube und ziehen den Stecker der ersten Lambda-Sonde mit hitzeresistenten Handschuhen (unmittelbar am Abgaskrümmer) ab. Ändert sich daraufhin die Drehzahl?

③ Besprühen Sie nacheinander sämtliche Schlauchverbindungen und Flanschdichtungen der Einspritzanlage mit einem handelsüblichen Kaltstartspray: Achten Sie derweil aufmerksam darauf, an welchem Anschluss sich die Motordrehzahl ändert – der Motor zieht dort Nebenluft.

Leerlaufdrehzahl prüfen

Die Leerlaufdrehzahl justiert, je nach eingeschaltetem Verbraucher (z. B. Scheinwerfer, AC oder Servolenkung) das Steuergerät laufend über den Leerlaufstellmotor. Zafira-Ottomotoren drehen im Stand mit etwa 800 +/- 100 min.$^{-1}$, die Turbodiesel lassen ihre Kurbelwellen mit rund 850 min.$^{-1}$ rotieren. Zur Kontrolle benötigen Sie einen exakten Drehzahlmesser. Werkstätten nutzen dazu einen stationären Motortester. Drehzahldifferenzen können Sie am Zafira nicht isoliert justieren: Experten kreisen im gesamten Motormanagement die Fehlfunktion systematisch ein. Es sei denn, die Batterie war abgeklemmt: Dann beansprucht der Bordrechner ein paar Kilometer, um wieder an seine alte Form anknüpfen zu können. In dieser »Trainingsphase« kann es beispielsweise auch zu erhöhten Leerlaufschwankungen kommen.

Systematisch einkreisen – Leerlaufschwankungen

Falls Sie die Batterie abgeklemmt hatten, lassen Sie dem Bordrechner rund zehn Kilometer Zeit um das »verstimmte« Motormanagement zu disziplinieren und mit »offiziellen« Basisdaten erneut auf Kurs zu bringen. Falls das der Bordrechner wieder Erwarten nicht ohne fremde Hilfe schafft, gehen Sie zunächst folgendermaßen vor:

Arbeitsschritte

① Kontrollieren Sie den Zustand der Luftschläuche.

② Prüfen Sie, ob alle elektrischen Anschlüsse einwandfrei sitzen. Sie dürfen nicht korrodiert sein. Für weitere Kontrollen verwendet die Werkstatt einen speziell auf das Steuergerät abgestimmten Motortester.

③ Zu geringer Kraftstoffvordruck verursacht gleichfalls Leerlaufdrehzahlschwan-kungen. Lassen Sie Ihre Werkstatt dann einen Drucktest durchführen.

Drosselklappenmodul checken

Arbeitsschritte

① Lassen Sie den Motor im Leerlauf laufen.

② Schalten Sie möglichst viele Stromverbraucher ein, drehen Sie auch das Lenkrad von Anschlag zu Anschlag.

③ Die Leerlaufdrehzahl darf kurzfristig absinken, ein intaktes Drosselklappenmodul regelt den Wert jedoch wieder »hoch«.

④ Ziehen Sie die Steckverbindung am Drosselklappenmodul ab, der Motor muss jetzt sofort ausgehen.

⑤ Falls nicht, lassen Sie das Drosselklappenmodul in einer Opel-Werkstatt genau überprüfen.

Einspritzventile checken

Arbeitsschritte

① Defekte Einspritzventile entlarven Sie unter Umständen schon durch bloßes »Hand auflegen«: Im Gegensatz zu funktionierenden »Düsen« vibrieren defekte Ventile nicht im

EINSPRITZVENTILE AUS- UND EINBAUEN

Takt. Vermeiden Sie »Brandblasen« an den Fingerkuppen und machen den Test möglichst nicht am »knisternden« Motor.

② Ziehen Sie zur Spannungskontrolle den Stecker eines Einspritzventils ab, und legen dann einen LED-Spannungsprüfer (keine Prüflampe) an den Stecker an. Der Motor ist währenddessen aus.

③ Starten Sie nun den Motor: Die Leuchtdioden im Spannungsprüfer müssen flackern, ansonsten fließen keine Steuerströme. Das muss nicht unbedingt an der Zuleitung liegen, eventuell hat auch das Steuergerät einen Defekt. In diesem Fall ist die Werkstatt Ihre erste Adresse.

④ Zur Widerstandsmessung ziehen Sie den Versorgungsstecker des betreffenden Einspritzventils ab und verbinden beide Kontaktzungen am Ventil mit einem Multimeter. Bei 20° C muss der Messwert bei etwa 14,5 ± 1 Ohm liegen.

⑤ Falls die Abweichungen zu groß sind, ersetzen Sie das Ventil.

Einspritzventile aus- und einbauen

Arbeitsschritte

Z 16 XE, Z 16 YNG, Z 18 XE

① Klemmen Sie das Batteriemassekabel ab, …

② … demontieren, wie beschrieben, den Wasserabweiser, die Motorabdeckung ❷ und das Luftansaugrohr ❶.

Vor der Demontage »entblättern« – Zylinderkopf.

③ Ziehen Sie dazu auch den Mehrfachstecker des Ansauglufttemperatursensors ❷ ab.

④ Anschließend ziehen Sie den Motorentlüftungsschlauch ❶ vom Luftansaugrohr und clipsen die Leitung des Tankentlüftungsventils los.

⑤ Lösen Sie beide Schlauchschellen ❸ des Luftansaugrohrs und …

⑥ … ziehen die Schläuche ab.

⑦ Lösen Sie die Befestigungsschraube ❺ und ziehen das Luftfiltergehäuse ❹ mitsamt Ansaugschläuchen aus der Halterung.

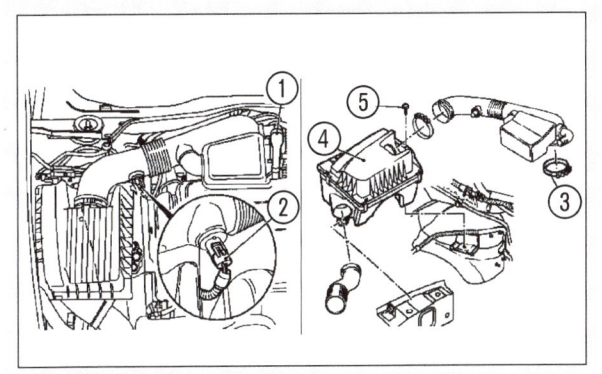

Komplett mit Ansaugschläuchen demontieren – Luftansaugrohr.

⑧ Demontieren Sie jetzt den Kabelkanal. Trennen Sie die »fett« gezeichneten Anschlüsse vom Kabelstrang ❸.

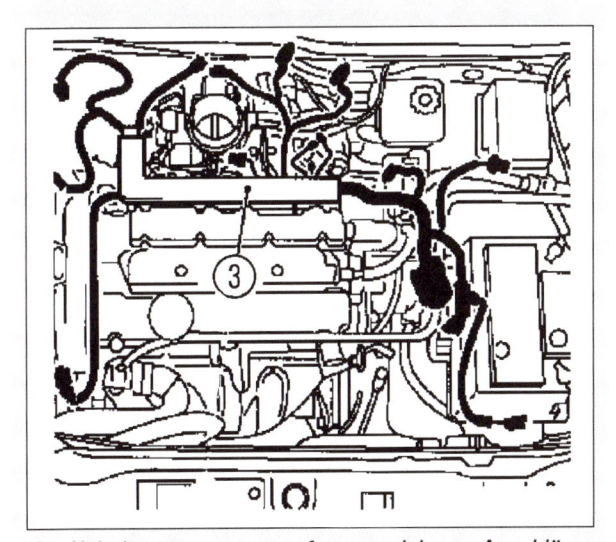

Am Kabelstrang trennen – »fett« gezeichnete Anschlüsse.

⑨ Legen Sie den Kabelbaum beiseite und …

⑩ … ziehen die »Energieleiste« von den Einspritzdüsen ab.

⑪ Bevor Sie weitere Schritte unternehmen, lassen Sie den

KRAFTSTOFFEINSPRITZUNG

Vordruck aus dem Kraftstoffsystem entweichen. Opel-Werkstätten nutzen dazu ein Spezialwerkzeug, doch wenn Sie die Kraftstoffleitungen ❷ vorsichtig lösen, klappt's auch. Denken Sie allerdings daran, vorher den Anschluss ❶ mit einem Lappen zu umwickeln und auslaufenden Kraftstoff in einem Auffangbehälter zu sammeln.

⑫ Hernach ziehen Sie das Kraftstoffverteilerrohr komplett aus der Ansaugbrücke. Dazu lösen Sie die Befestigungsschrauben (Pfeile) und hebeln die »Pipeline« mitsamt Einspritzdüsen aus.

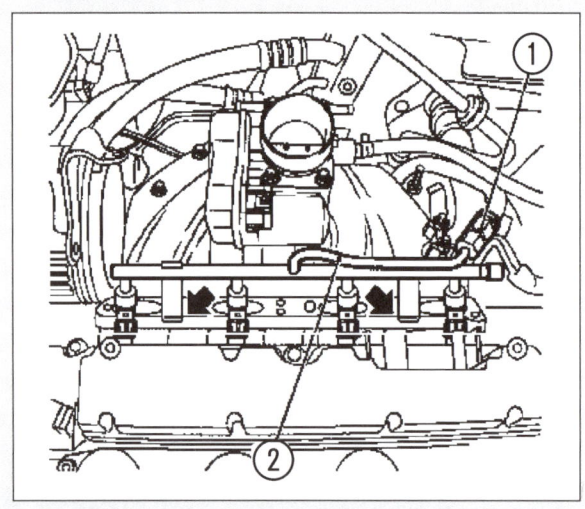

Nur komplett demontieren – Kraftstoffverteilerrohr von der Ansaugbrücke.

⑬ Montieren Sie jetzt die Einspritzventile aus dem Kraftstoffverteilerrohr. Dazu ziehen Sie zunächst die Sicherungsklammer ❶ und dann das jeweilige Ventil ❷ heraus.

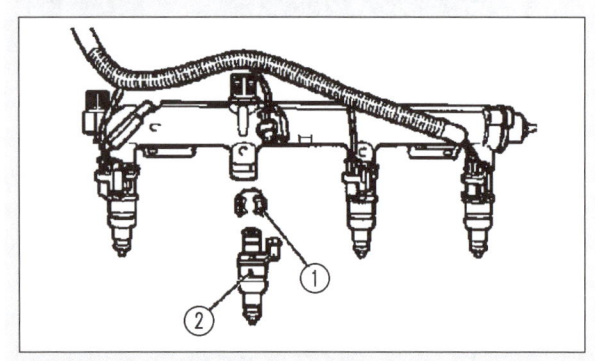

Erst die Sicherungsklammer ziehen – dann das entsprechende Einspritzventil aus dem Verteilerrohr hebeln.

⑭ Beenden Sie die Montage in umgekehrter Reihenfolge. Setzen Sie die Einspritzventile auf jeden Fall mit neuen O-Ringen ein. Damit die Ventile besser ins »Loch flutschen«, benetzen Sie die Ringe mit sauberem Motoröl oder Vaseline.

Z 20 LET

① Klemmen Sie das Batteriemassekabel ab, ...

② ... lösen die Schlauchschellen des Luftansaugrohrs ❺ und ziehen die Anschlüsse ab. Das Luftansaugrohr legen Sie dann beiseite.

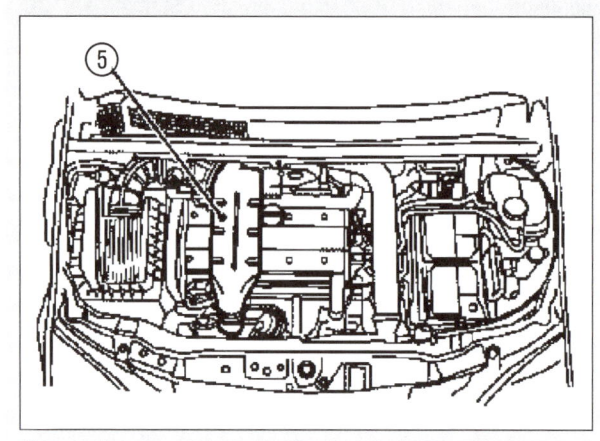

Demontieren und beiseite legen – Luftansaugrohr.

③ Anschließend ziehen Sie den Motorentlüftungsschlauch ❹ vom Ventildeckel ab.

④ Bevor Sie jetzt weiter arbeiten, lassen Sie den Vordruck aus dem Kraftstoffsystem entweichen. Opel-Werkstätten nutzen dazu den Prüfanschluss ❸ und ein Spezialwerkzeug. Doch wenn Sie die Kraftstoffleitungen ❷ vorsichtig lösen, klappt's auch. Denken Sie allerdings daran, die Anschlüsse vorher mit einem Lappen zu umwickeln und auslaufenden Kraftstoff in einem Auffangbehälter zu sammeln.

⑤ Ziehen Sie die Steckerleiste ❶ vorsichtig von den Einspritzdüsen und ...

⑥ ... legen den Kabelbaum beiseite.

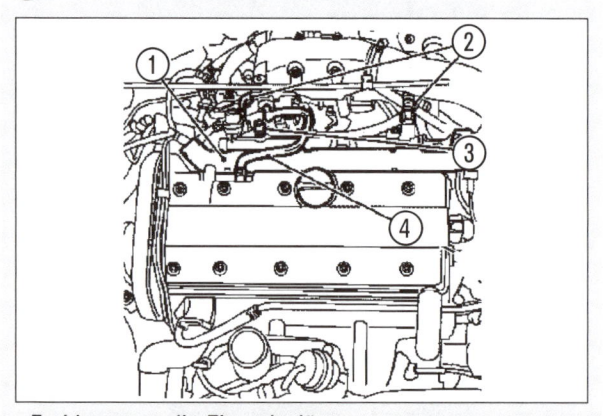

»Frei legen« – die Einspritzdüsen.

⑦ Hernach ziehen Sie das Kraftstoffverteilerrohr aus der Ansaugbrücke. Dazu lösen Sie die Befestigungsschrauben ❶ und hebeln die »Pipeline« mitsamt Einspritzdüsen aus.

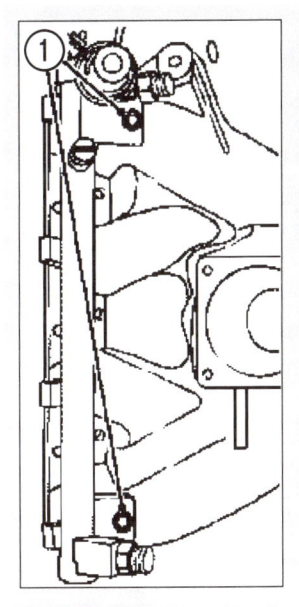

EINSPRITZVENTILE AUS- UND EINBAUEN

Schrauben lösen und mitsamt der »Pipeline« aus dem Ansaugtrakt hebeln – Einspritzdüsen.

⑧ Demontieren Sie die Einspritzventile wie beschrieben aus dem Kraftstoffverteilerrohr.

⑨ Beenden Sie die Montage in umgekehrter Reihenfolge. Setzen Sie die Einspritzventile auf jeden Fall mit neuen O-Ringen ein. Damit die Ventile besser ins »Loch flutschen«, benetzen Sie die Ringe mit sauberem Motoröl oder Vaseline.

Z 22 SE

① Klemmen Sie das Batteriemassekabel ab, …

② … entfernen, wie beschrieben, die Motorabdeckung und demontieren dann das Luftansaugrohr ③.

③ Lösen Sie dazu den Unterdruckschlauch ④ vom Kraftstoffdruckregler und ziehen den Mehrfachstecker des Ansauglufttemperatursensors ① ab.

④ Anschließend trennen Sie den Motorentlüftungsschlauch ② vom Luftansaugrohr und clipsen die Leitung des Tankentlüftungsventils ab.

⑤ Lösen Sie beide Schlauchschellen des Luftansaugrohrs und …

⑥ … ziehen die Anschlüsse ab.

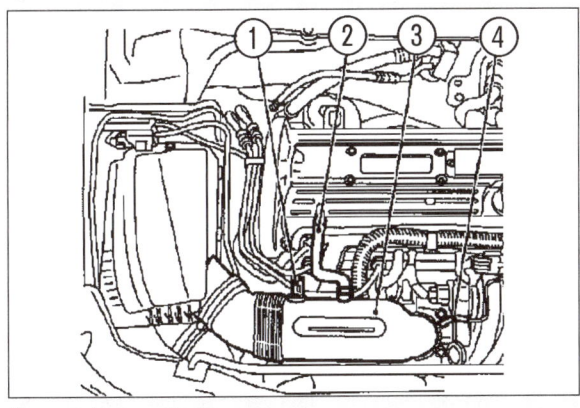

Demontieren – Luftansaugrohr.

⑦ Bevor Sie weitere Schritte unternehmen, lassen Sie den Vordruck aus dem Kraftstoffsystem entweichen. Opel-Werkstätten nutzen dazu ein Spezialwerkzeug. Doch wenn Sie die Kraftstoffleitungen ② und ③ vorsichtig lösen, klappt's auch. Denken Sie allerdings daran, den Anschluss vorher mit einem Lappen zu umwickeln und auslaufenden Kraftstoff in einem Auffangbehälter zu sammeln.

⑧ Clipsen Sie die Kraftstoffleitungen ① und …

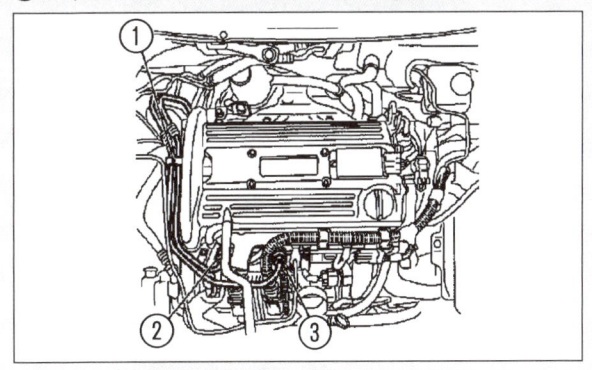

Lösen – Kraftstoffleitungen.

⑨ … den Kabelstrang des Tankentlüftungsventils ① aus dem Halter ②.

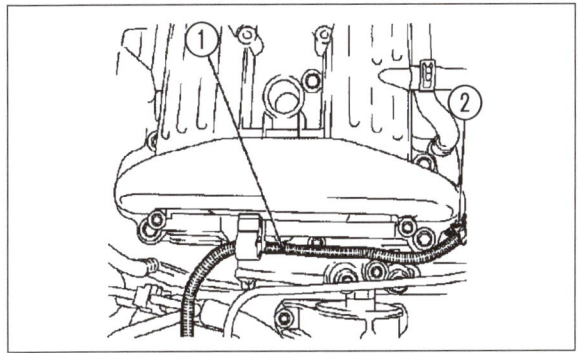

Ausclipsen – Kraftstoffleitungen und den Kabelstrang des Tankentlüftungsventils.

⑩ Entriegeln und trennen Sie anschließend die Mehrfachstecker der Einspritzventile, des Zündmoduls und des Abgasrückführungsventils ① und ②.

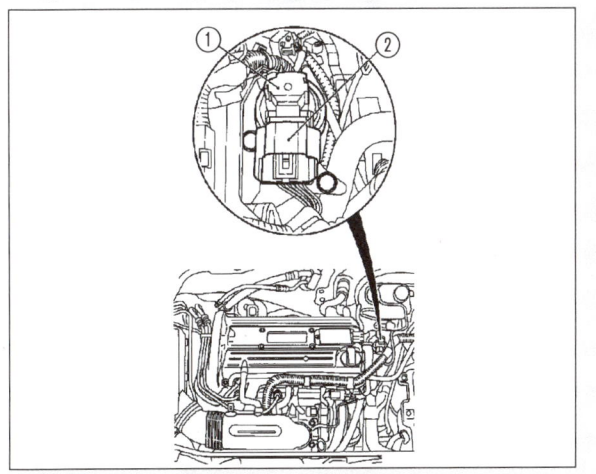

Anschlüsse trennen – Einspritzventile, Abgasrückführung, Zündmodul.

KRAFTSTOFFEINSPRITZUNG

⑪ Demontieren Sie den Kühlwasserschlauch ❶ und ❷ und …

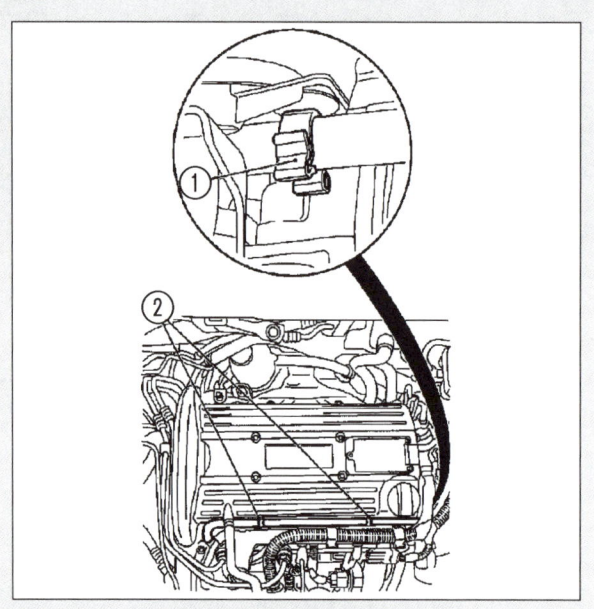

Demontieren – Kühlmittelschlauch.

⑫ … dann den Kabelkanal. Dazu lösen Sie beide Muttern ❸, den Clip ❶ sowie den Kabelkanalhalter ❷.

⑬ Legen Sie den Kabelbaum beiseite und …

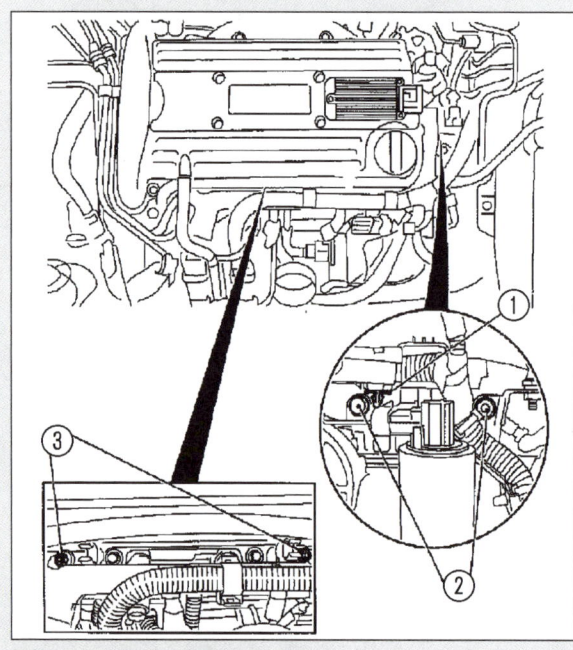

Lösen und beiseite legen – Kabelbaum.

⑭ … ziehen hernach das Kraftstoffverteilerrohr aus der Ansaugbrücke. Lösen Sie zunächst die Befestigungsschrauben ❶ und hebeln dann das Verteilerrohr mitsamt Einspritzdüsen aus.

Demontieren – Kraftstoffverteilerrohr.

⑮ Montieren Sie die Einspritzventile, wie beschrieben aus dem Kraftstoffverteilerrohr.

⑯ Beenden Sie die Montage in umgekehrter Reihenfolge. Setzen Sie die Einspritzventile auf jeden Fall mit neuen O-Ringen ein. Und damit die Ventile besser ins »Loch flutschen«, benetzen Sie die Ringe mit sauberem Motoröl oder Vaseline.

Einspritzventile prüfen

Arbeitsschritte

① Demontieren Sie, wie beschrieben das Kraftstoffverteilerrohr mitsamt Einspritzventilen und …

② … ziehen dann die elektrischen Anschlüsse von den Einspritzventilen ab. Die Kraftstoffleitungen bleiben derweil angeschlossen.

Tropfprobe – checken Sie jedes Einspritzventil

③ Damit die Kraftstoffpumpe den nötigen Systemdruck aufbaut, schalten Sie die Zündung mehrmals aus und ein.

④ Inspizieren Sie jedes Einspritzventil einzeln. Wenn nur ein Tropfen »nachläuft« ist das Ventil o. k., ansonsten tauschen Sie es ohne Wenn und Aber aus.

Spritzprobe – »gute« Ventile zerstäuben den Kraftstoff kegelförmig

⑤ Um den Spritzstrahl zu prüfen, ziehen Sie – bis auf das jeweils zu prüfende Ventil – von allen Ventilen die Stecker ab und fangen den Kraftstoff in einem Behälter auf. Die Kraftstoffleitungen bleiben bei allen Ventilen angeschlossen.

⑥ Schalten Sie dazu die Zündung ein und starten den Motor – »gute« Ventile spritzen den Kraftstoff kegelförmig ab.

⑦ Wiederholen Sie die Prüfung an jedem Ventil.

Diesel-Kraftstoffversorgung – der Grundaufbau

Im Gegensatz zu Ottomotoren arbeiten Diesel-Einspritzanlagen mit höheren Systemdrücken. Die Einspritzpumpen inklusive ihrer Regelperipherie unterscheiden sich darum auch grundsätzlich von den »Kollegen der Ottozunft«. Techniker differenzieren bei Dieselmotoren zwischen der Reiheneinspritzpumpe, der Einstempel-Verteilereinspritzpumpe, dem Common-Rail- und dem Pumpe/Düse-System. Unter der Motorhaube der Diesel-Zafira portionieren Einstempel-Verteilereinspritzpumpen den Kraftstoff via gleich langer Druckleitungen über Einspritzdüsen direkt in die Brennräume. Ohne Regelelektronik macht freilich auch der Zafira Diesel keinen Mucks – Opel nennt sein Motormanagement EDC (**E**lectronic **D**iesel **C**ontrol). EDC arbeitet aufwendiger und effizienter als die Steuerelektronik moderner Ottomotoren.

- Das EDC arbeitet mit Fail Safe (Sicherheitssystem). Fail Safe »merkt« sich alle Unregelmäßigkeiten und legt sie in einem Fehlerspeicher ab. Den Speicherinhalt liest ein Systemtester aus – was die Diagnose zu einem »Kinderspiel« macht. Lassen Sie sich bei Unregelmäßigkeiten ein Prüfprotokoll erstellen und entscheiden dann selber, ob Ihnen die nötige Arbeit selbst von den Händen geht, oder ob Ihr Zafira ein Fall für den Fachmann bleibt.
- Der Motor bekommt in jedem Betriebszustand eine genau dosierte Kraftstoffmenge zugeteilt. Dadurch verbessern sich die Abgase, die Leistung steigt und der Verbrauch bleibt akzeptabel.
- Das von älteren Selbstzündern bekannte »Leerlaufsägen« können Sie beim Zafira getrost vergessen: EDC regelt gleichermaßen den Leerlauf und die Abregeldrehzahl elektronisch.

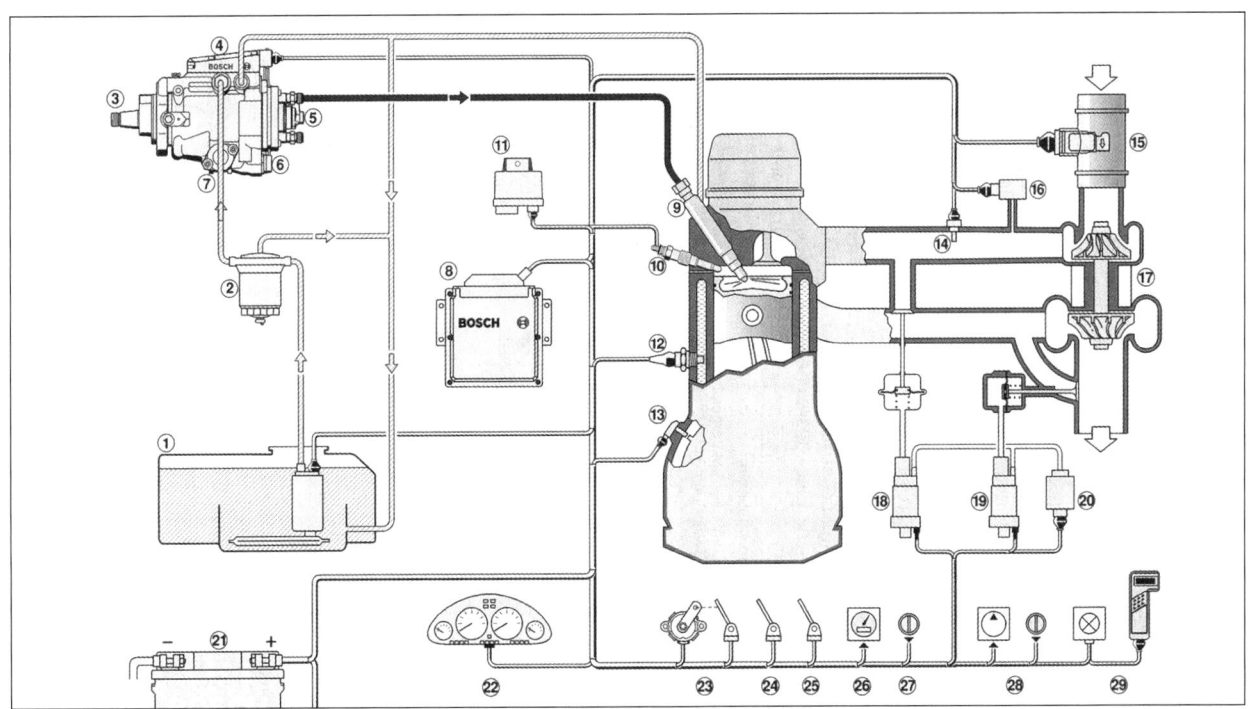

Normal begabte Do it Yourselfer haben hier wenig Chancen: Das elektronische Diesel-Management der Opel ECOTEC-Motoren arbeitet sensibler als die Steuerelektronik der Ottomotoren. Die Darstellung zeigt eine allgemeine Dieselelektronik wie sie heutzutage unter den meisten Motorhauben anzufinden ist. ❶ Tank, ❷ Kraftstofffilter, ❸ Einspritzpumpe, ❹ Pumpensteuergerät, ❺ Hochdruckmagnetventil, ❻ Spritzversteller-Magnetventil, ❼ Spritzversteller, ❽ Motorsteuergerät, ❾ Düsenhalter mit Geber für Nadelhub, ❿ Glühstiftkerze, ⓫ Glühzeitsteuergerät, ⓬ Kühlmittel-Temperatursensor, ⓭ Kurbelwellen-Drehzahlsensor, ⓮ Ansaugluft-Temperatursensor, ⓯ Luftmassensensor, ⓰ Ladedrucksensor, ⓱ Turbolader, ⓲ Abgasrückführrücksteller, ⓳ Ladedrucksteller, ⓴ Unterdruckpumpe, ㉑ Batterie, ㉒ Kombiinstrument, ㉓ Fahrpedalsensor, ㉔ Kupplungsschalter, ㉕ Bremskontakte, ㉖ Fahrgeschwindigkeitssensor, ㉗ Temporegler, ㉘ Klimakompressor, ㉙ Diagnoseanzeige mit Anschluss für Diagnosegerät.

KRAFTSTOFFEINSPRITZUNG

Die Einspritzpumpe wird im Zafira 2,0 DTI 16V (VP 44 PSG 5 PI S3) und 2,2 DTI 16V (VP 44 PSG 16) mit einer Rollenkette von der Kurbelwelle aus angetrieben. In beiden Fällen trägt die Pumpenoberseite ein elektronisches Steuergerät. Generell steht das Steuergerät unter Aufsicht der EDC – aus seinen Signalen leitet es Impulse für das Hochdruckmagnetventil und die Förderbeginnverstellung ab.

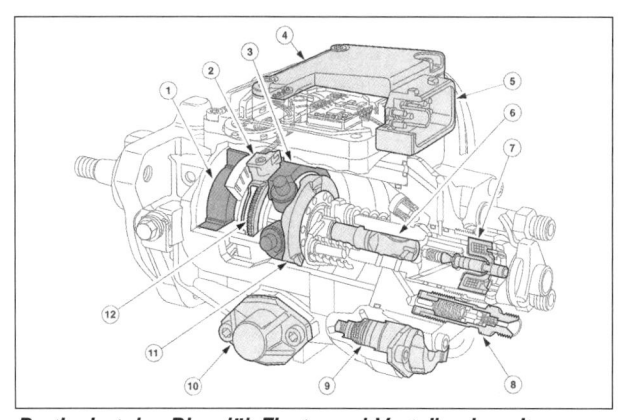

Portioniert das Dieselöl: Einstempel-Verteilereinspritzpumpe.
❶ *Flügelzellenpumpe,* ❷ *Drehwinkelsensor,* ❸ *Rollenring,* ❹ *Pumpensteuergerät (PCU),* ❺ *Steckeranschluss,* ❻ *Axialkolben,* ❼ *Hochdruckmagnetventil,* ❽ *Druckventil,* ❾ *Magnetventil zur Spritzbeginnverstellung (FTIS),* ❿ *Spritzversteller,* ⓫ *Hubscheibe,* ⓬ *Impulsgeberrad.*

Im Zafira Diesel gelangt der Kraftstoff in gleich langen Druckleitungen zu den Einspritzdüsen. Klemmschrauben fixieren die Düsen im Zylinderkopf. Dichtscheiben schützen ihre Spitzen vor direktem Kontakt zum Zylinderkopf. Erneuern Sie die Dichtscheiben generell nach jeder Düsendemontage. Die Einspritzdüsen sind übrigens »mehrstrahlig« ausgelegt, ihre Spritzrichtung »zielt« nahezu zentral in die speziell profilierten Kolbenmulden innerhalb der Zylinder. Im ersten Schritt »spendieren« die Düsen den Muldenkoben zunächst eine relativ kleine »Vorspeise« Dieselöl. Sobald der Aperitif (Pilotmenge) dann »in hellen Flammen steht« kommt der Hauptgang stante pede. Vorteil, die Haupteinspritzmenge entzündet sich dann relativ »weich« an der »großen« Flammfront – der Motor »nagelt« dezenter.

Läuft in den Tank zurück – überschüssiges Dieselöl

Bezogen auf die Volllastmenge kursiert im Dieseleinspritzsystem ständig mehr Kraftstoff als tatsächlich benötigt wird. Auch die Düsen spritzen nicht die gesamte Kraftstoffmenge in die Brennräume ein: Der überschüssige Kraftstoff dient unter anderem dazu, alle beweglichen Teile der Einspritzpumpe und Einspritzdüsen zu schmieren und zu kühlen.

Die EDC bewahrt Zafira Selbstzünder übrigens vor »staubtrockenen« Tanks: Sobald sich der Dieselvorrat dem Ende neigt, stellt EDC die Einspritz- / Förderpumpe auf Nullförderung. Vorteil: Sie müssen Ihren Zafira lediglich nach dem Austausch der kompletten Einspritzpumpe konventionell »entlüften«, ansonsten schafft das »locker« der Anlasser.

Um den Kraftstoff bei laufendem Motor im System kursieren zu lassen, besitzen Dieselmotoren jeweils eine Vor- und Rücklaufleitung. Auch die Einspritzdüsen sind darin integriert: Sie haben Rücklaufkanäle und stehen über eine Leckölleitung, die unter der Ventildeckelhaube liegt, miteinander in Kontakt. Leckölleitung und Rücklaufleitung »treffen« sich außerhalb des Zylinderkopfs. Durch die Rücklaufleitung fließt der Dieselkraftstoff zurück in den Tank.

Der Zafira 2,2 DTI 16 V hat übrigens einen »Kraftstoffkühler« unter seinem Bauch. Grund: Der Einspritzdruck der »VP 44 PSG 16« erhitzt das Dieselöl dermaßen, dass der Energiegehalt der Einspritzmenge im Volllastbetrieb mitunter nicht mehr ausreicht, um alle »Nennpferdchen zuverlässig zu füttern«. Folge: Unter Volllast könnte der 2,2 DTI »lahmen«. Nicht so im Zafira »Dieselross«, ab 27°C kühlt das »Lecköl« auf seinem Rückweg in den Tank unter dem Wagenboden ab.

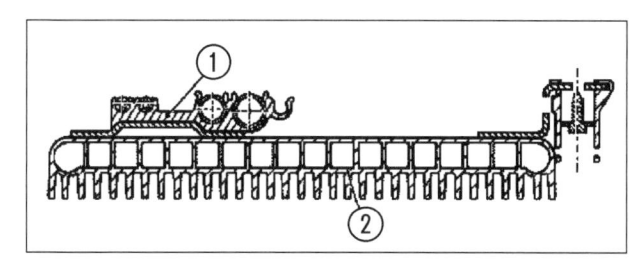

Gekühlt unter dem Zafira-Bauch: Lecköl auf dem Weg zurück in den Tank. ❶ *Halterung für Kraftstoff- und Bremsleitungen,* ❷ *Kraftstoffwabenkühler.*

Der Förderweg – so gelangt das Dieselöl zur Einspritzdüse

Das Dieselöl gelangt aus dem Tank über den Kraftstofffilter zur Verteilereinspritzpumpe. In herkömmlichen Verteilereinspritzpumpen übernimmt eine Flügelzellenpumpe den Job der Kraftstoffpumpe. Sie sitzt in einer runden Bohrung direkt im Pumpengehäuse. Da die Pumpe als Saug- und Druckpumpe arbeitet, beschleunigt sie auch den Kraftstoff in den Pumpen-

IMPULSGEBERRAD UND DREHWINKELSENSOR

druckbereich. Sobald der Motor läuft, kursiert das Dieselöl in einem abgeschlossenen Leitungssystem (Vor- und Rücklaufleitung).

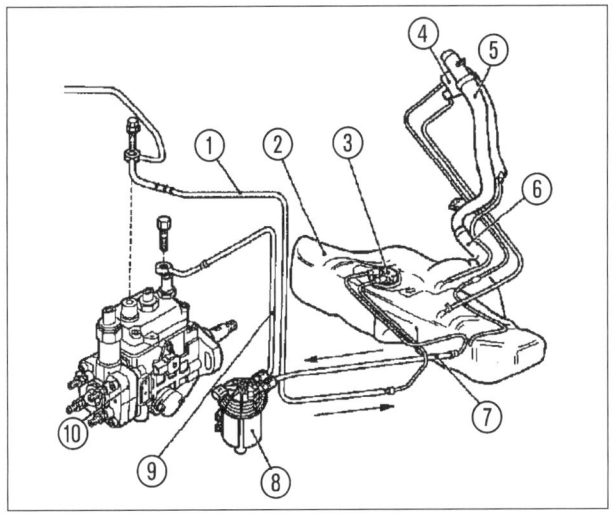

Vom Tank bis zum Zylinderkopf: So gelangt das Dieselöl in die Zylinder. ❶ *Kraftstoffrücklaufleitung,* ❷ *Kraftstofftank,* ❸ *Wartungsöffnung,* ❹ *Kraftstoffdampfabscheider,* ❺ *Tankstutzen,* ❻ *Verbindungsschlauch,* ❼ *Kraftstoffleitung,* ❽ *Kraftstofffiltergehäuse (links an der Motorraumspritzwand),* ❾ *Kraftstoffförderleitung,* ❿ *Verteilereinspritzpumpe (Druckbereich zu den E-Düsen).*

Deutlich verbesserter Wirkungsgrad – die Zafira-Einspritzpumpen

Das auf der Pumpenoberseite befindliche Pumpensteuergerät fungiert als Regiezentrale – es hat keine mechanische Verbindung zum Gaspedal (elektronisches Fahrpedal – drive by wire). Die Verteilerpumpe steuert ein Hochdruckmagnetventil, das ein Axialkolben beaufschlagt. Das Ventil öffnet und schließt in einem variablen Taktverhältnis, exakt nach den Vorgaben der EDC und des Pumpenkennfelds.
Der Spritzbeginngeber erfasst den Förderbeginn und steuert die Einspritzverstellung last- und drehzahlabhängig. Aus dem Schließzeitpunkt des Magnetventils ergibt sich grundsätzlich der Förderbeginn. Das Förderende bestimmt der Öffnungszeitpunkt – die Fördermenge resultiert aus der Zeitspanne, in der das Hochdruckmagnetventil geschlossen ist. Die Ansteuerung des Hochdruckmagnetventils erfolgt höchst präzise, Zafira-Pumpen arbeiten – im Vergleich zu älteren Lösungen – mit einem deutlich gesteigerten hydraulischen Wirkungsgrad.

Verteilen die Arbeit – Impulsgeberrad und Drehwinkelsensor

Damit jeder Zylinder in der richtigen Reihenfolge und zum richtigen Zeitpunkt »sein Portiönchen bekommt«, fungieren ein Impulsgeberrad und ein Drehwinkelsensor gewissermaßen als Verteiler. Das Impulsgeberrad ist direkt mit der Pumpenantriebswelle, der Drehwinkelsensor fest mit dem Rollenring verbunden. Sobald das Magnetventil den Spritzversteller ansteuert, verdreht der Rollenring und damit der Drehwinkelsensor in Richtung »früh« oder »spät«. Das Impulsgeberrad trägt für jeden Zylinder eine »Zahnlücke«. Maßgebend für den Drehwinkelsensor – er »fahndet« nämlich fortlaufend nach »Zahnlücken« informiert das Pumpensteuergerät mit seinen Erkenntnissen. Die Signale des Impulsgeberrads umschreiben gleichermaßen die Basis der momentanen Kurbelwellenposition, der aktuellen Einspritzpumpendrehzahl und der Spritzbeginnverstellung.

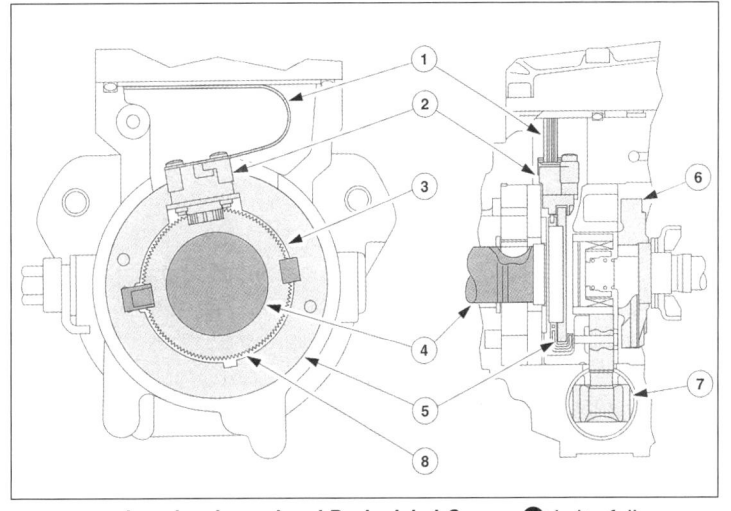

Impulsgeberrad und Drehwinkel-Sensor: ❶ *Leiterfolie,* ❷ *Drehwinkelsensor,* ❸ *Impulsgeberrad,* ❹ *Antriebswelle,* ❺ *drehbarer Lagerring,* ❻ *Hubscheibe,* ❼ *Spritzversteller,* ❽ *Zahnlücke.*

Macht kalte Diesel munter – die Kaltstarteinrichtung

Die Kaltstarteinrichtung erfüllt beim Diesel den gleichen Zweck wie die Startautomatik an Ottomotoren: Beide Systeme helfen kalten Motoren auf die Sprünge. Damit sind freilich die Gemeinsamkeiten schon erschöpft. Zwar macht auch die Dieselkaltstarteinrichtung ihren Einsatz von den herrschenden Umgebungstemperaturen abhängig, doch sie verringert nicht

KRAFTSTOFFEINSPRITZUNG

etwa, wie bei einem Ottomotor, die Luftzufuhr in die Zylinder, sondern verstellt kurzerhand den Einspritzzeitpunkt in Richtung »früh«. Anders gesagt: Der Kraftstoffnebel hat jetzt mehr Zeit, sich an der komprimierten Luft und den Glühstiftkerzen zu entzünden – der Motor springt »williger und runder« an. Außerdem hebt die Kaltstarteinrichtung geringfügig die Leerlaufdrehzahl an und heizt – je nach Motortemperatur – die Brennräume für einen gewissen Zeitraum nach. Das verringert die Motorgeräusche, verbessert die Leerlaufqualität, und verringert die Kohlenstoffemissionen in der Warmlaufphase.

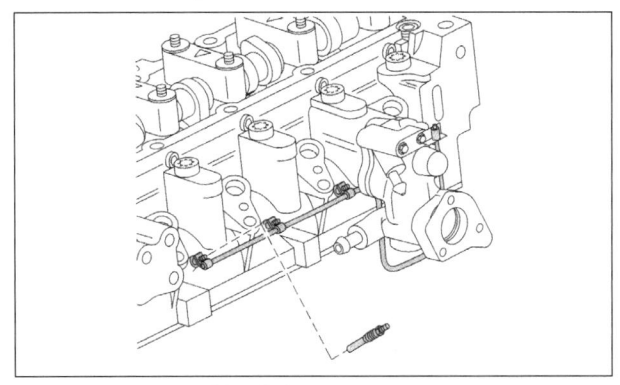

Heizen dem kalten Diesel ein: Glühstiftkerzen im Zylinderkopf.

Zerstäuben Dieselöl in die Brennräume – Einspritzdüsen

Die Einspritzdüsen sind schließlich die letzte Station der Diesel-Einspritzanlage. Sie zerstäuben den Kraftstoff unter hohem Druck in die Brennräume bzw. in spezielle Muldenkolben. Um die Verbrennungsgeräusche zu minimieren und den explosionsartigen Druckanstieg im Zylinder geringfügig zu »zähmen«, sind die Einspritzdüsen des Zafira mit zwei Federn bestückt. Die Federrate der ersten Feder ist so ausgelegt, dass die Düsennadel bereits bei etwa 1050 bar leicht von ihrem Sitz abhebt. Dadurch gelangt eine geringe Kraftstoffmenge (Pilotmenge) in den Brennraum und entzündet sich.

Das »Vorfeuer« bewirkt einen sanften Anstieg des Verbrennungsdrucks, es dient der Haupteinspritzmenge gewissermaßen nur als »Lunte«. Zur Haupteinspritzung, je nach Motor zwischen 1450 – 1850 bar, hebt die Düsennadel ganz von ihrem Sitz und entlässt das Dieselöl aus ihren Düsenöffnungen in die Kolbenmulde. Der von der »Vorverbrennung« intensivierte Luftwirbel reißt die frischen Kraftstoffpartikel mit und bildet ein nahezu homogenes und leicht zündfähiges Diesel-/Luftgemisch.

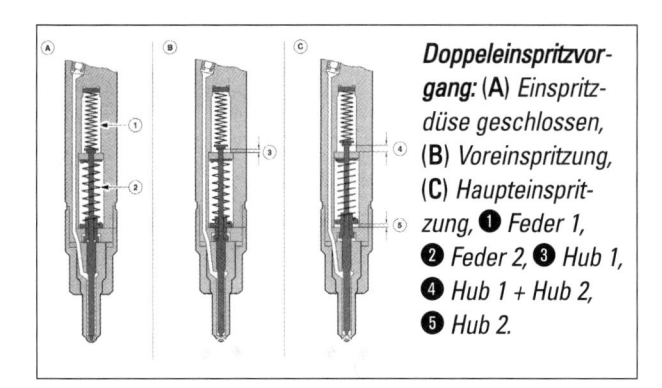

Doppeleinspritzvorgang: **(A)** *Einspritzdüse geschlossen,* **(B)** *Voreinspritzung,* **(C)** *Haupteinspritzung,* ❶ *Feder 1,* ❷ *Feder 2,* ❸ *Hub 1,* ❹ *Hub 1 + Hub 2,* ❺ *Hub 2.*

Die hohen, auf die Düsennadeln wirkenden Federkräfte verhindern, dass der Verbrennungsdruck in das Kraftstoffsystem zurückschlägt. Da nie die gesamte Kraftstoffmenge eingespritzt wird, fließt der überschüssige Kraftstoff – wie erwähnt – über eine Rücklaufleitung zurück in den Tank. Die Sollzeit zwischen Einspritzbeginn und Zündzeitpunkt beträgt ganze 0,002 Sekunden. Verständlich, dass bereits die geringste Fehlfunktion, etwa eine »fressende« Düsennadel, den physikalisch ausgewogenen Verbrennungsablauf aus dem Gleichgewicht bringt. Leistungsverluste, Schwarzrauch bzw. laute »Nagelgeräusche« (auch bei warmen Motoren) sind untrügliche und unüberhörbare Zeichen eines aus dem Gleichtritt geratenen Diesel Zafira.

Ein Fall für den Experten – Reparaturen und Korrekturen an der Diesel-Einspritzanlage

Einer einzelnen, defekten Einspritzdüse kommen versierte Do it yourselfer durchaus in Eigenregie auf die Schliche. Sie lassen dann den Motor im Leerlauf »brummen« und lösen bei allen Düsen der Reihe nach kurzzeitig die Überwurfmutter der Einspritzleitung. Bleibt bei einer Düse, trotz gelöster Leitung, die Drehzahl konstant, ist die Düse oder ein Ventil des betreffenden Zylinders defekt. Schadhafte Einspritzdüsen erkennen Sie unter anderem noch an folgenden Symptomen:

- regelmäßig defekte Glühkerzen,
- Fehlzündungen,
- ständiger Schwarzrauch aus dem Auspuff,
- unmotiviert überhitzter Motor,
- harte Verbrennungsgeräusche (lautes Dieselnageln),
- Leistungsabfall,
- Mehrverbrauch.

Sollten Sie Ihrem Zafira die genannten Symptome attestieren, suchen Sie eine Fachwerkstatt auf und schildern dem Experten vor Ort das Problem. Ihre präzise Beschreibung erspart dem »Schrauber« aufwän-

DIESELFILTER ENTWÄSSERN

dige Diagnosen, stattdessen wird er sofort geeignete Gegenmaßnahmen einleiten.

Einspritzdüsen zerlegen?

Ohne speziellen Düsenprüfer lässt sich die Funktion einer Dieseleinspritzdüse nur oberflächlich beurteilen. Sie können allenfalls äußere Beschädigungen oder starke Verschmutzungen lokalisieren. Der eigentliche Verschleiß findet freilich im Düseninnern, an der Düsennadel, dem Düsengehäuse und den Druckfedern statt. Dort haben Sie als Do it yourselfer nur beschränkte Korrekturmöglichkeiten, es sei denn, Sie verfügen über einen Düsenprüfer, mit dem Sie die Düse »abdrücken«, das »Strahlbild« erkennen und den Abspritzdruck korrigieren können. In der Mehrzahl aller Fälle ist es besser, die Düsen komplett auszutauschen. Sollten Sie dennoch eine Düse zerlegen, lassen Sie ihre Innereien nicht über einen längeren Zeitraum »offen« auf der Werkbank liegen: Die mit hoher Präzision bearbeiteten Oberflächen der Düsennadel und des Düsengehäuses reagieren äußerst sensibel auf Staub oder Flugrost. Setzen Sie neue oder gebrauchte Einspritzdüsen generell nur mit neuen Dichtringen in den Zylinderkopf ein.

Sichtprüfung an der Diesel-Einspritzanlage

Arbeitsschritte

① Einspritzleitungen auf Dichtheit prüfen.
② Rücklaufleitungsanschluss am Zylinderkopf auf Dichtheit prüfen.
③ Deckeldichtung des Pumpenverteilergehäuses auf Dichtheit prüfen.
④ Kraftstofffilter auf Verunreinigungen prüfen (regelmäßig zu den vorgeschriebenen Wartungsintervallen erneuern).
⑤ Verschlusskappe an der ersten Einspritzdüse auf Dichtheit prüfen.
⑥ Kraftstoffzu- und -rücklaufleitung auf Dichtheit prüfen.
⑦ Kabelstecker an Pumpensteuereinheit auf festen Sitz und Kontaktfähigkeit prüfen.

Luftfiltereinsatz erneuern

Die Aufgabe und Funktion des Luftfilters haben wir im vorherigen Kapitel bereits beschrieben – was dem Ottomotor recht, ist selbstverständlich auch dem Dieselmotor billig. Beim Zafira Diesel sitzt der Luftfilter, in Fahrtrichtung gesehen, rechts neben dem Motor.

Dieselfilter entwässern

Für moderne Einstempel-Verteilereinspritzpumpen ist Wasser ein echtes Problem. Einmal eingedrungenes Wasser führt im Pumpeninneren zu Korrosion und somit zu einer stark verringerten Lebenserwartung. Abhilfe schafft der Dieselfilter. Er trennt Wasser vom Dieselöl und sammelt es im unteren Bereich des Filtergehäuses. »Entsorgen« Sie es etwa alle 20 000 Kilometer bei stehendem Motor an der Ablassschraube. Lassen Sie das Ballastwasser so lange ablaufen, bis »sauberer« Dieselkraftstoff aus der Ablassschraube läuft.

Im Zafira einfach zu wechseln und zu entwässern: Dieselfilter (Pfeil) an der Spritzwand montiert.

Arbeitsschritte

① Halten Sie unter das Filterghäuse einen passenden Behälter und...
② ... lösen die Zentralschraube ❶ am Filterdeckel um etwa zwei Umdrehungen.
③ Anschließend öffnen Sie die Ablassschraube ❷ um etwa eine Umdrehung. Fangen Sie das Kondenswasser so lange auf, bis sauberes Dieselöl austritt.
④ Dann schließen Sie die Ablassschraube und beenden die Montage in umgekehrter Reihenfolge.

Regelmäßig alle 20.000 Kilometer entwässern – Dieselfilter.
❶ *Zentralschraube am Filterdeckel,* ❷ *Ablassschraube.*

KRAFTSTOFFEINSPRITZUNG

Diesel-Kraftstoffeinspritzung — Störungsbeistand

Störung	Ursache	Abhilfe
A Motor springt schlecht oder gar nicht an.	1 Tank leer.	Auftanken.
	2 Tankbelüftung verstopft.	Tankverschluss langsam öffnen (auf Zischgeräusche achten). Verschluss und Belüftung reinigen.
	3 Temperaturschalter der Kaltstarteinrichtung defekt.	Temperaturschalter überprüfen, evtl. erneuern.
	4 Glühanlage defekt.	Spannung prüfen. Glühkerzen auf Funktion überprüfen. Schadhafte Teile erneuern.
	5 Luft im Kraftstoffsystem.	System über Anlasser so lange entlüften, bis Kraftstoff an Düse 1 gefördert wird.
	6 Kraftstoffversorgung ausgefallen. Prüfung: Einspritzleitungen an den Düsen öffnen und überprüfen ob geringe Kraftstoffmengen austreten.	Überprüfen ob Kraftstoffleitungen geknickt, verstopft oder undicht sind. Kraftstofffilter reinigen, bzw. erneuern. Im Winter evtl. versulzten Kraftstofffilter erneuern und Winterdiesel nachtanken.
	7 Einspritzleitungen nach Demontage verkehrt verlegt.	Anschlüsse überprüfen: links oben am Pumpenverteilergehäuse Zyl. 1; links unten Zyl. 3; rechts unten Zyl. 4; rechts oben Zyl. 2.
	8 Einspritzdüse(n) defekt.	Prüfen und in Stand setzen, bzw. erneuern lassen.
	9 Förderbeginn der E.-pumpe verstellt.	E.-pumpe einstellen lassen; Förderbeginn prüfen lassen.
	10 E.-pumpe defekt.	Austauschpumpe montieren lassen.
	11 Kompressionsdruck zu gering.	Kompressionsdruck prüfen lassen.
B Warmer Motor hat schlechten, »sägenden« Leerlauf.	1 Leerlaufdrehzahl falsch eingestellt.	Prüfen und einstellen lassen.
	2 Kraftstoffschlauch zwischen Filter und E.-pumpe lose.	Anschlüsse festziehen, evtl. Dichtungen erneuern.
	3 Unterdruckschläuche an EGR-Einrichtung defekt.	Überprüfen, ggf. austauschen.
	4 Hintere E.-pumpenbefestigung lose oder gebrochen.	Befestigen oder erneuern.
	5 Siehe A2, 7 – 9.	
C Falsche Leerlaufdrehzahl bei Betriebstemperatur.	1 Siehe A7, 10.	
	2 Siehe B1.	
D Starker Schwarz-, Weiß- oder Blaurauch aus dem Auspuff.	1 Motor nicht auf Betriebstemperatur.	Warm fahren.
	2 Extrem untertourige Fahrweise.	Gänge höher ausdrehen; zeitiger herunter schalten.
	3 Luftfilter verdreckt.	Element ausblasen bzw. erneuern.
	4 Kraftstofffilter verschmutzt.	Auswechseln.
	5 Höchstdrehzal falsch eingestellt.	Korrigieren lassen.
	6 Filter im EGR-Regelventil verstopft.	Reinigen bzw. auswechseln lassen.
	7 Einspritzdüsen tropfen.	Prüfen bzw. erneuern lassen.

STÖRUNGSBEISTAND DIESEL-KRAFTSTOFFEINSPRITZUNG

Diesel-Kraftstoffeinspritzung

Störung	Ursache	Abhilfe
D Starker Schwarz-, Weiß- oder Blaurauch aus dem Auspuff.	8 Düsennadel hängt oder gebrochen.	Prüfen bzw. erneuern lassen.
	9 Einspritzdruck zu gering.	Prüfen bzw. regulieren lassen.
	10 Falsche Düsen eingebaut.	Wechseln lassen.
	11 Siehe A10.	
E Schlechte Leistung, zu geringe Höchstgeschwindigkeit.	1 Fahrpedalpotentiometer (drive by wire) gibt falsche Impulse.	System einstellen.
	2 Höchstdrehzahl wird nicht erreicht.	Drehzahlregler prüfen bzw. einstellen lassen.
	3 Einspritzleitungen an den Anschlüssen verkröpft.	Leitungen demontieren und prüfen. Leitungen nacharbeiten bzw. erneuern.
	4 Falsche Einspritzleitungen montiert.	Leitungen prüfen lassen (müssen mit E.-pumpe korrespondieren).
	5 Einspritzdüsen falsch eingestellt.	Abspritzdruck einstellen lassen.
	6 Siehe A7, 8, 10.	
	7 Siehe D3, 4, 6 – 10.	
F Kraftstoffverbrauch zu hoch.	1 Motor noch nicht eingelaufen.	Einfahrhinweise beachten und danach erneut messen.
	2 Kraftstoffanlage undicht.	Ab Tank Sichtprüfung aller Versorgungsleitungen; unter der Motorhaube sämtliche Schläuche, Schlauchanschlüsse, Kraftstofffilter und E.-pumpe auf Dichtheit prüfen bzw. abdichten.
	3 Rücklaufleitung (Leckölleitung) verstopft.	Leitung vom Tank aus in Richtung Einspritzdüsen Schritt für Schritt mit Druckluft ausblasen.
	4 Leerlauf- bzw. Höchstdrehzahl zu hoch.	Prüfen bzw. einstellen lassen.
	5 Siehe D4, 6 – 10.	
G Motor hat während der Fahrt Aussetzer (»Fehlzündungen«).	1 Einspritzdüsen gelockert bzw. defekt.	Prüfen (lassen), ob Einspritzdüsen »gasdicht« im Zylinderkopf verschraubt sind.
	2 Zylinderkopfdichtung durchgebrannt (prüfen ob Motoröl im Kühlwasser oder bei laufendem Motor Gasblasen in der Kühlflüssigkeit aufsteigen).	Prüfen und erneuern lassen.
	3 Ventilspiel zu gering; Ventil durchgebrannt.	Kompressionsdruckmessung bzw. Druckverlusttest durchführen lassen. Ventilspiel prüfen, evtl. Ventil erneuern und andere einschleifen lassen.
H Motor kann nicht abgestellt werden.	PCU-Einheit defekt, Kontakte korridiert.	Einheit bzw. Kontakte prüfen (lassen).

DIE ZÜNDANLAGE

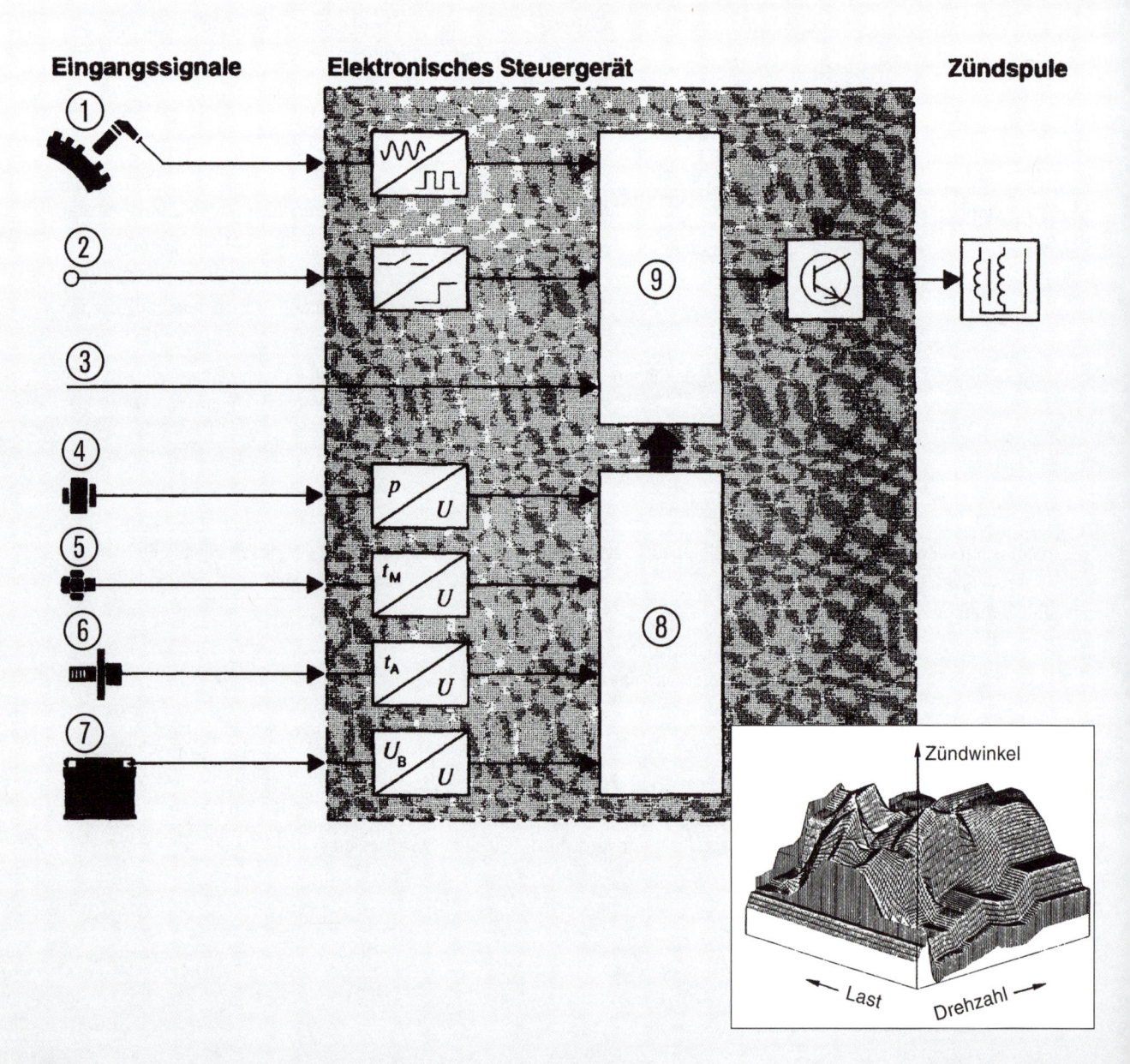

DIE ZÜND-ANLAGE

Eingangssignale   **Elektronisches Steuergerät**   **Zündspule**

① ② ③ ④ ⑤ ⑥ ⑦ ⑧ ⑨

p/U t_M/U t_A/U U_B/U

Zündwinkel — Last — Drehzahl

DIE ZÜNDANLAGE

Wartung

Zündkerzen prüfen und wechseln 131

Zündmodule (Sichtprüfung) 132

Drehzahlgeber prüfen (Multimeter) 133

Reparatur

Zündmodul aus- und einbauen 130

Zündstrom prüfen 130

Druckgeber prüfen 133

Vorglühanlage prüfen 134

Glühkerzen prüfen 135

Modernste Technik: Grundaufbau der elektronischen Zündanlage. Bevor der Zündfunke im Astra überspringt, hat das elektronische Motormanagement den »Blitz detailgerecht getunt«. Der Mikrocomputer ❾ des Steuergeräts – in der oberen Darstellung – nutzt dazu unterschiedlichste Eingangssignale, so zum Beispiel die Motordrehzahl ❶, diverse Schaltersignale ❷, den Saugrohrdruck ❹, die Motortemperatur ❺, die Ansauglufttemperatur ❻ oder die Batteriespannung ❼. Damit der »Funkenrechner« die Datenflut nicht als »Datensalat« ignoriert, liefert ein Datenbus ❸ den Großteil der analogen Sensorsignale einem Analog-/Digitalwandler ❽ zur »Übersetzung« ab. Den »Dolmetscher« verlassen dann ausschließlich digitale Daten, die aus der Zündendstufe die Reise zur Zündspule antreten. Jeder Zündfunke wird hinsichtlich Kraftstoffverbrauch, Drehmoment, Abgas, Abstand zur Motorklopfgrenze, Motortemperatur, Fahrbarkeit, usw. im Vorfeld entsprechend modifiziert: Je nach Motorenbauer-Philosophie bekommt der eine oder andere »Gesichtspunkt« eine unterschiedliche Gewichtung. Das Prozedere läuft im Zündwinkelkennfeld (untere Darstellung), einem dreidimensionalen »Berg- und Talgebilde« mit bis zu 4000 einzeln abrufbaren Zündwinkeln ab. Die Oberaufsicht über diese »Kraterlandschaft« führt das Motorsteuergerät.

Vor dem Siegeszug des elektronischen Motormanagements wurden Ottomotoren in ihrem Leistungs- und Abgasverhalten von herkömmlichen Zündsystemen mehr oder weniger stark »eingebremst«. Spulenzündanlagen – bestehend aus Zündspule, Zündverteiler, Kondensator, Verteilerfinger, Unterbrecherkontakt, Hochspannungszündkabeln und Kerzensteckern – verteilten ihre Funken mit der Flexibilität einer Zündholzschachtel: Die Zündspule »produzierte« überschlagsfähige Spannung, schickte sie per Zündkabel an einen mechanischen Verteiler und ließ sie dort in der geforderten Zündfolge an die einzelnen Zylinder verteilen. »Seinen Funken« bekam immer gerade der Kolben, der gegen Ende des Verdichtungstakts, kurz vor dem oberen Totpunkt stand. Das war's.

Ohne Spezialequipment wenig Chancen – Do it yourself an modernen Zündanlagen

Heutzutage gehen – für ungeschulte Augen völlig unsichtbar – elektronische Komponenten hinter den Kulissen »zündende«, flexible und ganz individuelle Verbindungen ein. Für Do it yourselfer und ambitionierte Schrauber hat das tief greifende Folgen: Fest ins Motormanagement integrierte Zündanlagen bieten ohne Spezialequipment kaum noch Ansatzpunkte zum »sinnvollen Heimwerken«. Auch unter der Zafira-Motorhaube führen »Blackboxes« Regie – ihrem Innenleben lässt sich allenfalls noch mit Expertenwissen und hochsensiblem Testequipment auf die Spur kommen. Bei allen Zafira Ottomotoren wird der Zündzeitpunkt, abhängig vom Motorbetriebszustand, anhand der im Motorsteuergerät gespeicherten Kennfelder und Leistungsdaten für jeden Zylinder neu berechnet. In den ECOTEC-Motoren geschieht das im Rhythmus 1 – 3 – 4 – 2.

ZÜNDANLAGE

Immer auf der Lauer – die Zündspannungsüberwachung (MIL)

Anders gesagt: Im Zafira bleibt jeder Zündfunke chancenlos, den die Motorsteuerung nicht vorher auf den »Kurbelwinkel genau« abgestimmt hat. Der Bordrechner wertet dazu während jeder Kurbelwellenumdrehung Signale des Kurbelwellen- und Nockenwellensensors aus. Der Nockenwellensensor analysiert den Betriebszustand eines jeden Zylinders und der Kurbelwellensensor misst permanent die Drehgeschwindigkeit der Kurbelwelle. Richtig: Die Drehgeschwindigkeit, denn etwaige Fehlzündungen quittiert die Kurbelwelle mit einem kurzen Drehzahlabfall – bis zur nächsten Zündung. Für den Kurbelwellensensor gerade ausreichend, um dem Steuergerät die Unpässlichkeit zu signalisieren. Das Steuergerät vergleicht die »Blitzinfo« von der Kurbelwelle mit vorhanden Solldaten: Bei mehr als neun Prozent Fehlzündungen tritt dann die MIL- (**M**isfire **I**gnition **L**amp) Kontrollleuchte im Armaturenbrett auf den Plan. Meistens sogar, bevor Sie überhaupt irgend eine Fehlfunktion bemerkt haben.

Soweit die Optik, doch das eigentliche MIL-Management findet hinter den Kulissen statt. Dort nämlich setzt es die Kraftstoffversorgung des »zickigen« Zylinders kurzerhand auf Nulldiät. Sehr zum Wohle der Umwelt und des Katalysators: Schädliche unverbrannte Kohlenwasserstoffe (HC), die bei Fehlzündungen entstehen, werden damit kurzerhand eliminiert. Der Katalysator überfettet nicht und zu heiß wird's ihm außerdem nicht. Das System arbeitet praxisbezogen, es ignoriert folgende Betriebszustände:
- die ersten fünf Sekunden nach dem Start
- Drehzahlen über 6000 min.$^{-1}$
- Kraftstoffvorrat weniger als 20 Prozent
- extrem schlechte Straßenbeläge
- Batteriespannung unter 9 Volt

Gleichbehandlung – eigenes Zündmodul für jeden Zylinder

Im Zafira lassen spezielle Zündmodule den Funken an jeder einzelnen Zündkerze kräftig und angepasst überspringen. Konstruktionsbedingt sind die separaten Module zusammengegossen, sie stecken oberhalb der Zündkerzen unter einem Kunststoffdeckel. Zündkabel und Kerzenstecker sind im Zafira völlig überflüssig: Die Zündspannung gelangt auf kurzem »Dienstweg« durch die Kerze an die Kerzenelektroden. Damit Kondens- und Schwitzwasser sowie Kriechströme den Zafira nicht aus dem »Takt« bringen, ist das Innenleben der Module luft- und wasserdicht vergossen. Die anvulkanisierten »Kerzenstecker« stehen dem kaum nach, sie dichten ihre Öffnungen mit einer soliden »Kunststofflippe« gegen äußere Einwirkungen ab.

Damit's kräftig funkt: Separate Zündmodule liefern jedem einzelnen Zylinder die erforderliche Überschlagsspannung. Sie sind miteinander »vergossen« und sitzen unter einer Kunststoffabdeckung oberhalb der Zündkerzen.

Liefert die Grunddaten für jeden Zündfunken – Kurbelwellen- / Nockenwellensensor

Der Zafira-Zündanlage dienen Signale des Kurbelwellen-/Nockenwellensensors lediglich als eine der mannigfaltigen Berechnungsgrundlagen für die Zündfunken. Beide Sensoren steuern, nachdem vorab das Motorsteuergerät ihre »Beobachtungen« digitalisiert hat, die Zündmodule oberhalb der Zündkerzen an und geben somit jedem Zündfunken exakt zeitlich abgestimmt »Feuer frei«.

Damit es »richtig funkt« – Motorsteuergerät mit diversen Kennfeldern

Das Motorsteuergerät koordiniert jeden Zündfunken. In seinem Speicher sind unter anderem theoretische Grunddaten (Zündwinkelkennfeld) unterschiedlicher Zündzeitpunkte abgelegt. Um die graue Theorie nun bestmöglich an die Praxis zu adaptieren, ist das Steuergerät auf aktuelle Informationen der Motorperipherie angewiesen. Es wertet zum Beispiel die Signale des Klopfsensors aus. Dieses »aktuelle Wissen« gilt es

OPTIMALER ZÜNDZEITPUNKT

bei jeder Kurbelwellenumdrehung ständig mit dem »Festplattenwissen« zu vergleichen. Die Blackbox kommuniziert vor jedem einzelnen Gaswechsel mit der Einspritzanlage, der Lambda-Sonde vor dem Katalysator, mit dem Drehzahlsensor sowie mit diversen Temperatursensoren und dem Luftmengenmesser unter der Zafira-Motorhaube.

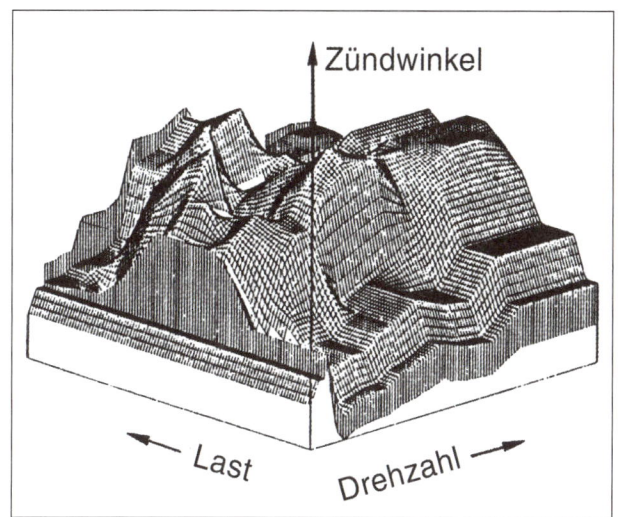

Dreidimensional: Zündwinkelkennfeld. Jeder einzelne Zündfunke wird im Vorfeld nach den Gesichtspunkten Kraftstoffverbrauch, Drehmoment, Abgas, Abstand zur Motorklopfgrenze, Motortemperatur, Fahrbarkeit, usw. vorbereitet. Je nach Motorenbauer-Philosophie bekommt der eine oder andere »Gesichtspunkt« eine unterschiedliche Gewichtung. Das Prozedere läuft im Zündwinkelkennfeld, einem dreidimensionalen »Berg- und Talgebilde« mit bis zu 4000 einzeln abrufbaren Zündwinkeln ab. Die Oberaufsicht über diese »Kraterlandschaft« führt das Motorsteuergerät.

Belastungsabhängig – der optimale Zündzeitpunkt

Der Zündfunke kommt immer dann zeitgerecht, wenn er das Frischgas im Moment der höchsten Verdichtung entflammt. Beim Viertaktmotor ist das präzise der Augenblick, in dem der Kolben von der Aufwärtsbewegung des Kompressionshubs in die Abwärtsbewegung des Arbeitstakts übergeht. Soweit die Theorie: In der Praxis verbrennt das Frischgas, je nach Belastungszustand (Leerlauf, Teillast, Volllast) und Ansaugluftqualität, unterschiedlich schnell in den Brennräumen. Um die Kraftstoffenergie dennoch bestmöglich zu nutzen, variiert die Zafira-Blackbox den Zündzeitpunkt entsprechend dem Belastungszustand für jeden Zylinder.

Zeitlich versetzt – Zündung und Verbrennung

Allerdings harmoniert der Zündzeitpunkt nicht exakt mit dem oberen Totpunkt (OT). Denn bis das Frischgas in Flammen steht, vergeht rund eine dreitausendstel Sekunde. Demzufolge bekommt der Zündfunken noch während der Aufwärtsbewegung des Kolbens »grünes Licht«. Da die Brennphase des Kraftstoff/Luftgemischs nahezu gleich ist, wandert der Zündzeitpunkt mit steigender Motordrehzahl weiter vor OT. Der höchste Verbrennungsdruck setzt dann erst kurz nach OT ein.

Unsichtbare Helfer (allgemein) — Techniklexikon

Druckgeber: Der Druckgerber liefert er dem Steuergerät Informationen über den Unterdruck im Saugrohr. Der Sensor ist ein druckempfindlicher Kristallchip, er variiert seinen elektrischen Widerstand anhand des jeweiligen Unterdrucks. Aus diesen Differenzen, sowie den Informationen über die jeweilige Drehzahl, erkennt das Steuergerät den aktuellen Betriebszustand.

Klopfsensor: Arbeitet auf Basis von Piezokeramik, einem Werkstoff also, der in Gasfeuerzeugen schon seit Jahren den Feuerstein ersetzt. Piezokeramik wandelt mechanische Energie wie Zug oder Druck in elektrische Spannung um. Kleinste Disharmonien, etwa bei »klopfender Verbrennung«, reichen, um den Sensor zu aktivieren. Klopfende Verbrennung heißt für die Motorinnereien, allen voran Kolben, Ventile und Zylinderkopfdichtung »Stress, Stress, Stress«: Denn Die Flammfronten »beschleunigen« anstatt mit 30 m/s jetzt mit bis zu 2000 m/s, was unter anderem zu »mörderischen« Verbrennungstemperaturen und wesentlich höheren Verbrennungsdrücken führt. Ohne Sensor wären die Materialien binnen kurzer Zeit überfordert und ein veritabler Motorschaden unausweichlich. Klopfsensoren greifen demzufolge sofort in das Geschehen ein und melden die Disharmonien weiter an den Bordrechner. Der Zündzeitpunkt des betreffenden Zylinders wird daraufhin sofort korrigiert (etwa -5°). Die übrigen Zylinder arbeiten so lange unbeeinflusst weiter, bis der Sensor auch in ihrem Umfeld Unregelmäßigkeiten feststellt und meldet. Der Zündzeitpunkt wandert, ausgehend vom Soll-Zündzeitpunkt und pro Arbeitstakt, so lange in Richtung Spätzündung, bis die Verbrennung wieder normal verläuft. Der maximale Verstellbereich beträgt erfahrungsgemäß -15°. Nach kurzer Verweilzeit und bei ordnungsgemäßer »Datenlage« verstellt der Bordrechner den Zündzeitpunkt des/der betreffenden Zylinder(s) schrittweise wieder auf »früh«.

ZÜNDANLAGE

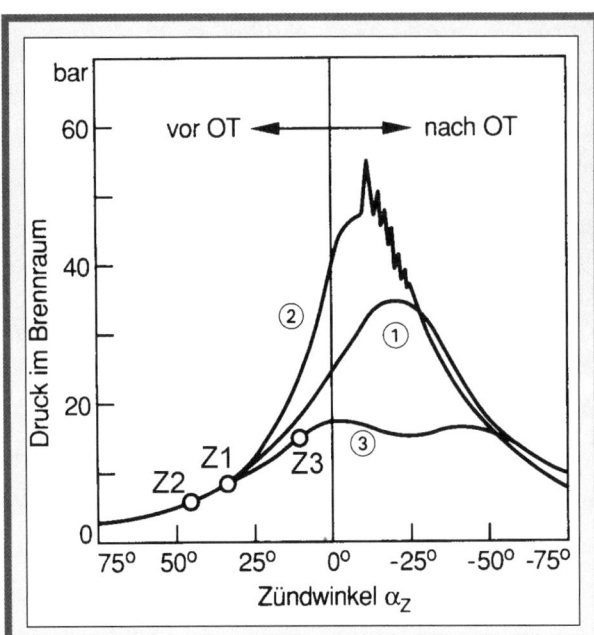

Drucksache: Bei falsch eingestelltem Zündzeitpunkt, oder schlechten Kraftstoffqualitäten variiert der Verbrennungsdruck in den Zylindern. ❶ *korrekt eingestellter Zündzeitpunkt,* ❷ *Frühzündung (klopfende Verbrennung),* ❸ *Spätzündung.*

Drehzahlgeber: Im Zafira ein Induktionsgeber, der den Zündspulen über das Steuergerät die Spannung verteilt. Im Geber sind Magnet und Spule integriert. Die Steuerung übernehmen spezielle Impulsstege an der Motorschwungscheibe: Immer wenn ein Steg den Geber passiert, ändert sich das Magnetfeld im Dauermagneten – die Spule erzeugt dann Spannung. Um die Stellung der Kurbelwelle als plausibles OT-Signal erfassen zu können, sind als »Orientierungshilfen« für den ersten und letzten Zylinder – jeweils vor OT – an der Schwungscheibe zwei Impulsstege ausgespart. Das Steuergerät interpretiert »die Lücken« als Informationsquelle zur Motordrehzahl.

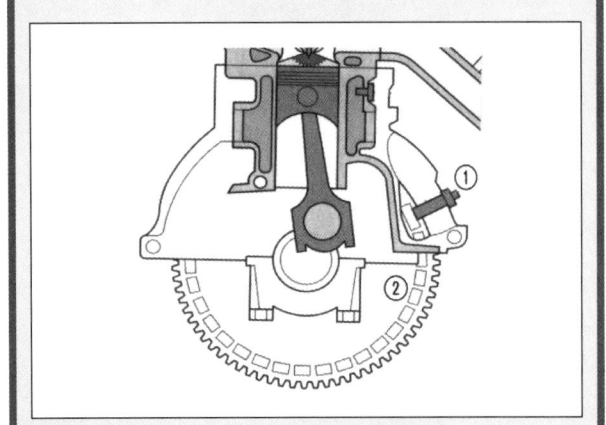

Arbeitet auf den Winkelgrad genau: Kurbelwellenpositionssensor. ❶ *Sensor,* ❷ *Sektionsfelder.*

Funkenfabrik – die Zündspule

Damit Zündkerzen funken, entlädt sich an ihren Elektroden eine Hochspannung: Je nach Zündanlage beträgt die Entladespannung über 30 000 Volt. Zündspulen bestehen aus zwei Wicklungen: Einer Primärwicklung mit wenigen Windungen (ca. 100) aus dickem Kupferdraht (ca. 0,6 mm^2) und einer Sekundärwicklung mit einigen tausend Windungen dünnen Kupferdrahts (ca. 0,1 mm^2). Beide Wicklungen umschließen einen lamellierten Eisenkern. Vom Steuergerät über das integrierte Zündleistungsmodul getaktet, bekommt die Primärwicklung Strom von der Batterie (Niederspannung). Dadurch entsteht ein Magnetfeld, das die Sekundärwicklung transferiert. Unterbricht das Steuergerät diesen Stromkreis, bricht für Bruchteile von Sekunden das Magnetfeld schlagartig zusammen. In der Sekundärwicklung entsteht jetzt eine Spannung bis zu 400 Volt, die wiederum einen Hochspannungsstromstoß (Induktion) von mehr als 30 000 Volt produziert. Zafira-Motoren haben eine elektronische Zündanlage mit jeweils einer Zündspule (Modul) pro Zylinder.

Hochtemperaturbeständig – die Zündkerzen

Zündkerzen haben die Aufgabe, das Kraftstoff-/Luftgemisch im Brennraum zu entzünden. Dabei entstehen Temperaturen von rund 2500°C und Drücke bis zur 60 bar. Damit der Funke zuverlässig zwischen den Zündkerzenelektroden überspringt, umgibt den Kerzenanschlussbolzen ein keramischer Isolator. Mittelelektrode und Anschlussbolzen stecken außerdem in einer elektrisch leitenden Glasschmelze, der gleicher-

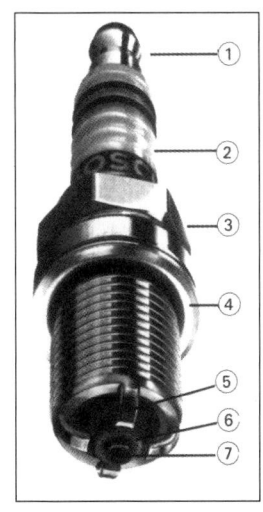

Optimal auf die Motoren abgestimmt: Gleitfunkenzündkerzen mit vier Masseelektroden. Die Kerzen garantieren mit ihrer hochwärmeleitfähigen Kupferkernmittelelektrode und Luftgleitfunkentechnik ein sicheres Zündverhalten sowie lange Lebensdauer. ❶ *Zündkabelanschlussmutter,* ❷ *Keramikisolator,* ❸ *Zündkerzenkörper,* ❹ *Dichtring,* ❺ *Masseelektrode,* ❻ *Isolatorfuß,* ❼ *Mittelelektrode.*

ARBEITEN AN DER ZÜNDANLAGE

maßen die Verankerung und Abdichtung gegenüber dem Brennraum obliegt. Sobald am Ende der Mittelektrode die erforderliche Zündspannung ansteht, entlädt sie sich als Funken von der Mittel- zur Masseelektrode. Der kurze »Blitz« reicht aus, um die Frischgase zu zünden.

Variabel – der Wärmewert

Um zuverlässig zu funktionieren, müssen Zündkerzen schnell ihre Selbstreinigungstemperatur von etwa 400°C erreichen. Falls nicht, »backen« sich am Isolatorfuß früher oder später Verbrennungsrückstände fest, sie würden den Zündfunken »fesseln«. Bei Volllast allerdings darf die Temperatur nicht ins Uferlose steigen – die gesunde Arbeitstemperatur einer Zündkerze liegt bei rund 800°C. Nicht alle Motoren bieten den Zündkerzen auch die gleichen Arbeitsbedingungen: Somit entscheidet erst der Wärmewert (auf der Zündkerze eingeprägt), ob Funkenspender und Motor auch tatsächlich zueinander passen. Verwenden Sie zum Beispiel eine Zündkerze mit zu geringem Wärmewert, wird sich der Isolatorfuß stark erhitzen. Das hätte unkontrollierte Glühzündungen zur Folge, die – früher oder später – zu Motorschäden führen. Wählen Sie dagegen Zündkerzen mit zu hohem Wärmewert, bleibt die Selbstreinigungstempera-tur auf der Strecke – der Isolatorfuß verschmutzt und »lähmt« alsbald den Zündfunken.

Vergrößert sich automatisch – der Elektrodenabstand

Neben dem richtigen Wärmewert (siehe Tabelle »Die Kerzen für den Zafira«) müssen Zündkerzen auch den richtigen Elektrodenabstand aufweisen. Neue Zafira-Kerzen haben etwa 1 Millimeter, mit zunehmender Laufzeit vergrößert sich der Abstand jedoch. Denn bei jedem Funken (Überschlagsspannung) lösen sich kleine Metallpartikel von den Elektroden. Größere Elektrodenabstände erfordern eine höhere Zündspannung. Folge: Es kann zu Zündaussetzern kommen, eventuell springt der Motor dann nicht mehr zuverlässig an.

Achten Sie beim Kerzentausch unbedingt darauf, dass Ihren Zafira nur Zündkerzen mit dem vorgeschriebenen Wärmewert, dem korrekten Elektrodenabstand und dem richtigen Kerzengewinde »befeuern«.

Die Zündkerzen für den Zafira

Motor	Zündkerzen-Spezifikation
Z 16 XE	Bosch FLR 8 LDCU
Z 16 YNG	Bosch FLR 8 LDCU
Z 18 XE	Bosch FLR 8 LDCU
Z 20 LET	Bosch FLR 8 LDCU
Z 22 SE	AC Delco 41-954 ED

Was das »Kerzengesicht« sagt — Techniklexikon

Zündkerzen sind gewissermaßen die Kronzeugen der Verbrennung. Die Optik der Kerzenelektroden (»Kerzengesicht«) verrät einem Fachmann, ob der Motor optimal arbeitet. Achten Sie bei ausgebauten Zündkerzen darum auf folgende Punkte:

Isolatorfuß hellgrau, graugelb bis rehbraun gefärbt: Gut eingestelltes Kraftstoff-Luftgemisch – der Motor läuft wirtschaftlich.

Isolatorfuß weißlich gefärbt: Zu mageres Kraftstoff-/Luftgemisch – CO-Gehalt prüfen; eventuell falscher Zündzeitpunkt; Steuergerät defekt.

Isolatorfuß, Elektroden, Zündkerzengehäuse mit samtartigem, stumpfschwarzen Ruß bedeckt: Zündkerze erreicht nicht ihre Selbstreinigungstemperatur (häufiger Kurzstreckenverkehr), falscher Wärmewert, Kraftstoff-/Luftgemisch zu fett, CO-Gehalt zu hoch.

Isolatorfuß, Elektroden, Zündkerzengehäuse mit ölglänzendem Ruß oder Ölkohle bedeckt: Kolbenringe, Ventilführungen oder Abdichtungen der Ventilschäfte schadhaft. Möglicherweise haben Sie auch Motoröl oder Kraftstoff mit Zusätzen verwendet. Tauschen Sie die Zündkerzen aus, wechseln Sie Öl und Kraftstoffmarke und prüfen dann erneut den Zustand der Kerzen.

Arbeiten an der Zündanlage — Gefahrenhinweis

Völlig zurecht stuft der Gesetzgeber elektronische Zündanlagen als gefährliche Bauteile ein. Beachten Sie darum vor und während aller Arbeiten an der Zündung besondere Sicherheitsvorkehrungen. Herzschrittmacher können im Kontakt mit elektronischen Zündanlagen zum Beispiel aus dem »Takt« geraten. Um sicher zu gehen, dass Sie sich keiner Gefahr aussetzen, überlassen Sie »ernsthaftere« Eingriffe darum besser Ihrer Opel-Werkstatt. Doch auch zu turnusmäßigen Wartungsarbeiten lassen Sie besondere Vorsicht walten.

ZÜNDANLAGE

- Berühren Sie bei eingeschalteter Zündung auf keinen Fall spannungsführende Teile des Primär- und Sekundärstromkreises – Lebensgefahr.
- Schalten Sie zu allen Servicearbeiten stets die Zündung aus. Das gilt gleichermaßen für den Zündkerzenwechsel wie für das An- bzw. Abklemmen elektrischer Leitungen oder den Anschluss von Prüfgeräten.
- Um an elektronischen Zündanlagen den Hochspannungsimpuls auszulösen, genügt – bei eingeschalteter Zündung – eine Fahrzeugerschütterung. Unter der Motorhaube »schweben« Sie dann in Lebensgefahr, zudem können auch elementare Bauteile der Zündanlage zerstören.
- Wenn Sie Schweißarbeiten (Schutzgas, E-Schweißen) an Ihrem Astra durchführen, klemmen Sie grundsätzlich vorher die Batterie ab.

Zündmodul aus- und einbauen

Arbeitsschritte

① Ziehen Sie den Kabelstecker ❸ vom Zündmodul ab und ...

② ... entfernen die Abdeckung ❶ in Pfeilrichtung.

③ Lösen Sie die Befestigungsschrauben ❷ und ziehen das Zündmodul ❹ mit »Gefühl« komplett von den Zündkerzen ab.

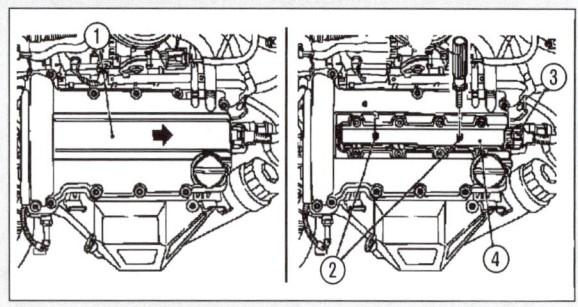

Zündmodul demontieren. ❶ *Abdeckung,* ❷ *Befestigungsschrauben,* ❸ *Kabelstecker,* ❹ *Zündmodul.*

④ Montieren Sie das (neue) Modul und ziehen die Schrauben mit ca. 8 Nm an. Achten Sie darauf, dass Sie das neue Modul gleichmäßig auf alle Kerzen aufstecken.

⑤ Befestigen Sie die Abdeckung und ...

⑥ ... lassen den Anschlussstecker seitlich einrasten.

⑦ Beenden Sie die Montage und prüfen alle Anschlüsse auf festen Sitz.

Z 22 SE

① Entfernen Sie die Motorabdeckung, ...

② ... ziehen den Mehrfachstecker seitlich vom Zündmodul ❶ und ...

③ ... lösen die Befestigungsschrauben oberhalb der Modulleiste ❷.

④ Ziehen Sie das Zündmodul mit »Gefühl« komplett von den Zündkerzen ab.

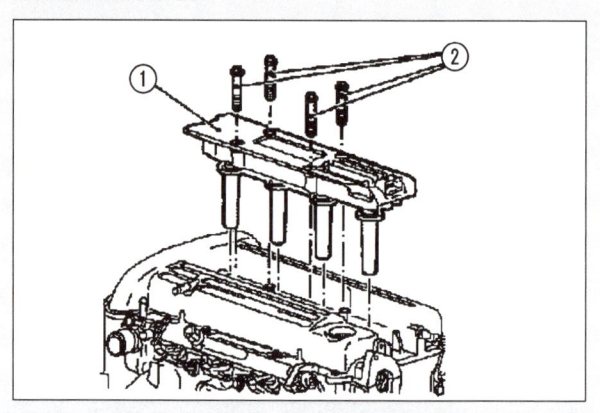

Vier statt zwei Modulbefestigungsschrauben – Z 22 SE-Motor.

⑤ Montieren Sie das (neue) Modul und ziehen die Schrauben mit ca. 10 Nm an. Achten Sie darauf, dass Sie das neue Modul gleichmäßig auf alle Kerzen aufstecken.

⑥ Beenden Sie die Montage in umgekehrter Reihenfolge und prüfen alle Anschlüsse auf festen Sitz.

Teamwork – Zündstrom prüfen

Arbeitsschritte

① Demontieren Sie – wie beschrieben – das Zündmodul und ...

② ... schrauben dann die Zündkerzen aus dem Zylinderkopf.

③ »Verkuppeln« Sie die demontierten Kerzen mit dem Zündmodul und legen die Einheit »rutschsicher« auf dem Motorblock ab. Achten Sie auf guten Massekontakt.

④ Sobald Ihr Helfer den Motor startet, beobachten Sie den »Funkenflug«: Nur an den Kerzenelektroden dürfen (müssen) kräftige, blaue Funken überspringen. Ansonsten fehlt's an der nötigen Überschlagspannung.

⑤ Bleiben die Funken »ganz auf der Strecke«, nehmen Sie zunächst die Zündanlage in Augenschein. Fällt Ihnen dabei nichts auf, prüfen Sie die Spannungsversorgung.

Zündkerzen wechseln – spätestens nach 60.000 Kilometern

Opel sieht im Wartungsplan alle 60.000 Kilometer (OPC alle 30.000 km) einen Zündkerzenwechsel vor. Moderne Zündkerzen sollten normalerweise nicht früher kapitulieren: Die Betonung liegt auf »normalerweise«. Es kann durchaus angehen, dass Ihr Zafira mit »jüngeren« Kerzen nur noch unwillig anspringt oder nach dem Start bzw. beim Beschleunigen ruckelt. Häufig sind Zündkerzen die »Quertreiber« – zum Beispiel wegen verbrannter Elektroden oder unsichtbarer Risse im Keramikisolator. Die Risse »saugen« sich bei Kaltstarts »gerne« mit kondensierendem Kraftstoff voll. Und da Zündfunken grundsätzlich den Weg des geringsten Widerstands gehen, führt der eben nicht mehr über die Kerzenelektroden sondern auf dem »kürzesten« Weg an Masse. Sollten Sie alten Zündkerzen misstrauen, fackeln Sie nicht lange, sondern spendieren Ihrem Auto neue Kerzen. Wechseln Sie die Kerzen allerdings nur bei kaltem Motor und mit einem speziellen Zündkerzenschlüssel oder einer Kerzennuss.

Arbeitsschritte 🔧 🛢 **W 60.000 km**

① Das Zündmodul demontieren Sie wie beschrieben.

② Um die Kerzenschächte gründlich von Staub und Dreck reinigen zu können, lösen Sie die Zündkerzen mit einer Zündkerzennuss um etwa drei Umdrehungen. Blasen Sie die Kerzenschächte dann sorgfältig mit Druckluft aus. Damit »vermasseln« Sie z. B. Insektenkadavern jede Möglichkeit, an den Zündkerzen vorbei in die Brennräume zu gelangen.

③ Sobald alle Kerzenschächte »clean« sind, drehen Sie die Zündkerzen vorsichtig aus dem Gewinde und »heben« sie aus den Schächten. Spezielle Kerzennüsse oder Kerzenschlüssel »fangen« die Kerzen schon beim Losdrehen in ihrem Schaft ein.

④ Legen Sie die demontierten Kerzen außerhalb des Motorraums in der Reihenfolge der Zylinder ab. Prüfen Sie das »Kerzengesicht« jeder einzelnen Zündkerze und vergleichen es untereinander. Sie bekommen dann nämlich schnell einen ersten optischen Überblick über den »Gesundheitszustand« Ihres Motors. Falls das Kerzengesicht untereinander total variiert, gehen Sie der Ursache auf den Grund.

⑤ Achten Sie darauf, dass Sie zur Montage die Kerzen unbedingt »gerade« ansetzen und nicht verkanten. Reiben

Am besten mit einer speziellen Kerzennuss zu montieren: Zündkerzen am Zafira.

Sie vor der Montage die Kerzengewinde dünn mit hitzebeständiger Kupferfettpaste ein. Erst dann drehen Sie alle Kerzen handfest in die Kerzenlöcher und ziehen sie mit dem Zündkerzenschlüssel noch eine Vierteldrehung (90 Grad) weiter an. Dies entspricht dann etwa dem vorgeschriebenen Anzugsdrehmoment (25 Nm).

⑥ »Vertrauen« Sie auf gebrauchte Zündkerzen, reinigen Sie das Kerzengewinde vor der Montage gründlich mit einer Messingbürste und fetten es dann dünn mit hitzebeständiger Kupferfettpaste ein. Ansonsten verfahren Sie wie bei neuen Zündkerzen. Den Kerzenschlüssel drehen Sie allerdings nur um rund 15 Grad weiter (der Dichtring an gebrauchten Kerzen ist ja bereits gepresst).

⑦ Beenden Sie die Montage in umgekehrter Reihenfolge.

Zündkerze sitzt fest — Praxistipp

Wenden Sie auf keinen Fall Gewalt bei »festgebackenen« Zündkerzen an. Ihre »unbändige« Kraft könnte ansonsten dem Kerzengewinde im Zylinderkopf den Garaus bereiten. Fahren Sie in diesem Fall den Motor warm und versuchen dann, die Kerze auszudrehen. Vorsicht – am heißen Motor können Sie sich schnell die Hände verbrennen. Darum warten Sie mit der Montage der neuen Kerzen so lange, bis der Motor wieder abgekühlt ist. Unsere Empfehlung hat auch einen technischen Hintergrund – die Materialien der Zündkerze und des Zylinderkopfs dehnen sich unterschiedlich aus: Kalte Zündkerzen in einen heißen Motor »eingepflanzt« sitzen später »bombensicher bombenfest«.

ZÜNDANLAGE

Motor und Zündanlage* — Störungsbeistand

Störung	Ursache	Abhilfe
A Motor springt schlecht oder gar nicht an.	1 Zündmodul oder Zündkerzen feucht bzw. verschmutzt, daher kein Zündfunken.	Trocknen bzw. reinigen, ggf. mit Zündspray behandeln.
	2 Steckverbindungen locker bzw. oxidiert.	Kontrollieren, ggf. erneuern (lassen).
	3 Zündkerzen nass (nach häufigen Startversuchen).	Ausbauen und trocknen.
	4 Drehzahl-/Positionssensor lose – zu großer Abstand zur Schwungscheibe.	Festziehen.
	5 Drehzahl-/Positionssensor defekt; Kabel hat Masse oder ist unterbrochen.	Erneuern lassen; Kabel kontrollieren bzw. erneuern.
	6 Zündmodul defekt.	Austauschen
	7 Leistungsmodul bzw. Steuergerät defekt.	Kontrollieren lassen ggf. austauschen.
B Motor läuft unrund, hat Zündaussetzer.	1 Zündkerze defekt.	Austauschen.
	2 Siehe A1–7.	
C Motor hat keine Leistung.	1 Ansaugsystem zieht Nebenluft.	Überprüfen (lassen).
	2 Kühlmittel, Ansauglufttemperatursensor defekt oder Stecker sitzt nicht korrekt.	Steckverbindungen kontrollieren, Sensor ggf. ersetzen lassen.
	3 Siehe A4–7.	

* Der Störungsbeistand setzt mechanisch gesunde Motoren mit intakter Gemischaufbereitung voraus.

Zündmodul und Kabel – das sollten Sie im Auge halten

▪ Das zentrale Steuergerät Ihres Zafira kann Schaden nehmen, wenn Sie per Anlasser den Motor mit abgezogenen Zündsteckern durchdrehen lassen. Klemmen Sie vorher unbedingt die Zündung ab. Lösen Sie dazu den Mehrfachstecker vom Zündmodul.

▪ Haben die Kabelanschlüsse und Mehrfachstecker festen Kontakt zur Zündspule und zum Steuergerät? Nur locker aufgesteckte Zündkabel können in den Kontaktbuchsen »tanzen« und dadurch zu Zündaussetzern (Stottern) führen. Ein lose aufgestecktes Zündmodul leitet den Zündstrom in die Irre, es kann Kriechströme und unkontrollierte Funkenüberschläge provozieren.

▪ »Vagabundierende« Zündfunken hinterlassen auf ihrem Weg ins »Nirgendwo« Brandspuren. Meis-

Gut erreichbar: Mehrfachstecker am Zündmodul.

DRUCKGEBER PRÜFEN

tens sind Haarrisse in den Kerzensteckern die Ursache – checken Sie das Zündmodul entsprechend penibel.

- Inspizieren Sie gleichsam die Anschlussklemmen. Haben sie satten Kontakt zu den Steckern – sind sie etwa oxidiert?
- Befreien Sie die Anschlusskabel regelmäßig von Streusalz- oder Kalkablagerungen.

Mit Multimeter prüfen – Drehzahlgeber

Die Funktion des Drehzahlgebers testen Sie per Widerstandsmessung mit dem Multimeter (siehe Kapitel »Die Fahrzeugelektrik«). Damit Sie der Messung auch tatsächlich »trauen« können, checken Sie vorab den richtigen Sensorabstand zum Schwungrad und – ganz besonders wichtig – seine Befestigung.

Arbeitsschritte

① Ziehen Sie zur Kontrolle den Stecker am Drehzahlsensor ab.

② Messen Sie den Widerstand an den beiden Steckkontakten.

③ Bei intaktem Geber lesen Sie vom Multimeter rund 200 ± 50 W ab.

Mit Helfer kein Problem – Druckgeber prüfen

Arbeitsschritte

① Schließen Sie am Druckgeber ein Voltmeter an. Stechen Sie dazu die Klemme B (grünes Kabel) mit einer Nadel an und ...

② ... klemmen die Plusklemme des Voltmeters an die Nadel. Die Minusklemme legen Sie an Masse.

③ Schalten Sie dann die Zündung ein.

④ Bei intaktem Druckgeber beträgt die Spannung jetzt 4,2 bis 5,3 Volt.

⑤ Starten Sie den Motor.

⑥ Ihr Voltmeter zeigt 0,5 bis 1,7 Volt an, ...

⑦ ... die Messspannung variiert bei Gasstößen.

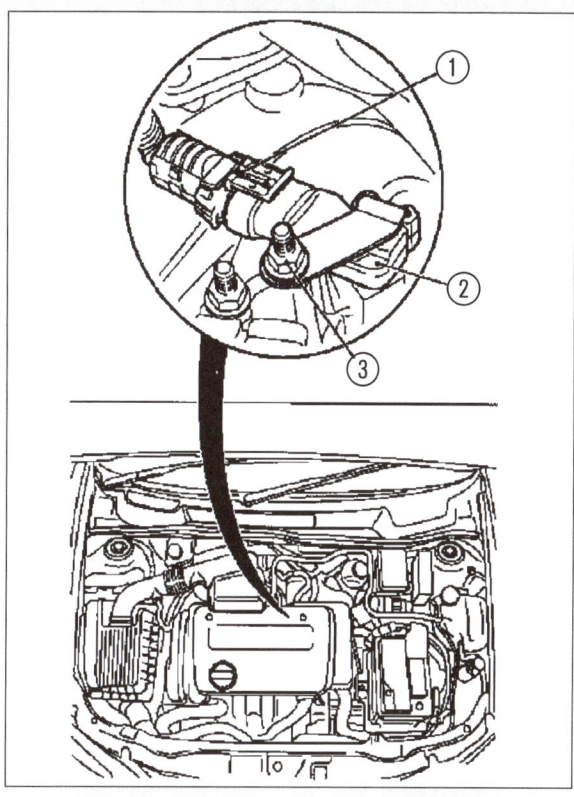

Unschwer zu lokalisieren: ❶ *Mehrfachstecker,* ❷ *Druckgeber,* ❸ *Befestigungsmutter beim Z 16 SE-Motor.*

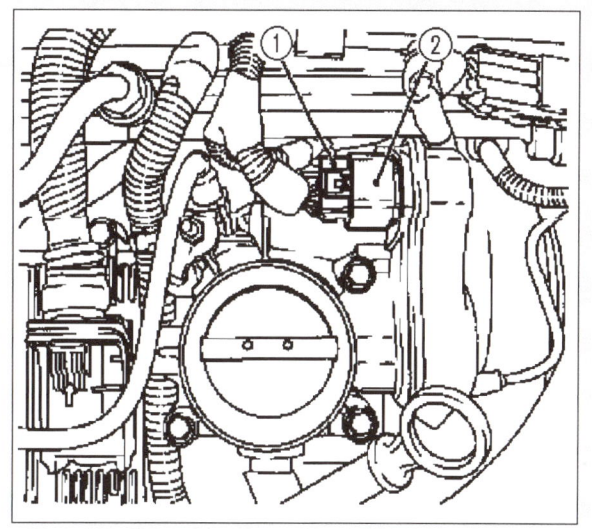

Zentral angesteuert: ❶ *Druckgeber,* ❷ *Kabelsatzstecker beim Z 22 SE-Motor in unmittelbarer Nähe des Drosselklappenmoduls.*

ZÜNDANLAGE

Heizt kalten Dieselmotoren ein – die Vorglühanlage

Beim Kaltstart kommen Dieselmotoren erfahrungsgemäß nur schwer aus den »Pantoffeln«. Direkteinspritzer wie der Zafira springen in unseren Breitengraden zwar auch im Winter noch »höflich« an, doch bei grimmiger Kälte täten sie sich ohne Vorglühanlage schwer, ihre ersten Lebenszeichen taktvoll auf die Schwungscheibe zu »schütteln«.

Darum heizen leistungsfähige Glühkerzen in der Kaltstartphase die ausgekühlten Brennräume vor und erleichtern damit den Zündvorgang. Die Glühkerzen befinden sich seitlich im Zylinderkopf, sie stehen, genau wie die Vorglühkontrollleuchte im Armaturenbrett, unter Aufsicht des elektronischen Dieselmotormanagements. Um die Zeitdauer festzulegen, verwertet der Rechner in der Vorwärmphase Signale des Temperatursensors: Je niedriger die Temperatur, um so intensiver die Vorwärmphase. Die maximale Vorwärmdauer beträgt rund acht Sekunden, vorausgesetzt es herrschen mindestens -20°C. Bei Motortemperaturen oberhalb 80°C fällt die Vorwärmphase gänzlich aus.

Sobald der kalte Motor die ersten Lebenszeichen von sich gibt, beginnt die Nachglühphase. Das stabilisiert den Leerlauf und minimiert die Kohlenwasserstoffemission des kalten Selbstzünders. Die maximale Nachglühdauer beträgt bei -20°C oder noch geringeren Außentemperatu-ren etwa 30 Sekunden.

Bei Motortemperaturen über 50°C findet keine Nachglühphase statt, wie auch bei Motordrehzahlen schneller als 2500 min.$^{-1}$,das verlängert die Lebensdauer der Glühkerzen.

Jedem Zylinder heizt eine Kerze ein: Zafira-Glühkerzen sind kompakt – sie arbeiten ohne eigene Temperaturregelung. Das ist kein Nachteil, denn die angesaugte Frischluft lässt die Kerzen nicht verbrennen – die Höchsttemperatur ist auf rund 1050°C begrenzt.

Eventuell auftretende Fehler oder Unregelmäßigkeiten an der Anlage »sammelt« der Bordrechner – er kann nur mit Hilfe einer Vertragswerkstatt ausgelesen bzw. gelöscht werden.

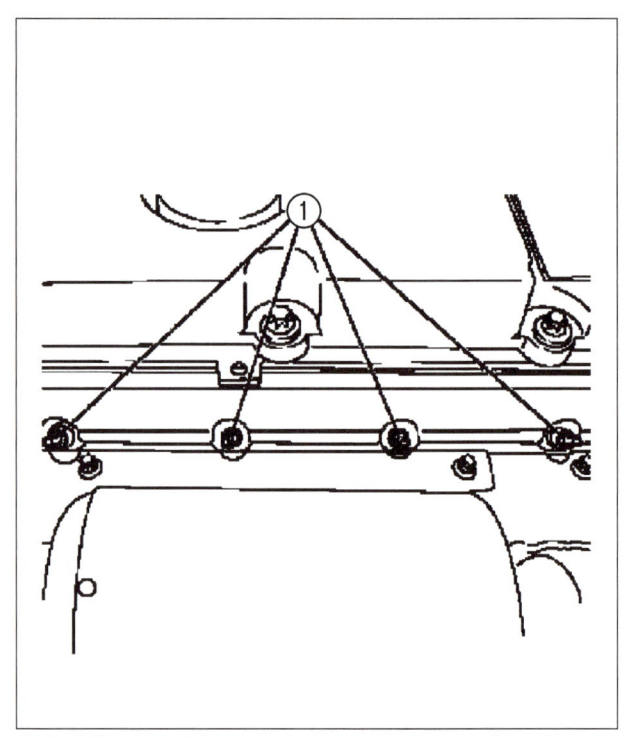

Beim Diesel in Linie: »Nebeneinander aufgereiht« sitzen die Schnellglühkerzen ❶ auf der Zylinderkopfrückseite. Bevor Sie die Kerzen demontieren, lösen Sie den Anschlussstecker.

Vorglühanlage prüfen

Wenn Sie einen Defekt an der Vorglühanlage vermuten, gehen Sie wie folgt vor:

Arbeitsschritte

① Sicherungen der Motorelektrik prüfen.

② Ist die Hauptsicherung des zentralen Steuergeräts o.k.?

③ Wenn ja, checken Sie per Multimeter die Spannung an den Schnellglühkerzen.

GLÜHKERZEN PRÜFEN

Glühkerzen prüfen

Arbeitsschritte

① Klemmen Sie das Batteriemassekabel ab und …

② … ziehen die Kabelanschlüsse an den Kerzen ab.

③ Danach demontieren Sie die Glühkerzen mit einem geeigneten Steckschlüssel aus dem Zylinderkopf und legen sie auf einer feuerfesten Unterlage ab.

④ Schließen Sie mit einem Fremdstartkabel nacheinander alle Glühkerzen direkt an eine voll geladene Batterie an. Verzichten Sie dabei nicht auf dicke Lederhandschuhe – es besteht akute Verbrennungsgefahr, die Kerzen werden glühend heiß!

⑤ Alle Glühkerzen müssen binnen 10 Sekunden hellrot glühen. Ansonsten erneuern Sie die »träge(n)« Kerze(n), besser erneuern Sie allerdings den ganzen Satz.

⑥ Ziehen Sie die neuen Glühstifte mit rund 15 Nm im Zylinderkopf fest.

Links an der Spritzwand im Motorraum: Sicherung des zentralen Steuergeräts (Pfeil).

④ Messen Sie dort mindestens 11,5 Volt, testen Sie die Glühkerzen.

⑤ Ziehen Sie dazu das Anschlusskabel an einer der vier Glühkerzen ab und …

⑥ … schließen eine Prüflampe zwischen Masse und dem abgezogenen Anschlusskabel an.

⑦ Ziehen Sie dann den Stecker des Kühlmitteltemperaturgebers ab und legen ihn »massesicher« beiseite.

⑧ Drehen Sie den Zündschlüssel auf Stellung »Vorglühen«.

⑨ Leuchtet unmittelbar danach die Prüflampe für etwa 20 Sekunden auf, sind die Spannung an den Glühkerzen und die vom Steuergerät vorgegebene Vorglühzeit o. k.

⑩ Bleibt die Prüflampe jedoch dunkel, prüfen Sie die Hauptsicherung oder das Vorglührelais.

⑪ Sollte Ihre Prüflampe generell dunkel bleiben, misstrauen Sie dem Steuergerät.

Vorglühanlage defekt   *Praxistipp*

Defekte an der Zafira-Vorglühanlage bemerken Sie wahrscheinlich erst bei klirrendem Frost (unter -15°C). Erst dann nimmt Ihr Zafira ohne fremde Heizenergie seinen Job nur widerwillig auf. Doch mit »offenen« Augen und sensibler Nase erkennen Sie mögliche Fehler bereits im Anfangsstadium: Achten Sie beim Kaltstart auf die Dieselwolke. Wenn »stechende«, blaue Rauchfahnen die Umwelt einnebeln und Ihre Nase verprellen, lassen Sie prophylaktisch schon mal den Fehlerspeicher in Ihrer Werkstatt auslesen – Blaurauch mit einhergehender »scharfer« Duftnote signalisiert eine »kalte, unvollständige« Verbrennung. Kleinere »Wölkchen« hinter Ihrem Zafira müssen Sie freilich nicht beunruhigen.

DIE KRAFTSTOFFVERSORGUNG

DIE KRAFTSTOFFVERSORGUNG

Wartung

Tankbe- und -entlüftung prüfen	140
Kraftstoffleitungen und Schläuche demontieren	142
Auspuffsystem prüfen	148

Reparatur

Kraftstofffilter erneuern	140
Kraftstoffpumpe prüfen	142
Kraftstofftank aus- und einbauen	143
Kraftstoffpumpe aus- und einbauen	144
Tipps für Arbeiten am Auspuffsystem	147
Auspuffsystem erneuern	148
Auspuffkrümmer aus- und einbauen	149

Der Zafira-Kraftstofftank liegt im hinteren Bereich der Bodengruppe unterhalb der Fondbank. Es ist ein tief gezogener Kunststoffbehälter mit 58 Liter Fassungsvermögen. Die Ottoversionen des Zafira »drücken« ihren Lebenssaft mit einer elektrischen Intank-Kraftstoffpumpe bis unter die Motorhaube. Das Diesel-Duo saugt den »Saft« mit einer in die Einspritzpumpe integrierten Förderpumpe ab. Hier wie dort hat der Zafira-Tank keine Ablassschraube. Sollten Sie irgendwann also den Tank demontieren oder seine Innereien näher in Augenschein nehmen müssen, entleeren Sie vorab das Reservoir über den Einfüllstutzen.

Ausgeklügelt – das Belüftungssystem

Die Kraftstoffpumpe der Ottomotoren (Intank Saug-/Druckpumpe) ist kombiniert mit dem Kraftstoffvorratsanzeiger (Tankgeber). Um Verunreinigungen und Kondensate zu binden, sitzt ein Kraftstofffilter in der Vorlaufleitung. Sein Arbeitsplatz: Unter dem Bodenblech in Nähe des linken Hinterrads. Die Kraftstoffvor- und -rücklaufleitung kommen zusammen mit dem Tankgeber aus dem Tank. Ihre Anschlüsse sind als leicht lösbare Schnellverschlüsse konstruiert. Ein Sicherheitsventil regelt die Be- und Entlüftung. Die im Tank, oberhalb des Kraftstoffspiegels entstehenden Gase »sammelt« ein Aktivkohlefilter und speist sie bei laufendem Motor in das Luftfiltergehäuse und somit in den Ansaugtrakt ein.

58 Liter Euro-Super: Reichen dem 74 kW (100 PS) Zafira 1.6 16V für gut 730 Kilometer. Mit etwa der gleichen Portion Dieselöl kommt der 100 PS Selbstzünder »reichlich« 880 Kilometer weit. Der Zafira CNG tankt an der Erdgassäule: 110 Liter fassen seine vier »Gasflaschen« unter dem Bauch. Das entspricht etwa 19 Kilogramm Erdgas. Der Alternativ-Van »gast« damit etwa 400 Kilometer durch die Lande. Wenn der Gasvorrat zwischenzeitlich nicht ergänzt wird, geht's dann auf Knopfdruck mit Benzin noch einmal rund 150 Kilometer weiter.

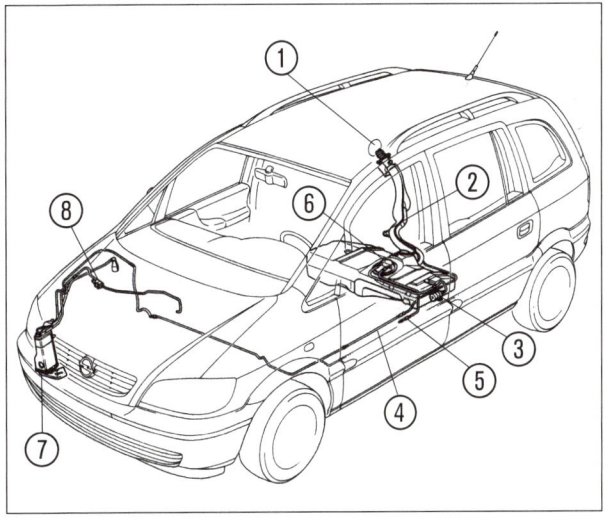

Werden bei laufendem Motor eingespeist – im Tank entstehende Kraftstoffdämpfe. ❶ *Tankeinfüllstutzen,* ❷ *Einfüllstutzenbe- und -entlüftung,* ❸ *Kraftstofffilter,* ❹ *Kraftstoffförderleitung,* ❺ *Tankentlüftungsleitung,* ❻ *Intank-Kraftstoffpumpe,* ❼ *Aktivkohlefilter,* ❽ *Tankentlüftungsventil.*

KRAFTSTOFFVERSORGUNG

Die generellen Bauteile der Kraftstoffversorgung

Kraftstoffpumpe: Im Zafira »drückt« eine im Tank montierte, elektrisch angetriebene Kraftstoffförderpumpe den Lebenssaft bis in die Einspritzanlage. Bei den Dieselmodellen erledigt den gleichen Job eine von der Einspritzpumpe angetriebene Kraftstoffförderpumpe, sie saugt das Dieselöl aus dem Tank.
Als Strömungspumpe arbeitet die Intank-Kraftstoffpumpe mit einer Förderleistung von ca. 100 l/h und einem Förderdruck von rund 3,8 bar. Pumpe und Tankgeber »sitzen« gemeinsam mit dem Förderdruckregler in einem Gehäuse. Sobald der Betriebsdruck im System 3,8 bar übersteigt, öffnet das Überdruckventil und leitet den »überschüssigen« Kraftstoff mitsamt den »Begleitgasen« in den Tank zurück. Bei abgestelltem Motor hält das gleiche Ventil im Einspritzsystem den »Benzindruck« aufrecht. Die Stromversorgung der Kraftstoffpumpe »läuft« unter der Regie des Motorsteuergeräts vom Zündschloss über das Kraftstoffpumpenrelais inklusive Sicherung zur Pumpe. Sobald der Motor läuft, fördert auch die Pumpe.

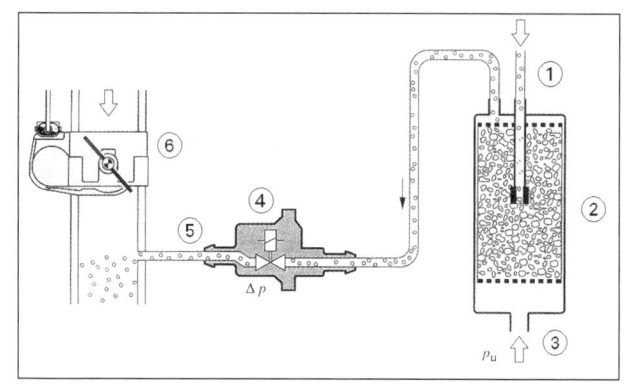

Der Aktivkohlebehälter verhindert, dass Kraftstoffdämpfe aus dem Tank ins Freie gelangen. In regelmäßigen Abständen öffnet das Steuergerät das Regenerierventil, und der Motor saugt den im Aktivkohlebehälter niedergeschlagenen Kraftstoff ab. ❶ *Leitung vom Tank zum Aktivkohlebehälter,* ❷ *Aktivkohlebehälter,* ❸ *Frischluft,* ❹ *Regenerierventil,* ❺ *Leitung zum Saugrohr,* ❻ *Drosselvorrichtung mit Drosselklappe.*

»Sitzen« in einem Gehäuse: Intankkraftstoffpumpe und Tankgeber. ❶ *Kraftstoffschlauch,* ❷ *Mehrfachstecker,* ❸ *Kraftstoffsieb.*

Kraftstofffilter: Im Zafira unterhalb des Bodenblechs in Nähe des linken Hinterrads an einem Halter montiert. Der Filter besteht aus einem Stahlgehäuse mit leporelloartig gefaltetem Papiereinsatz. Er bindet flüssige und feste Schmutzpartikel.

Aktivkohlefilter: Im vorderen rechten Radkasten montiert. »Bindet« bei abgestelltem Motor verdunstende Kraftstoffdämpfe aus dem Tank. Bei laufendem Motor öffnet ein Magnetventil – die nur vorübergehend »geparkten« Dämpfe gelangen aus dem Aktivkohlefilter in den Luftfilter, bzw. ins Ansaugsystem und »hängen« sich an die Frischgase an.

Der Kraftstoff

Unisono verbrennen die ECOTEC-Ottomotoren des Zafira Euro Super (ROZ 95). Sie können sie jedoch auch mit Super Plus (ROZ 98) füttern. Das macht ab und an durchaus Sinn: Zum Beispiel wenn Ihr Zafira im Gespannbetrieb oder bei hohen Außentemperaturen ständig Höchstleistungen »abliefern« muss. Mitunter sinkt der Kraftstoffverbrauch mit Super Plus sogar geringfügig. Doch wenn's ums Sparen geht, dann hat Ihr »eigener« Gasfuß und der richtige Umgang mit dem Getriebeschalthebel unvergleichlich mehr Einfluss auf den Appetit ihres Zafira als hochoktaniger Super Plus Saft.

Mit wenig Gas »dahin rollen« – das senkt die Spritkosten

Beschleunigen Sie daher stets zügig (Gaspedal schnell etwa 2/3 durchtreten) und schalten möglichst früh in den nächst höheren Gang. Sobald Sie »Ihre« Wunschgeschwindigkeit erreicht haben, lassen Sie den Wagen möglichst im größten Gang und mit wenig »Gas« dahin rollen. Drehen Sie Ihren Zafira lediglich beim Überholen oder Einspuren in den fließenden Verkehr höher aus. Außerdem sollten Sie den Motor auch während kurzer Stopps, beispielsweise vor Eisenbahnschranken, Baustellenampeln oder im Stau, abstellen: Das »rechnet« sich bereits nach 5 bis 7 Sekunden – und die Umwelt profitiert auch davon.

DER KRAFTSTOFF

Kraftstoff – Begriffe und Normen — Techniklexikon

Normal-/Superbenzin: Fast identische Reinheitsgrade, Verdampfungsverhalten (wichtig für Entzündbarkeit) und Energiebilanzen (Heizwert je Kilogramm Kraftstoff). Entscheidender Unterschied: Super hat eine höhere Klopffestigkeit als Normalbenzin.

Diesel: Ein Kraftstoff, der die physikalischen Eigenschaften des »Selbstzünders« perfekt bedient. Durch die hohe Zündwilligkeit des Dieselkraftstoffs und dem extrem hohen Verdichtungsverhältnis in Dieselmotoren läuft die Verbrennung kontrolliert in Sekundenbruchteilen ab. Für Ottomotoren wäre Dieselöl freilich »pures Gift«, es würde die Zündkerzen binnen kürzester Zeit verrußen.

Sommer-/Winterdiesel: Sommerdiesel nach DIN 51 601 kommt zwischen Frühjahr und Herbst ohne Fließverbesserer an die Zapfsäule. Schon bei geringen Minustemperaturen würde Sommerdiesel paraffinieren und die Kraftstoffleitungen samt Filter versulzen. Deshalb kommt hierzulande bereits in der Übergangszeit Dieselkraftstoff mit einem geringen Anteil an Fließverbesserern auf den Markt. Er bleibt bis etwa -10° C filtergängig. Winterdiesel behält seine Fließfähigkeit laut DIN-Norm bis -12° C, in der Praxis können Sie Winterdiesel jedoch Minustemperaturen bis etwa 22° C zutrauen.

Klopffestigkeit: Je höher der Kompressionsdruck um so besser der thermische Motorwirkungsgrad. Doch wenn der Kraftstoff in Ottomotoren zur Selbstentzündung neigt, kommt es zu unkontrollierten Verbrennungen – der Motor »klingelt«. Superkraftstoff widersteht höheren Verbrennungsdrücken als Normalbenzin und neigt daher weniger zur Selbstentzündung. Haben Sie Ihren Zafira aus Versehen mit Normalbenzin betankt, wird er Ihnen, wenn Sie aus niedrigen Drehzahlen heraus voll beschleunigen, den Lapsus mit lauten Klingelgeräuschen quittieren. Um ernsthafte Schäden zu umgehen, sind die ECOTEC-Motoren daher mit einem Klopfsensor bestückt. Sobald der Sensor »ungewohnte« Schwingungen am Motorblock bemerkt, passt er den Zündzeitpunkt sukzessive dem schlechteren Kraftstoff an. Gehen Sie dann etwas sensibler mit dem Gaspedal um und verlangen dem Motor nur mittlere Drehzahlen ab. Bessern Sie das »Klingelwasser« möglichst schnell mit ein paar Liter Super Plus auf.

Oktanzahl: Steht für die Klopffestigkeit des Kraftstoffs. An der Zapfsäule finden Sie in der Regel die Bezeichnung »ROZ« (Research-Oktanzahl), seltener die Spezifikation »MOZ« (Motoroktanzahl). Die Oktanzahlwerte für die Mindestanforderungen an bleifreien Kraftstoff wurden in Deutschland früher vom deutschen Institut für Normung (DIN) nach DIN 51 607 fest geschrieben. Heute gilt die Euro-Norm EN 228.

Cetanzahl: Eine reine, im Labor ermittelte, Verhältniszahl. Steht für die Zündwilligkeit eines Kraftstoffs. Dem sehr zündwilligen Cetan wird die Zahl 100 zugeordnet, dem extrem zündunwilligen Vergleichskraftstoff Methylnaphtalin dagegen eine 0. Die Cetanzahl gibt an, wie viel Volumenprozent Cetan ein Gemisch mit Methylnaphtalin enthalten müsste, um die gleiche Zündwilligkeit wie der zu messende Kraftstoff zu haben. Beim Diesel soll sie 45 betragen.

Umgang mit Kraftstoff — Gefahrenhinweis

Im Umgang mit Kraftstoffen ist Vorsicht das höchste Gebot. Nehmen Sie Wartungsarbeiten und Reparaturen an der Kraftstoffanlage niemals auf die leichte Schulter. Gehen Sie vor allem beim Entleeren des Kraftstoffbehälters umsichtig zu Werke und treffen folgende Sicherheitsvorkehrungen:

- Klemmen Sie die Batterie an beiden Polen ab.
- Entleeren Sie Kraftstoffbehälter nur im Freien oder in **hervorragend** durchlüfteten Räumen. Dazu benötigen Sie eine kraftstoffresistente Handpumpe (z. B. Balgen-Schlauchpumpe). Versuchen Sie auf keinen Fall den Kraftstoff aus der oberen Tanköffnung auszugießen oder mit einem Schlauch per Mund abzusaugen – Vergiftungsgefahr durch Kraftstoffzusätze!
- Stellen Sie generell einen CO_2-Pulver- oder Schaumlöscher der Brandklasse B in greifbarer Nähe bereit.
- Entleeren Sie Kraftstoffbehälter niemals über einer Grube: Die entweichenden Gase sind schwerer als Luft und könnten in der Grube über mehrere Stunden ein hochexplosives Gemisch bilden. Außerdem schaden Sie Ihren Atmungsorganen mit den giftigen Gasen.
- Stellen Sie sicher, dass während der Arbeit mit Kraftstoff keine eingeschalteten elektrischen Geräte, offenen Flammen, Wärme- und Funkenquellen im Raum sind.
- Füllen Sie Kraftstoff nur in verschließbare, klar beschriftete und resistente Gefäße um. Dazu gibt's spezielle Behälter mit Flammschutz und Druckausgleichsverschluss.
- Leere Kraftstofftanks sind über längere Zeit wie »explosive Gasometer«. Halten Sie sich in ihrer Nähe also mit offenen Flammen, brennenden Zigaretten oder schmauchenden Pfeifen zurück – es besteht latente Explosionsgefahr.

KRAFTSTOFFVERSORGUNG

Tankbe- und -entlüftung kontrollieren

Arbeitsschritte 🔧 🔋

① Fahren Sie den Motor warm (Betriebstemperatur) und lassen ihn im Leerlauf weiter laufen.

② Ziehen Sie am Magnetventil ❶ den vom Aktivkohlefilter kommenden Unterdruckschlauch ❹ ab.

③ Prüfen Sie am Ventilanschluss, ob Unterdruck anliegt. Legen Sie dazu Ihre Fingerkuppe auf den »offenen« Anschluss, falls Ihr Finger nicht »angesaugt« wird, checken Sie das Magnetventil.

④ Dazu klemmen Sie das Batteriemassekabel mitsamt dem Magnetventilstecker ❷ ab, ...

⑤ ...«drehen« den Entlüftungsschlauch ❸ vom Magnetventil und ziehen das Ventil vom Luftfilterkasten ab.

⑥ Sollten Sie jetzt das Ventil durchblasen können, tauschen Sie es getrost aus: Intakte Ventile halten »dicht«.

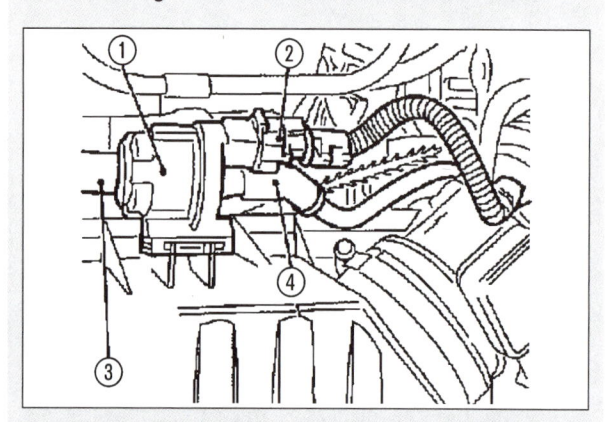

Bei warmem Motor prüfen – Tankentlüftungsventil.

Kraftstofffilter austauschen

Bevor Sie den ersten Finger krümmen, denken Sie daran: Kraftstoff ist ein hochexplosiver »Saft«. Also während der Arbeit die Finger weg von offenen Flammen, brennenden Zigaretten oder schmauchenden Pfeifen. Wie eingangs schon erwähnt, das Kraftstoffsystem Ihres Zafira steht ständig unter Druck. Sobald Sie es also irgendwo »öffnen«, kommt Ihnen stante pede der Kraftstoff entgegen gespritzt. Wenn Sie das vermeiden möchten, bandagieren Sie vorher die Leckstelle mit einem Putzlappen, Ihre Augen schützen Sie besser noch mit einer Schutzbrille. Halten Sie zudem einen Feuerlöscher griffbereit. Dermaßen ausstaffiert wechseln Sie den Filter in Ottomotoren spätestens nach 60.000 Kilometern, Dieselmotoren »spendieren« Sie bereits nach 30.000 Kilometern ein neues Element und entwässern es zudem nach rund 20.000 Kilometer.

Arbeitsschritte 🌳 🔧 🔋

Benzinmotor

① Klemmen Sie das Batteriemassekabel ab und ...

② ...«ziehen« im Sicherungskasten die Kraftstoffpumpensicherung.

③ Starten Sie hernach den Motor und lassen ihn so lange laufen, bis ihm der »Saft« ausgeht.

④ Bleiben Sie skeptisch und drehen ihn danach noch etwa fünf Sekunden per Anlasser durch. Jetzt müsste der Systemdruck tatsächlich abgebaut sein.

⑤ Stecken Sie nun die Kraftstoffpumpensicherung wieder ein, ...

⑥ ... bocken die Hinterachse Ihres Zafira standsicher auf und ...

⑦ ... stellen einen Auffangbehälter unter den Kraftstofffilter (links neben dem Tank).

⑧ Ziehen Sie die Kraftstoffleitungen ❶ vom Filtergehäuse ab – Opel-Schrauber nutzen das Spezialwerkzeug KM-792.

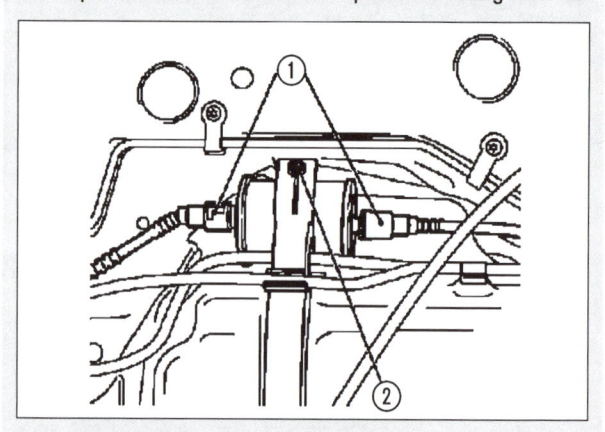

Vom Filter lösen – Kraftstoffleitungen.

⑨ Öffnen Sie hernach die Klemmschelle ❷ und ...

⑩ ... ziehen den Filter heraus.

⑪ Den neuen Filter montieren Sie in umgekehrter Reihenfolge. Achten Sie auf die richtige Durchflussrichtung (Richtungspfeil am Gehäuse).

⑫ Alles o. k.? Dann starten Sie den Motor, lassen ihn kurz durchlaufen und checken derweil sämtliche Schlauchschellen auf Dichtheit.

⑬ Entsorgen Sie den alten Filter als Sondermüll.

KRAFTSTOFFFILTER AUSTAUSCHEN

Dieselmotor

Der Dieselkraftstofffilter sitzt, leicht erreichbar, an der Spritzwand vorne links im Motorraum.

Servicefreundlich: der Kraftstofffilter im Zafira Diesel an der Spritzwand vorne links im Motorraum.

① Klemmen Sie das Batteriemassekabel ab ...

② ... und demontieren den Wasserabweiser wie beschrieben.

③ Lösen Sie die Stirnwandisolation an vier Schrauben und nehmen sie ab.

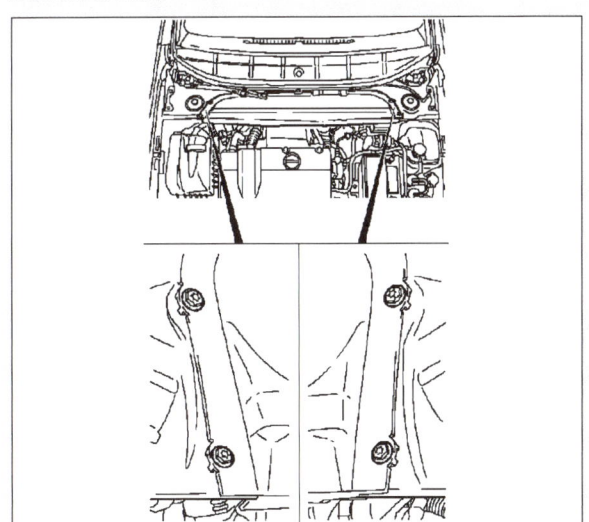

Demontieren – Stirnwandisolation.

④ Hernach ziehen Sie den Kabelstecker ❷ von der Kraftstoffvorwärmung ab, ...

⑤ ... lösen die Kraftstoffleitungen ❸ und ❹ am Filtergehäusedeckel, ...

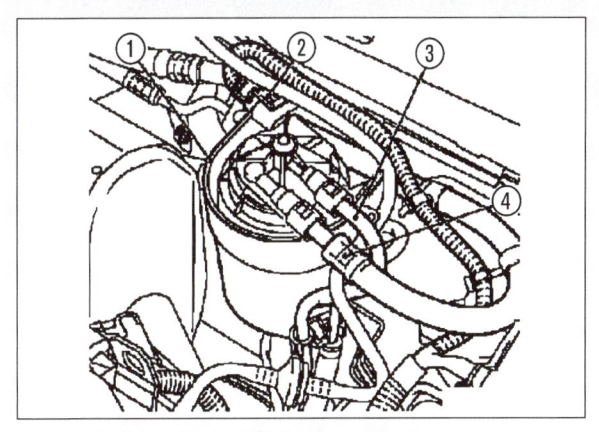

⑥ ... verschließen die Öffnungen mit einem passenden Stopfen und ziehen das Filtergehäuse nach oben aus der Crash-Box ❶.

Demontieren – Kraftstofffilteranschlüsse.

⑦ Um den Gehäusedeckel mitsamt der Deckelschraube ❶ zu demontieren, spannen Sie das Filtergehäuse vorsichtig in einen Schraubstock.

⑧ Ziehen Sie das Filterelement ❺ nach oben aus dem Gehäuse, lassen es abtropfen und entsorgen es dann als Sondermüll. Das im Gehäuse verbliebene Dieselöl schütten Sie ab und reinigen das Gehäuse dann mit einem sauberen, fusselfreien Tuch.

⑨ Setzen Sie den neuen Einsatz ins Gehäuse ein und ziehen die Deckelschraube mitsamt neuer Dichtung mit 6 Nm fest. Vergessen Sie nicht, ebenfalls die Dichtung ❹ in der Nut des Kraftstofffilterdeckels zu erneuern.

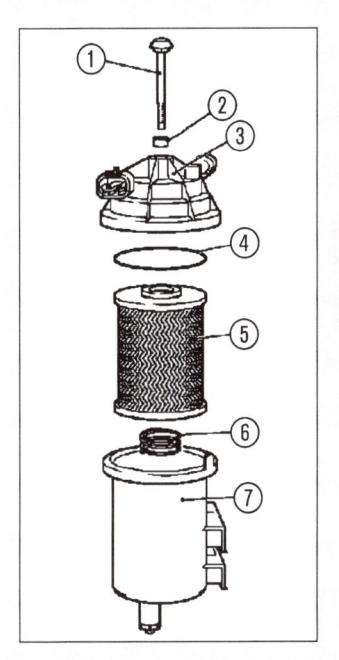

In vorgeschriebenen Intervallen wechseln: Kraftstofffiltereinsatz.
❶ Deckelschraube;
❷ Dichtung;
❸ Filtergehäusedeckel;
❹ Dichtung;
❺ Filterelement;
❻ Feder;
❼ Gehäuse.

KRAFTSTOFFVERSORGUNG

⑩ Schieben Sie das komplette Filtergehäuse von oben in die Crash-Box ein und schließen den Stecker der Kraftstoffvorwärmung sowie die Kraftstoffleitungen wieder an. Achten Sie darauf, dass die Schnellverschlüsse richtig einrasten. Ansonsten könnten Ihnen die Schläuche während der Fahrt abspringen und den Motorraum unter »Dieselöl« setzen.

⑪ Beenden Sie die Arbeit in umgekehrter Reihenfolge und starten den Motor. Er könnte sich zunächst kräftig schütteln – kein Problem, sobald die »Restluft« aus dem System gewichen ist »nagelt« er wieder ruhig vor sich hin.

⑫ Derweil checken Sie alle Anschlüsse auf Dichtheit und versuchen zur Sicherheit die Schläuche per Hand von den Anschlüssen zu ziehen. Bei solider Arbeit haben Sie jetzt keine Chance...

Darauf sollten Sie achten – Dieselkraftstoff und Kondenswasser

Dieselöl hat die unangenehme Eigenart, Kondenswasser zu binden und flockige Schmutzpartikel zu führen. Deshalb sollten Sie die vorgeschriebenen Wechselintervalle des Dieselfilters hierzulande unbedingt einhalten und nach ausgedehnten Fahrten ins außereuropäische Ausland mitunter sogar vorziehen.

Kraftstoffleitungen und Schläuche demontieren (allgemein)

Vorsicht: Das Kraftstoffsystem steht bei Einspritzanlagen auch dann noch unter Betriebsdruck, wenn der Zündschlüssel bereits längere Zeit »gezogen« ist (siehe Druckventil). »Bandagieren« Sie die Montagestellen deshalb grundsätzlich mit einem Putzlappen und tragen eine Schutzbrille.

Arbeitsschritte

① Lösen Sie die Schnellkupplungen bzw. Schraubanschlüsse.

② Bei Quetschklemmen »fahren« Sie mit einem feinen Schraubendreher unter die Schelle und lockern sie, indem Sie den Schraubendreher seitlich hin und her hebeln.

③ Ziehen Sie mit Drehbewegungen den Schlauch ab. Gelingt Ihnen das nicht, setzen Sie hinter das Schlauchende einen kleinen Gabelschlüssel an und pressen den Schlauch mit dem »Schlüsselmaul« ab.

④ Montieren Sie die Schläuche nicht mit Quetsch- sondern mit Schraubschellen. Schraubflansche dichten Sie grundsätzlich mit neuen Kupferdichtungen ab.

Fehlersuche an der elektrischen Kraftstoffpumpe

Elektrische Kraftstoffpumpen »beliefert« ein Arbeitsstromrelais mit »Energie«. Die Pumpe fördert, ab der Startphase, frischen Kraftstoff in die Einspritzdüsen. Ein zweites Relais tritt nur dann in Aktion, wenn der Motor mit eingeschalteter Zündung stillsteht (Steuergerät empfängt keine Drehzahlimpulse mehr) oder der Betriebsdruck plötzlich zusammenbricht. In dem Fall kappt Relais II den Stromfluss im Motorsteuergerät (Sicherheitsschaltung). So kann zum Beispiel nach einem Unfall kein Benzin auslaufen. Die Prüfung der Kraftstoffpumpe ist eher eine Arbeit für die Werkstatt. Beschränken Sie sich auf folgende Punkte.

Arbeitsschritte

① Klemmen Sie das Batteriemassekabel ab und ...

② ... lösen die Kraftstoffdruckleitung am Kraftstoffverteilerrohr. Umherspritzendes Benzin »fangen« Sie mit einer Lappenbandage ein.

③ Geringe Kraftstoffmengen treten übrigens auch bei stehendem Motor aus, das Kraftstoffsystem steht ja ständig unter Druck.

④ Bleibt der Anschluss trocken, schalten Sie kurz die Zündung ein (nicht den Anlasser betätigen!).

⑤ Bleibt die Pumpe untätig, dann checken Sie die Sicherung im Sicherungskasten bzw. das Sicherheitsrelais im Motorraum.

⑥ »Sprudelt« hernach weiterhin kein Benzin, überprüfen Sie das Pumpenrelais im Motorraum.

⑦ Sollten Sie dort fündig werden, muss die Kraftstoffpumpe jetzt anlaufen.

⑧ Ansonsten bauen Sie die Abdeckung unter der Rücksitzbank aus und »traktieren« das Pumpengehäuse vorsichtig mit einem kleinen Hammer – mitunter hilft das.

KRAFTSTOFFTANK AUS- UND EINBAUEN

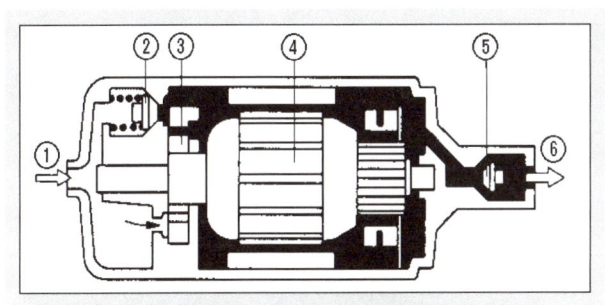

Quer durch die Pumpe: Die Förderrichtung in einer elektrisch angetriebenen Rollenzellenpumpe: ❶ Saugseite, ❷ Überdruckventil, ❸ Filtergehäuse, ❹ Laderegler, ❺ Rückschlagventil, ❻ Druckseite.

⑨ Bei der Gelegenheit prüfen Sie selbstverständlich auch die Pumpenanschlusskabel. Mitunter sind sie oxidiert oder haben sich gar los gerappelt.

⑩ Lässt auch das die Pumpe »kalt«, prüfen Sie mit einem Dioden-Spannungsprüfer (eine normale Prüflampe könnte dem Steuergerät schaden) ob überhaupt Spannung anliegt. Vergessen Sie allerdings nicht, vorher die Zündung einzuschalten.

⑪ Spannung o. k., dann dürfte die Pumpe defekt oder ein Anschlusskabel unterbrochen sein. Ihre eigenen Reparaturchancen sind ab sofort eher gering. Nachdem Sie die Kabel geprüft haben, montieren Sie besser freiwillig eine neue Pumpe.

⑫ Läuft die Pumpe, an der Druckleitung kommt jedoch kein Kraftstoff an, checken Sie den Kraftstofffilter und blasen die Kraftstoffleitung durch. Evtl. ist der Filter verstopft oder die Leitung unterwegs »nur« irgendwo geknickt.

Kraftstofftank aus- und einbauen

Arbeitsschritte

① Entleeren Sie den Tank vollständig und klemmen das Batteriemassekabel ab.

② Bocken Sie Ihren Zafira an der Hinterachse rüttelsicher auf.

③ Hernach demontieren Sie, wie beschrieben, die hinteren Handbremsseile (Pfeile) und lassen den Kraftstoffdruck entweichen.

④ Anschließend trennen Sie den Mehrfachstecker ❶ der Kraftstoffpumpe und des Tankgebers.

⑤ Jetzt ziehen Sie die Kraftstoffleitungen von ihren Anschlussstutzen ab. Opel-Schrauber »entriegeln« die Leitungsanschlüsse mit dem Spezialwerkzeug (KM-796). Versuchen Sie Ihr Glück mit einem kleinen Schraubendreher. Setzen Sie den Schraubendreher direkt am Verriegelungsring an und »knipsen« ihn los. »Bandagieren« Sie vorab die Schlauchenden mit einem saugfähigen Lappen, damit möglichst wenig Kraftstoff umher spritzt. Die Öffnungen der demontierten Schläuche verschließen Sie

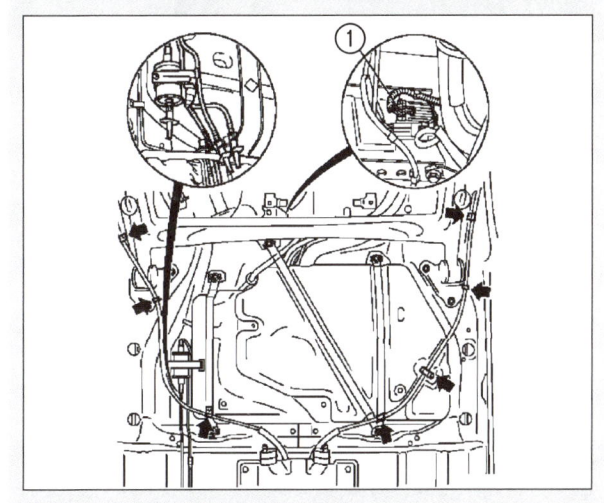

Demontieren – Tankanschlüsse.

mit passenden Stopfen (Schrauben). Zeichnen Sie sich die Leitungen, damit sie zur Montage nicht vertauscht werden.

⑥ Anschließend demontieren Sie den hinteren rechten Innenkotflügel. Dazu lösen Sie die Muttern und Schrauben (Pfeile) und legen den »Schmutzfänger« beiseite.

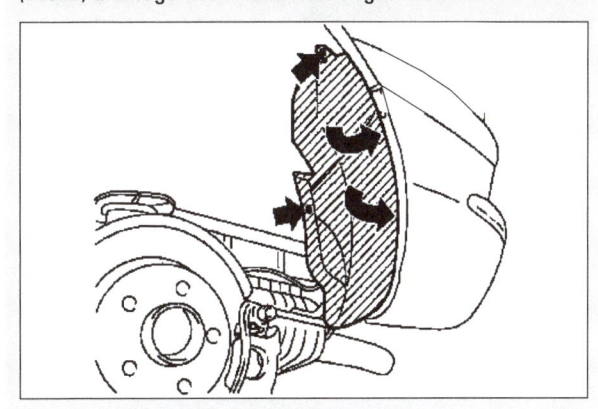

Lösen und beiseite legen – Innenkotflügel.

⑦ Öffnen Sie den Tankdeckel und clipsen die Gummiabdichtung des Kraftstoffeinfüllrohrs ab.

⑧ Jetzt lösen Sie die Befestigungsschraube ❶ und ...

⑨ ... trennen die Entlüftungsschläuche ❷ vom Kraftstoffeinfüllrohr.

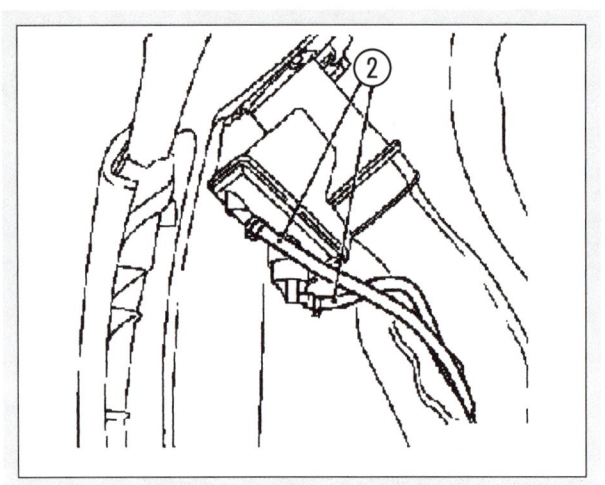

KRAFTSTOFFVERSORGUNG

Schnell erledigt – Kraftstoffeinfüllrohr am Tankdeckel lösen.

⑩ »Pitschen« Sie mit einem Seitenschneider die beiden Kabelbinder ❺ vom Entlüftungsschlauch ❶ ab und legen das Schutzrohr ❻ mit den Entlüftungsschläuchen beiseite.

⑪ Demontieren Sie den Kraftstoffeinfüllschlauch ❹ vom Kraftstoffeinfüllrohr ❷. Dazu lösen Sie die Befestigungsschraube ❸ vom Kraftstoffeinfüllrohr und bugsieren es unter Ihrem Zafira weg.

⑫ Stützen Sie anschließend den Kraftstofftank möglichst mit einem Rangierwagenheber ab. Dazu setzen Sie den Wagenheber mit einem Holzbrett mittig unter den Tank und ...

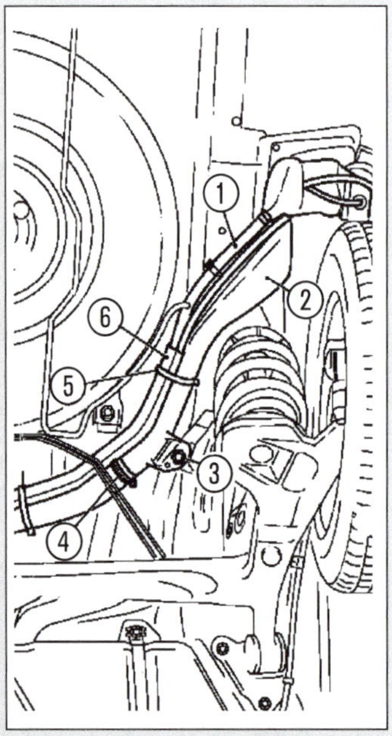

⑬ ... lösen die fünf Schrauben (Pfeile) der Haltebänder ❶.

Demontieren – Kraftstoffeinfüllrohr.

⑭ Senken Sie nun den Tank so weit ab, bis Sie die Entlüftungsschläuche und Kraftstoffleitung vom Tank trennen können.

⑮ Anschließend senken Sie den Kraftstofftank langsam zu Boden.

⑯ Beenden Sie die Montage in umgekehrter Reihenfolge. Ziehen Sie die Haltebänder mit 20 Nm an und checken Sie alle Leitungsanschlüsse auf Dichtheit.

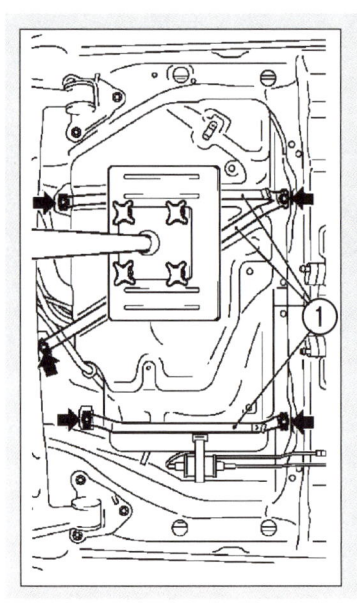

Mit einem Rangierwagenheber »locker« zu machen – Kraftstofftank absenken und rangieren.

Kraftstoffpumpe aus- und einbauen

Arbeitsschritte

① Demontieren Sie den Kraftstofftank, wie beschrieben.

② Jetzt ziehen Sie den Mehrfachstecker ❷ und die Kraftstoffleitungen ❶ von den Anschlussstutzen. »Bandagieren« Sie vorab die Schlauchenden mit einem saugfähigen Lappen, damit möglichst wenig Kraftstoff umher spritzt. Die Öffnungen der demontierten Schläuche verschließen Sie mit passenden Stopfen (Schrauben). Zeichnen Sie sich die Leitungen, damit sie zur Montage nicht vertauscht werden.

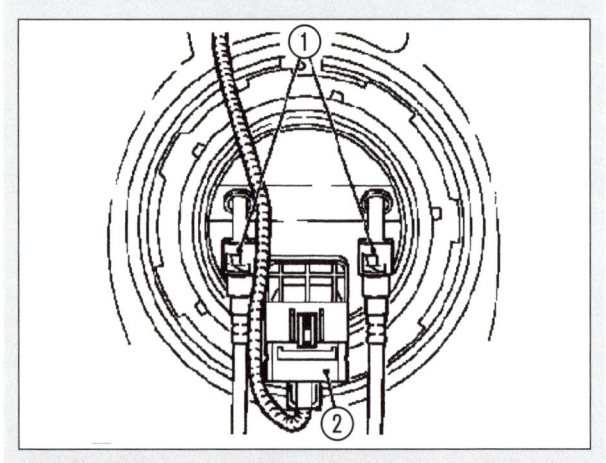

Lösen – Leitungsanschlüsse.

③ Opel-Schrauber »entriegeln« jetzt den Verriegelungsring des Verschlussdeckels mit einem Spezialsteckschlüs-

KRAFTSTOFFPUMPE AUS- UND EINBAUEN

sel ❸ (KM-797). Versuchen Sie Ihr Glück mit einem Hartholzkeil, damit haben Sie meistens Erfolg. Setzen Sie den Keil dazu direkt am Verriegelungsring an und schlagen ihn – entgegen dem Uhrzeigersinn – los. Ziehen Sie das Pumpengehäuse jetzt vorsichtig aus dem Tank.

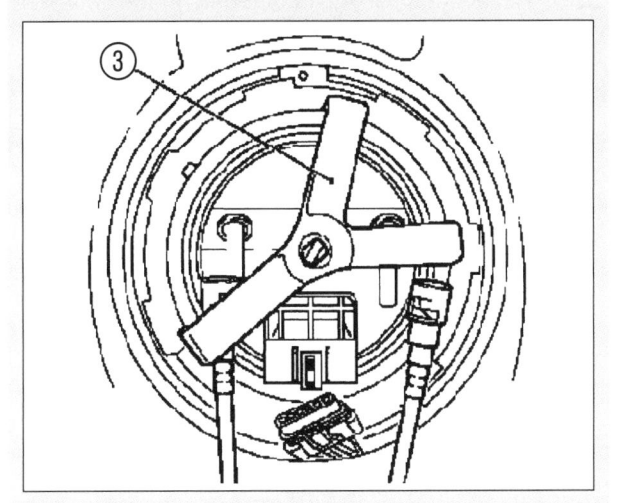

Entgegen dem Uhrzeigersinn lösen – Verschlussdeckel.

④ Entriegeln Sie jetzt die Mehrfachstecker ❷ und ❸ der Kraftstoffpumpe sowie des Tankanzeigers und …

⑤ … den Kraftstoffvor- ❶ und -rücklaufschlauch ❹ am Pumpengehäuse.

⑥ Falls der Dichtring ❺ spröde sein sollte, nehmen Sie zur Montage einen neuen.

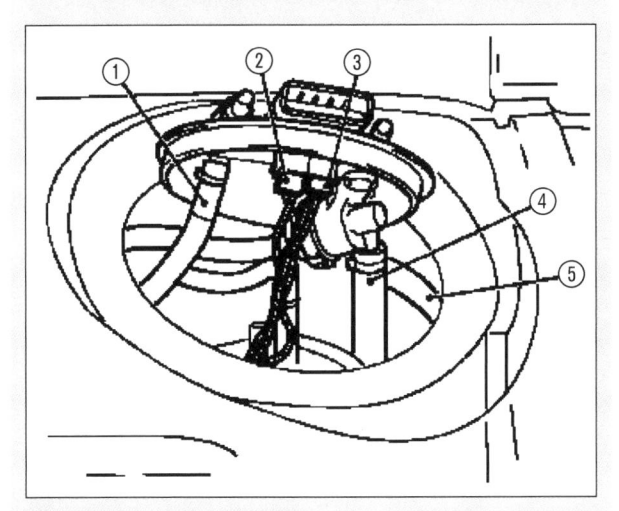

Demontieren – Anschlüsse.

⑦ Pressen Sie nun die Verriegelung (Pfeile) zusammen, nehmen das Pumpengehäuse nach oben aus dem Tank und legen es in einem sauberen Ölgefäß ab.

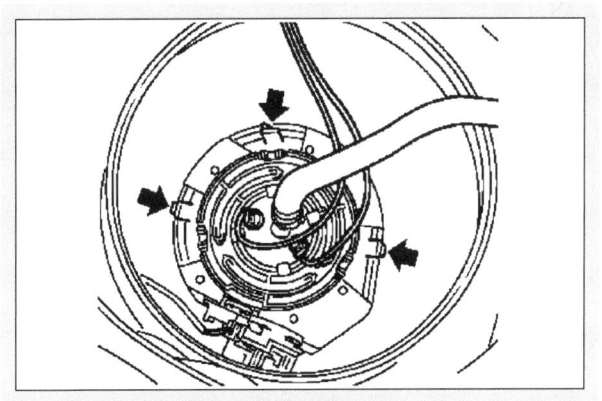

Aus dem Tank heben – Pumpengehäuse.

⑧ Pressen Sie nun die Rastklammern ❶ zusammen und schieben den Verriegelungsring ❷ gleichzeitig aus dem Pumpengehäuse ❸.

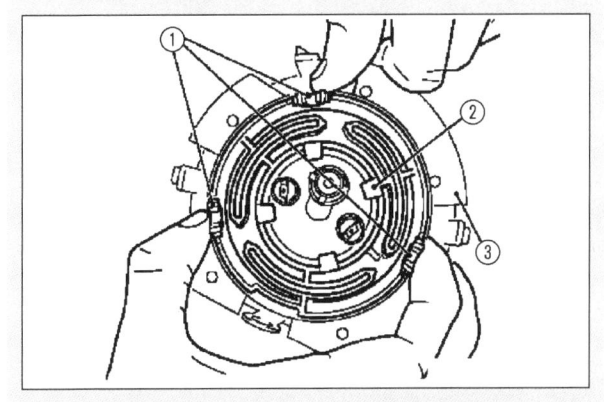

Mitsamt Pumpe demontieren – Verriegelungsring.

⑨ Demontieren Sie jetzt beide Kabelstecker ❷ von der Pumpe. Das Gleiche passiert mit dem Kraftstoffschlauch ❶ und dem Filter ❸ unterhalb des Pumpensaugrohrs.

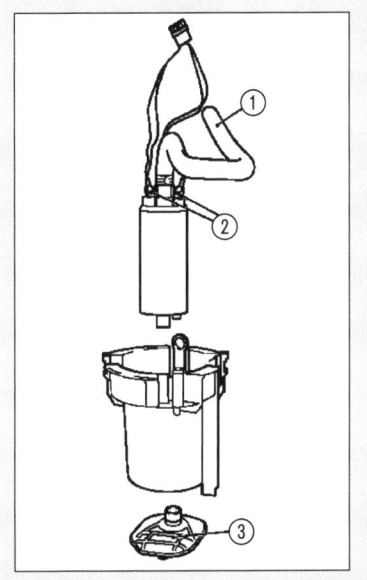

Abrüsten – Kraftstoffpumpe.

KRAFTSTOFFVERSORGUNG

⑩ Die neue Pumpe komplettieren und montieren Sie in umgekehrter Reihenfolge. Bevor Sie die Pumpe in den Tank »versenken«, reinigen Sie gründlich alle Dichtflächen: Erneuern Sie grundsätzlich alle beschädigten Dichtungen. Ansonsten »vergiften Sie sich« mit austretenden Kraftstoffdämpfen auf Raten.

⑪ Beenden Sie die Montage in umgekehrter Reihenfolge.

Das Abgassystem

In den Kindertagen des Automobils hatten Auspuffsysteme lediglich die Aufgabe, die Verbrennungsgeräusche des »Explosionsmotors« zu reduzieren – das war einmal. Seit den achtziger Jahren des vergangen Jahrhunderts erledigt der Auspuff noch einen weiteren »Job«: Katalysatoren eliminieren bis zu 90 Prozent der giftigen Abgase.

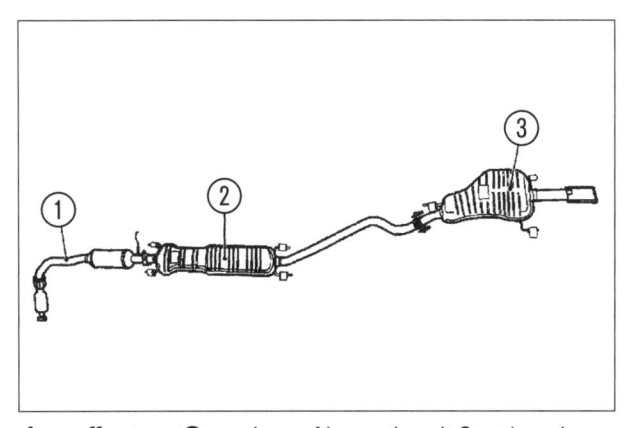

Auspuffsystem: ❶ *vorderes Abgasrohr mit Start/- und Hauptkatalysator,* ❷ *Vorschalldämpfer,* ❸ *Endschalldämpfer mit hinterem Abgasrohr.*

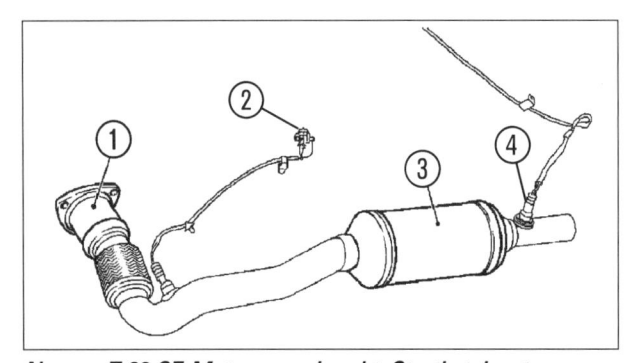

Nur am Z 22 SE-Motor verschraubt: Startkatalysator. ❶ *Startkatalysator hinter dem Auspuffflansch,* ❷ *Lambda-Sonde (Gemischregelung),* ❸ *Dreiwege-Katalysator,* ❹ *Lambda-Sonde (Abgasregelung).*

Ab Werk »hängt« unter dem Zafira-Bauch ein rostresistenter, mehrteiliger Auspuff. Das gesamte System besteht aus zwei Lambda-Sonden, dem Dreiwege-Katalysator (Diesel mit Oxidationskatalysator) und einem flexiblen Zwischenstück. Daran anschließend strömen die Abgase durch einen einflutigen Reflexions- und Hauptschalldämpfer ins Freie. Der geregelte Katalysator ist motornah direkt mit dem Auspuffkrümmer verschweißt. Vorteil: Die heißen Abgase heizen den »Filter« schnell auf, so dass seine Innereien schnell »reaktionsfähig« werden. Das minimiert die Schadstoffmenge und schont die Umwelt – vornehmlich im Kurzstreckenverkehr mit vielen Kaltstarts.

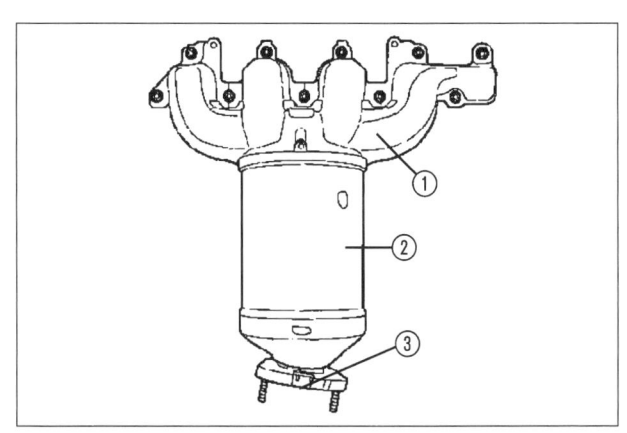

Komplett verschweißt: Abgaskrümmer mit Katalysator. ❶ *Abgaskrümmer,* ❷ *angeschweißter Katalysator,* ❸ *Auspuffflansch.*

Den Ersatzbedarf deckt Opel mit Serviceanlagen ab. Zur Montage des Serviceparts »teilen« Sie jeweils die Produktionsanlage an den entsprechenden Flanschen und setzen dann das Neuteil mit neuen Dichtungen dazwischen. Außer einer festen Halterung fixieren den Auspuff an exponierten Stellen mehrere Weichgummihalterungen. Sie halten die Anlage nahezu vibrations- und spannungsfrei in der Waage und – last but not least auf erforderliche Distanz zum Unterboden.

Hält »locker« 80 000 Kilometer – Zafira-Abgassystem

Natürlich hängt die Lebensdauer des Abgassystems stark von den Einsatzbedingungen Ihres Zafira ab: Sind Sie überwiegend im Stadtverkehr oder auf kurzen Strecken unterwegs, setzen sich in seinem Innern wesentlich mehr »ätzendes« Kondensat, Ruß und aggressive Säuren ab. Auf Langstrecken haben die Schadstoffe dagegen wesentlich weniger Chancen, Schalldämpfer und Rohre zu »perforieren« – die Auspuffanlage ist dann ständig gut durchgewärmt. Doch erfahrungsgemäß »überlebt« ein original Zafira-Auspuff locker 80 000 Kilometer – auch unter widrigeren Einsatzbedingungen.

Der vordere Auspuffbereich mit eingeschweißtem Katalysator trotzt dem Rost ohnehin erfolgreicher als die hintere Anlage. Grund: Die Abgase sind dort noch zwischen 800 und 1000°C heiß – Spritzwasser und aggressive Kondensate haben nur geringe Chancen, die Rohre und Schalldämpfer »anzufressen«.

Auf ihrem Weg durch den Reflexions- und Endschalldämpfer bis hin zum Auspuffendrohr kühlen die Abgase zunehmend aus. Sie verlassen den Auspuff, je nach Arbeitsverfahren (Diesel, Otto), mit etwa 150 – 300°C. Einleuchtend, dass der Endschalldämpfer das meiste Kondensat sammelt: Eine Melange aus aggressiven Säuren und festen Verbrennungsrückständen zerfrisst den »Topf« von innen nach außen.

Sobald ständig kaltes Spritzwasser den heißen Auspuff Ihres Zafira bei Regenfahrten »duscht«, sind große Temperaturschwankungen programmiert: Speziell für den vorderen Teil der Abgasanlage ist das extrem belastend. Der allgegenwärtige Temperaturschock kann dann sogar glatte »Rohrbrüche« oder feine Haarrisse provozieren – trotz des flexiblen Zwischenstücks nach dem Auspuffkrümmer.

Ansonsten beschleunigen Spritz- und Salzwasser den Rostfraß von außen nach innen. Steinschläge oder andere äußere Einflüsse, etwa wenn Sie mit dem Auspuff aufsetzen, verkürzen zusätzlich die »normale« Lebenserwartung. Gleichermaßen machen dem Auspuff auch schädliche Schwingungsfrequenzen, die beispielsweise ein sprödes oder gerissenes Aufhängungsgummi initiiert, auf Dauer den Garaus.

Erfahrungssache – so »bearbeiten« Profis den Auspuff

Stark oxidierte Bleche können Sie nicht dauerhaft schweißen. Der Reparaturerfolg an einer »Salz vergoldeten« Abgasanlage ist daher meist nur von kurzer Dauer. Zwar halten Auspuffkitt und Bandagen den »Rost« etwas länger beieinander, aber direkt neben der Reparaturstelle treibt er weiter seine Blüten. Abgasanlagen mit mehr als einem Schalldämpfer haben die unangenehme Eigenschaft, dass, nur wenige Monate nach dem Austausch des ersten, auch der zweite Schalldämpfer perforiert ist. Werkstätten wechseln Abgasanlagen deshalb von vornherein »gerne« komplett.

Unser Tipp: Bevor Sie »Hand anlegen«, nehmen Sie den Auspuff Ihres Zafira genau in Augenschein und entscheiden erst danach, ob Sie Einzelteile oder besser doch die komplette Anlage erneuern möchten.

Arbeitsschritte

① Bocken Sie Ihren Zafira rüttelsicher auf.

② Sollten Sie festgerostete Verschraubungen nicht mehr lösen können, versuchen Sie's »anders herum« – meistens reißen »überdrehte« Schrauben dann einfach ab. Zur Montage verwenden Sie grundsätzlich neue Schrauben, Federringe, Muttern und Dichtungen.

③ Erneuern Sie gleichfalls alle Haltegummis. Der neue Auspuff hängt dann rüttelsicher in der Waage und verspannt nicht so leicht.

④ Haben Sie den Auspuff bereits früher teilweise erneuert, trennen Sie die Steckverbindungen der Rohrenden (falls überhaupt vorhanden) am besten in erhitztem Zustand. Werkstätten nutzen dazu einen Schweißbrenner – ein guter Propangasbrenner tut's in der Regel auch. Schützen Sie Ihre Hände, die Augen und das Umfeld der »Brandstelle« allerdings mit Arbeitshandschuhen, einer Arbeitsbrille bzw. einer feuerfesten Zwischenlage – halten Sie einen Feuerlöscher griffbereit. Praxistipp: Bevor Sie den Brenner »anfeuern«, versuchen Sie's zunächst mit Rostlösemitteln.

⑤ Trennen Sie Rohre und Flanschen mit kräftigen Drehbewegungen. Evtl. erleichtern Ihnen leichte Hammerschläge auf das Außenrohr die Arbeit.

⑥ Bleiben Sie damit erfolglos, flexen oder sägen Sie Steckverbindungen knapp 10 Zentimeter hinter der Verbindungsstelle ab. Den Rest des Rohrs »schlitzen« Sie dann bis zur Trennstelle in Längsrichtung auf und »schälen« es hernach mit einem kräftigen Schraubendreher ab.

⑦ Auspuffschrauben lassen sich später leichter lösen, wenn Sie vor der Montage den Gewinden eine dünne Schicht hitzefestes Kupferfett »gönnen«. Gleiches gilt erst recht für Steckverbindungen.

KRAFTSTOFFVERSORGUNG

Trauen Sie keiner alten Aufhängungsschlaufe – Augen auf beim Auspuffcheck

Motorseitig ist das Auspuffsystem an einem Dreipunktflansch fest mit dem Auspuffkrümmer verschraubt. Unter dem Fahrzeugboden hängt es allerdings freischwingend in Gummistegschlaufen, und der Endschalldämpfer kontaktet zum vorderen Teil über einen Zweilochflansch mit flexiblem Dichtzwischenring. Wenn Ihr Auspuff erst »dröhnt oder knallt« oder gar an den Unterboden anschlägt, trauen Sie keiner Schweißnaht, keinem Schalldämpfer und erst recht keiner Aufhängungsschlaufe mehr. Inspizieren Sie den »rostigen Rest« penibel, schrecken Sie dabei auch vor Hammerschlägen nicht zurück.

Arbeitsschritte

① Checken Sie alte Gummistegschlaufen auf Brüchigkeit, Einrisse oder sonstige Beschädigungen. Zur Kontrolle »rütteln« Sie am Endrohr den Auspuff kräftig hin und her.

② Überprüfen Sie am Krümmerflansch sämtliche Verschraubungen auf festen Sitz.

③ Starten Sie den Motor und verstopfen das Auspuffendrohr mit einem Lappen. Schon nach kurzer Zeit muss der Motor absterben. Hören Sie unter dem Zafira-Bauch allerdings zischelnde Geräusche oder läuft der Motor unbeeindruckt weiter, ist die Anlage undicht.

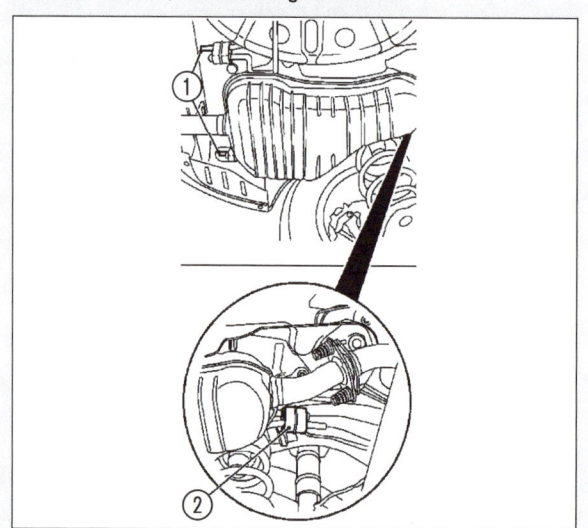

Besser komplett erneuern – Gummistegschlaufen. ❶ *Halterung,* ❷ *Gummistegschlaufe.*

④ Laute Verbrennungsgeräusche und helles »Petschen« im Schiebebetrieb verraten untrüglich einen defekten Auspuff.

⑤ Klopfen Sie mit Hammerschlägen gründlich alle Schalldämpfer und Rohre ab. Vergessen Sie auch die Schalldämpferstirnseiten nicht. Hämmern Sie übrigens nicht zu zaghaft, ein »gesunder« Auspuff verträgt das. Auf gesundem Blech klingen Ihre Schläge »trocken und hell«, morsches Blech erkennen Sie an dumpfen Klopfgeräuschen.

Preisfrage – Auspuffkomplett- oder -teilreparatur

Wir beschreiben Ihnen die Demontage der kompletten Abgasanlage am Beispiel des 1,8 16V. Wenn Sie nur Einzelteile erneuern möchten, berücksichtigen Sie eben nur den entsprechenden Reparaturabschnitt. Denken Sie beim Ersatzteilkauf daran, dass Sie generell alle Schrauben, Muttern, eingebrannte Dichtungen, Dichtringe und spröde Haltegummis erneuern.

Arbeitsschritte

① Bocken Sie Ihren Zafira rüttelsicher auf oder liften ihn per Hebebühne.

② »Bandagieren« Sie zunächst das flexible Rohr im vorderen Auspuffstück mit einem Stützmantel oder »fesseln« es mit geeigneten Schienen (Kanthölzer, Dachlatten) und Spannbändern. Denn wenn Sie, anlässlich der Montage, das Netz überdehnen, reißt es – der vordere Auspuff ist dann Schrott. Gehen Sie also entsprechend sensibel damit um.

③ Lösen Sie danach beide Schrauben ❶ am Befestigungsflansch des Nachschalldämpfers und ziehen die

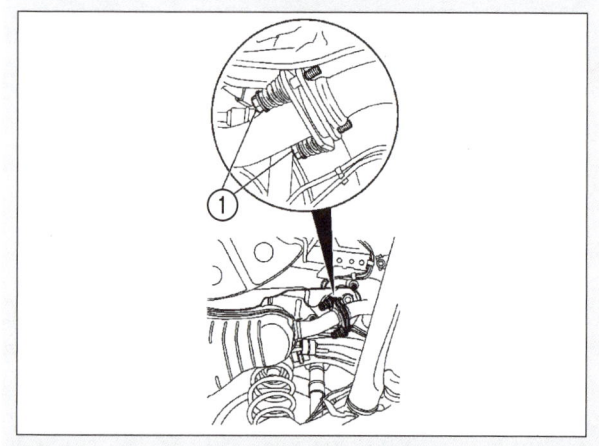

Am Zwischenflansch losdrehen – Schrauben.

AUSPUFFKRÜMMER AUS- UND EINBAUEN

Rohre auseinander. Wenn Sie, ungeachtet unseres Tipps, den Dichtring nicht generell erneuern möchten, inspizieren Sie ihn genau. Ansonsten »kratzen« Sie die Dichtflächen sauber und setzen zur Montage einen neuen Ring mit reichlich Fett ein.

④ Hängen Sie dann alle Aufhängungsgummis aus. Den Nachschalldämpfer können Sie jetzt bereits unter dem Zafira-Bauch hervor ziehen und das vordere Stück fixieren Sie mit Binde- oder Schweißdraht unter dem Wagenboden.

⑤ Bevor Sie den vorderen Auspuff demontieren, lösen Sie die untere Motorabdeckung, wie beschrieben.

⑥ Lösen Sie hernach den vorderen Auspuff ❶ am Befestigungsflansch ❷ und ziehen dann den Mehrfachstecker ❸ der Lambda-Sonde (Abgaskontrolle).

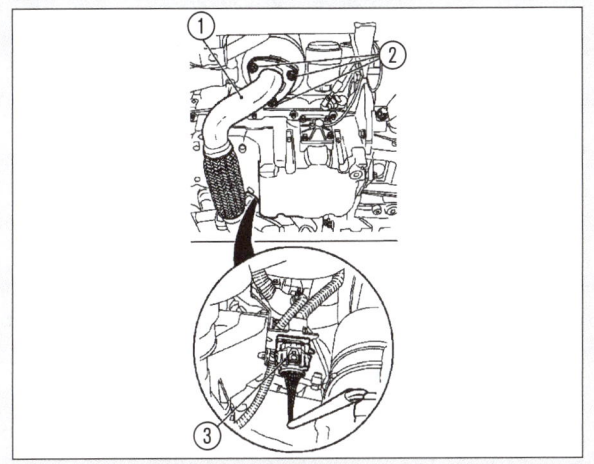

Trennen – Lambdasonde, Mehrfachstecker und vorderen Auspuffflansch.

⑦ Lassen Sie jetzt vorsichtig den Auspuff ab und bugsieren das Vorderteil unter dem Wagenboden beiseite.

⑧ Beenden Sie die Montage in umgekehrter Reihenfolge.

⑨ Doch vor der Montage reinigen Sie alle Dichtflächen und …

⑩ … bestreichen die neuen Dichtungen mit Fett. »Pappen« Sie hernach die Dichtung des vorderen Anlagenteils an den Flansch – das Fett ist zäh genug um die Dichtung zu »halten«.

⑪ Bandagieren Sie jetzt das flexible Rohr des vorderen Anlagenteils wie beschrieben und bugsieren dann den vorderen Teil vorsichtig unter den Wagen.

⑫ Hängen Sie die Anlage zunächst am Schraubflansch ein. Achten Sie darauf, dass sich die »angepappte« Dichtung dabei nicht verschoben hat. Ziehen Sie die Muttern nur handfest vor und …

⑬ … hängen dann das folgende Auspuffrohr mit neuen Gummischlaufen auf. Vergessen Sie nicht, die Schlaufen vorher einzufetten.

⑭ Bevor Sie den Nachschalldämpfer montieren, fetten Sie die Flanschkonusringe satt mit Kupferfettpaste. Richten Sie den Flansch aus und stecken zunächst beide Schrauben durch die Löcher. Erst dann setzen Sie die Muttern mit den U-Scheiben und Federringen an.

⑮ Richten Sie hernach die Anlage unter dem Wagenboden aus. Dazu …

⑯ … schwingen Sie den Auspuff am Endrohr kräftig hin und her. Falls er nicht mit dem Bodenblech kollidiert, ziehen Sie den vorderen Schraubflansch mit 20 Nm und den hinteren mit 8 Nm fest.

⑰ Schließen Sie die Lambda-Sonde an (Kabelstecker) und …

⑱ … starten den Motor. Halten Sie das Auspuffendrohr zu und warten bis der Motor »abstirbt«. Falls er keine Anstalten dazu macht, ist die Anlage irgendwo undicht. In dem Fall ziehen Sie sämtliche Schraubverbindungen nach und checken die Dichtflächen – danach geben Sie dem Motor und Ihrer Arbeit dann eine »zweite Chance«.

Auspuffkrümmer aus- und einbauen

Arbeitsschritte (ohne Z 20 LET)

① Demontieren Sie, wie beschrieben, dass vordere Auspuffrohr und die Motorabdeckung.

② Trennen Sie den Mehrfachstecker der Lambda-Sonde ❶ und clipsen ihn aus dem Halter.

③ Damit Sie das Kabelende ❹ nicht weiter stört, »wickeln« Sie es vorsichtig um den Auspuffkrümmer.

④ Hernach lösen Sie das Hitzeschutzblech ❸, die Hebeöse ❺ und den Halter der Ölmessstabführung ❷ vom Krümmer.

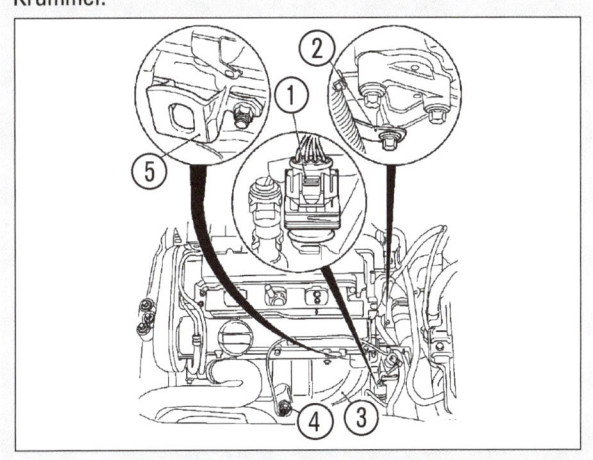

Schritt für Schritt vorgehen – Auspuffkrümmer freilegen.

KRAFTSTOFFVERSORGUNG

⑤ Ziehen Sie jetzt die Ölmessstabführung aus dem Motorblock und ...

⑥ ... lösen den Auspuffkrümmer an zehn Muttern.

⑦ Vor der Montage reinigen Sie alle Dichtflächen und bestreichen die neue Dichtung mit Fett. Hernach »fixieren« Sie die Dichtung an den Zylinderkopf – das Fett ist zäh genug um die Dichtung zu »halten«.

⑧ Anschließend ziehen Sie den Auspuffkrümmer, in der vorgeschriebenen Reihenfolge (1 – 10), mit 13 Nm fest.

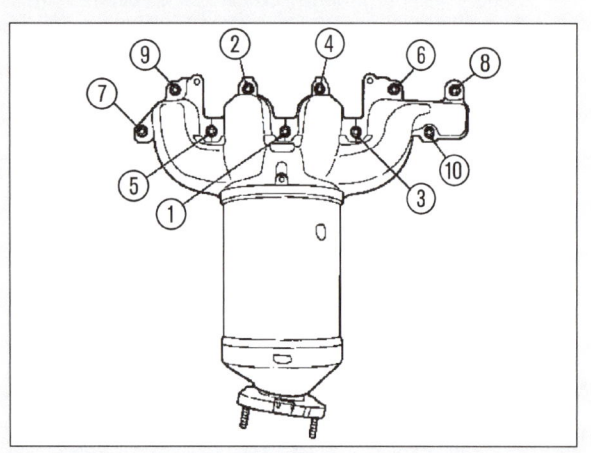

Von innen nach außen festziehen – Auspuffkrümmer.

⑨ Lassen Sie der »Dichtung einige Minuten Zeit« und checken jetzt noch einmal das Anzugsmoment der Krümmerschrauben. Denn erfahrungsgemäß gibt die Dichtung etwas nach.

⑩ Beenden Sie die Montage in umgekehrter Reihenfolge. Spendieren Sie der Ölmessstabführung noch ein paar neue Dichtringe ❶.

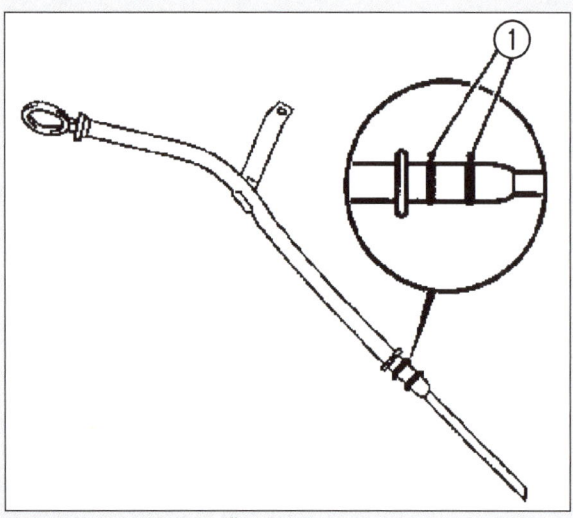

Vor der Montage mit Öl einstreichen – beide Dichtringe der Ölmessstabführung.

So wird der Auspuff dicht — Praxistipp

Verwenden Sie zu jeder Auspuffreparatur generell neue Dichtungen und Schrauben: Unbenutzte Dichtungen sind noch »weich« und passen sich daher den Flanschen besser an. Neue Schrauben sind einfach schneller zu »bewegen«. Vergessen Sie auch nicht sämtliche Dichtflächen vor der Montage zu planen und die Schraubengewinde mit hitzefester Kupfergleitpaste einzustreichen. Die Chancen, dass Ihr Auspuff dann auf Anhieb dicht wird, sind so wesentlich größer. Undichte Anlagen »klingen« übrigens nicht nur nach »Hinterhof«, sondern sie wirken sich zudem negativ auf die Motorleistung und das Abgasverhalten aus.

Kleines Abgas-Abc

An die pflichtgemäße Abgassonderuntersuchung (ASU) haben wir uns längstens gewöhnt – PKW mit mehr als 30 Jahren auf dem Blechbuckel, können von der ASU befreit werden. An Neuwagen ist die ASU-Plakette drei Jahre gültig, danach sind zweijährige Kontrollen Pflicht. Die ASU führen Reparaturwerkstätten mit entsprechender Ausrüstung sowie DEKRA und TÜV aus. Zur Messung muss die Abgasanlage »dicht« und das Ansaugsystem völlig intakt sein. »Spendieren« Sie Ihrem Zafira regelmäßig die Hebebühnen eines »freundlichen Opel-Händlers«, erledigt er das automatisch für Sie.

Das kommt aus dem Auspuff — Techniklexikon

Kohlenmonoxid (CO): Wird bei der Abgasuntersuchung gemessen. Die Grundvoraussetzungen für »zeitgemäße« Abgase sind eine präzise gesteuerte Kraftstoffeinspritzmenge, eine homogene Gemischverwirbelung und der richtige Zündzeitpunkt. Messen Sie Kohlenmonoxid (CO) niemals in geschlossenen Räumen – Sie könnten an den Gasen ersticken! Nicht so in gut belüfteten Räumen oder unter freiem Himmel, hier vermischt sich Kohlenmonoxid mit Sauerstoff zum ungefährlicheren Kohlendioxid (CO_2). CO_2 hat allerdings wesentlichen Anteil am Treibhauseffekt.

Kohlenwasserstoffe (HC): Verbrennen in »zerklüfteten« Brennräumen mit »kalten« Zonen nur unvollkommen. Abhängig von der Motorkonstruktion ist der HC-Anteil bei

ABGASENTGIFTUNG

gesunden Motoren eine unveränderliche Größe. Falsch eingestellte Triebwerke variieren in den Abgasen dagegen ihren HC-Anteil. Kohlenwasserstoffe sind, zusammen mit Stickoxiden (NO_X), zu einem Großteil für die Smogbildung (schwer auflösbare Abgaskonzentrationen) in der Atmosphäre verantwortlich.

Stickoxide (NO_X): Ihr Anteil steigt bei hohen Verbrennungstemperaturen. Beispielsweise in Motoren, die für geringen CO- und HC-Ausstoß (reduziert Kraftstoffverbrauch) ausgelegt sind (Magergemischmotoren). Bei starker Konzentration kann NO_X die Atmungsorgane reizen. In Verbindung mit Wasser bildet sich Salpetersäure (saurer Regen).

Schwefeldioxid (SO_2): Entsteht – aufgrund des Schwefelgehalts im Kraftstoff – überwiegend bei der Verbrennung von Diesel. Unter Einwirkung von Licht mutiert Schwefeldioxid zu schwefeliger Säure (H_2SO_3) oder gar zu Schwefelsäure (H_2SO_4). Beide Verbindungen begünstigen den sauren Regen. Das derzeitige Verkehrsaufkommen beeinflusst das Entstehen schwefeliger Säuren mit rund 3 Prozent.

Typische Dieselabgasgifte: Funktionsbedingt emittieren Dieselmotoren nur geringe Mengen an CO und HC. Trotz höherer Verdichtung belasten sie die Atmosphäre mit weniger Stickoxiden als Ottomotoren. Vom Image eines »Saubermanns« ist der Diesel dennoch weit entfernt: Er »stinkt« nämlich mit anderen problematischen Verbrennungsrückständen, so zum Beispiel mit Ruß, einem typischen Bestandteil der Dieselabgase. Ruß ist das »ungesunde« Ergebnis aus unverbrannten Kohlenstoffen und Asche. Die Partikel sind atemgängig und stehen im Ruf krebserregend zu sein. Gleichfalls entsteht bei der Verbrennung von Dieselkraftstoff Schwefeldioxid – und zwar in höheren Konzentrationen als beim Ottomotor (siehe Schwefeldioxid). Umweltbewusste Dieselfahrer haben hierzulande bereits jetzt die Möglichkeit, ihren Selbstzünder mit schwefelarmem Saft aus modernen Raffinerien zu füttern.

Rußpartikelfilter: Die ersten neuen Selbstzünder, zum Beispiel jene aus dem PSA-Konzern, »cleanen« ihre Abgase mit einem zusätzlichen Rußpartikelfilter. Der Filter sammelt Feststoffe aus den Dieselabgasen und verbrennt sie etwa alle 500 Kilometer nahezu rückstandslos in seinen Waben. Um die interne Verbrennung zu realisieren, wird dem Dieselkraftstoff in »homöopathischen« Dosen ein Additiv beigemischt. Der mitgeführte Vorrat reicht für etwa 100.000 Kilometer – danach wird eine neue Füllung fällig. Auf diese relativ einfache Art werden rund 90 Prozent der krebsfördernden Reststoffe während der Verbrennung eliminiert.

Die Abgasentgiftung

Kraftstoff besteht im wesentlichen aus den Elementen Kohlenstoff und Wasserstoff. Bei der Verbrennung im Motor verbindet sich Kohlenstoff mit Sauerstoff aus der Luft zu Kohlendioxid (CO_2), der Wasserstoff (H) geht mit Sauerstoff (O_2) eine Verbindung zu Wasser (H_2O) ein. Aus einem Liter Kraftstoff entsteht rund 0,9 Liter Wasser. Es entweicht als »unsichtbarer« Wasserdampf aus dem Auspuff. Im Winter können Sie nach dem Kaltstart jedoch oft weiße Auspuffwolken beobachten – ein Indiz für kondensiertes Wasser.

Zafira mit geregeltem Katalysator – Diesel mit Oxidationskatalysator – alle Zafira mit Abgasrückführung (AGR)

Hierzulande haben alle Zafira mit Ottomotor zwei Lambda-Sonden und einen geregelten Katalysator inklusive Abgasrückführung an Bord: Die Dieselvarianten fahren dagegen mit einem Oxidationskatalysator und Abgasrückführungssystem. Der geregelte Katalysator verringert im Betrieb den Kohlenmonoxidanteil um etwa 85 Prozent, den der Kohlenwasserstoffe um 80 und die Stickoxidanteile um rund 70 Prozent. Oxidationskatalysatoren lassen Stickoxide unbehelligt passieren (darum auch die Abgasrückführung beim Diesel). Die Bezeichnung »geregelt« weist darauf hin, dass die Abgasemissionen, nicht so beim Oxidationskatalysator, während des Betriebs aktiv gemessen (Lambda Sonde) und im Bereich des gesetzlich vorgegebenen Minimums justiert werden. Mit zunehmender Laufleistung verliert jeder Katalysator jedoch an Wirkung.

Misst den Restsauerstoffgehalt im Abgas – Lambda-Sonde

Um die Reaktionszeit der »Giftschnüffler« zu verkürzen, sitzen die Lambda-Sonden beim Zafira direkt im Abgaskrümmer und hinter dem Katalysator. Während die erste Sonde »lediglich« die Zusammensetzung des Kraftstoff-/Luftgemischs analysiert, checkt die zweite Sonde gleichermaßen den vorderen Katalysator und ihre vorgeschaltete »Kollegin«. Dieses »Monitorsystem« ist Bestandteil der Opel-On-Board-Diagnose (OBD), die im Übrigen alle emissionsrelevanten Baugruppen und Funktionen überwacht und eventuell auftretende Systemfehler per Kontrollleuchte ins Cockpit »funkt«. Die »Zustandsberichte« der Lambda-Son-

KRAFTSTOFFVERSORGUNG

den wertet das elektronische Motormanagement als Basis für alle Betriebszustände aus: Abhängig von den Messwerten mixt der Bordrechner daraus die Zusammensetzung des Kraftstoff-/Luftgemischs. Das geschieht in rasch wechselnder Folge immer nach dem gleichen Schema: Luftüberschuss zur Verbrennung überflüssiger Kohlenwasserstoffe – Luftmangel zur Verringerung der Stickoxide. Die »geregelten« Abgase passieren den Katalysator und werden in seinem Innern zu Kohlendioxid, Wasserdampf und Stickstoff gewandelt. Mit zunehmender Laufleistung verliert jeder Katalysator jedoch an Wirkung. Bei heutigen Kraftstoffqualitäten ist sein Exitus nach etwa 160.000 Kilometer »besiegelt«.

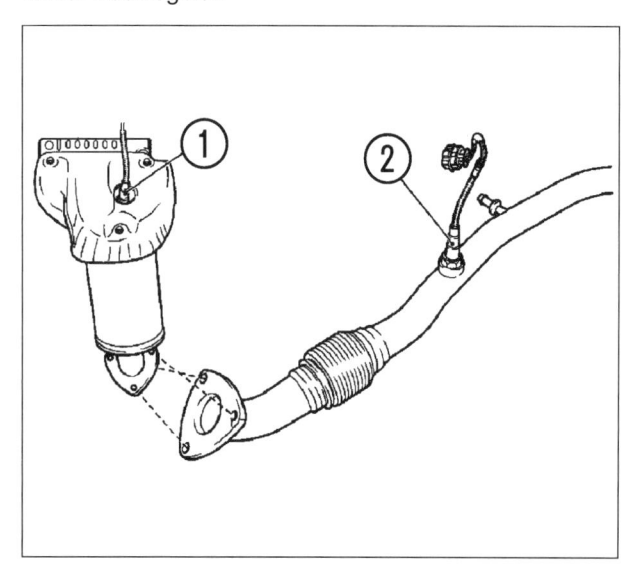

Immer im Doppelpack: Lambda-Sonden unter dem Zafira-Bauch. ❶ *Lambda-Sonde zur Gemischregelung,* ❷ *Lambda-Sonde zur Katalysatorüberwachung.*

Säubern die Abgase – AGR und AIR

Ergänzt wird das System durch eine ebenfalls elektronisch geregelte lineare Abgasrückführung (AGR). Das AGR-System mischt, je nach Betriebszustand, bis zu 15 Prozent der Abgase in den Arbeitstakt ein. Dadurch sinken die Verbrennungstemperaturen und die Stickoxide.

Das AIR-System (**A**ir **I**njection **R**eactor) hat die Aufgabe, die Auslassventile während des Kaltstarts mit Frischluft zu »duschen«. Den Job übernimmt eigens ein Elektrolüfter. Das System »killt« einen Teil der Kohlenwasserstoffe (HC) und steigert die Abgastemperatur. Dadurch verkürzt sich auch die Reaktionszeit des Katalysators.

Arbeitstemperaturen des Katalysators

Katalysator und Lambda-Sonden müssen zunächst auf Betriebstemperatur kommen (ca. 300°C) – vorher funktioniert das »Putzgeschwader« im Auspuff nicht. Die Lambda-Sonden heizen sich mit elektrischer Energie selber ein, den Katalysator bringen die heißen Abgase in rund 25 – 80 Sekunden in Form. Auf zu große Hitze reagieren die »Saubermänner« jedoch sehr empfindlich. Zum Beispiel dann, wenn sich unverbrannte Gemischrückstände im heißen Katalysator entzünden (Fehlzündungen). Dauertemperaturen um 1200°C lassen Katalysatoren vorzeitig altern, oberhalb 1400°C schmilzt der Keramikkörper und der Lambda-Sonde wird's auch zu heiß.

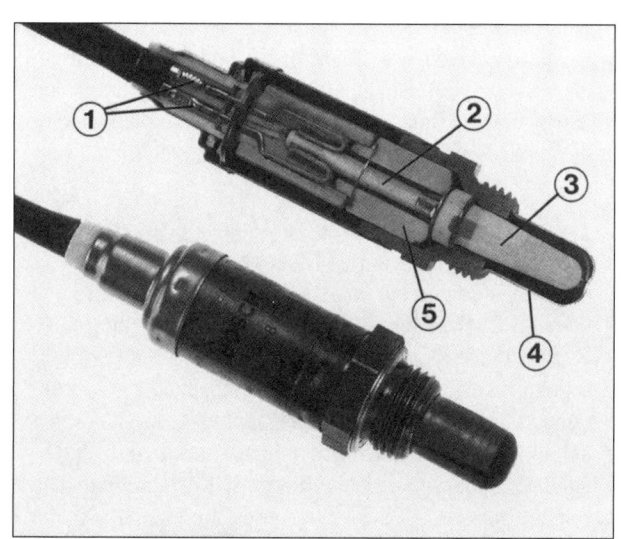

Steht in der Warmlaufphase unter Strom – beheizbare Lambda-Sonde. ❶ *Sondenanschlüsse,* ❷ *Heizelement,* ❸ *Keramikkörper,* ❹ *Ummantelung,* ❺ *keramischer Stützisolator.*

Mit »guten Ohren« entlarven Sie verschmolzene Katalysatoren leicht an zischelnden Auspuffgeräuschen – bedingt von einem überhöhten Abgasgegendruck – und am plötzlichen Leistungsverlust Ihres Zafira. Analysieren Sie gründlich den Hitzetod, ansonsten ist dem neuen Katalysator auch nur ein kurzes Leben beschieden und die Auslassventile Ihres Zafira »verbrennen« gleichfalls binnen kurzer Zeit.

Achten Sie bei Ihrem Zafira besonders beim Herunterschalten oder im Schiebebetrieb (längere Bergabfahrten) auf Fehlzündungen. Wenn's da im Auspuff knallt, »erschüttert« das den Katalysator bedrohlich – ergründen Sie die Ursache.

UMGANG MIT DEM KATALYSATOR

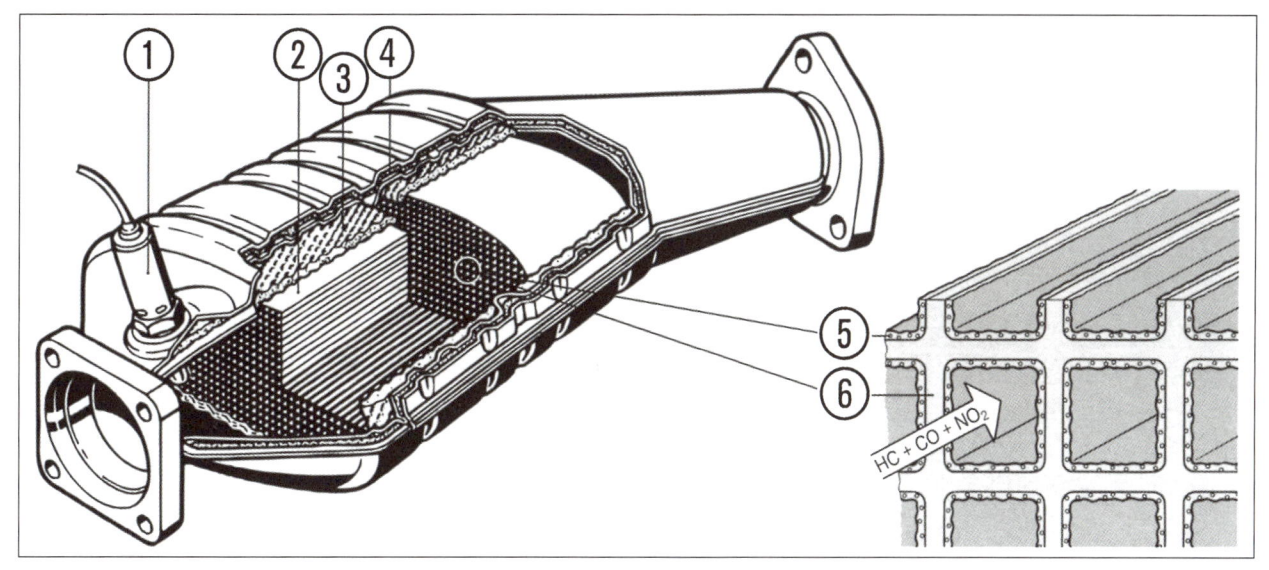

Macht auf chemischem Wege bis zu 90 Prozent der Abgasbestandteile unschädlich: **Der Dreiwege-Katalysator** – *aus $2 CO + O_2$ wird $2 CO_2$; aus $2 C_2H_6 + 7 O_2$ wird $4 CO_2 + 6 H_2O$; aus $2 NO + 2 CO$ wird $N_2 + 2 CO_2$.* ❶ *Lambda-Sonde,* ❷ *keramischer Monolith,* ❸ *elastisches Metallgeflecht,* ❹ *wärmegedämmte Doppelschale,* ❺ *Platin-Rhodiumbeschichtung,* ❻ *keramischer- oder metallischer Trägerkörper.*

Zafira Diesel – Oxidationskatalysator und Abgasrückführung

Beide Dieselmotoren sind weit vom »Abgas Hightech á la Otto« entfernt. Sie »fegen ihren Auspuff« mit Oxidationskatalysatoren und mischen der Frischluft jeweils einen Teil ihrer Abgase zu. Grund: Dieselmotoren arbeiten generell, also in jedem Lastbereich, mit Luftüberschuss. Und da zur Lambda-Regelung ein Kraftstoff-/Luftverhältnis von 1 erforderlich ist, schließt sich an Selbstzündern die Lambda-Regelung aus.

Dennoch, moderne Diesel sind keine »Giftspritzen«: Oxidationskatalysatoren wandeln das im Abgas befindliche Kohlenmonoxid (CO) und Kohlenwasserstoffverbindungen (HC) in Kohlendioxid (CO_2) und Wasser (H_2O) um. Was bleibt, sind unbehandelte Stickoxide (NO_X) die ein Oxidationskatalysator nicht berücksichtigt. Opel rückt den Stickoxiden mit einem Abgasrückführungssystem auf den »Pelz«. Das Abgasrückführungsventil wird via Vakuum angesteuert. Die Abgase »kühlen« den Verbrennungsvorgang im Diesel kontrolliert ab und »kurieren« somit ein Selbstzünderproblem an der Wurzel: Je magerer das Kraftstoff-/Luftgemisch um so heißer die Verbrennung. Und da Abgase beileibe keine »Sauerstofflieferanten« sind, fetten sie die Frischluft künstlich mit ihren »Ballaststoffen« an.

Umgang mit dem Katalysator — **Praxistipp**

- Wenn Ihr Zafira wegen einer leeren Batterie nicht anspringt, verzichten Sie aufs Anrollen lassen, Anschieben oder Anschleppen. Dabei kann nämlich zu viel unverbrannter Kraftstoff in den Katalysator gelangen, was ihm auf Dauer nicht bekommt.

- Zündaussetzer oder Fehlzündungen »verraten« Unregelmäßigkeiten an der Zündanlage. Gehen Sie schnellstens den Symptomen nach, bzw. beordern einen Fachmann mit Messequipment an Ihren Zafira.

- Bevor Sie frischen Unterbodenschutz auftragen, »packen« Sie vorab den Katalysator gut ein, ansonsten könnte es danach unter dem Zafira-Bauch zündeln.

- Kontrollieren Sie gelegentlich auch den Hitzeschutz über dem Katalysator auf Beschädigungen.

- Ein undichter Auspuff (verbrannte Dichtung, Hitzerisse, Rostschäden, etc.) vor der Lambda-Sonde verfälschen die Messwerte (erhöhter Sauerstoffanteil). Folglich reichert das elektronische Motormanagement das Gemisch an. Sie »sponsern« den Irrtum der Elektronik mit überhöhtem Kraftstoffverbrauch und vorzeitig alterndem Katalysator.

DIE KRAFTÜBERTRAGUNG

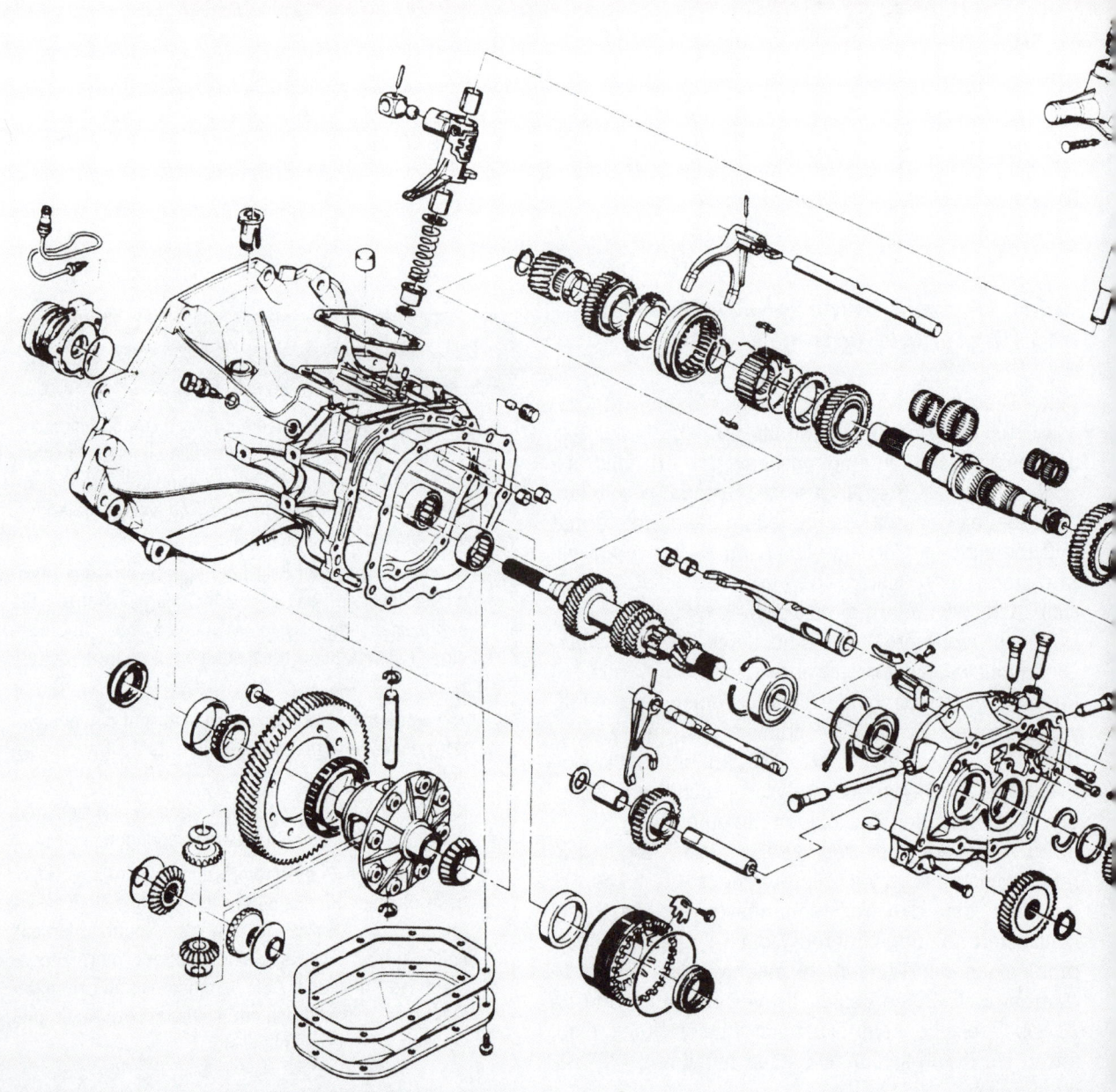

DIE KRAFTÜBERTRAGUNG

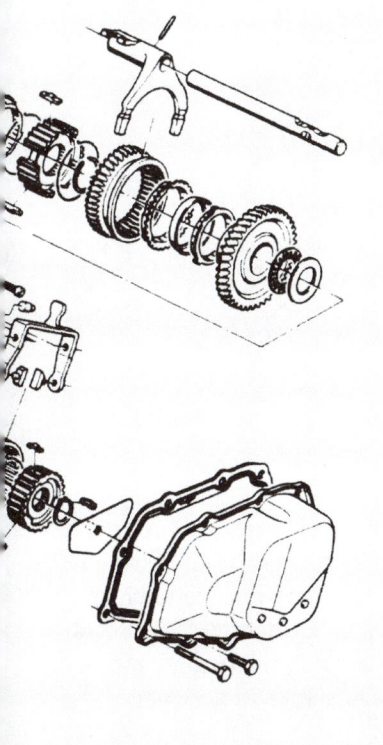

Wartung

Kupplung prüfen 158
Trennt die Kupplung vollständig? 158
**Getriebeölstand prüfen/ergänzen
(Schaltgetriebe)** 163
**Getriebeölstand prüfen/ergänzen
(Automatikgetriebe)** 165
Antriebswellenmanschetten prüfen 167

Reparatur

Schaltung einstellen 153
Wählhebelzug einstellen 164
Antriebswelle erneuern 168
Antriebsgelenkmanschetten erneuern ... 170

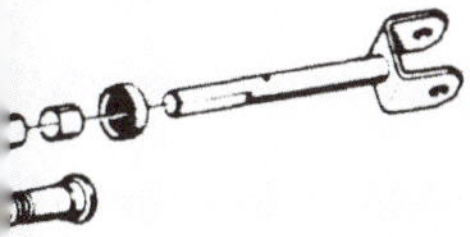

»Fünfgang-Zahnkunde« für Profis: Das F17 Getriebe im Detail. Heutzutage halten moderne Getriebe ein Autoleben lang. Falls gerade Ihr Zafira die Ausnahme von der Regel sein sollte, »legen« Sie Ihrem Opel-Händler besser gleich das komplette Getriebe auf die Werkbank. Er wird es erfahrungsgemäß auch nicht selbst zerlegen, sondern im »Päckchen« gegen ein AT-Getriebe tauschen…

Das Zusammenwirken von Kupplung, Getriebe, Antriebswellen und Achsantrieb subsumieren Profis unter dem Oberbegriff »Kraftübertragung«. Damit die genannten Teamplayer auch untereinander harmonieren, arbeiten sie »Hand in Hand« in einem fein abgestimmten System aus Reibbelägen, Wellen, Lagern, Zahnrädern, Schaltgabeln und Gelenken zusammen. In diesem Kapitel erfahren Sie, wie das funktioniert, wie der Zafira seine »Pferdchen« auf die Straße bringt und wie Sie die Kraftübertragung fit halten können.
Wie viel Kilowatt Ihr »Gasfuß« tatsächlich an die Vorderräder schickt, beeinflussen Sie theoretisch schon beim Kauf mit der gewählten Motorisierung. Wenn Motordrehzahl und Momentangeschwindigkeit allerdings nicht harmonieren, richten in der Praxis alle Kilowatt und Ihr Gasfuß nur wenig aus: Jeder Verbrennungsmotor ist nur in einem begrenzten Drehzahlfenster leistungswillig und -fähig. Um Ihren Motor »besser zu verstehen«, blättern Sie kurzerhand ins Kapitel »Die Modellvorstellung« zurück: Ab Seite 14 finden Sie dort die unterschiedlichen Leistungsdiagramme der Zafira-Treibsätze. Vergleichen Sie darin die Motordrehzahl mit dem Verlauf der Drehmomentkurve und »übertragen« Ihr theoretisches Wissen

KRAFTÜBERTRAGUNG

dann in der Praxis auf die Straße. Machen Sie es sich zur »Sprit sparenden Angewohnheit«, Ihren Zafira fortan mit der geringsten Motordrehzahl in einem möglichst hohen Drehmomentbereich zu fahren. Übrigens, wenn Sie unserer Empfehlung folgen, »belohnen« Sie sich automatisch mit günstigeren Tankrechnungen: Bis zu 20 Prozent Minderverbräuche sind keine Seltenheit – und zwar ohne »die Tachonadel in den Keller zu schicken« und die Zeit zwischen Start und Ziel zu »verplempern«.

Wenn Sie verbrauchsorientiert fahren möchten, beschleunigen Sie zügig (Gaspedal etwa 2/3 durchtreten) und versuchen »Ihr Tempo« immer mit dem Gang zu koordinieren, der die Motordrehzahl möglichst nah an das maximale Drehmoment heran führt. Damit Sie Drehmoment und Geschwindigkeit effizient »unter einen Hut« bringen, stellt Opel Sie vor die Qual der Wahl. Neben den optimierten Fünfgang-Schaltgetrieben gibt's im Zafira 1.8 und 2.2 eine elektronisch gesteuerte Viergangautomatik mit diversen Fahrmodi und Wandlerüberbrückungskupplung.

Übersetzungen für die Zugkraft

Damit der Zafira »leichtfüßig« aus dem Stand beschleunigt, beanspruchen seine Antriebsräder ein möglichst großes Drehmoment. Doch, wie die Leistungskurven der Benziner verraten, unterhalb von elfhundert Umdrehungen ist es damit noch nicht so ganz weit her: Mit einer »Übersetzung ins Langsame« erleichtert der erste Gang dem Zafira daher relativ schnell Fahrt aufzunehmen. Bei eingelegtem fünften Gang – beim Zafira 2.2, dem OPC und beiden Dieseln sogar schon im vierten Gang – verhält es sich genau umgekehrt: Hier wird eine »Übersetzung ins Schnellere« wirksam. Im Vergleich zur Drehzahl an den Antriebsrädern dreht der Motor gemächlicher hoch. Anders ausgedrückt: Das Getriebe variiert die Motordrehzahl immer zur gewünschten Drehzahl an den Antriebsrädern.

Trennt Motor und Getriebe zu jedem Gangwechsel – die Kupplung

Jeder Anfahr- oder Schaltvorgang unterbricht den Kraftfluss zwischen Motor und Getriebe. In Autos mit manuellem Schaltgetriebe besorgt das die Kupplung, sie trennt kurzfristig die Kurbel- und Getriebeantriebswelle. Ihr »Tun« ermöglicht weiche Anfahrvorgänge und ruckfreie Gangwechsel.

»Reicht« das Motordrehmoment hydraulisch ans Automatikgetriebe weiter – der Drehmomentwandler

Anstelle einer normalen Reibkupplung koordiniert im Automatikgetriebe ein hydraulischer Drehmomentwandler den Anfahrvorgang und die »Gangwechsel«. Im Zafira passiert das in Abstimmung mit fünf Magnetventilen, die das »Automatikmanagement« aus einem gemeinsamen Steuergehäuse heraus und in »enger Kooperation« mit dem Motorsteuergerät bilden. Solange es dem hydraulischen Drehmomentwandler nicht zu heiß wird, arbeitet er äußerst komfortabel und ohne nennenswerten mechanischen Verschleiß.

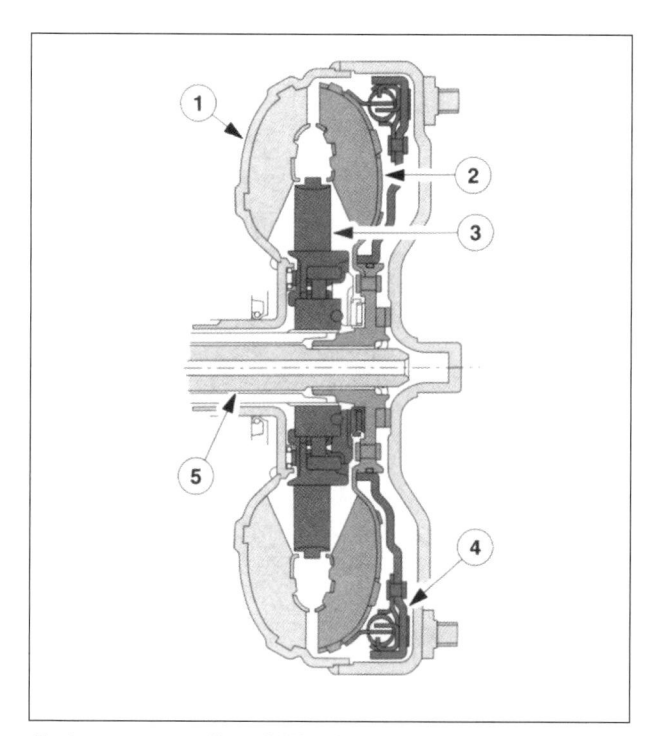

Drehmomentwandler mit Wandlerüberbrückungskupplung:
❶ *Wandlergehäuse und Pumpenrad,* ❷ *Turbinenrad,*
❸ *Leitrad,* ❹ *Wandlerüberbrückungskupplung,* ❺ *Getriebeeingangswelle.*

»Letzte Instanz« vor den Antriebsrädern – der Achsantrieb

Als »letzte Instanz« auf dem Weg zu den Antriebsrädern passiert das Motordrehmoment den Achsantrieb. Seine Aufgabe besteht darin, die vom Getriebe »angelieferten Drehzahlen« ins Langsamere zu übersetzen – das Drehmoment also zu vergrößern und möglichst gleichmäßig an die Antriebsräder zu verteilen.

Die Kupplung

In Zafira-Modellen mit mechanischem Schaltgetriebe arbeitet eine Einscheiben-Trockenkupplung – eine gleichermaßen einfache und zweckmäßige Konstruktion. Für Do it yourselfer hat die Trockenkupplung freilich den Nachteil, dass ihre Verschleißteile (Mitnehmerscheibe, Kupplungsdruckplatte) gleichwie das Ausrücklager nicht ohne weiteres zugänglich sind. Dazu müssen Sie zunächst das Getriebe vom Motor trennen: Eine Arbeit, die solides Know-how und Spezialwerkzeuge erfordert. Falls Sie da für sich und auf Ihrer Werkbank Defizite erkennen sollten, überlassen Sie den Job besser einer Fachwerkstatt.

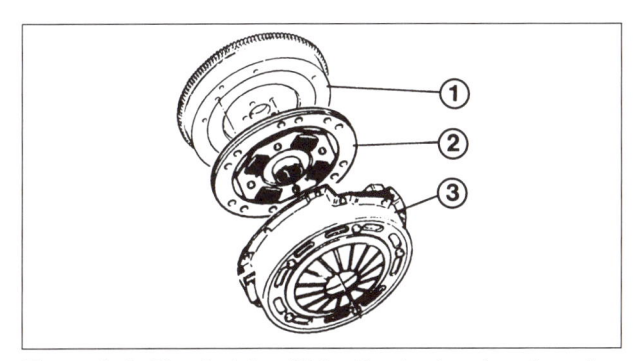

Teamarbeit: Eine funktionsfähige Trockenkupplung besteht grundsätzlich aus der Motorschwungscheibe ❶, der Kupplungsscheibe (Mitnehmerscheibe) ❷ und der Kupplungsdruckplatte (Automat) ❸. In Zafira-Modellen mit mechanischem Schaltgetriebe wird die Membranfeder der Kupplungsdruckplatte hydraulisch betätigt.

Die wichtigsten Kupplungskomponenten

Motorschwungscheibe: Drehfest mit der Kurbelwelle verschraubt.
Kupplungsscheibe (Mitnehmerscheibe): Sitzt axial verschiebbar und verdrehfest auf der Getriebeeingangswelle. Auf beiden Seiten einer »Stahlscheibe« sind Reibbeläge aufgenietet. Die Aussendurchmesser der Kupplungsscheibe sind im Zafira, abhängig von der Motorisierung, unterschiedlich dimensioniert.
Kupplungsdruckplatte (Kupplungsautomat): Drehfest mit der Motorschwungscheibe verschraubt. Presst die schwimmend gelagerte Kupplungsscheibe über eine Tellerfeder gegen die Schwungscheibe.
Ausrücklager: Bei allen Zafira-Modellen direkt in den zentralen Kupplungsnehmerzylinder integriert. Sitzt axial verschiebbar auf der Ausrückwelle und überträgt die vom Kupplungspedal erzeugte Druckkraft hydraulisch auf die Tellerfeder der Kupplungsdruckplatte. Das entlastet die Kupplungsdruckplatte, so dass die Mitnehmerscheibe »frei« zwischen der Kupplungsdruckplatte und Motorschwungscheibe dreht.

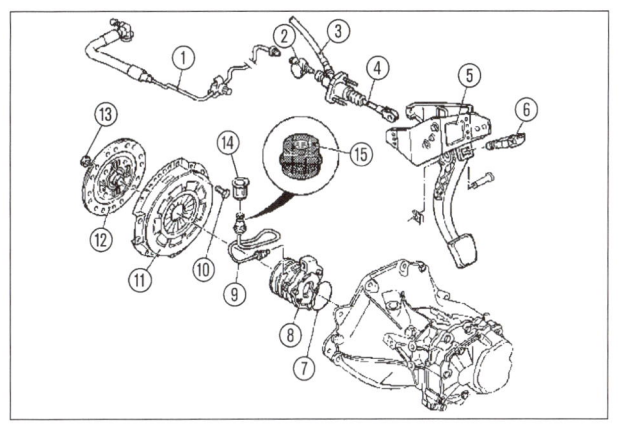

Die Zafira-Kupplung im Detail: ❶ *Druckleitung vom Kupplungsgeberzylinder,* ❷ *Dämpfer,* ❸ *Zulaufschlauch,* ❹ *Kupplungsgeberzylinder,* ❺ *Kupplungspedal,* ❻ *Schalter für die Kupplungskontrolle,* ❼ *O-Dichtring,* ❽ *Zentralausrückung,* ❾ *Druckleitung des Kupplungsnehmerzylinders mit integriertem Ausrücklager,* ❿ *Schrauben (6 Stück),* ⓫ *Druckplatte,* ⓬ *Kupplungsscheibe,* ⓭ *Führungsbuchse,* ⓮ *Befestigungshülse,* ⓯ *O-Dichtring.*

Nachstellautomatik. Im Zafira regelt eine hydraulisch betätigte Kupplung automatisch das Kupplungspedalspiel – lästige Nachstellarbeiten entfallen somit. Sobald die Kupplung rutscht, gehen Sie getrost von normalem Verschleiß aus – in seltenen Fällen »klemmt nur« das Vordruckventil der Kupplungshydraulik. Außerdem kann einer der beiden Radialwellendichtringe (Kurbelwelle, Getriebeeingangswelle) »nässen« und die Kupplung Tröpfchen für Tröpfchen verölen. Im ersten Fall reicht's das Vordruckventil zu erneuern und die Kupplungshydraulik zu entlüften. Um die »Ölquelle« an den Radialwellendichtringen trocken zu legen, müssen Sie das Getriebe demontieren, die Schwungscheibe samt Druckplatte zumindest entfetten (Waschbenzin, Bremsenreiniger) und die Kupplungsscheibe erneuern.

So funktioniert die Kupplung — Techniklexikon

Kupplungsspiel: Solange das Kupplungspedal unbelastet ist, steht das Ausrücklager nur in »lockerem« Kontakt zur Tellerfeder der Kupplungsdruckplatte. Mit zunehmender Laufleistung wird der Kontakt, analog zum Verschleiß an

KRAFTÜBERTRAGUNG

der Kupplungsscheibe, jedoch enger: Die Tellerfeder der Druckplatte nähert sich dem Ausrücklager. Sobald das Lager dann ohne Spieltoleranz fest an der Tellerfeder anliegt, entlastet es die Druckplatte: Der Anpressdruck der Mitnehmerscheibe gegen die Anlageflächen von Schwungscheibe und Druckplatte wird geringer. Wird das Spiel nicht mehr korrigiert, rutscht die Kupplung durch – das Drehmoment kommt nicht mehr schlupffrei im Getriebe an.

Auskuppeln: Sobald Sie das Kupplungspedal treten, überwindet das Ausrücklager die Federkraft der Tellerfeder. Das entlastet die Druckplatte, bei völlig durchgetretenem Pedal zieht sie sich automatisch zurück: Die Mitnehmerscheibe rotiert dann »frei« zwischen Druckplatte und Schwungscheibe.

Einkuppeln: Die entlastete Tellerfeder der Druckplatte drückt die Mitnehmerscheibe gegen die Schwungscheibe. In dieser Phase schleifen die Reibbeläge der Kupplungsscheibe kurzzeitig zwischen der Schwungscheibe und der Kupplungsdruckplatte. Bei ausgekuppeltem Pedal steigt der Anpressdruck des Kupplungsautomaten so weit an, dass er die Mitnehmerscheibe zwischen der Schwungscheibe und Druckplatte »fesselt«. Die Motorleistung »geht« nun verlustfrei ins Getriebe.

Die »Kupplungsmörder« — Praxistipp

Der zweifelhafte Ruf des Kupplungsmörders eilt jenen Automobilisten voraus, die ihr Gefährt ganz gemächlich mit »heulendem Motor« und schleifender Kupplung in Fahrt bringen: Kupplungsmörder inszenieren mit ihrem »schweren« Kupplungsfuß regelmäßig »heiße« Dramen zwischen den Reibbelägen der Kupplungsscheibe, der Druckplatte und der Schwungscheibe. Denn im Umfeld einer schleifenden Kupplung entstehen Temperaturen, die der Kupplungsscheibe und der Druckplatte schnell den Garaus bereiten. Fahrer die ihren Kupplungsfuß während der Fahrt ständig auf dem Kupplungspedal »parken«, bezahlen ihre Bequemlichkeit gleichermaßen mit erhöhtem Verschleiß. Eine weitere Unsitte von Kupplungsmördern: Anstatt den Leerlauf einzulegen und die Handbremse (Feststellbremse) anzuziehen, halten Sie ihr Auto vor roten Ampeln oder an Steigungen mit eingelegtem ersten Gang, Kupplungs- und Gaspedal in der »Waage«. Da »bedankt« sich nicht nur die Kupplung, sondern auf Dauer auch das Ausrücklager sowie das Passlager der Kurbelwelle. Wenn Sie nicht mit Kupplungsmördern sympathisieren, kuppeln Sie vor roten Ampeln generell aus und legen den ersten Gang erst dann ein, wenn die Ampel auf Gelb schaltet. Und während der Fahrt parken Sie Ihren Kupplungsfuß – zwischen den Gangwechseln – neben und nicht auf dem Kupplungspedal.

Schnell erledigt – Kupplung checken

Eine verschlissene (schleifende) Kupplung erkennen Sie untrüglich, wenn Sie Ihr Auto im höchsten Gang beschleunigen oder im Gebirge unterwegs sind. Der Motor dreht dann hoch, ohne dass die Fahrgeschwindigkeit entsprechend zu-nimmt. Um rechtzeitig davor gewarnt zu sein, testen Sie die Kupplung besser vor der Garage. Allerdings nur bei berechtigten Verdachtsmomenten, denn die Kupplung kommt gehörig ins »schwitzen«. Bevor Sie »loslegen«, ziehen Sie die Handbremse fest an.

Arbeitsschritte

① Ziehen Sie die Handbremse an und starten den Motor. Treten Sie hernach die Kupplung, legen den 3. Gang ein und versuchen mit »normalem Gas« anzufahren.

② Eine einwandfrei funktionierende Kupplung »würgt« den Motor bereits im ersten Viertel des zurückkommenden Kupplungspedals ab.

③ Läuft der Motor »unbeeindruckt« weiter, ist die Kupplung verschlissen.

Gut zu wissen – trennt die Kupplung vollständig?

Wenn beim Heraufschalten »Kratzgeräusche« hörbar werden, trennt häufig die Kupplung nicht vollständig. Verschaffen Sie sich mit der Rückwärtsgangprobe Gewissheit, der Check »entlarvt« übrigens auch mögliche Getriebeschäden.

Arbeitsschritte

① Lassen Sie den Motor mit Standgas laufen, …

② … treten dann das Kupplungspedal für etwa drei Sekunden voll durch und legen dann gefühlvoll den Rückwärtsgang ein. Wenn Sie dabei besagte Kratzgeräusche wahrnehmen, trennt die Kupplung unsauber, evtl. klebt die Mitnehmerscheibe zwischen Kupplungsautomat und Schwungscheibe.

③ **Bevor** Sie freilich an Getriebedemontage und Kupplungsreparatur denken, lassen Sie in einer Fachwerkstatt auf jeden Fall die Nachstellautomatik checken.

STÖRUNGSBEISTAND KUPPLUNG

Kupplung

Störung	Ursache	Abhilfe
A Kupplung rutscht.	1 Nachstellautomatik defekt; Systemvordruck zu hoch (Vordruckventil klemmt).	Ggf. zentralen Kupplungsnehmerzylinder mit Ausrücklager ersetzen; Vordruckventil erneuern.
	2 Kupplungsbeläge verschlissen.	Mitnehmerscheibe erneuern lassen.
	3 Anpressdruck der Kupplung zu gering.	Kupplungsdruckplatte erneuern lassen. Mitnehmerscheibe gleich mit erneuern lassen.
	4 Kupplungsbelag verölt.	Radialwellendichtring an Kurbel- oder Getriebeeingangswelle undicht. Verschlissenen Dichtring erneuern lassen.
	5 Kupplung überhitzt.	Motorschwungscheibe prüfen, ggf. planschleifen, Kupplung komplett erneuern.
B Kupplung trennt nicht.	1 Siehe A1.	
	2 Kupplungsgeber- oder Kupplungsnehmerzylinder defekt.	Defekten Zylinder auswechseln lassen.
	3 Luft im Hydrauliksystem.	Flüssigkeit ergänzen; Kupplung entlüften lassen.
	4 Mitnehmerscheibe klemmt auf Getriebewelle.	Kerbverzahnung gründlich reinigen und leicht einfetten.
	5 Mitnehmerscheibe hat Schlag.	Mitnehmerscheibe ersetzen lassen.
	6 Mitnehmerscheibe verzogen oder Belag gebrochen.	Mitnehmerscheibe ersetzen lassen.
	7 Belag nach langer Standzeit an Schwungscheibe festgerostet.	Anfahren, wie unter »Fahren ohne zu kuppeln« beschrieben. Kupplungspedal dauernd durchgetreten halten. Gaspedal ruckartig durchtreten und loslassen, um die Kupplung loszubrechen. Andernfalls schadhafte Teile wechseln lassen.
C Kupplung trennt nicht und rutscht gleichzeitig durch.	Kupplungsautomat defekt.	Auswechseln lassen.
D Kupplung rupft.	1 Siehe A3.	
	2 Motor- oder Getriebeaufhängung locker oder defekt.	Motor- oder Getriebeaufhängung festziehen bzw. ersetzen.
	3 Unebenheiten auf Schwungscheibe oder Druckplatte.	Defektes Teil ersetzen lassen.
	4 Falsche Beläge. Torsionsdämpfer verschlissen.	Mitnehmerscheibe erneuern lassen.
E Kupplungsgeräusche.	1 Unwucht der Kupplungsdruckplatte bzw. Mitnehmerscheibe.	Defektes Teil ersetzen lassen.
	2 Torsionsdämpferfeder defekt.	Mitnehmerscheibe ersetzen lassen.
	3 Ausrücklager defekt.	Zentralen Nehmerzylinder mit integriertem Ausrücklager ersetzen lassen.
	4 Verbindungselemente im Kupplungsautomaten verschlissen.	Kupplungsautomat erneuern.

KRAFTÜBERTRAGUNG

Praxistipp

Schalten ohne zu kuppeln

Mit etwas Geduld und feinfühligem Umgang mit Schalthebel und Gaspedal schalten Sie das Getriebe Ihres Zafira auch ohne zu kuppeln. Wichtig zu wissen.

Zum Beispiel für den Fall, dass unterwegs die Kupplungshydraulik »leckt« (Kupplungsgeber-/Nehmerzylinder undicht, Schlauch geplatzt, Luft im Hydrauliksystem). Um Ihren Zafira dann nicht unfreiwillig am Straßenrand parken zu müssen, geben wir Ihnen ein paar Tipps, wie Sie »ohne Kupplung« ein nahes Ziel oder die nächste Werkstatt erreichen können.

Anfahren, ohne zu kuppeln:

Motor aus. 1. Gang einlegen, Anlasser betätigen. Ihr Zafira »ruckelt« los, sobald der Motor läuft, geben Sie etwas Gas. Wenn Sie während der Fahrt partout nicht schalten möchten, dann legen Sie in der Ebene zum Anfahren sofort den 2. Gang ein.

Hochschalten, ohne zu kuppeln:

1. Gang nur knapp über Leerlaufdrehzahl hinausdrehen (ca. 1000/min). Gas etwas zurücknehmen, Schalthebel sachte über Leerlaufstellung »vor« den 2. Gang ziehen. Wenn der Gang klemmt, geben Sie dem Motor einen gefühlvollen Gasstoß und ziehen gleichzeitig den Schalthebel vorsichtig in den 2. Gang. Bei synchroner Drehzahl von Motor und Getriebe rutscht der Gang dann fast von selbst hinein. Sollten Sie mit dem Schalten zu lange gewartet haben, geben Sie etwas Gas, der Gang »spurt« dann ohne knirschende Zahnräder ein. War das erfolglos, halten Sie nochmals an und versuchen Ihr »Glück« erneut.

Alle weiteren Gänge schalten Sie auf die gleiche Weise hoch. Am leichtesten geht dies bei niedrigen Geschwindigkeiten: In den 3. Gang bei 30 km/h, in den 4. bei 40 km/h und in den 5. bei 50 km/h.

Herunterschalten, ohne zu kuppeln:

Klappt am besten bei geringen Motor-drehzahlen und Geschwindigkeiten. – Zuerst Fuß vom Gas und Gang herausnehmen. Behutsam Gas geben, um die Motordrehzahl leicht zu erhöhen. Schalthebel gleichzeitig »vor« den kleineren Gang drücken. Bei richtiger Motordrehzahl rutscht der Gang hinein. Verfahren Sie in allen Gängen nach dem gleichen Schema.

Das Fünfgangschaltgetriebe

Zafira mit manueller Schaltung besitzen ein mechanisches Fünfganggetriebe: Opel nennt die »Zahnradboxen« kurz und knapp »F17« und »F23«. Alle Vorwärtsgänge im F17- und F23-Getriebe sind synchronisiert. Anders als im F17-Getriebe funktioniert das »Schaltgestänge« in der F23-Box mit Seilzugbetätigung. Vorteil: Das Getriebe lässt sich etwas präziser schalten und verursacht weniger Geräusche und Schwingungen – die Seilzüge entkoppeln es akustisch vom Antriebsstrang.

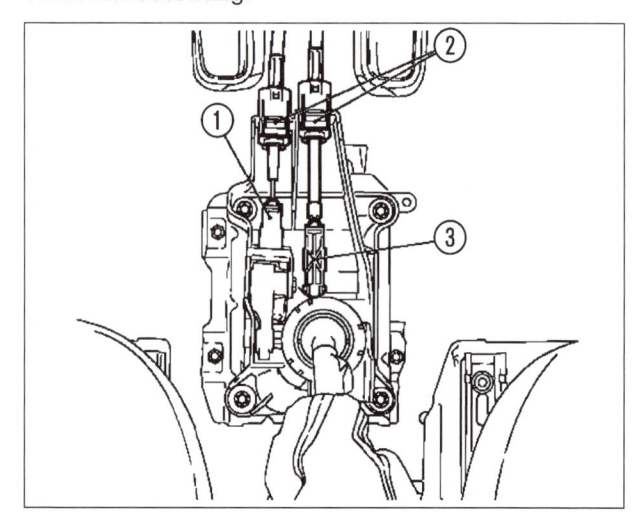

Akustisch vom Antriebsstrang entkoppelt – das F23-Getriebe mit Schaltzügen. ❶ *Klemmstück,* ❷ *Schaltzüge,* ❸ *Klemmstück.*

Techniklexikon

So funktioniert das Fünfgang-Schaltgetriebe

Die Motorleistung gelangt via Kupplung auf die Getriebeantriebswelle (Eingangswelle). Auf der Antriebswelle finden fünf schrägverzahnte Zahnräder (plus eines für den Rückwärtsgang) Platz. Die passenden Pendants dazu sitzen allesamt auf der Abtriebswelle. Als »Pärchen« stehen zwar alle Gangräder in ständigem Kontakt zueinander, »fest verkuppelt« ist jedoch immer nur ein Gangradpaar.

Zahnräder und Wellen

Bis die Gangräder der Hauptwelle »festen Kontakt« zu ihren Konterparts auf der Vorgelegewelle aufnehmen, rotieren sie frei ineinander. Erst wenn ein Gang eingelegt

SCHALTGESTÄNGE EINSTELLEN

wird, ist das betreffende Zahnradpaar kraftschlüssig miteinander verbunden. Der Ganghebel wirkt nämlich auf eine Schaltgabel, die über eine Schiebemuffe den Kraftschluss der Gangräder einleitet. Damit die Zahnräder während des Schaltvorgangs geräuschlos und schnell zueinander finden, bringen Synchronringe die Getriebewellen auf die gleiche Drehzahl: Sie »bremsen« die schnellere Welle in einem Anlaufkonus so lange ab, bis die Schiebemuffe das »neue Gangradpärchen« geräuschlos miteinander verkuppelt.

Vorwärtsgänge und Rückwärtsgang

Die ersten vier Gänge der Ottotriebwerke transferieren die Motordrehzahl ins Langsamere. Erst ab der fünften Fahrstufe, beim Zafira 2.2, dem OPC und beiden Dieseln sogar schon im vierten Gang, drehen die Antriebsräder dann »schneller« als der Motor. Experten sprechen in dem Fall von einem »lang« übersetzten Getriebe. Opel unterstreicht und nutzt damit die »bewusst defensive« Leistungscharakteristik der ECOTEC-Motoren: Lang übersetzte Getriebe schonen den Motor und senken, vornehmlich auf Langstrecken, den Kraftstoffverbrauch.

Erst mit drei Zahnrädern komplett – Rückwärtsgang

In allen Vorwärtsgängen sind grundsätzlich zwei Zahnräder im Spiel. Lediglich der Rückwärtsgang bemüht ein Zahnradtrio. Das dritte Zahnrad, auch Zwischenrad genannt, läuft auf einer eigenen Welle. Es wird immer dann aktiv, wenn es gilt, zur Rückwärtsfahrt eine Drehrichtungsänderung der Abtriebswelle zu bewirken.

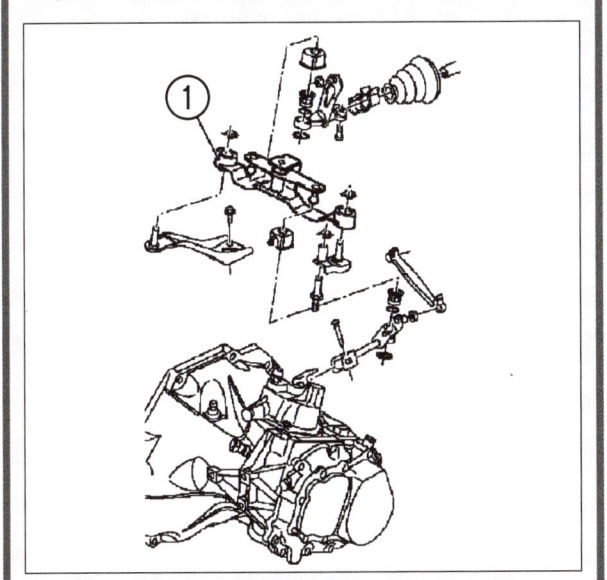

Vorteilhaft – Schwingenschaltung mit Schaltumlenkung (F17). Die Schwinge ❶ ist auf dem Getriebe und Vorderachskörper in Buchsen gelagert. Das »beruhigt« den Schalthebel und steigert den Schaltkomfort.

Selten akut – Schaltgestänge oder Seilzug einstellen

Wenn in Ihrem Zafira die Gänge haken oder nicht mehr richtig einrasten, ist an Neuwagen in der Regel die Schaltbetätigung falsch justiert (Garantiefall für die Werkstatt). An älteren Modellen können zudem die Gelenke und Lagerbuchsen des Schaltgestänges verschlissen sein. Bei den Modellen mit Seilzugschaltung sind's dann meistens die Schaltzüge – sie längen sich erfahrungsgemäß etwas und wirken demzufolge weniger präzise auf die inneren Getriebeschaltgestänge und Schaltgabeln ein. Das ist in beiden Fällen zwar ärgerlich, doch technisch »kein Beinbruch«: In den meisten Fällen können Sie ohne großen Aufwand Gestänge und Züge wieder auf Kurs bringen. Überprüfen Sie vor Arbeitsbeginn, ob die Schaltbetätigung nicht verbogen und die Lagerstellen auch nicht übermäßig ausgeschlagen sind.

Arbeitsschritte

Z 16 XE, Z 16 YNG, Z 18 XE

① Ziehen Sie die Handbremse an und …

② … bocken den Vorderwagen rüttelsicher auf.

③ Demontieren Sie, wie beschrieben, die Batterie inklusive Batterieträger und …

④ … lösen unter dem Wagenboden die Klemmschraube an der Getriebeschaltwelle ❶ um ca. zwei Umdrehungen.

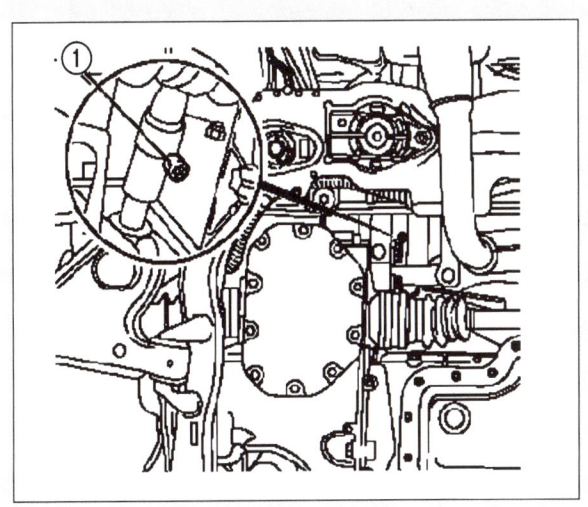

Etwa zwei Umdrehungen lösen – Klemmschraube an der Getriebeschaltwelle ❶.

KRAFTÜBERTRAGUNG

⑤ Clipsen Sie dann die Mittelkonsolenhalterung aus und lösen beide Schrauben ❶ der Schalthebelabdeckung.

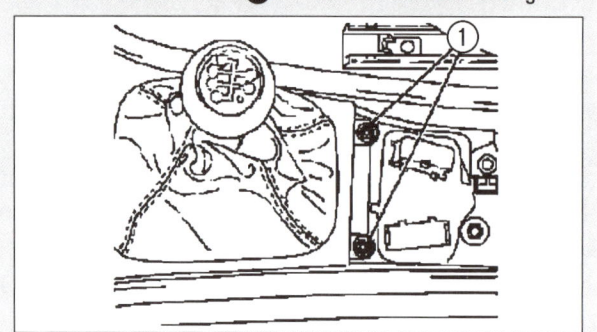

Lösen – Schrauben ❶ an der Schalthebelabdeckung.

⑥ »Befreien« Sie hernach den Schalthebel von seinem Faltenbalg, …

⑦ … schwenken ihn nach links und fixieren ihn per Dorn ❷ im Schalthebelgehäuse (Pfeile).

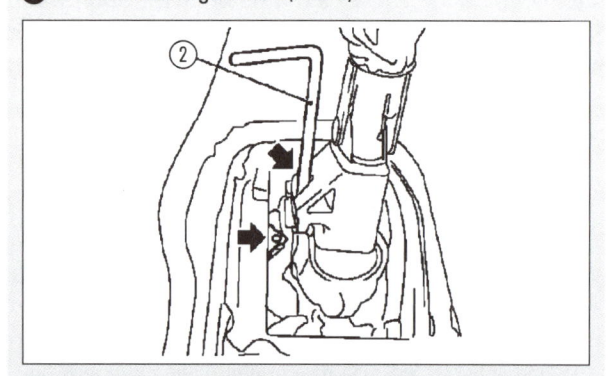

Per Dorn ❷ im Gehäuse fixieren – Mittelschalthebel.

⑧ Schieben Sie den Arretierstift ❶ in die Einstellbohrung der Schaltumlenkung. Verdrehen Sie dazu die Schaltstange in Richtung 3. Gang.

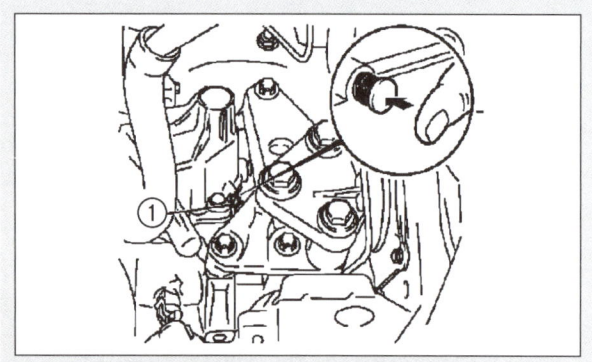

Zunächst etwas nach links »verdrehen« und dann den Arretierstift ❶ einrasten – Schaltgestänge.

⑨ Ziehen Sie jetzt die Klemmschraube der Schaltumkehrung mit 12 Nm plus einer »guten« halben Umdrehung fest und …

⑩ … »befreien« den Schalthebel dann von seinem Dorn.

⑪ Den Arretierstift können Sie getrost vergessen: Er löst sich automatisch während der ersten Schaltbewegung in Richtung Rückwärtsgang.

⑫ Beenden Sie die Montage in umgekehrter Reihenfolge und schalten dann der Reihe nach sämtliche Gänge durch.

⑬ Eventuell müssen Sie danach die Einstellung erneut korrigieren. Gehen Sie dann der Reihe nach vor.

Arbeitsschritte

Z 22 SE, Z 20 LET, Y 20 DTH, Y 22 DTR

① Ziehen Sie die Handbremse an, …

② … »befreien« dann den Schalthebel, wie beschrieben, von seinem Faltenbalg und …

③ … lösen die Schaltzüge an den Klemmstücken ❶ mit einem Schraubendreher in Pfeilrichtung.

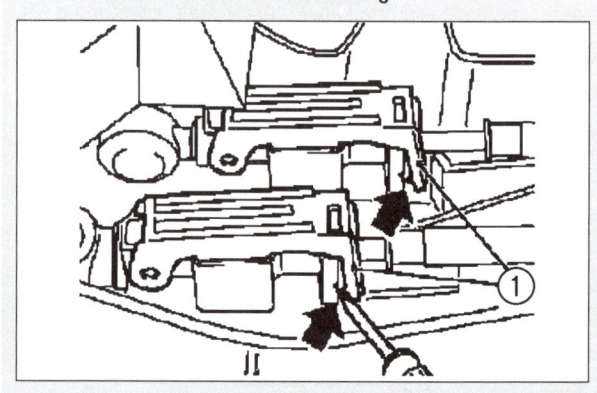

Mit einem Schraubendreher entriegeln – Klemmstücke ❶.

④ Schalten Sie anschließend das Getriebe in »Leerlauf« und …

⑤ … blockieren den Schalthebel mit der Klammer ❷.

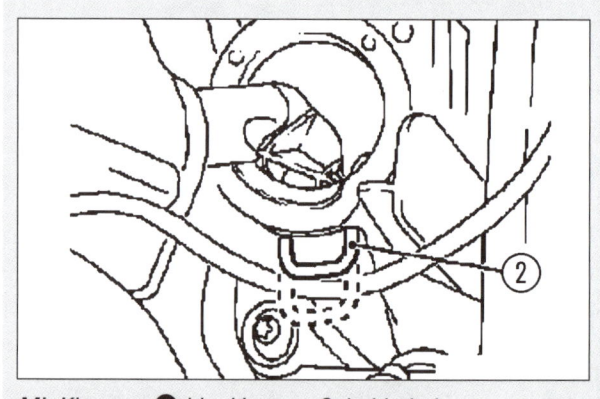

Mit Klammer ❷ blockieren – Schalthebel.

GETRIEBEÖLSTAND PRÜFEN

⑥ Anschließend fixieren Sie die Schaltzüge – drücken Sie dazu die Verriegelung ❸ (Pfeil) herunter.

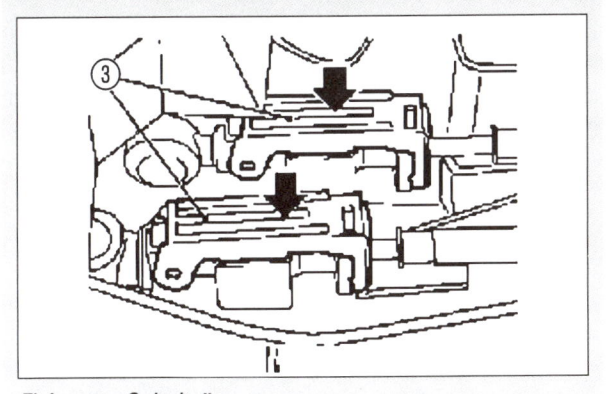

Fixieren – Schaltzüge.

⑦ Lösen Sie jetzt die Schalthebelarretierung und ...

⑧ ... beenden die Montage in umgekehrter Reihenfolge.

Getriebeölstand prüfen

Hochwertige Getriebeöle halten mittlerweile locker ein »Getriebeleben« lang – auch im Zafira. Solange Sie unter seinem Bauch also keine großen Getriebeöllachen entdecken, ignorieren Sie getrost unseren Wartungshinweis. Übrigens: Leichter Ölnebel im Umfeld der Getriebeentlüftung muss Sie nicht beunruhigen. Wenn Sie dort freilich dicke Tropfen oder bereits »kleine Rinnsale« entdecken, schrauben Sie das Röhrchen ab und blasen es mit Druckluft von unten nach oben frei. Checken Sie anschließend den Ölpegel im Getriebe und ergänzen die Fehlmenge. Sollte Ihr Zafira freilich zum turnusmäßigen Check die Werkstatt regelmäßig von innen sehen, erledigen das die »Blaumänner« für Sie.

Wichtig für Funktion und Lebensdauer – das richtige Getriebeöl

Synthetische Mehrbereichsöle halten die Innereien der Zafira-Getriebe bei Laune. Für den Fall, dass Sie nach einer Reparatur, beispielsweise nach dem Austausch einer Antriebswelle, den Ölstand ergänzen müssen, bleiben Sie unbedingt der gleichen Ölqualität treu. Fragen Sie Ihren Opel-Händler – er hat die entsprechenden Schmiersäfte am Lager. Allerdings zum Einfüllen des zähflüssigen Getriebeöls müssen Do it yourselfer – ohne professionelles Equipment – viel Geduld aufbringen: Werkstätten arbeiten mit speziellen Saugdruckpumpen, die den Schmiersaft aus 50 Liter Fässchen direkt ins Getriebe »heben«.

Kleinere Fehlmengen können Sie durchaus effizient mit einer Spritzölkanne und aufgestecktem Verlängerungsschlauch ergänzen. In Zafira-Schaltgetrieben sollte der Ölpegel etwa 10 – 15 Millimeter unter der Einfüllöffnung stehen.

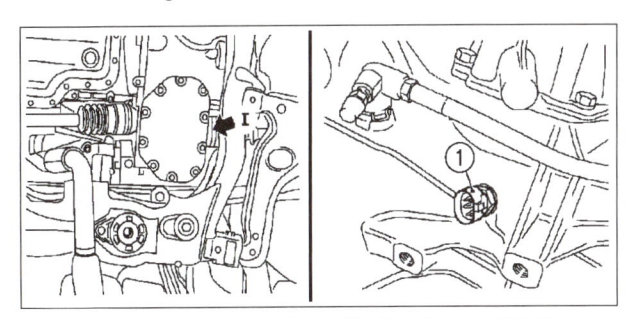

Nur zur Kontrolle öffnen: Kontrollschraube am F17-Getriebe (Pfeil). Falls erforderlich, ergänzen Sie das Getriebeöl über den Rückfahrscheinwerferschalter ❶.

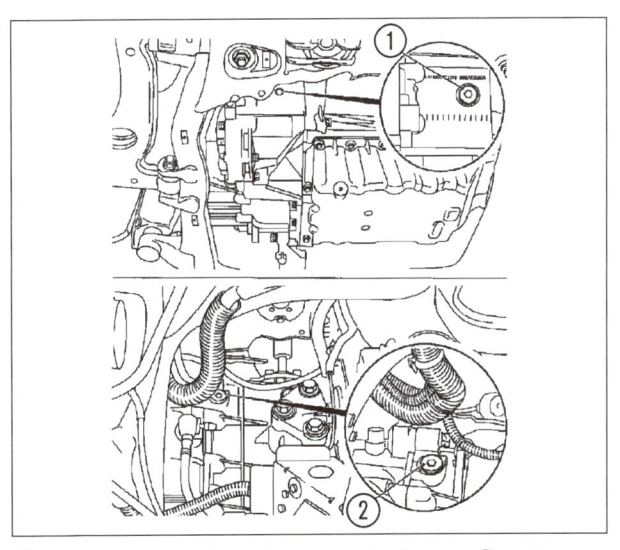

Ölcheck beim F23-Getriebe: Kontrollschraube ❶ öffnen und Fehlmenge über die Nachfüllöffnung ❷ ergänzen.

Getriebegeräusche — Praxistipp

Heul- oder Mahlgeräusche in nur einer Fahrstufe deuten erfahrungsgemäß auf verschlissene Gangräder oder Gangradlager hin. Und Laufgeräusche in allen Gängen sind meistens ein Indiz für Verschleißspuren im Achsantrieb oder den Getriebelagern. Kratzgeräusche, die während der Schaltvorgänge auftreten, verraten verschlissene Synchronringe oder eine »klebende« Kupplungsscheibe. Besonderem Verschleiß unterliegen die Synchronringe in den unteren Gangstufen – hier sind die Drehzahldifferenzen zwischen den Gangradpaaren besonders groß.

Die Vierstufenautomatik

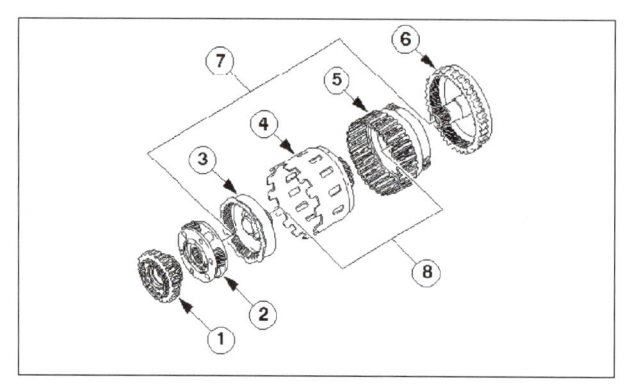

Schalten im Automatikgetriebe ohne Zugkraftunterbrechung: Planetenradsätze. ❶ Sonnenrad 1.-/2.-Gang, ❷ Planetenradträger 1.-/2.-Gang, ❸ Hohlrad 1.-/2.-Gang, ❹ Sonnenrad RW.-/4.-Gang -Sonnenrad und Sonnenradgehäuse, ❺ Planetenradträger RW.-/4.-Gang, ❻ Hohlrad RW.-/4.-Gang, ❼ + ❽ Keilverzahnung.

Anstelle des serienmäßigen Fünfganggetriebes rollen die 1,8 und 2,2 Liter Zafira gegen Aufpreis auch mit einer elektronisch gesteuerten Vierstufenautomatik von den Produktionsbändern. Der Automat schaltet die einzelnen »Gänge« – wie alle Automatikgetriebe – ohne Zugkraftunterbrechung unter Last. Konventionelle Getriebeautomaten bestehen aus drei Funktionsgruppen:
1. Der hydraulischen Kraftübertragung (hydrodynamischer Drehmomentwandler mit Wandlerüberbrückungskupplung).
2. Den mechanischen Planetenradsätzen mit vier Vorwärtsgängen und dem Rückwärtsgang.
3. Der Schaltautomatik mit elektronischer Steuerung.

Die Schaltmomente zwischen den Planetenradsätzen leitet im Motormanagement des Zafira ein separates Steuermodul ein. Es kooperiert mit dem Motormanagement und berechnet aus unterschiedlichen Motor- und Getriebedaten die jeweils sinnvollste Schaltstrategie.

Automatikreparaturen – nicht unbedingt ein Terrain für Do it yourselfer

Unverbesserliche Pessimisten erkennen in einem Automatikgetriebe immer noch »viel verwundbare« Technik. Unbegründet! In der Praxis fallen Getriebeautomaten, sachgemäße Bedienung vorausgesetzt, mittlerweile kaum noch mit übermäßigem Verschleiß auf. Anders gesagt: Selbst in Opel-Werkstätten sind Automatikgetriebe auf der Werkbank höchst seltene »Gäste«. Wenn allerdings die Ausnahme von der Regel eintritt, sind die Aggregate nicht unbedingt »pflegeleicht«. Demzufolge »wandern« sie zur Revision überwiegend ins Werk zurück. Die häufigste »Unpässlichkeit« ist der Wählhebelzug. Wir verschweigen Ihnen das nicht, denn mit etwas Geschick bleiben Sie auch bei einem »störrischen« Zug Ihr eigener Chef im Ring.

Wählhebelzug einstellen

Einen verstellten Wählhebelzug entlarven Sie mitunter schon beim Anlassvorgang: Der Motor bleibt dann nämlich stumm – sowohl in Wählhebelstellung »P« und/oder »N«. Während der Fahrt sollten Sie große Schaltpausen oder unkomfortable Schaltrucke misstrauisch machen. Erkennen Sie die genannten Symptome in Ihrem Automatik-Zafira, inspizieren Sie umgehend den Wählhebelzug.

Arbeitsschritte

① Demontieren Sie, wie beschrieben, die Batterie inklusive Batterieträger.
② Anschließend bocken Sie den Vorderwagen rüttelsicher auf und …
③ … lösen die Verriegelungsklammer ❸ der Wählhebelbetätigung mit einem Schraubendreher.
④ Bringen Sie dann den Wählhebel in Stellung »P« und …
⑤ … drehen den Betätigungshebel ❶ am Getriebe in Position ❷.
⑥ Drehen Sie die Vorderräder soweit, bis die Sperrklinke im Parksperrenrad einrastet. Beide Vorderräder sind jetzt blockiert.
⑦ Jetzt drücken Sie die Verriegelungsklammer wieder zurück in ihre »Grundstellung«. Das war's schon …
⑧ Falls das Getriebe weiterhin »zicken« sollte, liegt das Problem tiefer. Führen Sie Ihren Automatik-Zafira dann einem Fachmann vor.

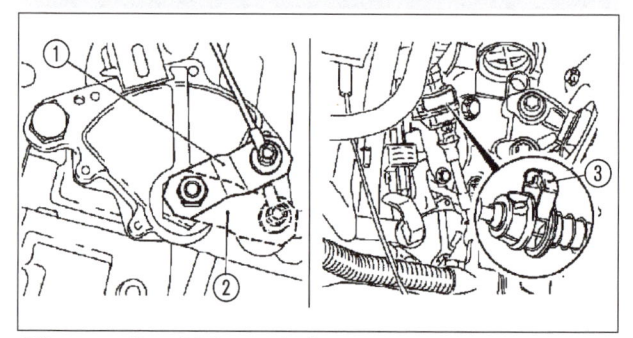

Mit etwas Geschick zu erledigen: Wählhebelzug einstellen.

GETRIEBEÖLSTAND PRÜFEN

ATF-Stand prüfen – mitunter sinnvoll

Die Innereien der Opel-Automatik schmiert ab Werk, ähnlich wie die der manuellen Schaltgetriebe, eine Dauerölfüllung. Dennoch kann es nach extremen Einsätzen, zum Beispiel im Gespannbetrieb oder im Gebirge, zu leichten Ölverbräuchen der ATF-Füllung (**A**utomatic **T**ransmission **F**luid) kommen. Checken Sie nach solchen Exkursionen den Ölstand – routinemäßig sollten Sie nach gut 60 000 Kilometer ohnehin einen prüfenden Blick auf den Getriebeölpegel werfen. Der Peilstab sitzt unter der Motorhaube, in Fahrtrichtung links zwischen Motor und Batterie.

Arbeitsschritte

① Fahren Sie das Getriebeöl zunächst etwa 20 Kilometer warm.
② Danach stellen Sie den Zafira auf einer ebenen Fläche ab und ziehen die Handbremse an. Schalten Sie bei laufendem Motor den Getriebewahlhebel »durchs« Getriebe und lassen ihn dann in »P« pausieren.
③ Jetzt öffnen Sie die Motorhaube. Der Motor läuft weiterhin mit Standgas.
④ »Befreien« Sie die Verschlusskappe des Getriebeölpeilstabs zunächst mit einem Putzlappen von überflüssigem Dreck, klappen hernach den Exzenterverschluss nach oben und ziehen den Peilstab dann ganz aus dem Führungsrohr.
⑤ Wischen Sie das Ende mit einem fusselfreien Lappen sauber, »versenken« den Stab wieder bis zum Anschlag ins Führungsrohr und liften ihn sofort wieder.
⑥ Der Ölstand muss bei warmem ATF-Öl zwischen »MIN« und »MAX« stehen. Andernfalls stellen Sie den Motor ab und ergänzen den Ölstand über die Messstaböffnung. Am besten geht's mit einem kleinen Trichter oder per Ölkännchen mit einem passenden Schlauchaufsatz. Stellen Sie zum Nachfüllen den Motor ab. Ergänzen Sie niemals zu viel Öl – Sie programmieren damit unweigerlich Getriebeschäden. Die maximale Nachfüllmenge zwischen »MIN« und »MAX« beträgt ca. 0,2 Liter.
⑦ Jonglieren Sie den Ölpeilstab wieder bis zum Anschlag ins Führungsrohr und »spannen den Korken«. Dazu drücken Sie den Exzenterverschluss nach unten. Falls Sie das vergessen sollten, »wächst« Ihnen der Peilstab während der Fahrt aus dem Führungsrohr, das Getriebeöl schwappt druckvoll hinterher und »versaut« den gesamten Motorraum. Starten Sie den Motor also erst mit »gespanntem« Peilstab und lassen ihn dann etwa zwei Minuten mit Standgas laufen. Währenddessen schalten Sie das Getriebe einige Male durch. Danach checken Sie erneut den Ölstand und »versenken« jetzt den Peilstab bis zum nächsten Check »gespannt« ins Führungsrohr.

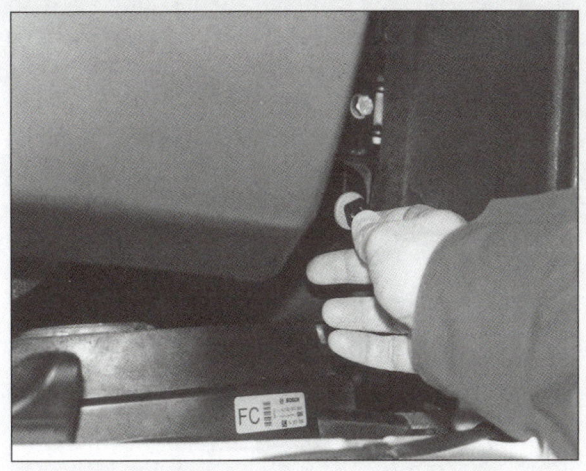

Bei laufendem und betriebswarmen Motor messen: Die ATF-Differenzmenge zwischen »MIN« und »MAX« beträgt ca. 0,2 Liter.

Praxistipp

Besonderheiten im Umgang mit Automatikgetrieben

Starten Sie den Motor niemals mit »trockenem« Getriebe – die Getriebeinnereien könnten dann fressen. Sollte die Batterie Ihres Automatik-Zafira streiken, können Sie den Wagen nicht einfach anschieben oder anschleppen: Der hydraulische Drehmomentwandler stellt bei stehendem Motor keine Verbindung zwischen Motor und Getriebe her. Sie sind also auf fremde Starthilfe angewiesen. Deshalb unser Tipp: Rüsten Sie Ihren Zafira prophylaktisch mit einem Fremdstartkabel aus. Im Ernstfall müssen Sie sich dann nur noch um einen freundlichen Autofahrer kümmern …

Abschleppen – grundsätzlich den Wählhebel auf »N« stellen

Sollten Sie Ihren Automatik-Zafira abschleppen müssen, parkieren Sie den Wählhebel vorher unbedingt in Stellung »N«. Bitten Sie Ihren Vordermann zudem nicht schneller als 80 km/h zu fahren. Die »Seilschaft« darf übrigens maximal 100 Kilometer weit führen, andernfalls kann das Getriebe Schaden nehmen. So übrigens auch, wenn beispielsweise nach einer Getriebereparatur der Ölstand noch nicht ergänzt bzw. noch kein neues Öl aufgefüllt wurde.

Der Achsantrieb

Das Getriebe und der Achsantrieb mitsamt Differenzial sitzen beim Zafira in einem gemeinsamen Gehäuse. Die vom Motor ans Getriebe geleitete Kraft gelangt über ein kleines und ein großes Zahnrad (Achsantriebsrad) an den Achsantrieb. Das Achsantriebsrad ist mit dem Differenzialgehäuse verschraubt. Die Antriebswellen stellen letztendlich die kraftschlüssige Verbindung zwischen Achsantrieb und Radnabe her.

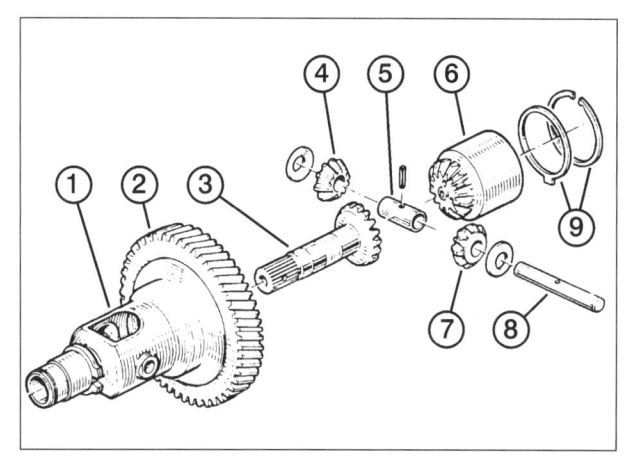

Im Getriebegehäuse installiert: Der Achsantrieb. ❶ *Differenzialgehäuse,* ❷ *Tellerrad,* ❸ *Getriebeausgangswelle,* ❹ *und* ❼ *Satelliten-Kegelräder,* ❺ *Distanzhülse,* ❻ *Planetenrad,* ❽ *Satellitenachse,* ❾ *Distanz- und Sicherungsring.*

Achsantrieb und Antriebswellen

Achsantrieb: Zusammen mit dem Ausgleichsgetriebe (Differenzial) und dem Schaltgetriebe bzw. der Automatik in einem Gehäuse verbaut. Im Differenzialkorb befinden sich vier ineinander greifende Kegelräder, von denen zwei mit den Antriebswellen verbunden sind.

Geradeausfahrt: Die Vorderräder rollen mit dem Achsantrieb synchron. Das Differenzial rotiert mit gleicher Drehzahl, die Kegelräder im Differenzialkorb stehen still.

Kurvenfahrt: Das kurvenäußere Rad legt einen längeren Weg zurück als das innere (Drehzahldifferenz). Wenn die Drehzahldifferenz nicht ausgeglichen wird, würde der Zafira extrem untersteuern und die Kurve mit durchdrehendem inneren Vorderrad nehmen. Die Kegelräder verhindern das, sie sorgen im Differenzialkorb für den nötigen Ausgleich: Das höher drehende Kegelrad der äußeren Antriebswelle wirkt über die beiden Zwischenkegelräder »bremsend« auf das Kegelrad der kurveninneren Antriebswelle ein. Die gewollte Drehzahldifferenz neutralisiert die Wegunterschiede zwischen beiden Vorderrädern.

Kraftübertragung auf die Räder (vom Ausgleichsgetriebe): Das Getriebegehäuse des Zafira ist nach links zur Fahrzeugmittelachse versetzt montiert. Demzufolge sind die beiden Antriebswellen unterschiedlich lang: Die rechte Antriebswelle ist länger als die linke.

Gleichlaufgelenk: Gleichlaufgelenke ermöglichen eine komfortable Drehmomentübertragung auf die Antriebsräder. Da sie, anders als Kardangelenke, wenig Verschleißteile haben, zeichnet sie eine lange Lebenserwartung aus. Getriebeseitig haben die Zafira-Antriebswellen Tripodegelenke (mit Tripodestern, Laufrollen und Tripodeglocke), radseitig sind Gleichlaufgelenke (mit Kugelstern, Kugelkäfig und Kugelschale) montiert. Gleichlaufgelenke übertragen kaum Antriebseinflüsse ins Lenkrad.

Antriebswellenstümpfe: Laufen auf der Radseite in zwei Kugellagern des Lenkschwenklagers. Im Gegensatz zur Kerbverzahnung der Radnabenseite hat die Kerbverzahnung der Getriebeseite einen leichten Drall, dieser »Trick« vermeidet Klackgeräusche beim Anfahren.

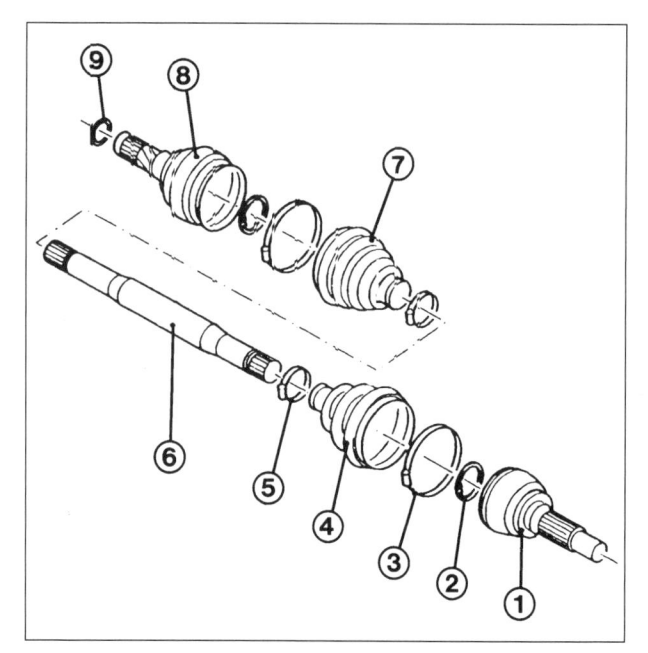

Mittlerweile fast verschleißfrei: Antriebswellen. ❶ *äußeres Gleichlaufgelenk,* ❷ *Sicherungsring,* ❸ *Spannband,* ❹ *Manschette,* ❺ *Spannband,* ❻ *Antriebswelle,* ❼ *Manschette,* ❽ *inneres Gleichlaufgelenk,* ❾ *Sicherungsring.*

ANTRIEBSWELLENMANSCHETTEN CHECKEN

Antriebswellen-manschetten checken

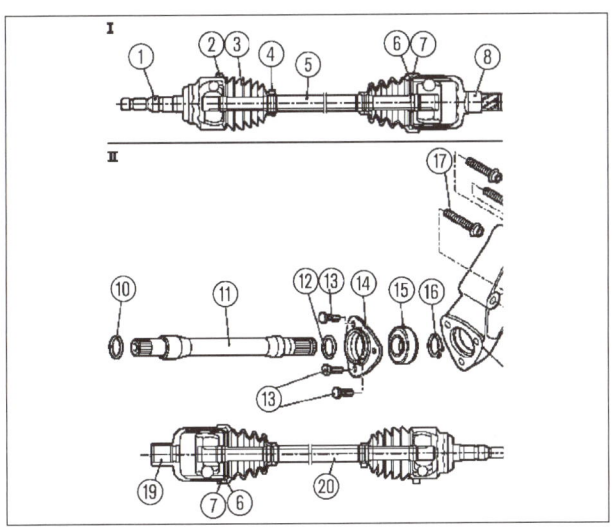

Zweigeteilt – Achswelle mit Zwischenlagerung beim Zafira OPC. I links, II rechts: ❶ Achswellengelenk radseitig, ❷ Halteband, ❸ Faltenbalg, ❹ Halteband, ❺ Achswelle links, ❻ Sicherungsring, ❼ Halteband, ❽ Achswellengelenk links getriebeseitig, ❾ Sicherungsring, ❿ O-Ring Zwischenwelle an Getriebe, ⓫ Zwischenwelle, ⓬ Sicherungsring, ⓭ Befestigungsschrauben, ⓮ Zwischenwellen Gehäuse, ⓯ Lager Zwischenwelle, ⓰ Sicherungsring, ⓱ Befestigungsschrauben, ⓲ Halterung Lager Zwischenwelle, ⓳ Achswellengelenk, ⓴ Achswelle rechts.

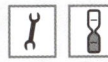

Arbeitsschritte

① Bocken Sie den Vorderwagen rüttelsicher auf. Beide Räder müssen »frei hängen«.

② Drehen Sie das Lenkrad dann bis zum Anschlag jeweils nach links und rechts. Das jeweils »kurvenäußere« Rad drehen Sie mit der Hand und inspizieren dabei die äußeren Manschetten auf feine Risse und glänzende Stellen. Wenn sich erst Schmutz und Feuchtigkeit einnisten, dauert es nicht mehr lange, bis das Gelenk schrottreif ist. Zur Kontrolle der inneren Manschetten legen Sie sich unter den Vorderwagen. Ein Assistent dreht dann langsam an den Rädern.

③ Prüfen Sie gleichfalls den Sitz der Spannbänder.

④ Fettspuren an den Manschetten sind ein untrügliches Indiz: Gehen Sie ihnen auf den Grund und dichten die Manschette(n) schnellstmöglich wieder ab. Andernfalls haben Sie es bald mit einem zerstörten Antriebsgelenk zu tun. Die Gelenke sind ab Werk mit rund 100 Gramm Spezialfett befüllt – zu einem Manschettentausch reichen 60 Gramm MoS2-Fett aus. In Opel-Werkstätten kommt Fett mit der Teilenummer »90007999« an die Gelenke.

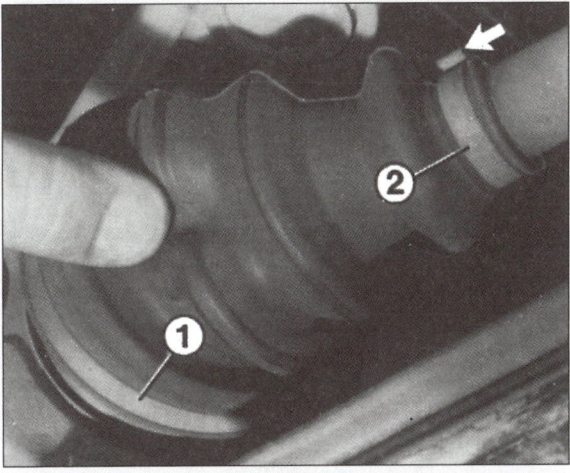

Bei der Kontrolle der Antriebswellen-Schutzmanschetten muss auch der feste Sitz des äußeren ❶ und inneren Schlauchbinders ❷ überprüft werden. Mit einem Seitenschneider werden die Lochbandklemmen gespannt (Pfeil). Dazu eine Ausbuchtung in Form eines plattgedrückten »O« in das Spannband biegen und mit dem Seitenschneider mit Gefühl so zudrücken, dass die Manschette nicht abgequetscht wird. Die Antriebswelle muss am Manschettensitz peinlich sauber sein.

Praxistipp

Wenn die Antriebswelle Geräusche macht

Die Lebensdauer der Antriebswellen hängt natürlich auch von Ihrer Fahrweise ab. Vermeiden Sie Sprintstarts mit durchdrehenden Antriebsrädern und erst recht mit eingeschlagenen Vorderrädern. Geräusche, die einen Defekt signalisieren, treten erfahrungsgemäß von jetzt auf gleich auf. Lassen Sie sich nicht täuschen, auch wenn die Geräusche für eine geraume Zeit wieder verschwinden, inspizieren Sie die Wellen akribisch.

- Rhythmische Schlag- oder Knack-knack-knack-Geräusche, die während der Beschleunigung oder im Schiebebetrieb auftreten (können sich beim Lenkeinschlag verändern), entlarven ein defektes Gelenk an der Radseite.
- Sollte Ihnen – während der Kurvenfahrt – Ihr Lenkrad kräftig in die »Hand schlagen«, gehen Sie gleichfalls von einem defekten äußeren Antriebswellengelenk aus.
- Beim Anfahren mit eingeschlagenen Vorderrädern verraten Knackgeräusche auch defekte Antriebswellen. Merke: Verschlissene Radlager zeigen häufig die gleichen Symptome.

KRAFTÜBERTRAGUNG

Antriebswellen aus- und einbauen

Neue oder AT-Wellen werden grundsätzlich mit »Schutzkäfigen« geliefert. Grund: Die Käfige hindern die Gelenke während des Transports daran, zu überdehnen. Entfernen Sie die Käfige möglichst erst nach der Montage und achten darauf, dass Sie die Manschetten nicht beschädigen. Die Zafira-Antriebswellen sind zwar unterschiedlich lang, die Arbeit ist auf beiden Seiten jedoch nahezu identisch. Wir beschreiben die Demontage am Beispiel der linken Antriebswelle.

Arbeitsschritte (außer Z 20 LET)

Demontage

① Bevor Sie den Vorderwagen rüttelsicher aufbocken, lösen Sie die Radmuttern und die Kronmutter des Antriebswellenstumpfs ❶. Vorab müssen Sie allerdings die Schutzkappe und den Splint ❷ entfernen. Lassen Sie sich dabei von einem Helfer assistieren, er kann auf die Bremse treten und das Rad blockieren.

② Heben Sie dann den Vorderwagen an und nehmen das betreffende Rad ab. Lösen Sie, falls vorhanden, die untere Motorverkleidung.

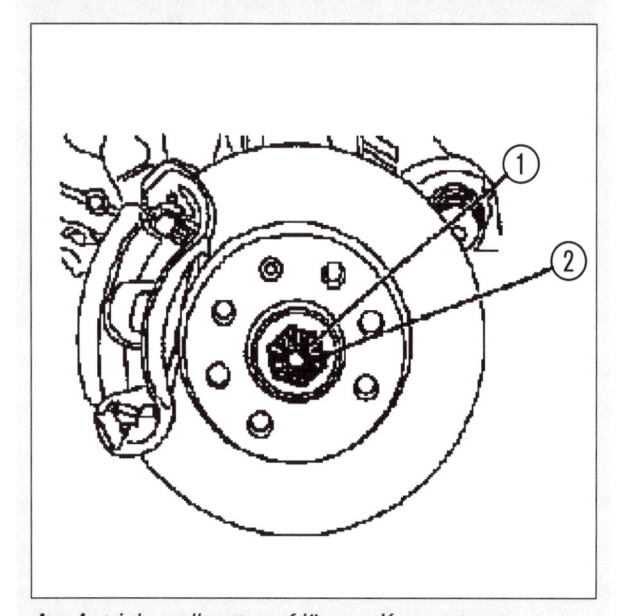

Am Antriebswellenstumpf lösen – Kronmutter.

nur Z 22 SE-Motor rechte Antriebswelle

③ Clipsen Sie den Kabelsatz der Lambda-Sonde ❶ vom Hitzeschutzblech ❸ und lösen die beiden Schrauben ❷. Das Blech legen Sie beiseite.

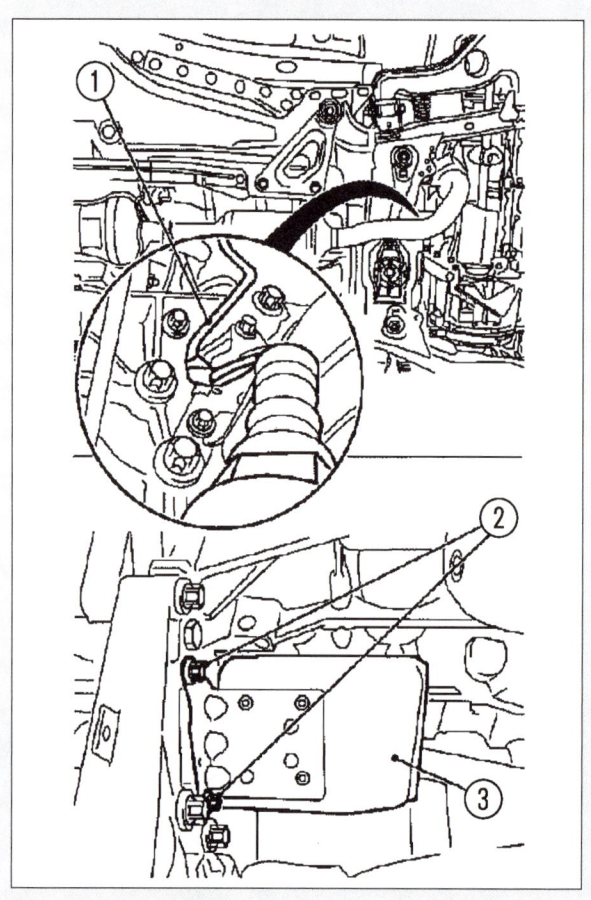

Lösen – Lambda-Sonden-Kabelsatz, Hitzeschutzblech.

alle Motoren

④ Demontieren Sie das Sicherungsblech des Bremsschlauchs aus der Halterung am Federbein und ...

⑤ ... hängen den Schlauch aus.

⑥ Hernach demontieren Sie das Federbeinpendel ❶. Um die Mutter zu lösen, kontern Sie das Pendel an den zwei abgeflachten Stellen des Gelenkkugelbolzens mit einem Maulschlüssel.

⑦ Jetzt lösen Sie die Befestigungsschraube ❷ des Führungsgelenks und ...

⑧ ... die Befestigungsmutter des Spurstangenkopfs vom Achsschenkel.

ANTRIEBSWELLEN AUS- UND EINBAUEN

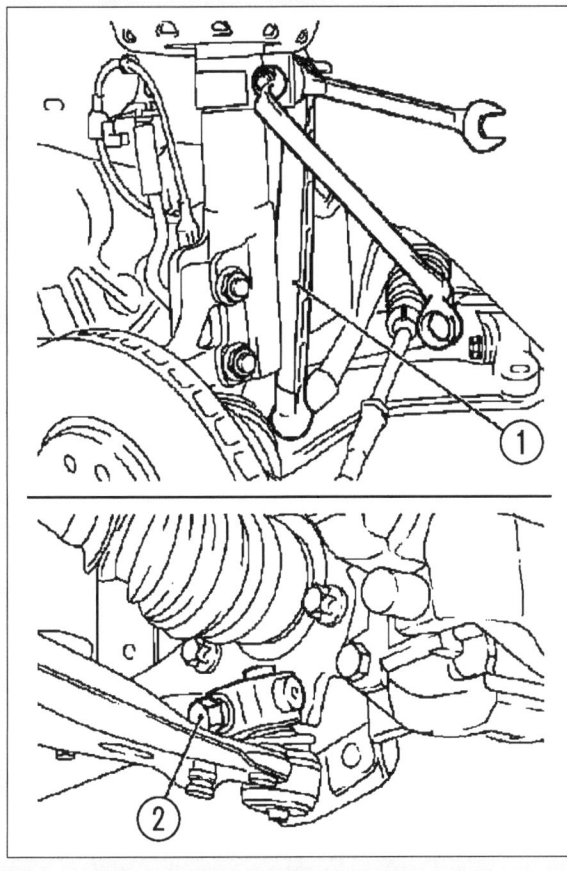

Demontieren – Pendel und Spurstangenkopf.

⑨ Pressen Sie das Führungsgelenk und den Spurstangenkopf, gegebenenfalls mit einem Abzieher ❶, aus dem Achsschenkel.

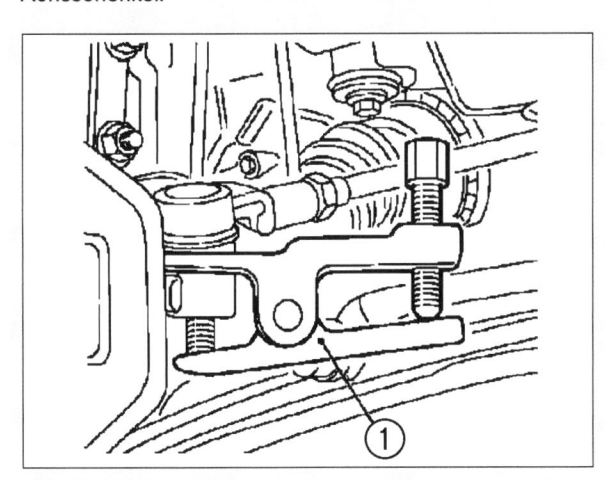

Aus dem Achsschenkel pressen – Spurstangenkopf.

⑩ Pressen Sie die Antriebswelle mit einem stabilen Zweiarmabzieher aus der Radnabe.

⑪ Wenn Sie die Welle vom Antriebsflansch abziehen, wird Öl aus dem Getriebegehäuse laufen. Stellen Sie darum eine saubere Auffangwanne unter das Getriebe und …

⑫ … hebeln dann mit einem Montierhebel die Antriebswelle aus dem Getriebe. Opel-Werkstätten vertrauen auf Spezialwerkzeuge ❷, doch mit etwas Geschick geht's auch ohne.

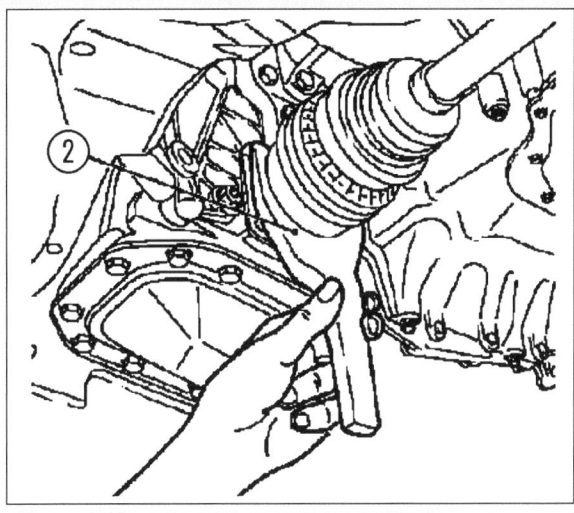

Aus dem Getriebe »hebeln« – Antriebswelle.

⑬ Setzen Sie den Montierhebel an der Einfräsung (Pfeile) im Antriebswellengelenk an, …

⑭ … pressen die Welle vom Flansch und verschließen die Öffnung mit einem sauberen Putztuch. Achten Sie darauf, dass Sie das Faltenbalgspannband ❸ nicht beschädigen.

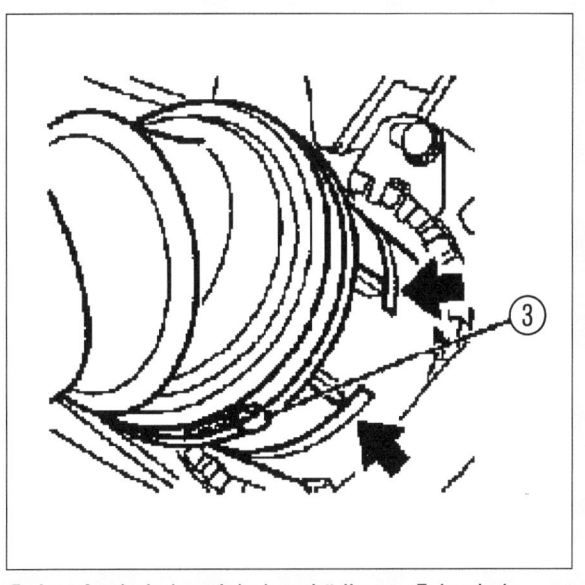

Beim »Aushebeln« nicht beschädigen – Faltenbalgspannband.

KRAFTÜBERTRAGUNG

Montage

⑮ Setzen Sie zunächst einen neuen Sicherungsring ❶ auf die Achswelle ...

⑯ ... und benetzen die Verzahnung und Lagerstelle mit Getriebeöl.

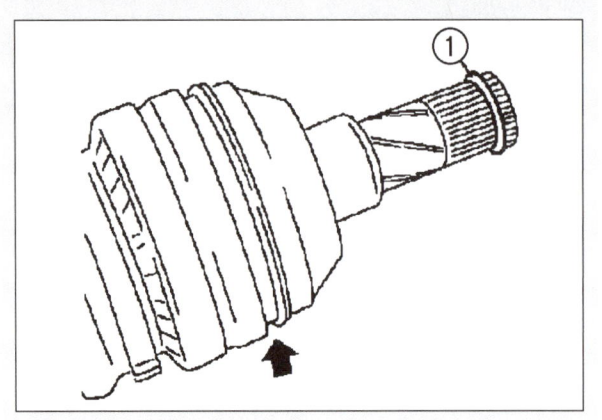

Achswellenstumpf: Verzahnung und Lagerstelle mit Getriebeöl benetzen.

⑰ Hernach ziehen Sie das Putztuch wieder aus dem Getriebegehäuse und setzen die Achswelle an.

⑱ Um den Sicherungsring verlässlich im Getriebe zu verankern, helfen Sie der Welle in der Gelenkeinfräsung mit einem Hammer und Weichmetalldorn ❷ etwas nach ...

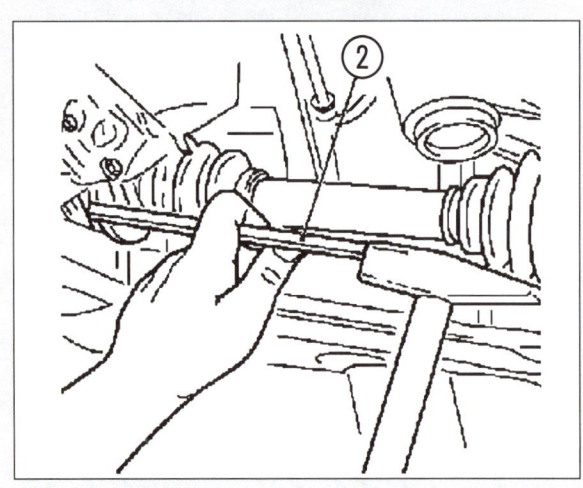

Mit Hammer und Weichmetalldorn vorsichtig in den Achsantrieb treiben: Antriebswelle.

⑲ Nun setzen Sie die Antriebswelle in die Radnabe ein und montieren das Führungsgelenk des Querlenkers wieder an den Achsschenkel. Ziehen Sie die neue Mutter mit etwa 100 Nm an.

⑳ Anschließend »fädeln« Sie den Spurstangenkopf in den Achsschenkel ein und ...

㉑ ... ziehen ihn mit 60 Nm fest. Sparen Sie nicht an einer neuen Mutter.

㉒ Auf dem Antriebswellenstumpf schrauben Sie die neue Kronmutter mit 120 Nm fest. Ihr Assistent blockiert derweil die Bremse.

㉓ Hernach lösen Sie die Kronmutter und ziehen sie sofort wieder mit 20 Nm an. Drehen Sie die Mutter jetzt noch um 80° weiter fest (die Welle darf zwischenzeitlich nicht drehen) und ...

㉔ ... »sichern« Ihre Arbeit mit einem neuen Splint. Vergessen Sie nicht die Schutzkappe aufzupressen.

nur Z 22 SE-Motor rechte Antriebswelle

㉕ Montieren Sie das Hitzeschutzblech und schließen die Lambda-Sonde wieder an.

alle Motoren

㉖ Das Pendel am Federbein montieren Sie gleichfalls mit einer neuen Mutter und 65 Nm.

㉗ Abschließend checken Sie den Getriebeölstand und beenden die Montage in umgekehrter Reihenfolge.

Antriebsgelenkmanschette wechseln

Gelenkmanschetten sind mittlerweile so ausgelegt, dass sie der Lebensdauer von Antriebswellen kaum noch nachstehen. Dennoch, äußere Beschädigungen, etwa von messerscharfen Flintsteinchen, die von den Reifen hochgeschleudert werden, machen den Manschetten schnell den Garaus. Opel oder der gut sortierte Fachhandel bieten versierten Do it yourselfern demzufolge Reparaturkits, die relativ unproblematisch zu montieren sind. Unsere Beschreibung setzt demontierte Antriebswellen voraus.

Arbeitsschritte

① Um das Gelenk zu demontieren, spannen Sie zunächst die Antriebswelle mit Schutzbacken in einen Schraubstock ein.

② Trennen Sie die Spannbänder ❶ mit einem Seitenschneider und entsorgen sie sofort. Jetzt können Sie die Manschette zurückschieben.

ANTRIEBSGELENKMANSCHETTE WECHSELN

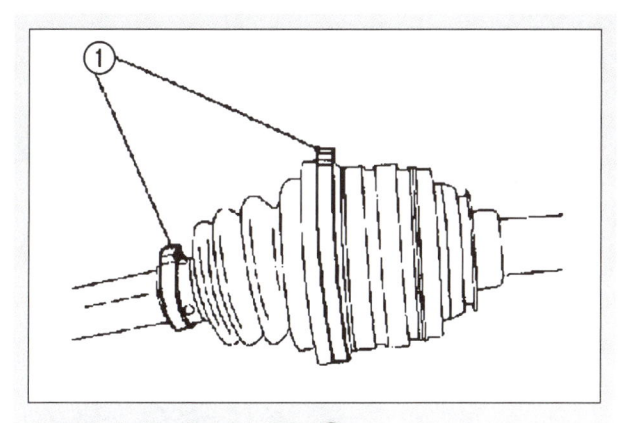

Lösen – beide Spannbänder ❶.

③ Entfernen Sie den Sicherungsring mit einer Zange ❶ und ...

④ ... ziehen das Gelenk in Pfeilrichtung vorsichtig von der Antriebswelle ab.

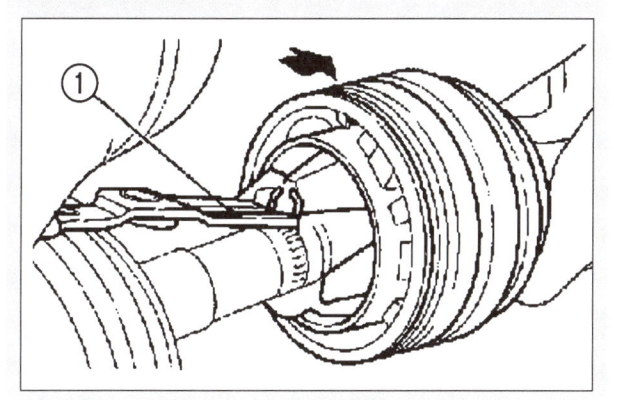

In Pfeilrichtung abziehen – Gelenk.

⑤ Entfernen Sie die alte Manschette von der Antriebswelle und entsorgen sie mitsamt »Füllung« als Sondermüll.

⑥ Reinigen Sie die Welle und schieben den neuen Faltenbalg auf.

⑦ Anschließend »befüllen« Sie das saubere Gelenk mit neuem Spezialfett. Ihr Opel-Händler verwendet pro Gelenk ca. 60 Gramm Fett (100 Gramm bei kompletter Neufüllung) mit der Teilenummer »90007999«.

⑧ Jetzt setzen Sie das Gelenk an der Achswelle an und schieben es ganz auf die Verzahnung. Achten Sie darauf, dass der Sicherungsring einrastet. Um den Faltenbalg zu entlüften, setzen Sie zwischen Gelenk und Faltenbalg einen kleinen Schraubendreher an und lassen dort die Luft entweichen.

⑨ Legen Sie nun die Spannbänder in die Ringnut und ziehen die Bänder fest.

Praxistipp

»Massieren« Sie das Fett gut ein

Bevor Sie die Spannbänder endgültig fixieren, massieren Sie das neue Fett gut ein. Kneten Sie dazu den Faltenbalg und schwenken dabei auch vorsichtig das Gelenk: Das Fett verteilt sich dann gleichmäßig in der Manschette und im Gelenk. Achten Sie darauf, dass die Manschette ohne Quetschfalten auf der Antriebswelle sitzt.

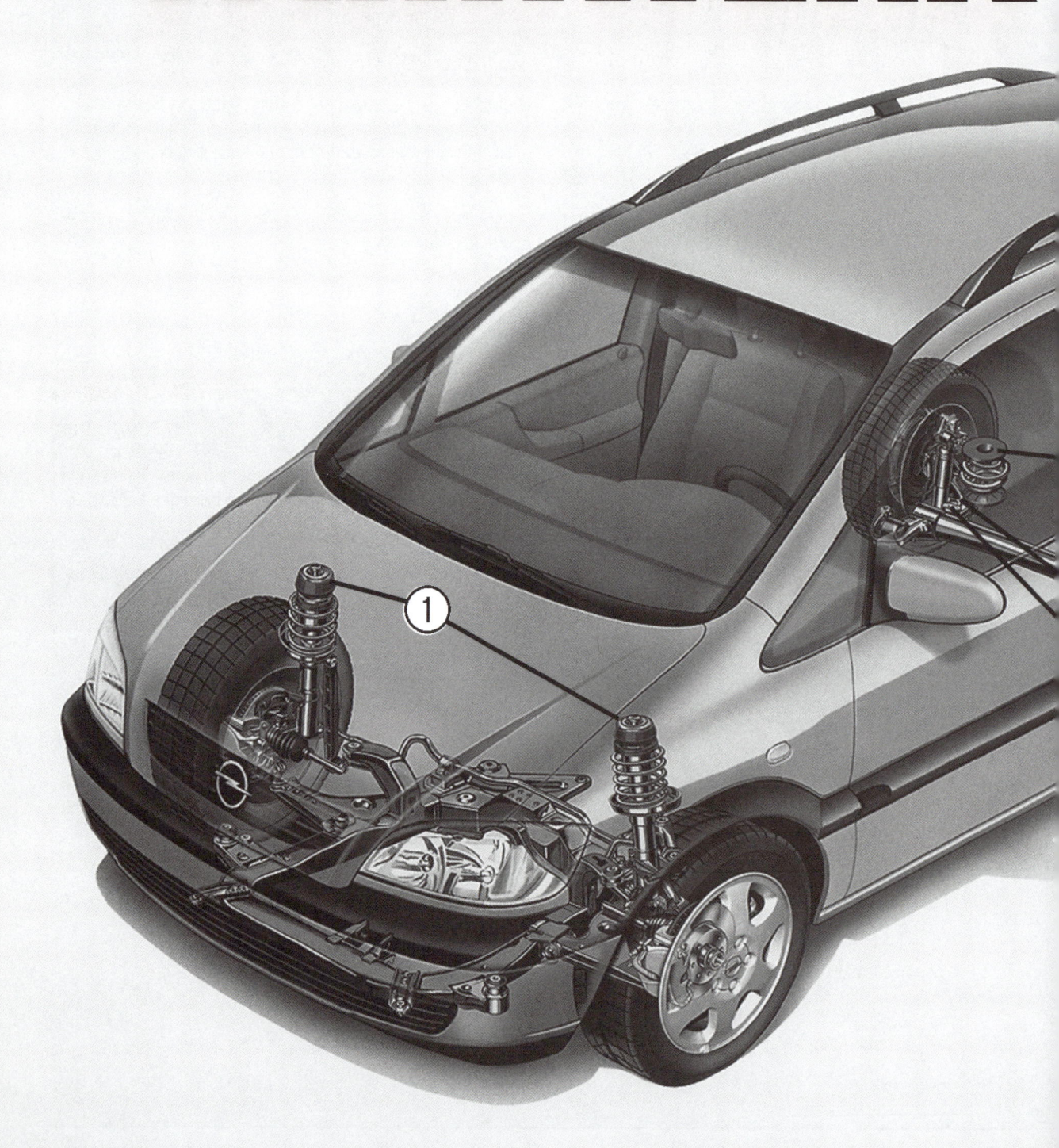

DAS FAHRWERK

DAS
FAHRWERK

①

DAS FAHRWERK

Wartung

Vorderachsgeometrie checken 177
Stoßdämpfer checken 177
Lenkungsspiel checken 178
Lenkungsölstand checken 178
Lenkmanschetten checken 179
Spurstangenköpfe und
Manschetten checken 180
Querlenkerlager checken 180
Radlagerspiel checken 180
Reifendruck prüfen 189
Rad wechseln 190
Reifenzustand checken 191

Reparatur

Querlenker demontieren, montieren 181
Federbein demontieren, montieren 181
Spurstangenköpfe erneuern 182
Lenkgetriebe-Manschetten erneuern 183
Lenkschwenklager erneuern 183
Stoßdämpfer hinten erneuern 184

Fortschrittliche Technik: Das DSA-Fahrwerk (**D**ynamic **S**afety **A**ction) mit spurkorrigierenden Eigenschaften und komfortabel geführten Rädern. Als Feder- und Dämpfungselemente arbeiten an der Zafira-Fahrschemel-Vorderachse McPherson Federbeine ❶. Die Hinterachse des Zafira ist dagegen nichts anderes als eine in der Kompaktklasse zigmillionenfach bewährte Interpretation der Verbundlenkerachse ❷. Ein technisches »Schmankerl« sind freilich die Längslenker ❸. Sie »bieten« den Miniblockfedern ❹, Radlager- und Stoßdämpferhalterungen ❺ eine zusammenhängende Gusseinheit.

Um dem Zafira ein vorbildliches Fahrverhalten mit auf die Straße zu geben, adaptierten Opel-Fahrwerksingenieure das weiland für den Omega entwickelte DSA-Fahrwerk (**D**ynamic **S**afety **A**ction) an die frontgetriebene Opel-Mittelklasse. Theoretisch soll die Konstruktion nicht nur in allen erdenklichen Situationen, auf den unterschiedlichsten Oberflächen und während jeder Bewegung, die Räder präzise führen, sondern auch spurkorrigierend wirken.

FAHRWERK

Soweit die Theorie: In der Praxis begann damit die Suche nach einem Kompromiss, der dem praktischen Ideal möglichst nahe kommt. Besagte Suche entpuppt sich mit schöner Regelmäßigkeit als Sisyphusarbeit, die, im Falle Zafira, bis kurz vor der Nullserie industrielle Großrechner, modernste Software und – rund um den Globus – unzählige Testfahrer »unter Strom« setzte. Denn die Räder Ihres Zafira sollten sich, ganz im Sinne von DSA ja nicht nur drehen, sondern während der Fahrt – von Ihnen möglichst unbemerkt – auch gezielte Auf- und Abwärtsbewegungen sowie Richtungsände-rungen ausführen. Und das bitte schön auch beim Bremsen und Beschleunigen: Denn gerade dann entstehen mannigfaltige Kräfte, die das Fahrwerk erheblich fordern.

Teamwork wird das nur, wenn sämtliche Komponenten exakt aufeinander abgestimmt sind und zueinander passen. Zum Fahrwerk gehören die Federn und Stoßdämpfer, die Radaufhängungen, die Lenkung sowie Räder und Reifen. Die Bremsen, gleichfalls ein Bestandteil des Fahrwerks, bringen wir Ihnen in einem gesonderten Kapitel »näher«.

Reagiert feinfühlig – das DSA-Fahrwerk des Zafira

Präzise arbeitende Radaufhängungen sind auch im Computerzeitalter eine diffizile Angelegenheit: Im Idealfall sollen die Räder nämlich ständig in genau definierten Winkeln zur Fahrzeugachse stehen. Auf »topfebenen« Straßen ist das allemal machbar, doch stellt sich Ihrem Zafira zum Beispiel eine Bodenwelle »in den Weg«, oder durcheilt er gerade eine Kurve, hat das zwangsläufig Auswirkungen auf die Radgeometrie – jedes Rad versucht seinen eigenen Weg zu finden.

Gelänge ihnen das, folgte Ihr Zafira dem kürzesten Weg ins »Abseits« oder planlos jeder sich bietenden Spurrille. Damit das möglichst nicht passiert und auch der Aufbau nicht unkoordiniert schwingt und taumelt, werden die Räder präzise geführt und gedämpft. Vier Gasdruckstoßdämpfer und Schraubenfedern – an den Vorderrädern als typische McPherson-Federbeine und hinten als getrennte Feder-/Stoßdämpfereinheiten ausgeführt – besänftigen das Fahrwerk und die Karosserie.

Stichwort Stoßdämpfer: Sie müssten eigentlich Schwingungsdämpfer heißen. Denn anstatt Stöße zu dämpfen, schwächen sie mehr oder weniger erfolgreich die von Stößen implizierten Eigenschwingungen der Karosserie, Federn und Reifen ab. Technisch ausgedrückt: Stoßdämpfer wandeln Schwingungsenergie in Wärme um.

Zusammengehörig – Lenkung und Fahrsicherheit

Fahrverhalten und Fahrsicherheit sind unter anderem auch davon abhängig, dass die Vorderräder eindeutig die gewünschte Richtung vorgeben. Das muss möglichst feinfühlig koordiniert sein und unter allen Umständen zielgenau funktionieren. Keine Frage, dass Ansprechverhalten der Lenkung ist darum genau auf die Achskinematik, die Lenkgeometrie und Lenkelastizität der Vorderräder abgestimmt. Im Zafira »schlägt« eine elektrohydraulisch unterstützte Zahnstangenlenkung (EHPS) die Vorderräder ein. Der Servoeffekt wird feinfühlig variiert: Das Lenkgetriebe entlastet Ihren Bizeps nur dann mit voller Servokraft, wenn Sie beispielsweise beim einparken in Parklücken oder sonstigen Rangierarbeiten, voll gefordert sind. Das führt nicht nur zu einem degressiven Verhalten, sondern spart zudem Energie – die EHPS-Lenkung kommt ohne herkömmlich angetriebene Servopumpe aus.

Alles im Griff: Auch auf Schotterpisten. In der Prototypenphase checken optoelektronische Quer- und Längsbeschleunigungssensoren jede Fahrwerksrekation. Sie vergleichen dazu ständig alle Ist- und Solldaten des »aufgespielten« Fahrprogramms. Die ermittelten Differenzen ergeben die Grundlage für den erstrebenswerten »Großserienkompromiss«.

DIE LENKGEOMETRIE

Willkommen an der Vorderachse – Zweiwegebuchsen erhöhen die »Quersteifigkeit«

Das Zafira-DSA-Fahrwerk ist ein solides Beispiel dafür, dass Käufer auch in der Kompaktvan-Klasse – hinsichtlich Fahrkomfort und Fahrverhalten – keine großen Eingeständnisse mehr eingehen müssen: Die Zafira-Vorderachse interpretiert das bewährte McPherson-Prinzip mit Dreiecksquerlenkern, Querstabilisator und so genannten »Zweiwegebuchsen« mit jeweils einer Komfort- und Handlingbuchse.
Zweiwegebuchsen bieten mit speziell angeordneten Metall- und Gummilagen eine höhere Quersteifigkeit als herkömmliche Aufhängungselemente. Diese Eigenschaft bewirkt, im Verbund mit der üppigen Spurweite, ein zielgenaues Lenk- und unproblematisches Kurvenverhalten. Die »Handlingbuchse« überzeugt mit ausgesprochen hoher »Kurvenwilligkeit« und die »Komfortbuchse« übt, mit definierter Querrichtungselastizität, dämpfende Wirkung auf Fahrbahnstöße und Abrollgeräusche aus.

Zigmillionenfach bewährt – Verbundlenkerhinterachse

Die Hinterachse des Zafira ist, mit Längslenkern und Schraubenfedern, lediglich eine weitere Interpretation der zigmillionenfach bewährten Verbundlenkerachse. Ein technisches »Schmankerl« sind freilich die Längslenker, die mit Federsitz, Radlager- und Stoßdämpferaufnahme eine zusammenhängende Gusseinheit bilden.

Begriffe der Lenkgeometrie — Techniklexikon

Vorspur: Vorderräder stehen vorn enger zusammen als hinten (rollen aufeinander zu). Das gleicht den Reibkoeffizienten zwischen Radaufstands- und Straßenoberfläche aus: Demnach »drängt« das linke Rad nach links und das Rechte nach rechts. Bei Kurvenfahrt schwenkt das kurveninnere Rad, zur Unterstützung der Lenkbewegung und der Lenkkräfte, stärker ein als das kurvenäußere – die Vorspur geht in Nachspur über (Räder stehen hinten enger zusammen als vorn).

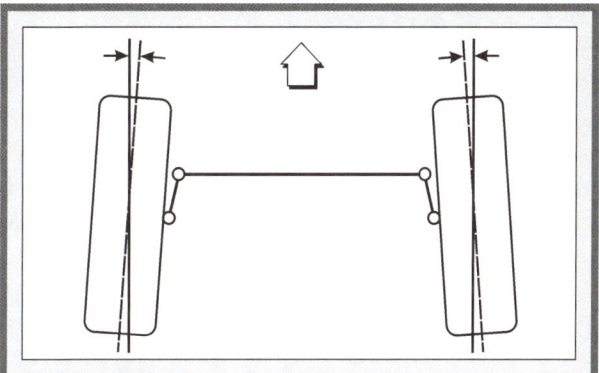

Typisch Vorspur: Die Vorderräder stehen vorne enger zusammen als hinten.

Sturz: Radneigung zu einer Senkrechten. Vermindert Fahrbahnstöße in die Lenkung, reduziert Lenkkräfte und Reibung der Räder auf der Fahrbahn. Die Vorderräder des Zafira haben negativen Sturz – sie stehen oben im Radkasten geringfügig weiter auseinander als unten am Boden.

Spreizung: Neigung der Lenkungsdrehachse zu einer Senkrechten. Denkt man sich eine Linie dieser Achse zum Boden und misst den Abstand zur Mittellinie durch das Rad (Mittelpunkt der Reifenaufstandsfläche), erhält man den Lenkrollradius. Um die Störkräfte in der Lenkung zu verringern, soll der Lenkrollradius möglichst »klein« sein. Zusammen mit dem Nachlauf bewirkt die Spreizung außerdem, dass sich das Auto bei eingeschlagenen Rädern etwas anhebt. Lässt man das Lenkrad los, stellen sich die Räder selbst in die Mittelstellung zurück (Rückstellmoment).

Nachlauf: Abstand (in Fahrtrichtung) zwischen der gedachten Verlängerungslinie der Lenkdrehachse zum Boden und dem Mittelpunkt der Reifenaufstandsfläche. Durch den Nachlauf werden die Räder gezogen (nicht geschoben). Gezogene Räder neigen dazu, sich selbständig zu stabilisieren (Teewageneffekt) und die Geradeauslaufstellung beizubehalten.

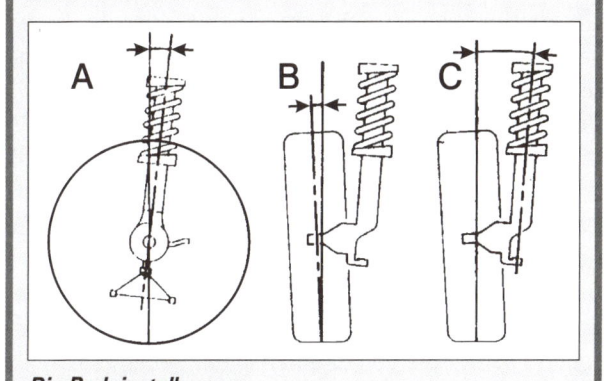

Die Radeinstellungen:
A: *Nachlauf,* **B:** *Radsturz,* **C:** *Spreizung.*

FAHRWERK

Die Zafira-Vorderachse

McPherson Einzelradaufhängung: Kompakte Radführungseinheit aus Stoßdämpfern, Federn, schwenkbaren Radnaben, Querlenkern und Querstabilisator.

Federbein: Besteht aus Schraubenfeder und Teleskopstoßdämpfer, der innerhalb der Federwindungen arbeitet. Innere Anschläge im Federbein begrenzen das Ausfedern nach unten. Bei hartem Durchfedern – etwa in einem Schlagloch – tritt der Anschlagbegrenzer in Aktion. Er verhindert, dass die Feder blockiert und der Stoßdämpfer abrupt zerstört wird.

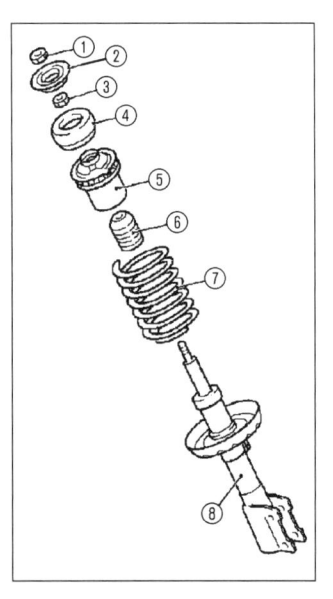

Das Zafira-Federbein im Detail: ❶ *Befestigungsmutter,* ❷ *oberer Anschlag,* ❸ *Befestigungsmutter für Stützlager,* ❹ *oberer Dämpfungsring,* ❺ *oberes Stützlager mit Federsitz,* ❻ *unterer Anschlagpuffer,* ❼ *Schraubenfeder,* ❽ *Federbeinstützrohr mit Stoßdämpfer.*

Federbeindom (im Kotflügel): Stützt das Federbein nach oben gegen die Karosserie ab. Das obere Stützlager ist ein Gummilager das sich, von einem Zentrierring geführt, an je einer oberen und unteren Tellerscheibe abstützt. Im Stützlager ist die Kolbenstange des Federbeins verschraubt.

Lenkschwenklager: Hält das untere Ende des Federbeins mit Klemmschrauben. Ist über ein Kugelgelenk mit einem Querlenker verbunden. Der Querlenker sitzt beweglich im Achsträger und nimmt die Seitenkräfte auf.

Gummi-Metall-Lager: Beim Zafira vorn am Fahrschemel montiert. Störeinflüsse – wie etwa unwuchtig laufende Räder – werden dadurch leicht gedämpft.

Fahrschemel: Der Hilfsrahmen trägt die Befestigungspunkte für die Dreiecklenker, Lenkgetriebe- und Kühlmodule sowie die Drehmomentstützen der Motorlagerung. Er ist an sechs Punkten fest mit der Karosserie verbunden. Außerdem hält der Hilfsrahmen, im Falle eines Frontalcrashs, als Lastpfad her, der die Aufprallenergie gezielt in die Karosserie abführt.

Querstabilisator: Drehbar am Fahrzeugboden befestigt. Jeweils mit einem Querlenker verbunden. Er minimiert bei Kurvenfahrt die Seitenneigung der Karosserie.

Zahnstangenlenkung: Am Hilfsrahmen hinter dem Motor befestigt. Zweiteilige Lenkspindel wirkt direkt auf die Zahnstange, an deren Enden jeweils die rechte und linke Spurstange verschraubt ist. Die Lenkbewegungen werden auf die Lenkhebel des Lenkschwenklagers und damit auf die Räder übertragen.

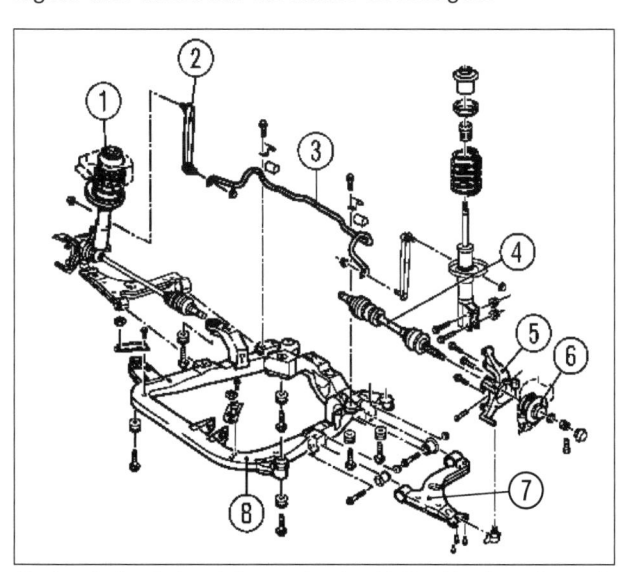

Pariert hohe Seitenführungskräfte: Zafira-Vorderachse mit McPherson-Federbeinen und Fahrschemel. ❶ *Federbein,* ❷ *Pendel,* ❸ *Stabilisator,* ❹ *Achswelle,* ❺ *Achsschenkel,* ❻ *Radlagereinheit,* ❼ *Dreiecklenker,* ❽ *Fahrschemel.*

Die Zafira-Hinterachse

Verbundlenkerachse: Achskörper (Torsionsprofil) mit verschweißten Längslenkern und spurkorrigierenden Achslagern. Die vorderen »Augen« der Längslenker sind flexibel gelagert. Beide Lagerböcke sind am Unterboden befestigt.

Federung: Teleskopstoßdämpfer mit Schraubenfedern in Radnähe auf den Längslenkern platziert. Dämpfer und Feder stützen sich nach oben in einem Federbeindom gegen die Karosserie ab.

STOSSDÄMPFER PRÜFEN

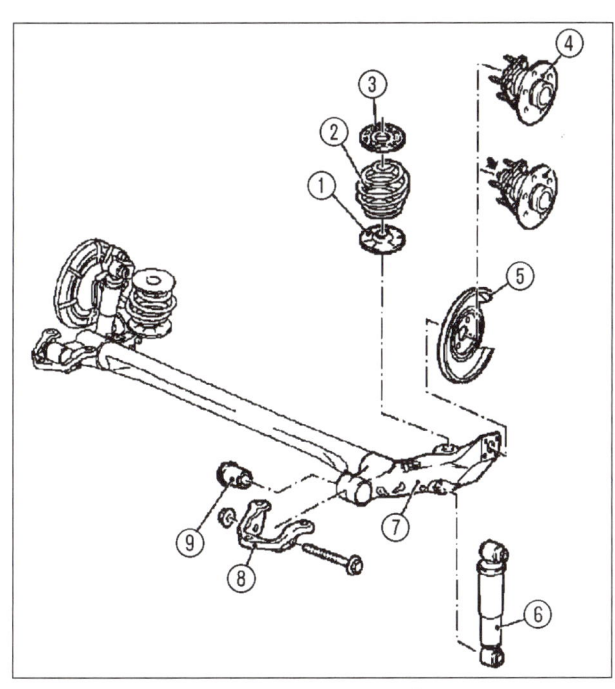

Alles im Griff – die Zafira Hinterachse: ❶ unterer Dämpfungsring, ❷ Miniblockfeder, ❸ oberer Dämpfungsring, ❹ Radlagereinheit, ❺ Abdeckblech, ❻ Stoßdämpfer, ❼ Hinterachskörper, ❽ Hinterachshalter, ❾ Dämpfungsbuchse.

Do it yourself an Fahrwerk und Lenkung

Gefahrenhinweis

Arbeiten an Fahrwerk und Lenkung setzen Erfahrung und oft auch Spezialwerkzeuge sowie optische- oder elektronische Messgeräte voraus. Überlassen Sie Arbeiten an Fahrwerk oder Lenkung im Zweifelsfall besser Ihrer Werkstatt. Fehlerhaft ausgeführte Reparaturen gefährden Sie und folglich auch andere Verkehrsteilnehmer. Beschädigte Teile der Radaufhängung sind generell mit Neu- oder brauchbaren Secondhand-Teilen zu ersetzen und grundsätzlich nicht zu richten oder zu schweißen. Nach grundlegenden Fahrwerks- oder Lenkungsarbeiten lassen Sie Ihre Zafira in einer Fachwerkstatt vermessen.

Handlingfaktor – die Vorderachsgeometrie

Die richtige »Grundstellung« der Vorderräder ist mit entscheidend darüber, ob Ihr Zafira den Vorderrädern in Kurven, auf ebener Strecke oder langen Autobahngeraden willig folgt. Schon ein deftiger »Schubser« gegen den Bordstein kann die Vorderachsgeometrie empfindlich aus dem Gleichgewicht bringen. Ausgeschlagene Gelenke und Gummilager, oder unsachgemäße Reparaturen, haben gleichfalls negativen Einfluss auf das Fahrverhalten. Überlassen Sie darum die optische Fahrwerksprüfung grundsätzlich einer Werkstatt mit Achsmessstand. Verstellten Vorderrädern kommen Sie als aufmerksamer Fahrer freilich selbst auf die Spur. Allerdings nur dann, wenn beide Vorderreifen vom gleichen »Reifenbäcker« stammen, noch eine vergleichbare Profiltiefe und den vorgeschriebenen Luftdruck aufweisen. Überprüfen Sie die Basis und beobachten hernach folgende Symptome:

- Ein plötzlich schräg sitzendes Lenkrad ist das erste Indiz für »schiefe« Vorderräder. Achten Sie also grundsätzlich darauf, ob das Lenkrad bei Geradeausfahrt auch geradeaus »steht«.
- Korrespondieren die Vorderräder in Geradeausstellung auch mit der Lenkradstellung?
- Läuft Ihr Zafira auf ebener Fahrbahn »freihändig« geradeaus? Oder will er ständig nach links oder rechts »ausbrechen«?
- »Kommt« das Lenkrad am Kurvenausgang »freiwillig« aus der Kurve zurück? Oder müssen Sie es in Geradeausstellung zurücklenken?
- Nutzen die Vorderreifen gleichmäßig ab? Erkennen Sie an den Profilkanten unterschiedliche Verschleißspuren?

Stoßdämpfer prüfen – nach zwei verschlissenen Reifensätzen obligatorisch

Stoßdämpfer sind an Karosserie und Fahrwerk mit elastischen Lagern zur Geräuschisolation befestigt. Sie wandeln die Schwingungsenergie des Aufbaus und der Räder in Wärme um. Nach etwa zwei verschlissenen Reifensätzen haben Stoßdämpfer in der Regel noch etwa 50 Prozent ihrer ursprünglichen Wirkung – spätestens dann sind sie Verkehrsunsicher. Da sie in ihrer Wirkung jedoch langsam und nicht abrupt nachlassen, bemerken Sie den Leistungsverlust nur schwer. Unbewusst stellen Sie, wie übrigens die meisten Autofahrer, Ihren Fahrstil dann unbewusst auf das verschlechterte Fahrverhalten ein: In Extremsituationen führt das zu bösen Überraschungen. Lassen Sie darum Stoßdämpfer einmal jährlich auf dem Prüfstand eines Automobilclubs bzw. von TÜV oder Dekra checken. Die Schaukelmethode, bei der Sie Ihr Auto an den Kotflügeln aufschaukeln um sein Nachschwingverhalten zu »testen«, ist kein ernst zu neh-

FAHRWERK

mender Check. Auf diesem Weg entlarven Sie allenfalls einen total verschlissenen Stoßdämpfer. Als sicherheitsbewusster Fahrer achten Sie auf folgende Symptome:

- Flattert die Lenkung? In dem Fall »tanzen« die Räder über dem Boden oder sind falsch ausgewuchtet.
- Schwingt Ihr Zafira nach Bodenwellen kräftig nach?
- Wie verhält er sich in Kurven? Wirkt er schwammig oder wankt gar jeder Straßenunebenheit hinterher?
- Nutzen die Reifen ungleichmäßig ab (partiell ausgewaschene Lauffläche)?
- Erkennen Sie am Stoßdämpfergehäuse starke Ölundichtigkeiten? Geringe Schwitzspuren sind durchaus normal.

So arbeitet der Stoßdämpfer
Technik-lexikon

Ihr Zafira steht auf so genannten Zweirohrstoßdämpfern. Sie bestehen aus einem Arbeitszylinder, in dem ein mit einer Kolbenstange versehener Arbeitskolben auf- und abgleitet. Den Arbeitszylinder umgibt ein zweiter Zylinder, der dem Hydrauliköl als Vorratsraum dient.

Druckstufe: Der Kolben bewegt sich nach unten und presst auf seinem Weg Hydrauliköl durch ein Ventil in den Raum über dem Kolben. Die Auslegung des Ventils bestimmt den Widerstand (Raddämpfung), den der Arbeitskolben zu überwinden hat.

Zugstufe: Die entlastete Feder führt den Arbeitskolben zurück in seine Ausgangsstellung. Dabei gelangt das oberhalb des Kolbens verdrängte Öl über ein Bodenventil zurück in den Vorratsraum. Das Ventil bestimmt den Widerstand (Raddämpfung), den der Arbeitskolben zu überwinden hat.

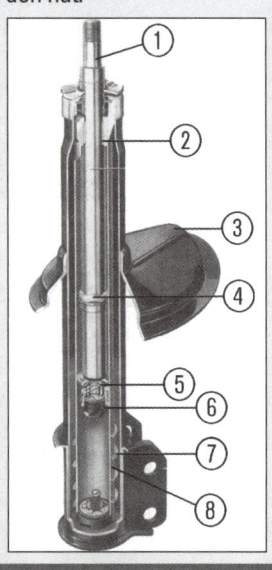

»Fesselt« den Aufbau und die Räder: Zweirohrstoßdämpfer (System Monroe). Der Arbeitsraum innerhalb des Zylinderrohrs ❽ ist mit Hydrauliköl gefüllt. ❶ Kolbenstange mit Gewinde zur Befestigung im Federbeindom, ❷ Teflonlagerbuchse, ❸ angeschweißter Federteller, ❹ gewellter Zuganschlag, ❺ Druckkolben mit Teflonband, ❻ Dämpfungsventil, ❼ Schraubenfeder zur Erhaltung der Ölsäule im Ausgleichsraum.

Regelmäßig prüfen – Lenkungsspiel

Das Lenkungsspiel Ihres Zafira lässt sich korrigieren. Zumindest dann, wenn es sich um normalen Verschleiß und nicht um einen Defekt handelt. Überlassen Sie die Einstellung jedoch Ihrer Werkstatt – die Profis vor Ort haben das dazu erforderliche Mess- und Justierequipment parat. Wann es so weit ist, können Sie selbst auf einer ebenen Stein- oder Asphaltfläche überprüfen.

Arbeitsschritte

① Räder geradeaus stellen.
② Greifen Sie durchs geöffnete Seitenfenster und drehen das Lenkrad ruckartig hin und her.
③ Achten Sie dabei aufs linke Vorderrad, besser noch auf sein Felgenhorn, es muss sich rhythmisch mitbewegen. Der elastische Reifen kann die Bewegungen geringfügig »bremsen«.
④ Stellen Sie kein Spiel um die Geradeausstellung fest, bei stärkerem Lenkeinschlag jedoch ein Klemmen, ist die Zahnstange verschlissen. In dem Fall tauschen Sie besser das gesamte Lenkgetriebe aus.

Servolenkung »alle 30.000 km Ölstand prüfen«

Die Zafira-Lenkgetriebe unterstützen zwei unterschiedliche Servopumpen (Hydraulikölpumpen) von TRW oder Delphi. Kein Problem für Sie, »Ihre« Lenkung erkennen Sie an der unterschiedlichen Form des Vorratsölbehälters: Die Delphi-Pumpen »schmückt« ein eckiger Vorratsbehälter. Den Ölstand prüfen Sie bei normaler Umgebungstemperatur (ab etwa 15°C) und mit »stehendem« Motor.

Arbeitsschritte

① Öffnen Sie den Verschlussdeckel ❶ des Ausgleichsbehälters und ...
② ... checken das Ölsieb ❷ auf Verunreinigungen. Ziehen Sie das Sieb dazu aus dem Ausgleichsbehälter und »spülen« es sorgfältig in sauberem Waschbenzin oder Spiritus.

LENKMANSCHETTEN PRÜFEN

TRW-Lenkung

③ Setzen Sie das saubere Sieb in den Vorratsbehälter ein und ...

④ ... »trocknen« den Peilstab mit einem sauberen, flusenfreien Lappen oder Papiertuch.

⑤ Kontrollieren Sie den Ölstand. Dazu schrauben Sie den Messstab wieder in den Ölbehälter und drehen ihn sofort wieder heraus. Achten Sie darauf, dass der Pegel auf keinen Fall über »MAX« steht.

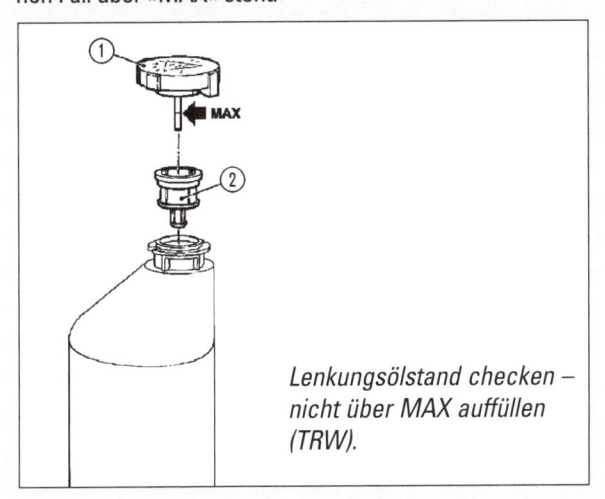

Lenkungsölstand checken – nicht über MAX auffüllen (TRW).

Delpi-Lenkung

⑥ Wischen Sie den Ölmessstab mit einem sauberen, flusenfreien Lappen oder Papiertuch ab.

⑦ Checken Sie dann den Ölstand und drücken das Ölsieb mitsamt Messstab in den Behälter.

⑧ Anschließend ziehen Sie den Messstab wieder heraus. Der Ölstand darf nicht über »MAX« ❸ reichen.

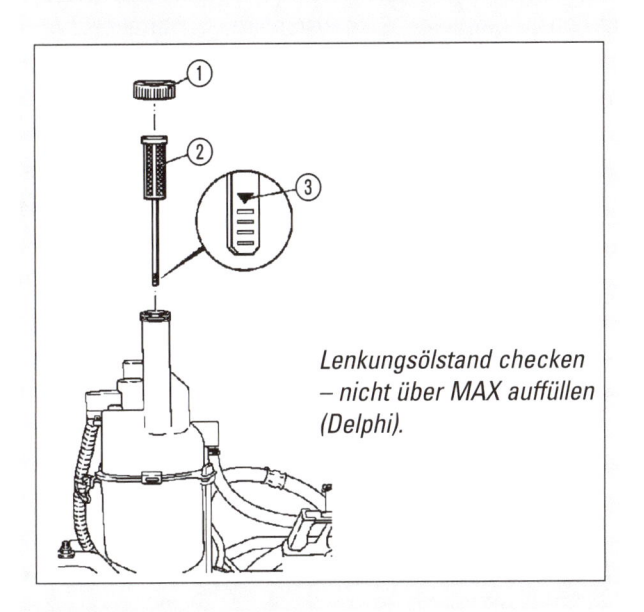

Lenkungsölstand checken – nicht über MAX auffüllen (Delphi).

TRW- und Delphi-Lenkung

⑨ Falls nicht, ergänzen Sie den Ölvorrat in kleinen »Schritten«.

⑩ Zum Befüllen des Behälters verwenden Sie am besten einen Trichter mit flexiblem Rohr. »Spendieren« Sie der Lenkung ausschließlich den originalen Opel-Schmiersaft, Teilenummer: 90.544.116.

Zahnstangen-Schutzmanschetten checken

Auf beiden Seiten schützt je eine Gummimanschette die aus dem Lenkgetriebegehäuse austretende Zahnstange. Beide Manschetten müssen staubtrocken sein. Ersetzen Sie feuchte Manschetten unmittelbar: Denn eindringender Schmutz oder Feuchtigkeit verwandeln das Fett im Lenkgetriebe in kürzester Zeit zu einer Schleifpaste, die der Lenkung den Garaus macht.

Arbeitsschritte

① Leuchten Sie mit einer Taschenlampe die Faltenbälge ab.

② Schlagen Sie die Lenkung voll nach rechts und links ein und ziehen dann den Faltenbalg Stück um Stück auseinander. Sind Risse zu erkennen?

③ Spannbänder ❶ und ❷ müssen auf beiden Manschetten fest sitzen.

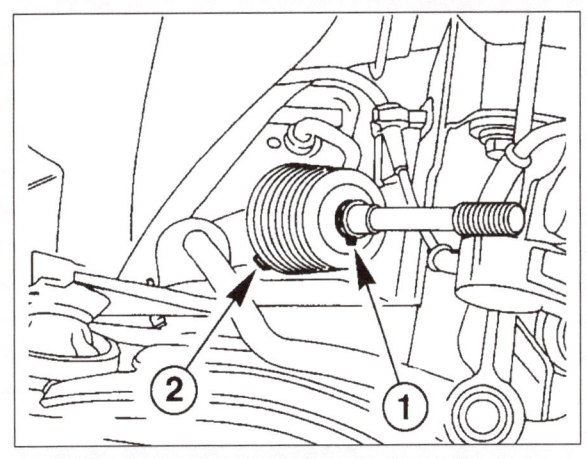

Die Lenkmanschetten sind oberhalb des Achsträgers relativ gut gegen äußere Beschädigungen geschützt. »Gönnen« Sie ihnen dennoch bei demontiertem Spritzschutz ab und an einen Blick und kontrollieren gleichzeitig die Spannbänder ❶ und ❷ auf festen Sitz.

FAHRWERK

Spurstangenköpfe und Manschetten prüfen

Rechts und links zwischen der Spurstange und dem Spurstangenhebel des Lenkschwenklagers sitzen die Spurstangenköpfe. Den stählernen Kugelkopf umhüllt jeweils selbstschmierender Kunststoff – eine mit Spezialfett gefüllte Manschette schützt ihn vor Schmutz und Feuchtigkeit. Spurstangenköpfe mit defekter Manschette oder zu viel Spiel müssen Sie umgehend ersetzen.

Arbeitsschritte

① Kontrollieren Sie die Manschetten der Spurstangenköpfe auf äußere Beschädigungen (z. B. Risse).
② Prüfen Sie das Gelenkspiel. Sinnvollerweise machen Sie das über einer Grube.
③ Lassen Sie einen Helfer ruckartig das Lenkrad kurz nach links und rechts drehen. Sie können dann mit der Hand fühlen, ob die Spurstangengelenke Spiel haben.

Querlenkerlager checken

Die beiden Lager und das Kugelgelenk der vorderen Querlenker sind wartungsfrei. Das äußere Kugelgelenk sitzt in einer Kunststoffschale mit Fettdauerfüllung. Dennoch sollten Sie die Querlenker regelmäßig inspizieren und mit einem Montierhebel das Spiel »abdrücken«: Eindringender Schmutz und Feuchtigkeit hinterlassen ihre Spuren, sie wirken wie Schleifpaste. Folge: Die Gelenke schlagen aus, die Lager korrodieren.

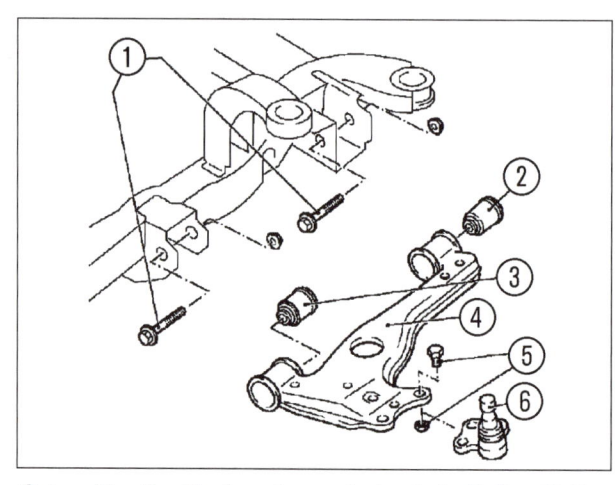

Gut gedämpft – Vorderachsquerlenker beim Zafira. ❶ Befestigungsschrauben mit Muttern, ❷ hintere Dämpfungsbuchse, ❸ vordere Dämpfungsbuchse, ❹ Querlenker, ❺ Schraube, ❻ Kugelgelenk.

Arbeitsschritte

① Schlagen Sie die Lenkung mehrmals ruckartig nach links und rechts ein.
② Inspizieren Sie beide Kugelgelenke auf Beschädigungen.
③ Setzen Sie hernach einen Montierhebel an die Querlenker an und »wippen« die Gelenke »gut durch«. Beachten Sie allerdings, dass die Lager von Haus aus eine gewisse Elastizität haben (müssen). Sobald sich der Montierhebel jedoch »widerstandslos« schwenken lässt, sind die Lager verschlissen.

Versierte Do it yourselfer werden, mit dem erforderlichen Equipment ausgerüstet, jetzt zur Selbsthilfe greifen wollen. Wir raten Ihnen eindeutig davon ab, denn die Arbeit ist nicht allein mit dem Tausch eines Lagers oder Kugelgelenks beendet: Stattdessen müssen Sie den kompletten Querlenker demontieren und die Vorderachse, nach beendeter Reparatur, optisch neu vermessen lassen. In der Fachwerkstatt sind Sie damit von vorn herein besser aufgehoben.

Radlagerspiel prüfen

Zafira-Räder drehen sich um wartungsfreie Doppelkugellager. Moderne Hinterachsradlager »machen« heutzutage locker rund 150.000 Kilometer: Radlager an der Vorderachse sind naturgemäß stärker belastet als an der »Hinterhand«, sie halten häufig nicht ganz so lange. Radlager wie der Zafira sie montiert hat, sind mit der Montage eingestellt. Bei Schäden bleibt Ihnen nur der komplette Austausch übrig. Aufmerksamen Ohren kündigt sich die anstehende Reparatur rechtzeitig an: Verschlissene Radlager nerven unüberhörbar mit lauten Laufgeräuschen. Mahlgeräusche in Rechtskurven deuten auf ein defektes Radlager links vorne hin, Geräusche in Linkskurven verraten das rechte Radlager. Überlassen Sie den Austausch besser Ihrer Werkstatt – Lager, Laufringe, Nabe und Lenkschwenklager sind in sehr engen Toleranzen gefertigt. Die fachgerechte Montage setzt Spezialwerkzeuge voraus. Doch bevor Sie die Werkstatt aufsuchen, machen Sie folgenden Test:

▪ Stellen Sie den Wagen auf einer Stein- oder Asphaltfläche ab. Greifen Sie das Rad im oberen Radlauf und »kippen« es rhythmisch im Radlauf kräftig hin und her. Einwandfreie Lager verkraften das lautlos und ohne Spiel.

FEDERBEIN DEMONTIEREN UND MONTIEREN

■ Sollten Sie an den vorderen Radlagern zu viel Spiel feststellen, lassen Sie einen Helfer die Bremse treten – Sie »wackeln« derweil am betreffenden Rad. Bleibt das Spiel unverändert, haben Sie auf diese Art und Weise »zufällig« ein defektes Achsgelenk entdeckt.

Querlenker austauschen

Deformierte Querlenker wechseln Sie immer nur komplett aus – Ihre Sicherheit sollte Ihnen das Wert sein. Verschlissene Lagerbuchsen können Sie dagegen sehr wohl erneuern. Überlassen Sie die Arbeit jedoch besser Ihrer Werkstatt (siehe »Querlenkerlager checken«). Damit die Lagerbuchsen genau fluchten und tatsächlich auch ihren definierten Abstand zueinander haben, nutzen Profis ein spezielles Einziehwerkzeug bzw. eine hydraulische Presse mit entsprechenden Druckvorsätzen.

Arbeitsschritte

Demontage

① Ziehen Sie die Handbremse an, lösen die Radmuttern, ...

② ... liften Ihren Zafira und bocken ihn rüttelsicher auf. Sichern Sie zusätzlich die Hinterachse mit Unterlegkeilen.

③ Schrauben Sie das Vorderrad ab, ...

④ ... lösen und entfernen die Klemmschraube ❶ um ...

⑤ ... dann mit einem Montierhebel vorsichtig das Kugelgelenk aus dem Achsschenkel zu hebeln. Opel-«Blaumänner» spreizen vorweg die Klemmstelle mit dem Spezialwerkzeug KM-915 ❷.

⑥ Schützen Sie nach der Demontage die Gelenkdichtung mit einem Lappen, ...

⑦ ... lösen dann die Schrauben ❸ und demontieren den Querlenker.

Montage

Verwenden Sie zur Montage generell nur neue Muttern, Schrauben und Unterlegscheiben.

⑧ Beenden Sie die Montage in umgekehrter Reihenfolge und belasten den Vorderwagen links und rechts mit je 75 kg. Die beiden inneren Schrauben ziehen Sie dann mit 90 Nm + 90° fest, die Klemmschraube bekommt 100 Nm und die Radschrauben »vertragen« 110 Nm.

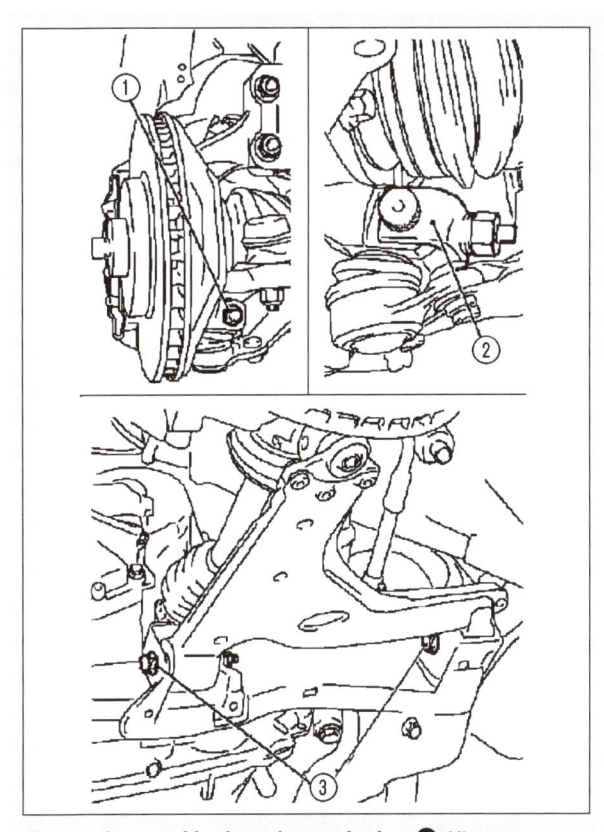

Demontieren – Vorderachsquerlenker. ❶ *Klemmschraube,* ❷ *Spezialwerkzeug KM-915,* ❸ *Schrauben.*

⑨ Checken Sie nach einer Probefahrt sämtliche Schraubverbindungen. »Gönnen« Sie Ihrem Zafira danach einen optischen Achsmessstand und lassen seine Vorderachsgeometrie überprüfen bzw. neu einstellen.

Federbein demontieren und montieren

Arbeitsschritte

Demontage

① Bocken Sie Ihren Zafira auf ebener Fläche rüttelsicher auf und demontieren das betreffende Vorderrad.

② Lösen Sie die Pendelschraube am Stoßdämpfer und sichern das Pendel an den zwei abgeflachten Stellen mit einem Maulschlüssel gegen Verdrehen.

③ Ziehen Sie die Halteklammer ❷ des Bremsschlauchs ab und nehmen den Bremsschlauch aus der Halterung.

④ Hernach lösen Sie die Befestigungsschrauben ❶ vom Federbein und ...

⑤ ... kippen den Achsschenkel nach außen ab.

FAHRWERK

⑥ Nehmen Sie die Kabelsatz- und Bremsschlauchhalterung vom Federbein ab.

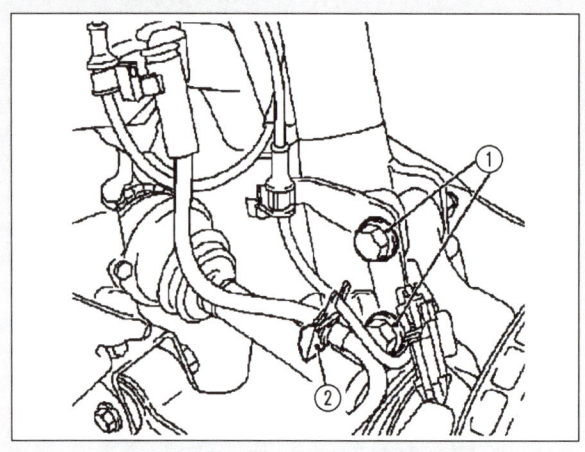

Demontieren – Federbein. ❶ Befestigungsschrauben, ❷ Halteklammer.

⑦ Anschließend ziehen Sie die Abdeckkappe ❶ vom Stoßdämpfer und lösen die Befestigungsmutter ❷. Halten Sie währenddessen das Federbein fest.

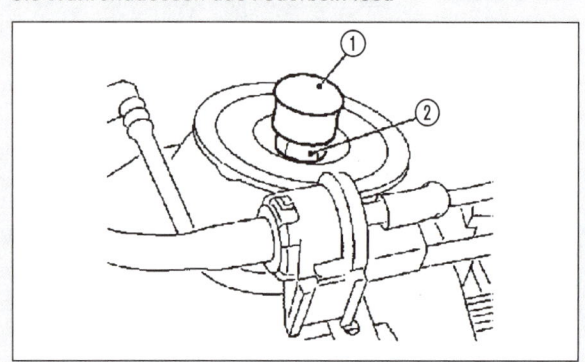

Losschrauben – obere Federbeinbefestigung. ❶ Abdeckkappe, ❷ Befestigungsmutter.

⑧ Nehmen Sie das Federbein aus dem Radhaus.

Montage

⑨ Stellen Sie das Federbein zentrisch im Federbeindom auf und beenden die Montage in umgekehrter Reihenfolge. Verwenden Sie nur neue Schrauben und Muttern. Beide Schraubverbindungen am Achsschenkel ziehen Sie zunächst mit 50 Nm an, steigern Sie das Anzugsmoment dann auf 90 Nm und geben den Schrauben dann noch 45° dazu. Die Pendelschraube ist mit 65 Nm und die obere Befestigungsmutter mit 55 Nm endfest.

⑩ Checken Sie nach einer Probefahrt sämtliche Schraubverbindungen. »Gönnen« Sie Ihrem Zafira dann einen optischen Achsmessstand und lassen seine Vorderachsgeometrie überprüfen bzw. neu einstellen.

Spurstangenköpfe erneuern

Die Spurstangenköpfe sind jeweils links und rechts mit den Spurstangen verschraubt. Vorteil: Bei defekten Spurstangenköpfen reicht's, den verschlissenen Kopf und nicht die komplette Spurstange auszutauschen.

Arbeitsschritte

① Bocken Sie Ihren Zafira rüttelsicher auf ebener Fläche auf und bauen das Vorderrad ab.

② Lösen Sie am Lenkhebel des Lenkschwenklagers die selbstsichernde Mutter ❷ des Spurstangenkopfs zunächst nur um einige Umdrehungen und ...

③ ... drücken den Spurstangenkopf mit einem Klauen- oder Kugelgelenkabzieher aus dem Lenkhebel. Schrauben Sie die Mutter dann ganz ab und ziehen den Spurstangenkopf aus dem Lenkhebel.

④ Lösen Sie jetzt die Klemmmutter ❶ am Spurstangenkopf und schrauben das Endstück von der Spurstange ab. Nicht jedoch, ohne vorab die »freien« Gewindegänge I außerhalb der Spurstange exakt gezählt zu haben. Den neuen Kopf montieren Sie dann mit gleicher Einbaulänge. Wenn Sie das präzise hin bekommen, können Sie eventuell auf eine Spurkorrektur verzichten.

Lösen – Spurstangenkopf. ❶ Klemmmutter, ❷ selbstsichernde Mutter des Spurstangenkopfes.

Lenkgetriebemanschetten auswechseln

Arbeitsschritte

① Demontieren Sie – wie beschrieben – das Spurstangenendstück und zählen beim Ausdrehen exakt die Gewindegänge (siehe »Spurstangenköpfe erneuern«).

② Demontieren Sie die untere Motorabdeckung und ...

③ ... lösen dann die Kontermutter des Spurstangenendstücks. Cleanen Sie die Spurstange.

④ Lösen Sie jetzt die Klemmschelle ❶ und ❷ von der Lenkmanschette und ...

⑤ ... ziehen dann die Manschette von der Spurstange ab.

⑥ Bevor Sie die neue Manschette montieren, fetten Sie die Öffnungen gut ein und schieben dann die Manschette vorsichtig auf die Spurstange. Achten Sie darauf, dass Sie die Manschette nicht verdrehen, sondern in den Nuten der Spurstange sowie des Lenkgehäuses spannungsfrei ausrichten. Falls Sie das »mit links« erledigen, könnte die Manschette verspannen und wird früher oder später reißen.

⑦ Sichern Sie die Manschette mit einem neuen Halteband/Klemmschelle und ...

⑧ ... lassen in einer Fachwerkstatt die Vorderachsgeometrie neu vermessen.

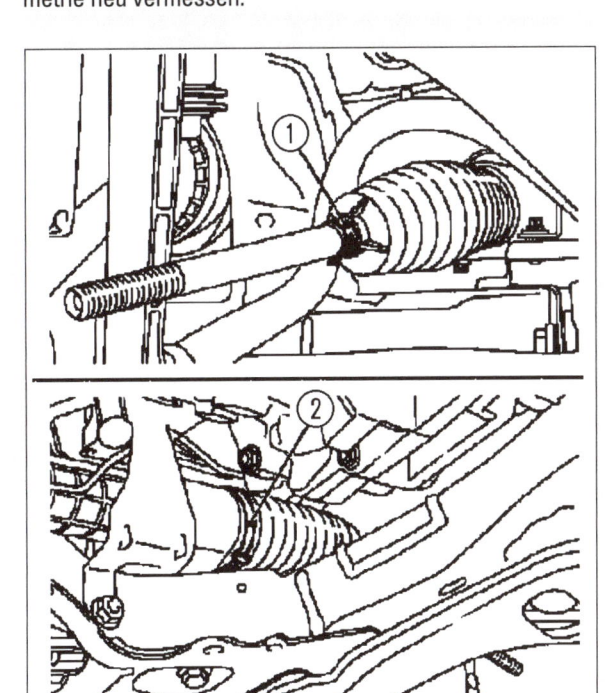

Faltenbalg erneuern – achten Sie unbedingt auf den richtigen Sitz. ❶ und ❷ Klemmschellen.

Lenkschwenklager erneuern

Arbeitsschritte

Demontage

① »Quetschen« Sie mit einem Schraubendreher die Staubkappe ❶ von der betreffenden Radnabe und ziehen mit einem Seitenschneider den Sicherungssplint ❷ aus der Achswellenmutter ❸.

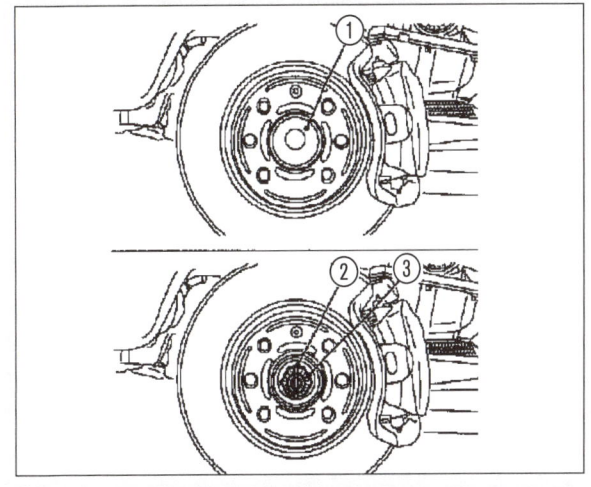

Demontieren – Staubkappe ❶ und Sicherungssplint ❷. ❸ Achswellenmutter.

② Jetzt lösen Sie die Radnabenmutter und Radschrauben. Lassen Sie dazu von einem Helfer die Bremse treten.

③ Danach bocken Sie den Wagen rüttelsicher auf einer ebenen Fläche auf und demontieren das gelöste Vorderrad.

④ Demontieren Sie, wie beschrieben, den Bremssattel und fixieren ihn mit Draht im Radkasten. Achten Sie darauf, dass der Bremsschlauch nicht abknickt.

⑤ Lösen Sie die Sicherungsmadenschraube an der Bremsscheibe und ziehen die »Disc« von der Radnabe. Festsitzende Scheiben lockern Sie mit »gezielten« Hammerschlägen (Kunststoffhammer) auf den Außenrand der Scheibe – drehen Sie dazu die Scheibe. Falls Sie einen passenden Zweiarmabzieher zur Hand haben, ist das die elegantere Lösung.

⑥ Demontieren Sie das Querlenkerkugelgelenk, wie beschrieben vom Lenkschwenklager.

⑦ Anschließend trennen Sie den Mehrfachstecker ❶ des ABS-Bremssystems, ...

⑧ ... lösen die Befestigungsschrauben ❷ der Radlagereinheit ❹ und ...

FAHRWERK

⑨ ... ziehen sie gemeinsam mit dem Abdeckblech ❸ vom Lenkschwenklager. Markieren Sie vorher die Einbaulage. Achten Sie auch darauf, dass Sie während der Demontage nicht die Antriebswelle vom Gleichlaufgelenk ziehen. Stützen Sie die Welle besser ab, bzw. »hängen« sie mit Schweißdraht am Federbein auf.

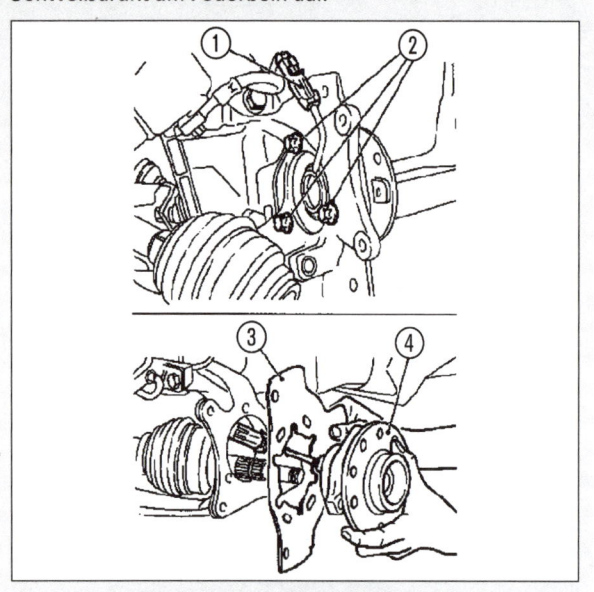

Lösen und beiseite legen – Radlagereinheit ❹.
❶ *Mehrfachstecker,* ❷ *Befestigungsschrauben,* ❸ *Abdeckblech.*

⑩ Jetzt lösen Sie die Befestigungsmutter des Spurstangenkopfs und ...

⑪ ... pressen den Kopf mit einem passenden Abzieher aus dem Schwenklager. Fertig – dann schrauben Sie die Mutter ganz ab.

⑫ Schützen Sie die Kugelgelenkdichtungen mit einem Lappen gegen Beschädigungen, lösen die Befestigungsschrauben ❶ am Federbein und ziehen das Lenkschwenklager ab.

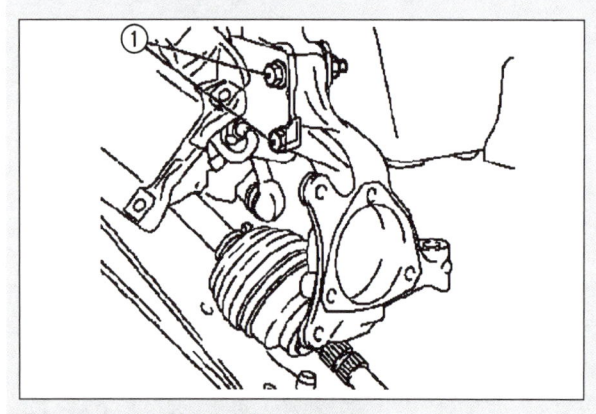

Demontieren – Lenkschwenklager.

Montage

Verwenden Sie grundsätzlich nur neue Befestigungsmuttern und Schrauben.

⑬ Führen Sie die Antriebswelle zunächst »durch« das Lenkschwenklager und ...

⑭ ... ziehen das Lager dann mit 50 Nm an den Stoßdämpfer an.

⑮ Setzen Sie nun das Abdeckblech auf die Radlagereinheit und schieben es komplett auf den freien Antriebswellenstumpf im Lenkschwenklager.

⑯ Anschließend ziehen Sie die »Einheit« mit 90 Nm + 45° fest. Sichern Sie die Schrauben mit Schraubenkleber.

⑰ Befestigen Sie das Lenkschwenklager endgültig mit 90 Nm plus 60° am Stoßdämpfer.

⑱ Pressen Sie den Spurstangenkopf und das Kugelgelenk des Querlenkers bis zum Anschlag ins Lenkschwenklager und ziehen den Spurstangenkopf mit 60 Nm, das Kugelgelenk mit 100 Nm fest.

⑲ Montieren Sie, wie beschrieben, die Bremse und ...

⑳ ... ziehen die Radnabenmutter mit 120 Nm an.

㉑ Unmittelbar danach lösen Sie die Radnabenmutter und ziehen sie dann endgültig mit 20 Nm plus etwa 80° fest: Die Radnabe dürfen Sie währenddessen nicht drehen. Denken Sie an den Splint und verschließen hernach die Radnabe mit der Fettkappe.

㉒ Beenden Sie die Arbeit in umgekehrter Reihenfolge. Checken Sie nach einer Probefahrt sämtliche Schraubverbindungen. »Gönnen« Sie Ihrem Zafira dann unbedingt einen optischen Achsmessstand und lassen seine Vorderachsgeometrie überprüfen bzw. neu einstellen.

Stoßdämpfer hinten erneuern

Wechseln Sie die Stoßdämpfer immer nur paarweise und achten auf die richtige Spezifikation für Ihren Zafira. Arbeiten Sie immer nur an einer Achsseite – niemals gleichzeitig an beiden. Da die Arbeiten für beide Seiten nahezu gleich sind, beschreiben wir die Arbeit am rechten Dämpfer.

Arbeitsschritte

① Sichern Sie die Vorderräder mit einem Unterlegkeil, bocken den Hinterwagen rüttelsicher auf und ...

② ... demontieren die Hinterräder.

RÄDER UND REIFEN

③ Stellen Sie einen Rangierwagenheber unter den Hinterachskörper ❶ und heben die Achse soweit an, dass Sie die entlasteten Stoßdämpferverschraubungen ❷ gut lösen können.

④ Anschließend ziehen Sie den Stoßdämpfer ❸ nach unten aus der Halterung.

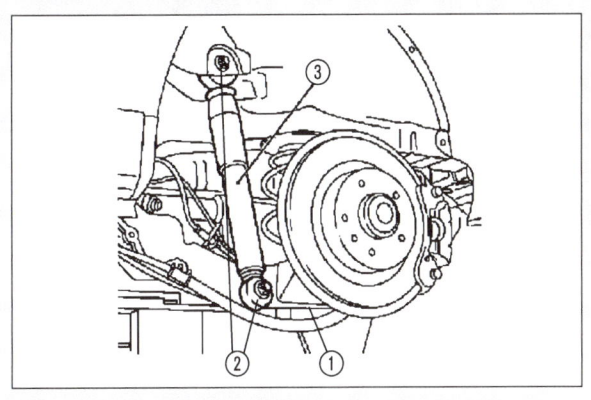

Stoßdämpfer ❸ lösen. ❶ Hinterachskörper, ❷ Stoßdämpferverschraubungen.

⑤ Beenden Sie die Arbeit in umgekehrter Reihenfolge. Die obere Mutter ziehen Sie mit 90 Nm und die Untere mit 110 Nm fest. Falls Ihr Zafira eine Niveauregulierung an Bord hat, »geben« Sie ihr zunächst 0,8 bar und korrigieren dann den Systemdruck entsprechend dem Beladungszustand.

EHPS Servolenkung – elektrohydraulischer Lenkkuli

Ab Werk unterstützt im Zafira eine elektrohydraulische Servolenkung (**E**lectro **H**ydraulic **P**ower **S**teering) die Lenkarbeit der Vorderräder. Den Systemdruck liefert eine Hydraulikpumpe, die ein elektronisch gesteuerter Elektromotor antreibt. Vorteil: Im Gegensatz zu einer konventionellen Servolenkung »schluckt« die EHPS nur dann Energie, wenn Sie tatsächlich lenken oder rangieren. Sie merken den »Teilzeitjob« an der Tanksäule – Ihr Zafira verbraucht auf 100 Kilometer bis zu 0,2 Liter weniger Kraftstoff, vornehmlich dann, wenn Sie häufiger in der Stadt oder auf Kurzstrecken unterwegs sind.

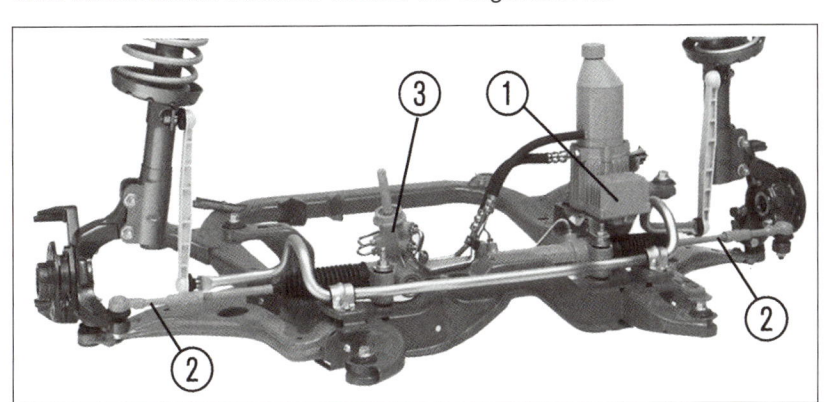

Teilzeitjob: Die EHPS-Lenkung »schluckt« nur dann Energie, wenn Sie auch tatsächlich lenken oder rangieren. Im Alltagsbetrieb kann das bis zu 0,2 Liter pro 100 km Kraftstoff einsparen. ❶ EHPS-Modul, ❷ Spurstangen, ❸ Lenkgetriebe.

Praxistipp: Airbag – generell ein Fall für »echte« Profis

Ab Werk schützt Sie der Zafira mit einem Airbag-System. Überlassen Sie Arbeiten an der Lenksäule und ihrer Bedienungselemente besser einer Opel-Werkstatt. Auch dort schrauben nur »echte« Profis, mit speziellen Sicherheitsunterweisungen im Umgang mit »Druckluftsäcken«, an sicherheitsrelevanten Innenraumkomponenten wie etwa Tür- oder Seitenverkleidungen. Denn bei unsachgemäßer Behandlung löst der Airbag in Millisekunden aus. Lassen Sie also Ihre »Finger« besser grundsätzlich immer dann aus dem Spiel, wenn Schalter und Bedienungselemente an der Lenksäule Ihres Zafira »malade« sind. Bereits der Transport und die Lagerung des Airbags unterliegen strengen Sicherheitsvorschriften: Für den Gasgenerator, der beim Crash den Prallsack blitzschnell mit seiner Festbrennstofffüllung aufbläst, gelten beispielsweise die Bestimmungen des Sprengstoffgesetzes. Akzeptieren Sie also auch als »begnadeter« Do it yourselfer und im eigenen Interesse: **Airbag – generell ein Fall für Profis.**

Räder und Reifen

Die Reifen leisten einen wichtigen Beitrag zum guten Fahrverhalten und damit auch zur aktiven Sicherheit Ihres Zafira: Die Karkasse, die Gummimischung und das Computer berechnete Reifenprofil machen moderne Radialreifen zu Hightech-Produkten. Auf einer je Rad etwa Postkarten großen Aufstandsfläche tragen die Pneus Ihr Auto über »Stock und Stein, entschärfen die unterschiedlichsten Fahrbahnen« und übertragen sämtliche Antriebs-, Brems- und Fliehkräfte. Bei durchschnittlicher Belastung müssen Sie

FAHRWERK

Ihren Zafira etwa alle 50.000 – 60.000 Kilometer auf der Vorder- und nach rund 70.000 – 90.000 Kilometer auf der Hinterachse neu »besohlen«.

Unabhängig von der Laufleistung – Reifen grundsätzlich nach sieben bis acht Jahren wechseln

Wenn Sie überwiegend auf Kurzstrecken unterwegs sind, sollten Sie die Reifen – unabhängig von der Laufleistung und Restprofiltiefe – nach spätestens sieben bis acht Jahren erneuern. Winterreifen geben Sie am besten schon nach vier Wintern den Laufpass – fahren Sie das verbliebene Restprofil ins Frühjahr hinein ab. Warum die generelle Empfehlung? In den angegebenen Zeiträumen haben Schmutz, chemische Umwelteinflüsse, interne Alterungsprozesse und nicht zuletzt die Sonne den Reifen dermaßen zugesetzt, dass sie Ihren Job nicht mehr verlässlich erledigen können. Trauen Sie übrigens auch keinem neu aussehenden »alten« Ersatzrad, die neuwertige Optik ist nur Fassade – darunter sieht's häufig gefährlich alt aus. Denn Reifen altern auch in dunklen Kellern oder Garagen: Die Alterungsschutzmittel diffundieren an die Oberfläche und härten den Pneu von innen nach außen künstlich aus.

Ab Werk zwei Versionen – Zafira-Felgen

Grundsätzlich rollen alle Zafira mit zwei Felgengrundtypen vom Produktionsband: Je nach Ausführung und Modell sind's Stahlblech- oder Leichtmetallfelgen der Dimension 6J x 15". Der Zafira OPC 2,0 Turbo »rollt« hierzulande sogar auf 7½J x 17" Felgen mit 225/45 R 17" Reifen auf der Straße. Standard bereifte Zafira haben übrigens ein vollwertiges Ersatzrad an Bord.

Auf welchen Reifengrößen und Felgenformaten Ihr Zafira generell »rollen« dürfte, steht in den Kfz-Papieren. Wenn Sie ihm darüber hinaus individuellere Rad/Reifenkombinationen spendieren möchten, kaufen Sie nur zugelassene Produkte. Qualitativ verlässliche Sonderfelgen haben eine Allgemeine Betriebserlaubnis (ABE) mit entsprechender Prüfnummer. Sollten die Formate der gewünschten »Sonderschuhe« in den Kfz-Papieren unauffindbar sein, erkundigen Sie sich vor dem Kauf und der Montage bei Ihrem Opel-Händler oder einem TÜV-/DEKRA-Sachverständigen nach der Freigabe. Felgen und Reifen, die ab Werk nicht eingetragen sind, müssen Sie in Ihren Kfz- Papieren (Brief und Schein) per Teilgutachten vom TÜV/DEKRA eintragen lassen.

Die Felgen — Techniklexikon

Entsprechend der Normenvorschrift wird die Felgengröße stets in Zoll angegeben. Die Bezeichnung 6J x 15" zum Beispiel bezeichnet eine Tiefbettfelge mit einer Breite von sechs Zoll (1 Zoll = 25,4 mm) und einem Durchmesser von 15 Zoll. Der Buchstabe »J« steht für die Form des Felgenhorns. Das Besondere der Tiefbettfelge: Damit die Reifen besser sitzen, befindet sich an der Felgenschulter eine rundumlaufende Erhöhung (Hump). Sie verhindert, dass bei schneller Kurvenfahrt der Reifenwulst von der Felgenschulter ins Tiefbett »rutscht«.

Die wichtigsten Reifendaten

Auf den Reifenflanken sind eine Reihe von Ziffern und Buchstaben eingeprägt, die Fachleuten als verschlüsselte »Visitenkarte« dient. Die meisten Zafira-Fahrer interessiert ohnehin nur das Reifenformat. 195/65 R 15 bedeutet zum Beispiel, dass der Reifenquerschnitt eine Breite von 195 Millimetern aufweist. Die zweite Zahl bestimmt das Verhältnis von Höhe und Breite des Reifens. Im Beispiel beträgt es 65 Prozent. Je kleiner dieses Verhältnis, um so flacher ist der Reifen. Der Buchstabe »R« steht für Radialbauweise (Gürtelreifen) und die Zahl hinter der Kombination (15) beschreibt den Felgendurchmesser in Zoll.

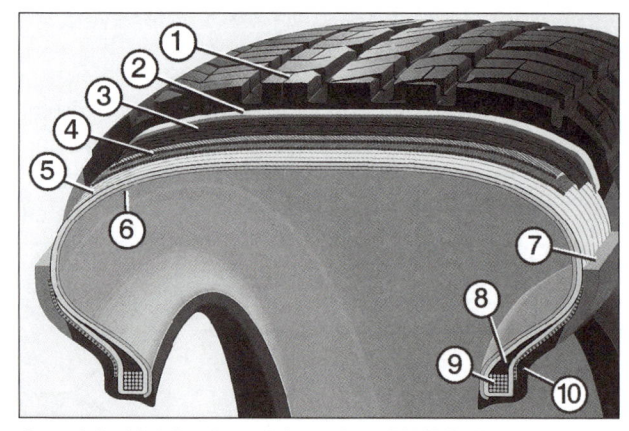

Das vielschichtige Innenleben eines PKW-Reifens.
❶ Laufstreifen: Profil und Mischung beeinflussen die Eigenschaften, ❷ Base: Senkt den Rollwiderstand, ❸ Nylon-Spulbandagen: Erhöhen Hochgeschwindigkeitstauglichkeit, ❹ Stahlcord-Gürtellagen: Steigern die Fahrstabilität, ❺ Karkasse: Form- und Festigkeitsträger des Reifens, ❻ Innenseele: Gasdichte Innenschicht ersetzt den Schlauch, ❼ Seitenteil: Schützt Karkasse vor Beschädigungen, ❽ Kernprofil: Unterstützt Lenk- und Fahrpräzision, ❾ Kern: Sorgt für festen Sitz auf der Felge, ❿ Wulstverstärker: Für präzises Lenkverhalten und hohe Fahrstabilität.

REIFENDATEN

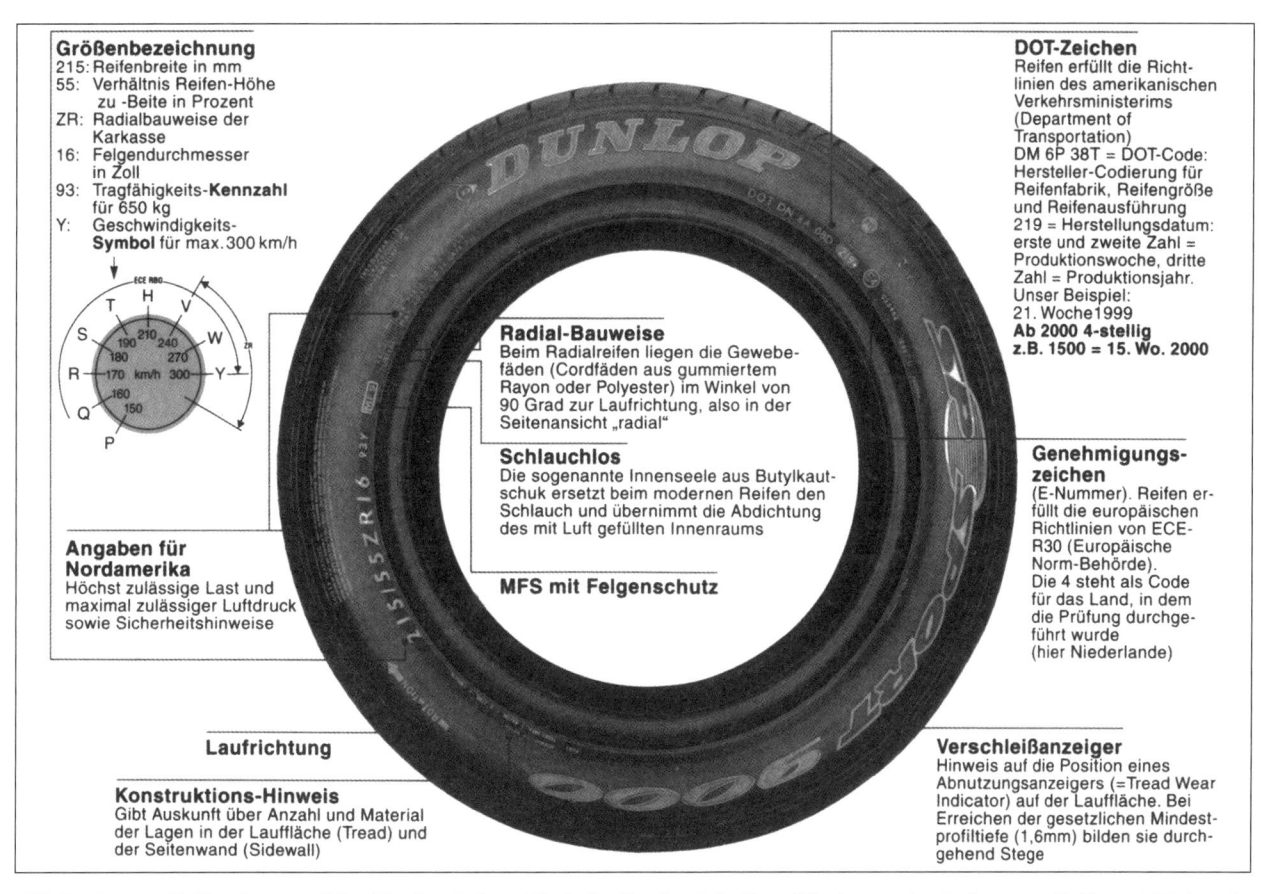

Größenbezeichnung
215: Reifenbreite in mm
55: Verhältnis Reifen-Höhe zu -Beite in Prozent
ZR: Radialbauweise der Karkasse
16: Felgendurchmesser in Zoll
93: Tragfähigkeits-**Kennzahl** für 650 kg
Y: Geschwindigkeits-**Symbol** für max. 300 km/h

Angaben für Nordamerika
Höchst zulässige Last und maximal zulässiger Luftdruck sowie Sicherheitshinweise

Radial-Bauweise
Beim Radialreifen liegen die Gewebefäden (Cordfäden aus gummiertem Rayon oder Polyester) im Winkel von 90 Grad zur Laufrichtung, also in der Seitenansicht „radial"

Schlauchlos
Die sogenannte Innenseele aus Butylkautschuk ersetzt beim modernen Reifen den Schlauch und übernimmt die Abdichtung des mit Luft gefüllten Innenraums

MFS mit Felgenschutz

Laufrichtung

Konstruktions-Hinweis
Gibt Auskunft über Anzahl und Material der Lagen in der Lauffläche (Tread) und der Seitenwand (Sidewall)

DOT-Zeichen
Reifen erfüllt die Richtlinien des amerikanischen Verkehrsministerims (Department of Transportation)
DM 6P 38T = DOT-Code: Hersteller-Codierung für Reifenfabrik, Reifengröße und Reifenausführung
219 = Herstellungsdatum: erste und zweite Zahl = Produktionswoche, dritte Zahl = Produktionsjahr.
Unser Beispiel: 21. Woche 1999
Ab 2000 4-stellig z.B. 1500 = 15. Wo. 2000

Genehmigungszeichen
(E-Nummer). Reifen erfüllt die europäischen Richtlinien von ECE-R30 (Europäische Norm-Behörde).
Die 4 steht als Code für das Land, in dem die Prüfung durchgeführt wurde (hier Niederlande)

Verschleißanzeiger
Hinweis auf die Position eines Abnutzungsanzeigers (=Tread Wear Indicator) auf der Lauffläche. Bei Erreichen der gesetzlichen Mindestprofiltiefe (1,6mm) bilden sie durchgehend Stege

»Visitenkarte«: Reifendaten auf der Flanke. Achten Sie beim Kauf auf die Spezifikationen, damit der neue Reifen wirklich auf die Felge passt.

Synonym für die Höchstgeschwindigkeit – der Großbuchstabe hinter der letzten Ziffer

Der Großbuchstabe hinter der letzten Ziffer auf der Reifenflanke verrät die zulässige Höchstgeschwindigkeit des Reifens. Ein 185/65 R 15 Reifen mit dem Kennbuchstaben »S« ist für ein Top Speed bis 180 km/h, mit »T« bis 190 km/h zugelassen. Für maximal 210 km/h sind Reifen mit dem Kennbuchstaben »H« genehmigt. Herkömmliche M+S-Reifen mit dem Kürzel »Q« sind bis 160 km/h freigegeben.

Verrät das Reifenalter – die DOT-Nummer

Das tatsächliche Herstellungsdatum verrät Ihnen die »DOT-Nummer« auf der Reifenflanke: Seit 1990 steht übrigens hinter dieser Zahl ein kleines Dreieck. Lautet die »DOT-Nummer« beispielsweise 1502, wurde der Reifen in der 15. Woche des Jahres 2002 produziert. Neureifen mit Produktionsdatum ab 01. Oktober 1998 müssen eine ECE-Prüfnummer auf ihrer Reifenflanke tragen. Das macht Sinn, denn die Prüfnummer garantiert Ihnen ein typgeprüftes Bauteil, entsprechend dem Qualitätsstandard der Economic Commission of Europe (ECE-R 30), zu fahren. Sollten auf Ihrem Auto Reifen mit DOT-Nummer größer als 408 – jedoch ohne ECE-Prüfnummer – montiert sein, fahren Sie übrigens ohne Allgemeine Betriebserlaubnis.

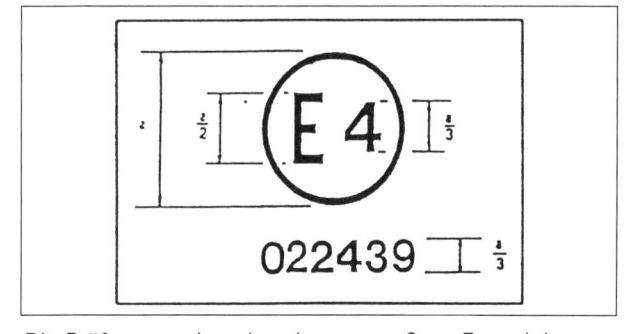

Die Prüfnummer ist erkennbar am großen »E« und der Nummer des Herkunftslands, zum Beispiel »1« für Deutschland, »4« für Niederlande.

FAHRWERK

Winterreifen – Profis bei Wind und Wetter

Bereits auf herbstlichen Straßen sind Winterreifen unangefochten erste Wahl – und bei Schnee und Eis sind Winterpneus ohnehin unschlagbar. Warum eigentlich? »Wintergummis sind zwar so schwarz und rund wie ihre Sommerkollegen«, doch ihre Laufflächen bestehen aus einer speziellen Gummirezeptur mit hohem Naturkautschuk- und Silikatanteil sowie aus einer filigranen Profilierung. Diese besondere Kombination baut auf feuchten, glitschigen Straßen und bei Temperaturen unter 7° C eine bessere Haftfähigkeit als herkömmliche Sommerreifen auf. Grundvoraussetzung dafür, dass Winterreifen die Antriebs- und Bremskräfte sicher auf die Straße übertragen, ist jedoch eine Mindestprofiltiefe von vier Millimetern – weniger Profil ist nicht erlaubt und disqualifiziert den Pneu als »Winterprofi«. Bestücken Sie in jedem Fall alle vier Räder mit Winterreifen – eine Kombination von Sommer- und Winterreifen kann sich in Gefahrensituationen gefährlich rächen.

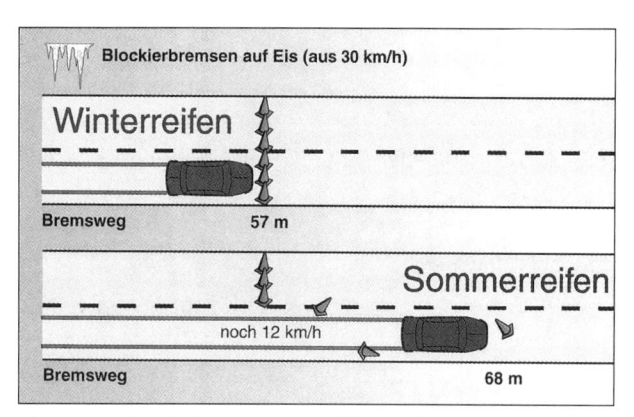

Bremsvergleich Sommer- und Winterreifen ohne ABS.

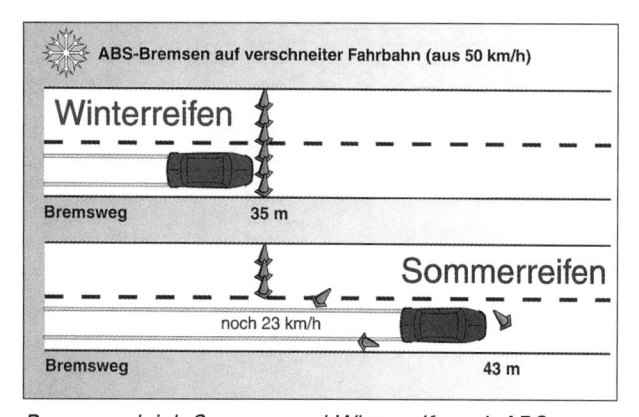

Bremsvergleich Sommer- und Winterreifen mit ABS.

Besser auf »eigene« Felgen montieren – Winterreifen

Ein guter Winterreifen muss nicht breit sein: Das kleinste freigegebene Reifenformat reicht Ihrem Zafira allemal, um Sie auf winterlichen Straßen mobil zu halten. Außerdem sind Standardreifen preisgünstiger als üppige Breitreifen: Investieren Sie die »clever« gesparten Euro besser in einen zweiten Satz passender Felgen – das ständige Ummontieren von Sommer- auf Winterreifen macht die Reifen nicht besser und kommt Sie auf Dauer ohnehin viel teurer als ein zweiter Satz Felgen.

Die Räder müssen übrigens nach jeder Montage neu ausgewuchtet werden. Fahren Sie Winterreifen mit 0,2 bar höherem Luftdruck als Sommerreifen. Liegt die zulässige Höchstgeschwindigkeit Ihrer Winterpneus unter der des Autos, ist hierzulande ein Warnaufkleber im Sichtbereich des Armaturenbretts vorgeschrieben. Ihr Reifenhändler hat entsprechende Aufkleber vorrätig. Übrigens, servicefreundliche Reifenhändler oder Fachwerkstätten lagern Ihre Reifen bis zum nächsten Wechsel auch gegen eine geringe Gebühr fachgerecht ein.

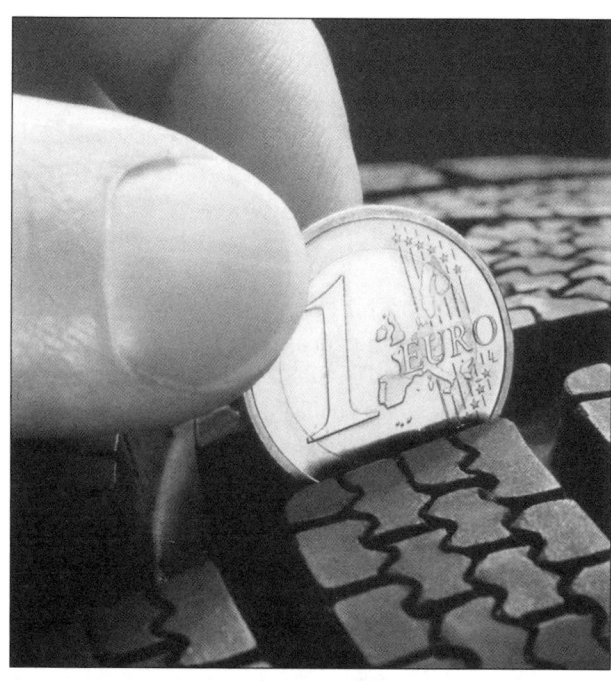

Untauglich für den kommenden Winter: Winterreifen mit mehr als vier Wintern oder weniger als vier Millimetern Reifenprofil auf den »Sohlen«. Machen Sie nach jeder Saison den Euro-Test – sobald Sie den Goldrand an der Profiloberkante erkennen können, fahren Sie das Restprofil getrost im Frühjahr ab.

REIFENDRUCK PRÜFEN

Das schont die Reifen
Praxistipp

- Fahren Sie niemals schneller als es Ihre Reifen zulassen. Das gilt vor allem für M+S-Reifen der Kategorie »Q« (160 km/h). Zu hohe Tempi bewirken mehr Abrieb, im schlimmsten Fall sogar den Reifenkollaps.
- Vermeiden Sie Höchstgeschwindigkeit mit schwer beladenem Auto. Machen Sie die Wärmeprobe: Ist der Reifen handwarm, steht es gut um ihn. Ein heißer Pneu birgt Gefahren: Meistens ist der Luftdruck zu gering oder der Unterbau beschädigt. Trauen Sie solchen Reifen niemals über den Weg – zumindest so lange nicht, bis ein Reifenfachmann die Karkasse auf mögliche Schäden geprüft hat.
- Wenn Sie häufiger mit hohen Tempi auf der Autobahn unterwegs sind: Montieren Sie Reifen, deren Geschwindigkeitsindex eine Klasse höher ist als im Fahrzeugschein verlangt (zum Beispiel »T« statt »S«).
- Achten Sie darauf, dass Sie beim Einparken nicht den Bordstein mit der Reifenflanke »rempeln«. Rollen Sie über Bordsteine und Schwellen grundsätzlich nur langsam und im rechten Winkel.
- Erhöhen Sie den Luftdruck Ihrer Reifen generell um 0,3 bar – das spart Kraftstoff und schadet dem Reifen nicht.

Räder richtig tauschen
Praxistipp

Wenn Sie beim ersten Reifenwechsel Ihr neuwertiges Ersatzrad einbeziehen, sparen Sie »bares« Geld. Vorausgesetzt: Das Fabrikat ist mit dem gleichen Profil noch lieferbar. In diesem Fall kaufen Sie einen Reifen dazu und haben eine Achse neu bereift. Die Laufleistung Ihrer Reifen können Sie übrigens auch erhöhen: Tauschen Sie regelmäßig die Räder einer Fahrzeugseite, also nicht über Kreuz, gegeneinander aus. Ihre Reifen nutzen so gleichmäßiger ab und Sie haben beim nächsten Neukauf Ihr Auto dann mit vier »frischen« Reifen besohlt. Ein Nachteil dieser Methode: Beim Wechsel in kurzen Kilometerabständen können Sie mögliche Fehler an der Radaufhängung, Lenkung und den Stoßdämpfern nicht mehr deutlich am Reifenprofil erkennen. Achten Sie beim Reifentausch generell darauf, dass die Achsen paarweise mit Reifen des gleichen Fabrikats, des gleichen Profils und mit gleichem Produktionsdatum (+/- 1 Jahr) bestückt sind.

An kalten Reifen prüfen – Reifendruck

Den Luftdruck sollten Sie stets an »kalten Reifen« prüfen, denn während der Fahrt erwärmt sich der Reifen und der Reifendruck steigt. Folge: Sie erhalten daher ungenaue Werte – erfahrungsgemäß fahren Sie dann meistens mit zu geringem Reifendruck. Checken Sie den Reifendruck regelmäßig alle drei bis vier Wochen, ein Druckverlust von 1,5 Prozent im Monat ist durchaus normal. Verlieren Ihre Reifen mehr Luft, prüfen Sie die Pneus genauer: Oftmals »gärt« es dann schon unter der Oberfläche.

Nicht vergessen – Ventilschutzkappen aufschrauben

Verschließen Sie die Reifenventile nach jedem Luftcheck stets mit Schutzkappen. Denn wenn erst einmal Schmutz ins Ventil gelangt ist, hat's mit der relativen Dichtheit ein Ende – der Reifen verliert jetzt ständig Luft. Das bringt Sie unnötig in Gefahr. Fahren Sie auf keinen Fall mit zu geringem Luftdruck – die Reifentemperatur steigt dann über Gebühr. Früher oder später führt das »todsicher« zu Auflösungserscheinungen bzw. zu Reifenplatzern. Ein höherer Luftdruck (etwa 0,2 – 0,3 bar) kann dagegen durchaus vorteilhaft sein: Die Lenkung arbeitet feinfühliger, die Reifen halten länger und der Kraftstoffverbrauch sinkt geringfügig. Nachteil: Der Wagen rollt etwas straffer ab.

Zu geringer Luftdruck:
Der Reifen wird zu heiß und löst sich auf.

FAHRWERK

Luftdruckwerte bei kalten Reifen (bar)

Motor	Reifengröße*	Normalbelastung bis 3 Personen		Volle Belastung über 3 Personen	
		vorne	hinten	vorne	hinten
Z 12 XE	165/70 R 14	2,2	1,9	2,3	2,9
Z 16 XE	195/65 R 15	2,2	2,2	2,8	3,2
	205/55 R 16**	2,2	2,2	2,8	3,2
Z 16 YNG	195/65 R 15 91	2,2	2,7	2,8	3,7
	205/55 R 16 91 V**	2,2	2,2	2,8	3,2
Z 18 XE	195/65 R 15	2,2	2,2	2,8	3,2
	205/55 R 16**	2,2	2,2	2,8	3,2
Z 20 LET	225/45 R 17 91 Y	2,4	2,4	3,0	3,4
Z 22 SE	195/60 R 15	2,2	2,2	2,8	3,2
	205/50 R 16**	2,2	2,2	2,8	3,2
Y 20 DTH	195/65 R 15	2,2	2,2	2,8	3,2
	205/55 R 16**	2,2	2,2	2,8	3,2
Y 22 DTR	195/60 R 15	2,3	2,3	2,9	3,3
	205/50 R 16**	2,3	2,3	2,9	3,3

*Sommerreifen; ** Nur Michelin HX-MXM

Rad wechseln

Arbeitsschritte

① Ziehen Sie zunächst die Handbremse an und legen den ersten oder den Rückwärtsgang ein. Auf öffentlichen Straßen müssen Sie laut StVZO auch den Warnblinker einschalten und ein Warndreieck hinter dem Auto aufstellen.

② Rollt Ihr Zafira auf Stahlfelgen, ziehen Sie jetzt die Radzierblende mit der »Klammer« oder dem Schraubendreher aus dem Bordpannenset ab. Den Schraubendreher setzen Sie als Hebel zwischen Felge und Blende an, die Klammer bugsieren Sie in die Aussparungen am äußeren Blendenwulst.

③ Lösen Sie die Radschrauben eine Umdrehung und …

④ … heben dann den Wagen an. Den Wagenheber setzen Sie bitte nur in den vorgesehenen Bereichen des Seitenschwellers an. Bugsieren Sie die Auslegerkante so unter den Seitenschweller, dass seine »Klaue« senkrecht den Schwellersteg umfasst und die Aussparung im Schweller genau in den mittleren Profilsteg des Auslegers passt.

⑤ Drehen Sie die Radschrauben aus, …

⑥ … nehmen das Rad von der Nabe und setzen das neue Rad provisorisch an der Nabe an.

⑦ Richten Sie das Rad so an der Nabe aus, dass die Radbolzenöffnungen mit den Gewindebohrungen in der Radnabe übereinstimmen.

⑧ Drehen Sie dann die Radbolzen ein und ziehen sie handfest vor.

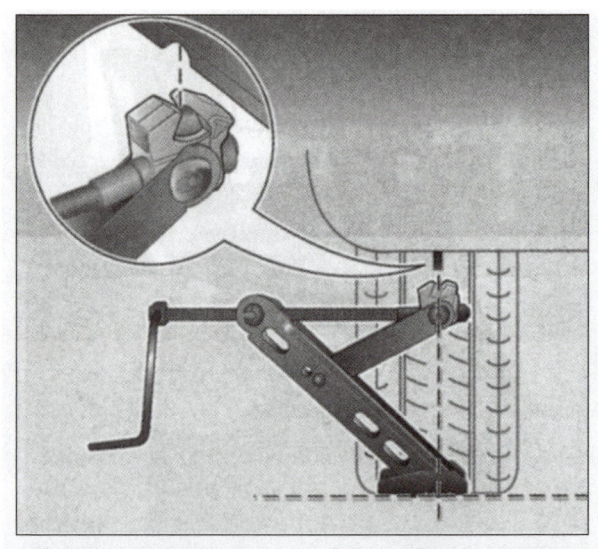

Möglichst senkrecht unter der Stegaussparung ansetzen – Wagenheberfußkante.

⑨ Lassen Sie den Wagen ab und ziehen die Radbolzen fest. Spätestens jetzt drängt sich ein Radkreuzschlüssel auf, damit können Sie nämlich die Bolzen gefühlvoller anziehen. Das Anzugsdrehmoment soll 110 Nm übrigens nicht übersteigen: »Knallen« Sie die Bolzen also nicht mit einem verlängerten Radschlüssel an, sondern ziehen sie gefühlvoll mit einem Radkreuzschlüssel fest.

⑩ Wenn Sie nun die Radabdeckung ansetzen, achten Sie darauf, dass die Ventilöffnung dem Ventil Platz lässt.

⑪ Ziehen Sie die Radbolzen nach ca. 10 Kilometern kurz nach.

Reifenzustand checken

Die Vorderräder treiben Ihren Zafira an, halten ihn auf Kurs und bauen den größten Teil der Seitenführungskräfte auf. Bei jedem Bremsvorgang übertragen sie zusätzlich noch etwa 70 Prozent der Verzögerungskraft auf die Straße. Ihr Job ist stressiger als der Hinterreifen, dementsprechend verschleißen sie schneller. »Gönnen« Sie allen Reifen einen kritischen Blick – am besten bei aufgebocktem Wagen und regelmäßig.

Arbeitsschritte

① Drehen Sie jedes Rad einmal komplett durch und reinigen im gleichen »Aufwasch« die Lauffläche von Steinchen und anderen Fremdkörpern. Entdecken Sie in der Lauffläche eine Glasscherbe oder einen Nagel, kann die Karkasse bereits beschädigt sein. Lassen Sie den Reifen dann auf jeden Fall von einem Fachmann untersuchen – auch wenn ihm die »Luft« noch nicht ausgeht.

② Achten Sie auf Beschädigungen wie Einstiche, Schnitte, Risse und herausgebrochene Profilstücke. Ein verletzter Gummi lässt Feuchtigkeit ins Reifeninnere. Mit dem bloßen Auge können Sie das mitunter nicht erkennen. Lassen Sie den Reifen zur Sicherheit von einem Fachmann »durchleuchten«. Das gilt übrigens auch bei auffälligem Reifenabrieb.

③ Das Reifenprofil muss bei Sommerreifen über die gesamte Lauffläche mindestens zwei Millimeter betragen. Sie können sich da nicht irren: Die Restprofilstärke lesen Sie, über die Lauffläche verteilt, gleich an mehreren Stellen ab. Überall dort, wo Sie auf der Reifenflanke die Buchstaben »twi« (tread wear indicator) entdecken, haben die Profilrillen quer verlaufende Profilstege – sie sind exakt 1,6 Millimeter hoch. Sollten die Querstege also bereits »eins« mit der Lauffläche sein, erneuern Sie die Reifen sofort. Nicht nur, weil der Gesetzgeber es verlangt, sondern weil das Fahrverhalten mit abnehmendem Profil zunehmend schlechter wird – vornehmlich auf nasser Fahrbahn. Tauschen Sie Sommerreifen besser bereits bei 2,5 Millimeter Restprofil gegen neue Pneus aus. Winterreifen verlieren bereits bei rund 4,5 Millimeter ihren Grip.

④ Checken Sie, ob die Reifen über die gesamte Lauffläche gleichmäßig verschleißen.

⑤ Vergessen Sie auch die Reifenflanken nicht: Beulen sind ein untrügliches Indiz für beschädigte Karkassen.

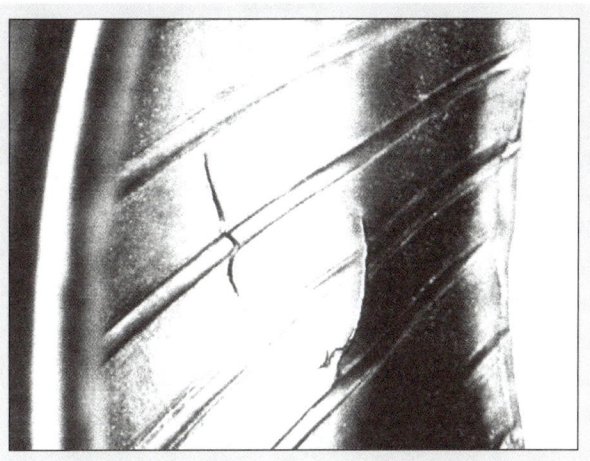

Karkassenbruch: Häufig nur auf der Innenseite sichtbar.

Techniklexikon

Was Reifenlaufbilder »erzählen«

- **Außenseite abgefahren** (Vorderreifen):
Zügiges Kurvenfahren. Vorspur überprüfen, Reifen in Laufrichtung auf den Felgen drehen lassen oder gegen Hinterräder austauschen.

- **Außenseiten stärker abgefahren als Profilmitte:**
Zu geringer Luftdruck.

- **Schräges Profil:**
Falsche Radeinstellung – überwiegend dann der Fall, wenn nur ein Reifen einseitig abgefahren ist.

Einseitig abgefahren: Folgeschaden bei verstellter Achsgeometrie.

FAHRWERK

■ **Profilmitte stärker als Außenseiten abgenutzt:**
Entsteht bei häufigem Fahren mit Höchstgeschwindigkeit. Die Reifen »bauchen« durch die Fliehkraft aus und nutzen daher in der Mitte stärker als an den Flanken ab. Besonders deutlich an den Hinterrädern zu beobachten.

Profilmitte verschlissen: Folge häufiger Fahrten im Höchstgeschwindigkeitsbereich und viel zu hohen Luftdrucks.

■ **Gleichmäßige Auswaschungen über die gesamte Lauffläche:**
Vermutlich Stoßdämpfer defekt (Reifen »tanzt« auf der Fahrbahn).

■ **Auswaschungen an beiden Reifenflanken** (über den Umfang verteilt):
Untrüglicher Hinweis auf Unwucht. Räder auswuchten lassen.

■ **Lauffläche an einer Stelle stark abgenutzt:**
Bremsplatte. Tritt bei Blockierbremsung nur an Autos ohne ABS auf.

Radunwucht verursacht Vibrationen am Lenkrad oder Schüttelbewegungen im Vorderwagen. Grund: Die ungleichmäßigen Massenverhältnisse an den Rädern. Unwuchtig laufende Reifen verschleißen schneller. Suchen Sie also schnellstens eine Fachwerkstatt auf und lassen die Räder Ihres Astra auswuchten.

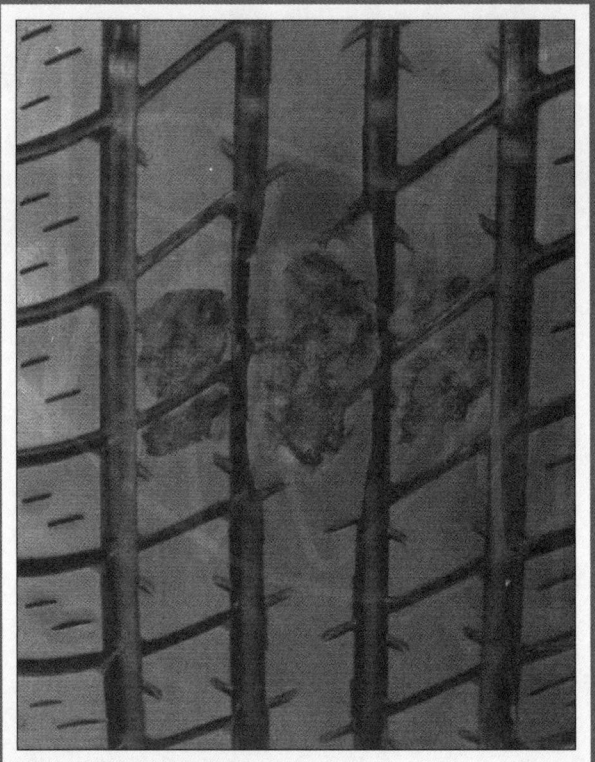

Bremsplatten: Mit ABS unmöglich.

Statische Unwucht A:
Zeigt sich bereits, wenn das Rad am hochgebockten Wagen frei auspendeln kann: Der Schwerpunkt wird ganz von selbst nach unten »wandern«. Ein Rad mit einer statischen Unwucht hüpft beim Fahren, die Stoßdämpfer verschleißen schneller.

Dynamische Unwucht B:
Kommt erst bei höheren Geschwindigkeiten zum Tragen. Die »übergewichtige« Stelle sitzt nicht in der Mittelebene des Rads, sondern etwas nach außen bzw. innen versetzt. Das Rad flattert und wackelt bei schneller Fahrt.

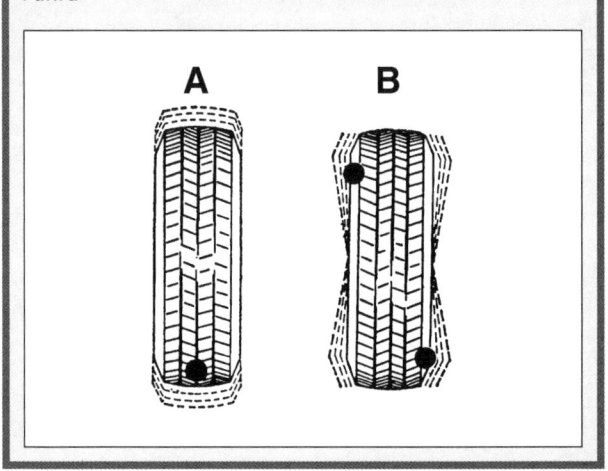

SO LAGERN SIE REIFEN RICHTIG

Praxistipp

So lagern Sie Reifen richtig

Nach dem Ummontieren der Sommer- oder Winterreifen brauchen die pausierenden Reifen einen guten Lagerplatz. Dazu eignet sich am besten ein trockener, kühler und dunkler Raum. Halten Sie Benzin, Öl, Fett und andere Chemikalien von den Reifen fern – sie zerfressen auf Dauer die Gummimischung.

- Markieren Sie zunächst Laufrichtung und Position der Reifen mit Ölkreide aus dem Verbandkasten (VR = vorne rechts, VL = vorne links, HR = hinten rechts, HL = hinten links).
- Nehmen Sie die Reifen ab, reinigen sie mit Waschwasser und einem guten »Schuss« Geschirrspülmittel. Trocknen Sie die geputzten Reifen gut ab und vergessen auch nicht, ihre Profilrillen von sämtlichen Fremdkörpern zu »befreien«.
- Komplette Räder »parken« Sie liegend übereinander – am besten auf einer Holzpalette.
- Reifen ohne Felgen stellen Sie einfach nebeneinander auf. Drehen Sie die Pneus von Zeit zu Zeit.

DIE BREMSANLAGE

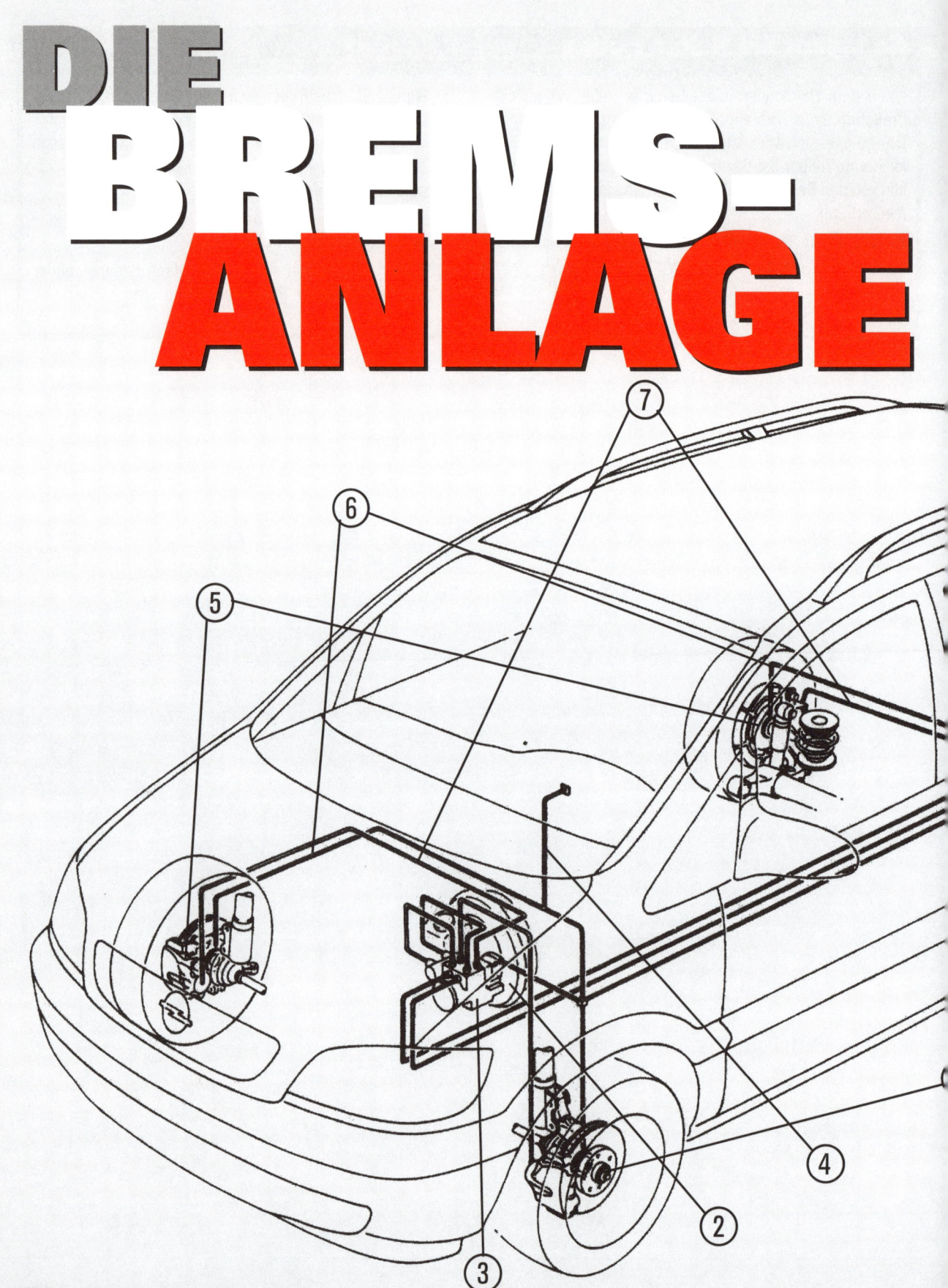

DIE BREMS-ANLAGE

194

DIE BREMSANLAGE

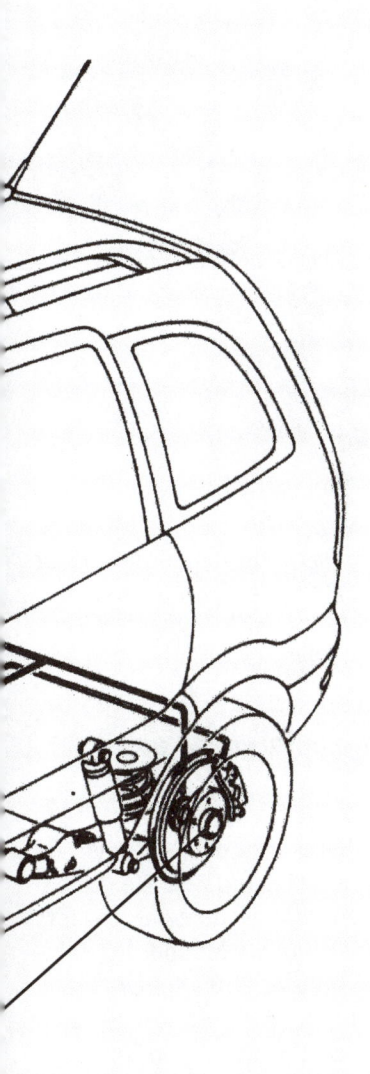

Wartung

Bremsflüssigkeitsstand prüfen 201
Bremsanlage prüfen 201
Bremskraftverstärker prüfen 202
Bremsen auf Funktion prüfen 202
Scheibenbremsbelagverschleiß messen . 203
Bremsscheibenverschleiß kontrollieren ... 203

Reparatur

Bremsanlage entlüften 204
Bremsflüssigkeit wechseln 205
Vorratsbehälter vom HBZ
aus- und einbauen 205
Hauptbremszylinder aus- und einbauen .. 206
Bremskraftverstärker aus- und einbauen 207
Bremsschläuche aus- und einbauen 209
Scheibenbremsbeläge erneuern 210
Bremsscheiben aus- und einbauen 213
Bremssattel und Bremskolben gangbar
machen 214
Staubmanschette wechseln 214
Handbremsseile wechseln 215
Handbremse einstellen 217

In Extremsituationen ein Sicherheitspolster: Bremskomponenten des Bosch 5.3.-ABS: ❶ *aktive Raddrehzahlsensoren (Vorder-, Hinterachse),* ❷ *Bremskraftverstärker mit Hauptbremszylinder,* ❸ *hydraulisch/elektronische ABS-/ESP-Steuereinheit,* ❹ *ABS-/ESP-Warnleuchte,* ❺ *Radbremseinheiten,* ❻ *Steuerleitungen,* ❼ *Bremsleitungen.*

BREMSANLAGE

Die Straßenverkehrs-Zulassungsordnung (StVZO) schreibt zwei unabhängig voneinander wirkende Bremssysteme (Fuß- und Feststellbremse) vor. Hintergrund: Fällt ein Bremssystem aus, verzögert das andere immer noch mit verminderter Leistung. Die Betriebsbremse Ihres Zafira ist zudem auch diagonal »geteilt« – ein Bremskreis wirkt jeweils auf ein Vorder- und das gegenüberliegende Hinterrad. Vorteil: Bei Ausfall eines Kreises bleiben Vorder- und Hinterrad des anderen Kreises weiterhin bremsfähig – natürlich nur mit »halbierter« Kraft. Doch immerhin – die Chance Ihren Zafira abzubremsen und so den »worst case« zu vermeiden, ist relativ groß. Übrigens bemerken Sie den Ausfall eines Kreises nicht nur am längeren Bremsweg, sondern auch am etwa doppelt so langen Bremspedalweg. Last but not least signalisiert Ihnen noch im Instrumententräger die »brennende« Bremskontrollleuchte – Gefahr in Verzug!

Im Überblick – das Antiblockierbremssystem (ABS), die Traktionskontrolle (TC- Plus), die elektronische Bremskraftverteilung (EBD), das elektronische Stabilitätsprogramm (ESP) im Zafira OPC und 2,2 Liter

ABS und **TC-Plus** steigern die aktive Fahrsicherheit, **EBD** ersetzt den mechanischen Bremskraftregler im Zafira. Die ABS-Funktion sichert volle Lenkfähigkeit auch bei Vollbremsungen und TC-Plus verbessert, vornehmlich beim Beschleunigen, die Richtungsstabilität auf rutschiger Fahrbahn. Als weiteres aktives Sicherheitselement setzt sich in modernen Bremskonfigurationen die elektronische Bremskraftverteilung (EBD) immer weiter durch. EBD wird bereits vor dem ABS aktiv, sie steigert die Bremsstabilität, weil EBD-Chips den Hinterradschlupf lastunabhängig regulieren.

Das im Zafira verwendete Antiblockierbremssystem beinhaltet eine elektronische und eine hydraulische Regeleinheit. Beide Systeme sind in einem gemeinsamen Aluminiumgehäuse untergebracht. Das ABS nutzt, um die Raddrehzahlen genau zu erfassen, einen Sensor pro Rad; EBD und TC-Plus nutzen die gleichen Signale. Beim Zafira werden alle Räder bis zu einer Geschwindigkeit von 120 km/h einzeln geregelt. An der Hinterachse funktioniert das parallel: »Vorbild« ist jeweils das Rad, das als Erstes zum Blockieren neigt. Bei Systemfehlern werden ABS, EBA und TC-Plus ausgeschaltet – die Bremse funktioniert dann ohne elektronische Hilfestellung wie ein ganz normales Bremssystem. Systemstörungen erkennen Sie unmittelbar an der ABS-Warnleuchte im Armaturenbrett: Sie erlischt nicht mehr nach dem obligatorischen »Selbsttest«, sondern schaltet auf »Dauerstrom«. Das Zafira-ABS ist voll diagnosefähig, Fehlercodes sind in einem permanenten Speicher auf Abruf »archiviert«. Zudem liefert Opel den Zafira OPC und die 2,2 Liter Version ab Werk mit **ESP** – für den »Einsachter« ist ESP als Option erhältlich.

Kompakt und leistungsstark: Das 4-Kanal ABS-Steuergerät im Zafira, es steuert unter anderem auch die Bremskraft zwischen Vorder- und Hinterachse (EBD). Außerdem leitet es vor jedem Start einen Systemcheck ein.

Wertet die Raddrehzahlsignale aus – ABS-Steuergerät

Das ABS-Steuergerät überwacht alle elektrischen Komponenten und speichert Fehlerdaten. Bei eingeschalteter Zündung initiiert es vor jedem Fahrtbeginn einen Selbsttest im System. Auch während des Fahrbetriebs stehen die elektrischen ABS-Komponenten kontinuierlich unter Aufsicht der »Bremsenleitzentrale«. Das funktioniert mit Polaritätenchecks sowie Durchgangsprüfungen der einzelnen Stromkreise. Gleichfalls unterliegen sämtliche Magnetventile einer regelmäßigen Funktionskontrolle: Das Steuergerät gibt hierzu einen Prüfimpuls ab. Eventuelle Störungen liest Ihr Händler »weltweit« mit dem Opel-Tech-Tester schnell und »zielgenau« aus.

Der Diagnoseanschluss liegt im Mitteltunnel unterhalb des Handbremshebels.

Begrenzt den Hinterradschlupf – EBD

Die **EBD** begrenzt, Millisekunden vor dem Hauptsystem, den Hinterradschlupf. Sie vergleicht ständig den Schlupf an den Vorder- und Hinterrädern und dosiert bzw. verteilt die Bremskraft entsprechend. Die Funktion der EBD ist gewöhnlich nicht wahrnehmbar, ihre Technik realisiert – unabhängig vom Beladungszustand des Fahrzeugs – minimale Bremswege. EBD ersetzt den herkömmlichen Bremskraftregler.

Aktiv bis 50 km/h – TC-Plus

Die »großen« Zafira mit 1,8 Liter 16V, 2,0 Liter Turbo und 2,2 Liter 16V-Motoren kommen ab Werk in den Genuss des Opel-TC-Plus-Systems. TC-Plus ist mit zwei Abschaltmagnetventilen und zwei hydraulisch betätigten Einlassventilen in das Zafira-ABS integriert. Das System wird bedarfsabhängig unterhalb 50 km/h aktiviert. Davon profitiert, beim zügigen Beschleunigen aus dem Stand und insbesondere bei Wendemanövern, auch das Lenkverhalten Ihres Zafira: Registriert das TC-Plus Schlupf an einem Vorderrad, bremst es den rotierenden Pneu ein. In besonders »hartnäckigen« Fällen greift TC-Plus sogar in das Motormanagement ein und reduziert die Leistung so lange, bis die Antriebspneus wieder »festen Boden unter den Sohlen haben«. TC-Plus »manipuliert den Grip« perfekt: Opel traut den TC-Plus-Chips sogar die Funktion einer Diffenzialsperre zu. Gewissermaßen als Warnung vor zu ungestümem Temperament, begleitet den Einsatz von TC-Plus eine Warnleuchte im Instrumentenbrett.

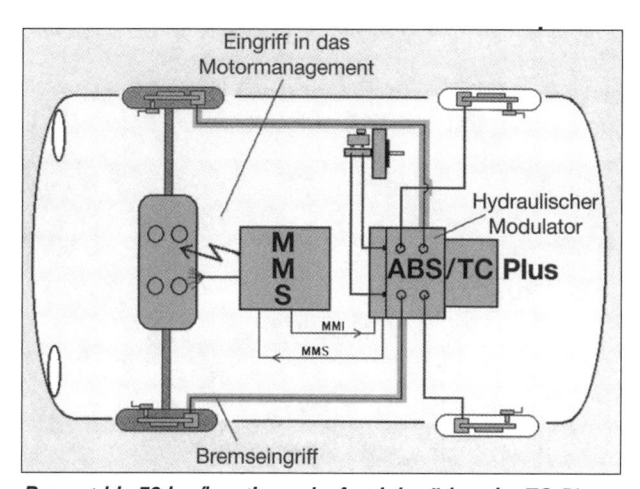

Bremst bis 50 km/h rotierende Antriebsräder ein: TC-Plus im Zafira 1,8, 2,0 Turbo und 2,2 Liter. Das System nutzt bestehende ABS-Sensorik und zudem noch die Fähigkeiten des Motormanagements.

Bremst einzelne Räder gezielt ab – ESP

ESP unterstützt den Fahrer, mit gezielten Bremseingriffen an einzelnen Rädern oder mit Korrekturen des Motormanagements, sein Auto sicher auf Kurs zu halten. Doch allen theoretischen Überlegungen (Träumen) von absoluter Fahrsicherheit zum Trotz – die Grenzen der Fahrphysik setzt ESP nicht außer Kraft: Dort, wo von vornherein der »Kopf« aussetzt, gerät auch modernste Fahrwerkselektronik unweigerlich ins Abseits.

So bremst der Zafira

Ihr Zafira verzögert serienmäßig an vier Scheibenbremsen: Die vorderen, innenbelüfteten Scheiben der »Standard Vans« sind 25 Millimeter stark und im Durchmesser 280 Millimeter groß. Der OPC verzögert mit 308 Millimeter großen und 25 Millimeter dicken Scheiben. 264 Millimeter große und 10 Millimeter starke Bremsdiscs reichen allen Modellen an der Hinterachse. Die Scheiben stehen im kühlenden Fahrtwind, aerodynamisch profilierte Luftführungskanäle machen das möglich. Damit die Faustsättel auch ohne »derbe Fußtritte« die Scheiben richtig in die Zange nehmen, assistiert ihnen im Zafira ein pneumatischer Bremskraftverstärker.

ABS, kombiniert mit EBD, gehört gleichfalls zur Standardausrüstung der Zafira-Bremsanlage. EBD nutzt, um die Raddrehzahlen zu erkennen, die vorhandene ABS-Sensorik. Während des Bremsvorgangs wird den EBD beaufsichtigten Hinterrädern immer nur so viel Bremsdruck »zugemutet«, dass sie, kurz vor der Blockiergrenze, stets mit maximaler Verzögerungskraft bremsen. Das System berücksichtigt automatisch den jeweiligen Beladungszustand, es verkürzt den Bremsweg auch außerhalb des ABS-Regelbereichs.

Das Zafira-ABS (Bosch 5.3) entspricht mit bis zu zwölf Regelintervallen pro Sekunde dem Stand der Technik. Es gewährleistet, bei uneingeschränkter Lenkbarkeit, die maximale Verzögerung und bildet die Basis für TC-Plus und ESP.

TC-Plus bremst im unteren Tempobereich ausschließlich einzelne Räder ab. Jenseits von 50 km/h »bemüht« TC-Plus zusätzlich das Motormanagement: Es reduziert dann mit einer zylinderselektiven »Kraftstoffdiät« und/oder modifizierten Zündzeitpunkten das Drehmoment so lange, bis wieder reguläre Traktionsverhältnisse an den Antriebsrädern vorherrschen.

BREMSANLAGE

In den Genuss des **E**lektronischen-**S**tabilitäts-**P**rogramms (ESP) kommen serienmäßig nur Käufer des OPC bzw. die Fahrer der 2,2 Liter-Variante. Im 1,8 Liter gibt's die »elektronischen Chauffeure« gegen Aufpreis. Als interaktives System reduziert ESP die Motorleistung mit progressiver Kennung und bremst zudem einzelne Räder gezielt ab. ESP »provoziert« mit seinen »Eingriffen« ein Giermoment, welches den Wagen automatisch stabilisiert. Das System arbeitet mit einem »aktiven« Bremskraftverstärker völlig autonom.

Zur Euphorie besteht allerdings kein Anlass: ESP hält zwar den Wagen in Grenzbereichen der Fahrdynamik auf Kurs, doch eine »Lebensversicherung« ist es nicht. Denn haben »kopflose« Chauffeure erst einmal die Grenzen der Fahrphysik überschritten, ist der »Abflug in die Botanik« unausweichlich – mit und ohne ESP!

Selbst nachstellend – die Bremsbeläge

Im Zafira halten die Bremssegmente automatisch die richtige Distanz zu den Bremsscheiben. Die per Seilzug auf die Hinterräder wirkende Handbremse müssen Sie dagegen von Zeit zu Zeit justieren: Den Hebelweg korrigieren Sie im Innenraum unterhalb des Handbremshebels.

Auf einen Blick – Bremsenknigge

Zweikreisbremsanlage (überwiegend diagonal geteilt): Jeweils ein Bremskreis verbindet ein Vorderrad und das gegenüberliegende Hinterrad.

Hauptbremszylinder (HBZ): Wandelt den mechanischen Weg des Bremspedals in hydraulische Kraft. Bei gelöster Bremse bricht die hydraulische Kraft (Systemdruck) schlagartig zusammen.

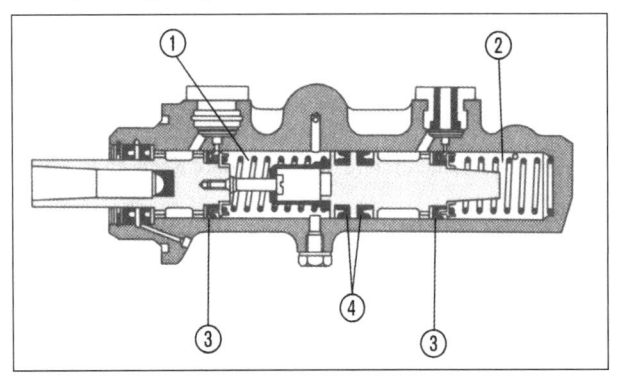

Jobsharing: In einem Tandem-HBZ wirken zwei Bremskolben. ❶ *Druckstangenbremskreis,* ❷ *»schwimmender« Hauptbremskreis,* ❸ *Primärmanschetten,* ❹ *Trennmanschetten.*

Bremskraftverstärker (Bremsservo): Sitzt im Motorraum vor dem Hauptbremszylinder. Verstärkt die mechanischen Pedalkräfte bei jedem Bremsvorgang um rund 60 Prozent. In Fahrzeugen mit elektronischem Stabilitätsprogramm ESP »jobbt« ein aktiver Bremskraftverstärker. Sobald ESP wirksam wird, aktiviert es ein Magnetventil im Bremskraftverstärker. Dadurch baut sich an der Rückseite der Membrane, auch ohne Betätigung des Bremspedals, ein Druck von rund 10 bar auf (aktiver Bremskraftverstärker). Herkömmliche Bremskraftverstärker beziehen »ihr Vakuum« über einen Schlauch direkt aus dem Ansaugrohr (Ottomotoren) oder einer separaten Vakuumpumpe (Diesel). Während des Bremsvorgangs reagiert eine mit der Kolbenstange des HBZ verbundene Membrane auf den Druckunterschied zwischen dem äußeren Luft- und dem auf der »Membranvorderseite« herrschenden Unterdruck. Die Kolbenstange »wandert« initiiert vom Bremsfuß und bekräftigt vom Bremsservo in den HBZ.

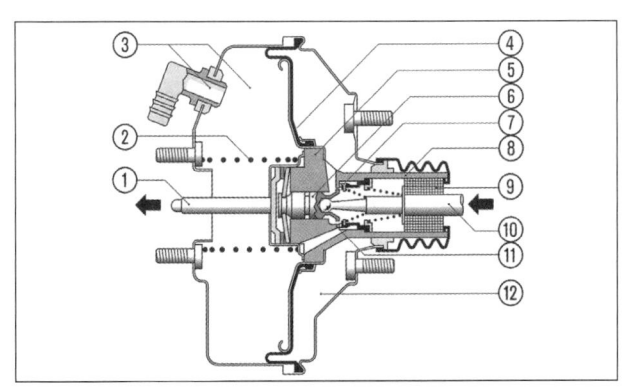

Grundsätzlicher Aufbau eines Zweikammerbremskraftverstärkers. ❶ *Druckstange (zum HBZ),* ❷ *Druckfeder,* ❸ *Unterdruckkammer mit Unterdruckanschluss,* ❹ *Membran mit Membranteller,* ❺ *Arbeitskolben,* ❻ *Füllkolben,* ❼ *Doppelventil,* ❽ *Ventilgehäuse,* ❾ *Luftfilter,* ❿ *Kolbenstange (vom Bremspedal),* ⓫ *Ventilsitz,* ⓬ *Arbeitskammer.*

»Saugt« den Bremskraftverstärker auf der Vorderseite »aus«: **Vakuumpumpe an Dieselmotoren.**

DAS ANTIBLOCKIERBREMSSYSTEM

Radbremszylinder (RBZ): Der Bremsflüssigkeitsdruck kann im RBZ bis zu 120 bar erreichen. Die RBZ-Kolben übertragen den Druck in einem Leitungssystem auf freigängige Kolben in den Bremszangen (Scheibenbremse) oder auf Radbremszylinder (Trommelbremse). Den Kolbenweg übertragen Bremsklötze gegen die Scheibe (Scheibenbremse) oder Bremsbeläge gegen die Trommel (Trommelbremse).

Die Bremsen — Techniklexikon

Vorderachse

Bremsscheibe: Dreht sich synchron mit der Achsnabe und verwandelt während des Bremsvorgangs Reibungsenergie in Wärme.

Bremssattel: Im Zafira »umkrallt« ein Faustsattel die Bremsscheibe. Den Sattel verschiebt jeweils ein Bremskolben an seiner Innenseite.

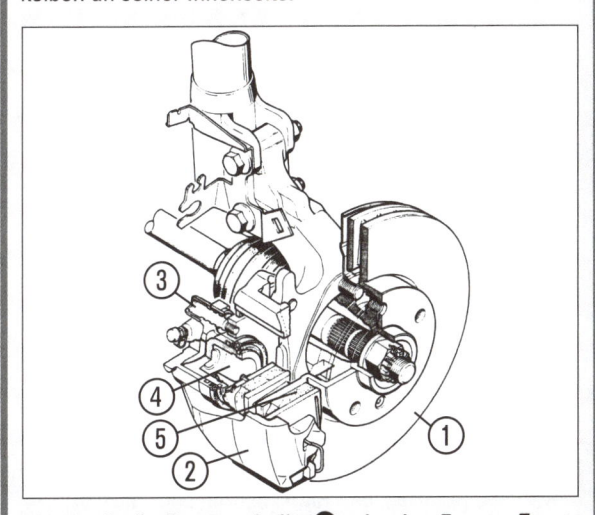

»Umkrallt die Bremsscheibe ❶ wie eine Faust«: **Faustsattel ❷ im Schnitt.** Der Sattel »schwimmt« auf den Gleitstiften ❸ und presst bei jedem Bremsvorgang mit nur einem Bremskolben ❹ das äußere Bremssegment ❺ automatisch gegen die Scheibe. Faustsättel gleichen den Bremsbelagverschleiß automatisch aus.

Hinterachse

Bremsscheibe: Dreht sich synchron mit der Achsnabe und verwandelt während des Bremsvorgangs Reibungsenergie in Wärme.

Bremssattel: Ähnlich wie an der Vorderachse nehmen im Zafira Faustsättel die hinteren Bremsscheiben in die Zange, hier allerdings mit einem Arretiermechanismus für die Handbremse. Die Sättel verschiebt jeweils ein an der Innenseite angeordneter Bremskolben.

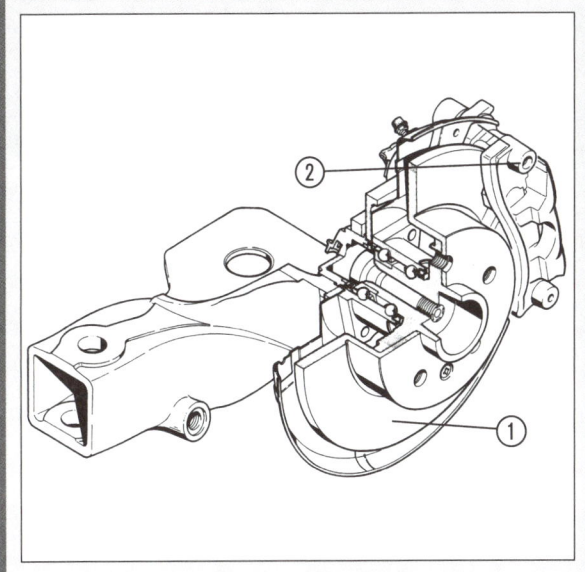

»Umkrallt die Bremsscheibe ❶, ähnlich der Vorderachse, wie eine Faust«: **Faustsattel ❷**.

Bremsfunktion

Bremspedal treten: Die im HBZ »verschobenen« Kolben wirken mit hydraulischer Kraft (Systemdruck) auf die Bremssattelkolben und pressen die jeweils inneren Bremssegmente (Faustsattel) gegen die Bremsscheibe. Dadurch verschiebt sich die gleitgelagerte Bremszange nach innen und presst den äußeren Bremsklotz gleichfalls gegen die Bremsscheibe.

Bremspedal lösen: Systemdruck bricht schlagartig zusammen, die Kolbendichtung zieht den Kolben mitsamt Bremssattel von den Bremsscheiben zurück. Zwischen Bremsklötzen und Scheibe entsteht ein geringfügiges Spaltmaß – die Bremsscheibe dreht wieder frei.

Das Antiblockierbremssystem — Techniklexikon

ABS-Steuergerät: Verarbeitet ständig die Drehzahlsignale der Radsensoren und vergleicht sie mit fest programmierten Werten. Signalisieren unterschiedliche Drehzahlfrequenzen drohende Blockiergefahr an einem oder mehreren Rädern, aktiviert das Steuergerät die Hydraulikeinheit. Folglich wird der Bremsdruck an dem betreffenden Rad solange reduziert, bis es synchron mit den anderen Rädern läuft. Das Wechselspiel erfolgt während des gesamten Bremsvorgangs im Millisekundentakt.

BREMSANLAGE

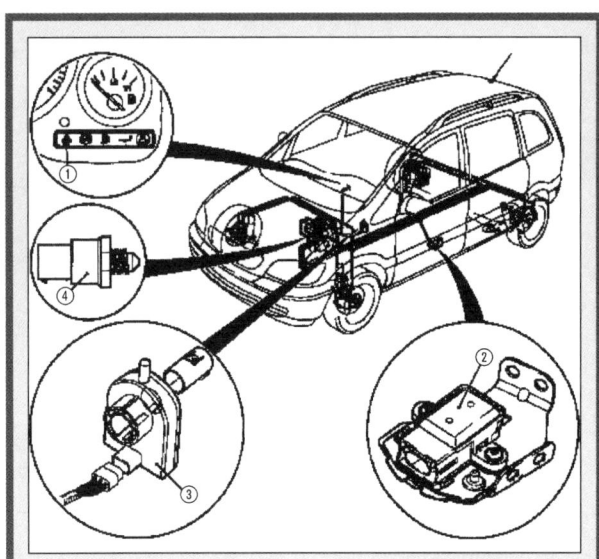

Die Zafira ABS-, TC-Plus- und ESP-Komponenten: ❶ TC- und ESP-Kontrollleuchte, ❷ Gierraten-/Beschleunigungssensor, ❸ Lenkwinkelsensor, ❹ Drucksensor.

ABS-Hydraulikeinheit: Beinhaltet die Elektropumpe sowie den Ventilblock mit Magnetventilen. Beim Tritt aufs Bremspedal drücken im Hauptbremszylinder Bremskolben die Bremsflüssigkeit über den Ventilblock zu den Rädern. Dabei regelt der Ventilblock den Bremsdruck in den Bremsleitungen, die jeweils ein Vorderrad mit dem diagonal gegenüberliegenden Hinterrad verbinden. Tritt ABS in Funktion, erteilt das Steuergerät den Befehl »Bremsdruck reduzieren«. Die Bremsflüssigkeit fließt direkt vom Ventilblock in den Ausgleichsbehälter zurück. Wird der Bremsdruck wieder angehoben, strömt die Bremsflüssigkeit aus dem Ausgleichsbehälter durch die Hydraulikpumpe direkt in den entsprechenden Bremskreis. Sobald die Pumpe arbeitet, bemerken Sie das übrigens an einem leicht pulsierenden Bremspedal.

Raddrehzahlsensoren: Mit geringem Abstand zu einer Zahnscheibe (Impulsrad) fest mit der Radnabe verbunden. Das Impulsrad dreht sich mit seinen zahnförmigen Erhebungen je nach Radumdrehung (Geschwindigkeit) schneller oder langsamer am Geber vorbei. Jeder Zahn des Impulsrads induziert so einen kurzen Spannungsanstieg. Dadurch entsteht im Geber eine Wechselspannung, die ihre Frequenz, entsprechend der Raddrehzahl, ändert. Die Sensoren messen die jeweilige Raddrehzahl und leiten sie als elektrische Signale an das Steuergerät.

ESP-Modul: Das ESP-Modul erweitert im Zafira das ABS-Steuergerät um zwei weitere hydraulische Ventile. Mit diesem »Regelzusatz« lassen sich die Hinterräder einzeln verzögern. Um die ESP-Funktion generell zu initialisieren, arbeitet das System mit einem Gierraten-/Beschleunigungssensor, einem Lenkwinkel- und einem Drucksensor.

Gierraten-/Beschleunigungssensor: Im Zafira ein mikromechanischer Doppelsensor, der unterhalb des Fahrersitzes die Gierrate und Beschleunigung misst. Bei normaler Fahrt sowie bei leichter Beschleunigung oder Verzögerung bleibt der Sensor untätig. Werden die im Steuergerät programmierten Verzögerungs- oder Beschleunigungswerte überschritten, geht ein entsprechendes Signal an das Steuergerät weiter.

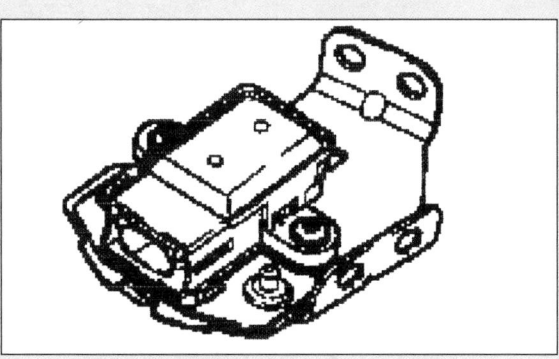

Misst die Bewegung: Gierraten- und Beschleunigungssensor. Sobald die Ist- von den eingegebenen Solldaten abweichen, leiten Sensoren »weiche« Bremseingriffe an den Rädern ein.

Störungen am ABS-Bremssystem: Bei eingeschalteter Zündung leuchtet die Kontrollleuchte des ABS-Bremssystems auf. Sie verlischt bei laufendem Motor spätestens nach zwei Sekunden. Leuchtet sie auch während der Fahrt, liegt eine Systemstörung vor. Sie können meistens trotzdem weiterfahren – allerdings ohne die elektronischen Bremsassistenten. Zum Systemcheck suchen Sie schnellstmöglich eine Opel Werkstatt auf. Denn als »ABS-Laie« ohne Prüfequipment können Sie allenfalls den korrekten Sitz der Steckverbindungen zum Steuergerät, zu den Relais, den Radsensoren und zur Hydraulikeinheit prüfen.

Bremsencheck – beim geringsten Selbstzweifel ein Fall für die Werkstatt

Auf jedem Meter im öffentlichen Straßenverkehr entscheiden die Bremsen über Ihre und die Sicherheit anderer Verkehrsteilnehmer. Deshalb sind funktionierende Bremsen die beste Lebensversicherung. Scheuen Sie sich also nicht, von Zeit zu Zeit die Räder abzunehmen, um den Zustand der Bremsbeläge und Scheiben zu prüfen. Wartungsarbeiten an der Bremsanlage sind grundsätzlich kein Hexenwerk. Dennoch »legen Sie Ihre Hand nur dann an die Bremse«, wenn Sie sich absolut sicher sind: Beim geringsten Zweifel überlassen

Sie »die Bremse« besser einer Fachwerkstatt mit aktuellem Know-how und den entsprechenden Spezialwerkzeugen.

Stand der Bremsflüssigkeit prüfen

Ihr Zafira hat im Armaturenbrett drei Bremssystemwarnleuchten, normalerweise bleiben sie während der Fahrt »dunkel«. Andernfalls liegt ein Systemfehler vor – im harmlosesten Fall haben Sie nur vergessen, die Handbremse zu lösen. Falls nicht, checken Sie zunächst den Bremsflüssigkeitsstand im Vorratsbehälter, er sitzt auf dem HBZ in Fahrtrichtung links. Flackert die gleiche Leuchte ab und an während der Fahrt auf, gehen Sie davon aus, dass Bremsflüssigkeit fehlt und ein Bremskreis bereits streikt. Der zweite Kreis ist dann in der Regel noch funktionstüchtig, so dass Sie mit defensiver Fahrweise die nächste Werkstatt erreichen können. Unser Rat: Vertrauen Sie an einem so sicherheitsrelevanten Bauteil wie der Bremse keiner »Automatik« – schauen Sie Ihrem Zafira ab und an besser selbst unter die Motorhaube – und dort auch nach dem Bremsflüssigkeitsstand.

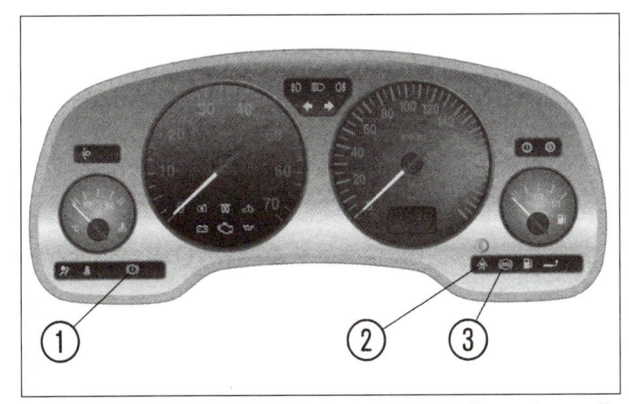

In den unteren Anzeigefeldern »versteckt«: Bremskontrollleuchten. ❶ *Handbremse/Bremsflüssigkeit,* ❷ *ESP/TC-Plus,* ❸ *ABS.*

Arbeitsschritte

① Der Bremsflüssigkeitsvorratsbehälter sitzt in Höhe der Spritzwand in Fahrtrichtung links. Halten Sie den Bremsflüssigkeitsstand regelmäßig im Auge.

② Selbst bei intakter Bremsanlage sinkt der Flüssigkeitspegel. Grund: Analog zum Verschleiß der Bremsbeläge »wandern« die Bremskolben aus den Bremszangen. Das hinter den Kolben entstehende größere Zylindervolumen gleicht nachfließende Bremsflüssigkeit aus.

③ Solange die Bremsflüssigkeit zwischen »MIN« und »MAX« im Vorratsbehälter »pendelt«, ist die Funktion beider Bremskreise gewährleistet.

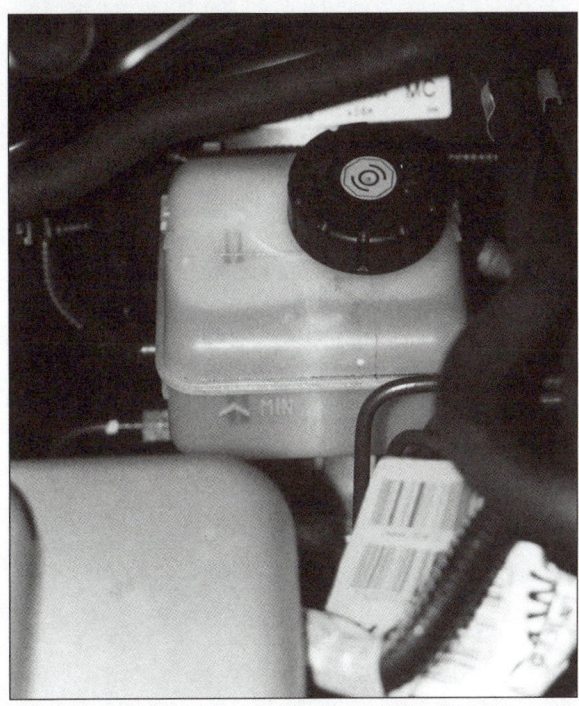

Transparent: Der Bremsflüssigkeitsvorratsbehälter vor der Spritzwand unter der Motorhaube.

Bremsanlage prüfen

Arbeitsschritte

① Um eventuelle Leckagen eindeutig zu lokalisieren, muss Ihr Auto von unten trocken sein. Suchen Sie sich also keinen Regentag für die »Inspektion« aus.

② Prüfen Sie sämtliche Schlauchanschlüsse und Verbindungsleitungen sowie die Bremssättel. Dunkle Flecken und feuchte Stellen sind ein sicheres Indiz für Undichtigkeiten.

③ Inspizieren Sie die Bremsschläuche auch auf Scheuerstellen, sie dürfen weder feucht noch gequollen sein. Falls doch: Tauschen Sie die Schläuche aus.

④ Zum Schutz gegen Rost sind die Leitungen mit einer Kunststoffschicht überzogen. Reinigen Sie die Bremsleitungen von außen nur mit einem Pinsel, Kaltreiniger oder Waschbenzin, »kratzen« Sie niemals mit einem Schraubendreher, Schmirgelleinen oder einer Drahtbürste an den

BREMSANLAGE

Leitungen herum. Sollte die Schutzschicht bereits leicht beschädigt sein, »retten« Sie in dem Bereich die Leitung mit einer Rostschutzgrundierung. Sobald sich allerdings schon Rostnarben, Verformungen oder Steinschlagspuren eingenistet haben, ersetzen Sie die maladen Leitungen umgehend.

⑤ Sind auf allen Entlüftungsventilen noch Staubschutzkappen vorhanden? Falls nicht, sorgen Sie für Ersatz.

⑥ Machen Sie regelmäßig eine (provisorische) Bremsdruckprobe. Dazu treten Sie das Bremspedal mit voller Kraft etwa eine Minute lang durch – etwa so, als wenn Sie eine Vollbremsung machen. Das Pedal darf dabei nicht »aufs Bodenblech wandern«. Falls doch, haben Sie es mit defekten Manschetten im Hauptbremszylinder oder an den Bremszangen zu tun. Schauen Sie dann auch auf feuchte Stellen. Exakt können Sie eine Bremsdruckprobe nur mit einem Druckstandsanzeiger ausführen – das ist ein typischer Fall für die Werkstatt.

Bremskraftverstärker prüfen

Arbeitsschritte

① Treten Sie bei abgestelltem Motor das Bremspedal mehrmals durch und halten es dann in der tiefsten Stellung fest.

② Jetzt starten Sie den Motor. Das Pedal muss dann noch ein paar Millimeter weiter nachgeben. Falls nicht, hat das folgende Ursachen:

- **Unterdruckschlauch vom Ansaugrohr zum Bremskraftverstärker undicht:** In diesem Fall ersetzen Sie unbedingt den Schlauch und prüfen die Anschlussflansche.
- **Rückschlagventil im Unterdruckschlauch defekt:** Nehmen Sie zur Ventilkontrolle den Unterdruckschlauch am Bremskraftverstärker ab und lassen den Motor mit Leerlaufdrehzahl laufen. Falls Sie keine rhythmischen Ansauggeräusche hören, verschließen Sie das freie Schlauchende mit einer Fingerkuppe. Wenn sich dabei kein Vakuum im Schlauch aufbaut, ist das Ventil defekt.
- **Gummidichtung zwischen Hauptbremszylinder und Bremskraftverstärker porös:** Zum Austausch Hauptbremszylinder vom Bremskraftverstärker demontieren und Dichtring erneuern.
- **Luftfilter am Druckstößel des Bremskraftverstärkers verdreckt:** Den Filter mit einem Drahthaken von der Druckstange abziehen. Neuen Filter bis zum Mittelpunkt aufschneiden und um den Druckstößel in seinen Sitz drücken. Achten Sie darauf, dass der Filter um den Stößel geschlossen ist, sonst kann ungefilterte Luft in den Bremskraftverstärker gelangen.
- **Verstärkermembrane defekt:** Eine Reparatur ist nicht möglich. Sie müssen sich mit einem komplett neuen Bremskraftverstärker »anfreunden«.

Bremsen auf Funktion prüfen (ohne ABS)

Auf der Straße sollten Sie nur dann eine Bremsprobe machen, wenn Sie andere Verkehrsteilnehmer damit nicht behindern oder gefährden. Suchen Sie sich zur Bremsprobe eine ebene, möglichst abgelegene Straße mit guter Oberfläche aus. An Autos mit ABS an Bord können Sie erfahrungsgemäß keine Bremsspuren mehr erkennen. Wenn Sie allerdings ganz zu Anfang des Bremsvorgangs einen »leichten Verriss« am Lenkrad bemerken, ist das ein Indiz dafür, dass die Räder einen unterschiedlichen Reibkoeffizienten haben und Ihnen der Wagen ohne ABS »aus der Spur laufen würde«. Checken Sie dann auf jeden Fall den optischen Zustand der Bremssegmente und den der Scheiben, und/oder setzen Sie zur Bremsprobe kurzerhand die ABS-Regelung außer Kraft.

Arbeitsschritte

① Fahren Sie zunächst im Schritttempo, treten die Kupplung und bremsen dann mit voller Kraft. Vergleichen Sie die Bremsspuren auf der Straße – gleich lange Spuren sind ein Indiz für gleichmäßig wirkende Bremsen. Führen Sie anschließend die gleiche »Übung« mit der Handbremse aus.

② Im zweiten Schritt beschleunigen Sie Ihr Auto auf etwa 50 km/h – verkrampfen Sie nicht am Lenkrad und korrigieren während des Bremsvorgangs nicht die Fahrtrichtung. Bremsen Sie zuerst sanft und dann scharf bis zum Stillstand. Das Fahrzeug muss sicher in der Spur bleiben. Andernfalls »zieht« die Bremse einseitig. Suchen Sie dann auf jeden Fall eine Fachwerkstatt mit einem Bremsenprüfstand auf.

③ Um die Freigängigkeit der Bremssegmente im Ruhezustand zu checken, lassen Sie im dritten Schritt den Zafira auf einer leicht abschüssigen Strecke aus dem Stand losrollen. Rollt er »locker« an, sind alle Räder frei und das Spaltmaß der Bremssegmente zu den Bremsscheiben o. k. Prüfen Sie nach einer kurzen Probefahrt abschließend die Felgentemperatur: Legen Sie dazu Ihre Hand auf den Felgenstern – alle Räder müssen in etwa gleich warm sein.

Scheibenbremsbelagverschleiß messen

Die vorderen Scheibenbremssegmente verschleißen schneller als die der Hinterachse. Bei normaler Fahrweise checken Sie die Beläge etwa alle 20.000 Kilometer – generell jedoch einmal jährlich. Messen Sie, inklusive der Trägerplatte, weniger als sieben Millimeter, tauschen Sie die Beläge vorsichtshalber paarweise aus.

Arbeitsschritte

① Um den Belag »richtig« inspizieren zu können, schrauben Sie das jeweilige Rad ab.
② Nehmen Sie einen Euro und halten ihn zwischen Bremsscheibe und Belagträger. Sind Münze und Beläge in etwa gleich stark (etwa zwei Millimeter), »spendieren« Sie der betreffenden Achse schnellstens neue Segmente.

Praxistipp

Bremspedal und Bremsbelag

Mit dieser Prüfung erkennen Sie grundsätzlich keine verschlissenen Bremsbeläge. In freigängigen Bremssätteln reichen die Elastizität der Bremskolbendichtung und der serienmäßige Taumelschlag (rund 0,11 – 0,13 Millimeter) der Bremsscheibe aus, um die Bremsbeläge – nach jedem Bremsvorgang – automatisch von der Bremsscheibe abzurücken. Bei gelöstem Pedal bleiben die Belaggrundstellung zur Bremsscheibe und der Bremspedalweg gleich – zumindest so lange, wie die Beläge nicht total verschlissen sind. Prüfen Sie mit der Hand bei laufendem Motor den Leerweg des Bremspedals, er soll allenfalls ein Drittel des gesamten Pedalwegs betragen.
Ist der Pedalweg deutlich größer, gehen Sie von verschlissenen – oder evtl. im Sattel verklemmten – Bremsbelägen aus, mitunter »klemmt« auch die Bremszange. Sollte sich der Pedalweg freilich nach mehrmaligen Pumpen verkürzen, haben Sie möglicherweise Luft im System: Ergründen Sie Ursache, beheben den Schaden und entlüften die Anlage dann wie beschrieben.

Bremsscheiben-Abmessungen (in mm)

	Vorderachse	Hinterachse
Scheibendurchmesser	280/308*	264
Scheibenstärke (neu)	25	10
Verschleißgrenze	22	8
Max. Scheibenschlag	0,11	0,03

*OPC 2,0 Turbo

Bremsscheibenverschleiß kontrollieren

Bocken Sie den Wagen auf einer ebenen Fläche rüttelsicher auf und nehmen die Räder der betreffenden Achse ab: Checken Sie bei gleicher Gelegenheit auch die Bremsbeläge.

Arbeitsschritte

① Leicht bläulich angelaufene Bremsscheiben sind völlig normal.
② Achten Sie auf tiefe Riefen in den Scheiben. Sie »verraten« in den Belägen verklemmte Fremdkörper, groben Straßenschmutz, verhärtete oder verschlissene Beläge. Bis zu drei Millimeter tiefe »Frässpuren« müssen Sie noch nicht beunruhigen. Demontieren Sie auf jeden Fall die Beläge und befreien sie von evtl. eingequetschten Fremdkörpern.
③ Die Scheibenstärke messen Sie am besten mit einer Schublehre und zwei Euro. Legen Sie auf jeder Scheibenseite jeweils einen Euro zwischen Schublehre und Bremsscheibe. Von Ihrem Messwert müssen Sie natürlich um die Stärke beider Münzen (rund vier Millimeter) subtrahieren.
④ Unter Mindestmaß »abgeschrubbte« Scheiben sind Schrott. Riefige Scheiben können Sie durchaus planschleifen (lassen). Erneuern und planen Sie Bremsscheiben stets paarweise.

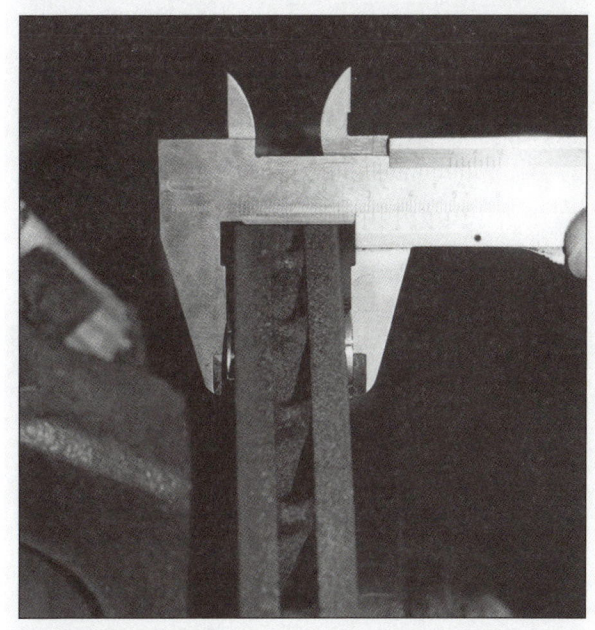

Ablesen und subtrahieren: Um den richtigen Wert zu ermitteln, müssen Sie nach der Messung die Stärke beider Münzen subtrahieren.

BREMSANLAGE

Bremsanlage entlüften

Luft im Bremssystem »degradiert« jede Bremse zur »Luftpumpe« – entlüften Sie die Anlage also umgehend. Zum Beispiel nach allen Arbeiten, bei denen Sie die Bremsschläuche abnehmen oder Bremsleitungen öffnen mussten. Häufig reicht es, nur den Bremskreis zu entlüften, an dem Sie gearbeitet haben. Ganz auf Nummer SICHER gehen Sie jedoch, wenn Sie beide Bremskreise entlüften. Verwenden Sie IMMER nur neue Bremsflüssigkeit (Spezifikation DOT4 – SAE J 1703) und einen sauberen, transparenten Kunststoffschlauch (Scheibenwaschanlage oder Aquarienbelüftung). Außerdem sollte Ihnen ein Helfer assistieren. Ihren Zafira stellen Sie auf einer ebenen Fläche ab. Während des gesamten Entlüftungsvorgangs halten Sie den Bremsflüssigkeitsvorratsbehälter stets bis zur »MAX.-Markierung« aufgefüllt. Der Bremsflüssigkeitspegel darf auf keinen Fall unter »MIN« abfallen. Falls doch, gelangt über die Nachfüllbohrungen wieder neue Luft ins System.

Achten Sie darauf, dass keine Bremsflüssigkeit auf die Lackoberfläche kommt. Andernfalls spülen Sie die Flächen umgehend mit klarem Wasser ab. Ansonsten wird der Lack »blind« oder löst sich gar auf.

Arbeitsschritte

① Lösen Sie jetzt den Verschlussdeckel des Bremsflüssigkeitsbehälters.

② Arbeitsreihenfolge: Entlüftungsventil rechts hinten – links hinten; rechts vorn – links vorne.

③ Ziehen Sie die Staubschutzkappe vom Entlüftungsventil ab und reinigen den Ventilnippel.

④ Schieben Sie den Kunststoffschlauch auf den Nippel und tauchen das freie Schlauchende in einen leicht mit Bremsflüssigkeit gefüllten Auffangbehälter.

⑤ Entlüftungsnippel maximal eine Umdrehung lösen. Ihr Helfer tritt das Bremspedal langsam bis zum Bodenblech durch und lässt es schnell in seine Ruhestellung zurück.

⑥ Danach warten Sie etwa 3 Sekunden – der HBZ muss sich erst wieder füllen.

⑦ Den Vorgang wiederholen Sie so lange, bis keine Luftbläschen mehr aus dem Entlüftungsnippel entweichen und reine Bremsflüssigkeit austritt.

⑧ Halten Sie das Bremspedal am Boden, schließen den Entlüftungsnippel und lassen dann das Pedal hochkommen. Ziehen Sie den Schlauch vom Entlüftungsnippel ab und ergänzen die Bremsflüssigkeit im Vorratsbehälter.

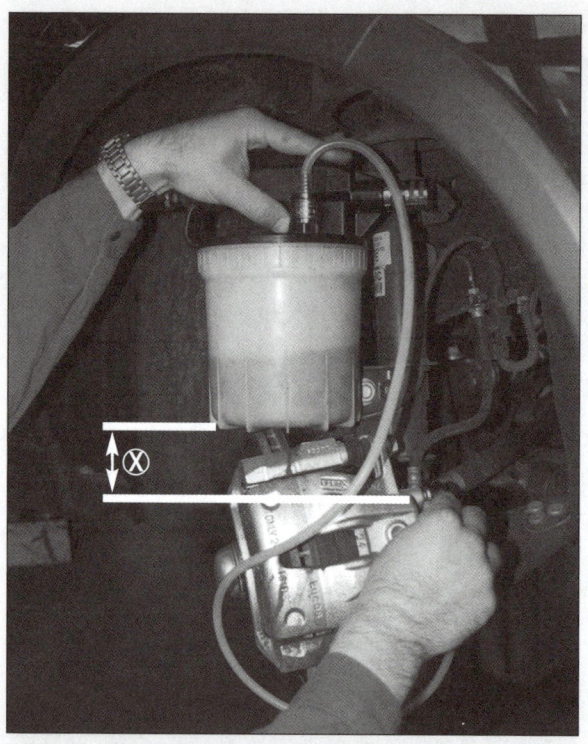

Wichtig: Platzieren Sie den Auffangbehälter etwa 30 Zentimeter ⊗ über dem Entlüftungsnippel. Sie geben der Außenluft dann keine Chance, sich – an den Gewindegängen vorbei – ins Bremssystem zu »schmuggeln«.

⑨ Diesen Vorgang wiederholen Sie an allen Rädern – bis die Anlage entlüftet ist.

⑩ Dann füllen Sie den Ausgleichsbehälter bis »MAX« auf und verschließen ihn.

⑪ Vergessen Sie anschließend bitte nicht, die Bremsfunktion auf einer »vorsichtigen« Probefahrt zu überprüfen.

Die Bremsflüssigkeit — Techniklexikon

Hauptbestandteile der Bremsflüssigkeit sind Glykol und Polyglykolether. Diese Mischung ist bei -40° C noch dünnflüssig und hat mit etwa 270° C einen sehr hohen Siedepunkt. Die Rezeptur verrät es schon: Bremsflüssigkeit ist hygroskopisch – sie nimmt auch im dichten System über die Entlüftungsbohrung des Vorratsbehälter-Verschlussdeckels Wasser aus der Luft auf. Jährlich etwa zwei Prozent, dadurch sinkt der Siedepunkt – bei einem Wassergehalt von rund 2,5 Prozent schon auf 150° C. In diesem Fall können sich bei stark erhitzten Bremsen (Gebirgs-

BREMSFLÜSSIGKEIT WECHSELN

fahrt, Vollbremsungen, Gespannbetrieb) Dampfblasen in der Bremsflüssigkeit bilden. Das hat die gleiche Wirkung wie Luft im System – das Bremspedal lässt sich bis auf die Bodenplatte durchtreten. Wechseln Sie daher zu Ihrer Sicherheit die Bremsflüssigkeit konsequent im Zweijahres-Rhythmus. Wenn Sie Ihren Opel regelmäßig in der Werkstatt warten lassen, geschieht das automatisch.

Wie Sondermüll entsorgen – alte Bremsflüssigkeit

Bremsflüssigkeit ist giftig. Nicht mit Mund oder offenen Wunden in Berührung bringen. Sie greift Metall- und Gummiteile zwar nicht an, wirkt jedoch auf Autolack aggressiv. Bremsflüssigkeit, die Sie einmal aus dem System abgelassen haben, dürfen Sie später nicht mehr einfüllen. Verwenden Sie auch keine Bremsflüssigkeit aus einem Behälter, der längere Zeit offen gestanden hat. Gebrauchte Bremsflüssigkeit ist Sondermüll – kümmern Sie sich um eine fachgerechte Entsorgung.

Bremsflüssigkeit wechseln

Der Wechsel der Bremsflüssigkeit ist alle zwei Jahre fällig. Fachwerkstätten erledigen das mit einem speziellen Befüllgerät. Sie können sich aber auch selbst ans Werk machen – die Arbeit ist die gleiche wie beim Entlüften. Für das gesamte System benötigen Sie rund einen Liter Bremsflüssigkeit (achten Sie auf die richtige Spezifikation).

Arbeitsschritte 🌳 🔧 🔋 ❗ Ⓦ alle 2 Jahre

① Lösen Sie den Verschlussdeckel des Bremsflüssigkeitsbehälters.

② Entfernen Sie mit einer Pipette oder einer sauberen Injektionsspritze die Bremsflüssigkeit aus dem Vorratsbehälter.

③ Die Arbeitsschritte sind ansonsten die gleichen wie unter Bremsanlage entlüften beschrieben. Alte Bremsflüssigkeit ändert ihr Aussehen: Sie wirkt milchiger. Warten Sie also an jedem Radzylinder bis tatsächlich saubere »neue« Flüssigkeit austritt.

Vorratsbehälter vom HBZ aus- und einbauen

Arbeitsschritte 🌳 🔧 🔋 ❗

nur Zafira Diesel

① Wie beschrieben ziehen Sie den Dieselfiltereinsatz aus der Crash-Box ❶, lösen dann die Befestigungsmuttern ❷ und clipsen sämtliche Kraftstoff- und Unterdruckleitungen von der Crash-Box. Das Kraftstoffsystem bleibt dabei geschlossen.

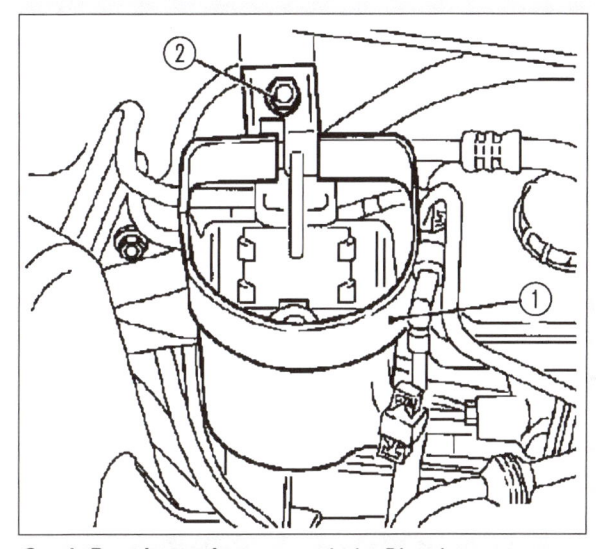

Crash-Box demontieren – nur beim Diesel.

alle Motoren

② Trennen Sie den Kabelsatzstecker ❷ vom Flüssigkeitssensor und ...

③ ... clipsen den Kabelstrang vom Behälter (Pfeil).

④ Öffnen Sie den Verschlussdeckel und ...

⑤ ... legen den Vorratsbehälter mit einer Pipette oder Spritze trocken.

Modelle mit Schaltgetriebe

⑥ Schrauben Sie die Zulaufleitung ❶ für den Kupplungsgeberzylinder vom Bremsflüssigkeitsbehälter ab Verschließen Sie die Öffnung mit einem Stopfen.

alle

⑦ Entriegeln Sie jetzt die Befestigungsklammern ❹ und ...

⑧ ... hebeln den leeren Behälter ❸ vorsichtig vom Hauptbremszylinder ab.

BREMSANLAGE

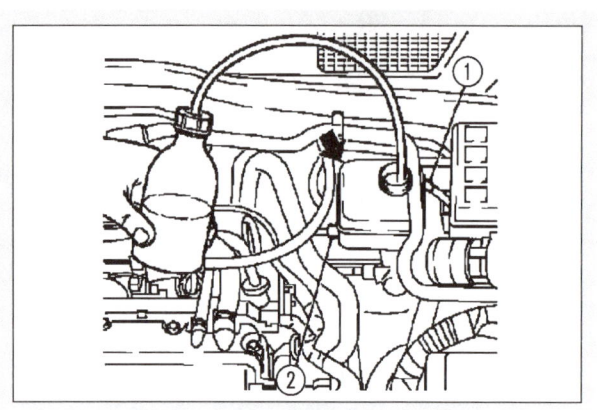

Trennen – zunächst den Kabelsatzstecker ❷ vom Flüssigkeitssensor und dann die Zulaufleitung ❶ für den Kupplungsgeberzylinder abschrauben.

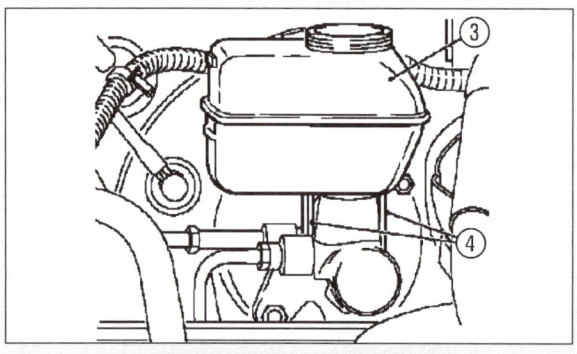

Entriegeln – zunächst die Klammern ❹ und dann den Vorratsbehälter ❸ abziehen.

⑨ Zur Montage des Vorratsbehälters setzen Sie vorab neue Dichtringe ❶ in die Bohrungen des Hauptbremszylinders ein. Benetzen Sie die Dichtringe vorher mit frischer Bremsflüssigkeit oder Bremspaste (Ate).

⑩ Pressen Sie den Vorratsbehälter gleichmäßig per Hand in die Dichtringe ein. Der Behälter muss einrasten.
– Befüllen Sie ihn danach.

⑪ Beenden Sie die Montage in umgekehrter Reihenfolge und …

⑫ entlüften die Bremsanlage wie beschrieben.

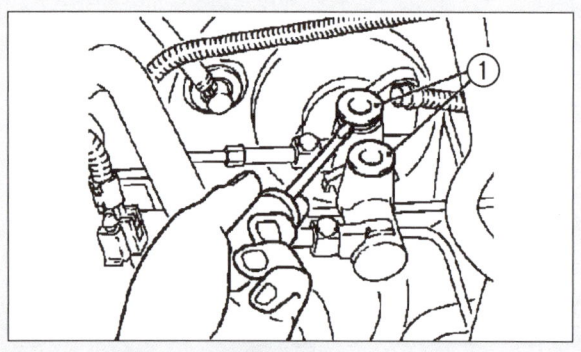

Erneuern – Dichtringe ❶ am HBZ.

Hauptbremszylinder aus- und einbauen

Vor der Demontage des HBZ stellen Sie sicher, dass der Bremskraftverstärker »belüftet« ist. Ziehen Sie dazu entweder die Unterdruckleitung vom Bremskraftverstärker ab oder betätigen bei abgestelltem Motor das Bremspedal mindestens 20-mal.

Arbeitsschritte

Demontage
Zafira Diesel

① Demontieren Sie die Crash-Box, wie beschrieben.

alle Motoren

② Entleeren Sie zunächst den Bremsflüssigkeitsbehälter. Schrauben Sie dazu den Verschlussdeckel ab und …

③ … schrauben ihn anschließend wieder auf.

④ Trennen Sie den Kabelsatzstecker ❶ vom Flüssigkeitssensor und …

⑤ … clipsen den Kabelstrang vom Behälter (Pfeil).

Modelle mit Schaltgetriebe

⑥ Trennen Sie den Verbindungsschlauch vom Kupplungsgeberzylinder und verschließen die Öffnung.

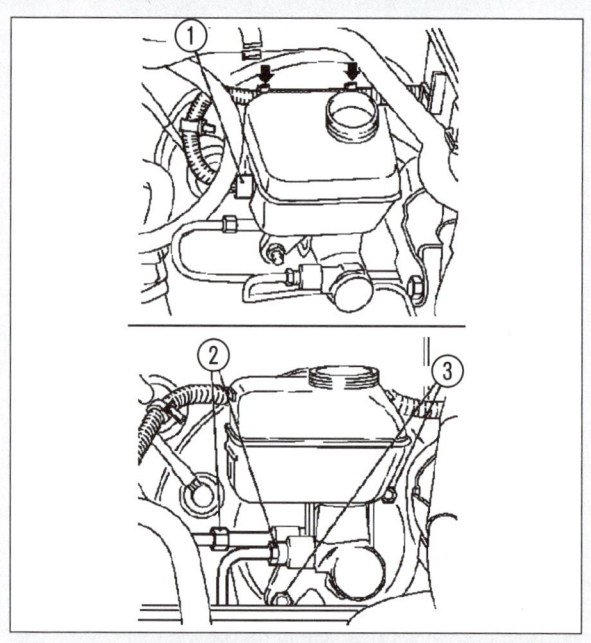

Vom Bremskraftverstärker demontieren – Hauptbremszylinder. ❶ Kabelsatzstecker, ❷ Bremsleitungen, ❸ Befestigungsmuttern.

BREMSKRAFTVERSTÄRKER AUS- UND EINBAUEN

alle Modelle

(siehe Abb. S.206 rechte Spalte, unterer Teil)

⑦ Lösen Sie jetzt die Bremsleitungen ❷ vom Hauptbremszylinder und ...

⑧ ... demontieren hernach den HBZ, gemeinsam mit dem Bremsflüssigkeitsvorratsbehälter, vom Bremskraftverstärker. Lösen Sie dazu die Befestigungsmuttern ❸.

Montage

⑨ Beenden Sie die Arbeit typenspezifisch in umgekehrter Reihenfolge. Den Hauptbremszylinder ziehen Sie mit 25 Nm gegen den Bremskraftverstärker, die Bremsleitungen verschrauben Sie mit 16 Nm.

⑩ Entlüften Sie die Bremsanlage wie beschrieben und...

⑪ ...checken die Bremse auf einer »vorsichtigen« Probefahrt.

Bremskraftverstärker aus- und einbauen

Vor der Demontage des HBZ stellen Sie sicher, dass der Bremskraftverstärker »belüftet« ist. Ziehen Sie dazu entweder die Unterdruckleitung vom Bremskraftverstärker ab oder betätigen bei abgestelltem Motor mindestens 20-mal das Bremspedal.

Arbeitsschritte

Demontage

① Demontieren Sie das Batterieminuskabel und trennen die Mehrfachstecker ❶ und ❸ am Relaiskasten.

② Befreien Sie den Kühlwasserschlauch ❷ aus seiner Halterung und legen ihn beiseite.

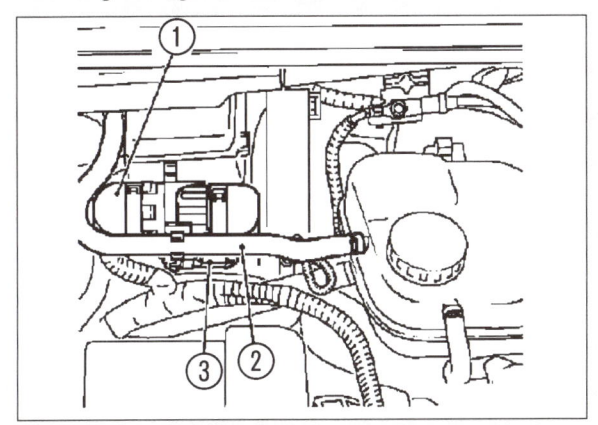

Mehrfachstecker ❶ und ❸ trennen – Kühlflüssigkeitsschlauch ❷ beiseite legen.

③ Öffnen Sie den Relaiskastendeckel ❶ und ...

④ ... clipsen, falls montiert, das Relais ❷ und den Sicherungsträger ❹ mitsamt Kabelsatz aus dem Relaisträger. Die Utensilien legen Sie beiseite.

⑤ »Befreien« Sie danach den Relaisträger ❸ aus der Führung und clipsen die Kabelsätze vom Halter ab.

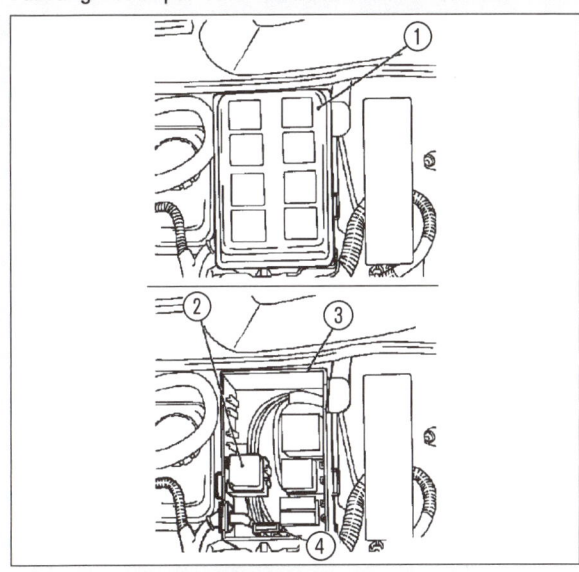

Schritt für Schritt demontieren – Relaiskasten.

⑥ Demontieren Sie die drei Befestigungsmuttern am Relaiskastenhalter ❶ und ...

⑦ ... clipsen den Halteclip ❹ von den Bremsleitungen.

⑧ Jetzt demontieren Sie die Bremsleitungen vom Hauptbremszylinder und Hydroaggregat ❷ und ❸. Fangen Sie die Bremsflüssigkeit auf und verschließen die Öffnungen. Spülen Sie die »verspritzte« Flüssigkeit sofort gründlich mit klarem Wasser ab.

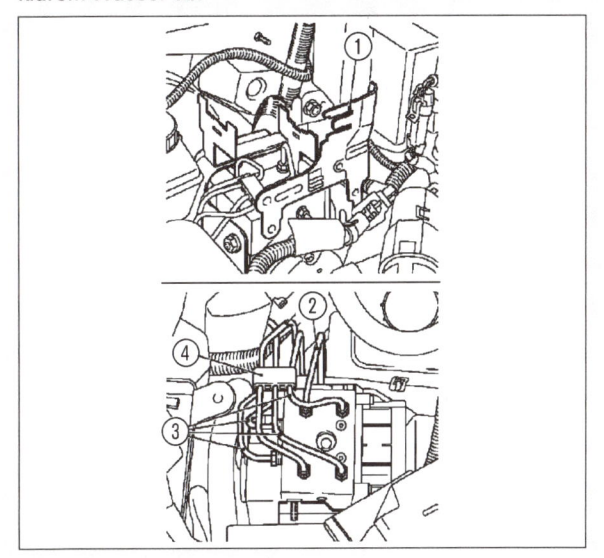

Abrüsten – Hydroaggregat.

BREMSANLAGE

⑨ Entriegeln Sie den Kabelsatzstecker ❷ des ABS-Steuergeräts ❶ in Pfeilrichtung und legen ihn beiseite.

⑩ Sie können jetzt das Hydroaggregat ❸ inklusive ABS-Steuergerät aus der Halterung ziehen. Das Hydroaggregat »stellen« Sie zweckmäßigerweise so ab, dass möglichst keine Bremsflüssigkeit ausläuft.

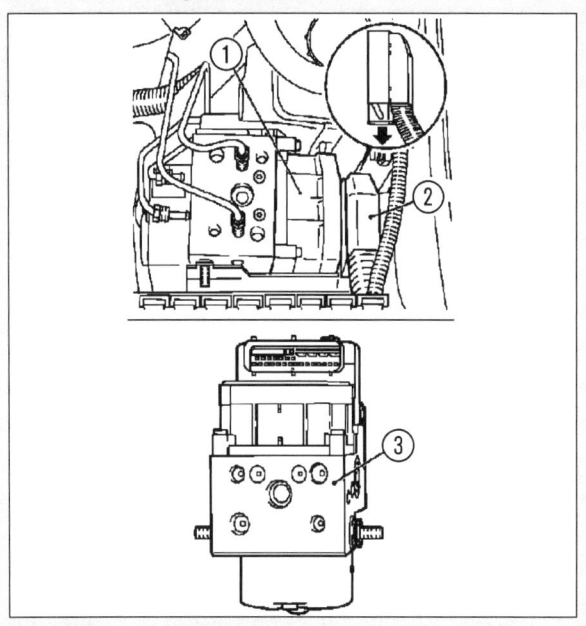

Demontieren – Hydroaggregat.

⑪ Demontieren Sie den Hauptbremszylinder, wie beschrieben. Der Bremsflüssigkeitsvorratsbehälter bleibt montiert.

⑫ Demontieren Sie die ABS-Halterung mit den Befestigungsschrauben ❶.

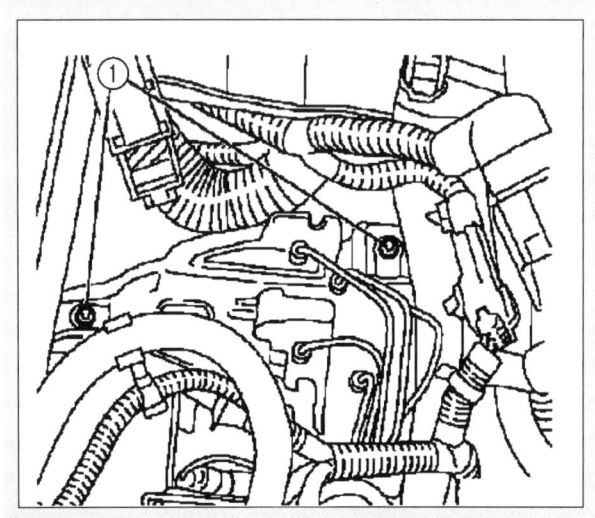

Mit Befestigungsschrauben demontieren – ABS-Halterung.

⑬ Ziehen Sie den Unterdruckschlauch ❶ vom Bremskraftverstärker ab und legen ihn beiseite.

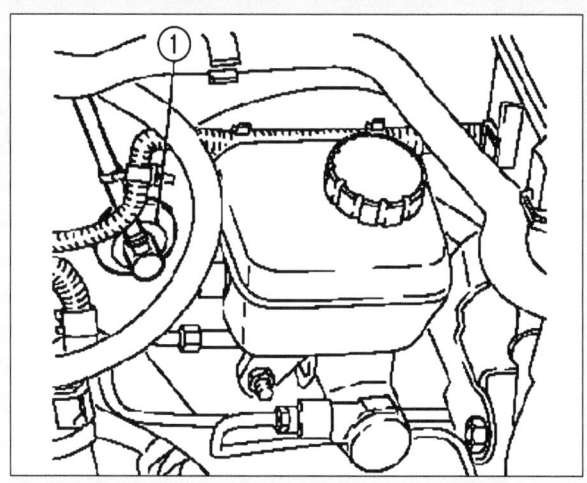

Vom Bremskraftverstärker abziehen – Unterdruckschlauch.

⑭ Nehmen Sie den linken Bodenteppich auf und …

⑮ …entfernen dann das Sicherungsblech ❸, drücken den Bolzen ❷ aus der Führung …

⑯ …und hängen letztlich die Rückzugsfeder ❹ am Bremspedal aus.

⑰ Demontieren Sie nun den Bremskraftverstärker ❶. Lösen Sie dazu die Befestigungsmuttern ❺.

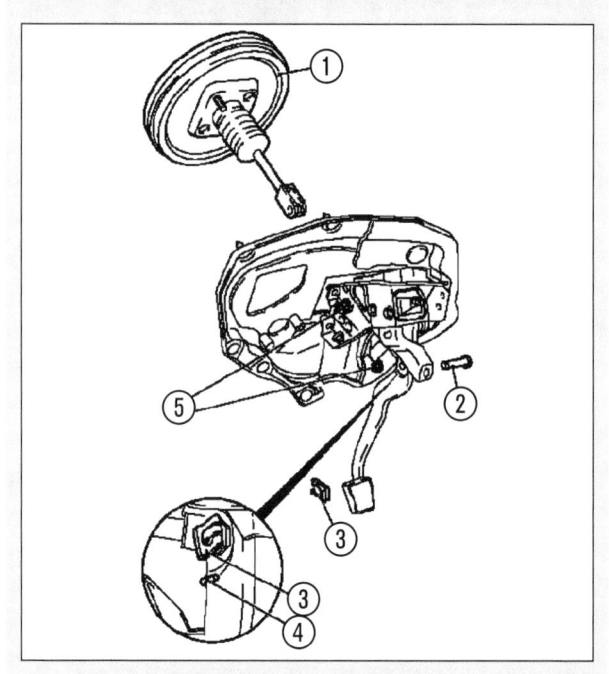

Von innen im Fußraum lösen – Bremskraftverstärker ❶.

BREMSSCHLAUCH AUS- UND EINBAUEN

Montage

⑱ Setzen Sie den Bremskraftverstärker mit einer neuen Dichtung an. Achten Sie darauf, dass die Montagefläche sauber ist und …

⑲ … montieren dann sämtliche Bauteile in umgekehrter Reihenfolge.

⑳ Die neuen Muttern ziehen Sie am Bremskraftverstärker mit 20 Nm an. Die Muttern des HBZ »bekommen« 25 Nm. Die Bremsleitungsanschlüsse sind mit 16 Nm fest.

㉑ Entlüften Sie die Bremse, wie beschrieben und …

㉒ …checken Ihre Arbeit auf einer »vorsichtigen« Probefahrt.

Praxistipp

So »stoppen« Sie die Bremsflüssigkeit

Wenn Sie eine Bremsleitung (oder einen Bremsschlauch) lösen, läuft die Bremsflüssigkeit langsam aus dem Vorratsbehälter. Verhindern Sie das mit einem einfachen Trick: Öffnen Sie vor der Arbeit einen Entlüftungsnippel des betreffenden Bremskreises und »verlängern« ihn mit einem Entlüftungsschlauch und »hängen« das freie Schlauchende in ein sauberes Gefäß. Danach treten Sie das Bremspedal voll durch und fixieren es mit einem Kantholz oder entsprechendem Gewicht auf dem Bodenblech. Damit sind die Zulaufbohrungen im HBZ verschlossen und der Weg für die Bremsflüssigkeit aus dem Vorratsbehälter versperrt.

Bremsschlauch aus- und einbauen

Arbeitsschritte

① Lösen Sie zuerst die Überwurfmutter der Bremsleitung und dann die andere Schlauchseite. Achten Sie darauf, dass Sie die Leitung nicht verdrehen.

② Gegen Rutschen sind die meisten Bremsschläuche mit einem Schlauchhalter (Blechbügel) gesichert. Vergessen Sie zur Montage eines neuen Schlauchs den Halter nicht.

③ Ziehen Sie zuerst das Außengewinde an, die andere Seite »verkuppeln« Sie hernach mit der Überwurfmutter.

④ Montieren Sie niemals einen »verdrehten« Bremsschlauch. Sie erkennen den richtigen Sitz am durchgehenden Farbstreifen, dem Gummianguss oder dem Gummiprofil entlang des Schlauchs.

⑤ Entlüften Sie nun das Bremssystem wie beschrieben und …

⑥ … kontrollieren unbedingt, ob der Bremsschlauch auch beim Einfedern des Rads den nötigen Freigang hat. Falls nicht, verschieben Sie den Abstandhalter und checken den Bremsschlauch nach einer längeren »vorsichtigen« Probefahrt erneut.

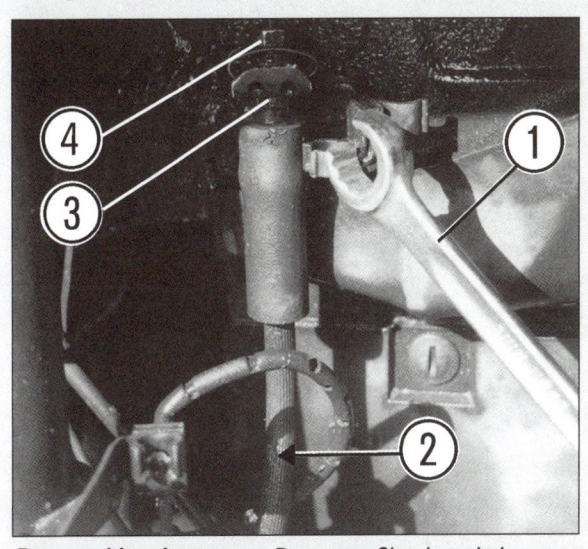

Bremsschlauchmontage: Benutzen Sie einen Leitungsschlüssel ❶. Sobald Bremsschläuche ❷ mit Fahrwerksteilen oder der Karosserie verbunden sind, sichert ein federnder Schlauchhalter ❸ die Schraubverbindung zur Bremsleitung ❹. Achten Sie bitte darauf, dass der Bremsschlauch nach der Montage genügend »Spielraum« im Radlauf an den Federbeinen bzw. Stoßdämpfern und an den Achskomponenten hat.

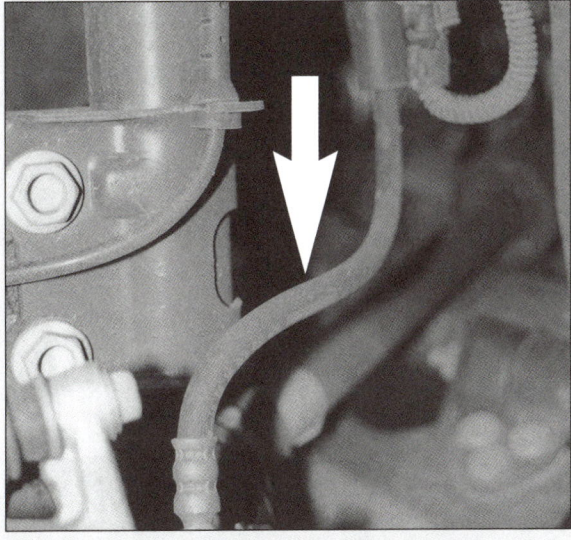

Braucht Freigang (Pfeil) beim Einfedern: Bremsschlauch.

BREMSANLAGE

Scheibenbremsbeläge tauschen

Tauschen Sie Bremsbeläge grundsätzlich nur paarweise auf beiden Achsseiten. Ansonsten entstehen an den Bremsscheiben unterschiedliche Reibkoeffizienten, die Ihren Zafira auch mit ABS und spätestens bei Vollbremsungen in »Schieflage« bringen. Thermisch bedingt ändern neue Bremsbeläge während der ersten 500 Kilometer ihre Materialstruktur: Vermeiden Sie in der Zeit daher häufige Vollbremsungen. Ansonsten könnten die Beläge schnell verhärten (»verglasen«) und dadurch niemals ihre bestmöglichen Verzögerungswerte erreichen. Achten Sie zudem peinlich genau darauf, dass Bremsenersatzteile für Ihr Auto eine Herstellerfreigabe und eine gültige ABE haben. Lassen Sie im Zweifelsfall »die Finger« von dubiosen Wühltischschnäppchen und decken sich besser mit Originalersatzteilen bei Ihrem Opel-Händler ein.

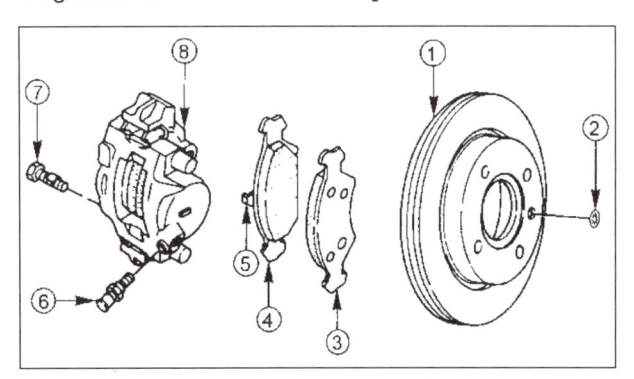

Die vordere Scheibenbremse im Detail: ❶ *Bremsscheibe,* ❷ *Clip,* ❸ *äußerer Belag,* ❹ *innerer Belag,* ❺ *Halteblech,* ❻ *Entlüfternippel,* ❼ *Schraube,* ❽ *Bremssattel.*

Arbeitsschritte

Vorderachse

① Bocken Sie den Vorderwagen auf einer ebenen Fläche rüttelsicher auf und demontieren die Räder.

② Schlagen Sie die Lenkung jeweils zu einer Seite ein, Sie können dann an den Bremszangen besser hantieren.

③ Falls vorhanden ziehen Sie den Bremsbelag-Verschleiß-Sensor ❶ vom inneren Bremsbelag und beide Staubkappen ❸ von den Führungsbolzen ❹ ab.

④ Hebeln Sie die Haltefeder ❷ mit einem Schraubendreher vom Bremssattel.

⑤ Lösen Sie Führungsbolzen und ziehen den Bremssattel vom Bremsträger. Falls erforderlich bringen Sie einen stabilen Schraubendreher zwischen Bremsscheibe und Bremsbelag und drücken den Gleitkolben ein wenig zurück. Das erleichtert die Demontage bei stark verschlissenen Bremsscheiben.

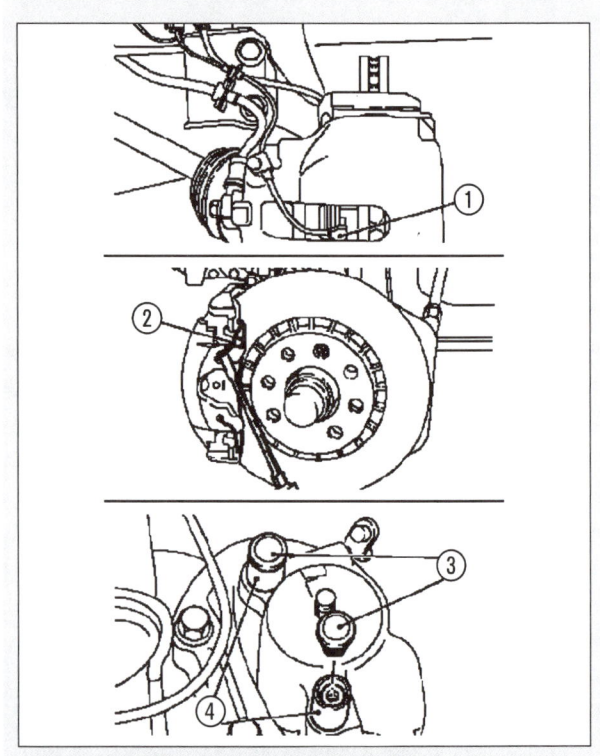

Lösen – zuerst den Führungsbolzen ❹ *und dann den Bremssattel abziehen.* ❶ *Bremsbelag-Verschleiß-Sensor,* ❷ *Haltefeder,* ❸ *Staubkappen.*

⑥ Ziehen Sie jetzt die Bremsbeläge ❶ und ❷ aus ihren Führungen im Bremssattel.

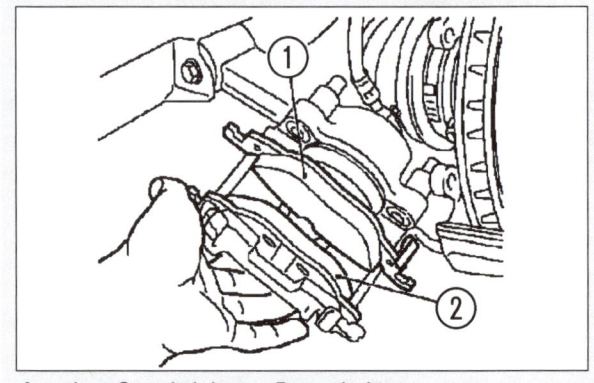

Aus dem Sattel ziehen – Bremsbeläge.

⑦ Vor der Montage setzen Sie den Gleitkolben mit einem stabilen Schraubendreher oder Hammerstiel vollständig in den Zylinder zurück. Beschädigen Sie weder den Kolben noch die Staubmanschette.

SCHEIBENBREMSBELÄGE TAUSCHEN

Vorsicht: Beim Zurücksetzen des Gleitkolbens kann Bremsflüssigkeit aus dem Vorratsbehälter austreten. Spülen Sie sofort gründlich mit klarem Wasser nach.

⑧ Entfernen Sie den Belagabrieb auf den Bremsbelagführungen (Pfeile) mit Bremsenreiniger oder Alkohol (keinesfalls Benzin) und Lappen bzw. mit einer Flaschenbürste oder einer harten Zahnbürste. Festgebackene Staubkrusten kratzen Sie vorsichtig mit einem flachen Schraubendreher ab – doch beschädigen Sie in »blinder Putzwut« nicht die Staubmanschette des Gleitkolbens.

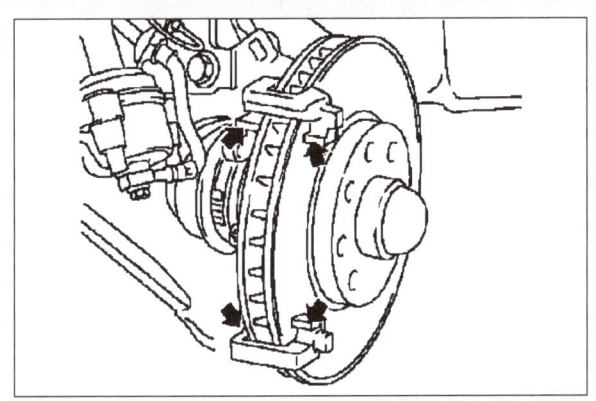

Mit Bremsenreiniger oder Alkohol cleanen – Bremsbelagführungen.

⑨ Werfen Sie einen Blick auf die Bremsscheibe – haben sich Fett, Straßenschmutz oder tiefe Riefen »eingenistet«? Prüfen Sie im gleichen Aufwasch auch die Scheibenstärke (Verschleißgrenze).

⑩ Die Kontaktflächen der Bremsbeläge reiben Sie vorab mit wärmebeständigem Gleitmittel (Kupferpaste) ein. Paste darf auf keinen Fall auf die Bremsflächen gelangen.

⑪ Schieben Sie jetzt die Bremsbeläge in den Bremssattel, …

⑫ …setzen den Bremssattel auf den Bremsenträger und schrauben »das Ganze« inklusive einem neuen Führungsbolzen mit rund 30 Nm fest. Achten Sie auf die richtige Einbaulage der Bremsbeläge: Der Pfeil ❶ auf der Rückseite der Beläge zeigt grundsätzlich in Drehrichtung.

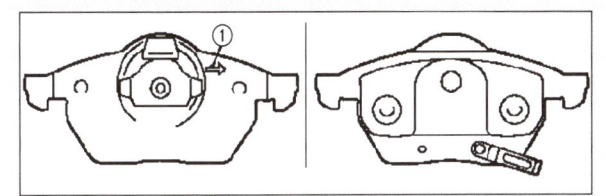

Bremsbeläge nur in Raddrehrichtung montieren – Pfeil ❶.

⑬ Montieren Sie die Haltefeder an den Bremssattel.

⑭ Vergessen Sie nicht, jetzt das Bremspedal so lange durchzutreten, bis die Beläge an den Scheiben anliegen. Sie spüren das am Widerstand im Bremspedal.

⑮ Überprüfen Sie den Bremsflüssigkeitsstand im Vorratsbehälter. Überschüssige Flüssigkeit saugen Sie mit einer Pipette bis »MAX« ab, fehlende Flüssigkeit ergänzen Sie mit »frischem Saft« bis auf »MAX«.

⑯ Montieren Sie die Räder und stellen das Auto auf die »Füße«.

⑰ Bremsen Sie auf einer Nebenstraße die neuen Beläge vorsichtig ein. Verzögern Sie die »Fuhre« einige Male ganz »piano« von etwa 100 km/h auf 50 km/h. Zwischendurch lassen Sie die Bremsbeläge immer wieder gut auskühlen.

Hinterachse

Erneuern Sie Bremsbeläge und Bremsscheiben grundsätzlich nur paarweise, andernfalls verändern Sie den Reibkoeffizienten zwischen den Scheiben – die Bremse zieht dann mitunter schief.

Arbeitsschritte

① Bocken Sie den Hinterwagen auf ebener Fläche rüttelsicher auf und nehmen beide Räder ab. Lösen Sie die Handbremse.

② Trennen Sie, falls vorhanden, den Kabelsatzstecker der Bremsbelagverschleißanzeige.

③ Demontieren Sie das Handbremsseil vom Bremssattel. Dazu drücken Sie den Betätigungshebel ❶ in Pfeilrichtung mit einem Schraubendreher nach unten und hängen das Handbremsseil aus.

④ Hernach bauen Sie die Sicherungsklammer ❷ ab und ziehen das Handbremsseil aus der Halterung.

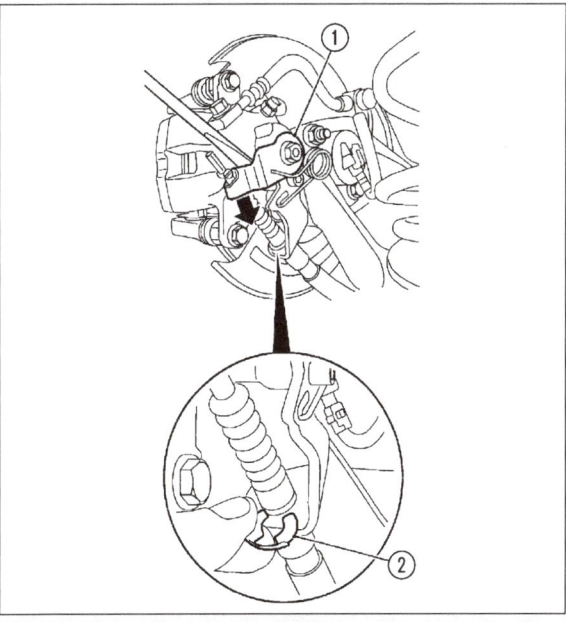

Aushängen – Handbremsseil. ❶ *Betätigungshebel,* ❷ *Sicherungsklammer.*

BREMSANLAGE

⑤ Demontieren Sie den Bremssattelführungsbolzen ❶. Kontern Sie den Bolzen mit einem Gabelschlüssel ❷.

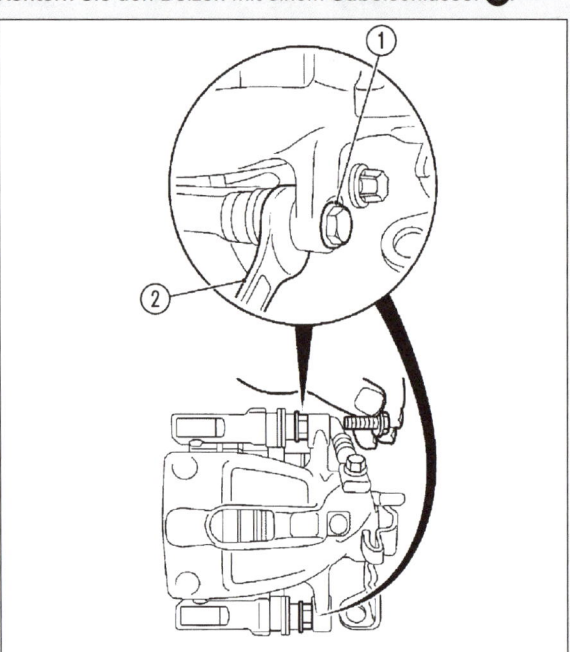

Hochschwenken und Bremsbeläge demontieren – Bremssattel.

⑥ Schwenken Sie den Bremssattel nach oben und ziehen die Bremssegmente aus dem Halterahmen. Ab Modelljahr 2002 passiert das zusammen mit den Führungsblechen.

⑦ Fixieren Sie den Bremssattel mit Bindedraht im Radkasten und setzen den Kolben in den Bremssattel zurück. Opel-Monteure »bemühen« dazu den Spezialadapter-KM 6007 ❶, versuchen Sie's mit einem Schraubendreher oder passenden Hammerstiel. Achten Sie jedoch darauf, dass die Aussparung ❷ und ❸ gradlinig zum Bremssattelsichtfenster verläuft. Vorsicht: Die im Sattel »verdrängte« Bremsflüssigkeit fließt in den Vorratsbehälter zurück. Falls erforderlich, saugen Sie überflüssige Flüssigkeit aus dem Behälter ab. Bereits ausgelaufene Bremsflüssigkeit spülen Sie umgehend mit Wasser gründlich von der Lackoberfläche.

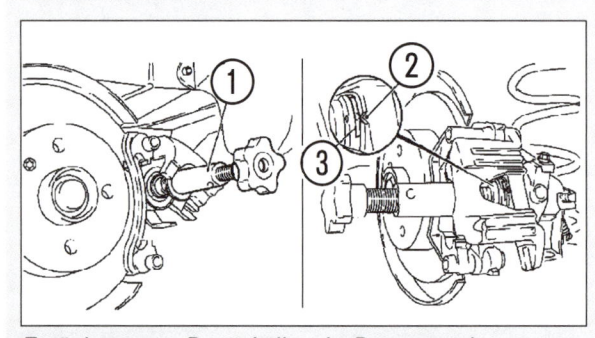

Zurücksetzen – Bremskolben im Bremssattel.

bis Modelljahr 2002

⑧ Bevor Sie die neuen Segmente montieren, bestreichen Sie die Kontaktflächen (Schraffierung) mit hitzebeständiger Kupferpaste.

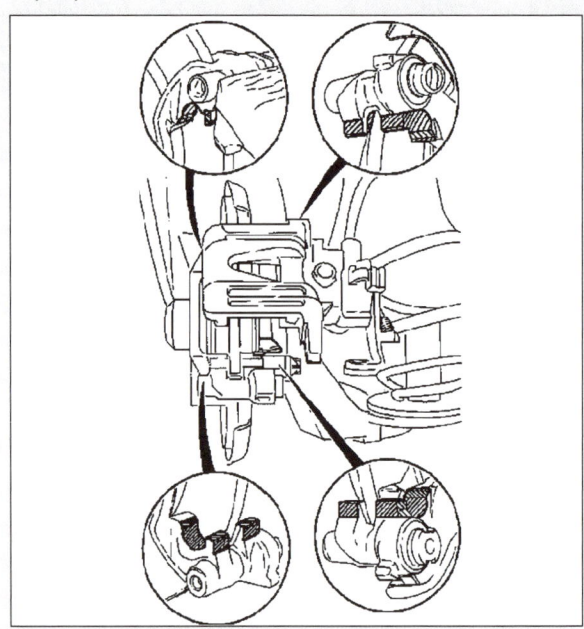

Mit hitzebeständiger Kupferpaste bestreichen – Kontaktflächen an Bremssegmenten.

ab Modelljahr 2002

⑨ Bevor Sie die neuen Segmente montieren, bestreichen Sie die Führungsbleche ❶ mit hitzebeständiger Kupferpaste.

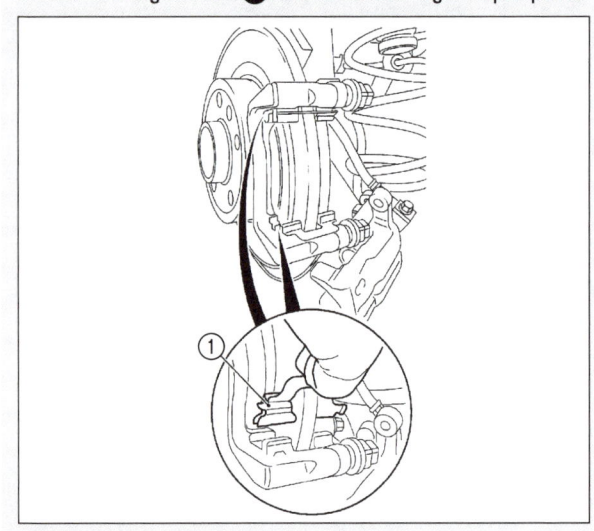

Mit hitzebeständiger Kupferpaste bestreichen – Führungsbleche ❶.

alle Modelle

⑩ Beenden Sie die Montage typspezifisch in umgekehrter Reihenfolge – den Führungsbolzen ziehen Sie mit 25 Nm an.

BREMSSCHEIBEN AUS- UND EINBAUEN

⑪ Montieren Sie die Räder, »pumpen« das Bremspedal auf Druck und ziehen dann einige Male die Handbremse. Prüfen Sie den Bremsflüssigkeitsstand im Vorratsbehälter und korrigieren den Spiegel bis »MAX«. Bremsen Sie die neuen Beläge, wie beschrieben, ein.

Bremsscheiben aus- und einbauen

Vorderachse

Erneuern Sie Bremsscheiben grundsätzlich immer nur paarweise. Falls nicht, arbeiten die Scheiben mit einem unterschiedlichen Reibkoeffizienten – die Bremse »zieht« dann schief.

Arbeitsschritte

① Hebeln Sie die Sicherungsbleche ❶ der Bremsschläuche aus und ziehen die Schläuche dann aus den Halterungen.
② Beide Bremssättel mitsamt Bremssegmenten demontieren Sie wie beschrieben und »hängen« sie mit Bindedraht an den Federbeinen auf.
③ Lösen Sie beidseitig die Befestigungsschrauben ❷ des Bremsträgers vom Lenkschwenklager und legen ihn beiseite.

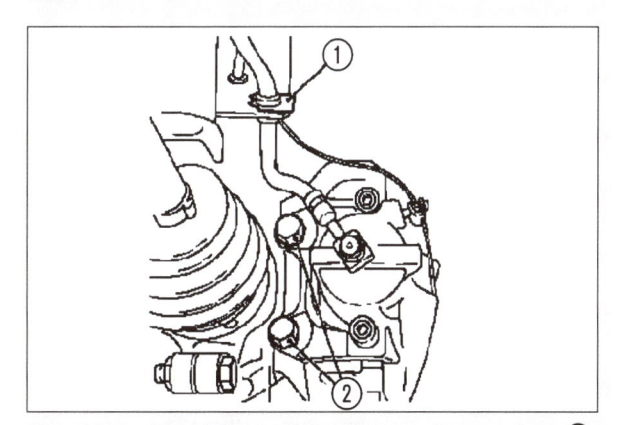

Vom Lenkschwenklager demontieren – Bremsträger. ❶ Sicherungsbleche der Bremsschläuche, ❷ Befestigungsschrauben.

④ Bevor Sie die Bremsscheiben demontieren, markieren Sie mit Ölkreide oder zwei Körnerschlägen ihren Sitz auf der Radnabe. Lösen Sie dann die Arretierschrauben ❸ an den Discs ...
⑤ ... und »treiben« die Scheiben von den Radnaben.

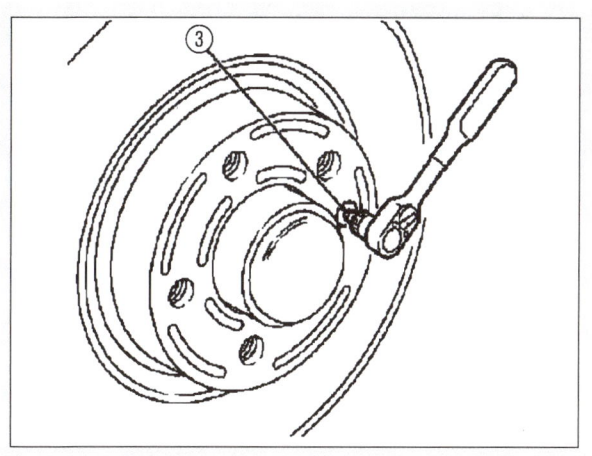

Von der Radnabe abziehen – Bremsscheibe. ❸ Arretierschrauben.

⑥ Sollten Sie die Scheiben nicht »locker« von den Naben abziehen können, helfen Sie »gefühlvoll« mit einem Gummihammer nach. Vergessen Sie nicht, die Scheiben währenddessen zu drehen.
⑦ Bevor Sie die Scheiben dann montieren, säubern Sie die Anlageflächen der Radnaben und Bremsscheiben gründlich mit einer Drahtbürste und ...
⑧ ... setzen sie erst dann – analog zu Ihrer Markierung – wieder auf die Radnaben auf. Wenn Sie die Anlageflächen gut gesäubert haben, ist die Chance relativ groß, dass beide Scheiben ohne Taumelschlag rund laufen.
⑨ Beenden Sie die Montage in umgekehrter Reihenfolge und ziehen die Halterahmen mit 110 Nm gegen die Lenkschwenklager.

Hinterachse

Erneuern Sie Bremsscheiben grundsätzlich immer nur paarweise. Falls nicht, arbeiten die Scheiben mit einem unterschiedlichen Reibkoeffizienten – die Bremse »zieht« dann schief.

Arbeitsschritte

① Bocken Sie den Hinterwagen rüttelsicher auf, nehmen beide Räder ab und ...
② ... demontieren die Bremssättel inklusive der Bremsbeläge wie beschrieben.
③ Ziehen Sie die Sättel von den Bremsenträgern ❶ und ...
④ ... fixieren sie mit Schweißdraht in den Radläufen. Achten Sie darauf, dass die Bremsschläuche nicht zu stark abknicken.
⑤ Lösen Sie dann beidseitig die Schrauben ❷ der Bremsenträger und legen die Träger beiseite.

BREMSANLAGE

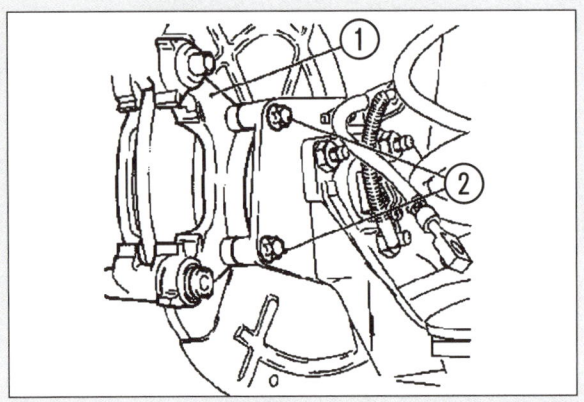

Demontieren – Bremsträgerbefestigungsschrauben ❶, ❷.

⑥ Bevor Sie die Bremsscheiben demontieren, markieren Sie mit Ölkreide oder zwei Körnerschlägen ihren Sitz auf der Radnabe. Lösen Sie dann die Arretierschrauben an den Discs ...

⑦ ... und »treiben« die Scheiben von den Radnaben.

⑧ Sollten Sie die Scheiben nicht »locker« von den Naben abziehen können, helfen Sie »gefühlvoll« mit einem Gummihammer nach. Vergessen Sie nicht, die Scheiben währenddessen zu drehen.

⑨ Bevor Sie die Scheiben dann montieren, säubern Sie die Anlageflächen der Radnaben und Bremsscheiben gründlich mit einer Drahtbürste und ...

⑩ ... setzen sie erst dann – analog zu Ihrer Markierung – wieder auf die Radnaben auf. Wenn Sie die Anlageflächen gut gesäubert haben, ist die Chance relativ groß, dass beide Scheiben ohne Taumelschlag rund laufen.

⑪ Beenden Sie die Montage in umgekehrter Reihenfolge und ziehen die Halterahmen an den Lenkschwenklagern fest.

Bremssattel und Bremskolben gangbar machen – Staubmanschette wechseln

An der Vorderachse verzögert der Zafira mit 57 mm großen Bremskolben, der Hinterachse reichen Kolben mit 38 mm Durchmesser. Bei porösen oder nachlässig montierten Staubmanschetten dringen Schmutz und Feuchtigkeit in den Hydraulikzylinder ein. In der Folgezeit korrodiert der Gleitkolben dann langsam aber sicher. Folge: Hoher Bremsbelag- und Scheibenverschleiß, ungleichmäßige Bremswirkung. Wenn Ihr Zafira die Symptome zeigt, gehen Sie folgendermaßen vor.

Arbeitsschritte

① Demontieren bzw. montieren Sie die Bremsbeläge wie beschrieben und ...

② ...überprüfen zuerst den Belagfreigang in den Belagschächten. Ggf. reinigen Sie die Schächte mit einer harten Zahnbürste oder einem passenden Schlitzschraubendreher. Achten Sie darauf, dass Sie die Staubmanschetten nicht beschädigen oder von ihrem Sitz lösen. Bevor Sie die Bremsbeläge wieder einsetzen, bestreichen Sie alle Kontaktflächen mit hitzefester Kupferpaste.

③ Selbstverständlich müssen auch die Bremssättel freigängig sein. Falls nicht, reinigen und bestreichen Sie die Gleitflächen, wie beschrieben, leicht mit hitzebeständiger Kupferpaste.

Bremskolben prüfen

① Bevor Sie den Bremskolben auf »Freigang« prüfen, fixieren Sie, als Endanschlag zur Bremsscheibe, ein passendes Distanzstück (evtl. Dachlatte) mit einer Schraubzwinge an der Scheibe. Die Maßnahme schützt den Kolben mitsamt Dichtring vor Beschädigungen – der Kolbenweg ist damit begrenzt. Selbstverständlich muss der gegenüberliegende Bremssattel noch komplett montiert sein.

② Schieben Sie jetzt einen Montierhebel zwischen Kolben und provisorischem Endanschlag. Ein Helfer tritt derweil vorsichtig das Bremspedal durch. Falls der Kolben klemmt, »pumpt« er so lange das Bremspedal, bis der Kolben dem Druck »weicht« und nach außen wandert. Sobald der Kolben den Montierhebel erreicht, pressen Sie ihn per Hebel in den Zylinder zurück. Wiederholen Sie die Prozedur so lange, bis der »widerspenstige« Kolben leichtgängig im Zylinder gleitet.

Achtung: Bleiben Sie damit erfolglos, lassen Sie den Sattel besser in einer Fachwerkstatt überholen.

Staubmanschette erneuern

① Heben Sie die alte Staubmanschette mit einem gebogenen Schweißdraht oder kleinen Winkelschraubendreher vom Bremssattel und Gleitkolben ab. Beschädigen Sie dabei nicht den Gleitkolben oder die Zylinderlaufflächen. Achten Sie darauf, ob der Zylinder noch dicht ist oder ob bereits Bremsflüssigkeit austritt. Auch bei kleinsten Leckspuren lassen Sie den Sattel besser sofort in einer Fachwerkstatt überholen.

② Bevor Sie die neue Manschette montieren, reinigen Sie die Dichtflächen mit Brennspiritus oder sauberer Bremsflüssigkeit. Die gereinigten Flächen konservieren Sie anschließend mit Bremszylinderpaste (Ate).

③ Drücken Sie die neue Staubmanschette vorsichtig auf die Dichtflächen. Achten Sie darauf, dass die Manschette »satt« sitzt, erst dann …

④ …pressen Sie den Kolben mit einem Montierhebel bis zum Anschlag in den Zylinder zurück.

⑤ Die Bremsbeläge montieren Sie wie beschrieben.

⑥ Vergessen Sie auch nicht, die Bremsflüssigkeit im Vorratsbehälter zu checken.

⑦ Bevor Sie den Wagen auf die Räder stellen, prüfen Sie das gesamte Bremssystem auf Dichtheit. Erst danach beenden Sie die Montage in umgekehrter Reihenfolge.

Die Handbremse

Die Handbremse (Feststellbremse) sichert Ihren parkenden Zafira gegen unbeabsichtigte »Rollversuche«. Sie wirkt mit Seilzügen, über den Handbremshebel, mechanisch auf die Hinterräder. Der angezogene Handbremshebel löst unter dem Zafira-Bauch eine »Kettenreaktion« aus: Er strafft die Seilzüge, betätigt einen Umlenkhebel am Bremssattel und wirkt letztlich auf einen Verstellnocken in den Radbremssätteln. Um den Bremsbelagverschleiß automatisch auszugleichen, arbeitet in den hinteren Bremssätteln eine Justiervorrichtung. Sie können die Vorrichtung aktivieren, indem Sie mehrere Male hintereinander den Handbremshebel ziehen.

Handbremsseile wechseln (komplett)

Arbeitsschritte

① Klemmen Sie das Batteriemassekabel ab, bocken den Hinterwagen auf ebener Fläche rüttelsicher auf und demontieren die Hinterräder.

② Anschließend lösen Sie die untere Fußraumverkleidung jeweils mit zwei Schrauben und Klammern.

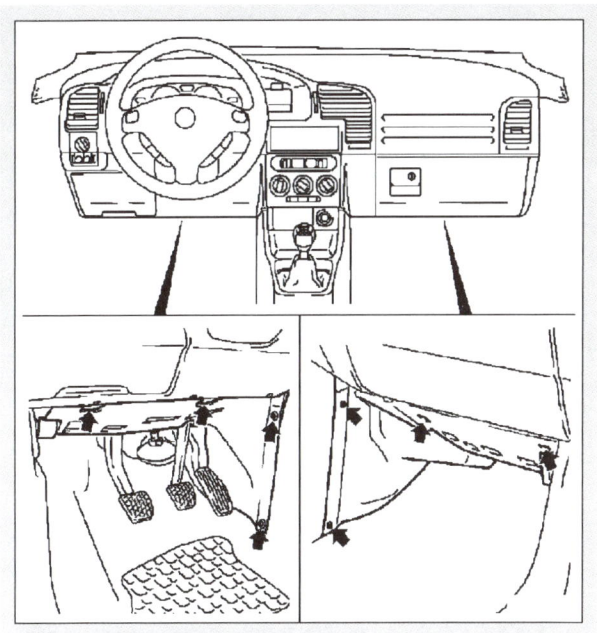

Mit zwei Schrauben und Klammern lösen – untere Fußraumverkleidung.

③ Hernach demontieren Sie den Aschenbecher aus der Mittelkonsole. Lösen Sie dazu die Schraube (Pfeil), trennen die elektrischen Anschlüsse vom Zigarettenanzünder.

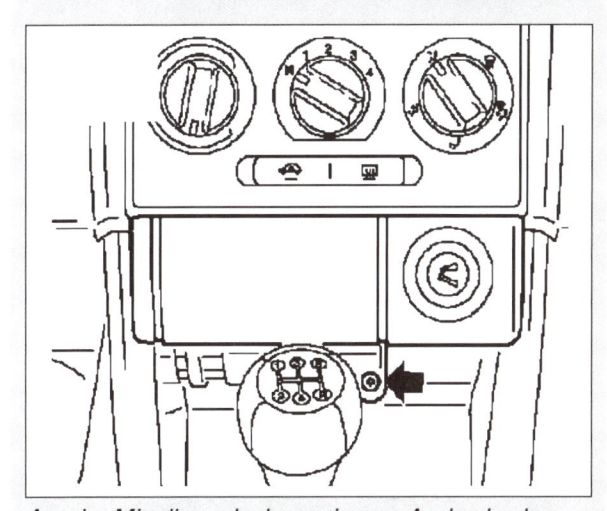

Aus der Mittelkonsole demontieren – Aschenbecher.

④ Um jetzt die Mittelkonsole demontieren zu können, hebeln Sie die Ablageschale aus ❶ und …

⑤ …befreien den Faltenbalg des Handbremshebels aus seinem Rahmen. Die gelöste Hülle »krempeln« Sie dann über den Bremshebel nach oben.

⑥ Sie haben jetzt Platz, um die Frischluftdüsen ❷ nach hinten aus der Mittelkonsole zu drücken.

BREMSANLAGE

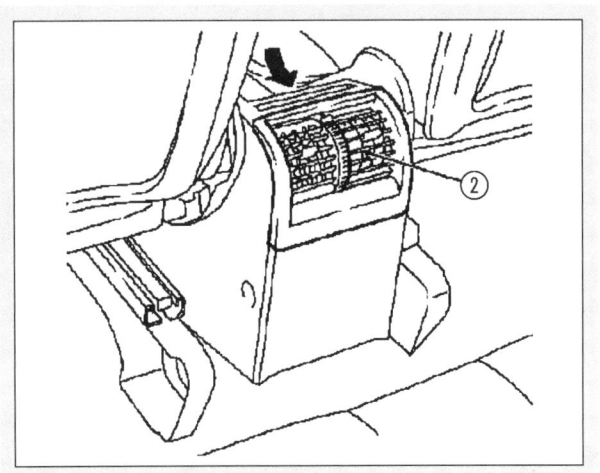

Nach hinten aus der Mittelkonsole drücken – Frischluftdüsen ❷.

⑦ Hebeln Sie mit einem kleinen Schraubendreher die vier »Blindstopfen« der Mittelkonsole ab und lösen die darunter liegenden Schrauben (Pfeile).

⑧ Anschließend lösen Sie die restlichen drei Schraubverbindungen (Pfeile) und ...

⑨ ... bugsieren die Mittelkonsole aus dem Innenraum.

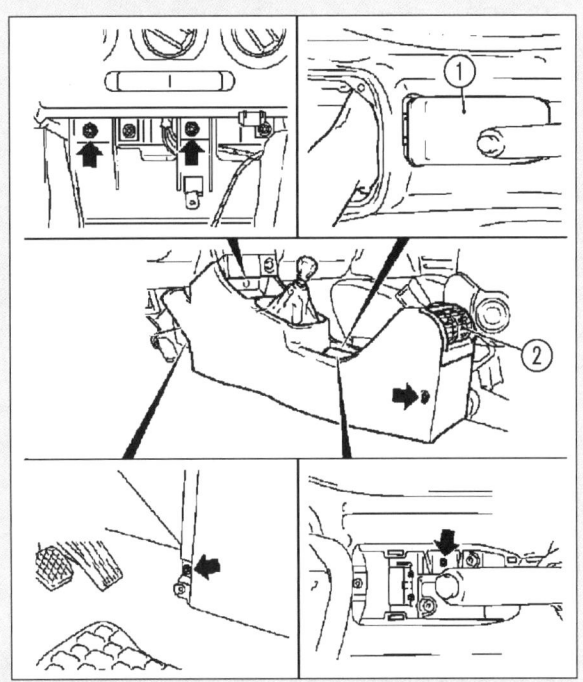

An der Mittelkonsole lösen – Befestigungsschrauben.

⑩ Jetzt lockern Sie die Einstellmutter ❶ des Handbremsseils und hängen es aus. Falls Sie sich damit schwer tun, packen Sie mit einer Zange das Handbremsseil am unteren Ende der Gewindestange ❸ und pressen es aus der Führung.

⑪ Trennen Sie den Elektroanschluss der zweiten Lambda-Sonde und lösen den Kabelsatz aus seiner Befestigung.

⑫ Demontieren Sie das vordere Auspuffrohr und den mittleren Schalldämpfer wie beschrieben. Die Auspuffgummis ❺ hängen Sie am Fahrzeugunterboden aus.

⑬ Jetzt schrauben Sie noch das Hitzeschutzblech ❹ mit sieben Muttern vom Unterboden ab.

⑭ Um das Handbremsseil aus der »Wippe« ❻ zu jonglieren, verdrehen Sie sein Ende kurzerhand um 90° und hängen das Seil dann aus.

⑮ Anschließend lösen Sie die Schutzmanschette ❷ des Handbremsseils aus dem Trägerblech und ...

⑯ ... ziehen das Seil heraus.

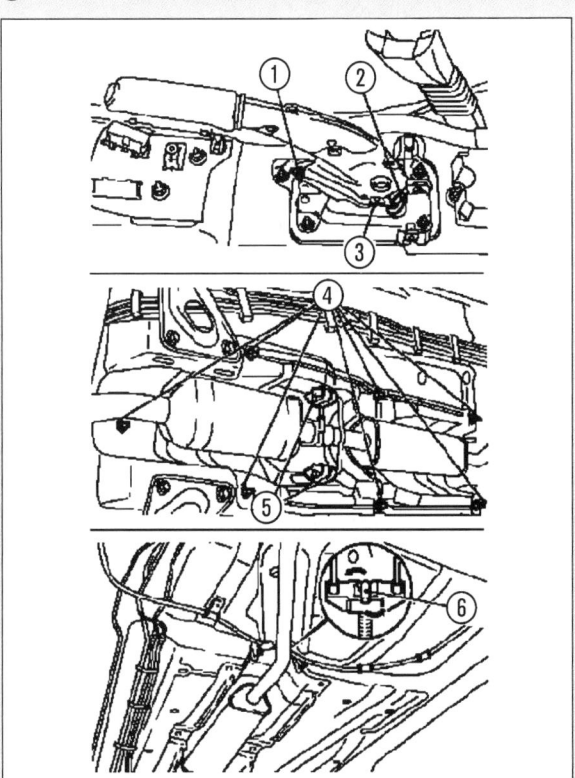

Aufwendig: Vorderes Handbremsseil erneuern.

⑰ Hängen Sie das hintere Handbremsseil, wie beschrieben, an den Bremssätteln aus.

⑱ Anschließend lösen Sie die Befestigungen an der Hinterachse und am Tank. – Fertig!

⑲ Zur Montage beenden Sie die Arbeit in umgekehrter Reihenfolge.

⑳ Stellen Sie den Handbremshebelweg ein. Ziehen Sie dazu zunächst einige Male den Handbremshebel bis zum Anschlag – was dann noch fehlt, gleichen Sie mit der Einstellmutter des vorderen Seils aus. Die Bremse soll die Hinterräder etwa in der vierten Raste gleichmäßig blockieren.

HANDBREMSE EINSTELLEN

Handbremse einstellen

Bevor Sie loslegen, checken Sie das Handbremsseil, es muss richtig in den Führungen liegen und komplett geclipst sein.

Arbeitsschritte

① Bocken Sie die Hinterachse auf und checken, ob Sie beide Räder leicht drehen können.

② Demontieren Sie die Abdeckung der Mittelkonsole, ...

③ ... lösen die Schutzmanschette ❷ des Handbremshebels ❶ und stülpen sie nach oben.

④ Lösen Sie jetzt die Handbremse und treten das Bremspedal einige Male voll durch: Sie aktivieren damit die Nachstelleinrichtung.

⑤ Lösen Sie die Einstellmutter ❸ und ziehen den Handbremshebel drei Rasten an.

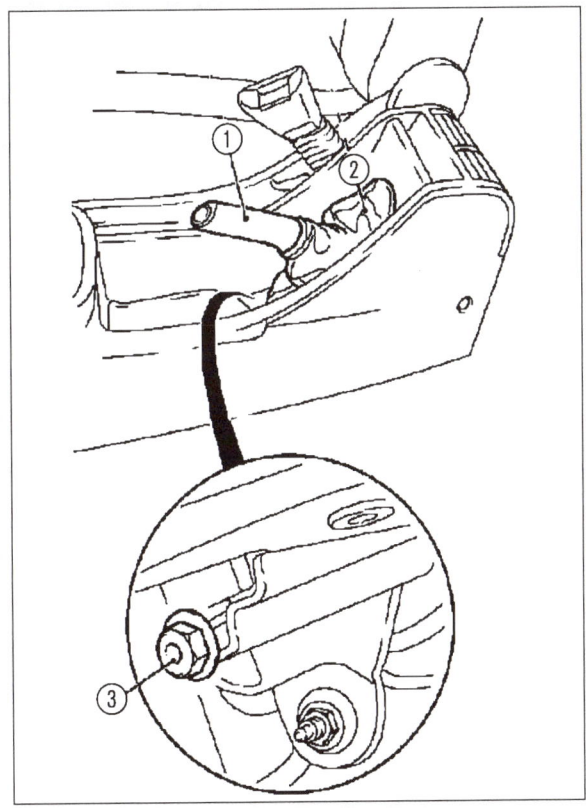

Zuerst lösen – Handbremshebeleinstellmutter.

⑥ Ziehen Sie die Einstellmutter jetzt so weit an, dass Sie die Hinterräder gerade noch drehen können.

⑦ Lösen Sie den Handbremshebel – die Räder müssen freigängig sein.

bis Modelljahr 2002

⑧ An den hinteren Bremssätteln checken Sie jetzt das Spiel ❶ zwischen Betätigungshebel und Anschlag. Zulässig sind 2,5 mm auf jeder Seite.

⑨ Falls Sie »mehr« messen, sind entweder die Bremsbeläge verschlissen, oder Sie haben den Hebelweg ungenau eingestellt. Wiederholen Sie den Vorgang.

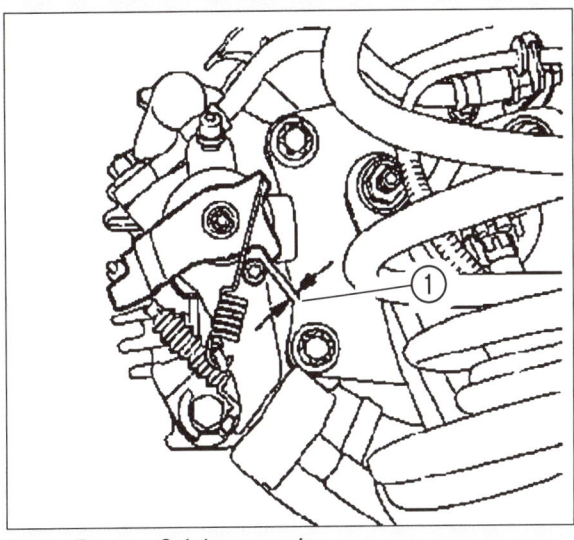

Keine Frage – Spiel muss sein.

⑩ Beenden Sie die Montage in umgekehrter Reihenfolge und ...

⑪ ... nehmen auf einer Nebenstraße eine Bremsprüfung vor. Sollte die Bremse einseitig ziehen, korrigieren Sie die Grundeinstellung der Handbremsseile.

Handbremsspiel — Praxistipp

Wenn das Handbremsspiel in kurzen Nachstellabständen schnell größer wird, klemmt möglicherweise ein Bremsseil. Demontieren Sie dann alle Bremsseile und machen sie mit Silikonspray gangbar.

BREMSANLAGE

Bremse — Störungsbeistand

Störung	Ursache	Abhilfe
A Bremse quietscht.	1 Resonanzgeräusche zwischen Bremsscheibe und Belägen.	Beläge wechseln, ggf. Bremsbelagträgerplatte auf der Rückseite mit Anti-Quietschpaste einstreichen.
	2 Beläge verschlissen bzw. verhärtet.	Erneuern.
	3 Bremsflächen der Scheiben stark verschmutzt, verschmiert oder abgenutzt.	Scheiben reinigen bzw. planen lassen. Ggf. austauschen.
	4 Belagführung am Bremssattel verschmutzt oder verrostet.	Säubern bzw. blank schleifen.
	5 Festsitzender Kolben im Bremssattel.	Gängig machen oder Bremssattel überholen lassen.
	6 Automatischer Nachstellmechanismus nicht in Ordnung.	Bremssattel reinigen, gängig machen bzw. Einbaulage der Einzelteile überprüfen.
	7 Festsitzender Kolben im Radbremszylinder.	Gängig machen bzw. Bremszylinder austauschen (lassen).
	8 Neue Bremsbeläge tragen noch nicht vollflächig.	Außenkanten mit Schruppfeile brechen, evtl. Beläge egalisieren.
B Bremswirkung lässt nach (Fading).	1 Pedalweg normal: a) Beläge verölt, verbrannt oder verhärtet. b) Siehe A3 und 7.	Bremsbeläge ersetzen (lassen).
	2 Pedalweg kurz: Bremskraftverstärker arbeitet nicht oder kein Unterdruck am Verstärker.	Bremskraftverstärker bzw. Unterdruckleitung auf Knicke prüfen; Unterdruckventil verstopft; prüfen und evtl. ersetzen (lassen).
	3 Pedalweg lang: a) Siehe A5. b) Ein Bremskreis ausgefallen.	Kontrollieren, schadhafte Teile auswechseln (lassen).
	4 Falscher Belag.	Bremsbeläge tauschen (lassen).
	5 Hinterradbremse(n) defekt.	Bremsanlage prüfen (lassen).
C Bei hohem Bremspedaldruck schwache Bremsleistung.	1 Siehe A2 bis 5.	
	2 Siehe B1 bis 4.	
D Bremspedalweg schwammig.	1 Luft in der Anlage.	Bremsanlage prüfen, entlüften (lassen).
	2 Bei überbeanspruchter Bremse (Gebirgsfahrt, Anhängerbetrieb) Dampfblasenbildung (Bremsfading).	Anhalten, Bremse abkühlen lassen. Verhalten fahren und bremsen, häufiger einen Gang herunter schalten (Motorbremse).
	3 Hauptbremszylinder nicht richtig befestigt.	Befestigung prüfen.
E Bremspedal lässt sich ganz durchtreten, keine Bremswirkung.	1 Hauptzylinder ausgefallen.	Austauschen.
	2 Bremsschlauch oder Leitung gerissen, Dichtung leck.	Ersetzen.
	3 Bremsflüssigkeit zu alt oder überhitzt (Dampfblasenbildung).	Erneuern.
F Pedalweg zu lang.	1 Radlager lose oder verschlissen.	Befestigen, evtl. ersetzen lassen.
	2 Scheiben unrund, Beläge verschoben.	Scheibe und Beläge prüfen und evtl. ersetzen lassen.

STÖRUNGSBEISTAND BREMSE

Bremse

Störung	Ursache	Abhilfe
G Zu wenig Bremsflüssigkeit.	1 Bremsscheiben oder Beläge verschlissen.	Bremsscheiben bzw. Beläge prüfen, ersetzen (lassen).
	2 Leck in der Hydraulik.	Hydraulik auf Leck prüfen und Mangel beheben lassen.
H Bremsen ziehen einseitig.	1 Bremsscheiben defekt oder unterschiedliche Beläge.	Prüfen, evtl. ersetzen (lassen).
	2 Siehe A3.	
	3 Siehe A5 und 7.	
	4 Falsche Reifen oder falscher Reifendruck.	Prüfen; richtige Reifen aufziehen, Reifendruck kontrollieren.
	5 Lenkung defekt.	Prüfen lassen.
	6 Stoßdämpfer verschlissen.	Prüfen, evtl. ersetzen (lassen).
I Beläge stark oder ungleichmäßig verschlissen.	1 Bremsscheiben sind korrodiert oder weisen Riefen auf.	Prüfen, evtl. ersetzen (lassen).
	2 Siehe A5.	

Störungsbeistand

DIE FAHRZEUG-ELEKTRIK

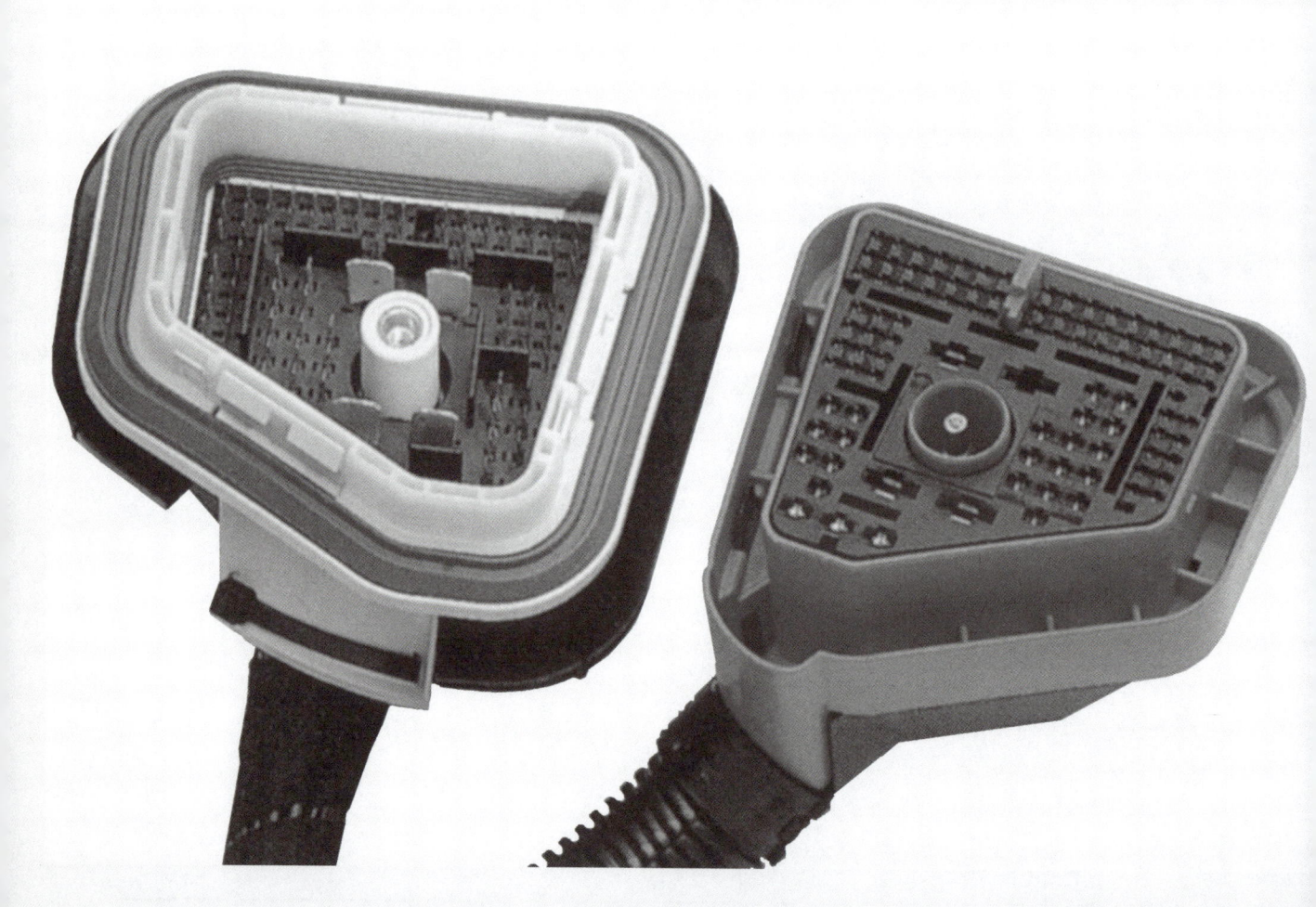

DIE FAHRZEUGELEKTRIK

Wartung

Batteriesäurestand prüfen 226
Kontakte pflegen.. 226
Batterie prüfen 227
Stille Verbraucher messen 231

Reparatur

Motor »fremdstarten« 228
Wagen anschieben/anschleppen 228
Batterie laden 230
Batterie aus- und einbauen 230
Antriebsriemen wechseln 231
Riemenspannrolle wechseln 234
Generator aus- und einbauen 235
Anlasser aus- und einbauen 237
Glühlampen wechseln 242
Scheinwerfer einstellen 246
Signaleinrichtungen prüfen 248
Bremslichtschalter prüfen 249
Signalhorn prüfen 249
Schalter prüfen 251
Kombiinstrument aus- und einbauen 252
Triple Info Display aus- und einbauen ... 254
Sicherungen erneuern 256

Die Zeiten, in denen elektrische Verbraucher von der »Batterie bis zum Schalter, von der Quelle bis zur Mündung« mit einfachen Hilfsmitteln im Bordnetz zu diagnostizieren waren, sind passé: Moderne Elektroinstallationen arbeiten mit Datenbussen oder, wie im Falle Zafira, mindestens mit daumendicken Kabelbäumen, filigranen Zentralsteckern und »verwirrenden Kabelruten«. Dennoch, vor dem Kabelgewirr und den Hightech-Kupplungen müssen Do it yourselfer nicht generell kapitulieren: Die »Ströme laufen wie eh und jeh von A nach B«. Es gilt eben nur den richtigen Pfad zu finden. Dazu benötigen Sie allerdings die entsprechenden Schaltpläne des Herstellers.

Das elektrische System

Ohne Batterie, Anlasser, Generator und rund 17 Kilometer Kupferkabel bewegt sich im Zafira fast NICHTS – zumindest nicht koordiniert: Mit leerer Batterie streikt der Anlasser, ohne Anlasser schweigt der Motor, ohne Motor pausiert der Generator – und ohne Kabelanschlüsse bleiben die drei Global-Player ohnehin stumm.

FAHRZEUGELEKTRIK

Elektrische Energie – der »Lebenssaft« fürs Motormanagement

Wie anderen Autos hilft, während der Fahrt, auch Ihrem Zafira elektrische Energie auf die Sprünge: Subsysteme wie das Motormanagement, die Kraftstoffeinspritzung oder die Beleuchtung sind »voll stromabhängig«. Bei so viel Abhängigkeit erscheint es nicht verwunderlich, dass viele Autofahrer unangenehme Erlebnisse mit dem Trio Batterie, Anlasser, Generator verbinden. Die Ursache dafür liegt häufig unter der Motorhaube, also dem Arbeitsplatz und der Peripherie dieser drei Akteure. Zur Entschuldigung sei gesagt, die dort vorherrschenden Arbeitsbedingungen sind nicht gerade ideal: Mal ist es zu kalt, mal zu warm, vielfach feucht, mitunter gar triefend nass. Viele Stromverbraucher sitzen zudem an exponierten Stellen – Störungen in der Bordelektrik sind da eigentlich vorprogrammiert. Zudem kapituliert die Batterie bisweilen vor klirrender Kälte und großer Hitze.

Einfach zu beheben – kleine Störungen im Bordnetz

Nach der Lektüre dieses Kapitels sollte Ihnen freilich kein überzeugendes Argument mehr einfallen, um vor einem »toten« Schalter oder einer »schwarzen« Lampe zu kapitulieren. Oft »wackelt« nämlich nur ein Kabelanschluss oder »unterwegs« ist ein Kontakt korrodiert. Viele Unpässlichkeiten an der Bordelektrik können Sie gewissermaßen mit Ihrer »Hausapotheke« behandeln. Selbst dann, wenn Sie kein »ausgewiesener Strippenwurm« sind und Ihnen auch sämtliche Ambitionen dazu fehlen.

Grundbegriffe der Elektrik — Techniklexikon

Elektrische Spannung (Strom) fließt nur in geschlossenen Stromkreisen. Stromkreise bestehen aus Erzeuger (z. B. Batterie, Generator), Verbraucher (z. B. Glühlampe, Anlasser, Elektromotor) und den Kabelsträngen mit ihren einzelnen Leitungen. Kabelstränge realisieren Verbindungen zwischen Erzeuger und Verbraucher.

Das folgende Beispiel verdeutlicht Ihnen die Grundbegriffe der Elektrik: Stellen Sie sich bitte eine Wasserleitung vor, in der unter bestimmtem Druck eine definierte Menge Wasser von A (Erzeuger) nach B (Verbraucher) fließt. Nichts anders passiert in den Stromkreisen Ihres Zafira. Zum Beispiel dann, wenn Ihnen beim Öffnen der Tür automatisch »ein Licht aufgeht«.

Spannung: Sie entspricht dem Druck in der Wasserleitung. Die Maßeinheit für Spannung ist Volt (V).

Strom: Entspricht der Wassermenge, die in einer definierten Zeit in der Wasserleitung fließt. Die Maßeinheit für Strom ist Ampere (A).

Leistung: Ist das Produkt aus Spannung und Strom. Es gibt an, wie viel Leistung ein elektrischer Verbraucher von einem Stromerzeuger bekommt. Die Maßeinheit für Leistung ist Watt (W).

Widerstand: Vergleichbar mit einem Wasserhahn. Ist der Hahn geöffnet, fließt ungehindert Wasser in der Leitung (Widerstand 0). Ein verschlossener Hahn erhöht den Widerstand kontinuierlich, bis schließlich kein Wasser mehr fließt (Widerstand ∞). Die Maßeinheit für Widerstand ist Ohm (Ω).

Kabel: Vergleichbar mit einer Wasserleitung. Die erforderliche Stärke der Leitung (Querschnitt) bestimmt der Verbraucher: Ein Kontrolllämpchen kommt mit einer Kabelstärke von 0,5 mm² aus. Der Anlasser verlangt dagegen ein starkes 16 mm² Kabel – in unserem Beispiel würde das dem Hauptwasseranschluss entsprechen. Ein zu dünnes Kabel heizt sich auf – die Spannung fällt zwangsläufig ab. An den Scheinwerfern kommen dann beispielsweise nicht mehr 12 Volt, sondern nur 10 oder 9,5 Volt an – das Licht wird trübe.

Batterie und Anlasser

Sechs in Reihe geschaltete Zellen sind das Herz einer 12-Volt-Starterbatterie. Eine Zelle besteht aus einer Kombination positiver und negativer Platten, die in einer Art chemischen Teamworks jeweils etwa zwei Volt Spannung produzieren. Die Platten bestehen aus Hartbleigittern, die mit einer aktiven Masse gefüllt sind. Auf der positiven Plattenseite ist das Bleidioxid, das Reaktionsmittel der negativen Platte – reines Blei. Zwischen den beiden sitzt ein Separator – er trennt die Platten voneinander, lässt die Batterieflüssigkeit (Elektrolyt) jedoch durch mikroskopisch feine Poren zirkulieren. Elektrolyt ist eine leitfähige Flüssigkeit, die zu etwa 37 Prozent aus konzentrierter Schwefelsäure und 63 Prozent destilliertem Wasser besteht.

Speichert elektrische Energie – die Batterie

Im abgeschotteten Inneren der Batterie laufen energetische Prozesse ab – Batterien wandeln chemische

BATTERIE

Energie zu elektrischer Energie. Der wichtigste Abnehmer für den »Powersaft« ist der Anlasser. Seine Durchzugskraft ist abhängig von dem Energiepolster, das die Batterie während der Fahrt aufnimmt und speichert: Je nach Motor und Anlassertyp »lutscht« der Starter kurzzeitig dabei bis zu 2000 Watt – dafür muss die Batterie in Höchstform sein.

Bei jedem Kaltstart geht ein Großteil der immensen Leistung auf das Konto interne Reibungsverluste. Warmstarts realisiert der Anlasser dagegen schon mit rund einem Fünftel der Kaltstartpower: Sämtliche oszillierenden und rotierenden Bauteile lassen sich dann untereinander mehr »Platz« und »warme« Öle sind ohnehin flexibler als ausgekühlte Schmierstoffe, die zunächst nur äußerst unwillig im Ölkreislauf kursieren.

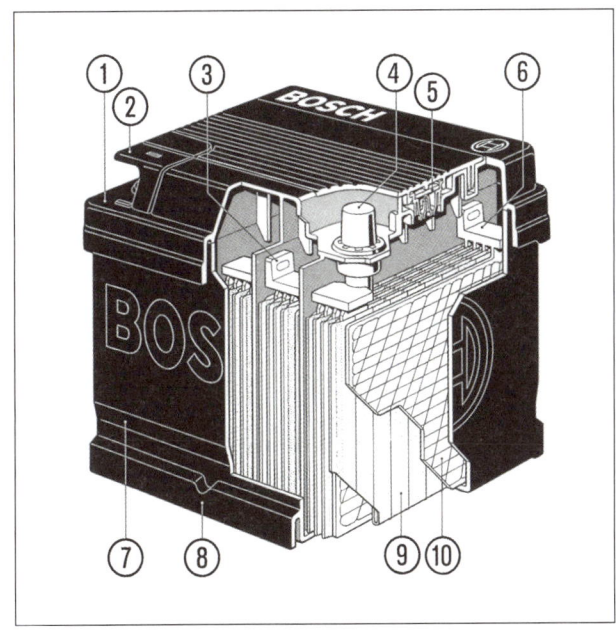

Kraftpaket: Wartungsfreie Batterie. ❶ Blockdeckel, ❷ Polabdeckkappe, ❸ Direktzellenverbinder, ❹ Endpol, ❺ Zellenverschlussstopfen (unter der Abdeckplatte), ❻ Plattenverbinder, ❼ Blockkasten, ❽ Bodenleiste, ❾ in Folienseparatoren »eingetaschte« Plusplatten, ❿ Minusplatten.

Die Batterie – Begriffe und Normen — Techniklexikon

Kennzeichnung: Befindet sich auf dem Gehäuse und spezifiziert die Batterieeigenschaften. Beispiel: »12V 70Ah 210A« (12V = Nennspannung; 70Ah = Nennkapazität; 210A = Kälteprüfstrom).

Nennspannung: Allgemeine Spannungsabgabe (Maßeinheit »V«). Beträgt bei allen Zafira-Modellen 12 Volt. Die tatsächliche Spannung hängt allerdings vom Ladezustand der Batterie ab. Sie kann die Nennspannung über- oder unterschreiten.

Nennkapazität: Beziffert das Speichervermögen einer Batterie mit der Maßeinheit »Ah«. Es ist die Kapazität, die eine vollgeladene Batterie bei einer Temperatur von 27° C in 20 Stunden abgeben kann, ohne dass dabei die Zellenspannung unter 10,5 Volt absinkt (Entladeschlussspannung). Das Begrenzungslicht Ihres Zafira nimmt rund 35 Watt auf. Bei 12 Volt Bordspannung gibt die Batterie einen Strom von 2,08 Ampere ab, nach der Formel »Strom (A) = Leistung (W)/Spannung (V)«. Mit einer gefüllten 70 Ah-Batterie gingen Ihrem Zafira theoretisch also nach rund 27 Stunden die Lichter aus. Die Betonung liegt auf »theoretisch«, denn in der Praxis ist die Batterie bereits nach etwa 18 Stunden saft- und kraftlos.

Kapazität: Die entnehmbare Strommenge in Amperestunden (Ah). Sie hängt vor allem vom Entladestrom, der Temperatur, dem Ladezustand und dem Allgemeinzustand (Alter) der Batterie ab.

Kälteprüfstrom: Steht für die Startfähigkeit einer Batterie bei Kälte (Maßeinheit »A«). Ein definierter Entladestrom, der einer 12-Volt-Batterie bei -18° C entnommen werden kann. Die Spannung darf dann innerhalb von 30 Sekunden nicht unter 9 Volt, bzw. binnen 150 Sekunden nicht unter 6 Volt absinken.

Selbstentladung: Chemische Vorgänge führen in den Batteriezellen zur Entladung – auch wenn kein Verbraucher »Strom zieht«. Eine geladene, neuwertige Autobatterie verliert täglich etwa 0,5 Prozent ihrer Kraft. Hohe Temperaturschwankungen, Beschädigungen oder verdreckte Batteriegehäuse beschleunigen den Vorgang.

Die »Batterieverordnung« — Praxistipp

Hierzulande gelten für Kauf und Entsorgung von Starterbatterien schon seit Jahren die Vorschriften der »Batterieverordnung«. Dennoch ist die Batterieverordnung beim Endverbraucher noch weitgehend unbekannt. Obwohl sich das Regelwerk gleichermaßen an Händler, Werkstätten und die Endverbraucher richtet. Endverbraucher müssen demnach eine alte Batterie über einen Händler oder in einer Werkstatt »entsorgen«. Die Rückgabe ist kostenlos, lediglich für den Neukauf einer Starterbatterie gelten besondere Regeln. Unsere Übersicht fasst die wichtigsten Punkte zusammen.

FAHRZEUGELEKTRIK

- Auf eine Starterbatterie, die Sie bei einem Händler oder in einer Werkstatt kaufen, berechnet Ihnen der Verkäufer automatisch ein »Rückgabepfand« von derzeit 7,50 Euro. Als Beleg dafür erhalten Sie beim Kauf eine Quittung oder Pfandmarke.

- Die Regelung enthält eine wichtige Ausnahme: Sie zahlen kein Pfandgeld, wenn Sie beim Kauf eine alte Batterie zurückgeben.

- Haben Sie dem Händler oder der Werkstatt für die alte Batterie bereits Pfand gezahlt, erhalten Sie Ihr Geld gegen Vorlage der Quittung zurück.

- Ihr Pfand können Sie grundsätzlich nur beim Verkäufer der neuen Batterie einlösen. Sie müssen ihm dazu die alte Batterie und die Quittung (Pfandmarke) vorlegen.

- Die alte Batterie muss freilich nicht mit der gekauften Starterbatterie identisch sein: Gegen Quittung können Sie eine x-beliebige Starterbatterie abgeben.

- Geben Sie beim Kauf eine alte Batterie zurück, für die Sie noch kein Pfand entrichtet haben, ist's egal, woher der Akku stammt: Für die neue Batterie wird kein Pfandgeld fällig.

Der Schub-Schraubtrieb-Anlasser mit Vorgelege

Technik-lexikon

Beim Start haucht Ihrem Zafira ein Schub-Schraubtrieb-Anlasser mit Vorgelege die nötigen »Lebensgeister« ein.

- Drehen Sie den Zündschlüssel in Richtung »Start«, fließt über das Zündschloss (Klemme 50) Spannung an den Magnetschalter oberhalb des Anlassers.

- Das versetzt die Einrückgabel im Zafira Anlasser in Bewegung: Sie schiebt daraufhin auf einem Steilgewinde der Ankerwelle das Starterritzel in den Zahnkranz des Motorschwungrads (Schubweg).

- Am Ende des Schubwegs »steht« das Anlasserritzel dann unmittelbar vor der Schwungscheibe – Signal für den Magnetschalter jetzt über seine Hauptkontakte den vollen Batteriestrom freizugeben (Klemme 30). Das Starterritzel schraubt sich weiter in den Zahnkranz und stellt so den Kraftschluss her (Schraubweg) – der Anlasser dreht den Motor durch.

- Sobald der Motor die ersten Lebenszeichen von sich gibt und Sie den Zündschlüssel loslassen, bricht in der Haltewicklung des Magnetschalters das Magnetfeld in sich zusammen – die Einrückgabel gelangt nun per Rückzugfeder in ihre Ausgangsstellung (Ruhestellung). Das »führungslose« Anlasserritzel spurt daraufhin aus dem Schwungrad aus und der Anlasser »steht« ohne Strom da.

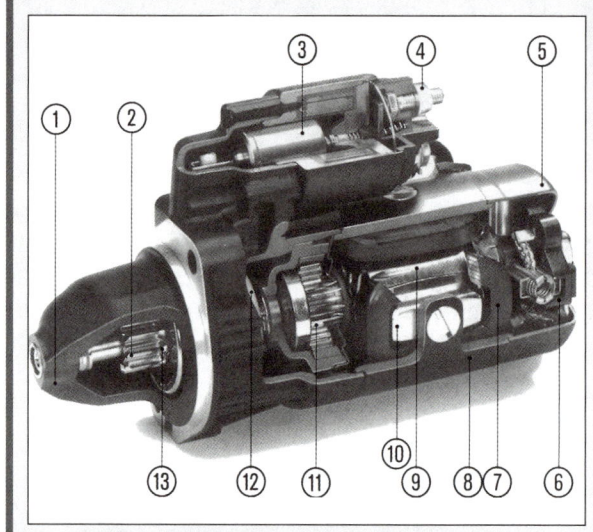

Kompaktes Kraftpaket: Schub-Schraubtrieb-Anlasser mit Vorgelege. ❶ *Antriebslager,* ❷ *Starterritzel,* ❸ *Einrückrelais,* ❹ *Anschluss Klemme 30,* ❺ *Kommutatorlager,* ❻ *Bürstenhalterplatte mit Kohlebürsten,* ❼ *Erregerwicklung,* ❽ *Polgehäuse,* ❾ *Anker,* ❿ *Polschuh,* ⓫ *Planetengetriebe (Vorgelege),* ⓬ *Einrückhebel* ⓭ *Einspurgetriebe.*

Der Generator

Drehstromgeneratoren (Lichtmaschinen) versorgen alle elektrischen Bordverbraucher mit Strom, ihre überschüssige Energie deponieren sie in der Batterie. Drehstromlichtmaschinen sind nichts anderes als kompakte »Stromkraftwerke«: Im Zafira arbeiten unisono 14,2 Volt Generatoren mit 70 Ampere, bzw. mit 100 Ampere Leistung im OPC 2,0, 2,2 16V und 2,2 DTI. Ein im Gehäuse integrierter Gleichrichter wandelt, sobald der Motor »brummt«, Wechselspannung »bordgerecht« in Gleichstrom um. Den Generatorantrieb besorgt ein Keilrippenriemen, der den Läufer mit ungefähr doppelter Motordrehzahl rotieren lässt. Damit die Spannung – drehzahlabhängig – nicht ins Uferlose steigt, begrenzt ein Spannungsregler die Bordspannung auf 14,2 Volt.

GENERATOR

Regelt die Bordspannung – der Spannungsregler

Je schneller der Generator dreht, um so höher steigt die Spannung – das funktioniert ähnlich wie bei einem Fahrraddynamo. Doch der Lebensdauer aller »Generatorabhängigen« wär eine ständig wechselnde und überhöhte Spannung absolut abträglich. Daher »diszipliniert« ein Spannungsregler den Stromlieferanten. Das schont die Bordverbraucher und verhindert zugleich ein Überladen der Batterie. Der Regler arbeitet innerhalb des Generators an seiner Rückseite. Er begrenzt die Betriebsspannung, je nach Batterie- und Umgebungstemperatur, auf Werte zwischen 13,8 und 14,2 Volt. Moderne Generatoren, wie die des Zafira, sind ab Werk praktisch wartungsfrei. Selbst die Schleifkohlen halten unter normalen Bedingungen gut und gerne 100.000 bis 150.000 Kilometer. Etwaige Generatorreparaturen überlassen Sie besser Ihrem Opel-Händler oder Sie legen das »Kleinkraftwerk« zur Revision gleich einem Bosch-Dienst auf die Werkbank.

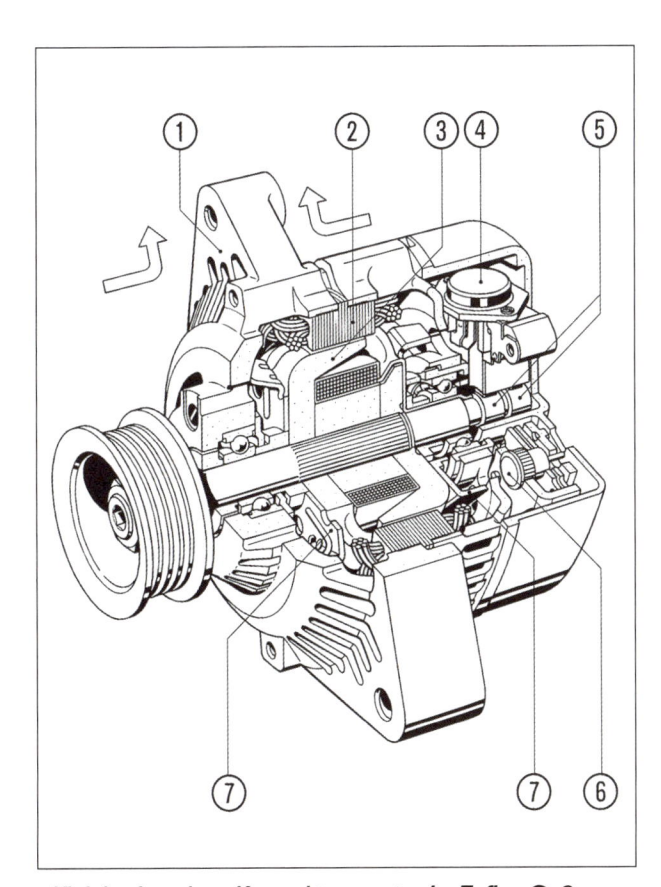

»Kleinkraftwerk« – Kompaktgenerator im Zafira. ❶ Gehäuse, ❷ Ständer, ❸ Läufer, ❹ elektronischer Feldregler mit Bürstenhalter, ❺ Schleifringe, ❻ Gleichrichter, ❼ Lüfter.

Spannung, Strom und Widerstand messen — Techniklexikon

Wenn Sie »tieferes« Interesse am technischen Zustand der Bordelektrik haben, müssen Sie nicht unbedingt einen Autoelektriker bemühen: Der Fachhandel offeriert Do it yourselfern eine Reihe von Prüfgeräten, mit denen Sie der Elektrik Ihres Zafira selbst auf die »Schliche« kommen können.

Prüflampe (mit Nadelkontakt): Damit testen Sie, ob ein Stromkreis Spannung führt: Je heller die Lampe leuchtet, um so mehr Spannung liegt an. Stechen Sie mit dem Nadelkontakt der Lampenspitze einfach die Isolierung des zu prüfenden Kabels an. Die Klemme des Prüflampenkabels clipsen Sie dazu an Masse (z. B. Batterie Klemme 31 »Minuspol«, Motorgehäuse, blankes Karosserieblech o.ä.) fest. Vorsicht: Prüflampen sind ungeeignet um elektronische Bauteile (z. B. Motormanagement) zu prüfen. Verwenden Sie besser einen Spannungsprüfer mit Leuchtdioden – Prüflampen nehmen zu viel Leistung auf.

Spannungsprüfer mit Leuchtdioden: Je nach Ausführung zeigen jene Spannungsprüfer Gleich- und Wechselspannungen zwischen sechs und rund 700 Volt an. Die Anzeige erfolgt optisch über die Leuchtdioden. Einfache Geräte gibt's im Fachhandel ab etwa 5 Euro.

Multimeter (Vielfachinstrument): Damit lassen sich Spannung, Strom (Gleich-/Wechselstrom) und Widerstand messen. Geeignete Geräte mit digitaler Anzeige gibt's bereits ab etwa 7 Euro. Zur Stromversorgung benötigen die meisten Multimeter eine interne Batterie.

Spannung messen: Um zum Beispiel die Batterie Ruhespannung mit einem Multimeter zu messen, klemmen Sie das mit » – « gekennzeichnete schwarze Kabel an Klemme 31 der Batterie (Minuspol) oder an Masse an. Das rote » + -Kabel« des Messgeräts verbinden Sie mit Klemme 30 der Batterie (Pluspol) oder mit der zu messenden Leitung. Zeigt das Instrument etwa nur 10,4 Volt an, deutet das auf eine defekte Batteriezelle hin. Prüfen Sie darum die Batteriespannung während des Anlassvorgangs – Messergebnisse von 5 Volt (+/- 0,5 V) entlarven einen »schlappen« Akku.

Strom messen: Unterbrechen Sie dazu den Stromkreis und klemmen das Messgerät dazwischen. In der Regel reicht es, wenn Sie bei Ihrem Zafira den betreffenden Steckkontakt abziehen und das Messgerät einfach zwischen Stecker und Kontaktzunge schalten.

Vorsicht: Achten Sie stets auf den Messbereich Ihres Multimeters. In Verbrauchern wie z.B. dem Anlasser fließen sehr hohe Ströme – die könnten Ihrem Multimeter den Garaus bereiten.

FAHRZEUGELEKTRIK

Widerstand messen: Mit dem Multimeter prüfen Sie auch Kabel oder Schalter auf Durchgang. Fließt der Strom ungehindert, lesen Sie auf der Skala den Messwert 0. Defekte Kabel oder Schalter belegt Ihr Multimeter mit dem Messwert unendlich (∞). Außerdem können Sie mit dem Multimeter den Innenwiderstand elektrischer Bauteile prüfen.

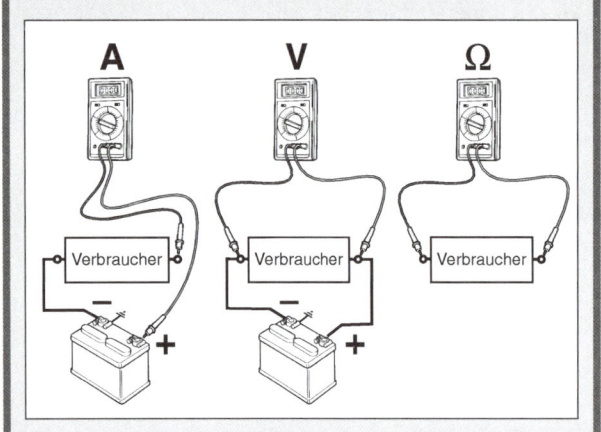

Schematischer Anschluss eines Multimeters: Strom (A), Spannung (V) und Widerstand (Ω). Verbraucher sind z. B. Lampen, Elektromotoren oder Anlasser.

Visuell im Bilde: Die Farbe des magischen Auges signalisiert den Batteriezustand.

Säurestand der Batterie kontrollieren – Kontakte pflegen

Ab Werk hat Ihr Zafira eine weitgehend wartungsfreie Batterie an Bord. Ihre Oberfläche »schmückt« ein magisches Auge, das Ihnen visuell den Fitnesszustand der Batterie vermittelt: Solange Sie in ein »grünes« Auge schauen, geht's der Batterie gut, bei gelber Färbung überlebt die Batterie erfahrungsgemäß nicht mehr den kommenden Winter.

Die Lebensdauer Ihrer Zafira-Batterie hängt natürlich stark von den Einsatzbedingungen ab: Jeder Kaltstart, überwiegender Kurzstreckenverkehr mit vielen Ampelstopps und Stop-and-go-Verkehr, jeder zusätzliche Bordverbraucher (Klimaanlage, beheizbare Heckscheibe, Innenraumgebläse, Fahrlicht, etc.) stressen den Stromspeicher mehr als regelmäßiger Langstreckenbetrieb. Dennoch – drei bis fünf Jahre sollten einer Zafira-Batterie vergönnt sein.

Sollten Sie sich danach für eine weniger bequeme, jedoch preisgünstigere »Ersatzbatterie mit offenen Zellen« entscheiden, raten wir Ihnen von Zeit zu Zeit den Stand der Batterieflüssigkeit zu checken. Denn Batterieflüssigkeit ist eine Melange aus destilliertem Wasser und Schwefelsäure. Hohe Umgebungstemperaturen gleichwie ein defekter Spannungsregler reduzieren den Wasseranteil – das Wasser verdunstet und der Säurepegel sinkt. Schauen Sie also beim Test auf »trockene« Zellengitter, füllen Sie in jeder Zelle so viel destilliertes Wasser nach, bis die Flüssigkeit die Zellen bedeckt.

Während langer Stillstandszeiten entlädt sich die Batterie automatisch selber. Auch das kann zu »Wassermangel« führen, gleichwie Überbeanspruchungen von externen Stromverbrauchern (z. B. Kühlbox, Kleinkompressoren, etc.). Füllen Sie grundsätzlich nur destilliertes Wasser nach – Leitungswasser enthält, ähnlich wie abgekochtes Wasser, leitfähige Salze und weitere mineralische Stoffe, die der Batterie schaden. In servicefreundlichen Batterien kondensiert die »verdampfte« Flüssigkeit in einem Leitungslabyrinth oberhalb der Zellen und tropft wieder in die Zelle zurück.

Arbeitsschritte

① Batteriesäure muss mindestens bis zur »MIN-Markierung« am Gehäuse reichen (die Platten sind dann gut bedeckt).

② Ergänzen Sie zu geringe Säurestände. Dazu schrauben oder knippen Sie die Verschlussstopfen oberhalb des Batteriedeckels heraus.

BATTERIE PRÜFEN

③ Die Fehlmenge einer geladenen Batterie ergänzen Sie bis zum oberen Strich (ca.15 mm oberhalb der Platten) mit destilliertem Wasser.

④ Eine stark entladene Batterie befüllen Sie gerade so weit, dass die Platten bedeckt sind – der Säurestand steigt während des Ladevorgangs. Falls erforderlich, ergänzen Sie die Fehlmenge hernach bis zur oberen Markierung.

⑤ Überfüllen Sie niemals die Batterie – falls doch, tritt Säure an den Verschlussstopfen oder an der seitlichen Entlüftungsbohrung aus. Das führt zu »blühender« Korrosion und weißen Säurekristallen an der Batterieoberfläche, gleichwie im Umfeld ihres Standplatzes. Lösen Sie die Kristalle vorsichtig mit einer Messingbürste und spülen den »Dreck« danach mit reichlich Wasser ab. Vergessen Sie nicht, vorher die Klemme 31 (Minuspol) der Batterie abzuklemmen.

Kontakte pflegen

① Waschen Sie Oxidkristalle an den Batterieklemmen mit warmem Sodawasser ab. Noch besser verwenden Sie einen speziellen Reiniger, zum Beispiel »Neutralon«.

② Danach fetten Sie die Batteriepole und Kabelklemmen leicht mit Säureschutzfett (Bosch) ein. Vorsicht: Verteilen Sie kein Fett zwischen die Polkontaktflächen.

Batterie prüfen

Macht die Batterie, trotz richtigem Säurestand, einen »schlappen« Eindruck, prüfen Sie ihren Ladezustand mit einem Säureheber (Aräometer). Aräometer messen die Elektrolytenkonzentration in der Batterieflüssigkeit. Natürlich können Sie den Ladezustand auch mit einem Multimeter checken: Anhand der gemessenen Ruhespannung lässt sich der Batterieladezustand in etwa bestimmen.

Arbeitsschritte

Säuredichte messen

① Bevor Sie messen, »gönnen« Sie Batterie mindestens sechs Stunden »Ruhe«.

② Entfernen Sie dann die Batterie Verschlussstopfen.

③ Halten Sie das Messgerät senkrecht in die Flüssigkeit und saugen dann so viel Batteriesäure an, dass die Messspindel frei im Zylinder schwimmt.

Säuregewicht

Säuregewicht (kg/l)	1,28	1,2	1,12
Zustand der Batterie	voll geladen	halb geladen	entladen

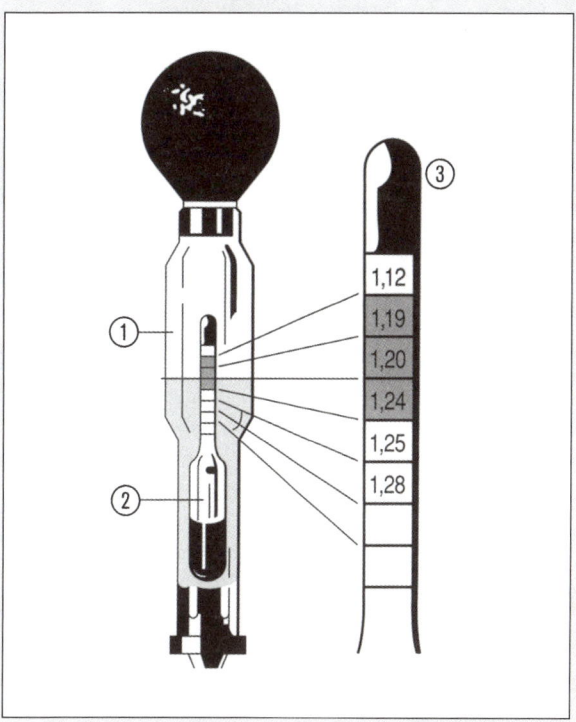

Säuredichte messen: Nur an Batterien mit »offenen« Zellen möglich. Die Säuredichte messen Sie an jeder einzelnen Batteriezelle. Halten Sie dazu den Säureheber ❶ senkrecht und saugen nur soviel Batterieflüssigkeit aus der Zelle, dass der Schwimmer (Aräometer ❷) freigängig wird. Bei einer »gesunden« Batterie sind die Zellen nahezu gleich stark. Vergleichen Sie das auf der Skala ❸ am oberen Aräometerende.

Spannung messen

① Liegt der letzte Ladevorgang weniger als sechs Stunden zurück, schalten Sie für etwa 30 Sekunden das Abblendlicht ein: Das »weckt« die Batterie auf und nivelliert etwaige Spannungsspitzen.

② Nach weiteren vier bis fünf Minuten Wartezeit prüfen Sie die Batteriespannung. Schalten Sie zur Messung alle Stromverbraucher aus.

Spannung

Spannung (V)	12,66 u. m.	12,48	12,3
Zustand der Batterie	100% gelad.	75% gelad.	50% entl.

FAHRZEUGELEKTRIK

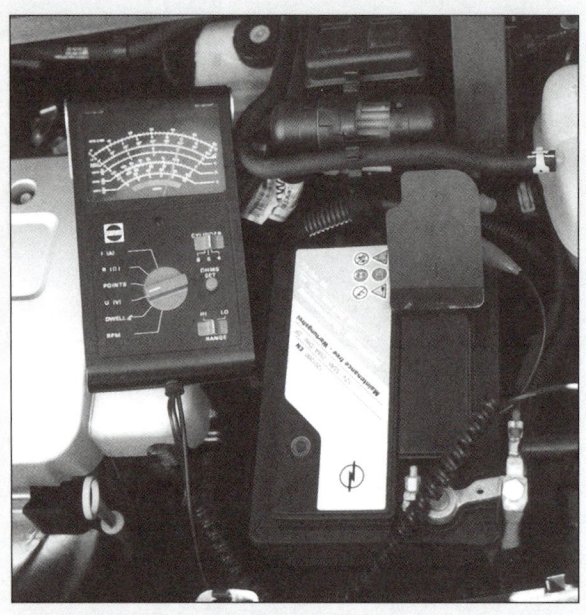

Mit dem Multimeter schnell erledigt: Batteriespannung messen. Unter 12,3 Volt Ruhespannung laden Sie die Batterie schnellstens auf.

Motor »fremdstarten« – mit Starthilfekabeln kein Problem

Verwenden Sie zur Starthilfe nur spezielle Elektronik Starthilfekabel, damit bewahren Sie die elektronischen Bauteile Ihres Zafira vor gefährlichen Spannungsspitzen.

Arbeitsschritte

① Lassen Sie den »Fremdstarter« möglichst nah an »die leere Batterie« heranfahren. Die Starthilfekabel müssen »locker« zwischen die Batterien passen.
② Schalten Sie im Havaristen alle Stromverbraucher ab.
③ Im ersten Schritt verbinden Sie die Batteriepluspole mit dem roten Starthilfekabel. Klemmen Sie grundsätzlich zuerst die leere und dann die volle Batterie an.
④ Danach mit dem schwarzen Starthilfekabel die Minuspole beider Batterien verbinden. Sollte die Kabellänge nicht reichen, nutzen Sie eine »satte« Masseverbindung im Motorraum.
⑤ Starten Sie den Motor im »Helferauto« und lassen ihn auf mittlerer Drehzahl laufen. Das reicht dem Generator, um genügend Strom zu liefern.
⑥ Starten Sie dann das Auto mit der leeren Batterie. Sollte der Motor nicht gleich anspringen, legen Sie nach weiteren Versuchen immer wieder kleine Pausen ein – ansonsten könnte es dem Anlasser zu warm werden. Und in den »Verschnaufpausen« fließt Spannung aus der vollen in die leere Batterie. Solange der Motor des »Fremdstarters« läuft, schadet das seiner Batterie nicht.
⑦ Ist der Motor angesprungen, trennen Sie die Verbindung: Klemmen Sie bei laufendem Motor zuerst das schwarze Fremdstartkabel am Minuspol der »leeren« und dann an der vollen Batterie ab. Mit dem roten Kabel verfahren Sie anschließend auf die gleiche Art und Weise.
⑧ Laden Sie die leere Batterie jetzt umgehend auf einer etwa 30 Kilometer weiten Probefahrt mit leicht erhöhter Motordrehzahl auf.

Wagen anschieben — Praxistipp

Sollten Sie die Bequemlichkeiten eines Automatikgetriebes genießen, können Sie Ihren »streikenden« Zafira nicht anschieben. Auch bei den anderen Versionen macht Ihre »Schubkraft« nur dann Sinn, wenn der Motor »theoretisch« in Ordnung ist. Sobald Sie zum Beispiel die Zündfunken unter der Motorhaube »knistern« hören, schonen Sie besser Ihre Kräfte. Das kann sich sogar positiv auf Ihr Budget auswirken, denn wenn Zündfunken unkoordiniert den Weg des geringsten Widerstands gehen, verpuffen irgendwann unverbrannte Frischgase im Auspuff und zerstören den Katalysator.

① Zündung einschalten und den zweiten Gang einlegen.
② Kuppeln Sie aus und LASSEN das Auto anschieben.
③ Sobald das Auto ausreichend in Schwung ist, lassen Sie die Kupplung abrupt kommen – der Motor dreht durch und müsste anspringen.
④ Treten Sie dann sofort die Kupplung, ziehen die Handbremse an und geben gefühlvoll Gas.
⑤ Sollten Ihre Helfer nicht genügend in »Schwung« kommen, versuchen Sie Ihr Glück im dritten Gang.

Wagen anschleppen — Praxistipp

Autos mit Automatikgetriebe lassen sich in der Regel nicht anschleppen – der Drehmomentwandler verhindert nämlich eine kraftschlüssige Verbindung zwischen Getriebe und Motor. Doch auch ohne Automatikgetriebe – dehnen Sie Ihre »Seilschaften« nicht über hunderte von Metern aus: Sollte der Motor nicht sofort anspringen, könnte das dem Katalysator ernsthaft schaden. Seinen Waben (siehe »Praxistipp Wagen anschieben«) schaden unverbrannte Frischgase, die dann zwangsläufig im Aus-

STÖRUNGSBEISTAND BATTERIE UND LICHTMASCHINE

puff verpuffen würden. Und wenn Sie sich »verkuppeln« lassen müssen, vertrauen Sie immer nur einem erfahrenen »Schlepper«. Denken Sie auch daran, dass der Bremsweg mit stehendem Motor länger ist (Bremskraftverstärker wirkungslos).

① Zündung einschalten, 2. Gang einlegen und Kupplung treten.

② Der Zugwagen fährt jetzt »weich« an.

③ Bei etwa 15 km/h die Kupplung langsam kommen lassen. Bleiben Sie stets bremsbereit (Hand an die Handbremse).

④ Sobald der Motor läuft, treten Sie die Kupplung, nehmen den Gang heraus und geben gefühlvoll Gas.

⑤ Geben Sie jetzt dem »Schlepper« ein Hupsignal und bremsen die »Fuhre« sanft ab.

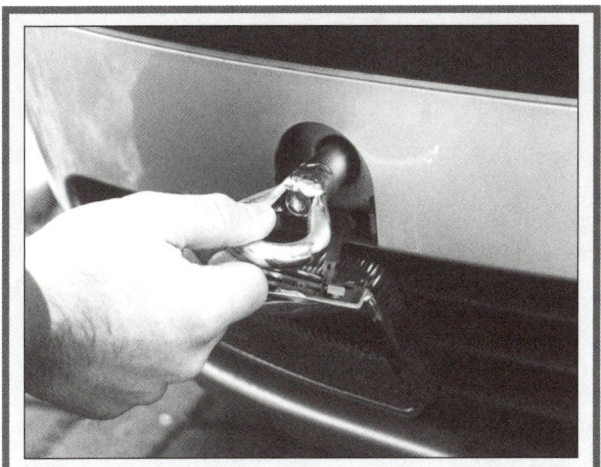

Vor der »Seilschaft« eindrehen: Die Abschleppöse hat übrigens Linksgewinde.

Batterie und Lichtmaschine

Störung	Ursache	Abhilfe
A Rote Ladekontrolle brennt nicht bei eingeschalteter Zündung.	1 Batterie leer.	Mit Starthilfekabeln starten oder Wagen anschleppen.
	2 Batteriekabel gebrochen, Kabelklemmen lose oder oxidiert.	Batteriekabel und -klemmen kontrollieren.
	3 Kontrollleuchte defekt.	Ersetzen.
	4 Kabelweg zwischen Zündschloss, Kontrolllampe und Lichtmaschine unterbrochen.	Stromweg mit Prüflampe kontrollieren.
	5 Spannungsregler defekt.	Regler austauschen.
	6 Lichtmaschine schadhaft.	Lichtmaschine überholen lassen oder austauschen.
	7 Feuchtigkeit bildet einen isolierenden Schmierfilm zwischen Schleifringen und Kohlen (z. B. nach Motorwäsche) der Lichtmaschine.	Lichtmaschine mit Druckluft ausblasen, evtl. Schleifringe und Kohlen säubern.
B Ladekontrolle brennt oder glimmt bei laufendem Motor.	1 Keilriemen lose bzw. gerissen.	Keilriemenspannung kontrollieren, bzw. Keilriemen erneuern.
	2 Mangelnder Kontakt an Kabelanschlüssen der Lichtmaschine oder unterbrochene Kabel.	Kabelanschlüsse und Kabel prüfen.
C Batterieoberfläche feucht.	1 Batteriezellen mit destilliertem Wasser überfüllt.	Ausgasen lassen. Keine Säure absaugen.
	2 Batterieverschlüsse verstopft.	Entlüftungsbohrungen mit Stecknadel säubern.
D Batterie gast stark.	Spannungsregler defekt.	Regler prüfen bzw. erneuern.

Störungsbeistand

FAHRZEUGELEKTRIK

Batterie laden

Laden Sie eine demontierte oder im »Winterschlaf« befindliche Batterie monatlich nach. Falls Sie das vergessen oder missachten, kristallisiert die Schwefelsäure und setzt sich an den Zellwänden ab. Folge: Mit der Zeit »verglasen« die Zellen und werden unbrauchbar. Zudem frieren entladene Batterien bei Minustemperaturen ein – unterhalb –4°C können ihre Zellwände sogar platzen. Randvoll geladen Batterien macht Kälte dagegen wenig zu schaffen. Sollte die Batterie noch montiert sein, klemmen Sie vor der »Erhaltungsladung« auf jeden Fall das Minuskabel (Masseanschluss) ab.

Arbeitsschritte

① Schwarzes Minuskabel (Masseanschluss) abklemmen. Pluskabel des Ladegeräts (rot) an Pluspol, Minuskabel (schwarz) an Minuspol der Batterie anklemmen.

② Der Ladestrom sollte zunächst etwa 10% der Batteriekapazität betragen (z.B. 5,5 A bei einem 55-Ah-Akku) und während des Ladevorgangs automatisch abnehmen.

③ Während des Ladevorgangs bilden sich oberhalb der Zellen winzige Gasbläschen aus Wasser- und Sauerstoff. Das Gemisch entweicht aus den Entlüftungsbohrungen oder der Zentralentlüftung in die Atmosphäre. Die Rede ist von hochexplosivem Knallgas. Vorsicht also in geschlossenen Räumen. Wenn ihnen dort beißender Geruch in die Nase sticht, ist die Konzentration bereits gefährlich.

④ Sorgen Sie also grundsätzlich für eine wirkungsvolle Entlüftung des Arbeitsplatzes. Das gilt vor allem, wenn hohe Ladeströme fließen. Knallgas kann sich übrigens schon an den »Funken«, die beim Ab- oder Anklemmen des Ladegeräts bzw. der Batteriekabel entstehen, entzünden. Beachten Sie die Sicherheitsvorschriften.

Monatlich nachladen: Batterie im »Winterschlaf«.

Batterie aus- und einbauen

Bevor Sie die Batterie abklemmen, notieren Sie sich sämtliche Codes Ihres Zafira, so zum Beispiel den Radiodiebstahlcode, seine gespeicherten Stationssender usw. Falls Sie das vergessen sollten, bleibt hernach das Radio stumm und die Seitenfenster verschlossen: Sie müssen alle elektrischen Fensterheber neu aktivieren (siehe S. 295). Außerdem »vergisst« auch das Motormanagement einen Großteil seiner Informationen. Es schaltet dann kurzerhand auf Notprogramm und regeneriert sich normalerweise im Fahrbetrieb (max. 16 Kilometer). Sollte das bei Ihrem Auto jedoch nicht der Fall sein, fahren Sie Ihren Opel-Händler an und lassen das Motormanagement neu einlesen – das Prozedere ist in wenigen Minuten erledigt.

Dieser Hinweis gilt grundsätzlich für alle Arbeiten, zu denen Sie die Batterie abklemmen mussten.

Arbeitsschritte

① Batterieabdeckung demontieren und Masseanschluss abklemmen. Lösen Sie die Klemmenmutter und ziehen die Klemme vom Batteriepol ab.

② Um Kurzschlüsse zu vermeiden, lösen Sie erst jetzt die Plusklemme und ziehen Sie vom Batteriepol ab.

③ Schrauben Sie den Batteriebefestigungsbügel ab und …

④ … heben die Batterie aus dem Motorraum.

⑤ Achten Sie bei der Montage darauf, dass die Batterie stabil auf der Konsole steht (Rütteln zerstört die Bleiplatten).

⑥ Zur Montage schließen Sie zuerst das Pluskabel und erst dann das Minuskabel an. Die Kabelklemmen können Sie nicht vertauschen, da die Batteriepole und die Kabelfarben unterschiedlich sind.

⑦ Streichen Sie die Pole gegen Sulfatieren leicht mit Säureschutzfett (z. B. Bosch) oder Vaseline ein.

⑧ Geben Sie nun die Funktionscodes neu ein und lassen den Motor etwa drei Minuten mit etwa 1500 min.$^{-1}$ »brummen«. Soviel Zeit benötigt das Motormanagement minimal, um sich zu regenerieren.

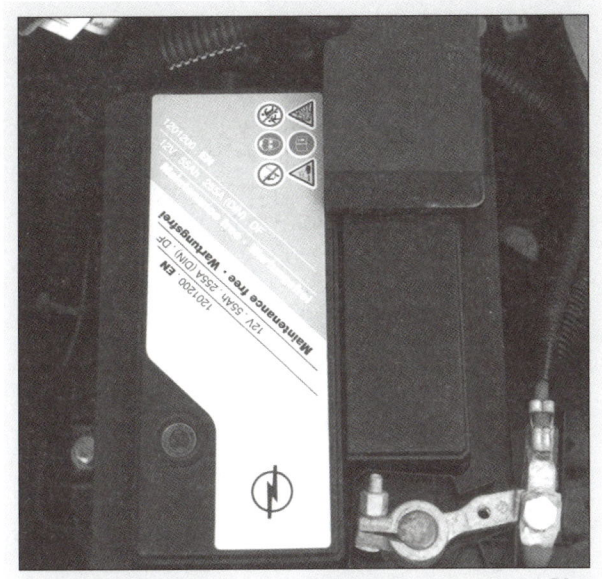

Typabhängig unter einer »Wärmedecke« versteckt: Die Zafira-Batterie vorne links im Motorraum.

»Lutschen« den Akku leer – stille Bordverbraucher

Macht eine völlig intakte Batterie plötzlich »schlapp, verköstigt sich meistens ein stiller Verbraucher mit ihrem Saft«. Legen Sie dem »heimlichen Genießer« dann mit einer Strommessung das Handwerk. Das Multimeter stellen Sie dazu auf »Strom (A)«. Messen Sie zunächst die »größeren Ströme« (ab etwa 15 Ampere) und tasten sich dann langsam an den tatsächlichen Stromfluss heran. Kreisen Sie den stillen Verbraucher letztlich zielgerichtet ein.

Arbeitsschritte

① Nehmen Sie das Batteriemassekabel ab und »klemmen« ein Multimeter zwischen Minuspol und Massekabel. Signalisiert Ihr Multimeter einen Stromfluss von mehr als 25 mA., »füttert« sich erfahrungsgemäß ein »stiller« Verbraucher »ab«.

② Schließen Sie dann das Massekabel wieder an, öffnen den Sicherungskasten und »ziehen« die erste Sicherung. Klemmen Sie jetzt das Multimeter zwischen die freien Kontakte. Bleibt der Zeiger »im Keller«, ist der betreffende Stromkreis o. k. Doch auch geringe »Ströme« (etwa 25 mA) sind noch kein Alarmsignal: Geräte wie Bordcomputer, Uhren, Radios und Alarmanlagen »hängen« ständig an der Batterie. Ihr Stromverbrauch ist freilich viel geringer als der eines defekten Verbrauchers.

③ Wiederholen Sie die Messungen am Sicherungskasten so lange, bis Sie den stillen Verbraucher und seinen »Stromappetit« entlarvt haben. In der Sicherungstabelle auf Seite 257 erkennen Sie, welche Verbraucher diesen Stromkreis bilden.

④ Klemmen Sie die betreffenden Verbraucher der Reihe nach ab und messen den Strom. Sobald das Multimeter »regungslos« bleibt, ist der stille Verbraucher geoutet.

Fahren mit defekter Lichtmaschine — *Praxistipp*

Mit streikender Lichtmaschine oder Regler können Sie eingeschränkt weiterfahren: Die Batterie übernimmt dann die Stromversorgung. Je nach Ladezustand und Kapazität reicht ihre Energie für etwa fünf Stunden aus – allerdings nur dann, wenn Sie alle überflüssigen Verbraucher ausschalten.

- Ziehen Sie den Mehrfachstecker an der Lichtmaschine ab. Die Batterie entlädt sich dann nicht über den defekten Generator oder Spannungsregler.
- Unterbrechen Sie die Fahrt nicht unnötig – der Anlasser benötigt bei jedem Startvorgang besonders viel Strom.
- Wenn möglich, lassen Sie den Wagen anrollen.
- Schalten Sie die beheizbare Heckscheibe, das Gebläse und Radio aus.
- Schalten Sie den Scheibenwischer mitsamt der Scheibenwaschanlage nur ganz sporadisch ein.
- Bei Dunkelheit fahren Sie möglichst nur mit Abblendlicht.

Antriebsriemen wechseln

Ein automatischer Riemenspanner hält bei den Zafira-Motoren den Keilrippenriemen »auf Zug«. Um die Riemenspannung müssen Sie sich also nicht mehr kümmern. Der Spannrolle sollten Sie jedoch von Zeit zu Zeit einen Blick gönnen. Fällt Ihnen dabei »im Stand« nichts Außergewöhnliches auf, starten Sie den Motor und achten auf die Bewegungen der Spannrolle: Sobald Sie einen »großen Verbraucher«, z. B. die Klimaanlage, beheizbare Heckscheibe, etc., einschalten, fängt eine intakte Rolle leicht zu pendeln an – übrigens auch wenn Sie dem Motor einen Gasstoß geben. Starker Riemenverschleiß (ungleichmäßig tiefe Rillen) animieren die Spannrolle fortlaufend zu Pendelbewegungen. Um die Fehlerquelle zu beheben, erneuern Sie zunächst den Antriebsriemen. Achten Sie darauf,

FAHRZEUGELEKTRIK

dass der neue Riemen die gleiche Bezeichnung wie der verschlissene trägt. Unsere Beschreibung umfasst jene Motoren, denen ein versierter Do it yourselfer selbst noch den Antriebsriemen wechseln kann. Bei den anderen Modellen bemühen Sie besser Ihren Opel-Händler damit: Er hat das erforderliche Spezialwerkzeug auf seiner »Werkbank«.

Arbeitsschritte

Z 16 XE; Z 16 YNG; Z 18 XE; Z 20 LET

① Klemmen Sie zunächst die Batterie ab und ...

② ... demontieren das Luftfiltergehäuse, wie beschrieben.

③ Drehen Sie die Riemenspannvorrichtung am Sechskant entgegen dem Uhrzeigersinn (Pfeilrichtung). Nehmen Sie hernach den »entspannten« Antriebsriemen ab.

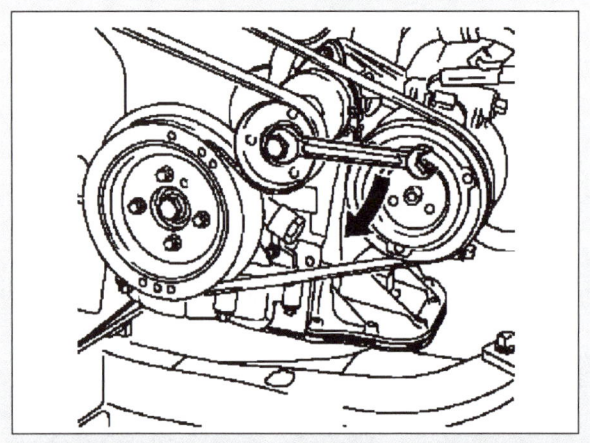

Entgegen dem Uhrzeigersinn entspannen – Antriebsriemen.

④ Checken Sie jetzt die Riemenscheiben auf Verschleiß und tadellosen Rundlauf.

⑤ Alles o. k.? Dann »fädeln« Sie den neuen Keilrippenriemen ein. Achten Sie unbedingt darauf, dass er korrekt auf allen Riemenscheiben sitzt und seine Laufrichtung (siehe Richtungspfeil auf der Riemenschulter) stimmt.

⑥ Lösen Sie die Spannvorrichtung und achten darauf, dass der neue Riemen rundum gleichmäßig straff sitzt.

⑦ Beenden Sie die Montage in umgekehrter Reihenfolge.

⑧ Starten Sie den Motor für etwa fünf Minuten, geben »dem Guten« einige Gasstöße und checken hernach noch einmal seinen Rundlauf und die Riemenspannung.

Z 22 SE

① Klemmen Sie die Batterie ab und ...

② ... bocken den Vorderwagen auf ebener Fläche rüttelsicher auf.

③ Lösen Sie den unteren Motorschutz ❹ an vier Schrauben ❶ und ❷ und gleichfalls den Belüftungskanal ❸. Legen Sie die Utensilien beiseite.

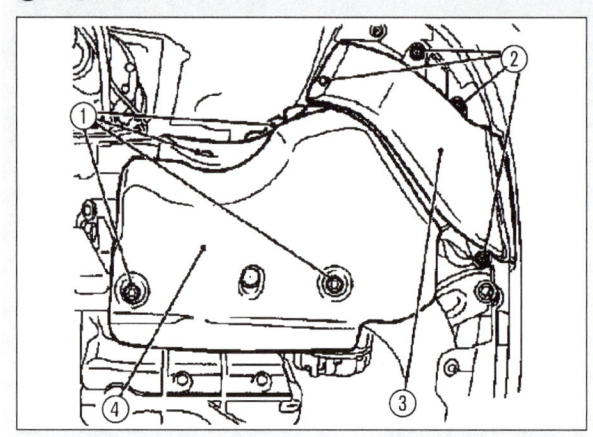

An vier Schrauben demontieren – Motorschutz und Lüftungskanal.

④ Lösen Sie die Spannvorrichtung in Pfeilrichtung – Opel-Schrauber nutzen das Spezialwerkzeug KM-6151 – und ...

⑤ ... nehmen den Keilrippenriemen aus dem Riementrieb.

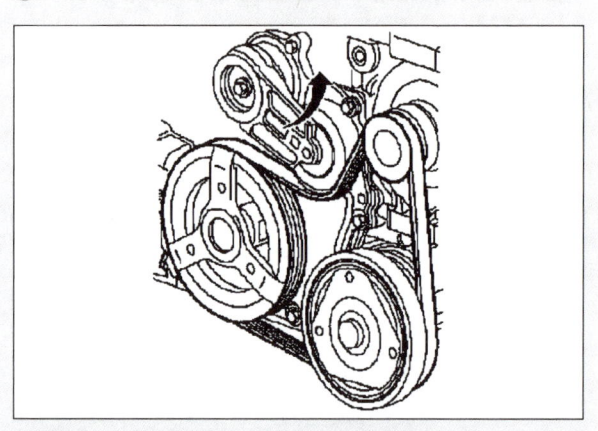

In Pfeilrichtung lösen – Spannvorrichtung.

⑥ Checken Sie jetzt alle Riemenscheiben auf Verschleiß und tadellosen Rundlauf.

⑦ Alles o. k.? Dann »fädeln« Sie den neuen Keilrippenriemen ein. Achten Sie unbedingt darauf, dass der Riemen korrekt auf allen Riemenscheiben sitzt und seine Laufrichtung (siehe Richtungspfeil auf der Riemenschulter) stimmt.

⑧ Lösen Sie die Spannvorrichtung und achten darauf, dass der neue Riemen rundum gleichmäßig spannt.

⑨ Beenden Sie die Montage in umgekehrter Reihenfolge und stellen Ihren Zafira wieder auf die Räder.

⑩ Starten Sie den Motor für etwa fünf Minuten, geben »dem Guten« einige Gasstöße und checken hernach noch einmal seinen Rundlauf und die Riemenspannung.

RIEMENTRIEBE

Die Zafira-Riementriebe

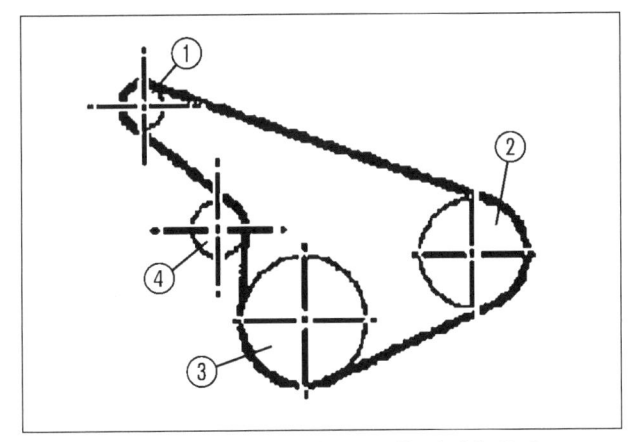

Riementrieb Z 16 XE/Z 16 YNG/Z 18 XE mit AC: ❶ *Generator,* ❷ *automatischer Riemenspanner,* ❸ *Kurbelwellenriemenscheibe (Schwingungsdämpfer),* ❹ *AC-Verdichter.*

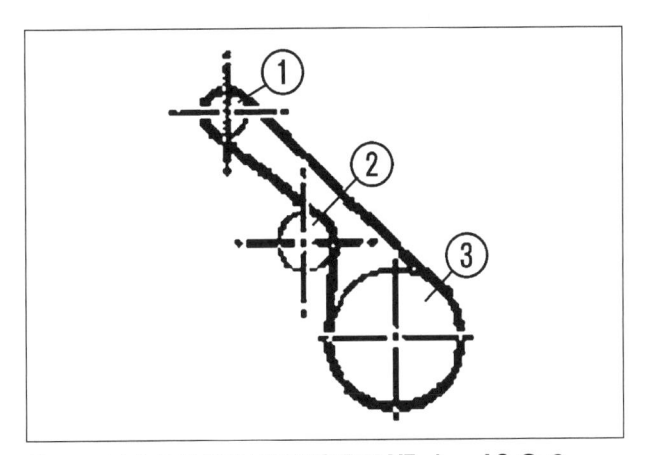

Riementrieb Z 16 XE/Z 16 YNG/Z 18 XE ohne AC: ❶ *Generator,* ❷ *automatischer Riemenspanner,* ❸ *Kurbelwellenriemenscheibe (Schwingungsdämpfer).*

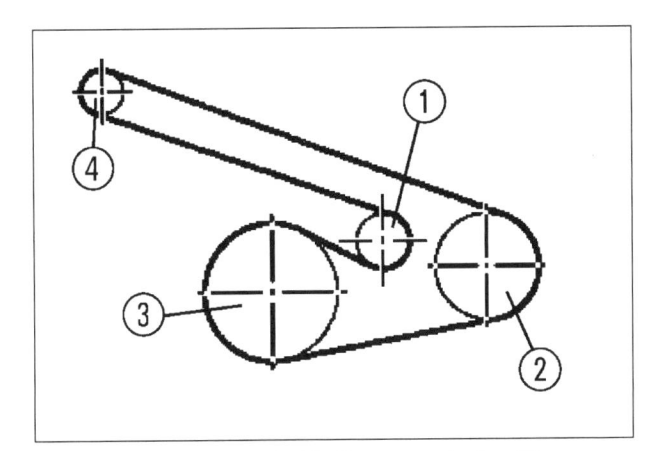

Riementrieb Z 20 LET mit AC. ❶ *automatischer Riemenspanner,* ❷ *AC-Verdichter,* ❸ *Kurbelwellenriemenscheibe (Schwingungsdämpfer),* ❹ *Generator.*

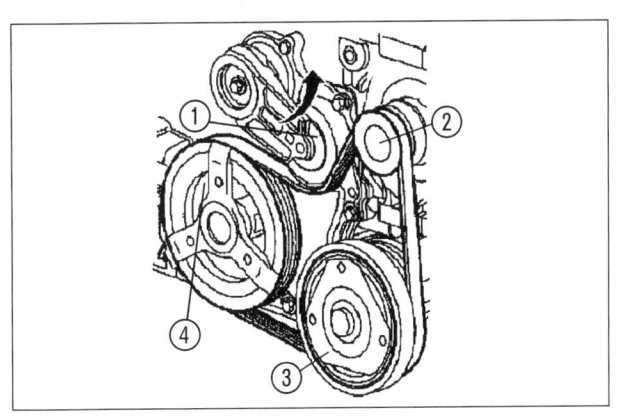

Riementrieb Z 22 SE mit AC: ❶ *automatischer Riemenspanner,* ❷ *Generator,* ❸ *AC-Verdichter,* ❹ *Kurbelwellenriemenscheibe (Schwingungsdämpfer).*

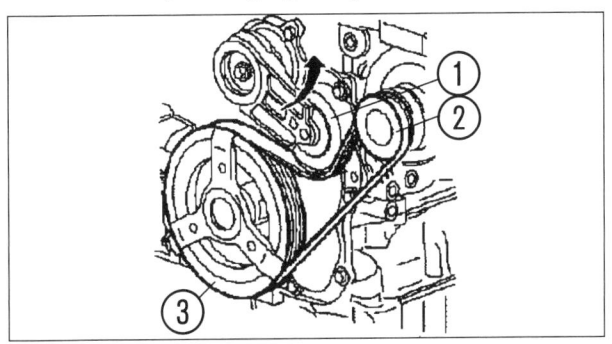

Riementrieb Z 22 SE ohne AC: ❶ *automatischer Riemenspanner,* ❷ *Generator,* ❸ *Kurbelwellenriemenscheibe (Schwingungsdämpfer).*

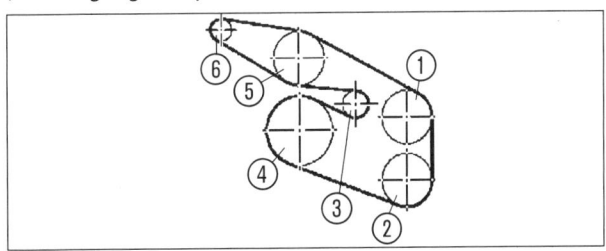

Riementrieb Y 20 DTH, Y 22 DTR mit AC: ❶ *AC-Verdichter,* ❷ *Umlenkrolle,* ❸ *Generator,* ❹ *Kurbelwellenriemenscheibe (Schwingungsdämpfer),* ❺ *automatischer Riemenspanner,* ❻ *Wasserpumpenantriebsrad.*

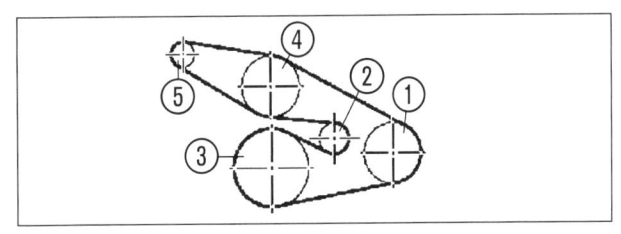

Riementrieb Y 20 DTH, Y 22 DTR ohne AC: ❶ *Umlenkrolle,* ❷ *automatischer Riemenspanner,* ❸ *Kurbelwellenriemenscheibe (Schwingungsdämpfer),* ❹ *Wasserpumpenantriebsrad,* ❺ *Generator.*

FAHRZEUGELEKTRIK

Riemenspannrolle wechseln

Arbeitsschritte

① Lösen Sie den unteren Motorschutz, ...

② ... demontieren den Antriebsriemen wie beschrieben und ...

③ ... lockern die Spannvorrichtung.

④ Lösen Sie dann an der Spannrolle die Befestigungsschraube ❶ und ...

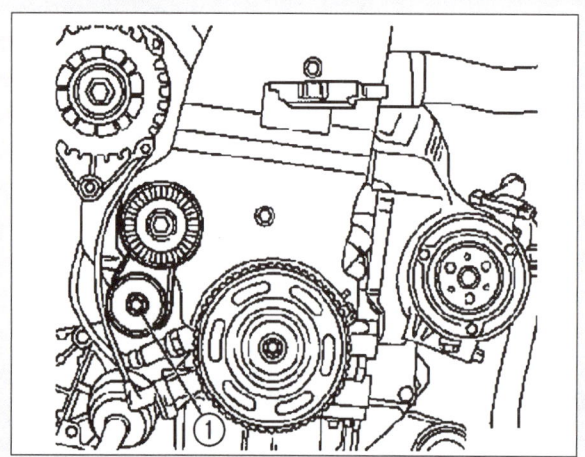

Nahezu identisch – Spannvorrichtung der ECOTEC-Motoren unter 2 Liter Hubraum.

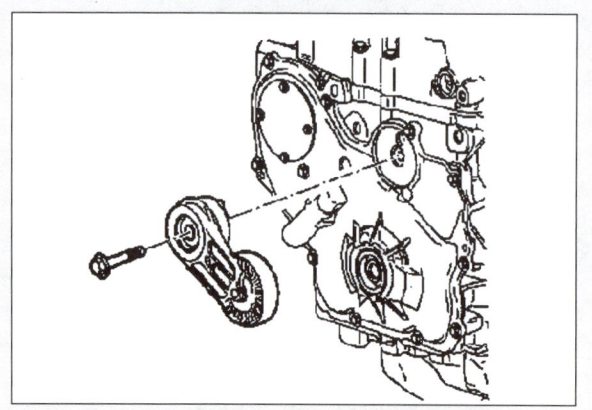

Eigenständig – Spannvorrichtung beim Z 22 SE-Motor.

⑤ ... nehmen die Rolle ab.

⑥ Ziehen Sie die neue Rolle handfest gegen den Flansch. Achten Sie darauf, dass die rückwärtigen Zapfen (Pfeile) in die motorseitigen Bohrungen der Spannvorrichtung eingreifen.

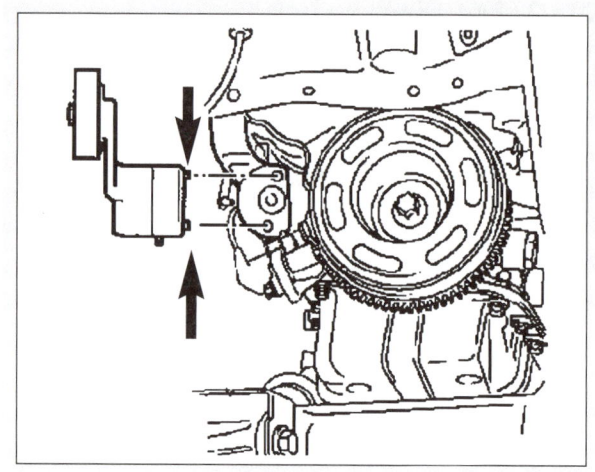

Gehören in die motorseitigen Bohrungen – die Zapfen.

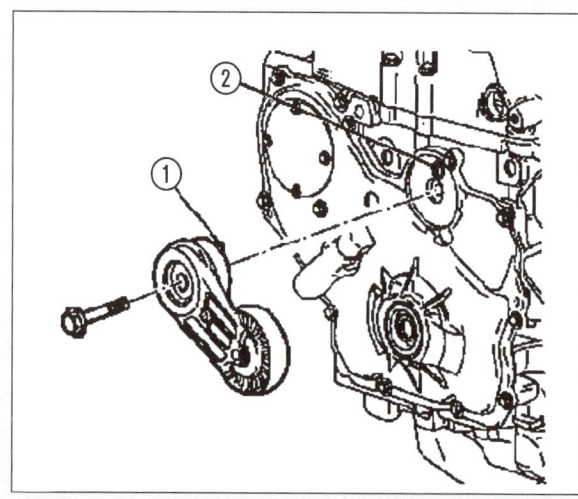

Greift in die Bohrung ❷ des Steuergehäuses – der Anguss ❶.

⑦ Montieren Sie den neuen Antriebsriemen, wie beschrieben und ...

⑧ ... ziehen die Spannrolle mit 25 Nm, beim Z 22 SE mit 42 Nm, fest.

⑨ Beenden Sie die Montage typspezifisch in umgekehrter Reihenfolge.

Y 20 DTH; Y 22 DTR

① Demontieren Sie zunächst die untere Motorraumabdeckung, wie beschrieben und ...

② ... entspannen hernach den Antriebsriemen. Dazu lockern Sie die Spannvorrichtung am Sechskantanguss ❶ in Pfeilrichtung. Nehmen Sie dann den Riemen von der Rolle ab.

GENERATOR AUS- UND EINBAUEN

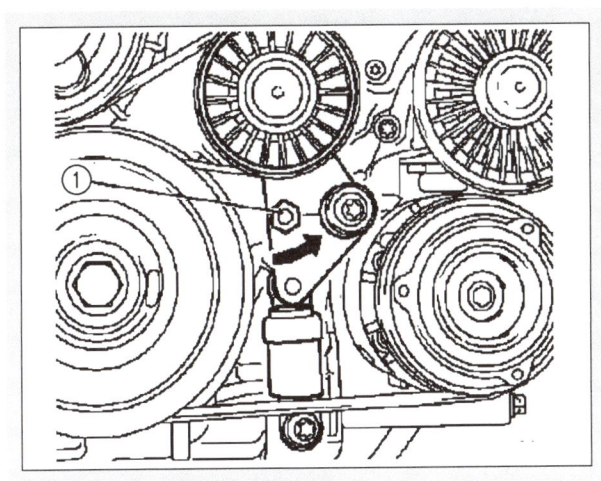

Entspannen – Antriebsriemen.

③ Lösen Sie an der Spannrolle jetzt die Befestigungsschrauben ❶ und ❷ und ...

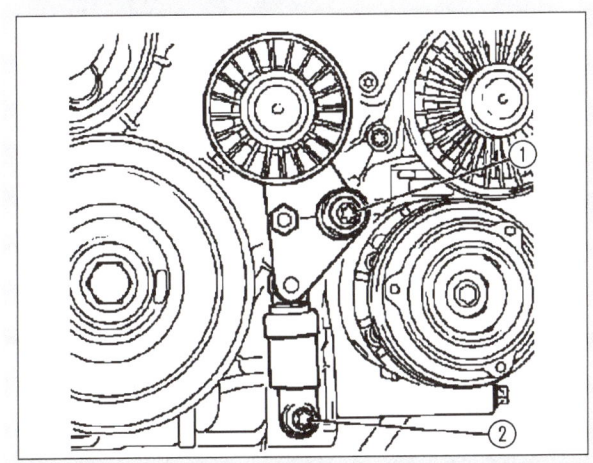

Befestigungsschrauben lösen – Spannrolle abnehmen.

④ ... nehmen die Rolle komplett ab.
⑤ Demontieren Sie jetzt den Dämpfer ❸ von der Spannvorrichtung.

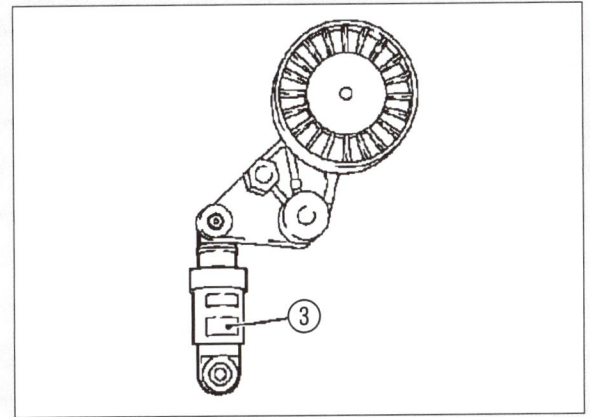

Demontieren – Dämpfer der Spannvorrichtung.

⑥ Montieren Sie den Dämpfer an die neue Spannrolle und ...

⑦ ... schrauben dann die Spannvorrichtung mit 40 Nm am Anbauflansch fest.

⑧ Dem Dämpfer reichen am Motorblock 20 Nm.

⑨ Hernach legen Sie den Antriebsriemen über den »Spanner« und spannen den Riementrieb wie beschrieben.

⑩ Beenden Sie die Montage in umgekehrter Reihenfolge.

Generator aus- und einbauen

Arbeitsschritte (je Motortyp)

Z 16 XE; Z 16 YNG; Z 18 XE

① Klemmen Sie das Batteriemassekabel ab und ...
② ... bocken den Vorderwagen rüttelsicher auf.
③ Demontieren Sie den Antriebsriemen und das Luftfiltergehäuse, wie beschrieben.

nur Z 18 XE

④ Ziehen Sie den Kabelsatzstecker ❶ vom Nockenwellensensor ab, clipsen das Kabel aus dem Halter und demontieren die obere Generatorlasche.

alle Motoren

① Demontieren Sie die obere Generatorbefestigungsschraube ❷ und ...
② ... lösen die untere ❸.
③ Schwenken Sie den Generator jetzt nach hinten.

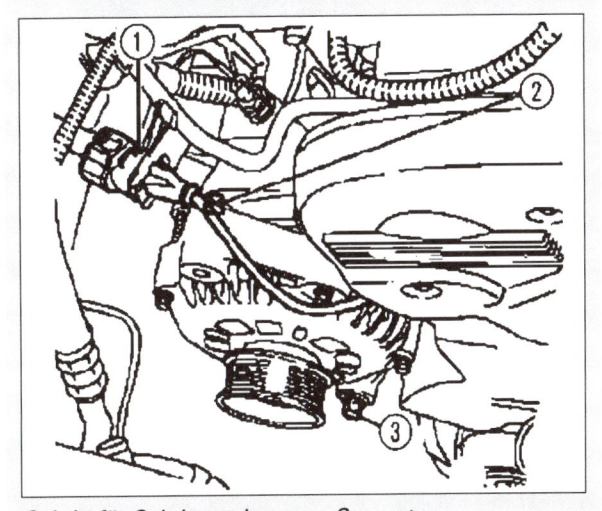

Schritt für Schritt »strippen« – Generator.

235

FAHRZEUGELEKTRIK

nur Z 18 XE

④ Ziehen Sie den Kabelstecker ④ vom Öldruckschalter und legen den Kabelstrang frei.

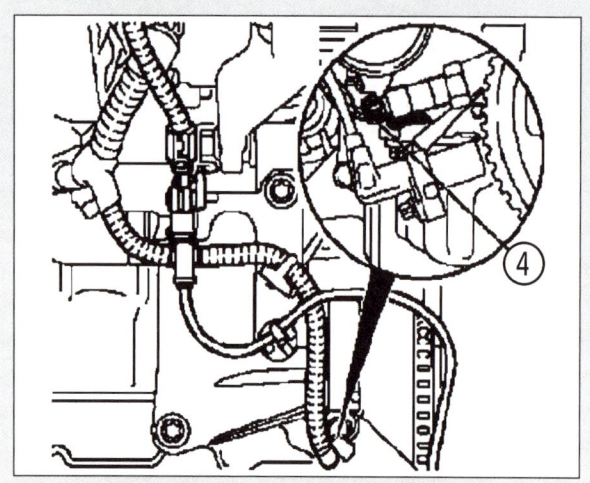

Vom Öldruckschalter abziehen – Kabelstecker.

alle Motoren

⑤ Hernach trennen Sie die Kabelverbindungen vom Generator und ...

⑥ ... lösen den Generatorhalter ❶ an drei Schrauben.

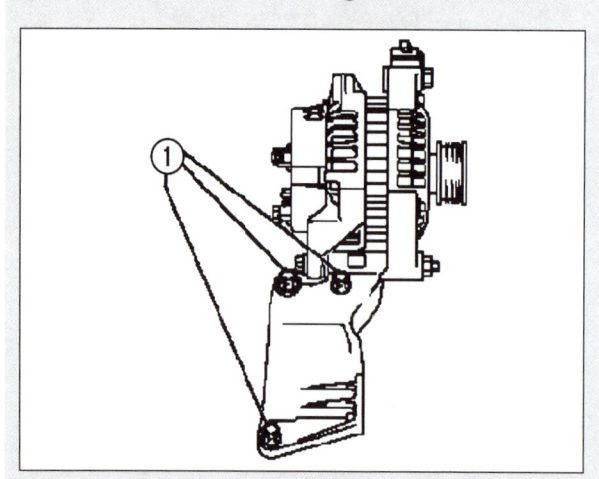

An drei Schrauben lösen – Generatorhalter.

mit AC

⑦ Bevor Sie den Generator aus dem Motorraum bekommen, clipsen Sie die Kältemittelleitung los.

alle Motoren

⑧ Bugsieren Sie den Generator mitsamt Halter nach oben aus dem Motorraum.

⑨ Beenden Sie die Montage, typenspezifisch, in umgekehrter Reihenfolge.

Z 20 LET

① Klemmen Sie das Batteriemassekabel ab und ...

② ... bocken den Vorderwagen rüttelsicher auf.

③ Demontieren Sie den Antriebsriemen und das Luftfiltergehäuse, wie beschrieben.

④ Hernach trennen Sie die Kabelverbindungen vom Generator und ...

⑤ ... lösen die oberen Generatorstützen ❶ und ❷.

⑥ Demontieren Sie die unteren Befestigungsschrauben ❸ und ...

⑦ ... bugsieren dann den Generator nach oben aus dem Motorraum.

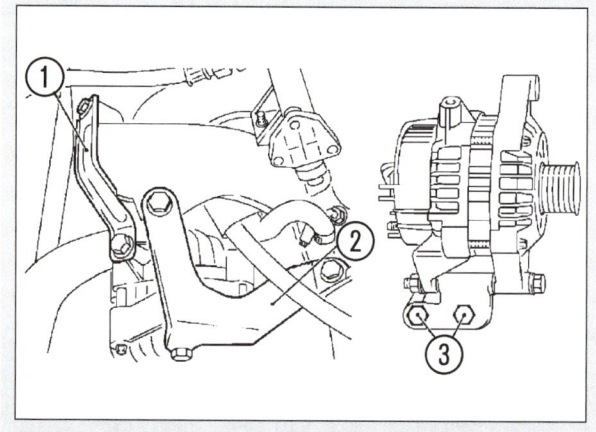

Lösen und nach oben aus dem Motorraum bugsieren – Generator.

⑧ Beenden Sie die Montage in umgekehrter Reihenfolge – die unteren Befestigungsschrauben ziehen Sie mit 35 Nm, die oberen mit 20 Nm an.

Y 20 DTH; Y 22 DTR

① Klemmen Sie das Batteriemassekabel ab, ...

② ... bocken den Vorderwagen rüttelsicher auf und ...

③ ... demontieren den Antriebsriemen, den Wasserabweiser und die untere Motorabdeckung.

④ Hernach demontieren Sie das Luftfiltergehäuse. Vergessen Sie nicht, vorher noch den Kabelsatzstecker ❶ vom Heißfilmluftmassenmesser abzuziehen.

⑤ Nun lösen Sie die Schraube ❹ vom Luftfiltergehäuse, die Schlauchschelle ❸ vom Luftansaugschlauch und ...

⑥ ... ziehen den Motorentlüftungsschlauch ❷ vom Ventildeckel ab.

⑦ Hernach bugsieren Sie das Luftfiltergehäuse ❺ mitsamt Luftansaugschläuchen aus den Halterungen und legen es beiseite.

ANLASSER AUS- UND EINBAUEN

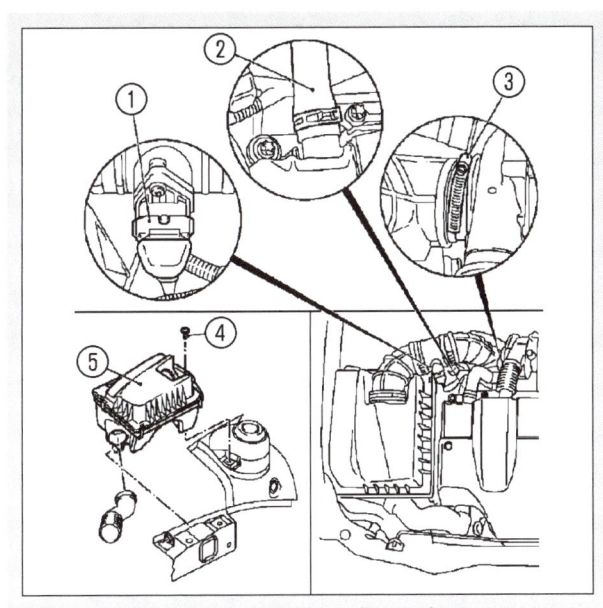

Mitsamt Luftansaugschläuchen demontieren – Luftfiltergehäuse.

⑧ Demontieren Sie die elektrischen Generatoranschlüsse ❶ und ❷ und lösen die drei Schrauben des Kabelkanals ❸.

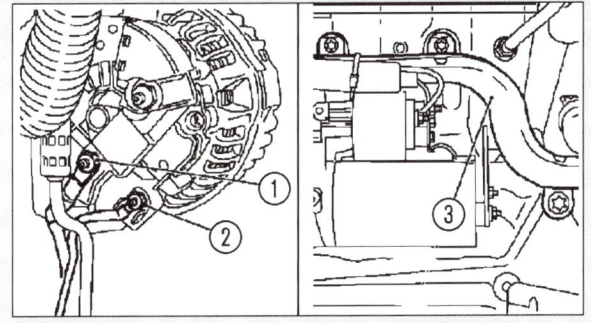

Demontieren – Generatoranschlüsse ❶, ❷ und ❸ Kabelkanal.

⑨ Lösen Sie die untere Befestigungsmutter ❹ um einige Umdrehungen (Schraube bleibt noch verbaut!).

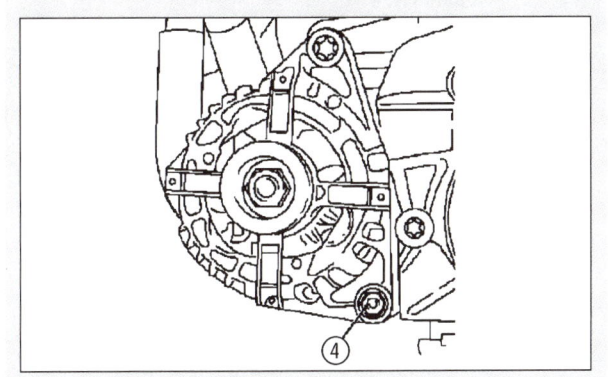

Nur um einige Umdrehungen lösen – untere Befestigungsmutter.

⑩ Ziehen Sie den Kabelsatzstecker ❷ und die Unterdruckleitungen ❶ vom Ladedruckventil ❸.

⑪ Demontieren Sie das Ladedruckventil und legen es beiseite.

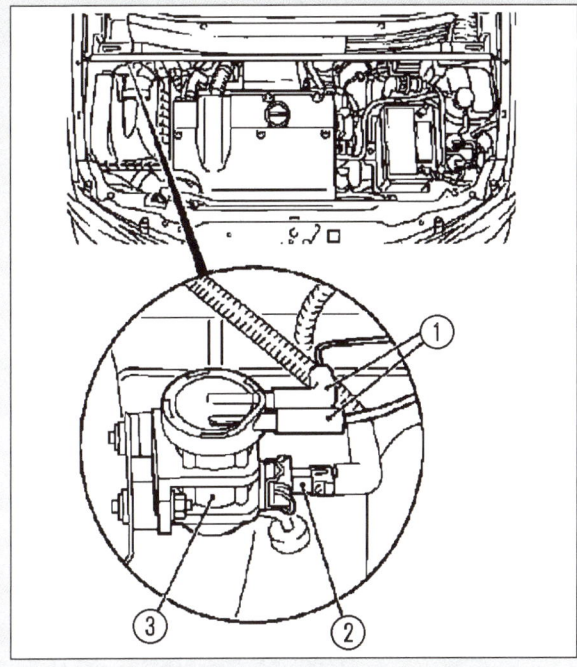

Abziehen – Anschlüsse vom Ladedruckventil.

⑫ Lösen Sie nun die obere Generatorbefestigungsschraube, auch die untere, bereits gelöste Schraube können Sie nun demontieren.

⑬ Bugsieren Sie den Generator noch oben aus dem Motorraum.

⑭ Beenden Sie die Montage in umgekehrter Reihenfolge.

Anlasser aus- und einbauen

Stellt sich der Zafira-Anlasser auf »stur«, gibt's meistens gleich mehrere Anlässe. Zum Beispiel kann der Magnetschalter oder die Schleifkohlen klemmen oder verschlissen sein. Auch die Ankerwelle »frisst« schon mal in ihren Lagerstellen. Unser Rat: Bevor Sie an der heimischen Werkbank eine Reparatur mit ungewissem Ausgang beginnen, entscheiden Sie sich besser für einen Austauschanlasser oder ein gebrauchtes Aggregat aus einem neuwertigen Unfallwagen. Ihr Opel-Händler hilft Ihnen ausschließlich mit Austauschanlassern »aus der Patsche«.

FAHRZEUGELEKTRIK

Anlasser — Störungsbeistand

Störung	Ursache	Abhilfe
A Anlasser dreht zu schwergängig oder gar nicht.	**1** Kontrolllampen brennen schwach oder verlöschen:	
	a) Batterie entladen,	Mit Starthilfekabeln starten, Auto anschieben/anschleppen.
	b) Kabelanschlüsse lose oder oxidiert,	Kabel befestigen, Anschlüsse säubern, Keilriemenspannung prüfen.
	c) Anlasser hat Masseschluss.	Anlasser überholen lassen oder austauschen.
	2 Kontrolllampen brennen hell, Klicken aus Richtung Anlasser – kurz auf den Magnetschalter klopfen. Dreht der Anlasser immer noch nicht:	
	a) Kohlebürsten bzw. Anschlüsse im Anlasser gelöst,	Anlasser überholen lassen oder austauschen.
	b) Kontakte im Magnetschalter verschmort (verklebt),	Magnetschalter erneuern bzw. Anlasser überholen lassen oder austauschen.
	c) Anlasserwicklung schadhaft.	Anlasser überholen lassen oder austauschen.
	3 Kontrolllämpchen brennen hell, keinerlei Anlassergeräusche:	Anschlüsse überprüfen.
	a) Klemme 1 am Magnetschalter lose,	Klemme neu befestigen.
	b) Klemme-1-Leitung vom Zündschloss zum Magnetschalter unterbrochen.	Leitung mit Prüflampe auf Durchgang kontrollieren, Klemmen auf festen Sitz prüfen.
B Anlasser läuft, Motor steht still.	**1** Ritzel verschmutzt oder verschlissen.	Ritzel reinigen bzw. erneuern.
	2 Einrückvorrichtung klemmt.	Anlasser überholen lassen.
	3 Zahnkranz auf Motorschwungscheibe beschädigt.	Wagen bei eingelegtem Gang ein Stück vorschieben. Erneut starten. Beschädigte Teile ersetzen lassen.
C Magnetschalter schaltet rhythmisch ein und aus, Anlasser läuft nicht.	Batterie stark entladen, Startspannung zu schwach.	Batterie laden.
D Anlasser läuft weiter, obwohl Zündschlüssel nicht mehr in Startstellung.	**1** Magnetschalter hängt oder Kontakte verklebt.	Zündung ausschalten, notfalls Batterie abklemmen. Magnetschalter erneuern, evtl. Anlasser austauschen lassen.
	2 Zünd-/Anlassschalter defekt.	Schalter ersetzen.
E Ritzel spurt nach Anspringen des Motors nicht aus.	Rückstellfeder des Einrückhebels defekt, Schubschraubtrieb verschlissen.	Zündung abschalten, Anlasser auf Prüfstand kontrollieren, schadhafte Teile ersetzen, ggf. Anlasser austauschen.

ANLASSER AUS- UND EINBAUEN

Arbeitsschritte 🌳 🔧 ▌ (je Motortyp)

Z 16 XE; Z 16 YNG; Z 18 XE

① Klemmen Sie das Batteriemassekabel ab und …

② … bocken den Vorderwagen rüttelsicher auf.

③ Demontieren Sie beide Schrauben der Einlasskrümmerstütze ❷.

④ Lösen Sie an der oberen Befestigungsschraube das Massekabel ❶ und …

⑤ … ziehen den Mehrfachstecker vom Kurbelwellen-Impulsgeber ab.

⑥ Lösen Sie jetzt beide Anschlusskabel ❸ am Magnetschalter und …

⑦ … demontieren die Anlasserschrauben ❹ und ❺.

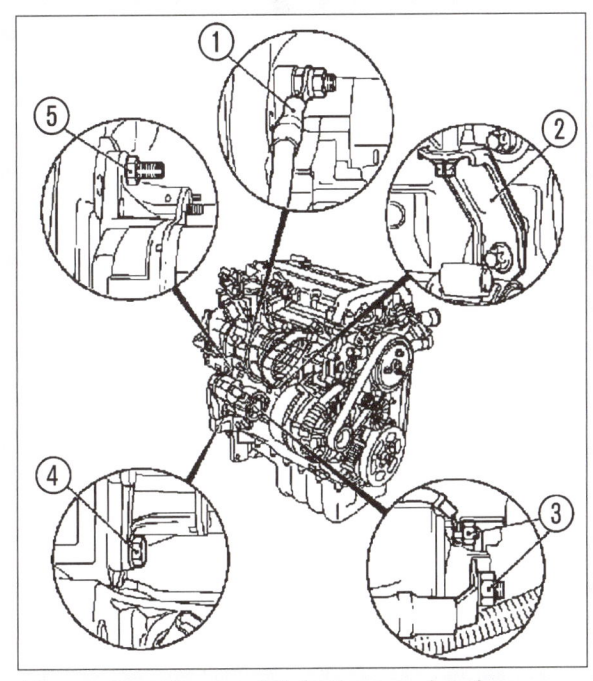

Lösen – Anschluss- und Befestigungsschrauben.

⑧ Ziehen Sie den Anlasser seitlich aus der Kupplungsglocke und bugsieren ihn aus dem Motorraum.

⑨ Beenden Sie die Montage in umgekehrter Reihenfolge.

Z 20 LET

① Klemmen Sie das Batteriemassekabel ab und …

② … demontieren den Halter des Unterdruckspeichers am Einlasskrümmer und Motorblock.

③ Lösen Sie beide Anschlusskabel ❶ und ❷ am Magnetschalter und …

④ … demontieren beide Anlasserschrauben ❸.

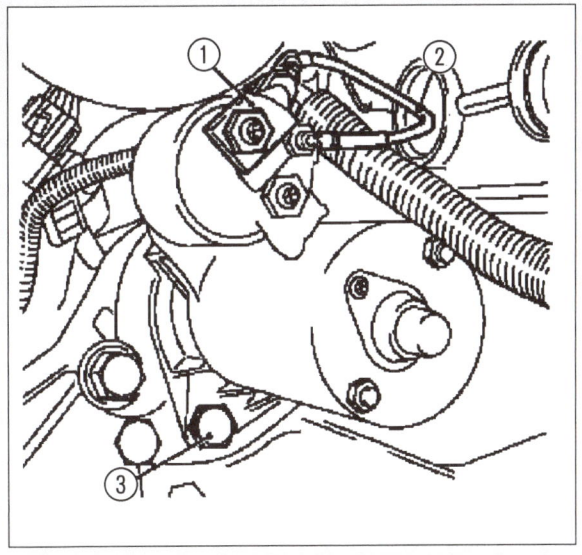

Lösen – Anschluss- und Befestigungsschrauben.

⑤ Ziehen Sie den Anlasser seitlich aus der Kupplungsglocke und bugsieren ihn nach unten aus dem Motorraum.

⑥ Beenden Sie die Montage in umgekehrter Reihenfolge.

Z 22 SE

① Klemmen Sie das Batteriemassekabel ab und …

② … bocken den Vorderwagen rüttelsicher auf.

③ Clipsen Sie den Anlasser-Kabelstrang ❶ und ❷ vom Motorblock und legen in beiseite.

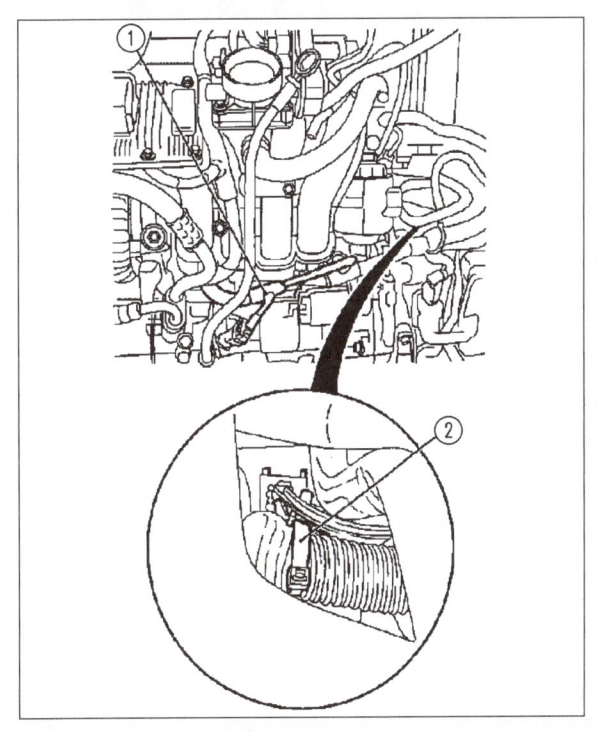

Beiseite legen – Kabelstrang.

FAHRZEUGELEKTRIK

④ Lösen Sie am Magnetschalter jetzt beide Anschlusskabel ❶ und ...

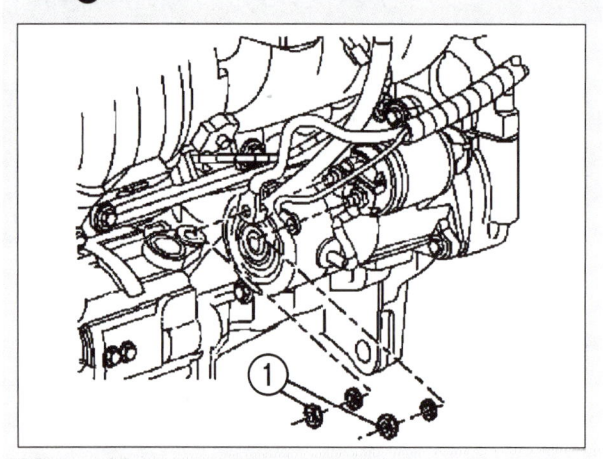

Lösen – Muttern am Magnetschalter.

⑤ ... demontieren dann beide Anlasserschrauben ❶.

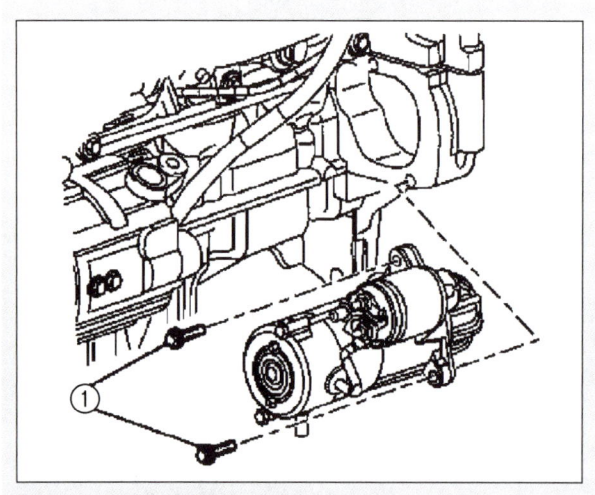

Lösen – beide Anlasserschrauben.

⑥ Ziehen Sie den Anlasser seitlich aus der Kupplungsglocke und bugsieren ihn aus dem Motorraum.

⑦ Beenden Sie die Montage in umgekehrter Reihenfolge.

Y 20 DTH, Y 22 DTR

① Klemmen Sie das Batteriemassekabel ab und ...
② ... bocken den Vorderwagen rüttelsicher auf.
③ Hernach demontieren Sie den Wasserabweiser und die untere Motorabdeckung wie beschrieben.
④ Lösen Sie vom Ladeluftrohr die Klemmschelle ❶ und vom Ladeluftschlauch die Schlauchschelle ❸.
⑤ Das Gleiche machen Sie mit der Schraube ❷ am Motorblock. Legen Sie dann das Ladeluftrohr beiseite. Achten Sie auf die Dichtung, erfahrungsgemäß fällt sie gerne ins »Nirwana« des Motorraums.

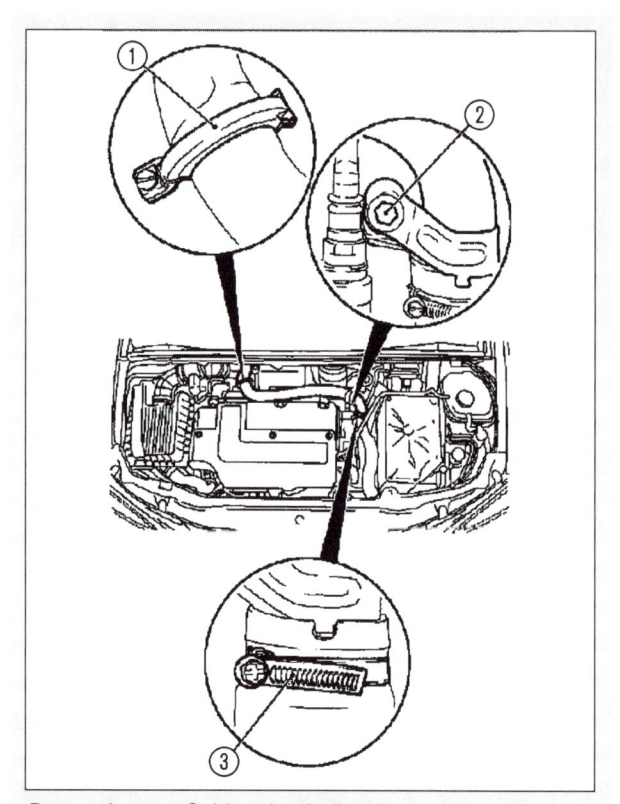

Demontieren – Schlauchschelle, Klemmschelle und Ladeluftrohr.

⑥ Lösen Sie das Hitzeschutzblech sowie die Befestigungsschrauben ❶ und ❷ des Kabelkanals ❸. »Quetschen« Sie den Kabelkanal beiseite, ...

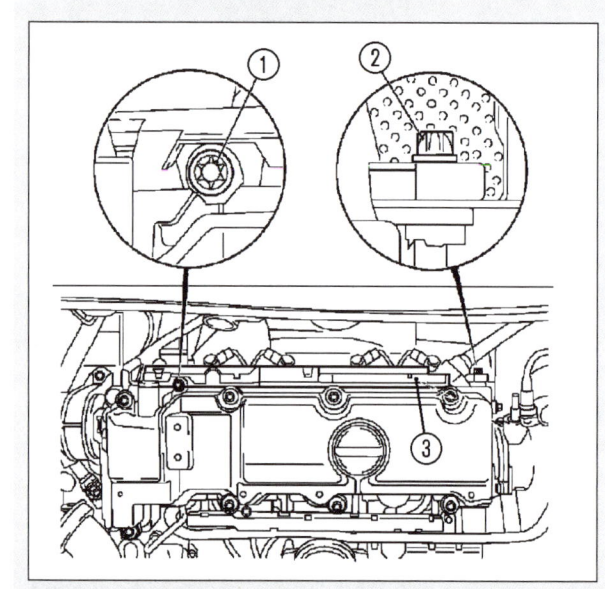

Am Kabelkanal lösen – Befestigungsschrauben.

⑦ ... lösen dann die Anlasserstütze und ...
⑧ ... die obere Anlasserschraube.

DIE AUSSENBELEUCHTUNG

⑨ Demontieren Sie die Befestigungsschrauben ❸ und die Befestigungsmutter ❷ vom Hitzeschutzblech, um dann …

⑩ … das Blech aus dem Motorraum zu bugsieren.

⑪ Schrauben Sie dann den Kabelkanal ❹ und das Massekabel vom Motorblock ab, …

⑫ … lösen vom Magnetschalter beide Anschlusskabel ❺ und …

⑬ … demontieren die Anlasserstütze ❶ zusammen mit dem Halter.

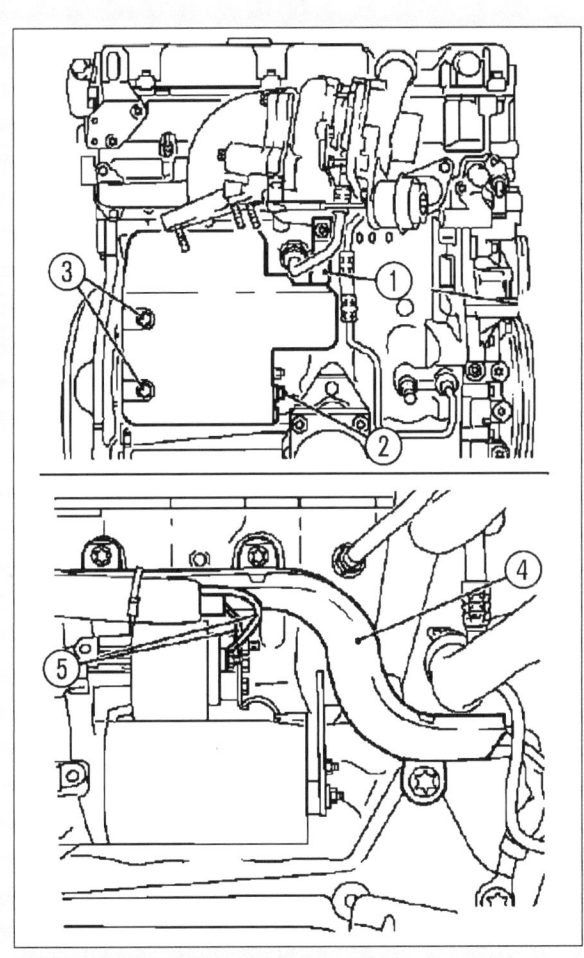

Lösen – Anschluss- und Befestigungsschrauben am Magnetschalter und an der Anlasserstütze.

⑭ Wenn Sie jetzt noch die untere Anlasserschraube gelöst haben, ziehen den Anlasser seitlich aus der Kupplungsglocke und bugsieren ihn aus dem Motorraum.

⑮ Beenden Sie die Montage in umgekehrter Reihenfolge. Die Befestigungsschrauben bekommen 45 Nm.

Die Außenbeleuchtung

Die Außenbeleuchtung des Zafira besteht aus Hauptscheinwerfern, Rück- und Bremsleuchten, Rückfahrscheinwerfern, Nebellampen (Option), Nebelschlussleuchten sowie Blink- und Kennzeichenleuchten. Die restlichen Lichtquellen haben ihren Platz im Kapitel »Der Innenraum«.

Außenscheinwerfer bestehen aus Lichtquelle, Reflektor und Streuscheibe. Als Lichtquelle in den Haupt- und Nebelscheinwerfern bemüht der Zafira Halogengaslampen. In der Serie »beinhalten« die Hauptscheinwerfer jeweils zwei Kunststofffreiformreflektoren. In Scheinwerfern herkömmlicher Bauart bündelt die Lichtquelle jeweils ein Parabolreflektor, eine profilierte Streuscheibe projiziert das Licht letztlich auf die Straße. Nicht so bei Freiformreflektoren, sie reflektieren die »Lampe« in einer Vielzahl von Reflektorsektoren mit unterschiedlichen geometrischen Formen.

Auf Wunsch mit »Hochdruck-Fensterputzer«: Die Zafira-Scheinwerfer mit Freiformreflektoren und Halogenlichtquelle.

Daraus ergeben sich differierende Neigungswinkel der reflektierten Lichtstrahlen zur Reflektorachse. Im Klartext: Das Licht »verteilen« allein die Reflektoren mit ihren diversen Brennpunkten auf die Straße – eine Streuscheibe mit herkömmlichen Funktionen wäre da völlig überflüssig. Dementsprechend haben die »Polycarbonat-Streuscheiben« im Zafira allenfalls die Funktion eines transparenten »Kunststofffensters«, sie schützen die Scheinwerferinnereien vor Witterungseinflüssen, Straßenschmutz und äußeren Beschädigungen.

FAHRZEUGELEKTRIK

»Maßkonfektion« – jeweils eine Lampe fürs Fern- und Abblendlicht

Als »Abblendlicht« umschreibt der Gesetzgeber europaweit eine spezielle Lichtverteilung mit asymmetrischer Hell-/Dunkel-Grenze. In Ländern mit Rechtsverkehr konzentriert sich das Lichtmaximum auf die rechte Fahrbahnseite, ansonsten steht der »linke Straßengraben« im Brennpunkt. Die Zafira Scheinwerfer »befeuern« jeweils zwei 55 Watt H7-Halogenlampen.

Sinnvoll – Ersatzlampenset an Bord

Hierzulande schreibt der Gesetzgeber verbindlich vor, dass alle äußeren »Beleuchtungskörper« ständig funktionieren müssen. Vorausschauende Fahrer stellen sich darum ein Ersatzlampenset zusammen. Im Zafira »strahlen« generell 12 V-Lampen:

Abblendlicht	– H7/55W
Fernlicht	– H7/55W
Nebelscheinwerfer	– H2/H3/55W
Blinklicht vorne	– Kugellampe 21W (Orange)
Standlicht vorne	– Glassockellampe 5W
seitliche Blinker	– Glassockellampe 5W
Blinklicht hinten	– Kugellampe 21W
Nebelschlusslicht	– Kugellampe 21W
Brems-/Schlussleuchte	– Kugellampe 21/5W
Zusatzbremsleuchte	– LED-Band
Rückfahrlicht	– Kugellampe 21W
Kennzeichenleuchte	– Glassockellampe 10W
Gepäckraumleuchte	– Soffitte 10W
Innenleuchte	– Glassockellampe 5W
Leseleuchte	– Glassockellampe 5W

Techniklexikon: Die Leuchtweitenregelung

Ab Werk ist jeder Zafira mit einer Leuchtweitenregelung ausgestattet. Sie arbeitet mit spannungsgesteuerten Schrittmotoren. Vom Fahrersitz aus können Sie bequem die Leuchtweite der Beladung anpassen. Der Betätigungsschalter unterhalb des Hauptlichtschalters, links neben dem Nebellampenschalter, variiert einen verstellbaren Widerstand, der die gewählte Spannung an die Stellmotoren in den Scheinwerfertöpfen weiterleitet: Je nach Spannungseingang »dreht« eine Spindel im Scheinwerfergehäuse den Reflektor entsprechend ab. In der Grundeinstellung, also mit zwei Personen besetzt, sollte das Rändelrad generell in Stellung »0« stehen. Mit vier- bzw. fünf Personen und kleinem »Handgepäck« an Bord stellen Sie das Rändelrad in Position »2«, darüber hinaus drehen Sie Ihrem Zafira die Lichter in Stellung »3«.

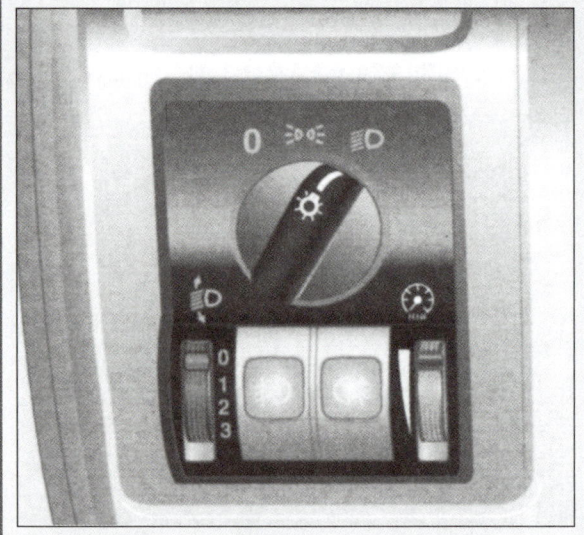

Dreistufig: Der serienmäßige Leuchtweitendrehregler.

Kein großes Problem – Scheinwerferlampen wechseln

Die Lampen für Fahr-, Fern-, Stand- und Blinklicht finden Sie allesamt im Scheinwerfergehäuse. Zum Lampentausch müssen Sie die Scheinwerfer nicht demontieren. Sie öffnen statt dessen die Motorhaube, stützen sie ab und öffnen die Lampenträger dann aus dem Motorraum heraus von hinten. Achten Sie generell darauf, dass währenddessen die Scheinwerfer ausgeschaltet sind. **Wichtig**: Neue Glühlampen fassen Sie mit möglichst sauberen Händen immer nur am Sockel an. Ansonsten würden Ihre Fingerabdrücke »mit dem ersten Licht« am heißen Glaskolben verdampfen und sich, als Schleier auf die Reflektoren legen. »Blinde« Reflektoren vernichten Licht, anstatt es zu reflektieren. Sollten Sie dennoch nicht umhin kommen, die neue Lampe am Glaskolben in die Fassung zu bugsieren, cleanen Sie hernach das Glas mit einem in Alkohol oder Brennspiritus getränkten fusselfreien Tuch. Bestücken Sie Ihren Zafira außerdem nur mit Ersatzlampen, die einen UV-Filter haben.

LAMPEN WECHSELN

Arbeitsschritte 🔧 💡 (je Lampenwechsel)

Abblendlicht

① Fassen Sie den äußeren Lampenträger, drehen ihn nach links (Pfeil) aus der Arretierung und …

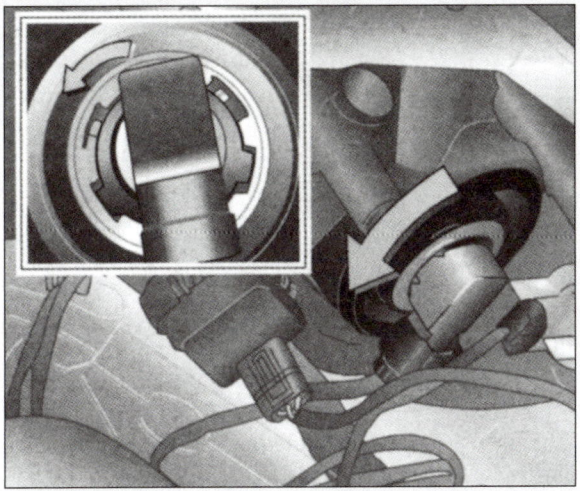

Richtung einhalten – Lampenstecker nach links drehen und dann zusammen mit der Lampe aus dem Reflektor ziehen.

② … bugsieren ihn dann gemeinsam mit der Lampe aus dem Reflektor. Ziehen Sie die alte Lampe aus dem Stecker, …

③ … fassen die neue am Sockel an und stecken sie in die Polschuhe des Lampenhalters.

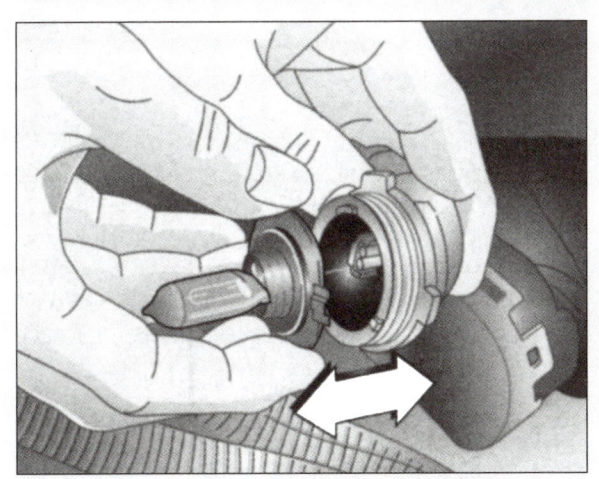

Halogenlampen – immer nur die Fassung greifen.

④ Den Lampenhalter setzen Sie dann vorsichtig in den Reflektor und drehen ihn bis so lange nach rechts, bis die Arretierstifte einrasten. Vergessen Sie nicht den Funktionscheck.

Fernlicht

① Fassen Sie den inneren Lampenträger, drehen ihn nach links (Pfeil) aus der Arretierung und …

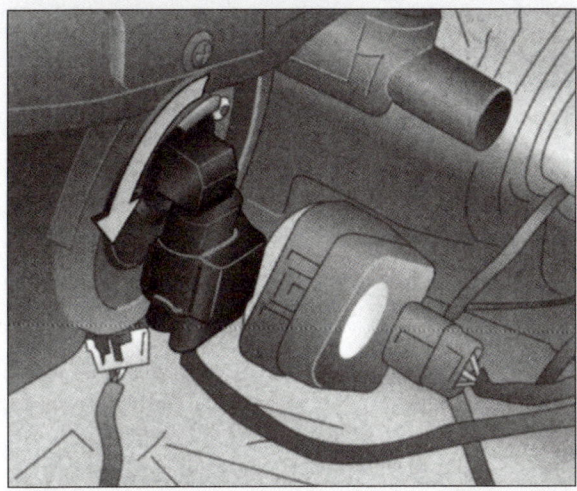

Richtung einhalten – Lampenstecker nach links drehen und dann zusammen mit der Lampe aus dem Reflektor ziehen.

② … bugsieren ihn dann gemeinsam mit der Lampe aus dem Reflektor. Heben Sie dann die Lasche an und ziehen den Stecker vom Lampenträger ab.

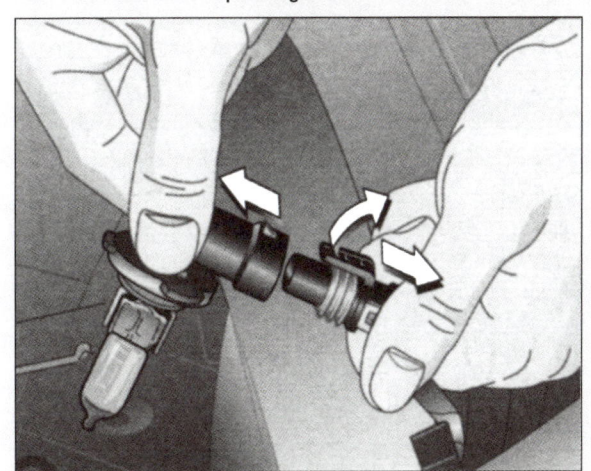

Stecker am Lampenträger abziehen – heben Sie vorab die Lasche an.

③ Ziehen Sie die alte Lampe aus der Fassung, setzen die neue ein und führen dann den Lampenträger in den Reflektor. Drehen Sie den kompletten Lampenträger so weit nach rechts, bis die Arretierstifte einrasten. Vergessen Sie den Funktionscheck nicht.

Standlicht

① Drehen Sie die Lampenfassung nach links und ziehen sie mit der Lampe aus dem Gehäuse.

243

FAHRZEUGELEKTRIK

② Ziehen Sie die alte Lampe aus der Fassung und setzen die neue ein.

③ Beenden Sie den Lampenwechsel in umgekehrter Reihenfolge. Achten Sie auf den korrekten Sitz der Führungsnasen und verdrehen erst dann die Fassung so lange nach rechts, bis sie einrastet. Vergessen Sie nicht den Funktionscheck.

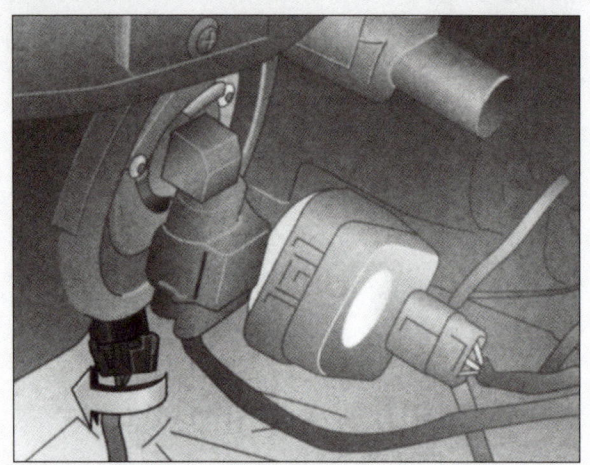

Schnell erledigt – Lampenfassung nach links drehen und aus dem Reflektor ziehen.

Vordere Blinkleuchte

① Drehen Sie die Lampenfassung nach links und ziehen sie samt Lampe aus dem Gehäuse.

② Die alte Lampe drücken Sie leicht in die Fassung und ziehen sie mit einer leichten Linksdrehung heraus.

③ Montieren Sie die neue Lampe in umgekehrter Reihenfolge und achten darauf, dass zur Montage die beiden Führungsnasen richtig sitzen. Vergessen Sie den Funktionscheck nicht.

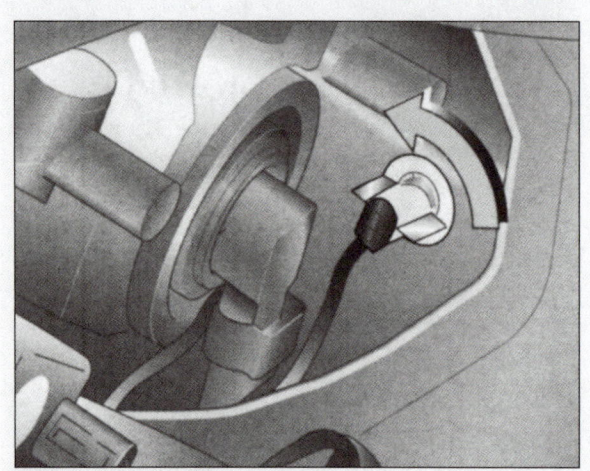

Mit Linksdrehung herausziehen – zuerst die Fassung und dann die Lampe.

Seitliche Blinkleuchte

① Schieben Sie die Blinkleuchte entgegen der Fahrtrichtung nach hinten und hebeln zeitgleich den vorderen Teil der Leuchte vom Kotflügel ab.

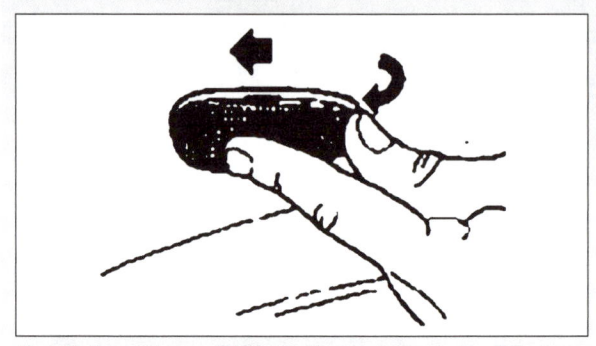

Parallel angehen – Blinkleuchte entgegen der Fahrtrichtung nach hinten schieben und den vorderen Leuchtenteil vom Kotflügel abhebeln.

② Entriegeln Sie den Kabelsatzstecker, drehen die Lampenfassung mit einem Linksdreh aus dem Blinkergehäuse, ...

③ ... ziehen dann die Lampe aus der Fassung und ...

④ ... beenden die Montage in umgekehrter Reihenfolge.

Praxistipp
Scheinwerfereinstellung kontrollieren – nach jedem Lampenwechsel

Da sich der Reflektor beim Tausch der Scheinwerferlampen verstellen kann, stellen Sie, bevor Sie die Lampen wechseln, Ihren Zafira vor einer möglichst dunklen Wand ab und markieren mit einem Kreidestrich die Lichtkegel der intakten Lampen an der Wand. Vergleichen Sie nach dem Lampenwechsel den Lichtaustritt der neuen Lampe mit dem der alten. Falls Ihr Zafira jetzt erkennbar »schielen« sollte, lassen Sie das Licht besser von einer Fachwerkstatt an einem optischen Scheinwerfereinstellgerät justieren.

Nebelscheinwerfer

① Klemmen Sie die Batterie ab und ...

② ... demontieren den vorderen Stoßfänger, wie beschrieben.

③ Am Stoßfänger lösen Sie dann die Nebellampen an drei Schrauben (Pfeile).

LAMPEN WECHSELN

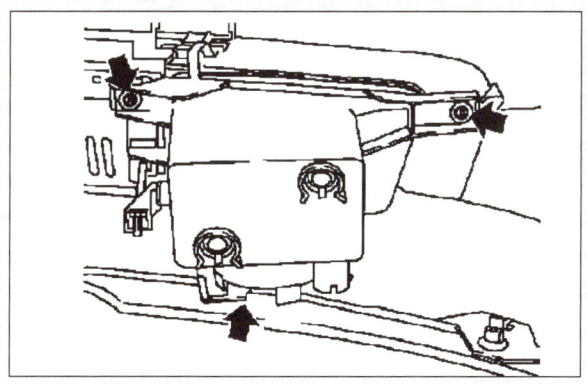

Mit drei Schrauben am Stoßfänger lösen – Nebellampen.

④ Öffnen Sie die Nebelscheinwerferabdeckung und ziehen den Kabelsatzstecker vom Gehäuse.

⑤ Entriegeln Sie jetzt die Haltefeder und bugsieren die Lampe aus dem Scheinwerfer.

⑥ Montieren Sie die neue Lampe in umgekehrter Reihenfolge. Achten Sie darauf, dass die beiden Führungsnasen zur Montage richtig sitzen. Vergessen Sie auch den Funktionscheck nicht.

Rückleuchten
(Brems-, Schluss-, Nebelrück- und Blinklicht)

① Öffnen Sie die Heckklappe und demontieren die betreffende Abdeckkappe von der Innenverkleidung.

links

② Nehmen Sie den Verbandskasten aus der »Seitentasche«.

beide Seiten

③ Ziehen Sie den Kabelstecker vom Lampenträger ab, halten das Lampengehäuse von außen »leicht gegen« und schrauben innen beide Befestigungsmuttern (Pfeile) los.

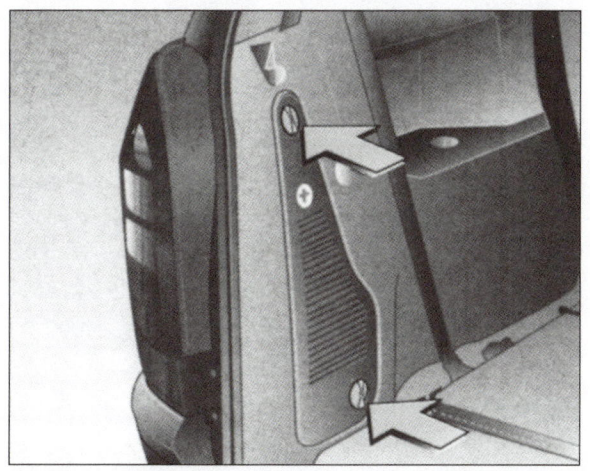

Parallel angehen – Lampengehäuse von außen leicht gegenhalten und beide Befestigungsmuttern (Pfeile) lösen.

④ Nehmen Sie jetzt das Lampengehäuse aus der Seitenwand, drücken die äußeren vier Sperrzungen zusammen und ziehen den Lampenträger nach hinten ab.

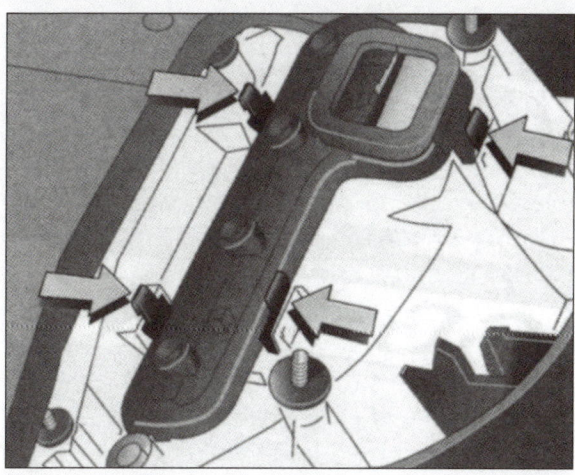

Zusammendrücken – die vier Sperrzungen am Lampenträgerrand.

⑤ Ziehen Sie hernach die durchgebrannte Lampe aus der Fassung und setzen eine neue ein.

⑥ Beenden Sie die Montage in umgekehrter Reihenfolge. Ziehen Sie den Lampenträger »gefühlvoll« an. Vergessen Sie den Funktionscheck nicht.

Praxistipp

Welche Lampe »brennt« wo?

Von oben nach unten gesehen ist die Lampenkennung in allen Zafira-Rücklichtern gleich. ❶ Rück-/Bremslicht, ❷ Blinker, ❸ Rückfahrscheinwerfer, Nebelschlussleuchte.

FAHRZEUGELEKTRIK

Kennzeichenleuchte

① Öffnen Sie die Heckklappe und drehen, unterhalb des Hecktürgriffs, an der defekten Leuchte beide Befestigungsschrauben los.

Losdrehen – beide Befestigungsschrauben.

② Nehmen Sie die Leuchte aus der Montageöffnung, …

③ … drücken die alte Glühlampe leicht gegen die Federn und ziehen sie mit einer leichten Linksdrehung aus der Fassung.

④ Setzen Sie die neue Lampe ein und beenden die Montage in umgekehrter Reihenfolge. Vergessen Sie den Funktionscheck nicht.

Praxistipp

Glühlampen turnusmäßig wechseln

Jede normale Glühlampe verschleißt: Die Glühfadenpartikel verdampfen und mindern die Lichtausbeute. Erneuern Sie Glühlampen im Bereich der Außenbeleuchtung (außer Halogenlampen) daher grundsätzlich nach spätestens zwei Jahren. Optisch erkennen Sie »gealterte« Glühlampen übrigens auch am leicht geschwärzten Lampenkolben.

Besser als mit »schielenden Augen fahren« – Scheinwerfer vor der Wand einstellen

Falls Sie das Licht auf die Schnelle nicht ordentlich einstellen lassen können, »zweckentfremden« Sie eine möglichst dunkle Wand als Bildfläche. Das ist zwar nur ein Provisorium, doch immer noch besser als den Gegenverkehr mit »schielenden Augen« zu blenden. Gehen Sie folgendermaßen vor:

- Tanken Sie Ihren Zafira voll oder bepacken, bei rund halbvollem Tank, den Kofferraum mit etwa 30 Kilogramm Zusatzgewicht.
- Setzen Sie einen Helfer auf den Fahrersitz oder legen im rechten Fußraum alternativ rund 75 Kilogramm Ballastgewicht ab.
- Checken Sie den vorschriftsmäßigen Reifendruck.
- »Parken« Sie Ihr Auto exakt fünf Meter vor einem möglichst dunklen Hintergrund (Wand).
- Bevor Sie »loslegen« drücken Sie das Auto vorne und hinten mehrmals kräftig in die Federn und …
- … stellen die Scheinwerferregulierung auf »0«.
- Messen Sie den Abstand zwischen Boden und Mittelpunkt der beiden Scheinwerfer aus. Das Maß markieren Sie an der Wand und verbinden es mit einer Linie (S1).

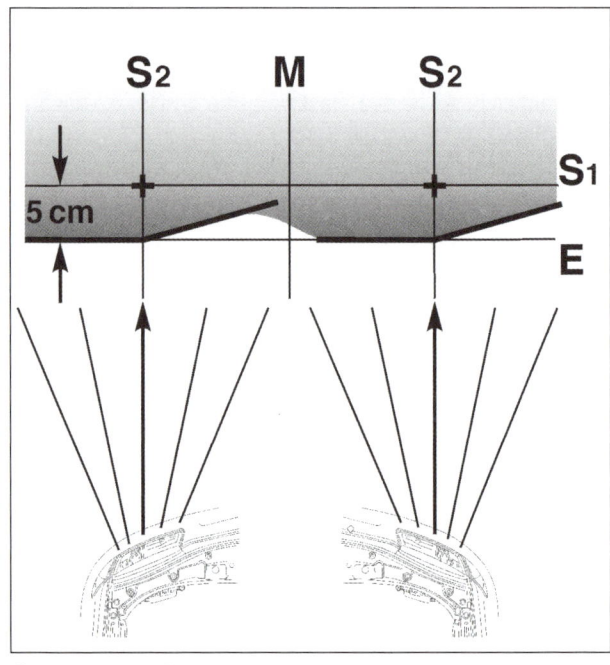

Schnell gemacht: »Lichtpunkte« auf die Wand übertragen.

SCHEINWERFER EINSTELLEN

- Fünf Zentimeter darunter zeichnen Sie sich eine parallele Linie (E) an die Wand. Sie signalisiert die Neigung des Abblendlichts auf fünf Meter Entfernung.
- »Peilen« Sie durch das Heckfenster nach vorn und lassen Ihren Helfer genau in Fahrzeugmitte eine senkrechte Linie (M) einzeichnen.
- Messen Sie dann den Abstand zwischen Auto- und Scheinwerfermittelpunkt (rechts und links). Übertragen Sie die Werte auf eine Hilfslinie (rechts und links vom Schnittpunkt der Linien M und S1) und markieren sie mit einem Einstellkreuz (S2).
- Genau fünf Zentimeter unter diesen Kreuzen justieren Sie auf der Einstelllinie E die Abknickpunkte des Abblendlichts.
- Die Scheinwerfereinstellschrauben »finden« Sie unterhalb der Motorhaube oberhalb der beiden Scheinwerfer. Die innere Schraube ❶ verstellt die Reflektoren vertikal, die äußere Schraube ❷ dagegen horizontal.

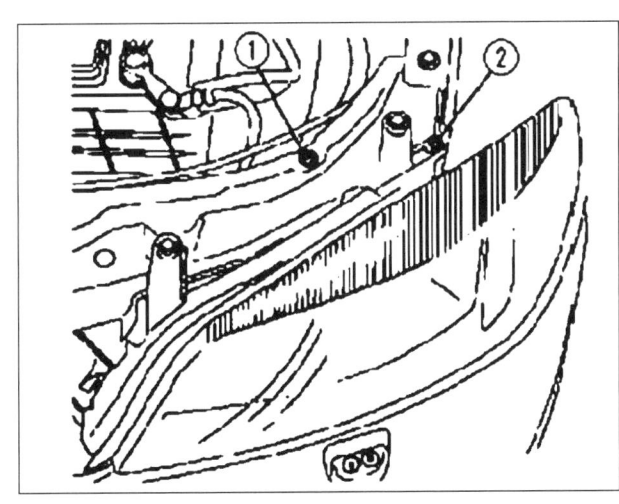

Sitzen unterhalb der Motorhaube: Scheinwerfereinstellschrauben der Hauptscheinwerfer. ❶ vertikale Verstellschraube, ❷ horizontale Verstellschraube.

- Schalten Sie das Abblendlicht ein und ...
- ... verdrehen die Höhenverstellschraube ❶ so lange, bis die waagrechte Hell/Dunkelgrenze des Abblendlichts mit der Einstelllinie E übereinstimmt.
- Danach verdrehen Sie die Seitenverstellschraube ❷ an der Scheinwerferinnenseite bis im Abblendlichtbild der Abknickpunkt mit dem Einstellkreuz korrespondiert. Ein »Streuanteil« von 15 Prozent darf über der Linie liegen.
- Nach der Einstellung »stimmt« das Fernlicht automatisch.

- Falls Ihr Zafira Nebelscheinwerfer hat, verfahren Sie nach dem gleichen »Einstellmuster«. Stellen Sie eine Hilfslinie mit den Einstellkreuzen (Mitte der Nebelscheinwerfer) her.

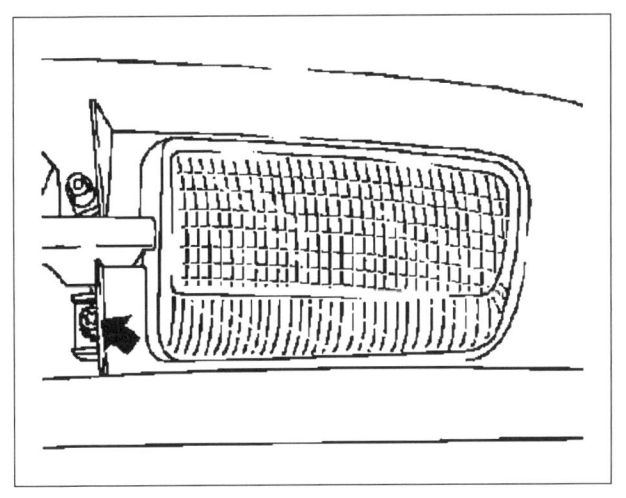

Bis Modelljahr 2000 im Stoßfänger integriert – Nebelscheinwerfereinstellschrauben (Pfeil).

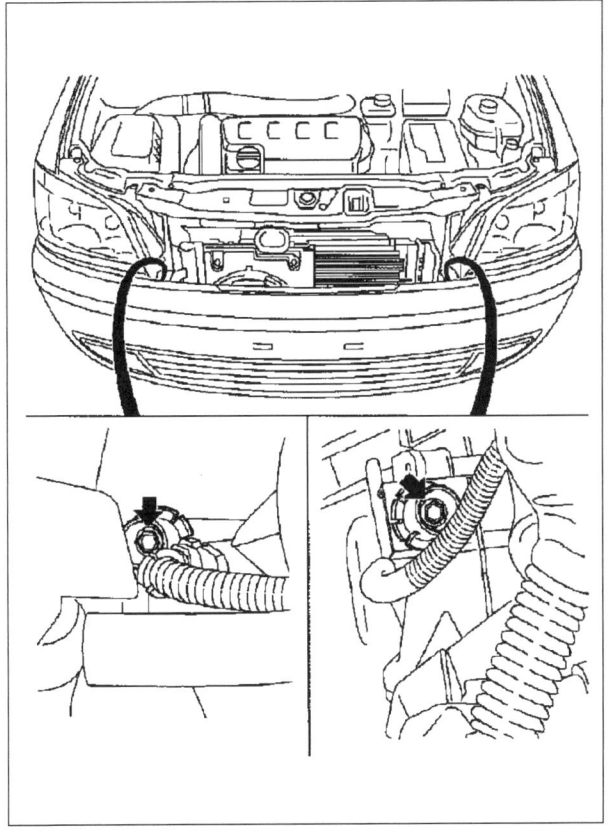

Ab Modelljahr 2000 im Motorraum zu finden – Nebelscheinwerfereinstellschrauben (Pfeil).

FAHRZEUGELEKTRIK

Die Signaleinrichtungen

Mit den Signaleinrichtungen teilen Sie anderen Verkehrsteilnehmern Ihre Fahrabsichten mit. Wenn Sie zum Beispiel die Fahrtrichtung ändern möchten, betätigen Sie den Blinker, beim Tritt aufs Bremspedal sieht Ihr Hintermann automatisch »rot«. Bevor Sie außerhalb einer geschlossenen Ortschaft ein Auto überholen, signalisieren Sie das dem Vordermann mit der Lichthupe. Doch Ihrem Zafira stehen noch weitere Warneinrichtungen als Blinker und Bremslicht zur Verfügung.

Pflicht im öffentlichen Straßenverkehr – Signalhorn und Warnblinker

Die Straßenverkehrs-Zulassungsordnung (StVZO) schreibt jedem Kraftfahrzeug zwingend ein Signalhorn vor. Außerdem verlangt der Gesetzgeber bei zweispurigen Kraftfahrzeugen eine Warnblinkanlage, mit der Sie im Notfall Ihren Zafira per Knopfdruck vom Fahrersitz aus absichern können. Da die Warnblinkanlage immer funktionieren muss, »hängt« sie, von einer Sicherung vor möglichem Kurzschluss geschützt, direkt am Batteriestromkreis (Klemme 30). Die Richtungsblinker bekommen ihren Saft dagegen von Klemme 15 (Zündung) angeliefert. Übrigens: **Bevor Sie eine Fahrt antreten, checken Sie grundsätzlich die Signaleinrichtungen Ihres Zafira.**

Warnblinkanlage:
- Betätigen Sie bei ausgeschalteter Zündung die Warnblinkanla-ge. Alle Blinker – mitsamt der Kontrollleuchte im Schalter – müssen im gleichen Rhythmus aufleuchten.

Blinker:
- Schalten Sie die Zündung ein und schalten den Blinkerhebel. Die Blinker der »gesetzten Seite « müssen im gleichen Rhythmus blinken, ebenso die Blinkerkontrolle im Cockpit.

Bremsleuchten:
- Stellen Sie Ihr Auto mit dem Heck vor einer Wand ab und treten dann das Bremspedal – die Wand reflektiert das Bremslicht. Das Gleiche funktioniert auch im Stand in einer Autoschlange. Kontrollieren Sie im Rückspiegel, ob Sie Ihre »brennenden« Bremsleuchten in den Scheinwerfern oder in der Lackierung des Hintermanns erkennen.

Warnblink- und Blinkanlage

Störungsbeistand

Störung	Ursache	Abhilfe
A Blinkerkontrolllampe leuchtet in kurzen Intervallen auf, Warnblinker funktioniert im normalen Rhythmus.	Blinkleuchte defekt oder Kontaktschwäche.	Auswechseln – Kontaktschwäche mit Kontaktspray beseitigen.
B Blink- und Kontrollleuchte brennen ungetaktet.	Blinkrelais defekt.	Auswechseln.
C Blinkleuchten o.k. – Warnblinker nicht.	1 Sicherung defekt.	Auswechseln.
	2 Kabel vom Steckkontakt des Warnblinkerschalters zur Sicherung bzw. Blinkerrelais unterbrochen.	Durchgang kontrollieren, evtl. instand setzen.
	3 Warnblinkschalter defekt.	Auswechseln (lassen).
D Warnblinkanlage o.k. – Richtungsblinker nicht.	Kabel zwischen Blinkerschalter und Blinkerrelais unterbrochen.	Durchgang prüfen, evtl. instand setzen.

INSTRUMENTE UND BEDIENUNGSELEMENTE

Bremslicht — Störungsbeistand

Störung	Ursache	Abhilfe
A Eine Bremsleuchte brennt nicht.	1 Lampe defekt.	Austauschen.
	2 Masseverbindung unterbrochen. Brennen die übrigen Lampen in der Heckleuchte?	Masseanschluss erneuern (säubern).
	3 Zuleitung unterbrochen.	Kabel kontrollieren.
B Alle Bremslichter funktionieren nicht.	1 Sicherung defekt.	Ersetzen.
	2 Bremslichtschalter defekt.	Überprüfen, ggf. ersetzen.
C Bremslicht brennt dauernd.	1 Bremspedal hängt.	Gangbar machen.
	2 Bremslichtschalter defekt.	Bremslichtschalter und Zuleitungen kontrollieren.

Bremslichtschalter prüfen

Wenn alle drei Bremslichter abrupt nicht mehr funktionieren, »misstrauen« Sie getrost dem Bremslichtschalter. Er sitzt im Innenraum direkt am Lagerbock der Pedalerie. Beim Betätigen des Bremspedals »wandert« ein Druckstift aus dem Schaltergehäuse, daraufhin schließen im Schalter die Kontakte und leiten Spannung an die Bremsleuchten weiter. Den Schalter prüfen Sie ganz einfach: Ziehen Sie die Kabelstecker ab und halten die »blanken« Enden zusammen. Sollten jetzt die Bremsleuchten funktionieren, erneuern Sie den Schalter.

Signalhorn prüfen

Signalhörner verrichten in modernen Autos ihren Job – von Dreck und Spritzwasser abgeschirmt – mittlerweile völlig zuverlässig: Der Zafira »versteckt« seine Signalhörner unterhalb des Spritzschutzes im Vorderwagen. Solange dort die Kabelanschlüsse und der Massekontakt o. k. sind (checken Sie das mit einer Prüflampe oder per Multimeter), »überleben« die Hörner Ihren Zafira. Falls die Hupe dennoch »stumm« bleibt, checken Sie den Hupenkontakt im Lenkrad. Doch im Zeitalter automatischer Rückhaltesysteme ist das leichter gesagt als getan – wir raten Ihnen davon ab: Der Kontakt sitzt unterhalb des Fahrerairbags. Von dem »lebensrettenden Luftsack« lassen Sie, auch als versierter Do it yourselfer, besser die »Finger«. In Fachwerkstätten sind Airbags auch nicht die »Spielwiese« eines jeden Schraubers, sondern die Domäne speziell unterwiesener Monteure.

Instrumente und Bedienungselemente

Sobald Sie den Zündschlüssel betätigen, stehen zwischen den Vorder- und Hinterrädern Ihres Zafira viele technische Komponenten unter elektronischer »Aufsicht«. Das erhöht Ihre Sicherheit – während der Fahrt können Sie Ihre ganze Aufmerksamkeit dem »Tachometer« und der Straße widmen. Doch plötzlich »strahlende« Kontrolllämpchen unterschätzen Sie bitte nicht: Optische Warnsignale im Zafira-Cockpit haben immer »ernste« Hintergründe.

Verlöschen kurz nach dem Start – Öldruck-, Airbag- und ABS-Kontrollleuchten

Das gilt für die Öldruckleuchte ebenso wie für die Airbagkontrolle und die ABS-Funktionsanzeige, die während des Startvorgangs nur wenige Sekunden aufleuchten. Bleiben die Lämpchen jedoch immer »dunkel« oder flackern während der Fahrt auf, gehen Sie »zielgerichtet« von einem Systemdefekt aus. Um teure

FAHRZEUGELEKTRIK

Folgeschäden und unnötige Gefahrenmomente zu umgehen, führen Sie Ihren Zafira umgehend einem Opel-Kundendienst zur Diagnose vor.

Nichts ist unmöglich – Fehlinformationen aus dem Cockpit

Allerdings stehen sich elektronische On-Bordsysteme mitunter noch »selbst im Weg«: Ab und an »spinnen« nämlich nicht die Systeme, sondern lediglich ihre Peripherie. Bisweilen provozieren defekte Schalter, Sensoren oder Anschlusskabel Fehlinformationen, die Sie als technisch versierten Autofahrer in »Alarmstimmung« versetzen. Bewahren Sie also kühlen Kopf und folgen der Logik – so zum Beispiel, wenn Anzeigen unterschiedlicher Systeme gleichzeitig aus dem Tritt sind. Mitunter verantwortet den optischen Informationssalat dann »nur« ein schadhafter Spannungsregler. Sei's drum – Sie sind auf jeden Fall gut beraten, wenn Sie der Ursache umgehend auf den Grund gehen und das Manko beseitigen.

Routine für Profis – Sichtkontrollen vor der Fahrt

Bevor Sie mit Ihrem Zafira losfahren, gönnen Sie seinem Cockpit einen aufmerksamen Blick. Weil in Ihrem Unterbewusstsein das normale Erscheinungsbild längst »eingebrannt« ist (die Anzahl der Anzeigen ist ausstattungsabhängig), fallen Ihnen, selbst kleinere, Abweichungen sofort ins Auge.
- Funktioniert die Zeituhr?
- Mit eingeschalteter Zündung leuchten Ladekontrolle, Öldruckwarnleuchte, die Handbremskontrollleuchte (bei angezogener Handbremse), die Airbagkontrolle und ABS-/ESP-Funktionsanzeige auf. Beim Zafira Diesel brennt vor dem Start für wenige Sekunden auch die Vorglühkontrollleuchte.
- Vergessen Sie auch nicht kurz den Warnblinker, die beheizbare Heckscheibe, Nebelscheinwerfer und die Nebelschlussleuchte zu bedienen. Kontrollieren Sie, ob die entsprechenden Kontrollleuchten funktionieren.
- Sind die Schalter und das Cockpit beleuchtet? Schalten Sie zum Check das Fahrlicht ein.
- Schalten Sie den linken Kombihebel durch. Funktioniert die Blinker- und Fernlichtkontrolle?
- »Verschwindet« die Lade- und Öldruckkontrollleuchte, nachdem der Motor läuft? Wird die Airbagkontrolle und ABS-/ESP-Funktionsanzeige dunkel? Erlischt die Vorglühkontrollleuchte, nachdem der Diesel »brummt«?
- Achten Sie während der Fahrt auf den Tacho und Drehzahlmesser.

Vollständig und übersichtlich: Das Cockpit mit Airbaglenkrad, Fernbedienungstasten und Bordcomputer.

Praxistipp

Instrumente zeigen nicht an

Warnleuchten funktionieren nicht:

Überprüfen Sie zunächst die zuständige Sicherung, dann die Kabelanschlüsse, Zuleitungskabel und Geberelemente auf richtige Funktion. Das Multimeter ist Ihnen auch hier eine wertvolle Hilfe. Wenn Sie den Fehler lokalisiert haben, ist der Austausch der meisten Geberelemente oder Kontrolllämpchen für Do it yourselfer keine große Herausforderung mehr.

Von Reparatureingriffen an der Schaltplatine des Kombiinstruments sehen Sie jedoch besser ab: Betrauen Sie damit Ihren Vertragshändler.

Öldruckkontrollleuchte brennt nicht:

Schalten Sie die Zündung ein, ziehen das Kabel am Öldruckschalter ab und halten es gegen Metall (Masse). Brennt jetzt die Leuchte, erneuern Sie den Öldruckschalter – bleibt das Lämpchen aus, prüfen Sie nacheinander die Zuleitung, die Leiterfolie des Kombiinstruments und die Lampe. Den Öldruckschalter »finden« Sie in unmittelbarer Nähe des Ölfilters. Beide Diesel tragen den Ölsensor unten am Motorblock in Nähe der rechten Antriebswelle.

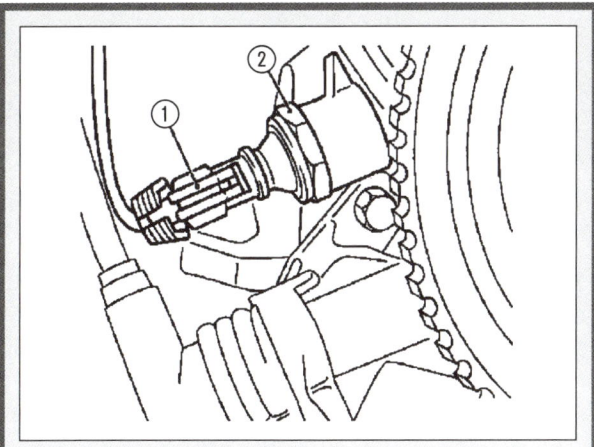

SCHALTERFUNKTIONSPRÜFUNG

Öldruckschalter ❷ mit Anschlussstecker ❶ – bei den Ottomotoren nahe dem Ölfilter.

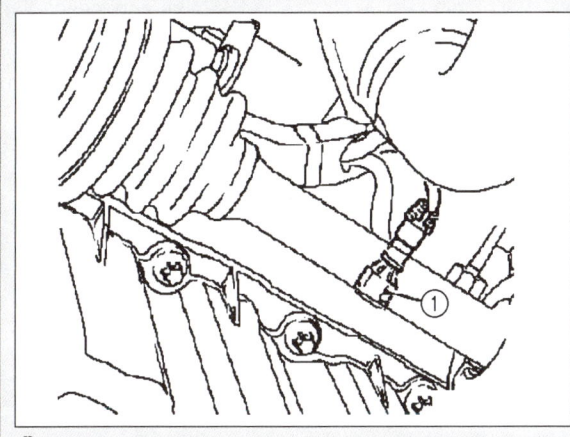

Öldruckschalter ❶ – bei den Dieselmotoren am unteren Motorblock in Nähe der rechten Antriebswelle.

Tankanzeige funktioniert nicht:

Entweder ist das Anzeigeinstrument oder der Tankgeber defekt (Schwimmer klemmt). Mitunter ist auch die Stromzufuhr unterbrochen oder der Massekontakt reicht nicht aus. Die Kraftstoffanzeige selbst lässt nur eine eingeschränkte Fehlersuche zu. Um die Zuleitungen am Tank zu prüfen, sind beim Zafira einige Vorarbeit und, abhängig vom Leitungsdurchmesser, für die Federclipkupplungen Spezialwerkzeuge nötig. Wir empfehlen Ihnen darum, zur Reparatur eine Vertragswerkstatt aufzusuchen.

Schalter – Funktionsprüfung

Manchmal bringen auch defekte Schalter die »Ströme« durcheinander. Im Zafira kommen übrigens die unterschiedlichsten Schaltertypen »zu Ehren«. Ihre Funktionsprüfung erledigen Sie am besten mit Hilfe einer Prüflampe – der Nadelkontakt an der Lampenspitze muss dazu allerdings noch »Nadel spitz«, nicht jedoch »Nagel stumpf« sein. Tauschen Sie defekte Schalter ausschließlich gegen original Opel-Ersatzteile.

Arbeitsschritte

① Besorgen Sie sich den aktuellen Schaltplan zu Ihrem Zafira.
② Zuerst machen Sie das (die) spannungsführende(n) Kabel aus. Dazu legen Sie eine Prüflampe an und stechen die Kabelisolation mit der Nadelspitze an.
③ Prüfen Sie, ob am Schalter Spannung anliegt. Dazu müssen Sie in der Regel vorher die Zündung oder Beleuchtung einschalten.
④ Den Schalter checken Sie, indem Sie prüfen, ob er seine Eingangsspannung auch am Schalterausgang »herauslässt«.

Das Kombiinstrument

Das Kombiinstrument Ihres Zafira ist eine komplette Einheit, in der Sie einzelne Elemente nicht mehr getrennt austauschen können. Es enthält für sämtliche Fahrzeugsysteme Anzeigeinstrumente und Kontrollleuchten. Da erfahrungsgemäß die Leuchten in modernen Cockpits ein Autoleben lang halten, gehen wir in diesem Kapitel nicht mehr weiter auf die Beleuchtungseinrichtungen ein. Abhängig von der Motor-/Getriebekombination stattet Opel den Zafira mit unterschiedlichen Kombiinstrumenten aus.

Die Fahrzeugausstattung ist maßgebend für die Funktion der Anzeigen – diverse Anzeigen sind lediglich »Potemkinsche-Dörfer« – optisch zwar vorhanden, jedoch ohne jegliche Funktion. Anzeigen- und Warnanzeigensysteme sind angewiesen auf die Ausgangssignale von Sensoren – berücksichtigen Sie das bitte, wann immer Sie Systemfehlern auf die Schliche kommen möchten. Der elektronische Geschwindigkeitsmesser erhält beispielsweise sein Signal vom Fahrgeschwindigkeitssensor, der am Getriebe angeordnet ist. Vergleichbare Ausgangssignale verarbeiten auch Komponenten des Motormanagements oder die Fahrwerks- und Bremssteuerung (TC-Plus, ESP-System, ABS etc.).

FAHRZEUGELEKTRIK

Wichtig – immer zusammenhängende Systeme auf Funktion prüfen

Prüfen Sie stets zusammenhängende Systeme, das bringt Sie mitunter schneller ans Ziel. Sämtliche Instrumente und Kontrollleuchten bekommen ihre Impulse im Zafira nicht über Kabel, sondern über eine Folie (Platine) mit aufgedampften Leiterbahnen. Je nach Ausstattungsumfang und Modell sind die Platinen unterschiedlich. Beachten Sie das bitte bei Reparaturen und bei der Ersatzteilbeschaffung.
Die richtige Platine »liest« Ihr Opel-Händler anhand der Schlüsselnummer aus Ihrem Kfz-Brief oder Fahrzeugschein. Zur Beseitigung von Störfällen ist jedoch selten eine neue Platine erforderlich: Häufig sind nur Lämpchen defekt oder die Stecker leiden unter Kontaktschwäche. Die Demontage des Kombiinstruments können Sie dann freilich nicht umgehen.

Kombiinstrument aus- und einbauen

Arbeitsschritte

① Klemmen Sie das Batteriemassekabel ab.
② Anschließend demontieren Sie beide Schrauben (Pfeile) an der oberen Verkleidungshälfte ❶ und ...
③ ... hängen sie aus dem Verkleidungsunterteil ❹ aus.
④ Entriegeln Sie die Lenksäulenverstellung (ausstattungsabhängig) unterhalb des Zündschlosses und lösen die Schraube ❷.
⑤ Hernach demontieren Sie die untere Lenksäulenverkleidung ❸. Bewahren Sie die Schrauben (Pfeile) gut auf.

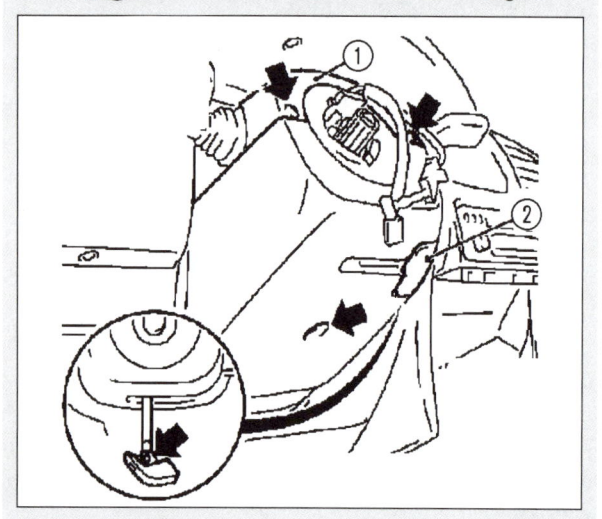

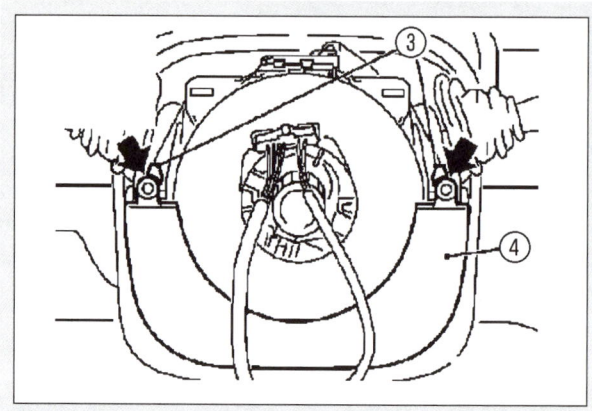

Schrauberservice – Lenkrad zur besseren Ansicht demontiert.

⑥ Jetzt entriegeln Sie den Blinker- und Scheibenwischerschalter an den Klemmen (Pfeile) und ziehen ihn zugleich von der Lenksäule. Entriegeln Sie die Kabelsatzstecker und legen den Schalter beiseite.

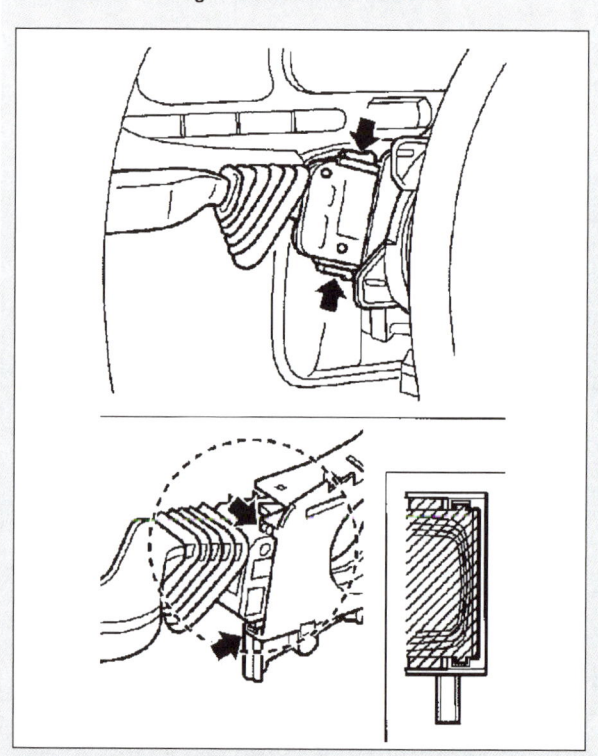

An der Lenksäule demontieren – Blinker- und Scheibenwischerschalter.

⑦ Demontieren Sie, wie beschrieben, den Aschenbecher, den Sicherungskastendeckel und den Radioeinschub mitsamt Radio.
⑧ Im Anschluss rücken Sie dem Lichtschalter auf den »Leib«. Entriegeln Sie den Drehknopf mit einem kleinen Schraubendreher (Pfeil) und ...

KOMBIINSTRUMENT AUS- UND EINBAUEN

⑨ ... ziehen ihn vom Schaltgehäuse ab. Opel-Schrauber ziehen das »Schaltwerk« mit einer »Spezialkralle« (KM-918) aus dem Armaturenbrett. Mit etwas Geschick gelingt Ihnen das auch ohne »KM-918«.

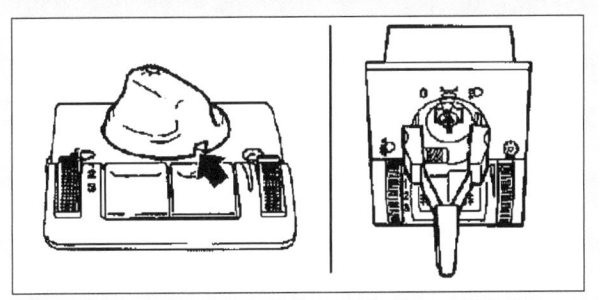

Links am Armaturenträger demontieren – Fahrlichtschalter.

⑩ Clipsen Sie den Kabelsatzstecker des Lichtschalters aus und bugsieren die Anschlusskabel nach unten aus der Führung.

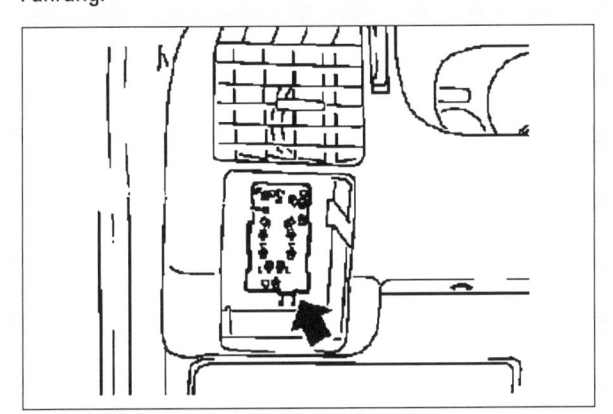

Ausclipsen und nach unten aus der Führung ziehen – Lichtschalter-Kabelsatzstecker.

⑪ Lösen Sie die Heizungsblende (Pfeile) an zwei Schrauben, entriegeln die dahinterliegenden Kabelsatzstecker und legen dann die Heizungsbedieneinheit beiseite.

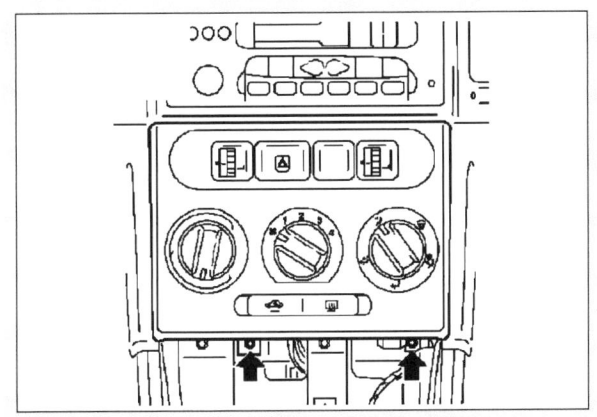

Mit zwei Schrauben zu lösen – Heizungsblende.

⑫ Hernach lösen Sie die beiden Schrauben (Pfeile) der Luftführungsgitter und ...

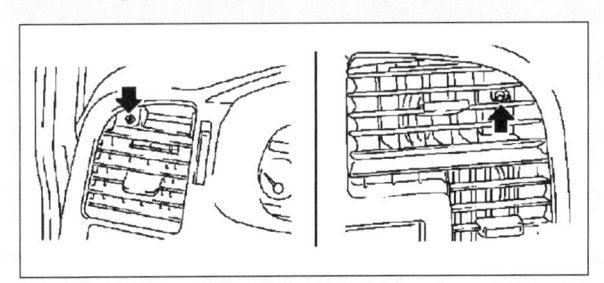

Demontieren – Luftführungsgitter.

⑬ ... demontieren hernach die sieben Schrauben (Pfeile) der Instrumentenblende. Entriegeln Sie dann den Kabelsatzstecker des Infodisplays ❶ und bugsieren die Blende aus der Montageöffnung.

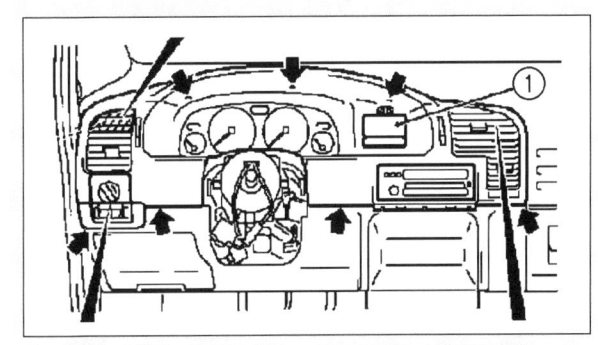

An beiden Schrauben lösen – Instrumentenblende.

⑭ Lösen Sie nun das Cockpit an beiden Befestigungsschrauben ❶ und ziehen es »aufrecht« bis zum Lenkrad vor. Halten Sie das Kombiinstrument tatsächlich aufrecht, ansonsten könnte Silikon aus dem Paneel auslaufen. Vor der Demontage entriegeln Sie den Kombistecker ❷ in Pfeilrichtung.

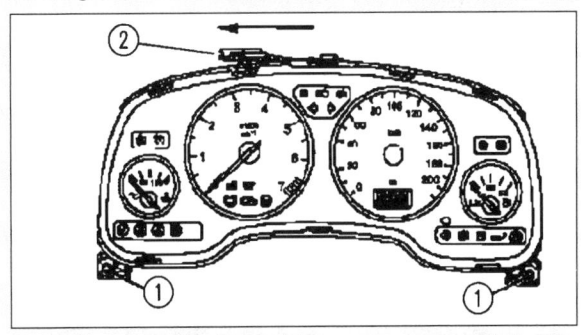

Kombiinstrument aufrecht halten – ansonsten läuft Silikon aus.

⑮ Beenden Sie die Montage in umgekehrter Reihenfolge und vergessen Sie den anschließenden Funktionscheck nicht.

FAHRZEUGELEKTRIK

Triple Info Display (TID) aus- und einbauen

Arbeitsschritte

① Demontieren Sie, wie beschrieben, die Armaturenbrettverkleidung und ...

② ... clipsen dann das Triple Info Display von hinten aus der Blende.

③ Beenden Sie die Montage in umgekehrter Reihenfolge. Vergessen Sie den anschließenden Funktionscheck nicht.

Nicht immer einfach zu verfolgen – die »verschlungenen« Wege der Stromkabel

Auf Laien wirken »Ströme« nicht selten geheimnisvoll – sie laufen häufig sonderbar. Wirklich? Im Zafira funktionieren die meisten Stromverbraucher mit Doppelklemmen. Doch durchgängig bis zur Batterie oder zum Generator lässt sich häufig nur ein Kabel zurückverfolgen. Das andere endet »unterwegs« im IRGENDWO an einem Massekontakt der Karosserie, des Motors, am Getriebe oder, in den meisten Fällen, an irgendeinem »toten« Kontakt in einem »dicken Stecker«. So zum Beispiel am Mehrfachstecker der Zentralelektrik vor dem Sicherungs-/Relaiskasten.

Mit einem Dreh zu öffnen: Mehrfachstecker (Pfeil) vor dem Sicherungs-/Relaiskasten in Fahrtrichtung links.

Leiten Masse – Metalle

Innerhalb der Zafira-Bordelektrik machen sich Opel-Ingenieure ein physikalisches Prinzip zunutze – Metalle, Autoelektriker bezeichnen sie als Masse, leiten Strom. Diese simple Tatsache erspart – völlig legitim – lange Kabel zur Spannungsableitung an den Batterieminuspol: Im Zafira übernimmt den Job schlichtweg die Karosserie. Wenn ein Verbraucher also nicht funktioniert, liegt das häufig nicht etwa an der Zuleitung, sondern an seiner schlechten Masseverbindung. Mitunter nimmt der Massekontakt dann »seltsame« Umwege um letztlich doch ans Ziel zu gelangen. Die Bordelektrik gerät dann völlig aus dem Tritt: Sie setzen beispielsweise den Blinker und eine Rückleuchte glimmt »taktvoll« mit. Spätestens dann wird klar – »Ströme« laufen für den Laien häufig sonderbar.

Systematisch geordnet – Kabel und Klemmen

Trotz rationeller Bauweise würde der hintereinander gelegte Kabelbaum des Zafira rund 14 Kilometer weit reichen. Das scheinbar bunte Gewirr ist allerdings sehr gut geordnet – die Kabelfarben weisen den Weg. Zudem sind die meisten Anschlüsse der Mehrfachstecker und Relais nummeriert. Bei der Wahl der Kabelfarben bedient sich die »Opel-Norm« gängiger Vorbilder.

Wissenswert – häufige Kabel und Klemmenbezeichnungen

Klemme 15: Erhält nur bei eingeschalteter Zündung Spannung ab Zündschloss, wobei außer der Zündung auch jene Stromverbraucher mit Strom versorgt werden, die nur bei Betrieb des Wagens Strom erhalten sollen. Die vielfach schwarzen Kabel besitzen im Zafira bisweilen auch farbige Zusatzstreifen.

Klemme 30: Erhält dauernd Strom vom Pluspol der Batterie bzw. bei laufendem Motor von der Lichtmaschine. Das kann bei unvorsichtigem Umgang mit Werkzeug zu Kurzschlüssen und Funkenregen führen. Zumindest dann, wenn Sie nicht vorher das Minuskabel der Batterie abgenommen haben. Strom führende Kabel sind im Zafira rot ummantelt, ggf. »schmücken« sie auch zusätzliche Farbstreifen.

Klemme 49: Setzt die Blink- und Warnblinkanlage unter Strom.
Klemme 53: Speist den Scheibenwischer. Ihre Kabel sind überwiegend grün und mit weiteren Zusatzfarben (z. B. gelb) gekennzeichnet.
Klemme 56: Mit gelb/schwarzen Farben versorgt sie das Abblendlicht und mit weiß/schwarzen Farben das Fernlicht mit Strom.
Klemme 58: Speist das Standlicht (vorne) sowie die Schluss- und Kennzeichenleuchten. Die Kabelgrundfarbe ist grau, jeweils mit zusätzlichen Farbstreifen.
Klemme 31: Masseklemme, die jeden Bordverbraucher mit Fahrzeugmasse verbinden muss. Im Bordnetz sind Massekabel meistens braun »eingewickelt«.

Verteilt auf diverse Stromkreise – Bordsicherungen

Das Motormanagement und die meisten leistungsstarken Aggregate sind separat abgesichert. Damit nun Ihr Zafira bei einem elektrischen Defekt nicht gänzlich ohne Strom da steht, verteilen Opel-Ingenieure seine Bordverbraucher auf mehrere Stromkreise. Unwichtigere Nebenverbraucher sind in verschiedene Gruppen zusammengefasst und »laufen« jeweils über eine Sicherung. Nicht so die Stromkreise zwischen Anlasser, Batterie, Lichtmaschine und Zündschloss: Hier liegt ständig die volle Batteriekapazität an. Besondere Vorsicht also bei Arbeiten an diesen Stromkreisen: Klemmen Sie »IMMER« zuerst die Batterie ab! Andernfalls programmieren Sie kapitale Schäden und Kabelbrände, bis hin zu Fahrzeugbränden, geradezu vor.

Überlastungsschutz – Sicherungen im Innen- und Motorraum

In Ihrem Zafira schützen zahlreiche Sicherungen die Bordelektrik vor Überlastung. Ihre Schutzfunktion entspricht der theoretischen Maximalbelastung der einzelnen Stromkreise. Sicherungen unterbrechen den Stromfluss sofort, wenn zum Beispiel ein Kurzschluss (defekter Verbraucher, beschädigte Stromkabel) die Bordspannung unkoordiniert an Masse ableitet. Sie verhindern dadurch weitere Schäden (z. B. Kabelbrände) an Ihrem Auto. Der Zafira hat **Flachstecksicherungen**, deren Schmelzdraht – im Überlastungsfall – durchglüht. Für eine Sicherung ist der »Tatbestand« des Überlastungsfalls übrigens auch dann erfüllt, wenn voll ausgelastete Stromkreise nachträglich noch mit zusätzlichen Verbrauchern (Hi-Fi-Anlagen, Booster oder nicht zugelassene Hochleistungsleuchten) »aufgemotzt« werden. Auch profane Autostaubsauger und Kühlboxen, die Sie einfach mit Strom aus der Steckdose des Zigarettenanzünders abspeisen, lassen ab und an die Sicherung »dahin schmelzen«. Spendieren Sie Ihrem Zafira also im Bedarfsfall für zusätzliche Verbraucher einen separaten Stromkreis – natürlich mit einer realistisch ausgelegten Sicherung. Um alle Eventualitäten auszuschließen, lassen Sie besser einen Kfz-Elektriker ans Werk, der verlegt Ihnen die richtigen Kabelquerschnitte (min. 1,5 mm^2) und sichert den Stromkreis ausreichend ab.

Die Sicherungen des Zafira — Techniklexikon

In den Sicherungskästen des Zafira stecken Flachsicherungen (Minisicherungen), deren transparenter »Kunststoffkörper« zwei mit einem Schmelzdraht verbundene Flachstecker fixiert, oder so genannte A1-Sicherungen. Eine durchgebrannte Sicherung erkennen Sie am unterbrochenen Schmelzdraht. Oft ist auch der Rücken der Plastikumhüllung herausgebrochen oder geschmolzen.

An der Farbe zu erkennen – die Amperezahl

Zur besseren Differenzierung der Maximalbelastung sind Sicherungen, zusätzlich zu ihrer Beschriftung, farbig markiert. Die **Minisicherungen** im Zafira vertragen

Kennfarbe:	Stromstärke in Ampere
Grau	2
Hellbraun	5
Dunkelbraun	7,5
Rot	10
Hellblau	15
Gelb	20
Hellgrün	30
Orange	40

Zusätzlich schützen so genannte **A1-Sicherungen** im Zafira die »kräftigeren« Stromkreise. Sie widerstehen

Kennfarbe:	Stromstärke in Ampere
Pink	30
Rot	50
Gelb	60
Schwarz	80

FAHRZEUGELEKTRIK

Schnell erledigt – Sicherungen erneuern

Die Sicherungen finden Sie im Fahrzeuginnenraum unterhalb der Lenksäule hinter einer Kunststoffklappe. Dort sind auch einige Relais platziert. Bevor Sie eine Sicherung oder ein Relais wechseln, schalten Sie besser die Zündung und alle Stromverbraucher (z. B. Radio) aus.

Arbeitsschritte

① Das Sicherungspaneel »versteckt« sich hinter einem Kunststoffdeckel.
② Ziehen Sie die Verkleidung (Pfeil) vom Armaturenbrett ab.

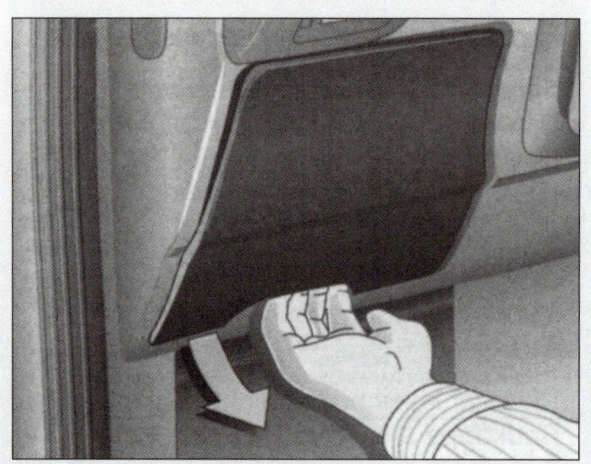

*Einfach abziehen – **Sichtblende im Innenraum**.*

③ Ziehen Sie am Griff unter dem Sicherungsträger und schwenken das Paneel vor. Die Sicherungen lassen sich so leichter ersetzen.

*Griff ziehen und vorschwenken – **Sicherungsträger**.*

④ Die durchgebrannte Sicherung ziehen Sie vorsichtig mit der »Sicherungskralle« (rechts oben im Sicherungskasten) oder einer passender Flachzange aus den Kontakten.

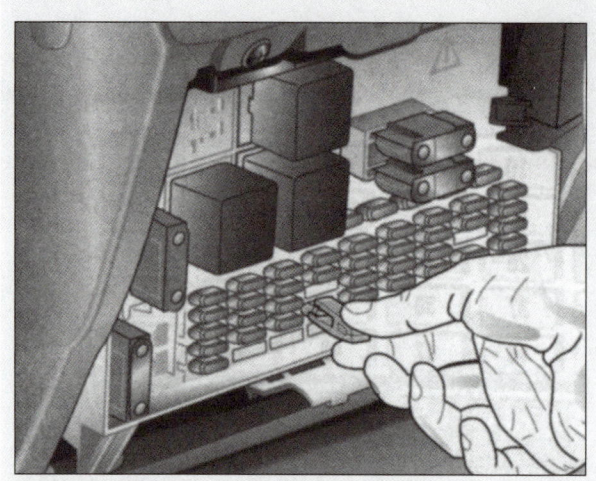

*Sinnvollerweise mit Klammer aus der Kontaktbrücke ziehen – **Sicherung**.*

⑤ Achten Sie darauf, dass die neue Sicherung die gleiche Amperestärke wie ihre Vorgängerin hat. Drücken Sie beide Flachstecker gleichmäßig in die Steckerzungen ein.

⑥ Sollte Ihnen die neue Sicherung sofort wieder »dahinschmelzen«, prüfen Sie, ob der Stromkreis eventuell einen Masseschluss hat (Verbraucher defekt, Kabelisolation gegen Masse durchgescheuert).

Verteilen hohe Arbeitsströme – Schaltrelais

Ihr Zafira hat eine Reihe von Verbrauchern, die, im Vergleich zu anderen, höhere Arbeitsströme erfordern. Um dort, mit möglichst geringen Kabeldurchmessern, ein Maximum an Sicherheit zu gewährleisten, steuert Opel jene Verbraucher aus der Zentralelektrikbox über separate Schaltrelais an. Über den Ein- und Ausschalter fließt dann lediglich ein geringer Schaltstrom, um im Relais den Arbeitsstrom zum Verbraucher zu schalten.

SICHERUNGSBELEGUNG

Sicherungsbelegung

Unter der Motorhaube platziert: Relais- und Sicherungskasten mit Hauptsicherungen.

Links unterhalb des Lenkrads »versteckt«: Sicherungen der Sekundärstromkreise.

Sicherung	Ampere	abgesicherte Stromkreise
1	–	–
2	30	Gebläse, heizbare Vordersitze
3	40	Heizbare Heckscheibe
4	–	–
5	–	–
6	10	Abblendlicht rechts, Leuchtweitenregulierung
7	10	Standlichts rechts, Rücklicht rechts, Kennzeichenleuchte
8	10	Fernlicht rechts
9	30	Scheinwerferwaschanlage
10	15	Signalhorn
11	20	Zentralverriegelung
12	15	Nebenscheinwerfer
13	7,5	Info-Dislay, Diebstahlwarnanlage, Telefon
14	30	Scheibenwischer
15	7,5	Fensterbetätigung, Schiebedach, Diebstahlwarnanlage, elektrischer Außenspiel, Innenleuchte
16	10	Nebelschlussleuchte
17	30	Fensterbetätigung
18	7,5	Kennzeichenleute, Leuchtweitenregulierung
19	10	Radio, Infotainment System
20	30	Fensterbetätigung
21	7,5	Zündschloss, Diebstahlwarnanlage, Radio, Infotainment System, Automatikgetriebe
22	15	Warnblinker, Infodisplay, Bordcomputer, Kontrollleuchten
23	10	ABS-System, Servolenkung
24	10	Abblendlicht links, Leuchtweitenregulierung
25	10	Standlichts links, Rücklicht links, Kennzeichenleuchte
26	10	Fernlicht links
27	10	Hintere Klimaanlage
28	7,5	Innenbeleuchtung
29	10	Warnblinker, Innenbeleuchtung, automatisches Getriebe
30	20	Schiebedach
31	–	–
32	10	Scheinwerfer Einschaltkontrolle, Diebstahlwarnanlage, Wegfahrsperre
33	20	Anhängerdauerstrom
34	20	CD-Wechsler, Infodisplay, Radio, Telefon, Infotainment System
35	10	Automatikgetriebe, Motorkühlung, Klimaanlage
36	15	Zigarettenanzünder
37	20	Sitzheizung
38	10	Infodisplay, Geschwindigkeitsregler
39	7,5	Automatikgetriebe, Motorkühlung, Klimaanlage
40	7,5	Motorkühlung, Klimaanlage
41	10	Heizbare Außenspiegel
42	7,5	Innenraumbeleuchtung, Sitzbelegungserkennung
43	–	–
44	–	–
45	–	–
46	–	–
47	–	–
48	–	–
49	–	–
50	40	Motorkühlung

DER INNENRAUM

DER
INNEN-
RAUM

»Van-tastisch«: Die technischen Väter des Zafira erdachten ihren Zögling gewissermaßen von innen nach außen. Mit voller Bestuhlung mobilisiert der Trendsetter sieben Mitfahrer inklusive Handgepäck. Freilich nicht allein das schiere Platzangebot, das großzügige Raumgefühl und die Mulitvariabilität prädestinieren den Blitz-Van zu einem attraktiven Multimobil. Auch die Machart seines »Erste-Klasse-Reiseabteils« offeriert fortschrittliche Sicherheitstechnik und ein ansprechendes Ambiente.

DER INNENRAUM

Wartung

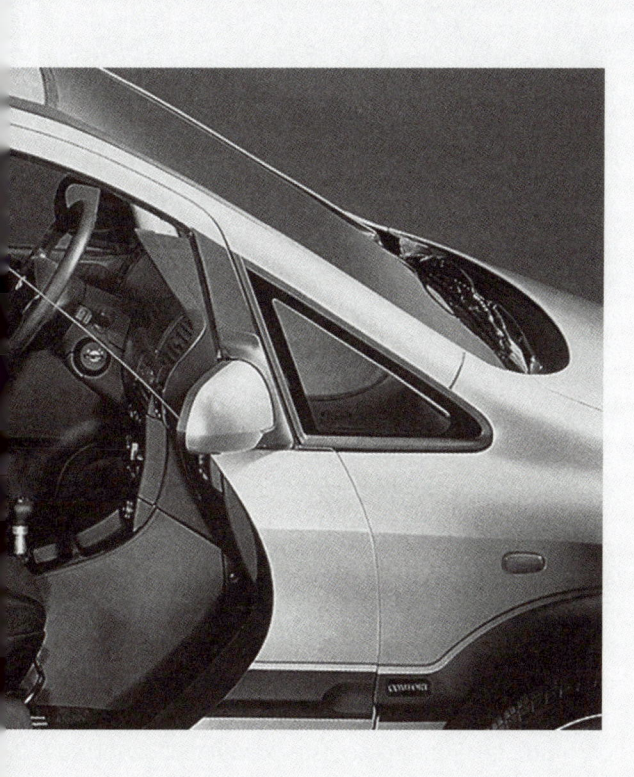

Heizung und Lüftung checken 263
Sicherheitsgurte checken 276
Fensterhebermotor initialisieren 279
Zündschlüssel neu codieren 280
Schlüsselbatterie wechseln 280

Reparatur

Heizungs- und Belüftungsbedieneinheit
aus- und einbauen 264
Heizungswärmetauscher aus- und
einbauen 266
Störungssuche am Gebläse 268
Gebläsemotor tauschen 268
Innenleuchten wechseln 269
Türkontaktschalter prüfen 270
Radio aus- und einbauen 271
Lautsprecher aus- und einbauen 271
Dachantenne ab- und anbauen 272
Vordersitze aus- und einbauen 273
Rücksitzbank aus- und einbauen 274
Rücksitzlehne aus- und einbauen 275
Türverkleidung aus- und einbauen 277
Seitenscheibe/Fensterheber aus- und
einbauen 278
Türgriff ab- und anbauen 280
Türschloss aus- und einbauen 281
Lenkradschloss-Schließzylinder aus-
und einbauen 281

INNENRAUM

Verglichen mit seinen vergleichbaren »Klassenkameraden«, lockt der Innenraum des Zafira mit einer Portion mehr Platz und einem Quäntchen mehr Variabilität. Das Prädikat »Multimobil« passt auf den Zafira wie die Faust aufs Auge. Sein Auftritt wirkt alles andere als langweilig, gar kastenförmig: Der »Blitz-Van« kommt durchaus athletisch daher – überflüssiger Designschnickschnack oder schrilles Make-up sind seine Sache freilich nicht. Stattdessen bietet der Zafira einen kreativ nutzbaren Innenraum, den Fahrwerkskomfort eines agilen Pkw und – je nach Motorisierung bzw. Orderpaket – Ausstattungen, die auch anspruchsvolle Käufer nicht in die Arme des Wettbewerbs treiben.

Alternativ – fünf Gänge oder vier Fahrstufen

Schaltpuristen »sortieren« im Zafira per Mittelschalthebel fünf Vorwärtsgänge und einen synchronisierten Rückwärtsgang. Anders als im F17-Getriebe funktioniert das »Schaltgestänge« der F23-Box über Schaltseilzüge. Alternativ und gegen Aufpreis schickt der Zafira in allen Ausstattungsvarianten seine »Kilowatt« auch via Vierstufen-Automatik mit hydrodynamischem Drehmomentwandler, Wandlerüberbrückungskupplung und drei elektronisch gemanagten Fahrprogrammen an die Vorderräder. Voraussetzung: Der 1,8 bzw. 2,2 Liter 16V ECOTEC-Motor werkelt unter seiner Motorhaube. Falls nicht, sind die anderen Getriebe-/Motorvarianten ausschließlich als »Schalter« kombinierbar.

Hinsichtlich aktiver und passiver Sicherheit kommt der Zafira ab Werk mit »zeitgenössischen« Standards daher. Ausgeprägte Komfortansprüche leben Zafira-Käufer, je nach Einstellung und verfügbarem Geldbeutel, mehr oder weniger ausreichend aus: Das On-Bord-Infotainment umfasst unter anderem hochwertige Radio-/Kassettengeräte mit 4fach-CD-Wechsler inklusive speziell abgestimmter achtfach Lautsprechersysteme. Fernbedienung vom Lenkrad aus, eine getrennte Höhen- und Tiefenregelung sowie geschwindigkeitsabhängige Lautstärkeregelung sind da fast schon obligatorisch – gleichfalls ein satellitengestütztes Navigationssystem mit Grafik-Info-Display und Dualband-Telefon.

Und damit das »Publikum« all die Goodies aus entsprechenden »Fauteuils« genießen kann, gibt's den Zafira auch mit Vollederausstattung. Wem später, angesichts der umfangreichen Bedienungsmenüs, »von der Stirne heiß, rinnen könnt der Schweiß«, oder, ganz profan, wintertags einfach der »Durchblick« auf die Straße abhanden kommt, sorgt per AC für prima Klima: In den Varianten »Elegance« und »Selection Executive« gehört die Klimaanlage zum Ausstattungsumfang, darüber hinaus gibt's Air Condition nur gegen Bares.

Ergonomisch und anspruchsvoll: Das Zafira-Cockpit mit übersichtlichen Rundinstrumenten und Fernbedienungspaneel am Lenkrad.

Vorbildlich – die Raumausnutzung

Obwohl in den äußeren Abmessungen lediglich »ein gut gefülltes Schnapsglas« größer als der Astra Caravan, spielt der Zafira in einer anderen Liga: Der Kompakt-Van legt sich locker mit ausgewachsenen Vertretern der Mittelklasse an. Erst recht, wenn »möglichst viele Menschen in einem Rutsch« von A nach B kommen möchten. Sechs Mitfahrer, plus Chauffeur, bevölkern dann drei durchaus bequeme Sitzgruppen – in der ersten Reihe sind's zwei Einzelsitze, die teil- und umlegbare Mittelbank ist mit drei Personen ausgereizt, und die Fondpassagiere sitzen auf zwei ausklappbaren Einzelstühlen. Für »halbwüchsige« Kinder geht's dort auch auf längeren Reisen noch durchaus kommod zur Sache, der Radstand von 2.694 Millimeter kommt dem »erlebbaren« Innenraum voll zugute.

Keine Frage, den Sitzkomfort des einen oder anderen konventionellen Kleintransporters stellt der Zafira, auch als Siebensitzer, in den Schatten. In dem Fall reicht der verfügbare Kofferraum allerdings nur noch für das Nötigste: Einerlei, sobald die hinteren Klappsitze zusammengefaltet unter dem Teppichboden »kauern«, reist eine fünfköpfige Familie erster Klasse in den Jahresurlaub – inklusive »Schlauchboot« für die Kleinen.

PEDAL RELEASE SYSTEM

Doch der Kompakt-Van »protzt nicht nur mit großzügigem Wohn- und Stauraum«, ansprechende Materialien und frische Farbkombinationen vermitteln zudem ein angenehmes Raumgefühl. Und last but not least, es sind die teilweise praktischen Komfortdetails, die den Opel-Van unter seinesgleichen »adeln«: so zum Beispiel der pfiffige Klappmechanismus an den Fondsitzen, die umleg- und aufstellbare zweite Sitzreihe, sechs Getränkehalter, ein »Laderaum« unter dem Laderaum, Gepäcknetze in den Vordersitzrückenlehnen, die Krimskrams-Box unter dem Beifahrersitz oder der »zusammenfaltbare« Beifahrersitz.

Funktionell gegliedert – das Cockpit

Schon auf den ersten Blick gut nachvollziehbar wird das unter anderem auch am funktionell gegliederten Cockpit. Wichtige und häufig genutzte Funktionen sind dort ganz gezielt dem »Chauffeur« zugewandt. Gleiches gilt für die Kontrollinstrumente, den Lichtschalter oder Scheibenwischer, während Fahrer und Beifahrer die Schalter und Anzeigen in der Mittelkonsole gleichermaßen bequem erreichen. So zum Beispiel das Infodisplay, die Warnblinkanlage, die Audiobedienelemente, das Heizungs- und Klimasystem, den Zigarettenanzünder und den Aschenbecher.

Prägend für das schnelle »Wohlfühlerlebnis« im Zafira: seine aufgeräumt gestaltete Mittelkonsole oder der Instrumententräger mit harmonisch verlaufenden Linien und hochwertig wirkenden Kunststoffen. In Zusammenarbeit mit ihren Technikkollegen kreierten »Zafira-Linienrichter« völlig fugenfreie Oberflächen. Besonders augenfällig wird das im Bereich des Beifahrerairbags. Trennfugen? Fehlanzeige. Und obwohl der Luftsack im Ernstfall bis auf Fullsize-Format aufbläht, bleibt genügend Platz für ein großes Handschuhfach.

Fugenfrei »versteckt«: Fullsize-Beifahrerairbag oberhalb des Handschuhfachs.

Ergonomisch günstig platzierte Hebel und Schalter, ab »Comfort« eine längs- und höhenverstellbare Lenksäule, passen gleichfalls »fugenfrei« ins Zafira Finish: Der Arbeitsplatz erleichtert Fahrerinnen und Fahrern das »Leben« vor dem Lenkrad – auch im innerstädtischen Verkehrsgewusel. Nicht zuletzt darum, weil das Dreispeichen-Airbaglenkrad für die Mehrzahl aller verfügbaren Audioanlagen optional die »Fernbedienungsklaviatur« übernimmt.

Wie sehr Funktionalität den Zafira-Innenraum dominiert, belegt außerdem das übersichtlich gestaltete Cockpit mit zentralem Drehzahlmesser und elektronisch gesteuertem Tachometer inklusive Service-Intervallanzeige. Zur Linken wie zur Rechten flankiert die beiden »Großinstrumente« ein Wassertemperaturanzeiger bzw. die Tankuhr. Diverse Warnleuchten sind logisch verteilt und vom Chauffeur leicht einsehbar. Die meisten »Lichter strahlen« freilich nur dann, wenn den Zafira irgendeine Unpässlichkeit »beschleicht«. Andere leuchten schon vor Fahrtantritt, um dann unmittelbar danach zu pausieren: die ABS-Warnleuchte. Wenn sie erlischt, funktioniert die Bremselektronik.

Optional mit Radiofernbedienung: Das Lenkrad.

Schützt die »Fahrerfüße« – Pedal Release System

Auf die Informationen modernster Crash-Sensorik reagieren im Zafira zwei Front- und Seitenairbags. In Elegance- und Selection Executive-Varianten entfalten sich bei Seitencrashs auf den vorderen beiden Sitzreihen zusätzliche Kopfairbags. Aktive Kopfstützen (vorne), Dreipunkt-Sicherheitsgurte rundum, sowie Gurtstraffer und lastabhängige Gurtkraftbegrenzer

INNENRAUM

(vorne), ergänzen die Sicherheitsausstattung des Zafira. Und damit bei einem Frontalcrash oder Auffahrunfall auch die »Fahrerfüße eine faire Chance« bekommen, »fallen« das Kupplungs- und Bremspedal kraft- und momentenfrei auf den Boden – bei Opel heißt der Klemmschutz **P**edal **R**elease **S**ystem (PRS).

Die »Großen« sind im Fall der Fälle also vergleichsweise gut versorgt. Und wie steht's im Zafira um den Nachwuchs? Kids im »Isofix-Alter« erleben Fahrten selbstverständlich von »ihrem Thron«: Papa oder Mama rasten die Sitzschale vorher auf der Rückbank ein. Kein Zweifel, der Zafira bedient gleichermaßen Augen und Verstand.

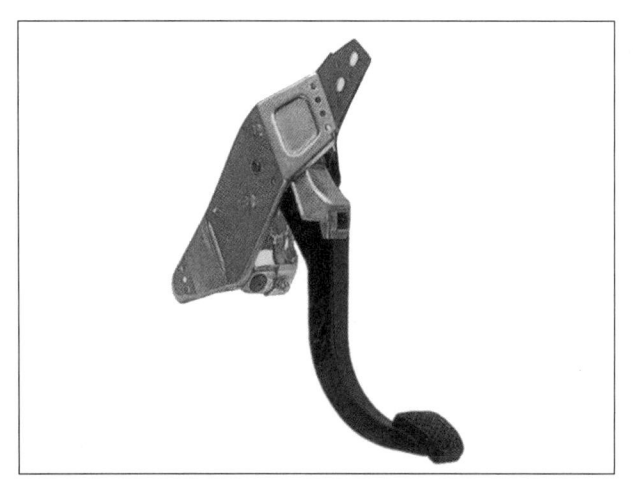

Klappen bei einem Frontalcrash »saft- und kraftlos« auf den Boden: Kupplungs- und Bremspedal bei einem Frontalcrash oder Auffahrunfall.

Sicherheitsrelevante Zone – heutige Innenräume

Ob das im Kapitel »Der Innenraum« für traditionelle Do it yourselfer gleichfalls gilt, erfahren Sie auf den folgenden Seiten. Wir beschreiben dort bewusst nur jene Wartungs- und Reparaturarbeiten, die versierte »Schrauber« erfahrungsgemäß nicht überfordern. Warum gehen wir überhaupt auf die »Innenarchitektur« noch relativ ausführlich ein? Zumal Besserwisser wissen: Da »passiert« eh nichts mehr.

Doch die Praxis sieht anders aus: Besserwisser wissen ab und an doch nicht alles besser. Ein elektrisch betätigter Fensterheber zum Beispiel streikt in der Fahrertür häufiger als Sie vermuten. Auch eine »blinde« Innenleuchte oder ein »abgefahrener« Außenspiegel konfrontiert Sie schneller mit Ihrem »Werkzeugkasten« als es Ihnen mitunter lieb sein mag. Dennoch, heutige Innenräume sind sicherheitsrelevante Zonen, die Do it yourselfern das eine oder Tabu auferlegen. Auf den folgenden Seiten sagen wir Ihnen darum klipp und klar, wann und wo ein Profi die erste Adresse ist.

Über »Arbeitsmangel« werden Sie dennoch nicht klagen können. Nicht etwa weil Ihr Zafira ein »zickiges« Auto wäre, sondern weil professionelle Selbsthilfe bare Euro spart – nicht nur bei Störungen oder Reparaturen: Ein regelmäßig gepflegtes Auto steigert außerdem Ihr eigenes und das Wohlbefinden Ihrer Beifahrer. Spätestens beim Wiederverkauf macht ein properer Innenraum einen guten Eindruck auf den womöglichen Käufer, er taut leicht auch ein paar zusätzliche Euro auf ...

Heizung und Lüftung

Ein Teil des Fahrtwinds »verfängt« sich im Lüftungsgitter vor der Frontscheibe. Von hier aus gelangt die »Brise« dann via Pollenfilter und das Luftverteilungssystem an die entsprechenden Belüftungsdüsen im Innenraum. Die Düsen innerhalb der Instrumententafel und im Fond sind einstellbar: Je nach Bedarf variieren Sie dort den Luftstrom in Menge und Richtung. Nicht so an den Luftführungen im Fußraum, dem Entfeuchter sowie den Entfrosterdüsen – jene Luftauslässe sind starr montiert.

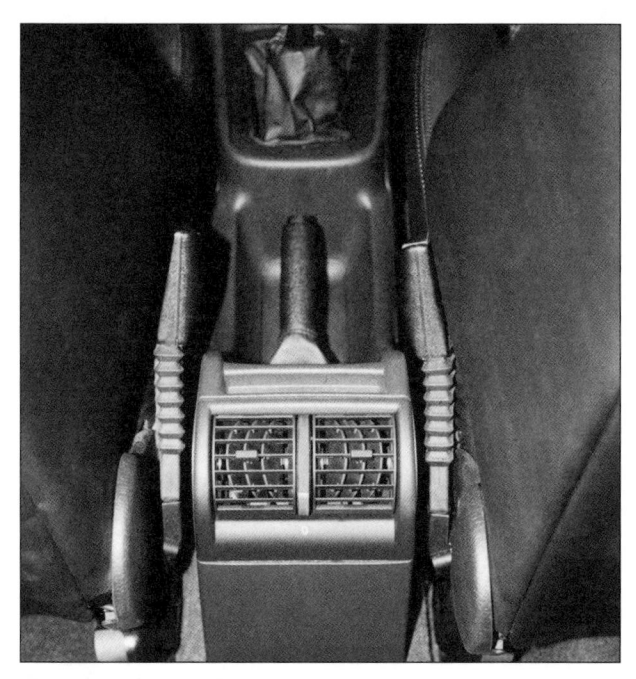

Zwischen den Vordersitzlehnen: Fondluftdüse mit zwei variablen Ausströmern.

HEIZUNG UND LÜFTUNG CHECKEN

Bevor die Frischluft zu den Düsen kommt, passiert sie im Zafira einen Staub- und Pollenfilter sowie ein vierstufiges Luftgebläse. Der Pollenfilter – ein Aktivkohlefilter – ist Bestandteil der Serienausrüstung. Er filtert Partikel über 3 Mikron sowie Pollen, Staub und Dieselruß aus der Luft. Die Aktivkohleschicht auf den Filterlamellen neutralisiert unangenehme Gerüche und bindet Ozon.

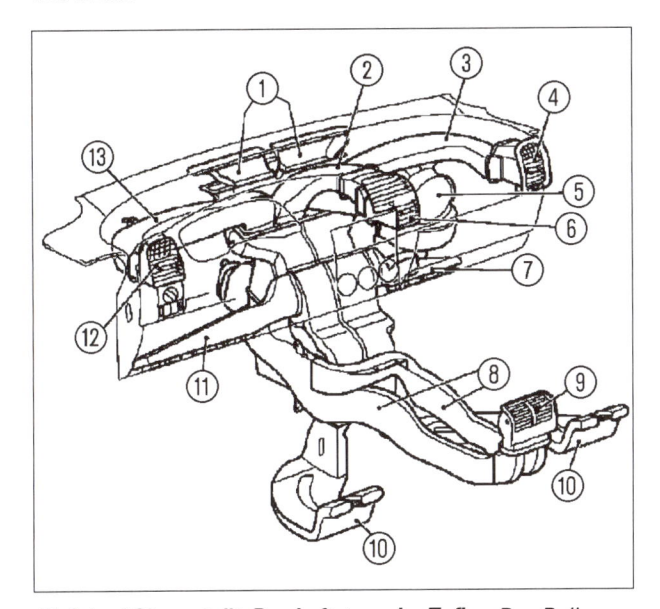

Gleichmäßig verteilt: Der Luftstrom im Zafira. Der Pollenluftfilter bleibt auch im »Umluftbetrieb« aktiv. ❶ *Luftführung Frontscheibe,* ❷ *Luftführung Mischluftdüse Mitte,* ❸ *Luftführung Mischluftdüse Beifahrerseite,* ❹ *Mischluftdüse Beifahrerseite,* ❺ *Gebläsemotor mit Umluftklappe,* ❻ *Mischluftdüse Mitte,* ❼ *Luftführung Fußraum vorn Beifahrerseite,* ❽ *Luftführung Mischluftdüse hinten,* ❾ *Mischluftdüse hinten,* ❿ *Luftführung Fußraum hinten,* ⓫ *Luftführung Fußraum vorn Fahrerseite,* ⓬ *Mischluftdüse Fahrerseite,* ⓭ *Luftführung Mischluftdüse Fahrerseite.*

Sorgt ständig für frische Luft – Zwangsbe- und -entlüftung

Sollten Sie in Ihrem Zafira die Vorzüge einer AC genießen und Ihnen der Vordermann oder lästige Industrieabgase irgendwann die Nase »parfümieren«, schaffen Sie sich mit der Umlufttaste kurzerhand Ihr eigenes Klima. Wenn Sie, vornehmlich im Herbst und Winter, dann nicht wie unter einer Glaskuppel im eigenen Saft »schmoren« möchten, aktivieren Sie die Funktion allerdings immer nur kurzzeitig.
Damit Ihnen grundsätzlich nicht der »Durchblick« durch die Scheiben abhanden kommt, streicht während der Fahrt ein zugfreier Luftstrom (Zwangsentlüftung) an den Fenstern vorbei. Spätestens, wenn die Scheiben beschlagen, unterstützen Sie die Zwangsentlüftung mit einer direkten Frischluftdusche auf die Scheiben.

Auch bei geschlossenen Düsen und Fenstern »tauscht« die Zwangsentlüftung die Luft im Innenraum ständig. Je nach Stellung der Luftführungsklappen lässt sich das Zafira »Wohnzimmer« mit Verteilerdüsen unterschiedlich klimatisieren. Ein Teil der frischen Außenluft wärmt sich an den Aluminiumlamellen des Heizungswärmetauschers und temperiert hernach die »Kaltluft« auf das gewünschte Niveau. Ohne Assistenz des Luftgebläses funktioniert die Belüftung nur geschwindigkeitsabhängig. Lassen Sie das Gebläse darum auf Kurzstrecken und im Stadtverkehr generell auf Stufe 1 oder 2 an Ihrem »Wohlbefinden« arbeiten. Vorteil: Die Frischluft verteilt sich schneller im Innenraum – unabhängig von der Fahrgeschwindigkeit. Im Zafira sitzt das Luftgebläse vor dem Wärmetauscher, es kühlt dadurch auch an kälteren Tagen den Innenraum nicht aus.

Ab und an checken – Heizung und Lüftung

Checken Sie in Ihrem Zafira ab und an das Innenraumklima. Staubpartikel, Straßenschmutz, Insekten oder Herbstlaub verstopfen mitunter die Luftkanäle und den Pollenfilter. Machen Sie das möglichst auf einer wenig befahrenen Landstraße. Gehen Sie folgendermaßen vor:

- Drehen Sie den Heizungsregler bei betriebswarmem Motor bis zum Anschlag auf – die Warmluft muss jetzt gleichmäßig aus allen Düsenöffnungen ausströmen.
- Schließen Sie den Heizungsregler. Wenn der Stellmechanismus ordentlich funktioniert, kommt nach einigen Kilometern nur noch kalte Luft aus den Düsen. Falls nicht, stellen sich eventuell Herbstlaub oder Blütenblätter an den Dichtflächen »quer«.

»Beantworten« Sie sich während der »Testfahrt« folgende Fragen:

- Funktioniert die Luftverteilung nach oben und unten?
- Strömt die Luft gleichmäßig aus allen Öffnungen?
- Funktioniert der Umluftregler?
- Arbeitet das Gebläse in allen Stufen?

INNENRAUM

Heizung — Störungsbeistand

Störung	Ursache	Abhilfe
A Schwache Heizleistung.	1 Luftklappe schließt nicht völlig.	Seilzüge kontrollieren; Klappe gängig machen, ggf. Fremdkörper entfernen.
	2 Wärmetauscher verdreckt oder Zuleitungen gequetscht.	Wärmetauscher reinigen bzw. ersetzen (lassen); Zuleitungen kontrollieren.
	3 Heizungsbetätigung verstellt oder ausgehängt.	Einstellen bzw. neu einhängen.
	4 Vor- und Rücklauf des Wärmetauschers verstopft oder geknickt.	Kontrollieren, ggf. Schläuche ersetzen.
B Heizung fällt während der Fahrt aus.	Kühlmittelverlust (Luft im Kühlsystem/Wärmetauscher).	Temperaturanzeige beobachten und bei Überhitzung sofort stoppen. Ansonsten kann der Motor »fressen« oder die Zylinderkopfdichtung durchbrennen. Leckage beheben und Kühlmittel ergänzen.

Die Bedienungselemente

Die manuelle Temperaturregelung bedienen Sie im Zafira an drei Drehschaltern in der Mittelkonsole. Eine Steuereinheit variiert die Temperatur-, Luftführungsklappen und Entfrosterdüsen mit elektronisch angesteuerten Stellmotoren. Den Stellmotor des Umluftventils aktiviert ein separater Druckschalter.

Bequem mit »rechts« zu justieren: Das Frisch- und Warmluft-Bedienungspaneel unterhalb des Radio/Navigationssystems.

Heizungs- und Lüftungsbedieneinheit aus- und einbauen

Arbeitsschritte

Demontage

① Klemmen Sie das Batteriemassekabel ab und demontieren, wie beschrieben, den Aschenbecher.

② Hernach lösen Sie beide Schrauben der Heizungsbetätigung (Pfeile), …

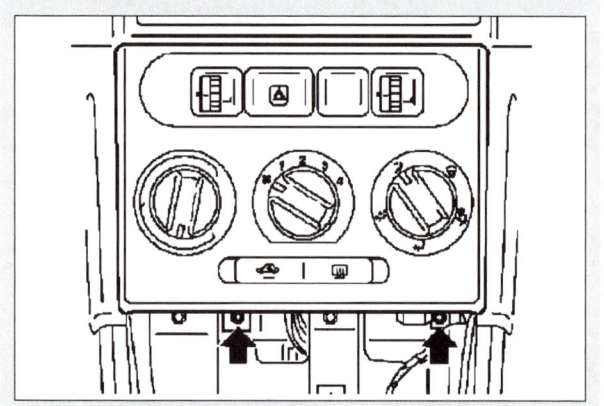

Lösen – beide Schrauben der Heizungsbetätigung.

③ … trennen am Konsolenschalter anschließend beide Zentralstecker ❶ und …

LÜFTUNGSBEDIENEINHEIT AUS- UND EINBAUEN

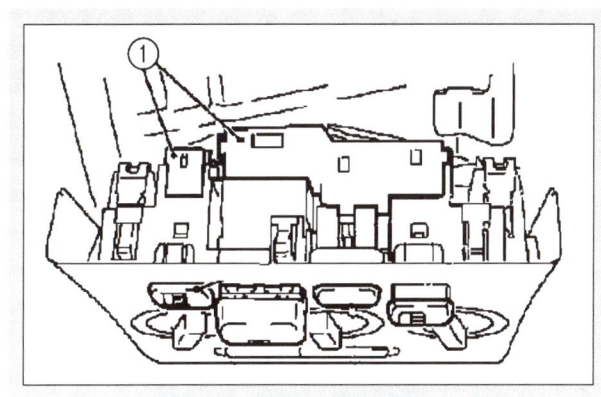

Trennen – beide Zentralstecker ❶ hinter der Konsole.

④ ... clipsen das Bedienpaneel aus (Pfeile).

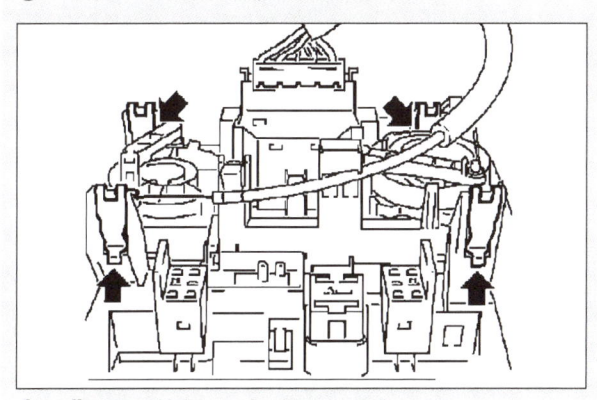

Ausclipsen – Heizungsbedienpaneel.

⑤ Entriegeln Sie den Mehrfachstecker ❷ des Bediengeräts und ziehen ihn ab.

⑥ Hernach clipsen Sie die Einstellklammer ❶ des Bowdenzugs ❸ aus und ...

⑦ ... bringen den Drehknopf der Luftverteilung in Stellung »Kopf«.

⑧ Jetzt clipsen Sie die beiden Bowdenzüge ❹ und ❺ vom Bedienteil ab und ...

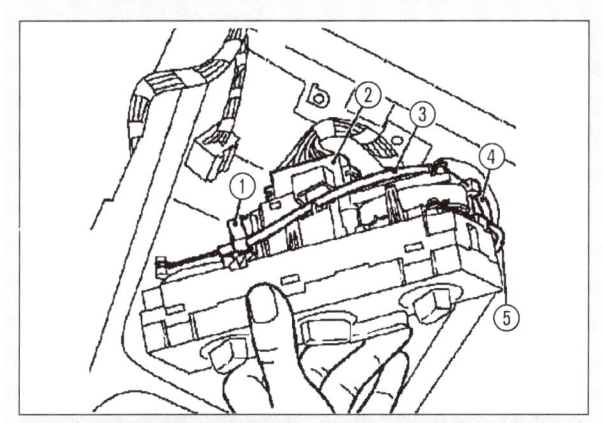

Vom Bedienteil demontieren – Kabelsatzstecker ❷ und Bowdenzüge ❹ und ❺.

⑨ ... ziehen es aus dem Armaturenbrett.

Montage

⑩ Öffnen Sie den Handschuhfachdeckel und lösen sechs Schrauben im Handschuhfachgehäuse (Pfeile).

⑪ Dazu klappen Sie zunächst das Handschuhfach etwas nach vorn, ziehen den Kabelstecker ❶ der Handschuhfachleuchte ab und bugsieren das Fach dann komplett aus dem Armaturenbrett.

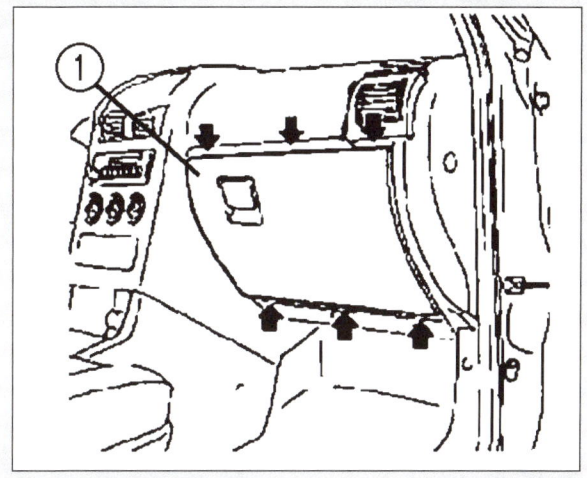

Am Handschuhfach lösen – sechs Schrauben und den Kabelstecker.

⑫ Jetzt demontieren Sie die untere Instrumententafelpolsterung. Dazu lösen Sie an der Mittelkonsole die beiden Schrauben (Pfeile) und ziehen »das Polster« hernach einfach von den Clips (Pfeile) ab und legen es beiseite.

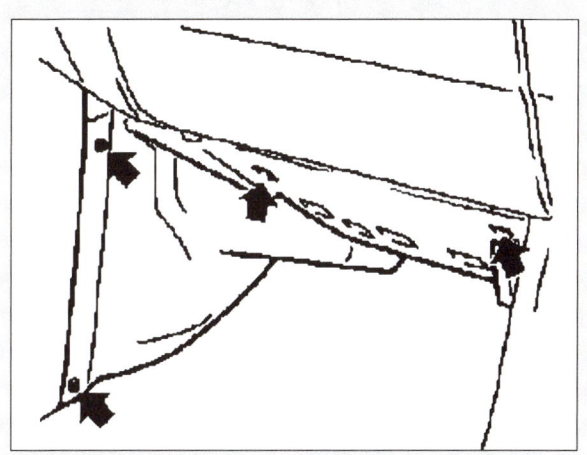

Aus dem Beifahrerfußraum demontieren – Instrumententafelpolsterung.

⑬ Anschließend öffnen Sie den Spreizniet (Pfeil) und bugsieren die Luftführung komplett aus dem Fußraum.

INNENRAUM

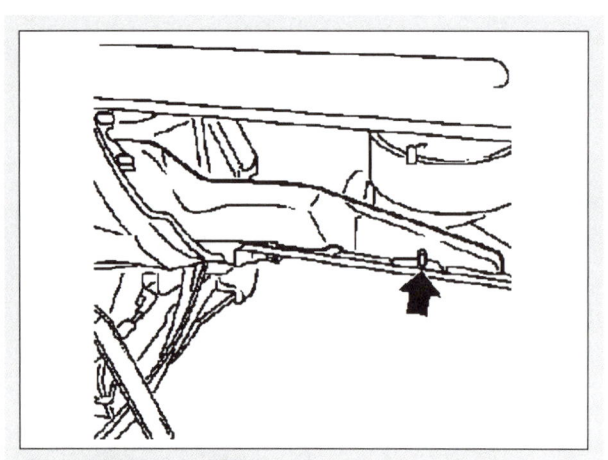

Demontieren – Luftführung.

⑭ Fädeln Sie den Luftverteilungs-Bowdenzug ins Bediengerät und fixieren die Außenhülle.

⑮ Hernach stellen Sie den Drehknopf »Warm-/Kaltluft« in Stellung »Kalt« und hängen dann den Bowdenzug ❶ ein.

⑯ Passiert? Dann positionieren Sie am Luftverteilergehäuse die Mischluftklappe ❸ gleichfalls in Stellung »kalt« (Pfeilrichtung).

⑰ Fixieren Sie nun den Bowdenzug an der Klammer ❷. Wenn jetzt der Drehknopf in jeder beliebigen Stellung spannungsfrei zwischen »Warm« und »Kalt« verharrt, ist der Zug richtig eingestellt. Falls nicht, wiederholen Sie das Prozedere.

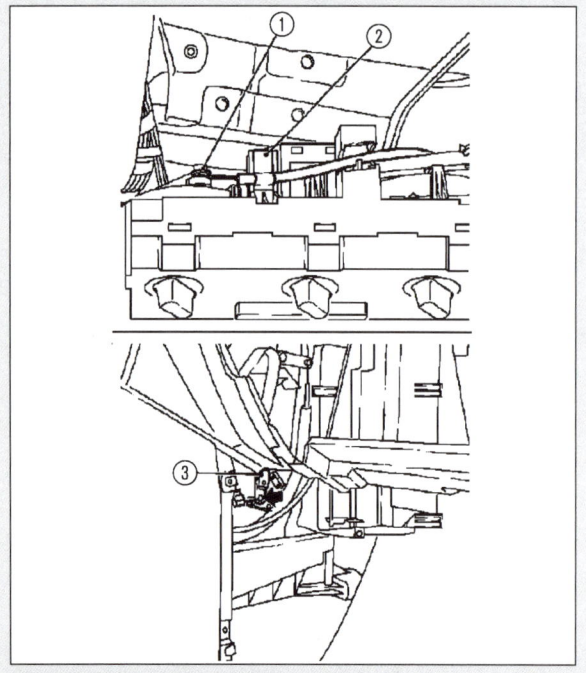

***An der Mischluftklappe ❸ justieren** – Bowdenzug ❶ für die Luftverteilung.*

⑱ Beenden Sie die Montage in umgekehrter Reihenfolge.

Heizungswärmetauscher aus- und einbauen

Arbeitsschritte

Demontage

① Öffnen Sie vorsichtig den Verschlussdeckel des Kühlmittelausgleichsbehälters und lassen den Systemdruck entweichen. Umwickeln Sie den Verschlussdeckel vorab mit einem Putzlappen. Sie schützen so Ihre Hände vor eventuell herumspritzender heißer Kühlflüssigkeit.

② Sobald das System drucklos ist, lassen Sie die Kühlflüssigkeit ab.

③ Ziehen Sie dann beide Kühlmittelschläuche ❶ und ❷ vom Wärmetauscher ab. Dazu drücken Sie zunächst den Sicherungsriegel ❸ und ziehen dann den Sicherungsring ❹ in Pfeilrichtung.

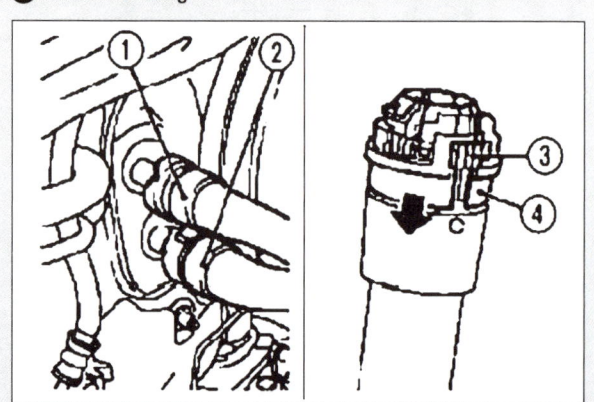

Vom Wärmetauscher demontieren – beide Kühlmittelschläuche.

④ Ziehen Sie den Kondensatablauf aus der Stirnwand. Dazu müssen Sie erst die beiden Schrauben (Pfeile) lösen.

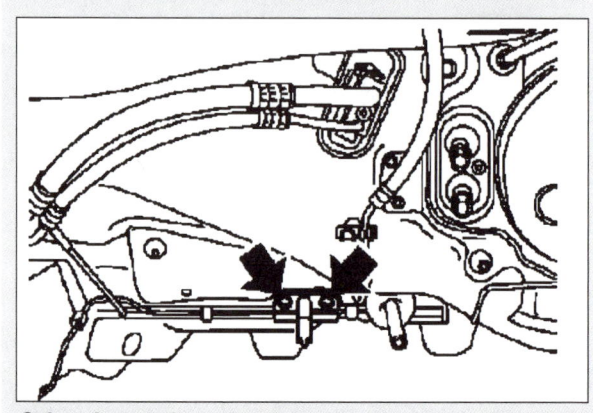

Schrauberservice** – Die Darstellung zeigt das Fahrzeug mit ausgebautem Motor: **Kondensatablauf aus der Stirnwand demontieren.

HEIZUNGSWÄRMETAUSCHER AUS- UND EINBAUEN

⑤ Demontieren Sie, wie beschrieben, die Mittelkonsole und ...

⑥ ... ziehen den Belüftungsschlauch des hinteren Fußraums vom Heizungsgehäuse ab.

⑦ Hernach lösen Sie die beiden Armaturenbrett-Stützbleche ❶ und ❷ und legen sie beiseite.

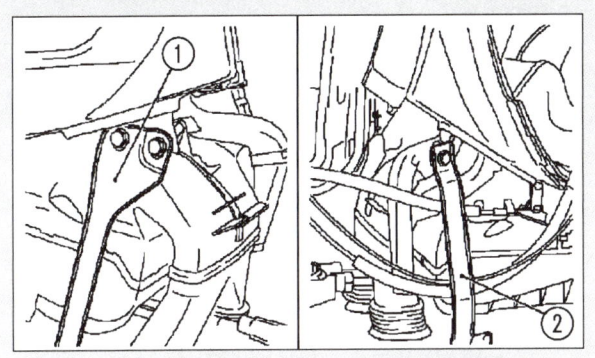

*Demontieren und beiseite legen – **Armaturenbrett-Stützbleche**.*

⑧ Lösen Sie neun Klammern ❷ am Servicedeckel und legen ihn beiseite.

mit Klimaanlage

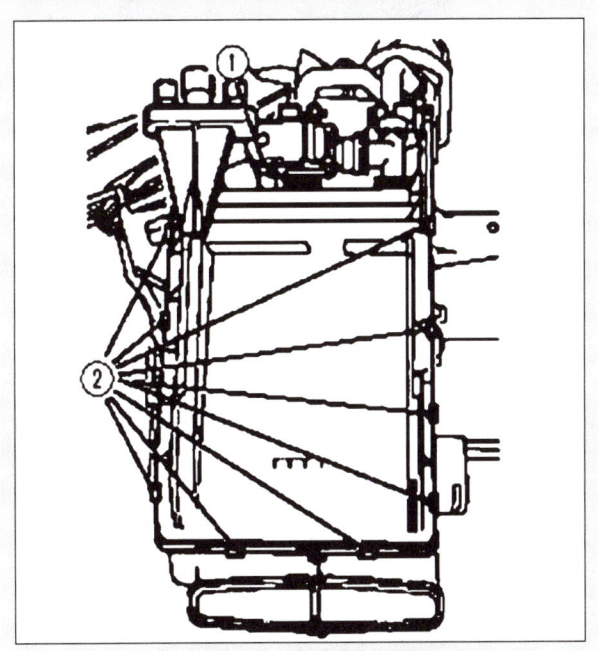

⑨ Ziehen Sie den Mehrfachstecker vom Kühlmittelabsperrventil ❶ ab.

*Schritt für Schritt »strippen« – **Wärmetauscher**.*

alle

⑩ Die Klammern an den Kühlmittelrohren entriegeln Sie in Pfeilrichtung, ...

⑪ ... ziehen hernach den Wärmetauscher aus der Führung und bugsieren ihn aus dem Fußraum. Um eventuell auslaufende Kühlflüssigkeit auffangen zu können, halten Sie eine saubere Schüssel in Reichweite.

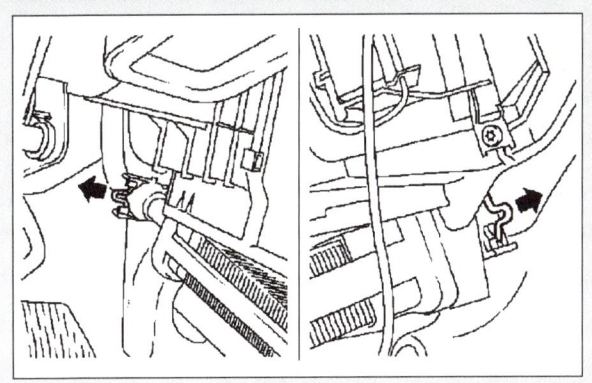

In Pfeilrichtung entriegeln – Klammern an den Kühlmittelrohren.

⑫ Falls Sie einen neuen Wärmetauscher montieren, »bergen« Sie den Adapter des alten. Ziehen Sie einfach die Klammern ❶ in Pfeilrichtung los. Zur Montage verwenden Sie natürlich neue Dichtringe.

In Pfeilrichtung entriegeln – Adapterklammern.

Montage

⑬ Drücken Sie die Schnellverschlüsse der Kühlmittelschläuche zurück, ...

⑭ ... montieren den Wärmetauscher mit neuen Dichtringen und ...

⑮ ... beenden die Montage typspezifisch in umgekehrter Reihenfolge.

⑯ Zum Schluss kontrollieren Sie den Kühlwasserstand und füllen ihn gegebenenfalls auf.

INNENRAUM

Das Gebläse

Ein vierstufiges Radialgebläse unterstützt in allen Zafira-Modellen den Luftaustausch im Innenraum. Das Gebläse sitzt sinnvollerweise vor dem Heizungswärmetauscher und kühlt somit auch an Wintertagen den Innenraum nicht aus. Vorgeschaltete Widerstände regeln den Gebläsemotor stufenweise ein. In Stufe 4 hat der Lüfter die größte Leistung. Seine Kapazität ist großzügig ausgelegt, so dass, unabhängig von der momentanen Fahrgeschwindigkeit, immer genügend Luft kursiert. Das gilt für wenige Minuten übrigens auch in Stellung »Umluft«. Der Gebläsemotor sitzt zentral unter dem Armaturenbrett vor der Spritzwand.

Störungssuche am Gebläse

Arbeitsschritte

① Arbeitet das Gebläse in keiner Schalterstellung, checken Sie zunächst die Sicherung »zwei« im Sicherungskasten.
② Ist dort alles o. k., überprüfen Sie den Gebläseschalter. Dazu demontieren Sie die Bedieneinheit, wie beschrieben.
③ Checken Sie, ob am Mehrfachstecker Spannung anliegt. Falls nicht, prüfen Sie, ausgehend vom Sicherungskasten, auch die Zuleitung.
④ Im nächsten Schritt checken Sie mit einem Multimeter den Schalter in allen Stellungen auf »Durchgang«.
⑤ Falls Sie »Blockaden« entdecken, tauschen Sie den Schalter besser sofort aus: Reparaturen lohnen sich erfahrungsgemäß nicht.
⑥ Bei einem »gesunden« Schalter checken Sie die Masseverbindung zum Gebläsemotor.
⑦ Liegt dort auch kein Fehler vor, ist der Gebläsemotor defekt (Kohlen abgebrannt, Ankerwicklungen verschmort, Lagerstellen fest gefressen).

Gebläsemotor tauschen

Mit etwas handwerklichem Geschick gelingt Ihnen das in Eigenregie.

Arbeitsschritte

① Stellen Sie die Heizung in Stellung »Umluft« und …
② … entfernen, wie beschrieben, das Handschuhfach sowie die untere Instrumententafelpolsterung inklusive der Luftführung auf der Beifahrerseite.
③ Clipsen Sie am Stellmotor das Verbindungsgestänge ❸ aus.
④ Entriegeln und ziehen Sie den Anschlussstecker vom Stellmotor ❷.
⑤ Hernach trennen Sie den Kabelstecker vom Gebläsemotor ❶, …
⑥ … lösen drei Schrauben (Pfeile) und zwei Clipse (Pfeile) am »Lüfter«. Bugsieren Sie den Gebläsemotor in den Fußraum.

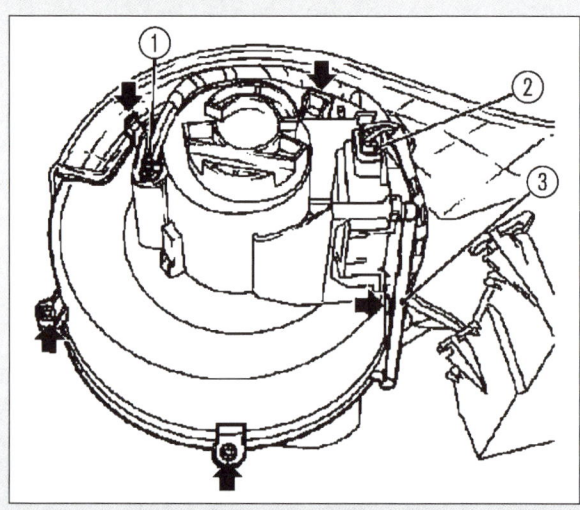

Lösen – Gebläsemotor und Anschlussstecker.

⑦ Tauschen Sie den Motor aus und beenden die Montage in umgekehrter Reihenfolge.

Wirkungsvoll und »unauffällig« – die Klimaanlage (AC)

Was der Heizung billig, ist der AC recht: Sie arbeitet unauffällig im Untergrund und das über Jahre ohne besondere Pflege und Wartung. Sollte gerade Ihr Zafira dann doch die Ausnahme von der Regel sein, lassen Sie besser einen Fachmann an das »gute Stück«. Denn um Klimaanlagen instand zu setzen, benötigen Sie Spezialwerkzeug, das nicht unbedingt zum Fundus einer Do it yourself Werkstatt gehört. Damit Sie »wenigstens« einen globalen Eindruck von der Zafira-AC bekommen, als Hobbyschrauber sind Sie technisch ja generell interessiert, »liefern« wir Ihnen eine Funktionsdarstellung der einzelnen Bauteile und die »Laufwege« des Kältemittels.

DIE SCHALTER

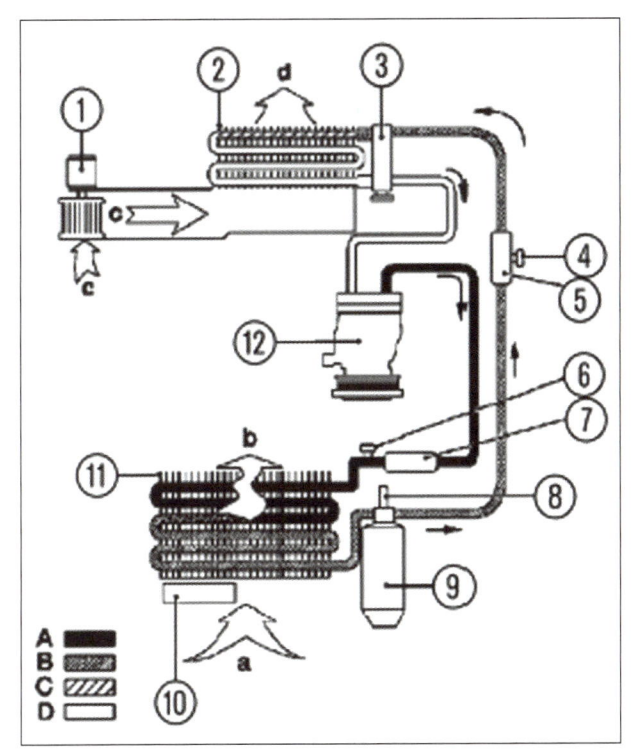

Im Vorderwagen und im Motorraum verteilt: Die AC-Komponenten. ❶ *Heizungsgebläsemotor,* ❷ *Verdampfer,* ❸ *Expansionsventil,* ❹ *Niederdruck-Serviceanschluss,* ❺ *Pulsationsdämpfer,* ❻ *Hochdruck-Serviceanschluss,* ❼ *Pulsationsdämpfer,* ❽ *Drucksensor,* ❾ *Trocknerbehälter,* ❿ *Zusatzgebläse,* ⓫ *Verflüssiger,* ⓬ *Verdichter,* **a** *Außenluft,* **b** *Warmluft,* **c** *ungekühlte Luft,* **d** *gekühlte Luft,* **A** *Hochdruckdampf,* **B** *Hochdruckflüssigkeit,* **C** *Niederdruckflüssigkeit,* **D** *Niederdruckdampf.*

Innenleuchten wechseln

Arbeitsschritte

Innenleuchten

① Schließen Sie die Türen. An den Innenleuchten liegt jetzt keine Spannung mehr an.

② Hebeln Sie das Lampenglas mit einem flachen Schraubendreher heraus und …

③ … ziehen mit einer Klammer die alte Glassockellampe aus der Fassung.

④ Die neue Leuchte drücken Sie einfach in die Fassung.

Leseleuchten (Option)

① Siehe »Innenleuchte wechseln«.

Gepäckraumleuchte

① Hebeln Sie das Lampengehäuse mit einem flachen Schraubendreher vorsichtig aus der Gepäckraumverkleidung. Danach tauschen Sie die Lampe.

Die Schalter

Im Zafira sind unterschiedliche Schaltertypen verbaut: Rechts und links der Lenksäule reichen die Betätigungshebel des Lenkstockschalters aus der Lenksäulenverkleidung. Das Heizgebläse und die Luftverteilung aktivieren Sie von der Mittelkonsole aus mit Drehschaltern. Den elektrischen Fensterhebern (Option) sind in den Türarmlehnen Kippschalter im Nachtdesign vorbehalten. Druckschalter setzen dagegen die Nebelschlussleuchte, die Zusatzscheinwerfer sowie die beheizbare Heckscheibe in Aktion. Mit etwas Geschick wechseln Sie defekte Kipp- und Druckschalter in eigener Regie. An den Lenkstockschalter sollten Sie besser nur Ihren Opel-Händler Hand anlegen lassen: Denn um das »Hirschgeweih« wechseln zu können, muss das Lenkrad »weichen« – da kommt zwangsläufig der Airbag mit ins Spiel …

Aktiviert auch die Wegfahrsperre – das Lenk-/Zündschloss

Mit dem Lenk-/Zündschloss starten Sie den Motor und – bei abgezogenem Zündschlüssel – binnen weniger Sekunden auch die automatische Wegfahrsperre. Ohne Zündschlüssel rastet das Lenkradschloss nach etwa einer halben Lenkraddrehung ein. An der Schließmechanik treten erfahrungsgemäß nur selten Störungen auf. Bei älteren Autos kommt es schon mal vor, dass die elektrischen Zündschlosskontakte auf der Kontaktplatte »verkleben« bzw. korrodieren. Die Kontaktplatte ist einzeln nicht mehr austauschbar, Sie müssen das gesamte Lenk-/Zündschloss erneuern. Überlassen Sie die Arbeit besser Ihrem Opel-Händler.

Bestandteil der elektronischen Wegfahrsicherung – Zündschloss und Zündschlüssel

Sollte Ihr Zafira partout nicht starten wollen, machen Sie nicht unbedingt das Zündschloss verantwortlich – Ihr Auto hat ab Werk schließlich noch eine elektroni-

INNENRAUM

sche Wegfahrsperre an Bord. Einmal aktiviert, bleibt sie so lange »stur«, bis Sie »ihren« Zündschlüssel im Schloss erkennt. Der Schlüssel trägt in seinem »Griff« ein elektronisches Bauteil – ein Unikat. Langfinger haben da schlechte Karten, denn wenn das Zündschloss nicht die »Sprache« des Zündschlüssels versteht, bleibt's unter der Motorhaube »mucksmäuschen« still.

Verhindert den Datenfluss – »abgeschirmter« Zündschlüssel

In der Praxis freilich kann es Ihnen auch passieren, dass der »elektronische Wächter« seinen eigenen Zündschlüssel nicht mehr erkennt. Zum Beispiel dann, wenn Sie ihn irgendwann als »Flaschenöffner missbraucht« oder als provisorisches »Schlagwerkzeug« zweckentfremdet haben. Zudem lässt sich die Elektronik auch von anderen Schlüsseln oder Metallteilen (Schlüsselbund) »in die Wüste schicken«. Das Zündschloss schaltet dann auf »stur«. Denn in seinem Verständnis belästigt es jetzt ein »unbekannter« Schlüssel mit einer fremden Frequenz. Als aufmerksamer Zafira-Eigner bemerken Sie das Verwirrspiel zischen »beiden Kontrahenten« an den blinkenden Kontrollleuchten im Armaturenbrett. Ziehen Sie dann den Zündschlüssel ab und starten nach rund 5 Sekunden erneut. »Streikt« Ihr Zafira wieder, versuchen Sie es zunächst mit dem Ersatzschlüssel.

Suchen Sie anschließend auf jeden Fall Ihren Opel-Händler auf und lassen den »verstimmten« Schlüssel neu codieren.

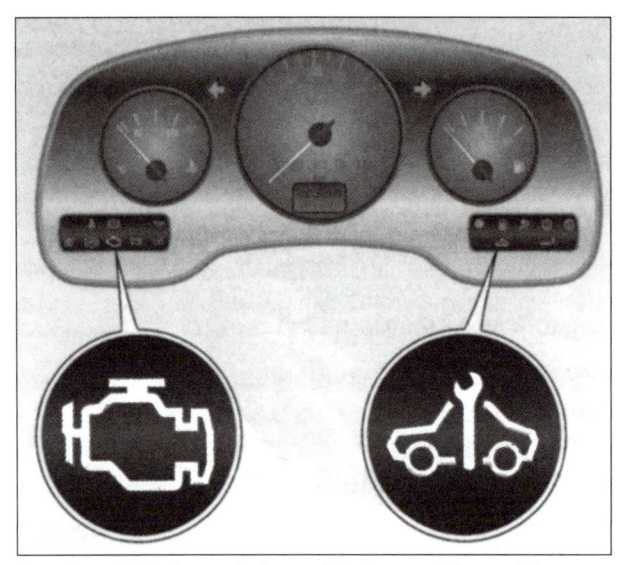

Leuchten bei eingeschalteter Zündung nur kurzzeitig: Motorelektronik-/Wegfahrsperrenkontrollleuchte.

Türkontaktschalter checken

Die Innenbeleuchtung steuern Türkontaktschalter von der A- oder B-Säule aus. Sollte die Innenbeleuchtung nicht funktionieren, gehen Sie wie folgt vor:

Arbeitsschritte

① Checken Sie zunächst im Sicherungskasten die Sicherung »28«. Ist sie o. k. ...

② ... ziehen Sie die Schalterkontaktstifte mehrmals bis zum Anschlag hin und her. Öffnen Sie dazu immer nur eine Tür.

③ Brennt danach die Leuchte, war »nur« der Türkontaktschalter korrodiert.

④ Demontieren Sie dann prophylaktisch alle Schalter und säubern die Kontaktflächen. Schützen Sie die Schalter anschließend mit einem Kontaktspray.

⑤ Sollten Sie jedoch verbogene oder klemmende Kontaktstifte entdecken, wechseln Sie den betreffenden Schalter besser komplett aus.

⑥ In diesem Fall »fangen« Sie den abgezogenen Kabelstecker sofort ein, ansonsten könnte er Ihnen mitsamt Anschlusskabel in die A- oder B-Säule fallen.

In der A- oder B-Säule montiert: **Türkontaktschalter im Zafira.**

RADIO / LAUTSPRECHER AUS- UND EINBAUEN

Radio aus- und einbauen

In der folgenden Beschreibung berücksichtigen wir nur das Opel-Radioprogramm. Um Befestigungs- und Montageprobleme weitestgehend auszuschließen, beschaffen Sie sich zur Montage eines Zubehörradios einen auf Ihren Zafira abgestimmten Einbausatz. Erfahrungsgemäß liegt dem Montagesatz auch eine detaillierte Montageanleitung bei.

Arbeitsschritte

① Bevor Sie das Batterieminuskabel abklemmen, notieren Sie sich an Radios mit Anti-Diebstahl-Codierung (Keycode) die Codenummer.

② Dann schrauben Sie die vier Madenschrauben (Pfeile) aus der Radioblende und ...

③ ... entsichern das Radio-/Kassettengerät ausschließlich mit speziellen U-förmigen Drahtwinkeln. Schieben Sie jeweils einen Winkel in die vorgesehenen Bohrungen und drücken dann beide Winkel gleichzeitig mit Gefühl nach außen. Auf diese Weise entlasten Sie die Haltekrallen und können das Gerät »an« den Winkeln aus der Montageöffnung ziehen.

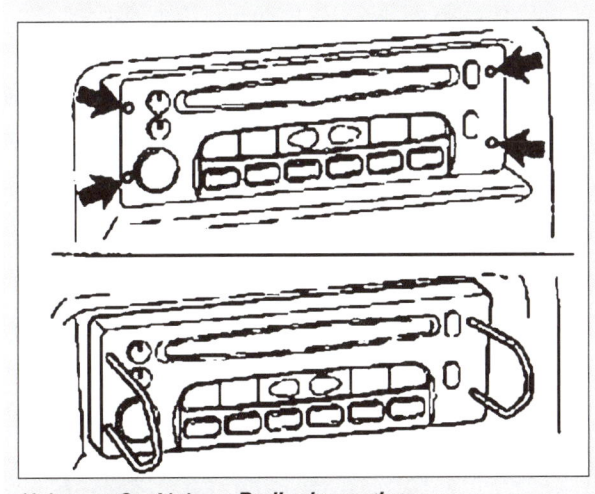

*Keine große Aktion - **Radio demontieren**.*

④ Kennzeichnen Sie auf der Geräterückseite die Anschlüsse und ziehen hernach das Antennenkabel, den Stromanschluss, die Lautsprechersteckverbindung und den Masseanschluss aus ihren Steckplätzen.

⑤ Beenden Sie die Arbeit in umgekehrter Reihenfolge. Radios mit Diebstahlcodierung müssen Sie jetzt neu codieren.

Lautsprecher aus- und einbauen

Je nach Ausstattung und Modellvariante finden Sie in Ihrem Zafira Lautsprecher in den vorderen und hinteren Türen.

Arbeitsschritte (Breitbandlautsprecher)

Vorder-/Hintertüren

① Stellen Sie das Radio ab und ...

② ... demontieren die Türverkleidung, wie beschrieben. Achten Sie darauf, dass Ihnen die Türdichtfolie nicht einreißt. Ansonsten läuft Ihnen später bei jedem Regenguss und jeder Wagenwäsche Wasser in den Fußraum.

③ Drehen Sie die drei Lautsprecherschrauben (Pfeile) los, ...

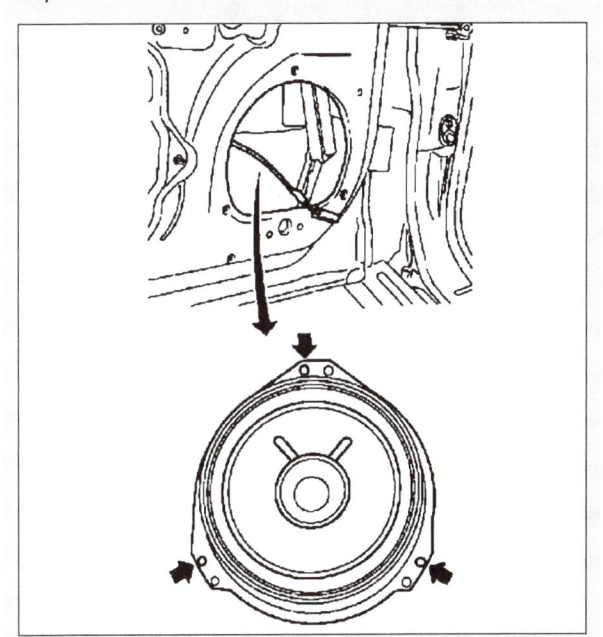

*In der Tür demontieren – **Breitbandlautsprecher**.*

④ ... ziehen den Stecker vom Lautsprecherchassis und nehmen den Lautsprecher aus der Tür. Ziehen Sie wirklich nur an den Steckern und nicht etwa unachtsam an den Kabeln – Ihnen bleiben dann nämlich »plärrende« oder gar stumme Lautsprecher erspart.

⑤ Originalkabelsätze haben Formstecker. Wenn Sie Zwillingsleitungen in Eigenregie verlegen möchten, markieren Sie sich vorher die Anschlüsse. Damit vermeiden Sie Verwechslungen der beiden Pole.

⑥ Beenden Sie die Montage in umgekehrter Reihenfolge.

INNENRAUM

Arbeitsschritte 🔧 👥 (Hochtonlautsprecher)

Vorder-/Hintertüren

① Stellen Sie das Radio ab und …

② … demontieren die Türverkleidung, wie beschrieben. Achten Sie darauf, dass Ihnen die Türdichtfolie nicht einreißt. Ansonsten läuft Ihnen später bei jedem Regenguss und jeder Wagenwäsche Wasser in den Fußraum.

③ Clipsen Sie den Hochtonlautsprecher (Pfeile) los, …

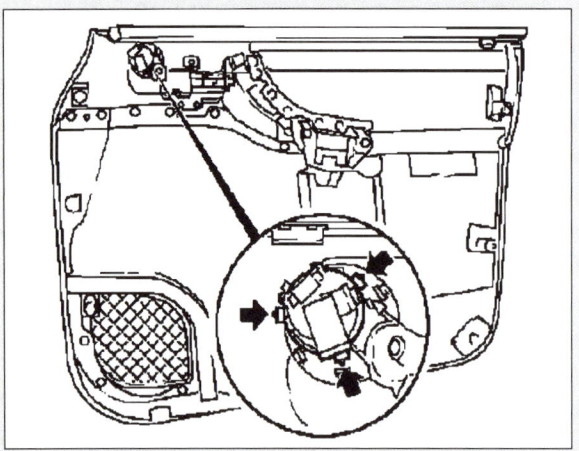

*In der Tür demontieren – **Hochtonlautsprecher**.*

④ … ziehen den Stecker vom Lautsprecherchassis und nehmen den Lautsprecher aus dem Türprofil. Ziehen Sie wirklich nur an den Steckern und nicht etwa unachtsam an den Kabeln – Ihnen bleiben dann nämlich »plärrende« oder gar stumme Lautsprecher erspart.

⑤ Originalkabelsätze haben Formstecker. Wenn Sie Zwillingsleitungen in Eigenregie verlegen möchten, markieren Sie sich vorher die Anschlüsse. Damit vermeiden Sie Verwechslungen der beiden Pole.

⑥ Beenden Sie die Montage in umgekehrter Reihenfolge.

Praxistipp
Hecklautsprecher – die Größe muss stimmen

Bevor Sie Ihren Zafira in Eigenregie zu einem rollenden Konzertsaal aufmotzen und ihm vielleicht noch ein paar zusätzliche »Hecksprecher« oder gar Heckboxen spendieren möchten, denken Sie daran, dass allzu große Lautsprecher zwar den Sound nachhaltig verbessern, die Automatikgurte im Heck jedoch zur »Blockade« bringen. Zudem könnten zahlreiche elektrische Steuergeräte und Sensoren Ihres Zafiras aus dem »Takt« geraten.

Dachantenne ab- und anbauen

Werksseitig montierte Zafira-Radios »surfen« per Dachantenne in der Atmosphäre. Dachantennen sind nahezu unverwüstlich – vorausgesetzt, Sie muten ihnen keine Waschanlagen zu und schrauben die Antenne vorher vom Antennenfuß. Ansonsten »knicken« die Waschbürsten über kurz oder lang den Antennenstab. Die dann fälligen Kosten können Sie locker minimieren: Kaufen Sie eine passende Antenne im Autozubehör und »sparen« sich die Montagekosten in die eigene Tasche. Sollten Sie eine komplette Neuinstallation vornehmen, müssen Sie selbstverständlich noch das Antennenkabel hinter der D-Säulenblende und unter dem Dachhimmel »verstecken«. Da die Montage weitgehend gleich ist und Handy-Halterungen mit Freispracheinrichtung immer häufiger ab Werk vorinstalliert sind, beschreiben wir die Installation einer GPS/GSM-Dachantenne im Heckbereich.

Arbeitsschritte 🔧 👥

① Um die Dachantenne zu demontieren, lassen Sie vorsichtig den hinteren Dachhimmelteil ab. Um Kurzschlüsse zu vermeiden, klemmen Sie vorher das Batteriemassekabel ab.

② Demontieren Sie, wie beschrieben, die hintere Innenraumleuchte ❶ und …

③ … ziehen den Dachhimmel vorsichtig aus den acht Halteklammern.

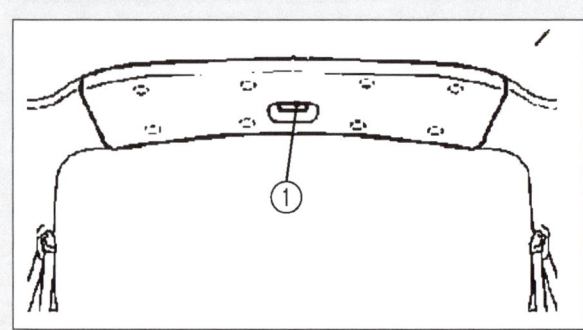

Nacheinander erledigen – zuerst die Innenraumleuchte und dann den Dachhimmel ausclipsen.

④ Hernach lösen Sie von unten die Befestigungsmutter des alten Antennenfußes, ziehen das Radioantennenkabel ❶, den Telefon-Antennenanschluss ❷, die Stromversorgung ❸ und den GPS-Stecker ❹ auseinander und …

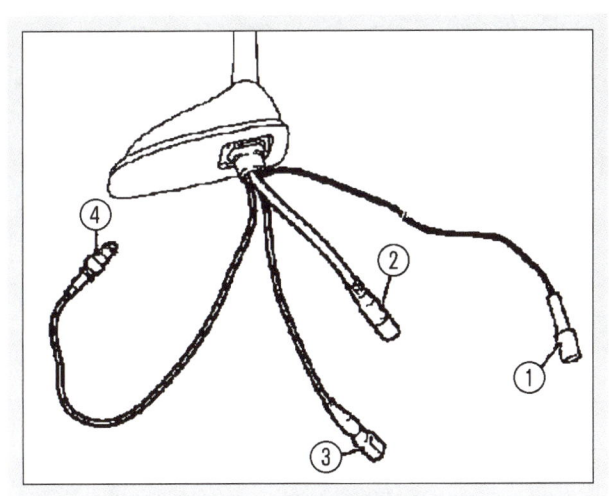

VORDERSITZE AUS- UND EINBAUEN

Nacheinander abziehen – Antennenanschlüsse.
❶ *Radioantennenkabel,* ❷ *Telefon-Antennenanschluss,* ❸ *Stromversorgung,* ❹ *GPS-Stecker.*

⑤ … nehmen den Fuß vom Dach.

⑥ Bevor Sie den neuen Fuß endgültig montieren, ziehen Sie die Befestigungsmutter handfest vor, schrauben kurz die Antenne ein und richten den Fuß auf dem Dach aus. Ziehen den Fuß hernach dann von innen mit 5 Nm fest.

⑦ Beenden Sie die Montage in umgekehrter Reihenfolge.

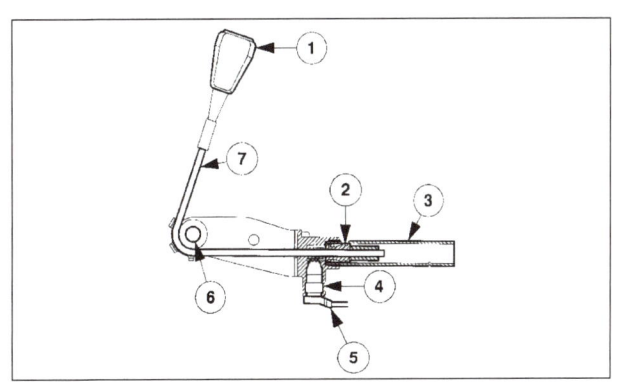

Nicht zu empfehlen – Vordersitze in Eigenregie aus- und einbauen

Im Zafira sitzen Fahrer und Beifahrer auf »Anti Dive Sitzen«. Die Sitzmöbel sind integraler Bestandteil des Opel-Sicherheitssystems: Beide Sitzkonsolen haben pyrotechnische Gurtstraffer, die bei Auffahrunfällen und Frontalcrashs in Sekundenbruchteilen die Gurte straffen und somit die Gurtlose auf ein Minimum reduzieren. Die vorderen aktiven Kopfstützen gleiten im Fall eines Heckaufpralls automatisch in Richtung Hinterkopf und minimieren so die Gefahr von Nackenverletzungen (z. B. Schleudertrauma). Eine unsachgemäß ausgeführte Sitzdemontage könnte der betreffende Gurtstraffer als Crash missinterpretieren. Folge: Er »zündet« und hat sein »Pulver« dann ein für alle Mal verschossen. Sollten Sie sich die Sitzdemontage dennoch selbst zutrauen, informieren Sie sich vorher bei Ihrem Opel-Händler über die bestehenden Sicherheitsvorschriften.

Verringert die Gurtlose: Pyrotechnischer Gurtstraffer an den Vordersitzen. ❶ *Gurtschloss mit Sensor,* ❷ *Gurtstraffer,* ❸ *Arbeitsgehäuse,* ❹ *Gasgenerator,* ❺ *Zündeinheit,* ❻ *Umlenkelement,* ❼ *Straffseil.*

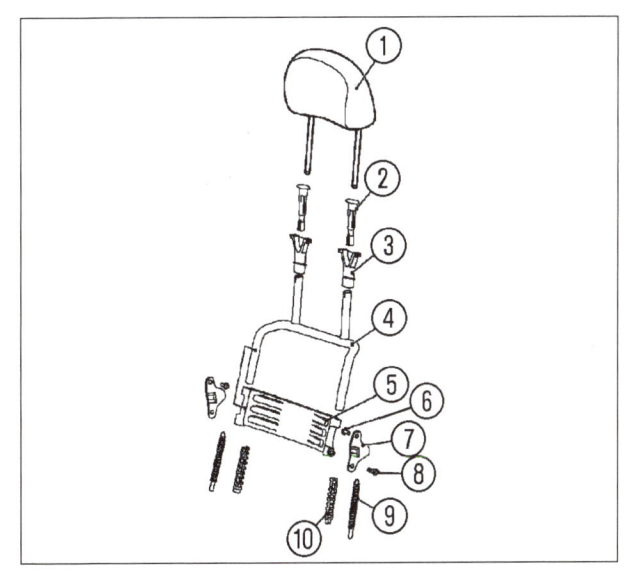

Kommen dem Nacken bei Auffahrunfällen »Millisekunden schnell entgegen« – aktive Kopfstützen auf den Vordersitzen. ❶ *Kopfstütze,* ❷ *Führungshülse,* ❸ *Aufnahmelager,* ❹ *Aufnahme,* ❺ *Abstützrahmen,* ❻ *Spezialschraube,* ❼ *Hebel,* ❽ *Spezialschraube,* ❾ *Zugfeder,* ❿ *Dämpfungstülle.*

Arbeitsschritte

WICHTIG: Damit das Sicherheitsrückhaltesystem nicht unbeabsichtigt auslöst, warten Sie, nachdem die Batterie abgeklemmt ist, rund zehn Minuten. Ziehen Sie erst dann den Stecker des Sicherheitsrückhaltesystems ab. Andernfalls können Sie unbeabsichtigt die Airbags und pyrotechnischen Gurtstraffer auslösen. Das System hat dann für den Ernstfall sein »Pulver« bereits verschossen und Sie können sich mit den immensen Kosten für den Systemersatz anfreunden.

INNENRAUM

Vordersitz

① Klemmen Sie das Batteriemassekabel ab und lassen sich danach mindestens zehn Minuten Zeit. Ansonsten könnte das Sicherheitssystem unnötig auslösen.

② Um an die Sicherheitsgurtbefestigungsschraube zu gelangen, lösen Sie zunächst die Schraube ② der Sicherheitsgurtverkleidung ① und dann ...

③ ... die darunter liegende Befestigungsschraube ③.

④ Danach schieben Sie den Sitz vollständig nach vorne, ...

⑤ ... clipsen beide Sitzschienenverkleidungen ④ ab und ...

⑥ ... lösen die hinteren Sitzschrauben ⑤.

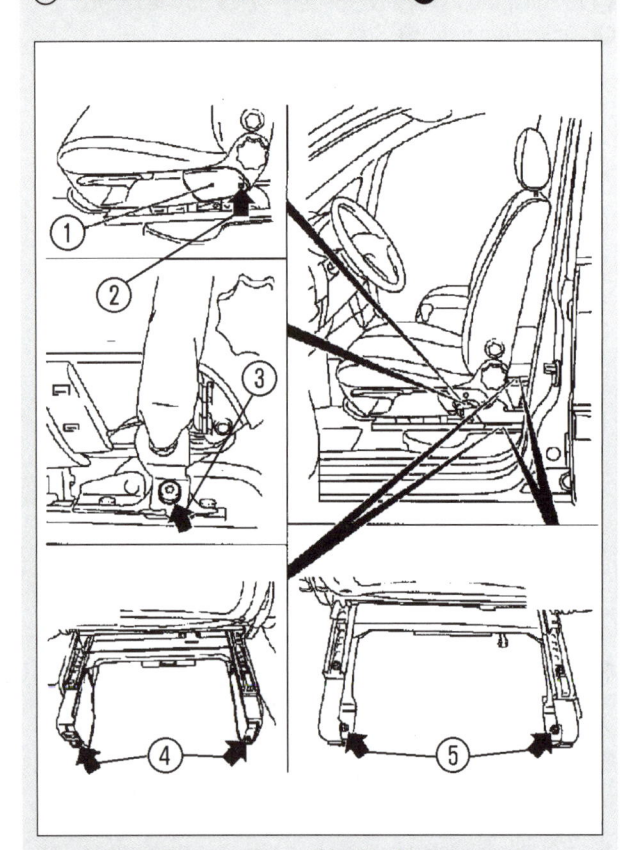

*Der Reihe nach angehen – **Vordersitzdemontage**.*

⑦ Anschließend schieben Sie den Sitz so weit zurück, dass Sie den Sicherungsstift ③ und den Mehrfachstecker ④ des Seitenairbags entriegeln und abziehen können.

⑧ Trennen Sie dann den roten Sicherungsstift ② am Kabelsatzstecker ⑤, ziehen den Vordersitz etwas an, drücken dann ...

⑨ ... die Nase ① herunter und ziehen zeitgleich am Stecker ⑤.

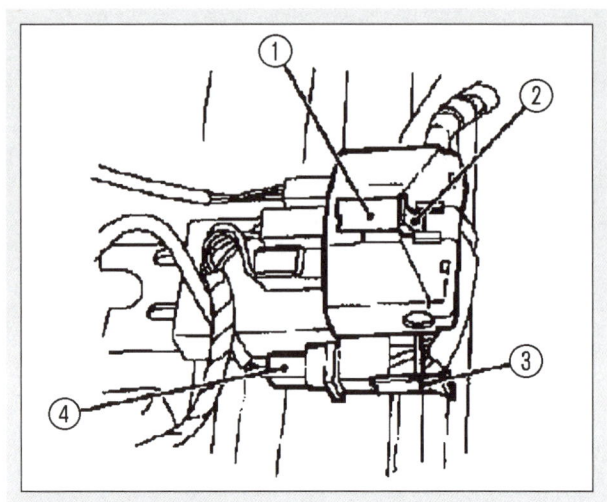

Nicht einfach zu trennen – Kabelsatzstecker des Seitenairbags.

⑩ Schieben Sie jetzt den Sitz nach hinten aus seinen Führungsschienen und ...

⑪ ... bugsieren ihn nach vorn aus dem Auto.

⑫ Beenden Sie die Montage in umgekehrter Reihenfolge. Sichern Sie die Sitz-/Sicherheitsgurtschrauben mit »Kleber« und ziehen sie dann mit 20 Nm an.

Rücksitzbank (zweite Reihe)

Arbeitsschritte

① Lösen Sie die Schraube (Pfeil) der linken Sitzverstellung ① und ziehen sie von der Verstelleinheit ab.

② Anschließend drücken Sie die Sitzlängsverstellung ② nach vorn, biegen von der Griffinnenseite mit einem kleinen Schraubendreher die Haltenase ab und ziehen zeitgleich den Griff ab.

③ Lösen Sie die Schrauben (Pfeile) der Sitzbankverkleidung ③ und legen sie beiseite.

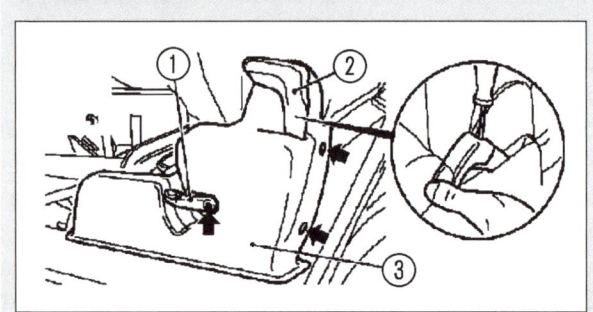

Demontieren – Sitzverstellhebel und Verkleidung.

④ Auf der rechten Sitzseite wiederholen Sie jetzt die Schritte ① – ③.

SITZE AUS- UND EINBAUEN

⑤ Dann entriegeln Sie die mittlere Sitzführung (Pfeil) und »fahren« die Sitzbank nach vorn.

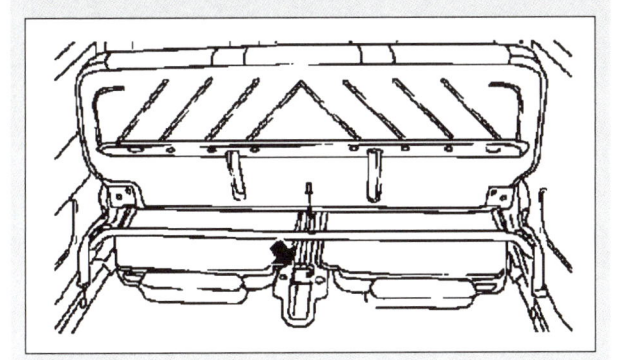

Entriegeln – Sitzbank.

⑥ Hernach demontieren Sie die Sitzbank von ihren Führungsschienen. Dazu lösen Sie links und rechts vier Schrauben (Pfeile) und bugsieren mit einem Helfer das »Sitzkissen« aus dem Innenraum.

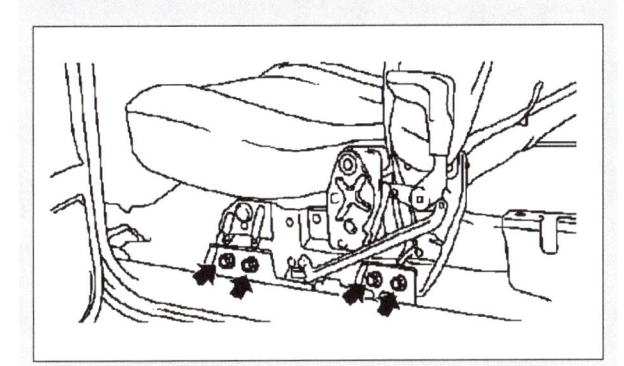

Zusammen mit einem Helfer aus dem Fahrzeug befördern – Sitzbank.

⑦ Beenden Sie die Montage in umgekehrter Reihenfolge. Die Schrauben sichern Sie zunächst mit »Kleber« und ziehen sie dann mit 35 Nm an. Vergessen Sie nach der Montage nicht, den Verriegelungsmechanismus der Rückenlehne zu checken.

Rücksitzlehne

Arbeitsschritte

① Klappen Sie die Sitzpolster hoch und lösen sie von den Führungsschienen. Entriegeln Sie dann den Arretierstift und die Schrauben (Pfeile) und heben die Polster aus dem Auto.
② Demontieren Sie nun die Gurtschlösser (vier Schrauben) und …
③ … die sechs Schrauben beider Rückenlehnen
④ Ziehen Sie die Rücksitzlehne nach oben aus der Verankerung und legen sie beiseite.

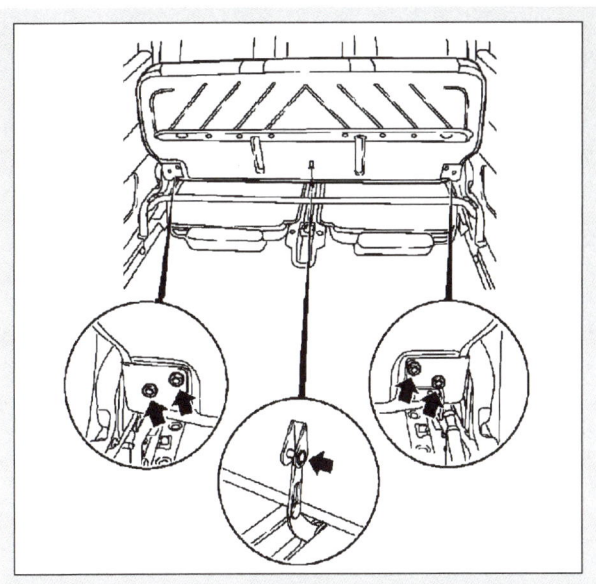

Wie in der Abbildung vorgehen – zur Demontage der Rücksitzlehnen.

⑤ Beenden Sie die Montage in umgekehrter Reihenfolge. Die Schrauben sichern Sie mit Kleber, den Gurtschlössern »geben« Sie 35 und den Befestigungsschrauben der Rückenlehnen 25 Nm. Vergessen Sie nach der Montage nicht, den Verriegelungsmechanismus der Rückenlehne zu checken.

Rücksitz (dritte Reihe)

Arbeitsschritte

① Fahren Sie die »zweite Sitzreihe« ganz nach vorn und …
② … lösen die Schraube (Pfeil) der beiden hinteren Gurtschlösser.

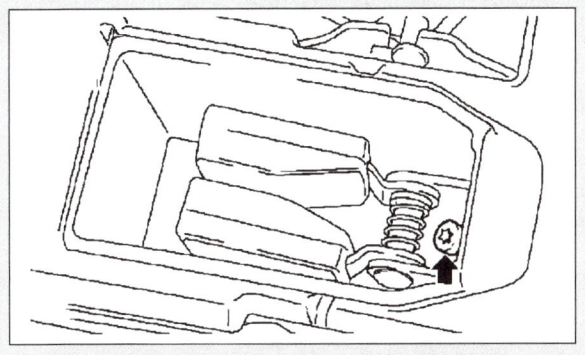

Losdrehen – Schraube der hinteren Gurtschlösser.

③ Stellen Sie den zu demontierenden Sitz auf und hebeln dann mit einem kleinen Schraubendreher die hinteren Gurtabdeckungen ❶ und ❷ am Unterboden aus.
④ Demontieren Sie den Sicherheitsgurt vom Unterboden und …

INNENRAUM

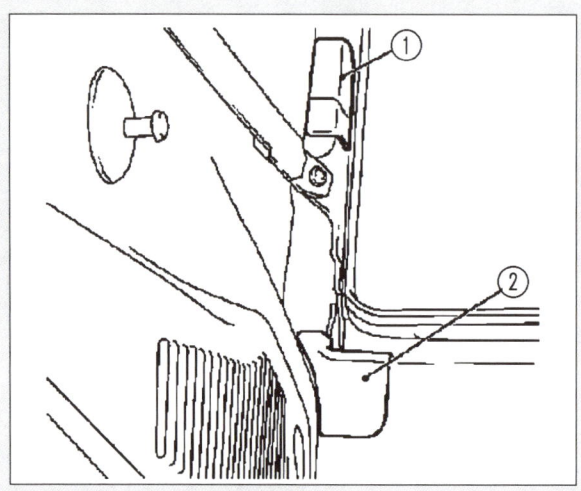

Mit Schraubendreher aushebeln – die hinteren Gurtabdeckungen.

⑤ ... lösen die Sitzbefestigungsschrauben.

⑥ Bugsieren Sie den Sitz über die Heckklappe aus dem Auto.

⑦ Beenden Sie die Montage in umgekehrter Reihenfolge. Die Schrauben sichern Sie mit »Kleber«, den Gurtschlössern geben Sie 35 Nm und den Sitzschrauben 20 Nm. Vergessen Sie nach der Montage nicht, den Verriegelungsmechanismus zu checken.

Sicherheitsgurt-Check

Praxistipp

Sicherheitsgurte haben ein »Innenleben« und bei Gebrauchtwagen auch eine unbekannte »Vergangenheit«: Erneuern Sie darum Bänder, deren Lebenslauf Sie nicht genau kennen, grundsätzlich. Machen Sie die Investition nicht von ihrem scheinbar properen äußeren Zustand abhängig: Nach einem Crash sind Sicherheitsgurte gedehnt und somit ohnehin unbrauchbar.

Auch wenn Sie die Vita der »alten« Sicherheitsgurte aus dem Eff-Eff kennen sollten, checken Sie die Gurte von Zeit zu Zeit. Der Zafira hat vorn und hinten Automatiksicherheitsgurte – auf den Vordersitzen mit pyrotechnischen Gurtstraffern. Etwaige Fehler im Sicherheitsrückhaltesystem signalisiert Ihnen die Airbagkontrollleuchte im Cockpit. »Nervt« sie unaufhörlich, suchen Sie besser Ihre Opel-Werkstatt auf und lassen den Fehler auslesen. Übrigens: Gurtstraffer- und Airbagkomponenten dürfen Sie nicht zerlegen oder reparieren.

Die Rollgurte des Zafira »disziplinieren« zwei Sensoren: Der Bewegungssensor wird beim Bremsen, Kurvenfahren, steilen Bergaufpassagen und ungünstiger Fahrzeuglage aktiv. Dahingegen bremst der Gurtsensor das »Band« nur dann ein, wenn es ruckartig abrollt. Beide Systeme ergänzen sich in ihrer Funktion und müssen unabhängig voneinander funktionieren.

Bevor Sie den Gurten in Teamwork mit einem Beifahrer »dynamisch« auf den Zahn fühlen, kontrollieren Sie ihr Outfit: Wenn Sie

- wellige Gurtbänder,
- ausgefranste Kanten,
- aufgeriebenes Gewebe oder gar
- angerissene Nähte

entdecken, können Sie sich die dynamische Prüfung getrost sparen und neue Bänder in Ihrem Zafira »aufhängen«. Ansonsten gehen Sie der Reihe nach vor.

Bremsprüfung

- Legen Sie den Gurt korrekt an (Ihr Beifahrer tut es Ihnen gleich), ...
- ... starten den Motor und fahren im ersten Gang 10 km/h (nicht schneller).
- Bremsen Sie dann möglichst »scharf«. Beide Gurte müssen sofort blockieren. Andernfalls sind die Bewegungssensoren nicht mehr einwandfrei, tauschen Sie den/die defekten Gurte aus.
- Wiederholen Sie die Prüfung auf allen Plätzen.

Zusatzprüfung (Kurvenfahren)

Suchen Sie einen genügend großen Parkplatz, um mit voll eingeschlagenen Vorderrädern m Kreis fahren zu können. Denken Sie daran, Ihr Zafira hat einen Wendekreis von fast 12 Metern (OPC).

- Fahren Sie mit ganz eingeschlagener Lenkung und max. 16 km/h (nicht schneller) im Kreis.
- Derweil versucht Ihr Beifahrer alle Automatikgurte langsam aus der Aufrollautomatik herauszuziehen. Schafft er das, verschrotten Sie den betreffenden Gurt.

Gurtsensor prüfen

- Halten Sie auf ebener Fläche und im stehenden Auto den Gurt nahe der oberen Verankerung fest. Ziehen Sie den Gurt dann ruckartig aus der Aufrollautomatik. Nach spätestens 25 cm muss die Automatik blockieren. Falls nicht – Gurt verschrotten.

Bevor Sie Ihrem Zafira neue Gurte spendieren, prüfen Sie die Befestigungspunkte – »blühen« sie bereits rostrot oder sind gar schon angerissen, bietet auch der beste Gurt allenfalls das Sicherheitspotential eines Hosenträgers.

TÜRVERKLEIDUNG AUS- UND EINBAUEN

Türverkleidung aus- und einbauen

Bevor Sie loslegen, klemmen Sie die Batterie ab. Gehen Sie sorgsam mit der Türdichtfolie um. Falls sie einreißt, erneuern Sie die Folie und »betten« sie in einer »satten« Silikonraupe ein. Vergessen Sie nicht, die Auflageflächen vorher gründlich zu reinigen. Falls »gründlich« bei Ihnen nur oberflächlich ist, schwappt Ihnen später bei jedem Regenguss und jeder Wagenwäsche Wasser in den Fußraum. Unter dem Teppichboden bildet sich dann in kürzester Zeit ein übelriechendes »Feuchtbiotop«.

WICHTIG: Damit das Sicherheitsrückhaltesystem Ihre Absicht nicht als Crash missinterpretiert, klemmen Sie vorab die Batterie ab und warten hernach mindestens zehn Minuten.

Arbeitsschritte

mit Fensterkurbel

① Drehen Sie das Seitenfenster bis zum Anschlag hoch und zeichnen auf der Türverkleidung die Fensterkurbelstellung mit einem Kreidestrich an.

② Schieben Sie dann einen mittleren Schlitzschraubendreher zwischen Rosette und Kurbelachse und entspannen an der Fensterkurbel die Sicherungsklammer. Ab Werk zeigt ihre »offene« Seite in Richtung Kurbelachse, sie kann jedoch auch um 180° verdreht montiert sein.

③ Drücken Sie die Sicherungsklammer mit dem Schraubendreher aus der Nut und ...

④ ... ziehen die Fensterkurbel mitsamt Innenblende von der Kurbelachse.

elektrische Fensterheber

⑤ Hebeln Sie den Druckschalter der elektrischen Fensterheber ❸ mit einem Schlitzschraubendreher aus und ziehen den Kabelsatzstecker an seiner Rückseite ab. Vergessen Sie nicht, den Stecker vorab zu entriegeln.

alle

⑥ Gleichermaßen verfahren Sie mit dem Schalter der elektrischen Außenspiegel ❶: Aushebeln, Kabelsatzstecker entriegeln und abziehen.

⑦ Hernach demontieren Sie den Haltegriff ❹. Clipsen Sie vorher mit einem kleinen Schlitzschraubendreher die Kunststoffblende aus der Griffmulde und lösen die darunter liegende Schraube.

⑧ Ziehen Sie den Griff aus der Türverkleidung.

je nach Ausstattung

⑨ Clipsen Sie die Hochtonlautsprecherabdeckung ❷ aus und legen sie beiseite.

alle

⑩ Anschließend hängen Sie den Bowdenzug ❺ des Türgriffs aus und ...

⑪ ... lösen dann, unterhalb der Türtasche, hinter der Türgriffverkleidung, dem Spiegelschalter und am Hochtonlautsprecher die Türverkleidung an sieben Befestigungsschrauben. (Pfeile)

⑫ Hebeln Sie nun mit einem breiten Schlitzschraubendreher oder Fleischwender die Türinnenverkleidung ringsum vom Türrahmen ab. Achten Sie darauf, dass die Dichtfolie unbeschädigt bleibt.

⑬ Falls vorhanden, ziehen Sie den Kabelanschluss des Hochtonlautsprechers ab und stellen dann die Türverkleidung beiseite.

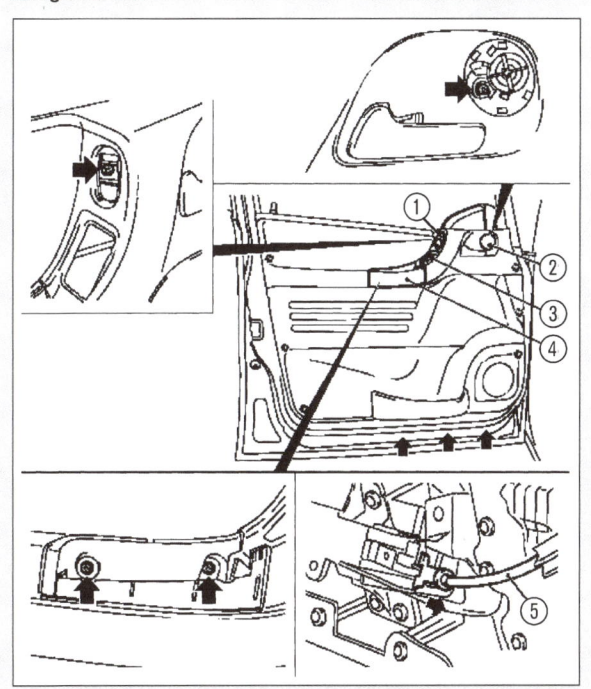

Kein Problem für den geübten Do it yourselfer: Die Türverkleidung demontieren.

⑭ Um die Türinnereien zu erreichen, ziehen Sie punktuell die Türdichtfolie ab. Den Folienklebestreifen trennen Sie mit einem Kunststoffmesser (Einwegbesteck). Fassen Sie möglichst nicht auf die Kontakträder bzw. die Klebeflächen, das setzt drastisch die Klebe- und Dichtwirkung herab.

⑮ Beenden Sie die Arbeit in umgekehrter Reihenfolge. Achten Sie rundum auf einen »satten« Sitz der Dichtfolie. Falls Sie der Dichtfläche misstrauen, tragen Sie besser sofort eine neue Silikonraupe auf.

INNENRAUM

Seitenscheibe/Fensterheber aus- und einbauen

Da der Aufwand für alle Türen weitgehend identisch ist, beschreiben wir die Arbeit am Beispiel einer Vordertür.

Seitenscheibe

Arbeitsschritte

Demontage

① Klemmen Sie die Batterie ab und demontieren die Türverkleidung wie beschrieben.
② Ziehen Sie vorsichtig die Türdichtfolie ab. Den Folienklebestreifen trennen Sie mit einem Kunststoffmesser (Einwegbesteck). Fassen Sie möglichst nicht auf die Kontakträder bzw. die Klebeflächen, das setzt drastisch die Klebe- und Dichtwirkung herab.
③ Ziehen Sie die äußere Fensterschachtabdichtung aus der Türfalz und …
④ … clipsen die Abdeckung ❶ aus der Tür.
⑤ Bohren Sie die beiden Blindnietköpfe an der Fensterführung (Pfeile) mit einem passenden Bohrer (ca. 7 mm) auf.

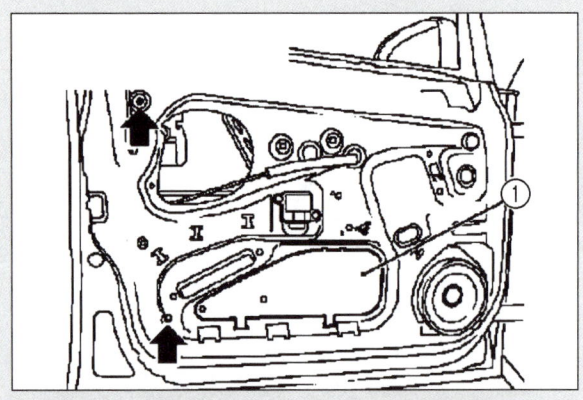

Ausbohren – Blindnieten an der Fensterführung.

⑥ Hernach lösen Sie die Klemmschrauben (Pfeile) der Fensterführung und liften vorsichtig die Scheibe …

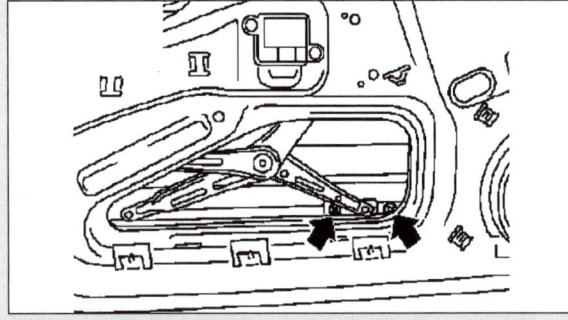

Klemmschrauben lösen – Fensterführung demontieren.

⑦ … bis der vorhandene Platz reicht, um das Fenster von der Außenseite des Fensterausschnitts aus der Tür zu bugsieren. Schwenken Sie das Fenster nach vorne und heben es aus der Tür.

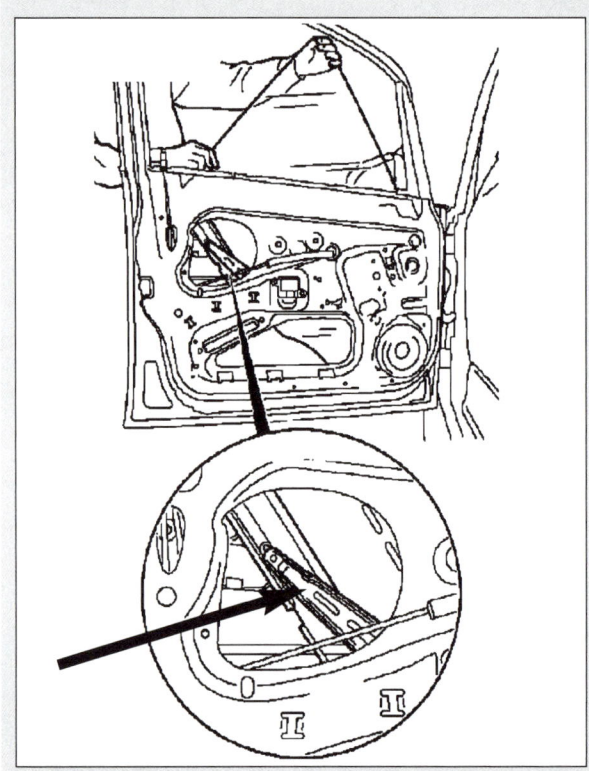

Türscheibe demontieren – der Fensterheber (Pfeil) darf nicht verkanten.

Montage

⑧ Entfernen Sie zunächst die Blindnietreste mit einem 2 Millimeter Durchschlag.
⑨ Den Fensterheber heben Sie vor der Montage geringfügig an und …
⑩ …«jonglieren« dann die Scheibe in den Fensterschacht.
⑪ Halten Sie die Scheibe an der hinteren Oberkante fest und drücken sie gleichzeitig nach hinten und unten.
⑫ Sobald die Scheibe am Fensterheber anliegt, »geben Sie ihr sanften Druck« und ziehen beide Klemmschrauben handfest vor.
⑬ »Poppen« Sie die Fensterführung mit den passenden Nieten an und …
⑭ … kurbeln hernach das Fenster einmal rauf und runter. Wenn das »reibungslos« funktioniert, ziehen Sie die Klemmschrauben endfest.
⑮ Die restlichen Bauteile montieren Sie in umgekehrter Reihenfolge.

FENSTERHEBERMOTOR INITIALISIEREN

Fensterheber

Arbeitsschritte

① Klemmen Sie das Batteriemassekabel ab und demontieren das Seitenfenster wie beschrieben.

② Bei elektrisch betätigten Fensterhebern lösen Sie den Mehrfachstecker ❷, bohren die sechs Blindnietköpfe (Pfeile) mit einem passenden Bohrer (ca. 7 Millimeter) auf und bugsieren den Fensterheber aus der Tür.

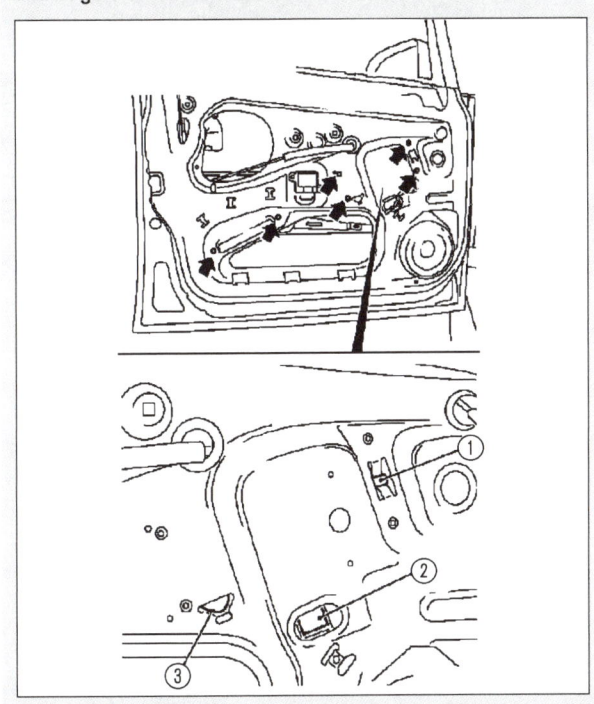

Popnieten ausbohren. Achten Sie bei der Montage auf den richtigen Sitz des Fensterhebers: Er muss in den Arretierungen ❶ und ❸ »ruhen«. Bei der »Kurbelversion« hingegen kommt nur die Zentrierung »drei« zur Geltung.

③ Beenden Sie die Montage in umgekehrter Reihenfolge.

Fensterhebermotor initialisieren

Arbeitsschritte

① Nachdem die Batterie abgeklemmt war, müssen Sie in Ihrem Zafira die elektrischen Fensterheber einzeln initialisieren.

② Dazu schließen Sie alle Türen, schalten die Zündung ein, …

③ … drücken jetzt den ersten Fensterheberschalter und lassen die Scheibe schließen.

④ Sobald die Scheibe geschlossen ist, halten Sie den »Schalter noch mindestens fünf Sekunden fest«.

⑤ Wenn der »Motor Ihre Lektion akzeptiert hat« öffnet und schließt das Fenster fortan wieder automatisch auf Knopfdruck. Falls nicht, wiederholen Sie den »Handgriff« wie beschrieben.

⑥ Machen Sie das mit allen Seitenscheiben.

Praxistipp

Elektrischer Fensterheber streikt

Schalter defekt: Demontieren Sie den gegenüberliegenden Schalter und stecken den Mehrfachstecker um. Mit dem intakten Schalter können Sie nun das Fenster schließen.

Zuleitung zum Elektromotor unterbrochen: Verlegen Sie eine »Freiluftleitung« mit Plus (wenn keine Spannung anliegt) oder mit Masse (wenn keine Masse anliegt) zum Motor. Lassen Sie dann den Motor anlaufen.

Motor blockiert: Demontieren Sie die Türverkleidung, hängen die Scheibe aus und pressen sie manuell fest in die obere Scheibenführung. In dieser Stellung sichern Sie die Scheibe mit Klebeband oder verkeilen sie von unten mit einer passenden Holzlatte.

Alle hier genannten Tricks sind natürlich nur Notlösungen für die schnelle Hilfe auf der Straße. Zuhause müssen Sie sich der Sache schon fundiert annehmen.

Die Zentralverriegelung

Die Zentralverriegelung öffnet und schließt alle Türen sowie die Heck- und Tankklappe an Ihrem Zafira mit kleinen Stellmotoren – vorausgesetzt, beide Vordertüren sind tatsächlich im Schloss. Zafira-Türen reagieren übrigens auf Knopfdruck – der Sender sitzt direkt im Zündschlüssel und der Empfänger im Gehäuse der Innenraumbeleuchtung. Die Signale gehen jeweils von beiden Vordertüren »auf die Reise« – von außen passiert das per Zündschlüssel und von innen mit dem Türöffnungshebel. Der Gepäckraum öffnet zudem separat per Zündschlüssel – nicht so die Motorhaube, sie wird grundsätzlich nur von innen mit einem Bowdenzug entriegelt.

INNENRAUM

Zündschlüssel neu codieren

Bei Funktionsstörungen der Zentralverriegelung ist es zuerst einmal ratsam, Zündschlüssel (Sender) und Empfänger zu synchronisieren.

Arbeitsschritte 🔧 ⏳

① Schalten Sie die Zündung ein und drücken, innerhalb von 30 Sekunden, auf die »Öffnen oder Schließen«-Taste Ihres Schlüssels.
② Sobald die Zentralverriegelung jetzt einmal verriegelt und entriegelt, ist der Schlüssel synchronisiert.

Schlüsselbatterie wechseln

Kommen Sie mit »Zündschlüssel synchronisieren« nicht weiter, halten Sie den Grund dafür meistens schon in der Hand: den Zündschlüssel. Er lässt sich erfahrungsgemäß schnell wieder mit einer neuen Batterie »motivieren«. Tauschen Sie die Batterie innerhalb von drei Minuten. Falls Sie sich mehr Zeit damit lassen, müssen Sie die Schlüsselfernbedienung neu synchronisieren.

Arbeitsschritte 🔧 ⏳

① Hebeln Sie Ihren Schlüssel mit einem kleinen Schlitzschraubendreher von der »Schlüsselbartseite« her auf.
② Hernach klappen Sie den Griff auf und nehmen die Batterie heraus.

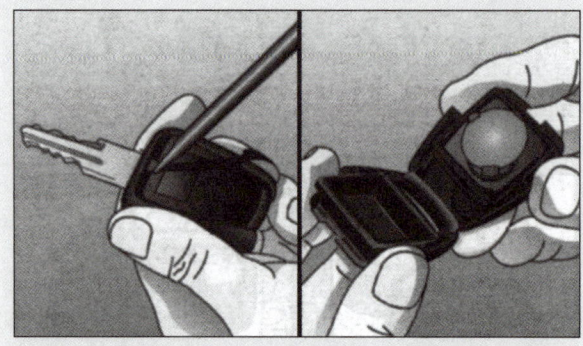

Links: Von der »Schlüsselbartseite« aufhebeln – Zündschlüssel. *Rechts*: Herausnehmen – Schlüsselbatterie.

③ Setzen Sie die neue Batterie des Typs »CR 2032« ein und entsorgen den »ausgelutschten« Stromspender umweltgerecht. Die meisten Supermärkte haben derweil Batterierücknahmeboxen aufgestellt. Machen Sie davon Gebrauch.

Türgriff ab- und anbauen

Einerlei ob Sie die vorderen oder die hinteren Türgriffe demontieren – die Arbeitsschritte unterscheiden sich nur unwesentlich voneinander. Wir beschreiben die Arbeit exemplarisch am Beispiel eines vorderen Türgriffs.

Arbeitsschritte 🔧 ⏳

① Klemmen Sie das Batterieminuskabel ab und …
② … demontieren danach – wie beschrieben – die Türverkleidung.
③ Ziehen Sie im hinteren Türbereich vorsichtig die Dichtfolie ab und fixieren sie mit Klebeband an der Türinnenseite.
④ Drehen Sie in der Tür beide Türgriffmuttern (Pfeile) ab und …
⑤ … hängen hernach das Türgestänge aus.
⑥ »Kippen« Sie den Türgriff jetzt vorsichtig aus den unteren Zentrierungen (Pfeil) und nehmen ihn von der Türaußenhaut ab.

Von innen lösen – beide Türgriffmuttern.

⑦ Beenden die Montage in umgekehrter Reihenfolge.
⑧ Um das Türgestänge (Pfeile) einzustellen, verdrehen Sie die Rändelmutter ❶ so weit, bis das Gestänge spielfrei zwischen Schloss und Griff ist.

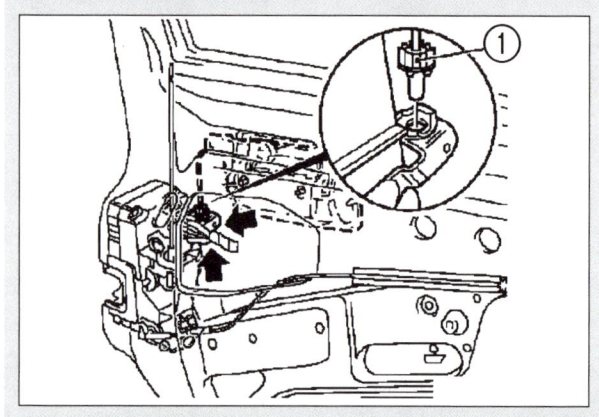

An der Rändelmutter spielfrei einstellen – Türgestänge.

TÜRSCHLOSS AUS- UND EINBAUEN

Türschloss aus- und einbauen

Arbeitsschritte

① Gehen Sie zunächst bis Schritt ⑤ »Türgriff ab- und anbauen« vor.

② Hernach entriegeln Sie, falls vorhanden, das Kabel der Zentralverriegelung und ziehen es ab.

③ Hängen Sie nun den Bowdenzug des Innengriffs ❸ und der Türverriegelung ❷ aus.

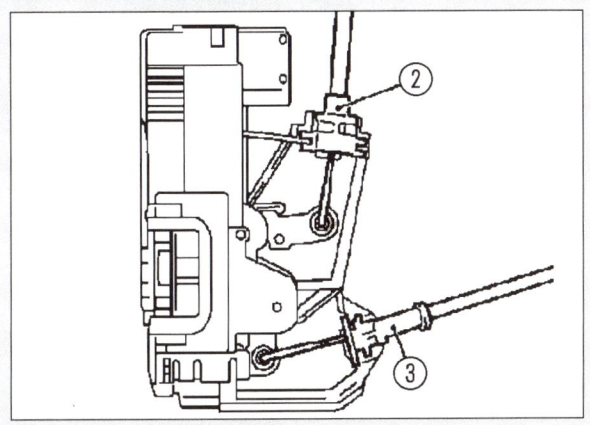

Aushängen – Bowdenzüge des Innengriffs und der Türverriegelung.

④ Bohren Sie den oberen Blindnietkopf der Fensterführungsschiene ❶ aus und biegen dann die Führung vorsichtig beiseite.

⑤ Anschließend lösen Sie die drei Schrauben (Pfeile) des Türschlosses und nehmen es ab.

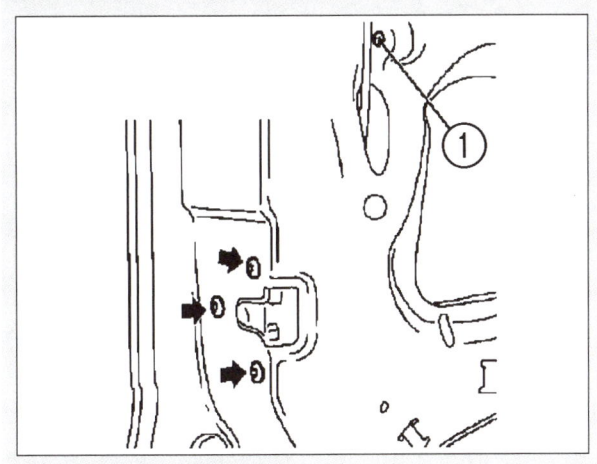

Demontieren – Türschloss.

⑥ Beenden Sie die Montage in umgekehrter Reihenfolge.

Lenkradschloss-Schließzylinder aus- und einbauen

Arbeitsschritte

① Klemmen Sie das Batteriemassekabel ab, ...

② ... demontieren die Lenksäulenverkleidung und ...

③ ... clipsen den Scheibenwischerschalter heraus.

④ Um das Lenkradschloss demontieren zu können, drehen Sie den Zündschlüssel in Stellung »I« und pressen die Verriegelung ❶ mit einem Lüsterklemmenschraubendreher ins Zündschloss. Ziehen Sie dann den kompletten Schließzylinder heraus.

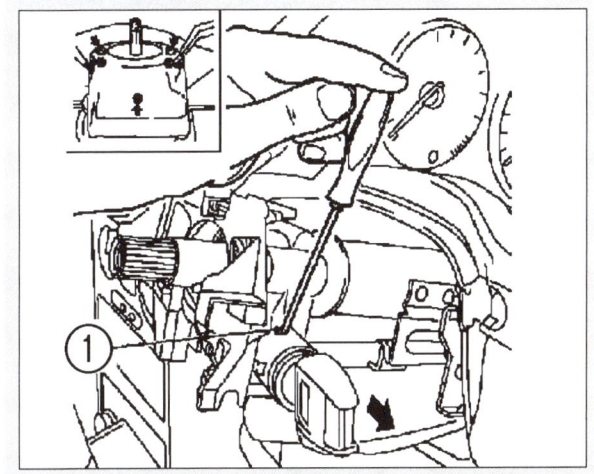

Wichtig – auf die Reihenfolge achten. Zündschlüssel in Stellung »I« drehen, Verriegelung eindrücken, Lenkradschloss mit Zündschlüssel herausziehen.

⑤ Beenden Sie die Montage in umgekehrter Reihenfolge. Falls der Lenkschlosssperrbolzen eingerastet ist, entriegeln Sie ihn folgendermaßen: Drücken Sie den Sperrstein – im leeren Schließzylindergehäuse – mit einem Schlitzschraubendreher in die »entriegelte Position« (Pfeil).

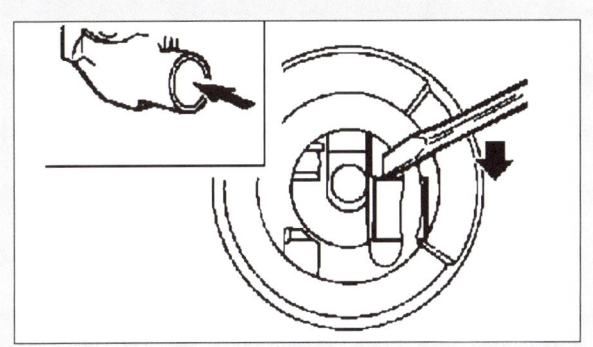

Lenkschlosssperrbolzen entriegeln – mit Schlitzschraubendreher möglich.

Elektrische Fensterheber*

Störungsbeistand

Störung	Ursache	Abhilfe
A Seitenscheibe »läuft« nur in eine Richtung.	Schalter defekt.	Schalter auswechseln.
B Seitenscheibe blockiert.	1 Passungen zu eng – Sicherung durchgebrannt.	Seitenscheibe in den Führungen gängig machen – Sicherung erneuern.
	2 Motor läuft nicht an – Sicherung o. k.	Provisorisch Spannung an Motor legen. Falls der Motor »läuft«, ist die Zuleitung defekt. Andernfalls Motor auswechseln.
C Seitenscheibe öffnet oder schließt zu langsam.	1 Seitenscheibe in den Führungen verklemmt.	Spiel der Scheibe prüfen und ggf. korrigieren.
	2 Zu starke Reibung in der gesamten Mechanik.	Mechanik ohne Seitenscheibe auf Reibungsverluste überprüfen, ggf. erneuern
	3 Kabelverbindungen defekt oder oxidiert.	Überprüfen, reinigen, ggf. auswechseln.
	4 Schalter defekt oder oxidiert.	Überprüfen, ggf. auswechseln.
D Seitenscheibe öffnet oder schließt im oberen Bereich zu langsam.	Siehe C1.	

*Die Fensterheber arbeiten nur bei eingeschalteter Zündung.

STÖRUNGSBEISTAND ZENTRALVERRIEGELUNG

Zentralverriegelung

Störungsbeistand

Störung	Ursache	Abhilfe
A Verriegelung funktioniert nicht.	1 Sicherung durchgebrannt.	Erneuern.
	2 Servomotor(en) defekt.	Funktion überprüfen, ggf. auswechseln.
	3 Verkabelung unterbrochen.	Überprüfen, ggf. erneuern (lassen).
	4 Fernbedienung nicht synchronisiert.	Fernbedienung synchronisieren.
	5 Schlüsselbatterie leer.	Erneuern.
B Schlösser werden entriegelt, aber nicht verriegelt.	1 Siehe A2.	
	2 Mehrfachstecker an Motor oder Türkasten locker oder oxidiert.	Festen Sitz kontrollieren, ggf. reinigen.
	3 Schalter im Servomotor defekt.	Durchgangsprüfung an den entsprechenden Motorklemmen durchführen.
C Schlösser werden verriegelt, aber nicht entriegelt.	1 Siehe A2.	
	2 Siehe B2 und 3.	
D Eines der Schlösser funktioniert nicht.	1 Siehe B2.	
	2 Kabel- bzw. Steckverbindung am Servomotor oder Türkasten fehlerhaft.	Überprüfen, ggf. instand setzen.
	3 Mechanische Übertragungsteile klemmen.	Teile auf Funktion überprüfen und festen Sitz kontrollieren. Ggf. Teile etwas fetten, verschlissene Teile auswechseln.

DIE KAROSSERIE

DIE
KAROSS

DIE KAROSSERIE

Wartung
Motorhaube einstellen 290

Reparatur
Tür aus- und einbauen 288
Außenspiegel ab- und anbauen 289
Windlaufblech aus- und einbauen 289
Motorhaube aus- und einbauen 289
Motorhaubenzug erneuern 290
Stoßfänger vorn aus- und einbauen 291
Kotflügel aus- und einbauen 291
Stoßfänger hinten aus- und einbauen 293
Heckklappe aus- und einbauen 293
Heckklappenschloss aus- und einbauen ... 295

»Ein' feste Burg«: *Derzeit aktuelle Sicherheitsstandards erfüllt der Zafira mit »beruhigenden« Reserven. Sein selbsttragender Aufbau »schluckt« unwillkommene Verformungsenergie zu einem Großteil in Computer strukturierten Lastenpfaden. Der Zafira-»Rohbau« besteht zu rund 45 Prozent aus hoch- und höherfesten Stählen.*

Außen Kompaktklasse und innen gehobene Mittelklasse – die Karosserie des Zafira

Seit 1999 mischt der Opel Zafira ein Fahrzeugsegment kräftig auf, das noch mehr oder weniger in den Kinderschuhen steckt. Zafira steht bei der General Motors Tochter europaweit für »Kompaktvan« – und hierzulande sogar für einen der erfolgreichsten Kompaktvans. Anders als Limousinen herkömmlichen Zuschnitts deckt der Zafira mit nur einer Karosserievariante die unterschiedlichsten Erwartungshaltungen seiner Klientel ab.

Soviel zur Karosseriegrundform. Anders sieht das Angebot freilich aus, wenn Zafira-Käufer ihren Van »bemustern« – siehe auch Seite 11 im Kapitel »Die Modellvorstellung«. Hier macht Opel keinen Unterschied zur normalen Limousine: Den »rundgeschliffenen Allzweckbody« gibt's in sechs unterschiedlichen Ausstattungsvarianten, das Angebot reicht von »Zafira« pur über »Selection-Executive«, den Luxus-Van, oder »Zafira-OPC«, die Power-Variante, bis hin zum »Zafira 1,6 CNG«, den alternativen »Gasbrenner«. Zu den Pluspunkten des Zafira zählen unter anderem die ebenso leichte wie stabile Karosseriestruktur mit Computer berechneten Lastenpfaden und verstärkter Bodengruppe sowie der äußerst variable Innenraum. Grundsätzlich basiert der Zafira auf der Plattform des Astra G.

KAROSSERIE

Großzügig bemessen und alternativ nutzbar – der Innenraum

Im Weltbild seiner Konstrukteure entstand der Zafira gewissermaßen von innen nach außen: Fahrer und bis zu sechs Beifahrern bietet der Opel-Van auf drei Sitzreihen demzufolge ein Höchstmaß an Ergonomie, Komfort und Funktionalität. Der üppige Innenraum profitiert zunächst von 2.694 Millimeter Radstand und einer relativ erhaben verlaufenden Dachlinie: Attribute, die den Insassen auf allen Plätzen eine ergonomisch günstige Sitzposition, in der ersten und zweiten Reihe einen komfortablen Ein- und Ausstieg sowie viel Bein-, Schulter- und Kopffreiheit bieten. Keine Frage, im Zafira reichen die Platzverhältnisse nahe an die der ausgewachsenen Reiselimousinen heran. Die Außenabmessungen dagegen bei weitem nicht: Mit 4.317 Millimeter in der Länge, 1.742 Millimeter in der Breite und inklusive Dachreling 1.684 Millimeter in der Höhe passt der Zafira locker noch in kompakte Parklücken und »öffentliche« Tiefgaragen allemal. Sein Fahrverhalten lässt – auch mit rund 557 Kilogramm »Nutzlast« an Bord – keine großen »Schwächen« erkennen. Das ist umso erfreulicher, als der Zafira, auch mit nur einem Fahrer besetzt, durchaus komfortabel über »Stock und Stein« sowie durch Kurven fährt.

Auf hohem Niveau – der Vorderwagen mit Computer berechneten Lastpfaden

Ein entscheidender Faktor für den hohen Sicherheitsstandard des Opel Zafira ist seine extrem »torsionssteife« Fahrgastzelle. Bei einem Unfall absorbiert die Frontstruktur auftretende Kräfte in Computer berechneten Deformationszonen. Während eines Frontalcrashs »schluckt« der Vorderwagen als Hauptlastpfad die meiste Energie. Im oberen Karosseriebereich »verzetteln« sich die Verformungskräfte durchaus gewollt in Richtung A-Säule. Von dort aus geht's weiter über Türschachtverstärkungen nach hinten. Den unteren Lastpfad bildet der Fahrschemel, der in seiner Hydroforming-Struktur besonders viel Energie vernichtet.

Ein Großteil der Karosseriequalität des neuen Zafira äußert sich also in seinem »beruhigenden« Crashverhalten: Bevor mit dem Zafira die ersten »Ausgehversuche« auf der Straße stattfanden, absolvierte er ein umfangreiches Test- und Crashprogramm. So zum Beispiel den Aufprall – mit 56 km/h und 40prozentiger Überdeckung – auf eine deformierbare Barriere. Oder den Seitenaufpralltest, bei dem der Body bei 50 km/h im Winkel von 90° mit einer fahrbaren und deformierbaren Barriere kollidiert. Zusätzlich »quälten« Opel-Ingenieure diverse Prototypen mit GM internen Anforderungen – sie gingen teilweise über die gesetzlichen Forderungen hinaus.

Auch dabei zeigte der Zafira überzeugend Flagge: Diverse passive »Lebensretter« schützen die Passagiere bei frontalen Unfällen vor Verletzungen. So zum Beispiel zwei Full Size Frontairbags in Hybridtechnik, zwei mit 60 bzw. 120 Liter Gaspolstern versehene Seitenairbags auf der Fahrer- und Beifahrerseite oder Kopfairbags im Zafira »Elegance« bzw. »Selection-Executive«. In allen Modellen legt die Insassen im Crashfall ein Aktiv-Gurtsystem mit höhenverstellbaren Gurtumlenkpunkten, inklusive am Sitz montierten Gurtschlössern und pyrotechnischen Gurtstraffern (Vordersitze), an die »Leine«. Zusätzlich mindern aktive Kopfstützen die Gefahr von Nackenverletzungen für Fahrer und Beifahrer. Die »Kopfkissen« gleiten, im Fall eines Heckaufpralls, automatisch in Richtung Hinterkopf.

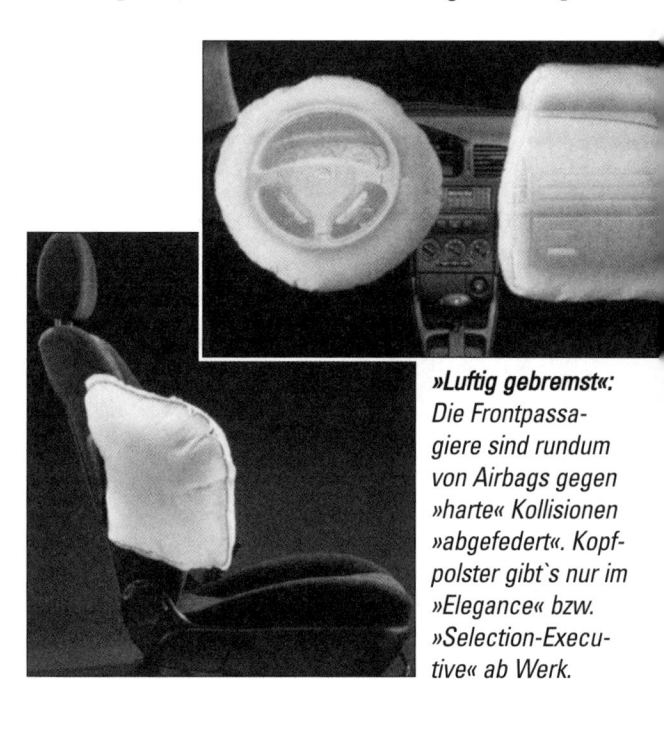

»Luftig gebremst«: Die Frontpassagiere sind rundum von Airbags gegen »harte« Kollisionen »abgefedert«. Kopfpolster gibt`s nur im »Elegance« bzw. »Selection-Executive« ab Werk.

Die neue Generation – Full Size Kopfairbags

Die Modelle »Elegance« und »Selection Executive« rüstet Opel ab Werk mit Full Size Kopfairbags aus. Bei einer seitlichen Kollision entfalten sich die »Luftsäcke« im millisekundenbereich zu einem »Vorhang«, der den Köpfen im Crashfall »weiche« Aufprallflächen bietet.

ARBEITEN AN DER KAROSSERIE

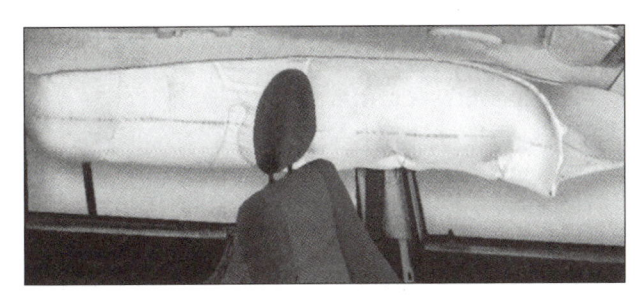

»Polstern« vorne und hinten den Kopfrotationsraum gegen die Seitenfenster ab: Full Size Airbags im Zafira.

Arbeiten an der Karosserie

Praxistipp

Die meisten in diesem Kapitel beschriebenen Reparaturen »erledigen« Sie mit einer soliden Werkzeuggrundausstattung. Motorhaube, Heckklappe und Türen sind jedoch ziemlich sperrig, lassen Sie sich hier besser von einem Helfer assistieren. Noch ein Tipp für Arbeiten an Motorhaube und Heckklappe: Sie erleichtern sich den Wiedereinbau, wenn Sie vorher die Lage der Scharniere mit einem wasserfesten Filzschreiber anzeichnen.

Entkoppelt die Lenksäule von der Stirnwand – Querträger

Die Vorderleute werden bei Seitenchrashes zusätzlich durch zwei Seitenairbags mit zwölf Liter Gasvolumen »abgepolstert«. Zahlreiche weitere Details steigern das vorzeigbare Crashverhalten des Zafira. Ein zusätzlicher Querträger zwischen den beiden A-Säulen beispielsweise. Er dient gleichfalls der Lenksäule als stabile Verankerung.
Vorteil: Die Säule ist im Zafira vom Frontscheibenquerträger und der Stirnwand entkoppelt. Der »Trick« reduziert den »Eindringweg« der Lenksäule beim Frontalaufprall. Vorbildlich auch der Bremskraftverstärker, er trägt im Zafira seinen Anteil zur passiven Sicherheit bei: Sein Gehäuse ist so profiliert, dass es beim Crash deformieren und folglich Energie vernichten kann. Das geschieht ohne die Stirnwand zu belasten – was noch einmal zusätzlichen Verformungsweg freigibt.
Die Reparaturfreundlichkeit nach Kollisionen »erbte« der Zafira übrigens vom Astra G. Do it yourselfer wissen das zu schätzen: Spätestens dann, wenn nach einer »Rempelei« ein neuer Stoßfänger, eine Tür, ein Kotflügel, die Motorhaube oder eine neue Heckklappe »fällig« wird.

Konstruktive Karosserieelemente – Scheiben und Fenster

Auf den folgenden Seiten widmen wir uns diversen Karosseriearbeiten, die Sie durchaus in Eigenregie erledigen können. Doch bei allem handwerklichen Geschick, an die Front- und feststehenden Heckfenster lassen Sie besser nur einen Fachmann Hand anlegen: Als konstruktive Karosserieelemente sind sie ein typischer Fall für die Werkstatt.

Gurtstraffer und Do it yourself

Gefahrenhinweis

Die vorderen Dreipunkt-Sicherheitsgurte sind im Zafira generell mit pyrotechnischen Gurtstraffern kombiniert. Sie haben die Aufgabe, die Gurtbänder bei einem Crash innerhalb weniger Millisekunden zu straffen, bereits nach etwa fünf Millisekunden fixieren sie bereits die »Besatzung« gegen die Vordersitzrückenlehnen. Das geschieht automatisch: Sobald ein festprogrammierter Verzögerungswert überschritten wird, zünden Gasgeneratoren am Gurtschloss und ziehen die gesamte Mechanik mitsamt des »anhängenden« Gurtbands um einige Zentimeter zurück. Arbeiten an automatischen Rückhaltesystemen sind übrigens **grundsätzlich** ein Fall für Profis! Sie haben in speziellen Lehrgängen den sachgerechten Umgang mit Gurtstraffer & Co. trainiert. Machen Sie sich also die Erfahrungen der ausgebildeten »Blaumänner« zu eigen – Ihre eigene Sicherheit und die Ihrer Beifahrer sollte ihnen das allemal Wert sein.

Wichtig – »entschärfen« Sie Gurtstraffer und Airbag VOR Karosseriearbeiten unter dem Auto

Klemmen Sie vor **allen** nennenswerten Karosseriearbeiten die Batterie ab und geben Airbag- und Gurtstrafferkondensatoren danach noch mindestens zehn Minuten Zeit, um sich zu »entladen«. Ansonsten könnten die Sensoren schon leichte Hammerschläge oder Schlagschraubervibrationen bereits irrtümlich als Unfall interpretieren. Folge: Sie »zünden« grundlos.

An beiden Vordersitzen serienmäßig: Pyrotechnische Gurtstraffer. Ihre Gaskartusche löst das Airbag-Steuergerät »mit« aus.

KAROSSERIE

Tür aus- und einbauen

Lassen Sie sich von einem Assistenten unterstützen. Da an allen Türen der Arbeitsaufwand nahezu identisch ist, greifen wir die Fahrertür als Beispiel auf. Zur schnellen Demontage trennen Sie die Türscharniere lediglich am Scharnierstift: Schlagen Sie den Stift mit einem passenden Durchschlag dazu nur so weit aus dem Scharnier, dass er jeweils im unteren Teil »stecken« bleibt. Das hat Vorteile bei der Montage, Sie können die Tür dann nämlich schon mit »zwei« leichten Hammerschlägen unter die Bolzen fixieren. Opel-Monteure passen die Türen nach Unfallreparaturen oder beim Austausch über die Scharnierhälften an der A- und B-Säule ins Karosseriegefüge ein – sie nutzen dazu das Richtwerkzeug (Opel Nr. KM-149-A und KM-295-C).

Arbeitsschritte

① Klemmen Sie das Batteriemassekabel ab und…

② … trennen den Mehrfachstecker im vorderen Türschacht. Ziehen Sie dazu den roten »Cap« ❶ und drehen die Handrändelschraube bis zum Anschlag auf – nicht weiter, der Mechanismus würde das nicht »verkraften«.

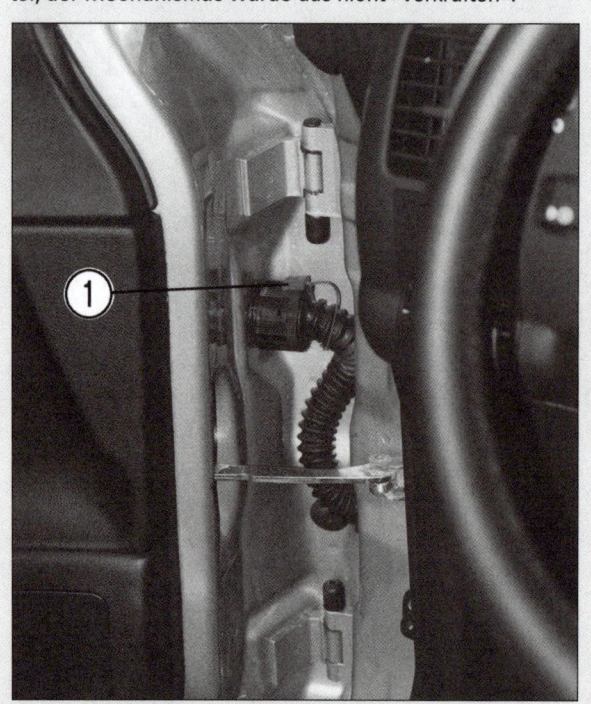

③ Hernach schrauben Sie das Türfangband (mittlere Pfeile) von der A-/B-Säule ab.

④ Ziehen Sie jetzt die Schutzkäppchen von den Scharnierbolzen.

⑤ Bevor Sie die Scharnierbolzen bis zur unteren Hälfte austreiben, lassen Sie die Tür von einem Helfer fixieren. »Öffnen« Sie zunächst den oberen und dann den untere Scharnierbolzen. Sollten die Bolzen klemmen, lassen Sie Ihren Helfer gefühlvoll an der Tür »wackeln«. Wenn er das »wirklich« gefühlvoll macht, entspannen die Bolzen und Sie können sie leichter austreiben.

⑥ Bugsieren Sie jetzt die Tür aus den Scharnieren und stellen sie kippsicher auf einer geeigneten Unterlage ab.

⑦ Vor der Montage fetten Sie die Scharnierbolzen mitsamt Fangband leicht ein. Dann …

⑧ … bugsieren Sie die Tür in den Karosserieausschnitt und geben zunächst nur dem unteren Scharnierbolzen einen leichten Hammerschlag. Jetzt richten Sie die Tür aus und pressen den oberen Bolzen ganz ein. Vergessen Sie nicht den unteren Bolzen.

⑨ Beenden Sie die Montage in umgekehrter Reihenfolge. Achten Sie darauf, dass die Rändelschraube des Mehrfachsteckers fest sitzt.

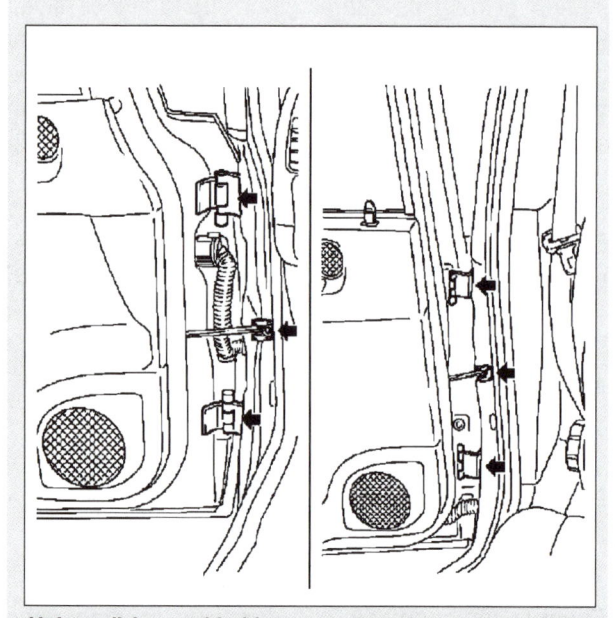

Schritt für Schritt erledigen: Türfangband von A-/B-Säule demontieren, Cap ❶ ziehen, Rändelschraube vorsichtig nach links bis Anschlag aufdrehen.

Unkompliziert und haltbar – die Türscharniere des Zafira (Pfeile o./u.) trennen Sie an den mittleren Bolzen. Vergessen Sie nicht, vorher den Mehrfachstecker im Säulenschacht und das Türfangband (mittlerer Pfeil) von der Säule zu lösen bzw. zu schrauben.

MOTORHAUBE AUS- UND EINBAUEN

Außenspiegel ab- und anbauen

Arbeitsschritte

① Klemmen Sie das Batteriemassekabel ab und demontieren die Türverkleidung.

② Hebeln Sie die Abdeckstopfen über den Befestigungsschrauben ❷ und ❸ mit einem Schlitzschraubendreher von der Tür.

③ Hernach machen Sie den Mehrfachstecker ❶ des elektrisch verstellbaren Außenspiegels »stromlos« und …

④ … lösen beide Befestigungsschrauben.

⑤ Heben Sie außen den Rückblickspiegel an und …

⑥ … ziehen den Kabelstrang ❹ mit dem Spiegel vorsichtig von der Tür.

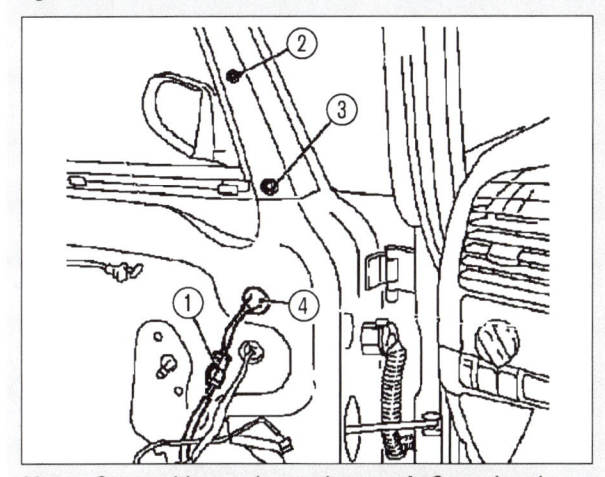

Von außen und innen demontieren – Außenspiegel.

⑦ Beenden Sie die Montage in umgekehrter Reihenfolge.

Windlaufblech (Wasserabweiser) aus- und einbauen

Arbeitsschritte

① Zeichnen Sie mit einem Filzstift die Lage der Wischerblätter ❺ auf der Scheibe an, …

② … öffnen dann die Motorhaube und ziehen die Motorraumabdichtung ❷ ab.

③ Hernach ziehen Sie die Abdeckung ❸ aus dem Windlauf ❶. Beginnen Sie damit in Höhe der Frontscheibe und »clipsen« sich in Richtung Spritzwand vor.

④ Pressen Sie die Scheibenwaschdüsen ❹ nach unten aus dem Windlauf und …

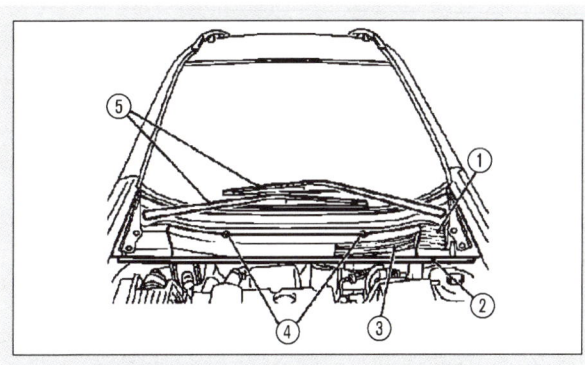

Beides abziehen – Motorraumabdichtung ❷ und Abdeckung ❸.

⑤ … lösen die Befestigungsschrauben ❻ mitsamt Befestigungsmuttern ❼ am Windlauf.

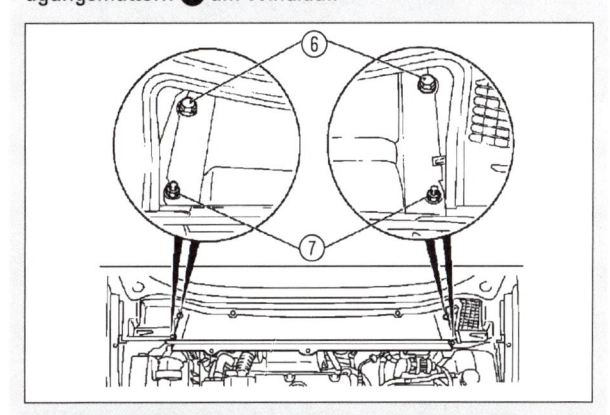

Am Windlauf lösen – Befestigungsschrauben ❻ und die Befestigungsmuttern ❼.

⑥ Alles los? Dann heben Sie den Windlauf vorsichtig nach oben ab.

⑦ Beenden Sie die Montage in umgekehrter Reihenfolge und stellen – wie beschrieben – die Waschwasserdüsen ein.

Motorhaube aus- und einbauen

Die Scharnierhälften sind jeweils geschraubt.

Arbeitsschritte

① Öffnen Sie die Motorhaube und stützen sie zuverlässig ab.

② Damit Ihnen die spätere Montage leichter von der Hand geht, markieren Sie in den Falzen jetzt die Scharnierstellung mit einem Filzstift.

③ Danach können Sie die Scharnierschrauben an Haube

KAROSSERIE

und Haubensteller lösen. Damit Ihnen die Haube nicht auf die Kotflügel »knallt«, lassen Sie sich dabei assistieren.

④ Komplettieren Sie die neue Motorhaube bereits vor der Montage mit den Anbauteilen der alten Haube.

⑤ Legen Sie die neue Haube vorsichtig mit einem Helfer auf und richten die Scharnierflächen an Ihren Markierungen aus.

⑥ Ziehen Sie die Scharnierschrauben handfest vor und…

⑦ … stellen die Motorhaube ein.

⑧ Dazu richten Sie die geschlossene Haube so auf dem Vorderwagen aus, dass sie zu beiden Kotflügeln ein gleichmäßiges Spaltmaß hält. Danach justieren Sie die Haubenvorderkante zu den Kotflügeln. Im Idealfall stimmen bei geschlossener Haube dann auch schon die »Fuge« zum Windlauf und die Höhe zur Karosserie. Falls nicht, wiederholen Sie den Vorgang so lange bis Sie mit Ihrem Ergebnis zufrieden sind, oder …

⑨ … gehen Sie Punkt für Punkt vor.

Motorhaube justieren

Arbeitsschritte

① Richten Sie die Haube mit leicht vorgezogenen Scharnierschrauben ❶ so aus, dass sie mit dem Stoßfänger fluchtet und die Spaltmaße ❸ zu beiden Kotflügeln gleich sind.

② Achten Sie auch auf die Haubenhöhe im Scharnierbereich. Falls die Flucht nicht stimmt, lösen Sie die Scharnierschrauben ❷ und …

③ …ziehen die Haube mit entsprechenden Distanzstücken »hoch« oder »senken« sie im Umkehrschluss ab.

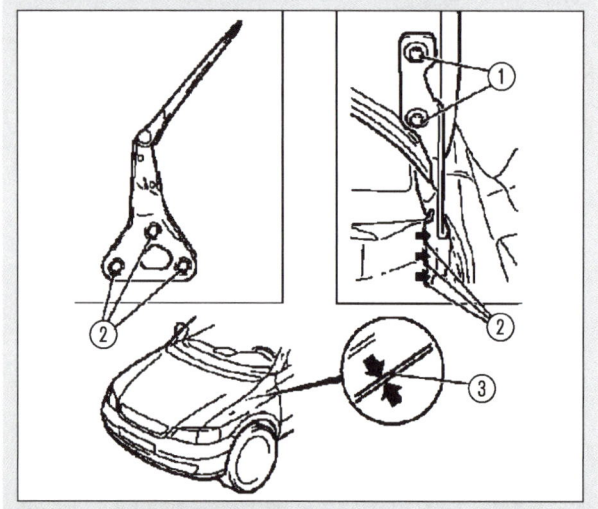

Auf das richtige Spaltmaß einstellen – Motorhaube.

④ Schließen Sie die Haube und pressen sie mit beiden Händen bündig an die Kotflügel. Dann öffnen Sie die Haube vorsichtig, heben sie an und…

⑤ …ziehen auf beiden Seiten die Scharnierschrauben fest.

⑥ Bevor Sie die Haube schließen, drehen Sie beide vorderen Haubenanschlagpuffer ein, lösen das Haubenschloss so weit, dass der Schließbolzen bei zufallender Haube die Höhe automatisch korrigiert. Jetzt …

⑦ … lassen Sie die Haube ins Schloss fallen, checken die Haubenstellung und korrigieren die Höhe – falls erforderlich – an den Anschlaggummis. Stellen Sie beide Puffer so ein, dass die geschlossene Haube unter leichter Vorspannung steht.

⑧ In dieser »Grundstellung« ziehen Sie auch das Haubenschloss fest.

⑨ Wenn die Haube jetzt aus ca. 20 cm Höhe satt ins Schloss fällt, haben Sie »gut« gearbeitet. Aus geringerer Höhe muss zumindest der Sicherungshaken einrasten. Falls er sich sperren sollte, drehen Sie den Schließbolzen ein wenig im Uhrzeigersinn.

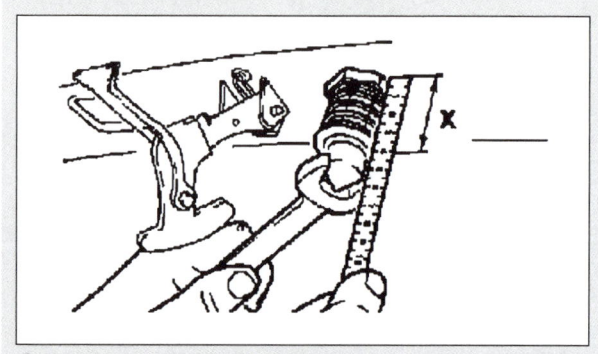

Soll zwischen 40 bis 45 Millimeter betragen – Maß »X«.

Motorhaubenzug auswechseln

Ein Seilzug entriegelt die Motorhaube im Zafira. Er verläuft vom Haubenschloss über den linken Radlauf durch die Stirnwand ins Wageninnere. Das Widerlager sitzt an der Seitenwand im Fußraum..

Arbeitsschritte

① Öffnen Sie die Motorhaube, …

② …hängen den Seilzug am Motorhaubenschloss und …

③ …den Haubenzug am Widerlager im linken Fußraum aus.

KOTFLÜGEL AUS- UND EINBAUEN

④ Falls die alte Zughülle noch o. k. ist, »verkuppeln« Sie an der Schlossseite die leicht gefettete Seele des neuen Haubenzugs per Bindedraht mit der alten und ziehen den gerissenen Zug Richtung Innenraum aus der Zughülle. Die »neue Seele« findet so automatisch ihren Weg in den linken Fußraum.

⑤ Montieren Sie den neuen Zug zunächst am Widerlager, …

⑥ …bringen ihn hernach am Haubenschloss auf »Länge« und…

⑦ … fixieren den Zug dann am Haubenschloss.

⑧ Eventuell müssen Sie die Motorhaube nach der Montage neu einstellen.

Haubenzug gerissen

Praxistipp

Sollte der Zug am inneren Öffnungshebel gerissen sein, versuchen Sie das Zugende mit einer Flachzange (Wasserpumpenzange, Kombizange) zu erreichen und daran zu ziehen. Falls der Zug am Haubenschloss gerissen ist, wird's wesentlich kniffliger: Es gilt jetzt die Feder der Schließfalle »blind« zu entspannen. Jonglieren Sie dazu einen Montierhebel in Richtung Haubenschlossfeder und »peilen« mit der »scharfen« Hebelseite das arretierte Federende an. Sobald der Montierhebel ❶ vor dem Federende anliegt, drücken Sie es in Pfeilrichtung aus dem Langloch (Kästchen) nach hinten und »wippen« es gleichzeitig nach oben. Die Feder entspannt sich dann und Sie können die Motorhaube normal öffnen.

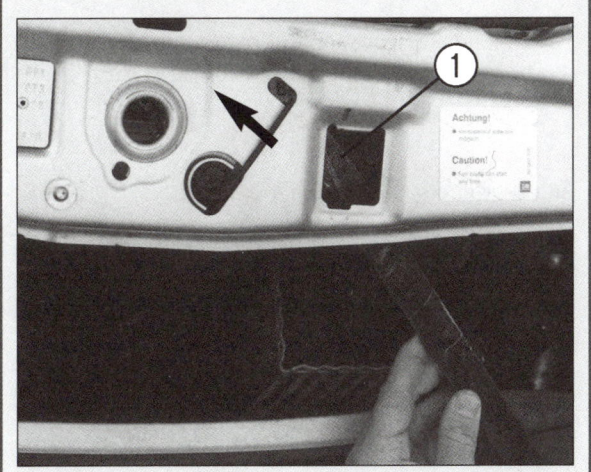

»Mit Geduld und Spucke…«: Motorhaube von außen mit dem Montierhebel öffnen. »Jonglieren« Sie einen Montierhebel durch den Ziergrill in Richtung Haubenschlossfeder und »fangen« das arretierte Federende mit dem »scharfen« Ende des Hebels ein.

Stoßfänger vorn aus- und einbauen

Arbeitsschritte

① Bocken Sie den Vorderwagen rüttelsicher auf und …

② …lösen in beiden Radläufen die Schrauben (Pfeile).

③ Jetzt drehen Sie die Schrauben (Pfeile) unterhalb der Motorhaube heraus und…

④ …hernach dann die Schrauben (Pfeile) unterhalb des Stoßfängers.

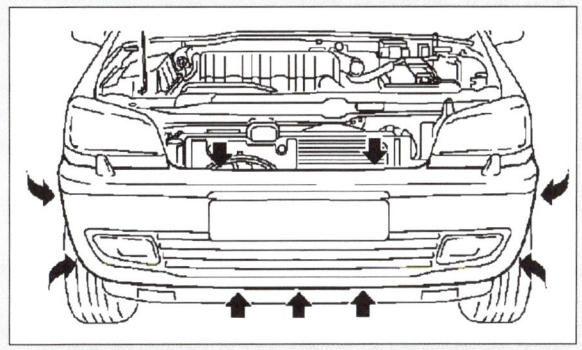

Unterhalb des Stoßfängers lösen – Schrauben.

⑤ Ziehen Sie mit einem Helfer nun den Stoßfänger vom Vorderwagen ab.

⑥ Beenden Sie die Arbeit in umgekehrter Reihenfolge. Setzen Sie zunächst nur den Stoßfänger an, ziehen die Schrauben »locker« vor und richten ihn zur Karosserie aus. Beginnen Sie die Montage mit den Schrauben unterhalb der Motorhaube. Checken Sie während der Montage regelmäßig den richtigen Sitz des Stoßfängers.

Kotflügel aus- und einbauen

Die Arbeit auf beiden Seiten ist nahezu gleich. Wir beschreiben die linke Seite.

Arbeitsschritte

① Bocken Sie den Vorderwagen rüttelsicher auf, ziehen die Handbremse an, sichern die Hinterräder mit Unterlegkeilen und nehmen das betreffende Vorderrad ab.

② Demontieren Sie den Innenkotflügel, dazu lösen Sie zwei Schrauben und fünf Spreiznieten (Pfeile).

291

KAROSSERIE

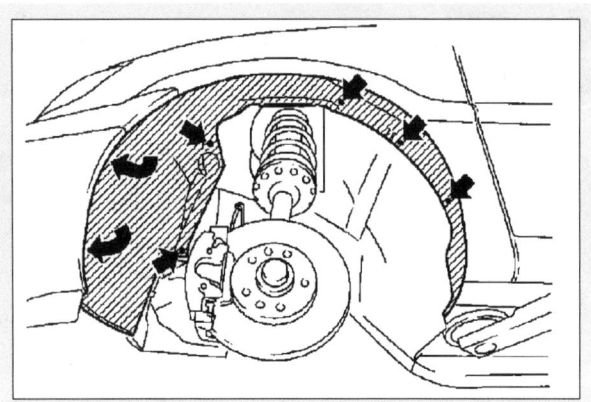

An den Befestigungspunkten (Pfeile) lösen – Innenkotflügel im Radlauf.

③ Hernach nehmen Sie den Stoßfänger wie beschrieben ab und ...

④ ... demontieren die vordere kleine Seitenscheibe.

⑤ Dazu lösen Sie zunächst einmal die Innenverkleidung der A-Säule durch die Schraube (Pfeil) der »Dreiecks-Säule«.

⑥ Anschließend ziehen die komplette Verkleidung vorsichtig von ihren Clips und legen sie beiseite.

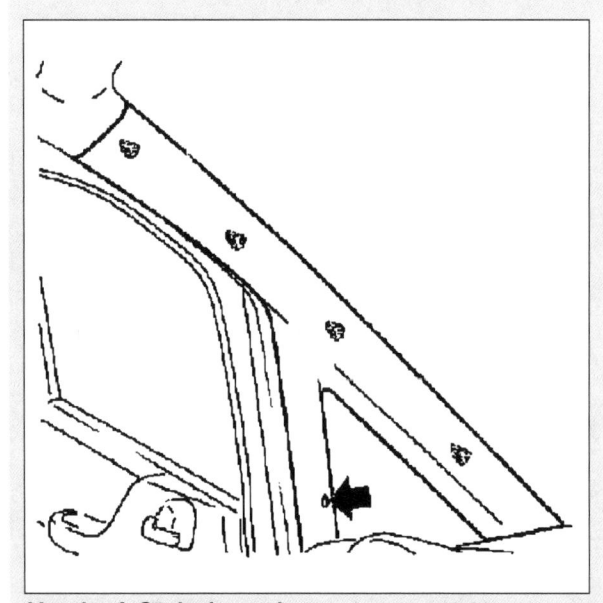

Von der A-Säule demontieren – Innenverkleidung.

⑦ Mit einem kleinen Schlitzschraubendreher hebeln Sie hernach die Luftführung der Windschutzscheibe aus.

⑧ Demontieren Sie dann die Lüftführung an der Seitenscheibe und ...

⑨ ... schrauben die Innenverkleidung der Armaturenbrettpolsterung (Pfeil) los. Ziehen Sie dann die Verkleidung aus der Arretierung ❶.

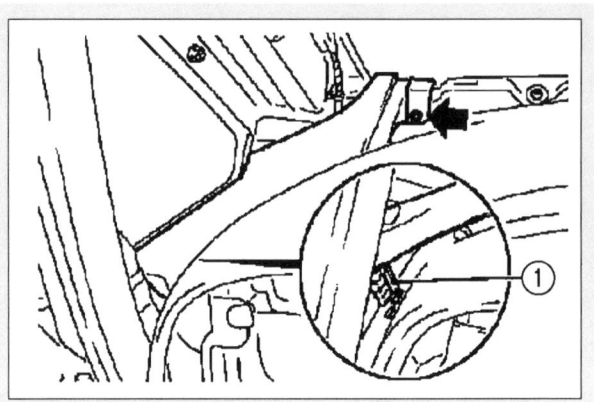

Zunächst losschrauben und dann aus der Arretierung ziehen – Innenverkleidung.

⑩ Demontieren Sie das Formteil ❶ und ...

⑪ ... lösen die vier Muttern der Seitenscheibe. Nehmen Sie die Scheibe vorsichtig aus dem »Rahmen« und legen sie beiseite.

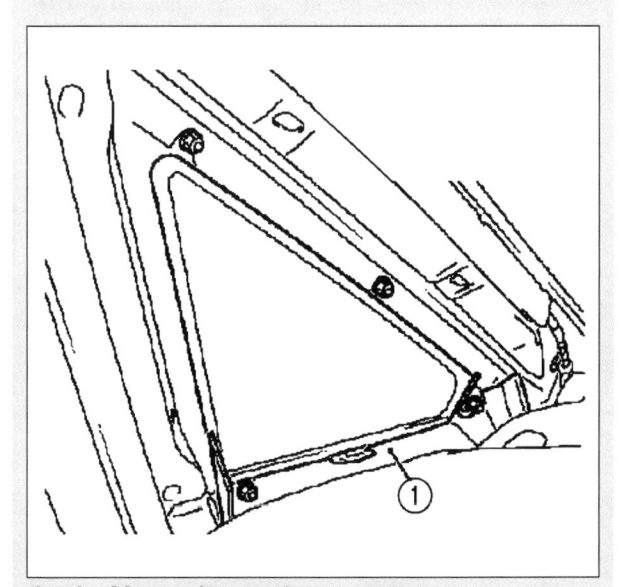

An vier Muttern lösen – Seitenscheibe.

⑫ Clipsen Sie die seitliche Blinkleuchte los und ...

⑬ ... lösen insgesamt neun Befestigungsschrauben (Pfeile) im Kotflügelfalz, der A-Säule und am Türschweller.

⑭ Die Kontaktflächen des Kotflügels trennen Sie mit einem schmalen Spachtel bzw. scharfen Messer vorsichtig vom Radlauf. Das Prozedere gelingt Ihnen besser, wenn Sie die Bereiche vorher mit einem Heißluftgebläse oder leistungsfähigen Fön temperieren: Der Unterbodenschutz bzw. die Dichtmasse wird dann flexibel und lässt sich leichter trennen.

HECKKLAPPE AUS- UND EINBAUEN

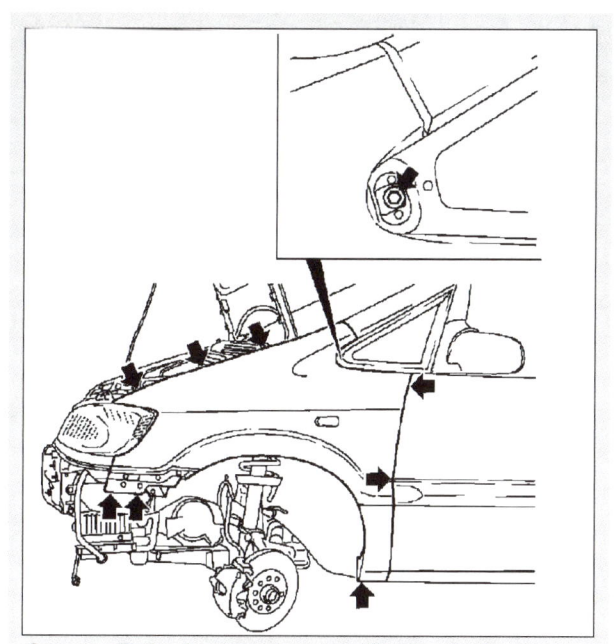

An neun Befestigungsschrauben lösen – Kotflügel.

⑮ Heben Sie den Kotflügel nun vorsichtig ab.

⑯ Lackieren Sie den neuen Kotflügel vor der Montage und schützen ihn an den Innenfalzen und im Kontaktbereich des Innenflügels gegen Rost.

⑰ Jetzt ist die Zeit, sämtliche Karosseriekontaktflächen von der alten Dichtmasse zu befreien. Probieren Sie's mit einem Schaber oder scharfen Messer. Achten Sie jedoch darauf, die Lackierung nicht zu beschädigen. Falls Ihnen das nicht gelingt, bauen Sie den Lack Schicht für Schicht neu auf. Geben Sie dem neuen »Glanz« genügend Trockenzeit.

⑱ Bevor Sie den neuen Kotflügel auflegen, schließen Sie die Tür und richten den Flügel entsprechend zum Türfalz aus.

⑲ Setzen Sie dann alle Schrauben an und ziehen die Schrauben im Kotflügelfalz handfest vor. Reinigen Sie vorher die Gewinde und fetten sie leicht ein. Checken Sie das Türspaltmaß (4,0 mm ± 1,0 mm) und korrigieren es eventuell.

⑳ Im folgenden Schritt ziehen Sie von der Mitte zu den Rändern hin die Schrauben an der A-Säule fest. Richten Sie den Kotflügel immer wieder aus.

㉑ Ähnlich verfahren Sie mit den Schrauben im Kotflügelfalz (von der Mitte nach außen anziehen).

㉒ Checken Sie nach jeder Schraube jetzt auch das Spaltmaß zur Motorhaube.

㉓ Prüfen Sie abschließend sämtliche Spaltmaße und ziehen den Flügel dann endgültig fest.

㉔ Beenden Sie die Montage in umgekehrter Reihenfolge.

Stoßfänger hinten aus- und einbauen

Arbeitsschritte

① Öffnen Sie die Heckklappe.

② Lösen Sie die Schrauben (Pfeile) in den hinteren Radläufen und …

③ … demontieren anschließend den Stoßfänger (Pfeile).

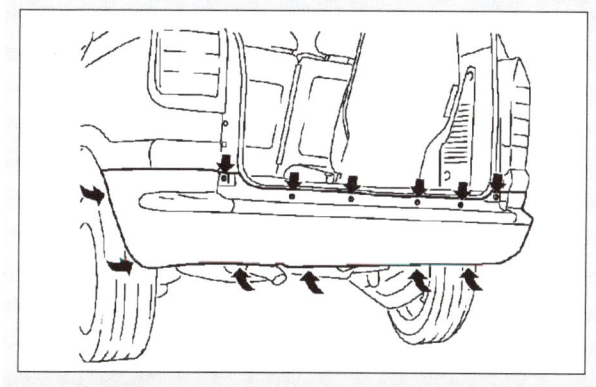

Losschrauben – Stoßfängerbefestigungen.

④ Montieren Sie den neuen Stoßfänger in umgekehrter Reihenfolge.

⑤ Hängen Sie den Stoßfänger zunächst nur »handfest« in die Karosserie ein und richten ihn grob aus. Während der Endmontage gleichen Sie dann regelmäßig die Flucht und Spaltmaße aus.

Heckklappe aus- und einbauen

Arbeitsschritte

① Klemmen Sie das Batteriemassekabel ab, öffnen die Heckklappe, …

② … demontieren die Innenverkleidung wie beschrieben und …

③ … ziehen die Kabelstecker von der beheizbaren Heckscheibe, der dritten Bremsleuchte, vom Heckscheibenwischer und der Zentralverriegelung ab. Vergessen Sie auch nicht, den Wasserschlauch von der Scheibenwaschdüse abzuziehen. Damit Ihnen weder die Düse noch der »spröde« Schlauch abbricht, wärmen Sie den Steckflansch mit einem Feuerzeug kurz an.

KAROSSERIE

④ Stützen Sie die Heckklappe ab und quetschen die Gummitülle der »Versorgungsleitungen« mit einem Schlitzschraubendreher aus der Bohrung.

⑤ Ziehen Sie nun die Kabel samt Waschwasserschlauch aus der Klappe. Verlängern Sie vorab die Kabel- und Schlauchenden mit einem Bindfaden oder Bindedraht. Warum? Siehe Praxistipp »Heckklappe komplettieren«.

⑥ Hebeln Sie die Klappenaufsteller aus den Kugelkopfhalterungen. Zunächst »fädeln« Sie jedoch die Halteklammer ❶ aus. Der Aufsteller lässt sich dann leicht vom Kugelkopf abziehen.

⑦ Entsichern Sie die Scharnierbolzen ❷ auf beiden Seiten und treiben sie mit einem Durchschlag aus den Scharnieren. Lassen Sie derweil einen Assistenten die Heckklappe halten.

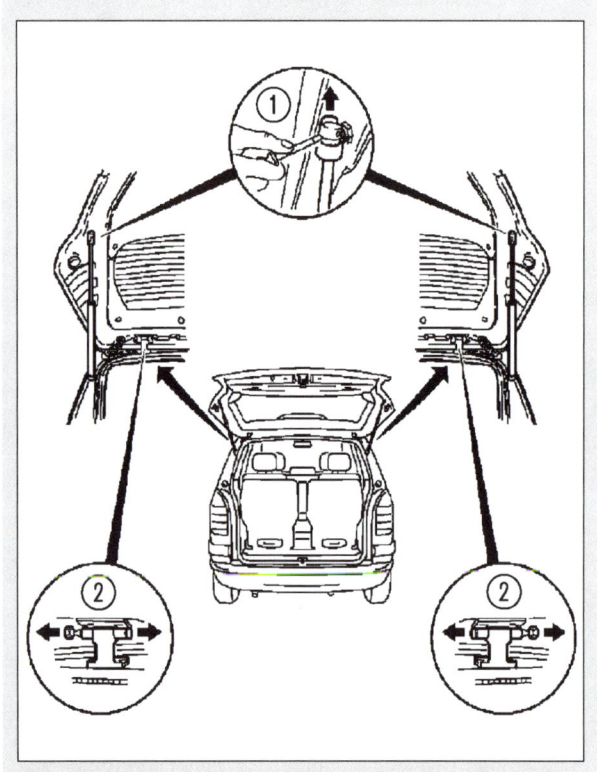

Mit Hilfestellung kein Problem – Heckklappe demontieren.

⑧ Nehmen Sie nun gemeinsam die Klappe ab und »parken« sie kippsicher auf einer Unterlage.

⑨ Beenden Sie die Montage in umgekehrter Reihenfolge. Falls Sie die alte Heckklappe nicht wieder montieren, komplettieren Sie das Neuteil vor der Montage mit den Innereien des ausgemusterten Deckels.

Praxistipp

Heckklappe komplettieren

Um die neue Heckklappe schneller zu komplettieren, »verlängern« Sie bereits vor der Demontage des alten »Deckels« alle »Versorgungsleitungen« mit einem Bindfaden oder Bindedraht. Die Zuleitungen ziehen Sie dann am anderen Ende zusammen mit den angebundenen Verlängerungen aus der Klappe. Lassen Sie die Fäden auf beiden Seiten genügend lang aus der Klappe »baumeln«, denn daran befestigen Sie Neuteile zur Installation. Die Montage »passiert« in umgekehrter Reihenfolge – die Fäden fungieren dabei als »Pfadfinder« für Kabel und Schläuche.

Gummidichtung ersetzen

Wenn Sie sich schon die Heckklappe »vorgenommen« haben, prüfen Sie gleich auch die Heckklappendichtung: Staub- oder Wasserlaufspuren auf beiden Seiten der Dichtfläche »verraten« undichte Stellen. Ist die Dichtung spröde oder rissig, spendieren Sie Ihrem Zafira ein neues Formteil. Ziehen Sie dazu die alte Dichtung vollständig ab und säubern den Falz von alten Dichtmittelresten und Schmutz.

Pressen Sie neues Dichtmittel (z. B. Fugendichtmittel, Silikon) sparsam in die Dichtungsnut. Falls Sie keine »fertige« Dichtung bekommen sollten, setzen Sie eine entsprechend profilierte Nachrüstdichtung in Schlossmitte an und pressen sie hernach rundum auf den Falz. Das überstehende Ende kürzen Sie einfach mit einem Seitenschneider passend ein. »Geben« Sie der Stoßverbindung etwas Vorspannung und »schlagen« dann die vormontierte Dichtung vorsichtig mit einem Gummihammer auf den Karosseriefalz.

Heckklappenschloss aus- und einbauen

Arbeitsschritte

① Klemmen Sie das Batteriemassekabel ab und...

② ...demontieren die innere Heckklappenverkleidung wie beschrieben.

③ Hängen Sie jetzt die Schlossbetätigungsstange ❶ aus und ...

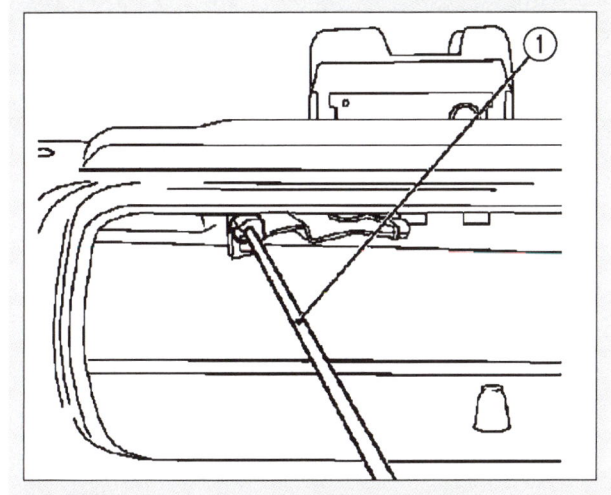

Aushängen – Schlossbetätigungsstange ❶.

④ ...lösen die vier Schlossschrauben (Pfeile).

Mit vier Schrauben demontieren – Heckklappenschloss.

⑤ Bugsieren Sie nun das komplette Schloss aus dem Kofferraumdeckel.

⑥ Beenden Sie die Montage in umgekehrter Reihenfolge.

Technische Daten*

Motor

Modell	1,6 16V	1,6 16V CNG	1,8 16V	2,2 16V	OPC 2,0 Turbo	2,0 DTI 16V	2,2 DTI 16V
Bauart	Reihe (DOHC)	Reihe (DOHC)	Reihe (DOHC)	Reihe (DOHC)	Reihe (DOHC)	Reihe (SOHC)	Reihe (SOHC)
Motortyp	Z 16 XE	Z 16 YNG	Z 18 XE	Z 22 SE	Z 20 LET	Y 20 DTH	Y 22 DTR
Zylinder	4	4	4	4	4	4	4
Bohrung mm	79,0	79,0	80,5	86,0	86,0	84,0	84,0
Hub mm	81,5	81,5	88,2	94,6	86,0	90,0	98,0
Hubraum cm³	1598	1598	1796	2198	1998	1995	2171
Kurbelwellenlager	5	5	5	5	5	5	5
Verdichtungsverhältnis	10,5:1	12,5:1	10,5:1	10,0:1	8,8:1	18,5:1	18,5:1
Höchstleistung kW/PS	74/100	74/100	92/125	108/147	141/192	74/100	92/125
bei 1/min	6000	5800	5600	5600	5400	4300	4000
Max. Drehmoment Nm	150	150	170	203	250	230	280
bei 1/min	3600	3800	3800	4000	1950	1950 – 2500	1500 – 2750
mittlere Kolbengeschw. bei Nenndrehzahl (m/s)	16,3	16,3	16,5	18,3	15,5	12,9	13,1
max. Ladedruck bar	–	–	–	–	0,85	1,00	1,10
Ventilspiel	hydraulisch	hydraulisch	hydraulisch	hydraulisch	hydraulisch	hydraulisch	hydraulisch
Öldruck bei 80°C** Leerlauf bar	1,5	1,5	1,5	1,5	2,3-2,4	1,5	1,5

*Stand Januar 2002; ** bei Leerlaufdrehzahl und betriebswarmem Motor.

Ventilsteuerung

DOHC-Motor (Z 16 XE, Z16 YNG, Z 18 XE, Z 20 LET)	zwei obenliegende Nockenwellen; Antrieb über Zahnriemen; hydraulische Tassenstößel; vier Ventile pro Zylinder; automatischer Ventilspielausgleich.
DOHC-Motor (Z 22 SE)	zwei obenliegende Nockenwellen; Antrieb über Rollenkette; Rollenschlepphebel; hydraulische Tassenstößel; vier Ventile pro Zylinder; automatischer Ventilspielausgleich.
SOHC-Motor (Y 20 DTH, Y 22 DTR)	eine obenliegende Nockenwelle; Antrieb über Rollenkette; hydraulische Tassenstößel; vier Ventile pro Zylinder; automatischer Ventilspielausgleich.

Schmiersystem

Druckumlaufschmierung, Ölfilter im Hauptstrom.

Kühlsystem

Modell	1,6 16V	1,6 16V CNG	1,8 16V	2,2 16V	OPC 2,0 Turbo	2,0 DTI 16V	2,2 DTI 16V
Kühlung	Wasserumlauf mit Kreiselpumpe						
Ventilator	thermostatisch geregelter Elektrolüfter						
Antrieb der Wasserpumpe	Mehrrippenantriebsriemen						
Thermostat	Bypass-Steuerung						
beginnt zu öffnen °C	92	92	92	82	92	92	92
Kühlsystemüberdruck bar	1,4	1,4	1,4	1,4	1,4	1,2	1,2

TECHNISCHE DATEN

Kraftstoffanlage

Modell	Z 16 XE	Z 16 YNG	Z 18 XE	Z 22 SE	Z 20 LET	Y 20 DTH/Y 22 DTR
Gemischaufbereitung	Sequenzielle Kraftstoffeinspritzung, Multec S	Sequenzielle Kraftstoffeinspritzung (2 x 4 Einspritzdüsen), Multec S CNG	Sequenzielle Kraftstoffeinspritzung, SIMTEC-71	Sequenzielle Kraftstoffeinspritzung, GMPT-E15	Sequenzielle Kraftstoffeinspritzung, ME 1.5.5	Direkteinspritzung, EDC-Verteilereinspritzpumpe, Bosch VP 44 PSG 5 PI S3**
Katalysator	Drei-Wege-Katalysator, zwei Lambdasonden, Abgasrückführung	Drei-Wege-Katalysator, zwei Lambdasonden, Abgasrückführung	Drei-Wege-Katalysator, zwei Lambdasonden, Abgasrückführung	Drei-Wege-Katalysator, zwei Lambdasonden, Abgasrückführung	Drei-Wege-Katalysator, zwei Lambdasonden, Abgasrückführung	Oxidationskatalysator, Abgasrückführung
Kraftstoff	95 ROZ*	Erdgas / 91 ROZ	95 ROZ*	95 ROZ	95 ROZ*	Diesel / Diesel
Abgasnorm	Euro 3 / D4	Euro 3 / D4	Euro 3 / D4	Euro 4	Euro 4	Euro 3 / Euro 3

* Im mittleren Motorlastbereich eingeschränkt Normalbenzintauglich. ** Y 22 DTR: Bosch VP44 PSG 16.

Kraftübertragung   Frontantrieb

Kupplung	hydraulisch betätigte, selbstnachstellende Einscheiben-Trockenkupplung mit Tellerfederdruckplatte, asbestfreier Belag.
Hydraulikflüssigkeit	Opel-Hochleistungsbremsflüssigkeit; DOT 4 oder SAE-Spezifikation J1703
Durchmesser (mm)	Z 16 XE / Z 16 YNG 200 Z 18 XE 205 Z 22 SE / Z 20 LET / Y 20 DTH / Y 22 DTR 228
Schaltgetriebe (F17, F23)	manuelles 5-Gang Schaltgetriebe; Schaltgestänge; Differenzial mit Getriebe verblockt; homokinetische Antriebswellen.
Automatik* (AF 17, AF 22)	hydraulisch, elektronisch gesteuerte Vierstufen-Automatik mit Economy-/Sport-/Winterprogramm; Wandlerüberbrückungskupplung; Differenzial mit Getriebe verblockt; homokinetische Antriebswellen.

* außer 1,6 16V; 1,6 16V CNG; OPC 2,0 Turbo; 2,0 DTI 16V; 2,2 DTI 16V

Übersetzungsverhältnisse	1,6 16V	1,6 16V CNG	1,8 16V / *	2,2 16V / *	OPC 2,0 Turbo	2,0 DTI 16V	2,2 DTI 16V
1. Gang	3,73	3,73	3,73 / 2,81	3,58 / 3,67	3,58	3,58	3,67
2. Gang	2,14	2,14	2,14 / 1,48	2,02 / 2,10	2,02	1,89	1,69
3. Gang	1,41	1,41	1,41 / 1,00	1,35 / 1,39	1,35	1,19	1,18
4. Gang	1,12	1,12	1,12 / 0,74	0,98 / 1,00	0,98	0,85	0,89
5. Gang	0,89	0,89	0,89 / –	0,81 / –	0,79	0,69	0,66
Rückwärtsgang	3,31	3,31	3,31 / 2,77	3,31 / 4,02	3,31	3,31	3,48
Achsübersetzung	4,19	4,19	4,19 / 4,12	4,17 / 2,81	3,95	4,17	3,82

* Automatikversion

Karosserie

Länge (mm)	4317
Breite exkl. Außenspiegel (mm)	1742
Höhe exkl. Dachreling (mm)	1634
Luftwiderstandsbeiwert (c_w)	0.33*

*Grundmodell

Fahrwerk

Vorderachse	Einzelradaufhängung an McPherson Federbeinen; Dreiecksquerlenker an geschlossenem Fahrschemel; Stabilisator.
Spurweite (mm)*	1462 – 1470
Hinterachse	Verbundlenkerachse mit Torsionsprofil in Doppel-U-Form; Miniblockfedern; Gasdruckstoßdämpfer.
Spurweite (mm)*	1479 – 1487
Radstand (mm)	2694

* je nach Rad-/Reifenkombination

TECHNISCHE DATEN

Räder

Felgen	Modell	Felgen (Serie)		auf Wunsch	
	1,6 16V	6J x 15	Stahl	6J x 15, 6J x 16	Leichtmetall
	1,6 16V CNG	6J x 15	Stahl	6J x 15, 6J x 16	Leichtmetall
	1,8 16V	6J x 15	Stahl	6J x 15, 6J x 16	Leichtmetall
	2,2 16V	6J x 15	Stahl	6J x 15, 6J x 16	Leichtmetall
	OPC 2,0 Turbo	7½ J x 17	Leichtmetall	–	–
	2,0 DTI 16V	6J x 15	Stahl	6J x 15, 6J x 16	Leichtmetall
	2,2 DTI 16V	6J x 15	Stahl	6J x 15, 6J x 16	Leichtmetall

Reifen	Modell	Serie	auf Wunsch
	1,6 16V	195/65 R15	205/55 R16
	1,6 16V CNG	195/65 R15	205/55 R16
	1,8 16V	195/65 R15	205/55 R16
	2,2 16V	195/65 R15	205/55 R16
	OPC 2,0 Turbo	225/45 R17	–
	2,0 DTI 16V	195/65 R15	205/55 R16
	2,2 DTI 16V	195/65 R15	205/55 R16

Lenkung geschwindigkeitsabhängige elektrohydraulische Zahnstangenlenkung (EHPS); höhen- und längsverstellbare Sicherheitslenksäule (Option); Sicherheitslenkrad mit Full Size Airbag; Wendekreis 11,2 m (Zafira OPC 11,85 m); 3,1 Lenkradumdrehungen von Anschlag zu Anschlag.

Bremsanlage diagonal geteiltes ABS-Bremssystem (Bosch 5.3) mit elektronischer Bremskraftverteilung (EBV); pneumatischer Bremskraftverstärker; automatische Traktionskontrolle* (TC-Plus); Handbremse mechanisch auf die Hinterräder wirkend; vorne / hinten Bremsscheiben (vorne innenbelüftet); Handbrems-/Bremskreis-Kontrollleuchte; asbestfreie Bremsbeläge.

* Zafira 1,8 16V, Zafira 2,2 16V und Zafira OPC 2,0 Turbo.

Vorderachse

Bremsscheibendurchmesser	(mm)	280 (308 bei OPC 2,0 Turbo))
Scheibenstärke	(mm)	25
Mindeststärke	(mm)	22
max. Scheibenschlag	(mm)	0,11
Bremskolbendurchmesser	(mm)	57

Hinterachse

Bremsscheibendurchmesser	(mm)	264
Scheibenstärke	(mm)	10
Mindeststärke	(mm)	8
max. Scheibenschlag	(mm)	0,03
Bremskolbendurchmesser	(mm)	38

Elektrische Anlage

Modell	1,6 16V	1,6 16V CNG	1,8 16V / *	2,2 16V / *	OPC 2,0 Turbo	2,0 DTI 16V	2,2 DTI 16V
Bordspannung V	12	12	12	12	12	12	12
Batterie Ah	55	44*	55	66	55	70	70
Generator A	70	70	70	100	100	70	70
Zündsystem	ruhende Zündverteilung; digitale Motor Elektronik					automatische Vorglühanlage (Schnellglühkerzen)	

* mit Klimaanlage 55 Ah

TECHNISCHE DATEN

Gewichte (kg)*

Modell	Leistung (kW)	Leergewicht	Zuladung	zulässiges Gesamtgewicht	zulässige Achslast vorne	hinten
1,6 16V	74	1393	557	1950	925	1055
1,6 16V CNG	74	1515	525	2040	935	1055
1,8 16V	92	1435	525	1960	935	1055
1,8 16V Automatik	92	1455	525	1980	955	1055
2,2 16V	108	1465	525	1990	965	1055
2,2 16V Automatik	108	1485	525	2100	985	1055
OPC 2,0 Turbo	141	1540	525	2065	1015	1055
2,0 DTI 16V	74	1503	552	2055	1035	1055
2,2 DTI 16V	92	1550	525	2075	1045	1055

* Leergewicht plus 200 kg Zuladung; Basisausstattung.

Zulässige Anhängelasten (kg) bei 12% Steigung

	ungebremst	gebremst	Stützlast
1,6 16V	600	1150	75
1,6 16V CNG	500	1150	75
1,8 16V	600	1300	75
1,8 16V Automatik	600	1200	75
2,2 16V	600	1400	75
2,2 16V Automatik	600	1400	75
OPC 2,0 Turbo	600	1500	75
2,0 DTI 16V	600	1100	75
2,2 DTI 16V	600	1500	75

Fahrleistungen*

Modell	Leistung kW	Reifen	V-max. km/h	0–100 sec.	Verbrauch gemäß NEFZ Liter/100 km städtisch	außerstädtisch	gesamt	CO_2-Emission g/km
1,6 16V	74	195/65 R15	176	13,0	10,3	6,5	7,9	190
1,6 16V CNG	74	195/65 R15	172	14,8	6,8**	4,6**	5,5**	145
1,8 16V	92	195/65 R15	188	11,5	11,1	6,7	8,3	200
1,8 16V Automatik	92	195/65 R15	180	13,0	12,4	7,2	9,1	219
2,2 16V	108	195/65 R15	200	10,0	12,2	7,0	8,9	214
2,2 16V Automatik	108	195/65 R15	188	11,0	13,1	7,4	9,5	228
OPC 2,0 Turbo	141	225/45 R17	220	8,2	13,8	7,9	10,1	243
2,0 DTI 16V	74	195/65 R15	175	14,0	8,4	5,5	6,6	178
2,2 DTI 16V	92	195/65 R15	187	11,5	8,8	5,8	6,9	186

*Fahrleistungen und Verbrauchswerte gelten für Fahrzeuge mit angegebener Bereifung. Verbrauchswerte sind in der Praxis gewichtsabhängig zu sehen. Die hier genannten Werte sind nach einheitlichen Prüfvorschriften ermittelt; ** in kg (der Energieinhalt von einem Kilogramm Erdgas entspricht in etwa dem von rund 1,5 Liter Vergaserkraftstoff).

Füllmengen (Liter)

Modell	1,6 16V	1,6 16V CNG	1,8 16V	2,2 16V	OPC 2,0 Turbo	2,0 DTI 16V	2,2 DTI 16V
Motoröl mit Filter	3,5	3,5	4,25	5,0	4,25	5,5	5,5
Kühlsystem inkl. Heizung	6,3	6,3	6,5	6,8	7,6	7,9	8,0
Kraftstoff	58	14*/110**	58	58	58	58	58
Schaltgetriebe	1,6	1,6	1,6	1,75	1,75	1,75	1,75
Automatikgetriebe	–	–	4,0	4,0	–	–	–
Lenkhilfe (TRW)	0,7	0,7	0,7	0,7	0,7	0,7	0,7
Lenkhilfe (Delphi)	1,1	1,1	1,1	1,1	1,1	1,1	1,1

*Benzin Nottank; ** entspricht 19 kg Erdgas.

Diebstahlschutz

Elektronische Wegfahrsperre (3. Generation); Zentralverriegelung mit Funkfernbedienung; Diebstahlalarmanlage (Option); Schließzylinder mit Rutschkupplung.

Sicherheit

Fahrer-/Beifahrer- und Seitenairbags; elektronisch geregeltes Antiblockiersystem mit integrierter Bremskraftverteilung (EBV); spurstablisierendes »DSA«-Fahrwerk; elektronisches Stabilitätsprogramm (ESP)*; Traktionskontrolle (TC-Plus)**; Seitenaufprallschutz in den Türen; höhen- und längsverstellbare Sicherheitslenksäule (Option); Pedal-Release-System (PRS); dritte Bremsleuchte; Dreipunkt-Automatikgurte auf allen äußeren Plätzen (vorne höhenverstellbar mit pyrotechnischen Gurtstraffern und Gurtkraftbegrenzern); Kindersitzhaltesystem (Opel-Fix). Option: Kopfairbags, Sitzbelegungserkennung (Beifahrerairbag), elektronisches Stabilitätsprogramm »ESP« (nur 1,8 16V), Einparkhilfe »Parkpilot«, Sicherheitsnetz für den Kofferraum.

* Zafira 2,2 16V und Zafira OPC 2,0 Turbo; ** Zafira 1,8 16V, Zafira 2,2 16V und Zafira OPC 2,0 Turbo.

Wartung

alle 30.000 km zum Servicecheck, bzw. einmal jährlich.

Garantie

Neuwagengarantie: Ein Jahr, ab Erstzulassung 01.11.2001 Zweijahresgarantie ohne Kilometerbegrenzung.
Karosserie: 12 Jahre auf Durchrostungen.
Opel-Starterbatterien: 3 Jahre.
Mobilservice: Kostenlos in den ersten 24 Monaten, bis auf sieben Jahre (120.000 km) durch Einhaltung der Wartungstermine zu verlängern.

Stichwortverzeichnis

A
Abgas-Abc 150, 151
Abgasentgiftung 151, 152
Abgasrückführung
  (AGR) 151, 152, 153
Abgasrückführungsventil 109
Abgassystem 146, 148
Abmessungen 18
ABS ... 188, 195, 196, 199, 200, 201
AC 98, 100, 268
ACEA 79
Achsantrieb 156, 166
Airbag 185, 261, 186, 287
Aktivkohlefilter 107, 137, 138
Altöl 83
Anlasser 70, 222, 224, 237, 238, 239
 .... 240, 241
Ansauglufttemperatursensor .. 108

Anti-Klopfsensor 109, 127
Antriebs-
  riemen .71, 72, 73, 231, 232, 233
Antriebswellen .. 166, 167, 168, 169
 .... 170, 171
API 79
Arbeitsplatz 21
Arbeitssymbole 7
Auspuffaufhängung 148
Auspuffkrümmer 149, 150
Ausrüstung 20, 21
Außenbeleuchtung 241
Außenspiegel 289
Außenwäsche 41
Austauschmotor 24
Austauschteile 23
Automatikgetriebe 164, 165
Autoradio 271

B
Batterie 70, 222, 227, 229, 230
Batteriebegriffe 223
Batteriesäure 226, 227
Batterieverordnung 223
Blechschrauben 29
Blinkanlage 248
Bordrechner 111
Bremsanlage .40, 194, 195, 201, 204
 .... 218, 219
Bremsbegriffe 198
Bremsbeläge 198, 203, 210, 211, 212
Bremsflüssigkeit .201, 204, 205, 209
Bremsflüssigkeitsvorratsbehälter 201
Bremskolben 214
Bremskraftverstärker .198, 202, 207
Bremslicht 249
Bremslichtschalter 249

STICHWORTVERZEICHNIS

Bremspedal 203
Bremssattel 214
Bremsscheiben 203, 213, 214
Bremsschlauch 209

C
CCMC 79
Cetanzahl 139
Checklisten 7

D
Dachantenne 272
DEKRA 37
Diebstahlschutz 300
Diesel-Einspritzanlage 121, 122, 123
Diesel-Einspritzdüsen ...120, 121
Dieselfilter 121
Diesel-Kaltstarteinrichtung ...119
Diesel-Kraftstoffversorgung ...117
Dieselmotoren 3
Diesel-Motormanagement 117
Do it yourself 65
Doppeleinspritzvorgang 120
Drehmoment 30
Drehmomentwandler 156
Drehwinkelsensor 119, 128
Drehzahlgeber 128, 133
Drosselklappenmodul 107
Drosselklappenmodul 112
Druckgeber 127
DSA-Fahrwerk 173, 174, 175

E
EBD 196, 197, 200, 201
Einführung 6
Einstempel-Verteiler-
    einspritzpumpe 118
Elektrische
    Fensterheber 277, 279, 282
Elektrische Grundbegriffe ..222
Erdgas 136, 60, 61, 62
Ersatzlampenset 242
Ersatzteile 22
Ersatzteilkauf 22
ESP 11, 196, 197, 200, 201

F
Fahrpedalmodul (E-Gas) 108
Fahrschemel 176
Fahrwerk 172, 173
Fahrzeugelektrik 221
Federbein 176
Federbeindom 176
Federung 176
Felgen 186
Fensterheber 278
Fensterheberkurbel 277
Frischgassäule 62

Frostschutz 89, 90
Fünfganggetriebe 155, 160, 161

G
Garantie 30, 300
Garantiezeit 7
Gebläse 268
Generator ..224, 225, 229, 231, 235
.....................236, 237
Getriebegeräusche 163
Getriebeölstand 163, 165

H
Handbremse 215
Handbremsseil 215, 216, 217
Hauptbremszylinder 205, 206
Heckklappe 293, 294
Heckklappenschloss 295
Heckscheibenwischer 54
Heizung /
    Lüftung .262, 263, 264, 265, 266
Heizungskühler 266, 267
Hinterachse 175, 176, 199
Hochdruckreiniger 40
Hubraum 67

I
Impulsgeberrad 119
Inhaltsverzeichnis 4
Innenraum 259
Innenreinigung 38
Inspektion 30

K
Karkassenbruch 191
Karosserie 284, 285
Katalysator 146, 151, 153
Klemmenbezeichnung ...254, 255
Klopffestigkeit 139
Kolben 66
Kombiinstrument 251, 252, 253, 254
Kompressionsdruck 69, 70, 71
Kopfstütze 273
Kotflügel 291, 292, 293
Kraftstoff-Verdampfungs-
    kontrollsystem 107
Kraftstoff
    (Normal/Super/Diesel) .138, 139
Kraftstoff sparen 138
Kraftstoffdämpfe 137
Kraftstoffeinspritzung .60, 104, 105
................106, 110, 111
Kraftstoff-
    einspritzventile 109, 112, 113, 114
Kraftstofffilter
    (Otto/Diesel) .138, 140, 141, 142
Kraftstoffkühler 118
Kraftstoffleitungen 142

Kraftstoffpumpe .138, 142, 144, 145
Kraftstofftank 143, 144
Kraftstoffversorgung 136, 137
Kraftübertragung 154, 155
Kühlerventilator 85, 87, 94, 95, 96, 97
Kühlflüssigkeitsausgleichs-
    behälter 85, 86, 87
Kühlmittel 88, 90
Kühlmittelkreislauf 86
Kühlmitteltemperatursensor ...108
Kühlsystem 84, 85, 86, 91
Kühlwasserleitungen 85
Kühlwasserschläuche 85, 101
Kupplung 156, 157, 158, 159
Kupplungskomponenten 157
Kurbelwelle 66
Kurbelwellenimpulssensor 108

L
Lackkonservierer 46
Lackpflege 45, 46
Lackreiniger 45
Lambda-Sonde 109, 151, 152
Lampenwechsel .242, 243, 244, 245
.....................246, 269
Lautsprecher 271, 272
Leerlaufdrehzahl 112
Leerlaufschwankungen 112
Leichtlauföle 79
Lenkgeometrie 175
Lenkmanschetten 179, 183
Lenkschwenklager 176, 183
Lenkungsölstand 178
Lenkungsspiel 178
Luftfilter 102
Luftfiltereinsatz
    (Otto/Diesel) 102, 103, 121
Luftmassenmesser 108

M
McPherson 176
McPherson-Federbein ...181, 182
Mehrbereichsöle 78
Mietwerkstatt 21
Mobilservice 300
Modellpflege 19
Modellvorstellung 9, 11
Motorbauteile 66
Motoren ...13, 14, 15, 16, 17, 58, 59
Motorhaube 289, 290
Motorhaubenzug 290, 291
Motoröl 78, 81
Motorölstand 80
Motorschutzlack 44
Motorsteuergerät (ECM) 107
Motorwäsche 43
Multimeter 133, 225, 226

301

STICHWORTVERZEICHNIS

N
Nachlauf 175
Nebenluft 111
Nockenwelle 66
Nockenwellenstellungssensor ..108
Nummerncode 22

O
Oktanzahl 139
Ölablassschraube 82
Öldruckkontrollleuchte .78, 250, 251
Ölfilter 77, 81
Ölkreislauf 78
Ölqualität 80
Ölschwitzflecken 83
Ölverbrauch 80
Ölwechsel 77
Ottomotoren 3

P
Pflegemittel 38
Pleuel 66
Praxistipp 7
PRS 261, 262

Q
Querlenker 181
Querlenkerlager 180
Querstabilisator 176

R
Radbremszylinder (RBZ) 199
Räder 185, 190
Radlager 180
Radunwucht 192
Reifen 185
Reifen lagern 193
Reifenaufbau 186
Reifenbezeichnungen ..186, 187
Reifendruck 189, 190
Reifenlaufbilder 191, 192
Reifenzustand 191
Reparaturrechnung 32
Riemenspannrolle 234, 235
Rücksitzbank 274

S
SAE-Klasse 79
Salzkrusten 44
Saugrohrdrucksensor 109
Schalter 269, 270
Schaltgestänge 161
Schaltsaugrohr 62
Schaltseilzug/Wählhebelzug 161, 164
Scheibenbremssegmente 203
Scheibenwaschanlage 50
Scheibenwaschwasser 51
Scheibenwischer 50, 53, 56, 57
Scheibenwischerarm 53
Scheibenwischerblatt 51
Scheibenwischergummi ...50, 51
Scheibenwischermotor ...54, 55
Scheinwerfer 43
Scheinwerferleuchtweite .242, 246
Schmierdienst 45
Schmiersystem 76, 77, 83
Schrauben 29
Schraubengröße 30
Seitenfenster 278
Selbstsichernde Muttern ...28
Servolenkung (EHPS) ...178, 185
Sicherheit 32, 35, 129, 139, 200, 300
Sicherheitsgurt 276
Sicherheitsgurtsensor 276
Sicherheitsgurtstraffer ..287
Sicherheitsschalter 109
Sicherung 255, 256, 257
Signalhorn 249
Sommer-/Winterdiesel 139
Spannbandschlüssel 82
Spannung 225, 227
Spannungsregler 225
Spezialwerkzeuge 26
Spreizung 175
Spurstangenköpfe 180, 182
Starthilfe 228
Starthilfekabel 228
Stehbolzen 29
Steinschlagschäden 47
Stoßdämpfer 177, 178, 184
Stoßfänger 291, 293
Strom 225
Stromkabel 254
Sturz 175

T
Tankbe-/-entlüftung 140
TC-Plus 11, 196, 197, 200, 201
Technik Lexikon 6
Technische Daten ....296 – 299
Teileeinkauf 24
Thermostat ...85, 86, 87, 91, 92, 93
Turbolader 58, 59
Türen 288
Türgriff 280
Türschloss 281
Türverkleidung 277
TÜV 37
Typenschild 23

U
Überdrehzahlen 69
Unterstellböcke 34

V
Vakuumpumpe (Diesel) 198
Ventile 66
Ventilschutzkappen 189
Verbrennung 127
Verbundlenkerachse 176
Viertaktprinzip 67
Viskosität 79
Vorderachse 176, 199
Vorderachsgeometrie 177
Vordersitz 273, 274
Vorglühanlage (Diesel) .134, 135
Vorglühkerzen (Diesel) .120, 135
Vorspur 175

W
Wagenheber 34
Wagenpflege 36, 37
Wärmetauscher
  (Kühler) ..85, 87, 97, 98, 99, 100
Warnblinkanlage 248
Wartung 300
Waschwasserdüsen 52
Wasserpumpe 85, 86, 87
Werkstatt 65
Werkstattbesuch 31
Werkzeug 24
Werkzeuggrundausstattung ..24
Widerstand 225
Windlaufblech 289
Winterreifen 188

Z
Zahnstangenlenkung 176
Zentralverriegelung ..279, 283
Zugkraft 156
Zündanlage 125, 127, 132
Zündfolge 105
Zündkerze 68, 128, 129, 131
Zündkerzenelektrodenabstand .129
Zündkerzen-Gesicht 129
Zündkerzennuss 131
Zündkerzen-Wärmewert 129
Zündmodul 126, 130, 132
Zündschloss 270, 280, 281
Zündschlüsselbatterie ...280
Zündspannungs-
  überwachung (MIL) ..109, 126
Zündspule 128
Zündstrom 130
Zündwinkelkennfeld .124, 125, 127
Zündzeitpunkt 127
Zylinder 66
Zylinderkopf 60, 66
Zylinderkopfdichtung 75

Nichts als Technik

Steve Rendle
Das große Schrauberbuch für Autofahrer
Für den Gegenwert noch nicht einmal einer halben Werkstatt-Stunde bietet dieses Buch Tipps und Kniffe zur Fahrzeugwartung. Zusätzlich zu den Schraubertipps werden allgemeine Ratschläge zu den Themen Sicherheit und Zubehör rund ums Auto geboten.
160 Seiten, 350 Farbbilder
Bestell-Nr. 02056 € 22,–

Jeff Daniels
Moderne Fahrzeugtechnik
Dieses Buch erklärt, wie es zu bestimmten Entwicklungen kam und wie Autos sicher und leistungsfähig gemacht werden. Der Schwerpunkt liegt auf moderner Technik, nicht auf historischen Rückblicken. Abgerundet wird das Ganze durch einen Blick auf die Zukunft.
288 Seiten, 178 Bilder, davon 164 in Farbe
Bestell-Nr. 02392 € 29,90

Balzer, Ehlert u.a.
Handbuch der Kfz-Technik Band 1
Der erste Band widmet sich der Motortechnik, zeigt seine Komponenten und deren Aufbau, informiert über Kolbenformen und Ventilanordnungen, über Vergaser, Einspritzanlagen, Ladesysteme und über Getriebearten.
218 Seiten, 543 Bilder, davon 506 in Farbe
Bestell-Nr. 02054 € 26,–

Heinrich Riedl
Das Lexikon der Kraftfahrzeugtechnik
Man muss nicht alles wissen, es genügt, wenn man weiß, wo man nachschlagen kann: In diesem Lexikon, das schon einmal als dreibändiges Werk zu haben war. Es erschien 2003 in einer aktualisierten Neuauflage zu einem fast unschlagbaren Preis.
390 Seiten, 273 Bilder
Bestell-Nr. 02315 € 29,90

Balzer, Ehlert u.a.
Handbuch der Kfz-Technik Band 2
Konstruktion von Antrieb, Radaufhängungen und Zündsystem im zweiten Band. Dazu werden die Geheimnisse von Fahrgestell, Bremsen, Lenkung und Karosserie entschlüsselt. Technik kann so einfach sein...
178 Seiten, 495 Bilder, davon 471 in Farbe
Bestell-Nr. 02055 € 26,–

Heinrich Riedl
Das große Handbuch der Kraftfahrzeug-Technik
»Wie ist das aufgebaut und wie funktioniert das?«. Antworten gibt dieses Buch. Es bietet eine Störfallübersicht und detaillierte Beschreibungen der Arbeitsabläufe und hilft bei Wartung und Reparatur.
480 Seiten, 653 Bilder
Bestell-Nr. 02489 € 39,90

IHR VERLAG FÜR AUTO-BÜCHER
Postfach 10 37 43 · 70032 Stuttgart
Tel. (07 11) 21 08 0 65 · Fax (07 11) 21 08 0 70
www.paul-pietsch-verlage.de

Motorbuch Verlag

Stand Januar 2008 – Änderungen in Preis und Lieferfähigkeit vorbehalten

Faszination Auto...

Stephan Grühsem/ Peter Vann
Lamborghini
In diesem fantastischen Bildband werden nicht nur die Neuheiten porträtiert, Lamborghini-Liebhaber werden auch mitgenommen zu einem Werksbesuch und erfahren alles über Geschichte und Philosophie der Marke mit dem Stier. Hervorragende Fotos lassen die Faszination lebendig werden, die von den Zehnzylinder-Sportwagen ausgeht.
178 Seiten, 149 Bilder, davon 126 in Farbe
Bestell-Nr. 02554
€ 49,90

David Lillywhite
Klassische Automobile
Dieses gewichtige Werk stellt über 1000 erlesene Automobil-Klassiker vor. Dabei werden nicht nur die bekannten Typen und Klassiker mit ihrer Technik präsentiert, sondern auch Fahrzeuge, über die man bisher kaum etwas erfahren konnte.
544 Seiten, 1000 Bilder
Bestell-Nr. 02552   € 49,90

Hans-Jörg Götzl/Hans Peter Seufert
Mille Miglia
Das Straßenrennen wurde bis 1957 ausgetragen – inzwischen wurde die Mille Miglia zum Kult. Dort, wo Italien am schönsten ist, fahren im Mai die Fahrzeuge, die bei der ursprünglichen Mille Miglia an den Start gingen. In dieser aktualisierten und erweiterten Ausgabe werden die Rennwagen porträtiert.
204 Seiten, 216 Bilder, davon 197 in Farbe, 4 Zeichnungen
Bestell-Nr. 02562   € 29,90

Jörg Austen
Porsche 911 – Rallye- und Rennsportwagen
Modelljahr für Modelljahr wird die Technik der Rennsport-Modelle des Porsche 911 beschrieben, Details zu Motor, Fahrwerk und Ausstattung sowie deren Modifikationen aufgezählt. Die lebhafte Clubszene und der Kultstatus des legendären 911er sind Beweis für das ungebrochene Interesse an der Trendmarke Porsche.
336 Seiten, 333 Bilder, davon 280 in Farbe, 28 Zeichnungen
Bestell-Nr. 02492   **€ 39,90**

John Carroll
Traktoren der Welt
Von A wie Allis-Chalmers über L wie Lanz bis Z wie Zetor verschafft dieser Bildband einen Überblick über die Arbeiter auf den Feldern der Welt. Nutzfahrzeug-Liebhaber werden sich freuen, den Klassiker nun zu einem besonders attraktiven Preis erwerben zu können.
256 Seiten, 700 Bilder
Bestell-Nr. 02636   € 24,90

IHR VERLAG FÜR AUTO-BÜCHER
Postfach 10 37 43 · 70032 Stuttgart
Tel. (07 11) 21 08 065 · Fax (07 11) 21 08 070
www.paul-pietsch-verlage.de

Motorbuch Verlag